生态环境监测常用EPA方法使用指南

SHNEGTAI HUANJING JIANCE
CHANGYONG EPA FANGFA
SHIYONG ZHINAN

中国环境监测总站 / 编译

中国环境出版集团 · 北京

图书在版编目 (CIP) 数据

生态环境监测常用 EPA 方法使用指南 / 中国环境监测总站编译 .—北京：中国环境出版集团，2020.12

ISBN 978-7-5111-4596-3

Ⅰ. ①生…　Ⅱ . ①中…　Ⅲ . ①生态环境—环境监测—指南　Ⅳ . ① X835-62

中国版本图书馆 CIP 数据核字（2020）第 265369 号

出 版 人　武德凯
责任编辑　赵惠芬
责任校对　任　丽
封面设计　彭　杉

出版发行　中国环境出版集团
（100062　北京市东城区广渠门内大街 16 号）
网　　址：http: //www.cesp.com.cn
电子邮箱：bjgl@cesp.com.cn
联系电话：010-67112765（编辑管理部）
010-67175507（第六分社）
发行热线：010-67125803，010-67113405（传真）

印　　刷　北京中科印刷有限公司
经　　销　各地新华书店
版　　次　2020 年 12 月第 1 版
印　　次　2020 年 12 月第 1 次印刷
开　　本　787 × 1092　1/16
印　　张　37.75
字　　数　688 千字
定　　价　198.00 元

《生态环境监测常用 EPA 方法使用指南》

编委会成员

主　编：冯　丹　米方卓

副主编：王　琳　周守毅　吕怡兵

编　委：（按姓氏笔画排序）

王　荟　王子博　王向明　邓雪娇　师耀龙　刘　蕊　刘荔彬
关玉春　孙彤卉　李红莉　杨　婧　杨懂艳　吴宇峰　吴晓凤
邹本东　张玉惠　张付海　张存良　周　谐　高裕雯　彭　跃
谢海涛　穆　肃

参加编写人员

平衡顶空法测定多基体中挥发性有机物（U.S.EPA 5021A—2014）

主要编写人：米方卓　崔连喜　李　静　郭晶晶

审　稿　人：关玉春　周守毅　齐炜红

吹扫捕集法测定液态样品中挥发性有机物（U.S.EPA 5030C—2003）

主要编写人：孙彤卉　邹本东　王子博

审　稿　人：周守毅　冯　丹　高裕雯　王　瑜

分液漏斗液液萃取法（U.S.EPA 3510C—1996）

主要编写人：彭　跃　赵丽娟　杨　婧

审　稿　人：周守毅　米方卓　高裕雯　白玛旺堆

固相萃取法（U.S.EPA 3535A—2007）

主要编写人：赵　莉　韩少强　杨璟爱

审　稿　人：王　琳　周守毅　姜文娟

挥发性有机物的测定　气相色谱－质谱法（U.S.EPA 8260D—2018）

主要编写人：张欢燕　王向明　吴晓凤

审　稿　人：王　琳　李红莉　冯　丹

有机磷化合物的测定　气相色谱法（U.S.EPA 8141B—2007）

主要编写人：穆　肃　汪佳佳　杨　雪

审　稿　人：张付海　师耀龙　王　琳

有机氯农药的测定　气相色谱法（U.S.EPA 8081B—2007）

主要编写人：王艳丽　赵志强　陈　晨

审　稿　人：王　琳　刘荔彬　黄韵羽　张存良

半挥发性有机物的测定　气相色谱－质谱法（U.S.EPA 8270E—2018）

主要编写人：周守毅　王向明　师耀龙

审　稿　人：李红莉　王　琳　杨　婧

多溴联苯醚的测定　高分辨气相色谱－高分辨质谱法（U.S.EPA 1614A—2010）

主要编写人：李沐霏　刘劲松　朱国华　陈志凌

审　稿　人：王　荟　孙　源　洪正昉

多种金属元素的测定　电感耦合等离子体质谱法（U.S.EPA 6020B—2014）

主要编写人：谢海涛　黄　云　邓雪娇

审　稿　人：杨懂艳　陈素兰　刘　蕊　白　昕

前言

生态环境监测方法标准是我国生态环境标准体系的重要组成部分。我国生态环境保护法律法规正在逐步完善，与其配套的生态环境标准方法体系建设却相对滞后。《环境监测分析方法标准制修订技术导则》（HJ 168—2020）和《国家环境保护标准制修订工作管理办法》（国环规科技〔2017〕1号）等文件发布后，我国生态环境监测分析方法标准的制修订工作从程序、内容、验证以及审批等方面逐步规范统一。但某些环境介质的部分分析项目仍没有标准分析方法，无法满足生态环境监测技术的新发展、生态环境管理的新需求以及科学研究的需要，在生态环境监测工作中还需使用美国环境保护局（EPA）方法等国外分析方法作为补充。

目前，我国检验检测机构资质认定允许直接引用经确认的国外分析方法，但是在方法使用过程中还存在以下问题：

（1）由于对方法原文的理解偏差、仪器设备存在差异等原因，检验检测机构在使用国外分析方法的过程中发生方法偏离。

（2）检验检测机构的方法验证内容不全，仅包括原分析方法的一部分。

（3）大多数 EPA 分析方法的适用范围广泛，覆盖环境空气、废气、饮用水、废水、土壤、固体废物等介质，其描述方式与国内分析方法不同，造成方法使用混乱。

（4）国外分析方法中涉及样品采集和保存的内容与国内的相关监测技术规范不一致，无法有效衔接。

（5）由于试剂、仪器设备以及场所环境等测量体系的不同或者其他因素的影响，某些国外分析方法中部分目标化合物无法实现有效分离或检验检测机构的方法检出限、精密度和准确度等特性指标与原标准推荐值差异较大，且各检验检测机构之间的数据质量存在参差不齐的情况。

（6）EPA 分析方法的编制要求与国内不同，给出的数据大多为推荐值，并不是强制要求，但国内习惯于严格按照标准方法规定执行，因此原文中质量控制等方面的内容无法有效执行。

（7）目前已有的 EPA 分析方法的中文翻译中，各种术语和用词等千差万别，不仅不统一，而且无法与国内标准方法中的术语一一对应。

针对以上问题，本书筛选了目前国内应用广泛，且尚无国内标准方法（某些介质）的 10 个 EPA 分析方法，汇总全国技术先进检验检测机构的数据和经验总结，在充分考虑与国内各类技术规范有效衔接的基础上，按照国内标准分析方法编制的要求撰写了每个方法的作业指导书，并对原文进行了全文翻译。全书包括 4 个有机前处理方法，5 个有机分析方法，1 个重金属分析方法。本书具有以下特点：

（1）作业指导书按照我国《环境监测分析方法标准制修订技术导则》（HJ 168—2020）的要求编写，每个方法包括适用范围、方法原理、干扰与消除、试剂和材料、仪器和设备、样品、分析步骤、结果与计算、质量保证与控制、注意事项、废物处理、引用标准等内容，符合国内标准编制习惯，便于各个检验检测机构统一规范使用。

（2）作业指导书在样品采集和保存部分不同于 EPA 分析方法中通用性的采样部分，而是引入我国国家标准和环境行业标准中相应的样品采集和保存方法，做到与国内监测技术规范有效衔接，满足我国生态环境监测工作要求。

（3）作业指导书中方法检出限大多数是编制单位按照《环境监测分析方法标准制修订技术导则》（HJ 168—2020）中规定的检出限测量方法实测得到，对各个检验检测机构有很高的参考价值。

（4）10 个方法的全文翻译对生态环境监测使用的术语定义进行了统一，并与国内标准方法保持统一。

本书将 EPA 分析方法编撰成更加契合我国现有标准分析方法体系的指导性文件，是对现有标准分析方法体系的补充和完善，不仅可指导各类检验检测机构正确使用 EPA 分析方法，也可作为资质认定评审工作的重要依据。

限于编者水平及时间，书中难免有不当之处，恳请读者批评指正。

目　录

第1篇　作业指导书 / 1

平衡顶空法测定多基体中挥发性有机物（U.S.EPA 5021A—2014）/ 3

吹扫捕集法测定液态样品中挥发性有机物（U.S.EPA 5030C—2003）/ 11

分液漏斗液液萃取法（U.S.EPA 3510C—1996）/ 24

固相萃取法（U.S.EPA 3535A—2007）/ 31

挥发性有机物的测定　气相色谱－质谱法（U.S.EPA 8260D—2018）/ 42

有机磷化合物的测定　气相色谱法（U.S.EPA 8141B—2007）/ 71

有机氯农药的测定　气相色谱法（U.S.EPA 8081B—2007）/ 86

半挥发性有机物的测定　气相色谱－质谱法（U.S.EPA 8270E—2018）/ 101

多溴联苯醚的测定　高分辨气相色谱－高分辨质谱法

（U.S.EPA 1614A—2010）/ 134

多种金属元素的测定　电感耦合等离子体质谱法

（U.S.EPA 6020B—2014）/ 160

第 2 篇　方法译文 / 179

平衡顶空法测定多基体中挥发性有机物（U.S.EPA 5021A—2014）/ 181
吹扫捕集法测定液态样品中挥发性有机物（U.S.EPA 5030C—2003）/ 208
分液漏斗液液萃取法（U.S.EPA 3510C—1996）/ 233
固相萃取法（U.S.EPA 3535A—2007）/ 241
挥发性有机物的测定　气相色谱 - 质谱法（U.S.EPA 8260D—2018）/ 263
有机磷化合物的测定　气相色谱法（U.S.EPA 8141B—2007）/ 319
有机氯农药的测定　气相色谱法（U.S.EPA 8081B—2007）/ 359
半挥发性有机物的测定　气相色谱质谱法（U.S.EPA 8270E—2018）/ 410
多溴联苯醚的测定　高分辨气相色谱 - 高分辨质谱法
（U.S.EPA 1614A—2010）/ 480
多种金属元素的测定　电感耦合等离子体质谱法
（U.S.EPA 6020B—2014）/ 567

第 1 篇　作业指导书

5021A

平衡顶空法测定多基体中挥发性有机物

1 适用范围

本方法适用于海水、地表水、地下水、污水、浸出液等水溶性液态样品以及土壤、沉积物、固体废物等固态样品中挥发性有机物的提取。

所适用的目标化合物见附录 1-1-A。

2 方法原理

在一定的温度条件下，顶空瓶内样品中的挥发性组分向液上空间挥发，产生蒸气压，气、液、固三相达到热力学平衡。气相中的挥发性有机物进入气相色谱仪或者气相色谱－质谱联用仪进行分析。

3 干扰和消除

二氯甲烷等有机溶剂会干扰挥发性有机物的分析。样品的保存、制备和分析区域应与使用这些溶剂的实验室区域有效隔离。

4 试剂和材料

除非另有说明，分析时均使用符合国家标准的分析纯试剂。

参照 U.S.EPA 5021 A—2014 方法。

4.1 实验用水：二次蒸馏水或通过纯水设备制备的水。

使用前须经过空白检验，确认在目标化合物的保留时间区间内无干扰峰出现或目标化合物浓度低于方法检出限。

4.2 甲醇（CH_3OH）：农残级。

使用前须通过检验，确认无目标化合物或目标化合物浓度低于方法检出限。

4.3 氯化钠（NaCl）。

4.4 基体改性剂。

将 180 g 氯化钠加入 500 ml 实验用水中，搅拌至完全溶解。密封，于 4℃以下保存。

4.5 十二水合磷酸三钠（$Na_3PO_4 \cdot 12H_2O$，TSP）。

4.6 盐酸（HCl）。

4.7 盐酸溶液：1+1（V/V）。

4.8 硫酸氢钠（$NaHSO_4$）。

4.9 样品固定剂。

4.9.1 碱性固定剂：向 22 ml 顶空瓶或 40 ml 采样瓶中加入 100 mg 十二水合磷酸三钠，使水样 pH 大于 10。

4.9.2 酸性固定剂：向 40 ml 采样瓶中加入盐酸溶液，使 pH 小于 2。固定土壤样品时，向 22 ml 顶空瓶中添加 1 g 硫酸氢钠。

4.10 其他实验室常用试剂。

5 仪器和设备

5.1 土壤采样器：用于采集不少于 2 g 的土壤挥发性有机物样品。

5.2 土壤取芯装置：内部体积适用于约 2 g 样品的直接蒸汽分配分析，或其他适合于高浓度分析的尺寸，配备有 O 形密封圈或等效气密密封结构。

5.3 采样瓶：22 ml、40 ml 或 60 ml 透明或棕色玻璃瓶，带聚四氟乙烯隔垫的螺纹帽。

5.4 顶空仪器：具有加热温度控制。

5.5 顶空瓶：22 ml，带聚四氟乙烯密封垫的螺旋盖或一次性使用压盖的玻璃瓶。

5.6 气密性注射器：5 ml。

5.7 微量注射器：用于加入标准溶液、内标溶液和替代物溶液。

5.8 天平：感量为 0.1 mg。

5.9 一般实验室常用仪器和设备。

6　样品

6.1　样品的采集

6.1.1　水样

采集样品于 40 ml 采样瓶中，必要时可根据分析的目标化合物加入适当的样品固定剂。水样应采满，上部不留空间。每个样品至少采集 2 瓶。

6.1.2　土壤和沉积物

6.1.2.1　直接在准备好的顶空瓶中采集的低浓度样品。

添加 10.0 ml 基体改性剂或实验用水以及样品固定剂于顶空瓶中，采集约 2 g 的样品轻轻地放入顶空瓶中。尽量减少搅拌，避免挥发性化合物的损失，立即密封，使隔垫的聚四氟乙烯侧朝向样品。

6.1.2.2　直接在空的或准备好的顶空瓶中采集的高浓度样品。

如果样品中挥发性有机物浓度高（＞200 μg/kg），将样品直接采集到顶空瓶中或预先加入甲醇溶液的顶空瓶中。

采集约 2 g 的样品于顶空瓶中，立即密封，使隔垫的聚四氟乙烯侧朝向样品。

6.1.2.3　采用取芯装置采集的低或高浓度样品。

将清洁的取芯装置插入新鲜土壤表面进行样品采集，并确保取芯装置和样品之间无空气滞留。实验室接收后，将每个取芯装置中的样品塞挤压到含有适当溶液的顶空瓶中，用于低浓度分析时加基体改性剂或实验用水（适当时使用样品固定剂），用于高浓度分析时加甲醇。

6.1.3　固体废物

按照 HJ/T 20 和 HJ/T 298 的相关规定进行固体废物样品的采集。用铁铲和不锈钢药匙迅速将样品采集到采样瓶中，并尽量填满。快速清除掉采样瓶螺纹及外表面上黏附的样品，立即密封采样瓶。

注：亦可根据目标化合物的种类，采用相应的国家标准或者行业标准中的采样方法。

6.2　样品的保存

样品应在 4℃以下保存，存放区域无有机物干扰。

样品应在 14 d 内进行分析。

6.3 干物质含量、水分或含水率的测定

土壤样品干物质和水分测定按照 HJ 613 执行，沉积物样品含水率测定按照 GB 17378.5 执行，固体废物样品干物质、水分或含水率的测定采用重量法。

6.4 试样的制备

6.4.1 水样

6.4.1.1 在顶空瓶中加入 5 ml 基体改性剂或 5 ml 实验用水。

6.4.1.2 将 5 ml 气密注射器的针头插入采样瓶的隔垫，取出样品，注满注射器，注满时注意防止空气漏入注射器。将注射器从样品中取出，放入顶空瓶的液相中。将整个部分注入顶空瓶后，迅速加入内标和 / 或替代物（必要时），再立即密封顶空瓶。

6.4.2 低浓度的土壤 / 沉积物和固体废物样品

6.4.2.1 如果将样品置于没有实验用水和基体改性剂的顶空瓶中，且现场没有记录样品质量，则通过称量顶空瓶加样品的重量来估算样品质量，须减去空顶空瓶和瓶盖的质量。然后，打开顶空瓶，加入 10 ml 基体改性剂，立即重新密封顶空瓶。

6.4.2.2 如果在取样时将样品放入装有实验用水或基体改性剂的顶空瓶中，通过称量顶空瓶加样品的重量来估算样品质量，须减去装有实验用水或基体改性剂的顶空瓶和瓶盖的质量，差值作为样品的重量。

6.4.2.3 将加入基体改性剂的样品在旋转器或振动筛上混合至少 2 min。

注：对于含有不溶于水的化合物的样品，在混合过程中必须小心，防止样品黏附到顶空瓶的内壁。

6.4.3 高浓度的土壤 / 沉积物和固体废物样品

6.4.3.1 称取未添加甲醇的样品（精确到 0.01 g）。将相对试样质量 2 倍体积的甲醇，加入称重过的顶空瓶中，并立即重新密封。

6.4.3.2 如果样品已采集到含有实验用水或基体改性剂的采样瓶中，则这部分样品不可用。须从其他 40 ml 或 60 ml 采样瓶中将约 5 g 样品转移到装有 10 ml 甲醇的顶空瓶中，密封顶空瓶，重新称重以估计转移的样品质量。

6.4.3.3 室温下振摇 10 min。将 2 ml 甲醇萃取液倒入顶空瓶中，取 10 μl 注入含 10 ml 实验用水或基体改性剂的顶空瓶中。

6.5　空白试样的制备

用 5 ml 实验用水代替实际样品，进行水样空白试样的制备。用 2 g 石英砂代替土壤 / 沉积物或固体废物实际样品，按照 6.4.2 相同步骤进行空白试样的制备。

7　分析方法

7.1　顶空仪器参考条件

不同型号的顶空仪器的最佳工作条件，应按照仪器使用说明书进行操作。本方法推荐的顶空参考条件如下：

加热平衡温度：85℃；加热平衡时间：50 min；取样针温度：100℃；传输线温度：110℃；进样体积：1.0 ml。

顶空仪器参考条件下挥发性有机物的色谱图见附录 1-1-B。

7.2　分析条件

水样、土壤和沉积物样品按照气相色谱 - 质谱法测定挥发性有机物（U.S.EPA 8260D）和气相色谱 - 氢火焰离子化法测定非卤代烃类挥发性有机物（U.S.EPA 8015D）进行分析；对于明显含有油性物质或有机污泥废物的样品，按照气相色谱 / 光电离和电导检测器法测定挥发性芳香烃和卤代烃（U.S.EPA 8021B）进行分析。

8　质量保证和质量控制

参照相关分析方法。

9　注意事项

9.1　在运输和储存过程中，挥发性有机物（尤其是二氯甲烷和碳氟化合物）会通过样品瓶的密封隔垫扩散，从而污染样品，必要时进行运输空白检查。

9.2　醚类化合物在较高温度的酸性条件（pH<7）下易水解。因此，如果目标分析物是醚类或醚类水解产生的醇类，则应在样品中加入碱性固定剂保存。

9.3　卤代类化合物在强碱作用下会发生取代和消除反应。卤化脂肪族挥发性有机物在中性高温条件下容易发生脱氢卤化反应。如果对卤化脂肪族挥发性有机物或者它们的转化产物进行分析，需要加入酸性固定剂来防止脱氢卤化反应。

9.4　使用硫酸氢钠保存的高有机质土壤会检测到丙酮的生成。

9.5 分析完高浓度样品后，应分析一个或多个空白试样防止交叉污染。

10 废物处理

实验中产生的废液和废物应集中收集，做好相应标识，并委托有资质的单位处理。

11 引用标准

本作业指导书引用了下列文件或其中条款，凡是未注明日期的引用文件，其有效版本适用于本作业指导书。

GB 17378.5 海洋监测规范 第 5 部分：沉积物分析

HJ 613 土壤 干物质和水分的测定 重量法

HJ/T 20 工业固体废物采样制样技术规范

HJ/T 298 危险废物鉴别技术规范

U.S.EPA Method 8015D（SW-846）Nonhalogenated Organics Using GC/FID.

U.S.EPA Method 8260D（SW-846）Volatile Organic Compounds by Gas Chromatography-Mass Spectrometry（GC/MS）.

U.S.EPA Method 8021B Aromatic and Halogenated Volatiles by Gas Chromatography Using Photoionization and/or Electrolytic Conductivity Detectors.

附录 1-1-A
（资料性附录）
适用本方法测定的化合物

附表 1-1-1　适用本方法测定的化合物

化合物	CAS 号	化合物	CAS 号
丙酮	67-64-1	1,2- 二氯丙烷	78-87-5
叔戊醇（TAA）	75-85-4	二异丙醚（DIPE）	108-20-3
特戊基乙基醚（TAEE）	919-94-8	乙醇	64-17-5
叔戊基甲基醚（TAME）	994-05-8	乙苯	100-41-4
苯	71-43-2	乙基叔丁基醚（ETBE）	637-92-3
溴氯甲烷	74-97-5	六氯丁二烯	87-68-3
二氯溴甲烷	75-27-4	异丙醇	67-63-0
三溴甲烷	75-25-2	甲基叔丁基醚（MTBE）	1634-04-4
一溴甲烷	74-83-9	二氯甲烷	75-09-2
叔丁醇（TBA）	75-65-0	萘	91-20-3
四氯化碳	56-23-5	苯乙烯	100-42-5
氯苯	108-90-7	1,1,1,2- 四氯乙烷	630-20-6
氯乙烷	75-00-3	1,1,2,2- 四氯乙烷	79-34-5
三氯甲烷	67-66-3	四氯乙烯	127-18-4
一氯甲烷	74-87-3	甲苯	108-88-3
二溴氯甲烷	124-48-1	1,2,4- 三氯苯	120-82-1
1,2- 二溴 -3- 氯丙烷	96-12-8	1,1,1- 三氯乙烷	71-55-6
1,2- 二溴乙烷	106-93-4	1,1,2- 三氯乙烷	79-00-5
二溴甲烷	74-95-3	三氯乙烯	79-01-6
1,2- 二氯苯	95-50-1	三氯一氟甲烷	75-69-4
1,3- 二氯苯	541-73-1	1,2,3- 三氯丙烷	96-18-4
1,4- 二氯苯	106-46-7	氯乙烯	75-01-4
二溴二氟甲烷	75-71-8	邻二甲苯	95-47-6
1,1- 二氯乙烷	75-34-3	间二甲苯	108-38-3
1,2- 二氯乙烷	107-06-2	对二甲苯	106-42-3
1,1- 二氯乙烯	75-35-4	汽油范围有机物	—
反 -1,2- 二氯乙烯	156-60-5	—	—

附录 1-1-B
（资料性附录）
顶空仪器参考条件下挥发性有机物的色谱图

按照本作业指导书提供的样品制备和前处理具体操作步骤，在 7.1 顶空仪器参考条件（加热平衡温度 85℃，加热平衡时间 50 min、取样针温度 100℃、传输线温度 110℃、进样体积 1.0 ml）下，按照气相色谱 - 氢火焰离子化法测定非卤代烃类挥发性有机物（U.S.EPA 8015D）进行分析得到色谱图。

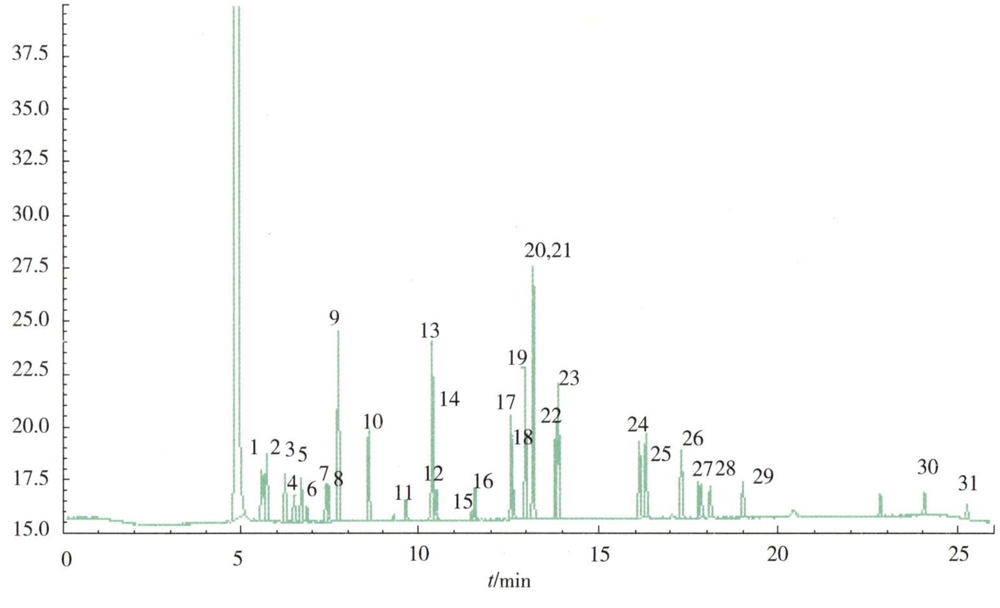

附图 1-1-1　顶空仪器参考条件下挥发性有机物参考色谱图

1—1,1- 二氯乙烯；2—二氯甲烷；3—反 -1,2- 二氯乙烯；4—1,1- 二氯乙烷；5—反 -1,2- 二氯乙烯；6—三氯甲烷；7—1,1,1- 三氯乙烷；8—四氯化碳；9—苯；10—三氯乙烯；11—1,2- 二氯丙烷；12—二氯溴甲烷；13—甲苯；14—四氯乙烯；15—二溴氯甲烷；16—1,2- 二溴乙烷；17—氯苯；18—1,1,1,2- 四氯乙烷；19—乙苯；20,21—对 / 间二甲苯；22—邻二甲苯；23—苯乙烯；24—1,4- 二氯苯；25—三溴甲烷；26—1,2,3- 三氯丙烷；27—1,2- 二氯苯；28—六氯丁二烯；29—1,1,2,2- 四氯乙烷；30—1,2,4- 三氯苯；31—萘

5030C

吹扫捕集法测定液态样品中挥发性有机物

1 适用范围

本方法适用于海水、地表水、地下水、污水、浸出液等水溶性液态样品及高浓度土壤、沉积物和固体废物（浓度大于 200 μg/kg）等固态样品提取液中挥发性有机物的提取。

本方法适用于沸点在 200℃以下、不溶于或微溶于水的大多数挥发性有机物的测定，也可分析水溶性挥发性有机物。本方法仅限于从涂层毛细管柱中以尖峰形式洗脱的化合物，包括低分子量的卤代烃、芳烃、酮、腈、乙酸酯、丙烯酸酯、醚和硫化物等。

所适用的目标化合物见附录 1-2-A。

2 方法原理

在一定的温度下，惰性气体以鼓泡的形式穿过液体进行吹扫，样品中挥发性组分转移到气相中并被吹扫通过捕集阱，被捕集阱中填充的吸附剂所吸附，通过加热吸附剂并用惰性气体反吹，挥发性组分脱附进入气相色谱仪或气相色谱 - 质谱联用仪分析。

3 干扰和消除

二氯甲烷等有机溶剂会干扰挥发性有机物的分析。样品的保存、制备和分析区域

参照 U.S.EPA 5030 C—2003 方法。

应与使用这些溶剂的实验室区域有效隔离。

4　试剂和材料

除非另有说明，分析时均使用符合国家标准的分析纯试剂。

4.1　实验用水：二次蒸馏水或通过纯水设备制备的水。

使用前须经过空白检验，确认在目标化合物的保留时间区间内无干扰峰出现或目标化合物浓度低于方法检出限。

4.2　甲醇（CH_3OH）：农残级。

使用前须通过检验，确认无目标化合物或目标化合物浓度低于方法检出限。

4.3　硫酸氢钠（$NaHSO_4$）。

4.4　浓盐酸。

4.5　十二水合磷酸三钠（$Na_3PO_4 \cdot 12H_2O$，TSP）。

注：如果样品中含有甲基叔丁基醚（MTBE）、叔戊基甲基醚（TAME）、乙基叔丁基醚（ETBE）或其他燃料醚，并且已加入硫酸氢钠或盐酸进行保存，则这些样品在开始分析之前必须用十二水合磷酸三钠调节至 pH>10。

4.6　内标

推荐氯苯 -d_5、1,4- 二氯苯 -d_4 和氟苯作为内标。在满足方法要求且不干扰目标化合物的前提下，也可采用其他物质作为内标。

4.7　替代物

推荐 4- 溴氟苯、1,4- 二氟苯，1,2- 二氯乙烷 -d_4 和甲苯 -d_8 作为替代物。根据分析要求和特定的目标化合物种类，可以使用其他化合物作为替代物。

4.8　石英砂：20 ~ 50 目。

使用前须通过检验，确认无目标化合物或目标化合物浓度低于方法检出限。

4.9　高纯氮气：纯度≥99.999%。

4.10　其他实验室常用试剂。

5　仪器和设备

5.1　吹扫捕集系统：带有 5 ml 或 25 ml 的吹扫管，捕集阱内填充适当的吸附剂，加热温度范围从环境温度到 100℃，且能够将吹扫室温度变化控制在 1℃内。脱附设备能够将捕集阱快速加热至 180℃使挥发性有机物脱附。

5.2　样品瓶：40 ml 棕色玻璃瓶，具聚四氟乙烯 - 硅胶衬垫螺旋盖。

5.3　微量注射器：10 μl、25 μl、100 μl、250 μl、500 μl 和 1 000 μl。

5.4　气密性注射器：5 ml、10 ml 和 25 ml（吹扫捕集仪专用，用于手动进样）。

5.5　容量瓶：A 级，10 ml 和 100 ml，具磨砂玻璃塞。

5.6　采样瓶：100 ml，棕色广口玻璃瓶。

5.7　一般实验室常用仪器和设备。

6　样品

6.1　样品的采集

海水、地下水、地表水和污水样品的采集分别按照 GB 17378.3、HJ/T 164 、GB/T 14581、HJ/T 91 和 HJ/T 91.1 的相关规定执行。土壤、沉积物和固体废物样品的采集分别按照 HJ/T 166、HJ 494、GB 17378.3、HJ/T 20 和 HJ/T 298 的相关规定执行。地块土壤和地下水中挥发性有机物的采样按照 HJ 1019 的相关规定执行。

样品瓶的准备和采样过程中应佩戴手套。采集样品于适当体积的采样瓶中，样品应采满，上部不留空间。采样时注意尽量减少对样品的扰动，每个样品至少采集 2 瓶。

注 1：亦可根据目标化合物的种类，采用相应的国家标准或者行业标准中的采样方法。

注 2：根据目标化合物的性质和分析方法的要求添加样品保存剂。

6.2　样品的保存

样品应在 4℃以下保存，存放区域应无有机物干扰。

样品应在 14 d 内完成分析。

6.3　干物质含量、水分或含水率的测定

土壤样品干物质和水分测定按照 HJ 613 执行，沉积物样品含水率测定按照 GB 17378.5 执行，固体废物样品干物质、水分或含水率的测定采用重量法。

6.4　试样的制备

6.4.1　水样

根据吹扫管的体积，用注射器或通过自动进样器量取适当体积的水样注入吹扫管，进行吹扫捕集分析。

6.4.2 高浓度土壤或固体废物样品

准确称取 5 g（精确到 0.01 g）样品于样品瓶中，迅速加入 10 ml 甲醇。密封，摇匀，放置过夜，或于 40℃超声提取 20～30 min。使样品中的悬浮颗粒物沉降后，移取适量上清提取液，用水稀释，将适当体积的稀释后的样品转移于样品瓶中，待分析。

6.5 空白试样的制备

用 5 ml 实验用水代替实际样品，进行水样空白试样的制备。用 5 g 石英砂代替土壤或固体废物实际样品，按照 6.4.2 相同步骤进行空白试样的制备。

7 分析方法

7.1 吹扫捕集参考条件

不同型号吹扫捕集系统的最佳工作条件，应按照仪器使用说明书进行操作。本方法推荐的吹扫捕集参考条件如下：

自动进样器：预热至 80℃，保持 3 min。

吹扫捕集仪：吹扫时间，7 min；
干吹时间，3 min；
脱附时间，3 min；
烘烤时间，3min。

7.2 分析步骤

7.2.1 初始设置

7.2.1.1 在吹扫模式下，通入流量至少为 20 ml/min 的惰性气体，Tenax 捕集阱须在 180℃下老化过夜（其他捕集阱请参照制造商推荐的温度条件）。每天使用前，在 180℃下反吹老化捕集阱 10 min，同时将色谱柱温度设置为 220℃。

7.2.1.2 将吹扫捕集装置连接到气相色谱仪或气相色谱 / 质谱联用仪系统。

7.2.2 样品引入和吹扫

7.2.2.1 样品和标准溶液均应恢复至室温。

7.2.2.2 调节吹扫气体流量为 25～40 ml/min（特定类别目标化合物的建议值见附录 1-2-B），调节吹扫捕集装置的操作温度。所有样品和标准溶液应在相同的吹扫气体流量和温度下运行。

7.2.2.3　用自动进样器或手动使用注射器将 5 ml（或 25 ml）样品转移至吹扫装置。

注：所使用的校准标准溶液体积必须与样品体积相同。

7.2.3　样品脱附

7.2.3.1　非低温模块：吹扫后（特定类别目标化合物的吹扫时间见附录 1-2-B），设置吹扫捕集系统为脱附模式，不接通载气，将捕集阱预热至 180℃（特定的捕集填料可使用其他推荐温度）。

注：除水（如干气吹扫）步骤就是在脱附步骤之前吹扫捕集阱，从捕集阱和气体管线中去除过量的水分。使用碳基疏水性填料时，除水步骤可防止水分进入气相色谱系统而影响色谱分析，但捕集阱需要冷却到 25℃或更低温。对于疏水性较弱或亲水性的填料（如硅胶），除水步骤可能会释放出越来越多的水进入气相色谱，造成更大的问题，包括灵敏度降低、色谱分析不良和捕集填料过早失效等。因此，需要正确选择水分控制装置、捕集填料、除水期间的捕集阱温度和载气流量等。同时，也可能需要使用捕集阱背压控制。除水步骤请参考吹扫捕集系统制造商和捕集填料供应商的说明。

打开载气开关，启动气相色谱温度程序并采集数据。载气流量取决于所使用的捕集阱。标准硅胶捕集阱用 15 ml/min，其他捕集阱用 10 ml/min 即可。持续通入载气约 4 min，或按照制造商的建议时间（若分析 U.S.EPA 8015 中的化合物，则脱附时间只需 1.5 min）通入载气。

7.2.3.2　低温模块：吹扫后，设置吹扫捕集系统为脱附模式，确保低温模块为 -150℃或更低，快速将捕集阱加热至 180℃（温度视捕集阱填料不同而可能有所不同），同时用惰性气体以 4 ml /min 的流量反吹约 5 min（若分析 U.S.EPA 8015 中的化合物则只需要 1.5 min）。在 5 min 脱附循环结束时，将低温阱快速加热至 250℃，同时启动气相色谱仪的程序并开始数据采集。

7.2.4　捕集阱重新老化

7.2.4.1　样品脱附后，将吹扫捕集装置设置为吹扫模式，重新老化捕集阱。等待 15 s，关闭吹扫装置上的注射器阀让气体通过捕集阱。不同的分析方法要求捕集阱保持不同的温度。捕集阱温度最高可设置为 220℃（捕集阱温度随填料不同而不同），但高温会缩短捕集阱的使用寿命。大约 7 min 后，关闭捕集阱加热器，打开注射器阀从而关断流过捕集阱的气体。冷却，捕集阱准备进下一个样品。

7.2.4.2　当捕集阱内化合物被脱附到气相色谱仪中时，清空吹扫室。并每次以 5 ml 实验用水（或先用甲醇再用实验用水）冲洗吹扫室至少 2 次，以避免残留的挥发性有机物污染后续样品。

7.3 分析条件

气相色谱法参照 U.S.EPA 8015 和 U.S.EPA 8021。气相色谱 - 质谱法参照 U.S.EPA 8260。对于汽油的分析，使用气相色谱 - 光离子化检测器法（GC/PID）（U.S.EPA 8021）分析苯系物（BTEX），结合火焰离子化检测器法（GC/FID）（U.S.EPA 8015）进行烃类化合物分析。

8 质量保证和质量控制

参照相关分析方法。

9 注意事项

9.1 在运输和储存过程中，挥发性有机物（尤其是二氯甲烷和碳氟化合物）会通过样品瓶的密封隔垫扩散，从而污染样品。必要时应进行运输空白检查。

9.2 当吹扫温度较高时，某些捕集阱填料可能发生目标化合物的催化和热分解，需要每日对氯甲烷和溴甲烷进行核查。每日在分析例行核查标准前，必须先分析包含替代物、内标和 20 μg/L 溴仿的例行核查标准。如果氯甲烷或溴甲烷的浓度超过 0.5 μg/L，则捕集阱可能被盐或与填料紧密键结的污染物严重污染。此时应停止检测，更换捕集阱并重新校准系统。

注：新捕集阱在首次使用前也可能被空气中的挥发性有机物污染。这些高吸附性材料必须严密地密封在挥发性有机物污染最小的区域。

9.3 本方法可分析水溶性挥发性有机物，但水溶性挥发性有机物的吹扫效率可能较差，定量限比用气相色谱法或气相色谱 - 质谱法（GC 或 GC/MS）高约 10 倍，且精密度不稳定。与吹扫温度为 20℃或 40℃时相比，在 80℃高温下吹扫，可提高水溶性目标化合物（如酮和醇）的吹扫效率。

9.4 甲基叔丁基醚（MTBE）和相关的氧化燃料物［包括乙基叔丁基醚（ETBE）、叔戊基甲基醚（TAME）、二异丙醚（DIPE）、特戊基乙基醚（TAEE）、叔戊醇（TAA）和叔丁醇（TBA）］中，一些化合物在水中溶解度较高，难以用吹扫捕集（P&T）技术将这些化合物从环境样品中转移到分析仪器（例如 GC 或 GC/MS 系统）中，推荐采用 80℃吹扫条件和适当的毛细管柱以获得这些化合物的最佳回收率。

9.5 在对样品进行分析前，应筛查样品以确定样品是否需要稀释，避免高浓度样品对吹扫捕集（P&T）系统的污染。可使用全自动顶空进样器连接气相色谱仪、便携式光离子化检测器（PID）进行筛查，或用十六烷萃取样品于气相色谱仪上分析等方法进行高浓度样品的筛查。

9.6　因为不能打开密封的样品容器取出一份等分试样，并且不能损害样品的完整性，所以应当分多次采集多个等分试样以便进行筛查和再分析。

10　废物处理

实验中产生的废液和废物应集中收集，做好相应标识，并委托有资质的单位处理。

11　引用标准

本作业指导书引用了下列文件或其中条款。凡是未注明日期的引用文件，其有效版本适用于本作业指导书。

GB 17378.3　海洋监测规范　第 3 部分：样品采集、贮存与运输

GB 17378.5　海洋监测规范　第 5 部分：沉积物分析

GB/T 14581　水质　湖泊和水库采样技术指导

HJ 494　水质　采样技术指导

HJ 613　土壤　干物质和水分的测定　重量法

HJ 1019　地块土壤和地下水中挥发性有机物采样技术导则

HJ/T 20　工业固体废物采样制样技术规范

HJ/T 91　地表水和污水监测技术规范

HJ 91.1　污水监测技术规范

HJ 164　地下水环境监测技术规范

HJ/T 166　土壤环境监测技术规范

HJ 298　危险废物鉴别技术规范

U.S.EPA Method 5035 Closed-System Purge-and-Trap and Extraction for Volatile Organics in Soil and Waste Samples.

U.S.EPA Method 8015D Nonhalogenated Organics Using GC/FID.

U.S.EPA Method 8260D Volatile Organic Compounds by Gas Chromatography-Mass

Spectrometry（GC/MS）.

U.S.EPA Method 8021B Aromatic and Halogenated Volatiles by Gas Chromatography Using Photoionization and/or Electrolytic Conductivity Detectors.

附录 1-2-A
（资料性附录）
适用本方法测定的化合物

附表 1-2-1　适用本方法测定的化合物

化合物	CAS 号	响应	稳定性
丙酮	67-64-1	pp / ht	hs
乙腈	75-05-8	pp	nd
丙烯醛	107-02-8	pp	ms
丙烯腈	107-13-1	pp	hs
烯丙醇	107-18-6	ht	nd
氯丙烯	107-05-1	c	ms
叔戊醇（TAA）	75-85-4	ht	hs
特戊基乙基醚（TAEE）	919-94-8	c / ht	nd
叔戊基甲基醚（TAME）	994-05-8	c / ht	hs
苯	71-43-2	c	hs
苄基氯	100-44-7	c	nd
芥子气	505-60-2	pp	nd
溴丙酮	598-31-2	pp	nd
溴氯甲烷	74-97-5	c	hs
一溴二氯甲烷	75-27-4	c	ms
溴仿	75-25-2	c	hs
溴甲烷	74-83-9	c	hvs
正丁醇	71-36-3	ht	nd
2- 丁酮（MEK）	78-93-3	pp	hvs
叔丁醇（TBA）	75-65-0	ht	nd
二硫化碳	75-15-0	pp	hvs
四氯化碳	56-23-5	c	hvs
水合氯醛	302-17-0	pp	nd
氯苯	108-90-7	c	hvs

续表

化合物	CAS 号	响应	稳定性
氯二溴甲烷	124-48-1	c	nd
氯乙烷	75-00-3	c	ms
2- 氯乙醇	107-07-3	pp	nd
2- 氯乙基乙烯基醚	110-75-8	c	ls
氯仿	67-66-3	c	hs
氯甲烷	74-87-3	c	hvs
2- 氯 -1,3- 丁二烯	126-99-8	c	nd
巴豆醛	4170-30-3	pp	nd
1,2- 二溴 -3- 氯丙烷	96-12-8	pp	ms
1,2- 二溴乙烷	106-93-4	c	hs
二溴甲烷	74-95-3	c	hs
邻二氯苯	95-50-1	c	hs
1,3- 二氯苯	541-73-1	c	ms
1,4- 二氯苯	106-46-7	c	ms
顺式 -1,4- 二氯 -2- 丁烯	1476-11-5	c	nd
反式 -1,4- 二氯 -2- 丁烯	110-57-6	pp	ls
二氯二氟甲烷	75-71-8	c	hs
1,1- 二氯乙烷	75-34-3	c	hs
1,2- 二氯乙烷	107-06-2	c	hs
1,1- 二氯乙烯	75-35-4	c	hvs
顺式 -1,2- 二氯乙烯	156-59-2	c	hs
反式 -1,2- 二氯乙烯	156-60-5	c	ms
1,2- 二氯丙烷	78-87-5	c	hs
1,3- 二氯 -2- 丙醇	96-23-1	pp	nd
顺式 -1,3- 二氯丙烯	10061-01-5	c	ls
反式 -1,3- 二氯丙烯	10061-02-6	c	ls
双环氧化丁二烯	1464-53-5	c	nd
乙醚	60-29-7	c	nd
异丙醚	108-20-3	c / ht	hs
1,4- 二氧六环	123-91-1	ht / pp	nd
乙苯	100-41-4	c	hvs

续表

化合物	CAS 号	响应	稳定性
环氧乙烷	75-21-8	pp	nd
甲基丙烯酸乙酯	97-63-2	c	ms
叔丁基乙醚	637-92-3	c / ht	hs
六氯丁二烯	87-68-3	c	ms
2- 己酮	591-78-6	pp	hvs
碘甲烷	74-88-4	c	nd
异丁醇	78-83-1	ht / pp	nd
异丙苯	98-82-8	c	ms
丙二腈	109-77-3	pp	nd
甲基丙烯腈	126-98-7	pp	hs
二氯甲烷	75-09-2	c	hs
甲基丙烯酸甲酯	80-62-6	c	ms
4- 甲基 -2- 戊酮（MIBK）	108-10-1	pp	ms
甲基叔丁基醚（MTBE）	1634-04-4	c / ht	hs
萘	91-20-3	c	ms
硝基苯	98-95-3	c	nd
2- 硝基丙烷	79-46-9	c	nd
N- 亚硝基二丁胺	924-16-3	pp	nd
三聚乙醛	123-63-7	pp	nd
2- 戊酮	107-87-9	pp	nd
2- 甲基吡啶	109-06-8	pp	nd
丙醇	71-23-8	ht / pp	nd
异丙醇	67-63-0	ht / pp	nd
丙内酯	57-57-8	pp	nd
丙腈	107-12-0	ht	nd
正丙胺	107-10-8	c	nd
苯乙烯	100-42-5	c	hvs
1,1,1,2- 四氯乙烷	630-20-6	c	hs
四氯乙烷	79-34-5	c	nd
四氯乙烯	127-18-4	c	ms
甲苯	108-88-3	c	hs

续表

化合物	CAS 号	响应	稳定性
邻甲苯胺	95-53-4	pp	nd
1,2,4- 三氯苯	120-82-1	c	hs
1,1,1- 三氯乙烷	71-55-6	c	ms
1,1,2- 三氯乙烷	79-00-5	c	hs
三氯乙烯	79-01-6	c	ms
三氯氟甲烷	75-69-4	c	ls
1,2,3- 三氯丙烷	96-18-4	c	ls
乙酸乙烯酯	108-05-4	c	ls
氯乙烯	75-01-4	c	hvs
邻二甲苯	95-47-6	c	hvs
间二甲苯	108-38-3	c	hvs
对二甲苯	106-42-3	c	hvs

注：c—使用本技术具有足够的响应。

ht—目标化合物仅能在高温下吹扫，如 80℃。

pp—吹扫效率较差，定量限较高。强烈建议使用替代的样品制备方法。可能适合在更高温度下吹扫。

nd—未测定。

hs—在水样中稳定性好（>60 d）。

ms—在水样中稳定性中等（15 ~ 60 d）。

ls—在水样中稳定性差（<14 d），应尽快分析。酸性条件下保存，化合物可能会降解。

hvs—在水样中稳定性变化较大。

附录 1-2-B
（资料性附录）
吹扫捕集操作参数

附表 1-2-2　吹扫捕集操作参数

参数	分析方法	
	U.S.EPA 8015D	U.S.EPA 8021B/8260D
吹扫气	N_2 或 He	N_2 或 He
吹扫气流量 /（ml/min）	20	40
吹扫时间 /min	15.0 ±0.1	11.0 ±0.1
吹扫温度 /℃	室温	室温
脱附温度 /℃	180	180
反吹惰性气体流量 /（ml/min）	20 ~ 60	20 ~ 60
脱附时间 /min	1.5	4

3510C

分液漏斗液液萃取法

1 适用范围

本方法适用于海水、地表水、地下水、污水和浸出液等液体样品中不溶于水以及微溶于水的有机化合物的提取，也包含了浓缩方法的描述。

2 方法原理

在规定的 pH 下，使用二氯甲烷萃取适宜体积的样品，萃取液经干燥后浓缩，或将萃取液溶剂置换为适合净化和测定方法的溶剂。

3 干扰和消除

在碱性条件下，萃取一些目标化合物会产生分解。例如，有机氯农药可能脱氯，邻苯二甲酸酯类可能会发生转换，酚类化合物可能发生反应而形成丹宁酸盐。这些反应会随着 pH 的增大而加快，可以通过减少反应时间来减缓分解的产生。在酸性条件下进行初次萃取，可以优化酚类化合物的回收率。

4 试剂和材料

除非另有说明，分析时均使用符合国家标准的分析纯试剂。

4.1 实验用水：二次蒸馏水或通过纯水设备制备的水。

使用前须经过空白检验，确认在目标化合物的保留时间区间内无干扰峰出现或目

参照 U.S.EPA 3510 C—1996 方法。

标化合物浓度低于方法检出限。

4.2 二氯甲烷（CH_2Cl_2）：农残级。

4.3 正己烷（C_6H_{14}）：农残级。

4.4 丙酮（C_3H_6O）：农残级。

4.5 异丙醇（C_3H_8O）：农残级。

4.6 环己烷（C_6H_{12}）：农残级。

4.7 乙腈（CH_3CN）：农残级。

4.8 氢氧化钠（NaOH）。

4.9 氢氧化钠溶液：c=10 mol/L。

将 40 g 氢氧化钠溶于水中，将其稀释至 100 ml。

注：加入量不明显改变样品的总体积（如小于 1%），其他浓度的氢氧化物溶液也可用于调节样品的 pH。

4.10 无水硫酸钠（Na_2SO_4）。

将硫酸钠于 400℃加热 4 h 纯化，或用二氯甲烷对硫酸钠预清洗。

4.11 浓硫酸（H_2SO_4）。

4.12 硫酸溶液：1+1（V/V）。

将 50 ml 硫酸缓慢加入 50 ml 水中。

注：加入量不明显改变样品的总体积（如小于 1%），其他浓度的酸性溶液也可用于调节样品的 pH。

4.13 沸石：经溶剂萃取，约 10/40 目（碳化硅或等效物）。

4.14 广泛 pH 试纸：检测范围涵盖萃取液的 pH。

5 仪器和设备

5.1 样品瓶：玻璃瓶，带聚四氟乙烯内垫的螺纹帽。

5.2 刻度量筒：1 L。

5.3 分液漏斗：2 L，带聚四氟乙烯活塞。

5.4 干燥柱：内径 20 mm 玻璃柱，底部填有玻璃棉并带聚四氟乙烯活塞。

注：先用 50 ml 丙酮预洗玻璃棉，再用 50 ml 洗脱溶剂进行清洗，然后用吸附剂填充玻璃柱。

5.5 锥形瓶：250 ml。

5.6 浓缩装置：K-D 浓缩装置、氮吹浓缩装置或其他等效浓缩装置。

5.7 一般实验室常用仪器和设备。

6 样品

6.1 样品采集与保存

海水、地下水、地表水和污水样品的采集分别按照 GB 17378.3、HJ 164 、GB/T 14581、HJ/T 91 和 HJ 91.1 的相关规定执行。用玻璃样品瓶采集至少 1 L 样品，待样品充满容器后，立即将采集好的样品避光、冷藏（4℃）保存，于 7 d 内完成萃取。萃取后的浓缩液应在 40 d 内分析完毕。

注：当目标化合物的浓度过高或灵敏度为非主要考虑因素时，可减少采样量，但样品必须用相应大小的采样瓶采集，且样品应充满整个容器。

6.2 试样的制备

6.2.1 用量筒或采用样品瓶瓶外标记方法量取样品。如果样品浓度较高，量取少量样品并用水稀释到 1 L，或用小体积的样品瓶盛装样品，样品全部萃取。

6.2.2 用移液管量取 1.0 ml 替代物标准溶液加入试样，混合均匀。

6.2.3 每批次进行一个基体加标，加入 1.0 ml 标准溶液。

注：如果使用凝胶色谱净化，由于无法从凝胶色谱中回收一半的萃取液，加入的替代物溶液及基体加标标准溶液体积加倍。

6.2.4 使用广泛 pH 试纸检查样品的 pH，如有必要，用氢氧化钠溶液或硫酸溶液将其调整到规定的 pH，具体见表 1-3-1。

表 1-3-1 不同测定方法的特定萃取条件

测定方法	第一次萃取 pH	第二次萃取 pH	分析所需置换溶剂	净化所需置换溶剂	净化所需萃取液体积 /ml	分析所需萃取液体积 /ml
U.S.EPA 8041	≤2	无	异丙醇	正己烷	1.0	1.0/0.5
U.S.EPA 8061	5～7	无	正己烷	正己烷	2.0	10.0
U.S.EPA 8070	按来样	无	甲醇	二氯甲烷	2.0	10.0
U.S.EPA 8081	5～9	无	正己烷	正己烷	10.0	10.0
U.S.EPA 8082	5～9	无	正己烷	正己烷	10.0	10.0
U.S.EPA 8091	5～9	无	正己烷	正己烷	2.0	1.0
U.S.EPA 8100	按来样	无	无	环己烷	2.0	1.0
U.S.EPA 8111	按来样	无	正己烷	正己烷	2.0	10.0

续表

测定方法	第一次萃取 pH	第二次萃取 pH	分析所需置换溶剂	净化所需置换溶剂	净化所需萃取液体积 /ml	分析所需萃取液体积 /ml
U.S.EPA 8121	按来样	无	正己烷	正己烷	2.0	1.0
U.S.EPA 8141	按来样	无	正己烷	正己烷	10.0	10.0
U.S.EPA 8270	＜2	＞11	无	—	—	1.0
U.S.EPA 8310	按来样	无	乙腈	—	—	1.0
U.S.EPA 8321	按来样	无	甲醇	—	—	1.0
U.S.EPA 8325	7.0	无	甲醇	—	—	1.0
U.S.EPA 8410	按来样	无	二氯甲烷	二氯甲烷	10.0	0.0（干）

注 1：对于建议最终萃取液体积为 10.0 ml 的方法，可将体积减少至 1.0 ml，以达到较低的检出限。

注 2：可通过 U.S.EPA 8041 分析酚类化合物，用 GC/FID 分析 1.0 ml 的异丙醇萃取液。U.S.EPA 8041 也包括可选的酚类化合物衍生步骤。用 GC/ECD 分析 0.5 ml 的正己烷萃取液。

注 3：可以颠倒萃取过程中 pH 顺序以更好地分离 U.S.EPA 8270 中的酸性和碱性化合物。

6.2.5 从刻度量筒（或样品瓶）中取一定量样品加入分液漏斗，使用 60 ml 二氯甲烷清洗量筒（或样品瓶），并将清洗溶液转移至分液漏斗中。如果直接从样品瓶中转移样品，向样品瓶中加入水至标记的刻度处，记录样品体积。

6.2.6 密封后振摇分液漏斗 1 ~ 2 min 并周期性放气，释放压力。

注：二氯甲烷会迅速产生高压，因此分液漏斗密封并开始摇动后应立即放气。分液漏斗放气应在通风柜中，以避免分析人员接触到溶剂蒸气。

6.2.7 静置 10 min，使有机相分层。如果层间乳化界面超过溶剂层的 1/3，需使用机械手段完成两相分离。依据样品选择最佳破乳方法，包括搅动、玻璃棉过滤、离心或其他物理方法。将萃取液收集在锥形瓶中。如果乳化液不能被分离，将样品、溶剂和乳化液转移到连续萃取器的萃取室中进行连续液液萃取。

6.2.8 加入新的溶剂重复萃取 2 次，合并 3 次萃取液。

6.2.9 如果需要进一步调节 pH 和萃取，将水相的 pH 调节到表 1-3-1 中规定的 pH，用 60 ml 的二氯甲烷重复萃取 3 次，收集、合并萃取液并适当标识。

注：如果进行 GC/MS 分析，酸性、中性和碱性萃取液可在浓缩之前进行合并。也可对酸性、中性和碱性萃取液单独浓缩分析。

6.2.10 将萃取液通过装有 10 g 无水硫酸钠的干燥柱，并用 20 ml 萃取溶剂洗涤锥形瓶，将洗涤液一并通过干燥柱，收集所有洗脱液于 K-D 浓缩器或氮吹管中。

6.2.11 将盛有萃取液的 K-D 浓缩器或氮吹管连接至浓缩装置，调节水浴温度，使其比溶剂沸点高 15～20℃，将萃取液浓缩至所需体积。

注：在浓缩过程中，绝不可让洗脱液干涸。

6.3 空白试样的制备

用实验用水代替实际样品，进行水样空白试样的制备。按照与 6.2 相同的步骤进行空白试样的制备。

7 质量保证与控制

参照相关分析方法。

8 废物处理

实验中产生的废液和废物应集中收集，做好相应标识，并委托有资质的单位处理。

9 引用标准

本作业指导书引用了下列文件或其中条款。凡是未注明日期的引用文件，其有效版本适用于本作业指导书。

GB 17378.3 海洋监测规范 第 3 部分：样品采集、贮存与运输

GB/T 14581 水质 湖泊和水库采样技术指导

HJ/T 91 地表水和污水监测技术规范

HJ 91.1 污水监测技术规范

HJ 164 地下水环境监测技术规范

U.S.EPA Method 3510C Separatory Funnel Liquid-Liquid Extraction.

U.S.EPA Method 3520C Continuous Liquid-Liquid Extraction.

U.S.EPA Method 3640A Gel-Permeation Cleanup.

U.S.EPA Method 8041A Phenols in Aqueous and Non-aqueous Samples by Gas Chromatogrophy.

U.S.EPA Method 8061A Phthalate Esters by Gas Chromatography with Electron Capture Detection（GC/ECD）.

U.S.EPA Method 8070A Nitrosamines by Gas Chromatography.

U.S.EPA Method 8081 Organochlorine Pesticides by Gas Chromatography.

U.S.EPA Method 8082 Polychlorinated Biphenyls（PCBs）by Gas Chromatography.

U.S.EPA Method 8091 Nitroaromatics and Cyclic Ketones by Gas Chromatography.

U.S.EPA Method 8100 Polynuclear Aromatic Hydrocarbons.

U.S.EPA Method 8111 Haloethers by Gas Chromatography.

U.S.EPA Method 8121 Chlorinated Hydrocarbons by Gas Chromatography：Capillary Column Technique.

U.S.EPA Method 8141A Organophosphorus Compounds by Gas Chromatography：Capillary Column Technique.

U.S.EPA Method 8270E Semivolatile Organic Compounds by Gas Chromatography/Mass Spectrometry（GC/MS）.

U.S.EPA Method 8310 Polynuclear Aromatic Hydrocarbons.

U.S.EPA Method 8321B Solvent-Extractable Nonvolatile Compounds by High-Performance Liquid Chromatography/Thermospray/Mass Spectrometry（HPLC/TS/MS）or Ultraviolet（UV）Detection.

U.S.EPA Method 8325 Solvent Extractable Nonvolatile Compounds by High Performance Liquid Chromatography/Particle Beam/Mass Spectrometry（HPLC/PB/MS）.

U.S.EPA Method 8410 Gas Chromatography/Fourier Transform Infrared（GC/FT-IR）Spectrometry for Semivolatile Organics：Capillary Column.

附录 1-3-A
（资料性附录）
分液漏斗液液萃取法操作步骤

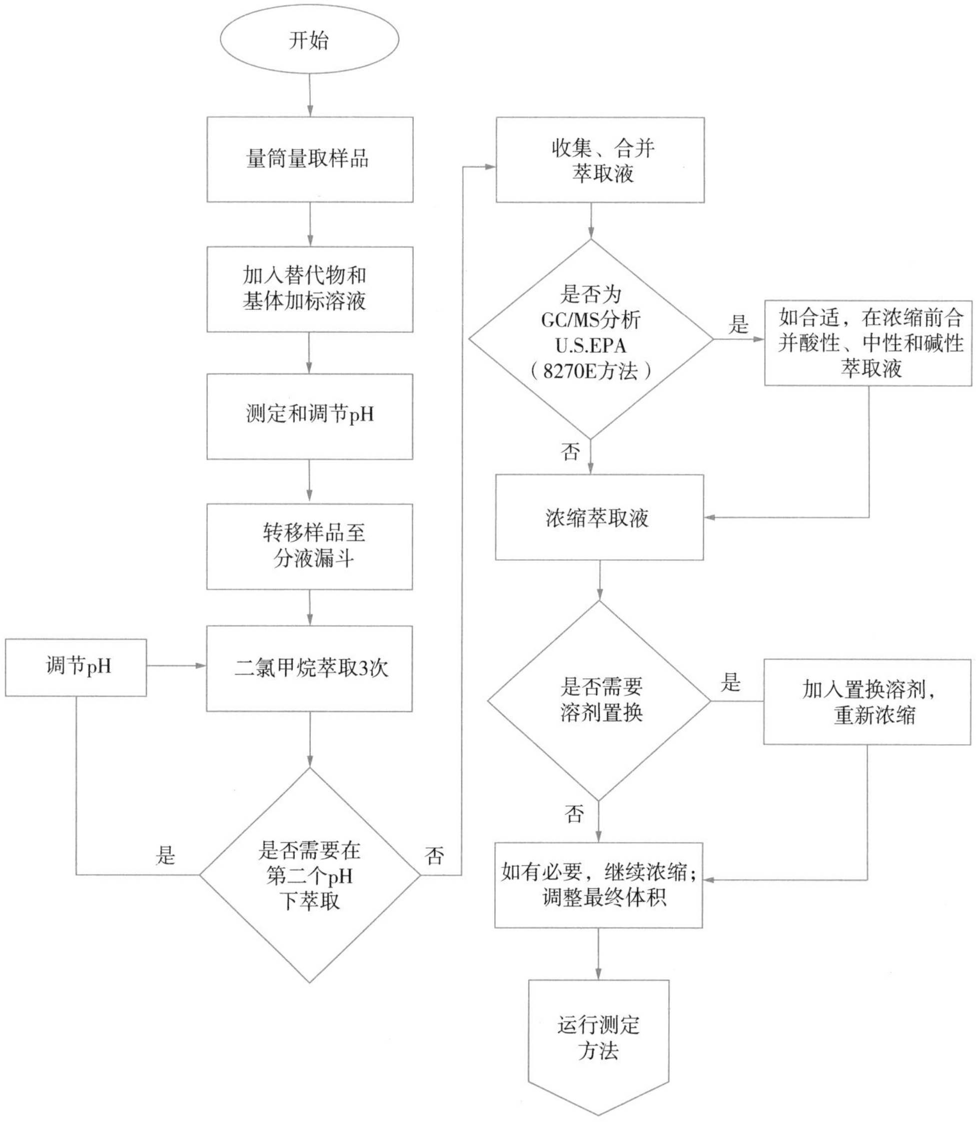

附图 1-3-1　分液漏斗液液萃取法操作步骤

3535A

固相萃取法

1 适用范围

本方法适用于海水、地下水、地表水、污水和浸出液等液态样品中有机化合物的提取。9 类适用的目标化合物和萃取介质类型见附录 1-4-A。

2 方法原理

利用固体吸附剂将液体样品中的有机化合物吸附，与样品的基体和干扰化合物分离，再用洗脱液洗脱，从而达到分离和富集有机化合物的目的。

3 干扰和消除

3.1 某些目标化合物在碱性条件下萃取会发生分解，如有机氯农药会脱氯，邻苯二甲酸酯会水解，分解反应速率随着 pH 的升高及反应时间的延长而加快，因此，应调节样品的 pH 和减少反应时间。

3.2 键合相的硅胶（如 C_{18}）长时间处于 pH 小于 2 的强酸性水样中或 pH 大于 9 的强碱性水样中都会水解。水样的 pH 在此区间的极值时，增加水样与硅胶接触时间会加剧水解。水解会降低萃取效率或引起仪器基线的不稳定，出现此类问题时，应考虑使用苯乙烯－二乙烯苯（SDB）固相萃取膜。

3.3 样品中颗粒物可能会阻塞固相介质，使萃取速度变慢，在不影响方法效果前提下可使用合适的助滤剂以缩短萃取时间。

参照 U.S.EPA 3535 A—2007 方法。

4 试剂和材料

除非另有说明，分析时均使用符合国家标准的分析纯试剂。

4.1 实验用水：二次蒸馏水或通过纯水设备制备的水。

使用前须经过空白检验，确认在目标化合物的保留时间区间内无干扰峰出现或目标化合物浓度低于方法检出限。

4.2 二氯甲烷（CH_2Cl_2）：农残级。

4.3 正己烷（C_6H_{14}）：农残级。

4.4 乙酸乙酯（$CH_3COOCH_2CH_3$）：农残级。

4.5 乙腈（CH_3CN）：农残级。

4.6 甲醇（CH_3OH）：农残级。

4.7 丙酮［$(CH_3)_2CO$］：农残级。

4.8 甲基叔丁基醚（$C_5H_{12}O$）：农残级。

4.9 异丙醇［$(CH_3)_2CHOH$］：农残级。

注：溶剂在使用前应先脱气。

4.10 浓硫酸（H_2SO_4）。

4.11 硫酸溶液：1+1（V/V）。

将 50 ml 硫酸缓慢加入 50 ml 水中。

4.12 氢氧化钠（NaOH）。

4.13 氢氧化钠溶液：c=10 mol/L。

将 40 g 氢氧化钠溶于水中，将其稀释至 100 ml。

4.14 硫酸钠（Na_2SO_4），颗粒状，无水。

将硫酸钠于 400℃加热纯化 4 h；或用二氯甲烷对硫酸钠预清洗。

4.15 助滤剂。

4.16 固相萃取膜：直径为 47 mm、90 mm 或等效物。

适用于各类目标化合物的固相膜材质见表 1-4-1。

表 1-4-1 固相萃取膜的适用性

目标化合物类别	膜种类
邻苯二甲酸酯	C_{18}
有机氯农药	C_{18}
多氯联苯（PCBs）	C_{18}

续表

目标化合物类别	膜种类
有机磷农药	磺化苯乙烯－二乙烯基苯（SDB-RPS）
硝基芳烃类和硝胺类	磺化苯乙烯－二乙烯基苯（SDB-RPS）
爆炸物（包括硝基芳烃类、硝胺类和硝酸酯类等 U.S.EPA 8095 方法中列出的化合物）	磺化苯乙烯－二乙烯基苯（SDB-RPS）
含有机氯农药的 TCLP 浸出液	苯乙烯－二乙烯苯（SDB-XC）
含半挥发性有机物的 TCLP 浸出液	苯乙烯－二乙烯苯（SDB-XC）
含苯氧基除草剂的 TCLP 浸出液	苯乙烯－二乙烯苯（SDB-XC）

4.17　固相萃取柱。

根据目标化合物的类别选择固相萃取柱的填料。

5　仪器和设备

5.1　样品瓶：选择具有玻璃塞的棕色磨口瓶或具有聚四氟乙烯衬垫的棕色螺口玻璃瓶。

5.2　膜固相萃取装置。

5.3　柱固相萃取装置。

5.4　干燥柱：内径 22 mm，带聚四氟乙烯塞的玻璃色谱柱，或等效物。

注：接触过高浓度或黏稠性的萃取液后，柱内用于承载无水硫酸钠的多孔盘不易除污，可改用玻璃棉垫来承载除水剂。

5.5　浓缩装置：K-D 浓缩器、氮吹管或其他等效浓缩装置。

5.6　其他实验室常用仪器和设备。

6　样品

6.1　样品采集与保存

海水、地下水、地表水和污水的样品采集分别按照 GB 17378.3、HJ 164、GB/T 14581、HJ/T 91 和 HJ 91.1 的相关规定执行。用玻璃样品瓶采集至少 1 L 样品，使样品充满容器，将采集好的样品立即置于 4℃环境中避光冷藏保存，7 d 内完成萃取。萃取后的浓缩液应在 40 d 内分析完毕。

注 1：当目标化合物的浓度过高或灵敏度为非主要考虑因素时，可减少采样量，但样品必须用与容量相当的采样瓶采集，使样品充满整个容器。

注 2：若样品需要脱氯，应在采样时进行脱氯处理。

6.2 试样的制备

6.2.1 向样品瓶的原始水样中加入所需替代物，充分振荡后放置数分钟，以保证添加的替代物全部溶于水样中，同时使颗粒物沉降以加快水样的过滤。

6.2.2 使用时，将方法要求的基体加标物加入采集的原始平行双样中。在进行膜固相萃取时，须向加标后的样品中加入 5.0 ml 甲醇，然后按 6.2.1 混匀静置。

6.2.3 必要时，用硫酸溶液或氢氧化钠溶液调节水样的 pH，应满足表 1-4-2 要求。

表 1-4-2 目标化合物萃取 pH

目标化合物类别	萃取 pH
邻苯二甲酸酯	5 ~ 7
有机氯农药	5 ~ 9
多氯联苯（PCBs）	5 ~ 9
有机磷农药	原样
硝基芳烃类和硝胺类	原样
爆炸物（包括硝基芳烃类、硝胺类和硝酸酯类等 U. S.EPA 8095 方法中列出的化合物）	原样
含有机氯农药的 TCLP 浸出液	原液
含半挥发性有机物的 TCLP 浸出液	原液
含苯氧基除草剂的 TCLP 浸出液	1.0

注 1：为保证目标化合物不因沉淀或絮凝而流失，应在原始采样瓶中调节 pH。

注 2：为保证与水样中目标化合物受 pH 影响程度相同，应在替代物和基体加标物加入之后再调节 pH。

7 分析步骤

7.1 膜式固相萃取法

7.1.1 清洗

萃取样品前必须用两种不同的溶剂分别对固相萃取膜进行清洗，清洗的步骤依目标化合物和样品的基体而定，且在萃取装置使用前进行。

7.1.1.1 首次清洗

首次清洗推荐使用的溶剂见表 1-4-3。用相应体积的溶剂，沿样品槽壁向下淋洗以清洗膜固相萃取装置和萃取膜。首先将少量溶剂在真空状态下抽过固相萃取膜，然后关闭真空，使溶剂浸泡该固相萃取膜约 1 min，再开启真空，将剩余溶剂抽干。

表 1-4-3　首次清洗使用的溶剂和体积

目标化合物类别	首次清洗溶剂	首次清洗体积
邻苯二甲酸酯	二氯甲烷	20 ml
有机氯农药	二氯甲烷	20 ml
多氯联苯（PCBs）	二氯甲烷	20 ml
有机磷农药	丙酮	5 ml
硝基芳烃类和硝胺类	乙腈	5 ml
爆炸物（包括硝基芳烃类、硝胺类和硝酸酯类等 U.S.EPA 8095 方法中列出的化合物）	丙酮	5 ml
含有机氯农药的 TCLP 浸出液	丙酮	5 ml
含半挥发性有机物的 TCLP 浸出液	丙酮	5 ml
含苯氧基除草剂的 TCLP 浸出液	乙腈	5 ml

7.1.1.2　第二次清洗

第二次清洗推荐使用的溶剂见表 1-4-4。

表 1-4-4　第二次清洗使用的溶剂和体积

目标化合物类别	第二次清洗溶剂	第二次清洗体积
邻苯二甲酸酯	丙酮	10 ml
有机氯农药	丙酮	10 ml
多氯联苯（PCBs）	不需要	—
有机磷农药	甲醇	5 ml
硝基芳烃类和硝胺类	乙腈	15 ml
爆炸物（包括硝基芳烃类、硝胺类和硝酸酯类等 U.S.EPA 8095 方法中列出的化合物）	异丙醇	15 ml
含有机氯农药的 TCLP 浸出液	乙酸乙酯	5 ml
含半挥发性有机物的 TCLP 浸出液	乙酸乙酯	5 ml
含苯氧基除草剂的 TCLP 浸出液	不需要	—

7.1.1.3　第三次清洗

第三次清洗仅限于爆炸物，推荐使用的溶剂见表 1-4-5。

表 1-4-5　第三次清洗使用的溶剂和体积

目标化合物类别	第三次清洗溶剂	第三次清洗体积
爆炸物（包括硝基芳烃类、硝胺类和硝酸酯类等 U.S.EPA 8095 方法中列出的化合物）	甲醇	15 ml

7.1.2　活化

在上样前应用亲水性溶剂浸润固相萃取膜，活化步骤见表 1-4-6。

表 1-4-6　活化步骤

目标化合物类别	活化步骤
邻苯二甲酸酯	20 ml 甲醇浸泡 1 min，20 ml 水冲洗
有机氯农药	20 ml 甲醇浸泡 1 min，20 ml 水冲洗
多氯联苯（PCBs）	20 ml 甲醇浸泡 1 min，20 ml 水冲洗
有机磷农药	5 ml 甲醇浸泡 1 min，20 ml 水冲洗
硝基芳烃类和硝胺类	15 ml 乙腈浸泡 3 min，30 ml 水冲洗
爆炸物（包括硝基芳烃类、硝胺类和硝酸酯类等 U.S.EPA 8095 方法中列出的化合物）	20 ml 乙腈浸泡 3 min，20 ml 乙腈淋洗，50 ml 水冲洗后再用 50 ml 水冲洗
含有机氯农药的 TCLP 浸出液	5 ml 甲醇浸泡 1 min，15 ml 水冲洗
含半挥发性有机物的 TCLP 浸出液	5 ml 甲醇浸泡 1 min，15 ml 水冲洗
含苯氧基除草剂的 TCLP 浸出液	5 ml 甲醇浸泡 1 min，15 ml 水冲洗

7.1.2.1　由表 1-4-6 可知，将一定体积的活化溶剂加至固相萃取装置中。开启真空抽气，至数滴溶剂穿透固相萃取膜，确保固相萃取膜被浸润。关闭真空泵，将固相萃取膜在溶剂中浸泡相应的时间。达到浸泡时间后，重新启动真空泵抽取溶剂，但要留一薄层在固相萃取膜上以防止固相萃取膜干涸，关闭真空。

7.1.2.2　由表 1-4-6 可知，将一定体积的水加至固相萃取装置中，开启真空泵抽气，使水穿透固相萃取膜，当固相萃取膜上水层的高度还有 2～3 mm 时，关闭真空泵，防止固相萃取膜干涸。

注：从活化开始至样品萃取结束，必须全程保持固相萃取膜的湿润。如果活化过程中固相萃取膜不慎干涸，则必须在加样品之前重新活化。

7.1.3　上样

将样品转移至样品槽，调节真空度至最高，尽快过滤（过滤时间至少为 10 min）。

待样品全部经过固相萃取膜后，维持真空抽气 3 min，直至抽干固相萃取膜。

注 1：对颗粒物含量高的样品，可将颗粒物沉降后，尽可能多地将上清液倒入样品槽内，同时减少真空度，使颗粒物尽可能少地被吸入萃取膜内部。待大部分水溶液通过固相萃取膜后，搅动含有颗粒物的剩余样品并倒入样品槽中，再用一定量的水冲洗样品瓶，将剩余的颗粒物也完全转移至样品槽中。

注 2：若仅需定量测定水样中可溶部分的目标化合物，可只萃取不含颗粒物的上清液。

注 3：在萃取爆炸物时，需维持真空抽气 20 min，直至抽干萃取膜。但是，对于其他易被氧化的目标化合物，抽干时间应尽量短。

7.1.4　洗脱

各种目标化合物的推荐洗脱溶剂见表 1-4-7。

表 1-4-7　洗脱步骤

目标化合物类别	洗脱步骤
邻苯二甲酸酯	5 ml 丙酮浸泡 15 ~ 20 s，用 15 ml 乙腈冲洗样品瓶然后加至固相萃取膜上
有机氯农药	5 ml 丙酮浸泡 15 ~ 20 s，用 15 ml 二氯甲烷冲洗样品瓶然后加至固相萃取膜上
多氯联苯（PCBs）	5 ml 丙酮浸泡 15 ~ 20 s，用 15 ml 乙腈冲洗样品瓶然后加至固相萃取膜上
有机磷农药	0.6 ml 丙酮浸泡 1 min，以 5 ml MTBE 淋洗样品瓶，重复淋洗 2 次加至固相萃取膜上
硝基芳烃类和硝胺类	5 ml 乙腈浸泡 3 min
爆炸物（包括硝基芳烃类、硝胺类和硝酸酯类等 U.S.EPA 8095 方法中列出的化合物）	4 ml 乙腈浸泡 3 min
含有机氯农药的 TCLP 浸出液	4 ml 丙酮淋洗样品瓶并加至萃取膜上，以 2 ml 丙酮淋洗玻璃器皿并加至固相萃取膜上，浸泡 1 min，再以 5 ml 乙酸乙酯淋洗样品瓶 2 次并加至固相萃取膜上
含半挥发性有机物的 TCLP 浸出液	4 ml 丙酮淋洗样品瓶并加至萃取膜上，以 2 ml 丙酮淋洗玻璃器皿并加至固相萃取膜上，浸泡 1min，再以 5 ml 乙酸乙酯淋洗样品瓶 2 次并加至固相萃取膜上
含苯氧基除草剂的 TCLP 浸出液	5 ml 乙腈冲洗样品瓶，然后加至固相萃取膜上，浸泡 1 min，再分别用 5 ml 乙腈冲洗样品瓶 2 次并加至固相萃取膜上

7.1.4.1　以亲水性溶剂（如丙酮或乙腈）做第一次洗脱，有助于回收被吸附剂孔隙间水分截留的目标化合物。放置好收集管后，如表 1-4-7 所示，将洗脱溶剂加入固相萃

取装置中。让溶剂均匀地铺散在整个固相萃取膜上，快速打开真空泵再立即关上，让最初几滴溶剂穿透固相萃取膜，按表 1-4-7 所述时间浸泡固相萃取膜。

7.1.4.2 用如表 1-4-7 所示的第二种溶剂淋洗样品瓶，并将洗涤液移入萃取装置中。如有必要，用一次性滴管取溶剂洗涤固相萃取装置的内壁。打开真空泵，将约一半的溶剂抽过固相萃取膜，然后关闭真空泵，将固相萃取膜浸泡约 1 min，再将剩余的溶剂抽过该萃取膜，将洗脱液收集到收集管中。

注 1：如果样品瓶底的颗粒物是根据项目的要求进行萃取的，洗瓶步骤可省略，直接将溶剂加入固相萃取装置中。

注 2：如果洗脱液浑浊，用微孔滤膜或其他等效物过滤。

7.2 柱式固相萃取法

硝基芳烃类和硝胺类、爆炸物的水样也可使用固相萃取柱萃取。

7.2.1 活化

将固相萃取柱安装于固相萃取装置上，如表 1-4-8 所示，用乙腈活化固相萃取柱，溶剂自然滴落，勿使固相萃取柱干涸。当柱上仅剩一薄层溶剂时，加入规定体积的水，让其自然流下，在固相萃取柱中的水即将流干时关闭截止阀。

表 1-4-8 硝基芳香族和硝基胺类、爆炸物的活化步骤

目标化合物类别	活化步骤
硝基芳烃类和硝胺类	10 ml 乙腈，30 ml 水
爆炸物（包括硝基芳烃类、硝胺类和硝酸酯类等 U.S.EPA 8095 方法中列出的化合物）	30 ml 乙腈，50 ml 水

7.2.2 上样

在萃取柱上端接上连接头，连接头的另一端与聚四氟乙烯软管相连，软管应足够长，以保证能与样品瓶或其他装样品的容器相接。开启真空抽气，将水样以约 10 ml/min 的速度通过萃取柱。当颗粒物阻塞萃取柱导致流速降低时，可增大真空度。

对于硝基芳烃类和硝胺类，待样品全部通过固相萃取柱后，关闭真空抽气，将 5 ml 水加入固相萃取柱，让水靠重力或抽真空等方式通过固相萃取柱后，关闭截止阀。

对于爆炸物，水样全部抽过萃取柱后，继续抽 15 min，将萃取柱中的水分彻底抽干，关闭真空抽气，并除去萃取柱出口可能附着的水滴。

7.2.3　洗脱

向固相萃取柱顶端加入 5 ml 乙腈（洗脱硝基芳烃类和硝胺类）或 4 ml 乙腈（洗脱爆炸物），靠重力自然淋洗固相萃取柱，并将洗脱液收集于收集管中。

7.3　干燥

将洗脱液通过装有 10 g 无水硫酸钠的干燥柱，并用 20 ml 溶剂洗涤收集管，将洗涤液一并通过干燥柱，收集所有洗脱液于 K–D 浓缩器或氮吹管中。如果待测物呈酸性，则使用酸化的无水硫酸钠。

7.4　浓缩

将盛有干燥后洗脱液的 K–D 浓缩器或氮吹管连接至浓缩装置，调节水浴温度，使之比溶剂沸点高 15 ~ 20℃，将萃取液浓缩至所需体积。

注 1：爆炸物萃取液不能浓缩，以免引起爆炸物爆炸。

注 2：当溶剂体积降至 1 ml 以下时，可能会损失某些半挥发性有机物（如苯甲酚）。

注 3：在浓缩过程中，用溶剂多次淋洗浓缩管内壁，并注意浓缩管的位置，避免冷凝水滴入萃取液中。操作时绝不可让洗脱液干涸。

注 4：浓缩过程中如需进行溶剂转换，可参照相关分析方法。

7.5　净化

萃取液可参照相关分析方法进行净化。

7.6　空白试样的制备

用实验用水代替实际样品，按照 7.1 ~ 7.5 相同步骤进行空白试样的制备。

8　质量保证与控制

参照相关分析方法。

9　注意事项

若样品中有大量颗粒物，在使用固相膜萃取时建议使用助滤剂或预滤器，但用固相萃取柱萃取硝基芳烃类和硝胺类、爆炸物时不可使用助滤剂。助滤剂应在萃取装置清洗前加入，使其覆盖萃取膜。使用助滤剂时，要调整清洗、活化、洗脱溶剂的体积，以保证其浸没整个助滤层。

10 废物处理

实验中产生的废液和废物应集中收集，做好相应标识，并委托有资质的单位处理。

11 引用标准

本作业指导书引用了下列文件或其中条款，凡是未注明日期的引用文件，其有效版本适用于本作业指导书。

GB 17378.3　海洋监测规范　第 3 部分：样品采集、贮存与运输

GB/T 14581　水质　湖泊和水库采样技术指导

HJ/T 20　工业固体废物采样制样技术规范

HJ/T 91　地表水和污水监测技术规范

HJ 91.1　污水监测技术规范

HJ 164　地下水环境监测技术规范

U.S.EPA Method 1311 Toxicity Characteristic Leaching Procedure.

U.S.EPA Method 8061A Phthalate Esters By Gas Chromatography with Electron Capture Detection（GC/ECD）.

U.S.EPA Method 8081B Organochlorine Pesticides By Gas Chromatography.

U.S.EPA Method 8082A Polychlorinated Biphenyls（PCBs）By Gas Chromatography.

U.S.EPA Method 8141B Organophosphorus Compounds By Gas Chromatography.

U.S.EPA Method 8330B Nitroaromatics，Nitramines，and Nitrate Esters By High Performance Liquid Chromatography（HPLC）.

U.S.EPA Method 8095 Explosives By Gas Chromatography.

U.S.EPA Method 8270E Semivolatile Organic Compounds By Gas Chromatography/Mass Spectrometry.

U.S.EPA Method 8321B Solvent-Extractable Nonvolatile Compounds By High Performance Liquid Chromatography-Thermospray-Mass Spectrometry（HPLC-TSP-MS）or Ultraviolet（UV）Detection.

U.S.EPA Method 8151A Chlorinated Herbicides By GC Using Methylation or Pentafluorobenzylation Derivatization.

附录 1–4–A
（资料性附录）
目标化合物、固相萃取介质类型和测定方法

附表 1-4-1　目标化合物、固相萃取介质类型和测定方法

化合物类别	固相萃取介质类型	测定方法
邻苯二甲酸酯	膜	U.S.EPA 8061A
有机氯农药	膜	U.S.EPA 8081B
多氯联苯（PCBs）	膜	U.S.EPA 8082A
有机磷农药	膜	U.S.EPA 8141B
硝基芳烃类和硝胺类	膜和柱	U.S.EPA 8330B
爆炸物（包括硝基芳烃类、硝胺类和硝酸酯类等 U.S.EPA 8095 方法中列出的化合物）	膜和柱	U.S.EPA 8095
含有机氯农药的 TCLP 浸出液	膜	U.S.EPA 8081
含半挥发性有机物的 TCLP 浸出液	膜	U.S.EPA 8270E
含苯氧基除草剂的 TCLP 浸出液	膜	U.S.EPA 8321B

注：本方法不适用于悬浮物含量大于 1% 的水样。若另有规定，如不考虑水中固体颗粒物组分，可在移取水样之前将颗粒物沉降；如将颗粒物视为水样的组成部分，可按多相样品进行处理。

8260D

挥发性有机物的测定 气相色谱-质谱法

1 适用范围

本方法适用于海水、地下水、地表水、污水、浸出液等水溶性液态样品，土壤、沉积物、固体废物等固态样品以及废气采样捕集介质中挥发性有机物的测定。

所适用的目标化合物见附录 1-5-A。

部分化合物的参考检出限见附录 1-5-B。

2 方法原理

采用合适的前处理方法提取不同基体样品中的挥发性有机物，在使用气相色谱分离后，用质谱进行检测。根据与标准物质质谱图和保留时间比较进行定性分析，内标法定量。

3 干扰与消除

二氯甲烷等有机溶剂会干扰挥发性有机物的分析，样品的保存、制备和分析区域应与使用这些溶剂的实验室区域有效隔离。

4 试剂和材料

除非另有说明，分析时均使用符合国家标准的分析纯试剂。

参照 U.S.EPA 8260 D—2018 方法。

4.1　实验用水：二次蒸馏水或通过纯水设备制备的水。

使用前须经过空白检验，确认在目标化合物的保留时间区间内无干扰峰出现或目标化合物浓度低于方法检出限。

4.2　甲醇（CH_3OH）：农残级。

使用前须通过检验，确认无目标化合物或目标化合物浓度低于方法检出限。

4.3　盐酸溶液：1+1（*V*/*V*）。

4.4　抗坏血酸（$C_6H_8O_6$）：分析纯，颗粒状。

4.5　标准贮备液：ρ=200～2 000 μg/ml。

可直接购买市售有证标准溶液，或用纯物质配制。

4.6　标准中间液：ρ=5～25 μg/ml。

用甲醇稀释标准贮备液。常温下为气态的挥发性有机物，保存时间为 7 d；其他化合物保存时间为 1 个月。

4.7　内标标准溶液：ρ=25 μg/ml。

宜选用氟苯、1,4- 二氯苯 -d_4 和氯苯 -d_5 作为内标，可直接购买市售有证标准溶液，或用纯物质配制。

4.8　替代物标准溶液：ρ=25 μg/ml。

宜选用 1,2- 二氯乙烷 -d_4、二溴氟甲烷、甲苯 -d_8 和 4- 溴氟苯作为替代物，可直接购买市售有证标准溶液，或用纯物质配制。

4.9　4- 溴氟苯（BFB）溶液：ρ=25 μg/ml。

可直接购买市售有证标准溶液，或用纯物质配制。

4.10　石英砂：20～50 目。

使用前需通过检验，确认无目标化合物或目标化合物浓度低于方法检出限。

4.11　氦气：纯度≥99.999%。

4.12　氮气：纯度≥99.999%。

4.13　其他实验室常用试剂。

注：以上所有标准溶液均用甲醇作为溶剂，在 4℃以下冷藏避光保存或参照产品说明书保存，使用前恢复至室温、混匀。

5　仪器和设备

5.1　气相色谱 / 质谱仪：气相色谱部分具分流 / 不分流进样口，可通过程序升温。质谱部分具有 70 eV 电子轰击（EI）离子源，配美国国家标准与技术研究院（NIST）质谱图库，具有全扫描（SCAN）和选择离子扫描（SIM）、手动 / 自动调谐、数据采集、定量分析及谱库检索等功能。

5.2 吹扫捕集装置：带 5 ml 的吹扫管，使用 1/3Tenax、1/3 硅胶、1/3 活性炭混合捕集阱。

5.3 毛细管柱：DB-624，60 m × 0.25 mm 的熔融石英毛细柱，液膜厚度 1.4 μm。亦可使用其他等效色谱柱。

5.4 气密注射器：5 ml。

5.5 微量注射器：10 μl、50 μl、100 μl、250 μl、1 ml。

5.6 样品瓶：40 ml 棕色玻璃瓶，具硅橡胶 - 聚四氟乙烯衬垫螺旋盖。

5.7 棕色密实瓶：2 ml，具聚四氟乙烯 - 硅胶衬垫和实芯螺旋盖。

5.8 水平和翻转式振荡仪。

5.9 零顶空提取器（ZHE）。

5.10 采样管：填料分别为 Tenax GC 和 Tenax GC 与石油基碳质材料的混合材质。

5.11 采样管解吸装置：能够加热至 180℃ ±10℃，且能够与吹扫装置紧密相连。

5.12 采样器材：铁铲、不锈钢药勺、加热采样枪、无油采样泵等设备。

5.13 采样瓶：具聚四氟乙烯硅胶衬垫螺旋盖的 60 ml 广口玻璃瓶。

5.14 一次性巴斯德玻璃吸液管。

5.15 一般实验室常用仪器和设备。

6 样品

6.1 样品的采集

6.1.1 水样

海水、地下水、地表水和污水样品的采集分别按照 GB 17378.3、HJ/T 164、GB/T 14581、HJ/T 91 和 HJ/T 91.1 的相关规定执行。所有样品均采集平行双样用于平行、加标测定或留样。采集样品时，应使水样在样品瓶中溢流而不留空间。取样时应尽量避免或减少样品在空气中暴露。

注：采集水样前，需向每个样品瓶中加入抗坏血酸，每 40 ml 样品需加入 25 mg 的抗坏血酸。如水样中总余氯的量超过 5 mg/L，应先按 HJ 586 附录 A 的方法测定总余氯后，再确定抗坏血酸的加入量。在 40 ml 样品瓶中，总余氯每超过 5 mg/L，需多加 25 mg 的抗坏血酸。采样

时，水样呈中性时向每个样品瓶中加入 0.5 ml 盐酸溶液（1+1，*V*/*V*），拧紧瓶盖；水样呈碱性时应加入适量盐酸溶液使样品 pH≤2。当水样加盐酸溶液后产生大量气泡时，应弃去该样品，重新采集样品。重新采集的样品应不加盐酸溶液，样品标签上应注明未酸化。

6.1.2　土壤、沉积物和固体废物

土壤、沉积物和固体废物的样品采集分别按照 HJ/T 166、HJ 494、GB 17378.3、HJ/T 20 和 HJ 298 的相关规定执行。所有样品均应至少采集 3 个平行样（用于平行、加标测定或留样）。用采样器材收集约 5 g 样品至样品瓶中，快速清除掉样品瓶螺纹及外表面黏附的样品，立即密封样品瓶。另外采集一份样品用于高含量样品、固体废物浸出液以及样品干物质含量、水分或含水率的测定。

注 1：如现场初步筛选土壤和沉积物样品中挥发性有机物含量大于 1 000 μg/kg，固体废物样品中挥发性有机物含量大于 200 μg/kg，则视该样品为高含量样品。

注 2：样品采集时勿搅动固体废物，以免造成固体废物中有机物的挥发。

6.1.3　气样

气样的采集按照 U.S.EPA 0030 或 U.S.EPA 0031 的相关规定执行。一对采样管的填料各不相同，第一根装有 Tenax GC 填料，第二根装有 Tenax GC 和活性炭树脂材料的混合填料，根据采样方法和实际情况决定使用几对采样管。为了采集均匀的样品，现场应至少采集 20 min。采样量为 5 L 时，采样流速设为 0.25 L/min。采样量最大不超过 20 L，可以 1 L/min 流速采集 20 min。废气样品亦可采集于 Tedlar 袋中。采完气样后，立即用密封帽将采样管两端密封。具体采样细节参照 HJ 732 或 U.S.EPA 0040 的相关规定执行。

6.2　样品的保存

样品采集后应冷藏运输，运回实验室后应尽快分析。若不能及时分析，应将样品于 4℃以下避光保存。其中，加酸水样的保存时间为 14 d，未酸化水样应在 24 h 内分析；土壤和沉积物样品的保存时间为 7 d；固体废物样品的保存时间为 14 d；气体采样管的保存时间为 14 d。样品存放区域应无有机物干扰。

6.3　干物质含量、水分或含水率的测定

土壤样品干物质和水分测定按照 HJ 613 执行，沉积物样品含水率测定按照 GB 17378.5 执行，固体废物样品干物质、水分或含水率的测定采用重量法。

6.4　试样的制备

不同目标化合物适用的前处理方法见附录 1-5-A。不同基体对应的前处理方法如

表 1-5-1 所示，废油样品可按照 U.S.EPA 3585 方法经十六烷稀释后直接进样，气体样品制备按照 U.S.EPA 5041 执行。本作业指导书仅提供了吹扫捕集法的样品制备和前处理具体操作步骤，其他前处理方法具体操作步骤按照表 1-5-1 和附录 1-5-A 执行。

表 1-5-1　不同基体对应的前处理方法

基体	前处理方法
水（包括 TCLP 浸出液、水溶性液体等液态样品）	水溶性样品的吹扫捕集法（U.S.EPA 5030C）
	共沸蒸馏法提取挥发性、不可吹出、水溶性有机化合物（U.S.EPA 5031）
	挥发性有机物的真空蒸馏法（U.S.EPA 5032）
土壤和沉积物	在封闭系统中吹扫－捕集和萃取土壤和固体废物样品中的挥发性有机物（U.S.EPA 5035）
	顶空法分析不同基体中挥发性有机物（U.S.EPA 5021）
固体废物	在封闭系统中吹扫－捕集和萃取土壤和固体废物样品中的挥发性有机物（U.S.EPA 5035）
	挥发性有机物的真空蒸馏法（U.S.EPA 5032）
	顶空法分析不同基体中的挥发性有机物（U.S.EPA 5021A）
气体（危险废物焚烧炉排气）	挥发性有机物采样系统中吸附柱脱附分析（U.S.EPA 5041A）

6.4.1　水试样的制备

用气密性注射器吸取 5.0 ml 试样，分别加入 10.0 μl 内标标准溶液和 10.0 μl 替代物标准溶液，将试样快速注入吹扫管中。有自动进样器的吹扫捕集仪可参考仪器说明进行操作。

6.4.2　土壤和沉积物试样的制备

6.4.2.1　低含量土壤和沉积物试样的制备

若初步判定样品中挥发性有机物含量小于 200 μg/kg 时，取 5 g 样品直接测定；初步判定含量为 200 ~ 1 000 μg/kg 时，取 1 g 样品直接测定。

取出样品瓶，待恢复至室温后，称重（精确至 0.01 g）。用气密性注射器量取 5.0 ml 实验用水、用微量注射器分别加入 10.0 μl 内标标准溶液和 10.0 μl 替代物标准溶液，按照仪器参考条件进行测定。

注：当用 1 g 样品进行分析时，若目标化合物未检出，需重新分析 5 g 样品；若目标化合物质量浓度超过了标准系列最高点，应按照高含量样品测定方法重新分析样品。

6.4.2.2　高含量土壤和沉积物试样的制备

对于初步判定目标化合物含量大于 1 000 μg/kg 的样品，从用于高含量样品测试的样品瓶中取 5 g 左右样品于 40 ml 样品瓶中，称重（精确至 0.01 g）。迅速加入 10.0 ml 甲醇，密封并振摇 2 min。静置沉降后，用一次性巴斯德玻璃吸液管移取约 1 ml 提取液至 2 ml 棕色玻璃瓶中，必要时，提取液可进行离心分离。用微量注射器分别量取 10.0 ~ 100 μl 提取液、10.0 μl 内标标准溶液和 10.0 μl 替代物标准溶液至用气密性注射器量取的 5.0 ml 实验用水中，放入 40 ml 样品瓶中（若无自动进样器，则直接放入吹扫管中），按照仪器参考条件进行测定。

注 1：若提取液不能立即分析，可于 4℃避光保存，保存时间为 14 d，分析前应恢复至室温。

注 2：若提取液中目标化合物含量超过标准系列最高点，提取液可用甲醇适当稀释后测定；若采用高含量样品测定方法，当取 100 μl 提取液进行分析，目标化合物含量低于标准系列最低点时，应采用低含量样品测定方法重新分析样品。

6.4.3　固体废物试样的制备

6.4.3.1　低含量固体废物试样的制备

取出样品瓶，待其恢复至室温后，称重（精确至 0.01 g）。用气密性注射器量取 5.0 ml 实验用水、用微量注射器分别加入 10.0 μl 内标标准溶液和 10.0 μl 替代物标准溶液，按照仪器参考条件进行测定。

6.4.3.2　高含量固体废物试样的制备

取出用于高含量样品测试的样品瓶，使其恢复至室温。称取 5 g 样品置于 40 ml 样品瓶中，称重（精确至 0.01 g）。迅速加入 10.0 ml 甲醇，密封，在水平振荡器上以 150 r/min 的速度振荡 10 min。静置沉降后，用一次性巴斯德玻璃吸液管移取约 1 ml 提取液至 2 ml 棕色玻璃瓶中，必要时，提取液可进行离心分离。

向 40 ml 样品瓶中（若无自动进样器，则直接放入吹扫管中）加入 5 g 石英砂、5.0 ml 实验用水、10.0 ~ 100 μl 甲醇提取液、10.0 μl 内标标准溶液和 10.0 μl 替代物标准溶液，按照仪器参考条件进行测定。

注 1：若提取液不能立即分析，可于 4℃避光保存，保存时间为 14 d，分析前应恢复至室温。

注 2：若甲醇提取液中目标化合物浓度较高，可通过加入甲醇进行适当稀释。

注 3：若用高含量样品方法分析浓度值过低或未检出，应采用低含量样品测定方法重新分析样品。

6.4.3.3　固体废物浸出液试样的制备

根据样品的含水率，按照 HJ/T 299 或 HJ/T 300 的方法制备固体废物浸出液试样。

取 5.0 ml 浸出液移入样品瓶中，加入 10.0 µl 内标标准溶液和 10.0 µl 替代物标准溶液，按照仪器参考条件进行测定。

6.4.4 气体试样的制备

将一对采样管取出，连接至采样管解吸装置。采样管的连接方向应与采样流向相反，也就是解吸气首先经过碳吸附剂部分，参考方法 U.S.EPA 5041A。气体样品也可从 Tedlar 袋中取出，通过定量环直接进样，参考方法 U.S.EPA 0040。

6.5 空白试样的制备

用 5.0 ml 实验用水代替实际样品，进行水样空白试样的制备。用 5.0 g 石英砂代替土壤和沉积物实际样品，进行空白试样的制备。用 5.0 g 石英砂、5.0 ml 浸提液分别代替固体废物、固体废物浸出液的实际样品，进行空白试样的制备。

7 分析步骤

7.1 仪器参考条件

7.1.1 前处理参考条件

7.1.1.1 吹扫捕集参考条件

吹扫温度：室温或恒温；吹扫流速：40 ml/min；吹扫时间：11 min；干吹扫时间：1 min；预脱附温度：180℃；脱附温度：190℃；脱附时间：2 min；烘烤温度：200℃；烘烤时间：6 min。

注：分析土壤和沉积物样品时，应设置预热时间（通常为 2 min），其他参数应按照仪器使用说明书进行设定。

7.1.1.2 气体吸附柱解吸与吹扫捕集参考条件

脱附温度：180℃；脱附时间：11 min；脱附气流速：40 ml/min。吹扫流速：2.5 ml/min；吹扫温度：室温；吹扫时间：11 min；捕集阱解吸温度：180℃；捕集阱解吸时间：5 min。

7.1.2 色谱参考条件

进样口温度：220℃；进样方式：分流进样（分流比 25∶1）；程序升温：38℃（2 min）→5℃/min→120℃→10℃/min→220℃（2 min）；载气：氦气；流量：1.0 ml/min。

7.1.3　质谱参考条件

离子源：EI 源；离子源温度：230℃；离子化能量：70 eV；扫描方式：全扫描，*m/z* 35～270 amu；溶剂延迟：4 min；接口温度：280℃。

注：SIM 方式适用于目标化合物含量较低的清洁水或使用全扫描方式灵敏度达不到相应标准要求的样品。

7.1.4　仪器性能检查

在初始校准之前，使用 1 μl 4- 溴氟苯（BFB）溶液，通过气相色谱进样口直接进样，或将其加入 5 ml 实验用水中通过吹扫捕集装置进样，进行 GC/MS 分析。可通过取峰顶扫描点及其前后两个扫描点离子丰度的平均值扣除背景值后获得关键离子丰度。4- 溴氟苯（BFB）关键离子丰度应满足表 1-5-2 中规定的标准，否则需对质谱仪的一些参数进行调整或清洗离子源。

表 1-5-2　4- 溴氟苯离子丰度标准

质量数	离子丰度标准	质量数	离子丰度标准
95	基峰，100% 相对丰度	175	质量数 174 的 5%～9%
96	质量数 95 的 5%～9%	176	质量数 174 的 95%～105%
173	小于质量数 174 的 2%	177	质量数 176 的 5%～10%
174	质量数 95 的 50%～200%	—	—

7.2　校准曲线的绘制

7.2.1　水样校准曲线的绘制

分别移取一定量的标准中间液和替代物标准溶液至实验用水中，配制目标化合物质量浓度分别为 5.00 μg/L、20.0 μg/L、50.0 μg/L、100 μg/L 和 200 μg/L 的标准溶液，各取 5 ml 并分别加入 10 μl 内标标准溶液，立即密封。校准曲线应至少配制 5 个浓度。

按照仪器参考条件，从低至高依次进样分析。以目标化合物与内标化合物定量离子响应值的比值为纵坐标，以目标化合物含量（即 25 ng、100 ng、250 ng、500 ng、1 000 ng）与内标化合物含量的比值为横坐标，建立校准曲线。

7.2.2　固体废物浸出液校准曲线的绘制

分别移取一定量的标准中间液和替代物标准溶液至 5.0 ml 浸提剂中，使得样品瓶中目标化合物的绝对量分别为 25 ng、100 ng、250 ng、500 ng、1 000 ng，分别加入

10 μl 内标标准溶液，立即密封。校准曲线应至少配制 5 个浓度。

按照仪器参考条件，从低至高依次进样分析。以目标化合物与内标化合物定量离子响应值的比值为纵坐标，以目标化合物含量与内标化合物含量的比值为横坐标，建立校准曲线。

7.2.3 土壤和沉积物、固体废物校准曲线的绘制

分别移取一定量的标准中间液和替代物标准溶液至装有 5 g 石英砂、5.0 ml 实验用水的样品瓶中，瓶中目标化合物的绝对量分别为 25 ng、100 ng、250 ng、500 ng、1 000 ng，分别加入 10 μl 内标标准溶液，立即密封。校准曲线应至少配制 5 个浓度。

按照仪器参考条件，从低至高依次进样分析。以目标化合物与内标化合物定量离子响应值的比值为纵坐标，以目标化合物含量与内标化合物含量的比值为横坐标，建立校准曲线。

7.2.4 气体校准曲线的绘制

将老化好的吸附管装到热脱附标样加载平台上，分别移取一定量的标准中间溶液、替代物标准溶液和内标标准溶液至吸附管中，用 50 ml/min 的 N_2 吹扫吸附管 2 min，迅速取下吸附管，用密封帽将其两端密封，得到目标化合物含量分别为 5.0 ng、10.0 ng、20.0 ng、50.0 ng、100.0 ng 的校准系列吸附管，每根吸附管的内标化合物含量均为 50 ng。校准曲线应至少配制 5 个浓度。

按照仪器参考条件，从低至高依次进样分析。以目标化合物与内标化合物定量离子响应值的比值为纵坐标，以目标化合物含量与内标物含量的比值为横坐标，建立校准曲线。

在 7.1 参考条件下，目标化合物的总离子流图见附录 1-5-C。

注 1：用实验用水配制的标准溶液不稳定，因此需现用现配。

注 2：对于极易挥发的目标化合物（如氯乙烯等）应使用气密性注射器进行溶液配制。

注 3：替代物可在单一浓度下进行校准。

注 4：亦可采用目标化合物与内标化合物质量浓度的比值为横坐标，建立校准曲线。

7.3 试样的测定

按照与绘制校准曲线相同的仪器参考条件进行测定。

注 1：若样品中的待测物浓度超过曲线最高点，则需取适量样品在容量瓶中稀释后立即测定。

注 2：当分析一个高浓度样品后，应分析一个或多个空白样品以防止交叉污染。分析海水样品后应用空白水样冲洗吹扫系统，避免盐分在吹扫管路中的残留和堵塞管路。

7.4　空白试验

按照与试样测定相同的仪器参考条件测定空白试样。

8　结果与计算

8.1　定性分析

通过与标准物质质谱图和保留时间比较对目标化合物进行定性分析。应多次分析标准溶液得到目标化合物的保留时间均值，以平均保留时间 ±3 倍的标准偏差为保留时间窗口，样品中目标化合物的保留时间应在其范围内。

样品中目标化合物的保留时间与初始校准标准溶液中间点或连续校准中该化合物的保留时间的差值应在 ±10 s 内。目标化合物标准质谱图中相对丰度高于 30% 的所有离子应在样品质谱图中存在，样品质谱图和标准质谱图中特征离子的相对丰度偏差应在 ±30% 之内。分子离子峰，即使其相对丰度低于 30%，也应作为判别化合物的依据。

8.2　定量分析

在对目标化合物定性判断的基础上，根据定量离子的响应（峰面积），采用内标法进行定量分析。可参照附录 1-5-D 设置定量离子、辅助离子，当样品中目标化合物的定量离子有干扰时，可使用辅助离子定量。

8.3　结果计算

8.3.1　平均相对响应因子（$\overline{\mathrm{RRF}}$）计算

当进行目标化合物的平均相对响应因子计算时，标准曲线系列第 i 点中目标化合物的相对响应因子 RRF_i，按照式（1-5-1）计算。

$$\mathrm{RRF}_i=\frac{A_i}{A_{\mathrm{IS}i}}\times\frac{m_{\mathrm{IS}i}}{m_i} \tag{1-5-1}$$

式中，RRF_i——校准曲线系列中第 i 点目标化合物的相对响应因子；

A_i——校准曲线系列中第 i 点目标化合物定量离子的响应值；

$A_{\mathrm{IS}i}$——校准曲线系列中第 i 点与目标化合物相对应的内标化合物定量离子的响应值；

m_i——校准曲线系列中第 i 点目标化合物的含量，ng；

$m_{\mathrm{IS}i}$——校准曲线系列中内标化合物的含量，ng。

校准曲线系列中目标化合物的平均相对响应因子$\overline{\mathrm{RRF}}$，按照式（1-5-2）计算。

$$\overline{\mathrm{RRF}} = \frac{\sum_{i=1}^{n} \mathrm{RRF}_i}{n} \quad (1\text{-}5\text{-}2)$$

式中，$\overline{\mathrm{RRF}}$——校准曲线系列中目标化合物的平均相对响应因子；

RRF_i——校准曲线系列中第 i 点目标化合物的相对响应因子；

n——标准系列点数。

待测试样中目标化合物（或替代物）的含量，按照式（1-5-3）计算。

$$m_x = \frac{A_x \times m_{\mathrm{IS}}}{A_{\mathrm{IS}} \times \overline{\mathrm{RRF}}} \quad (1\text{-}5\text{-}3)$$

式中，m_x——待测试样中目标化合物（或替代物）的含量，ng；

A_x——目标化合物定量离子的响应值；

m_{IS}——内标化合物的含量，ng；

A_{IS}——与目标化合物相对应的内标化合物定量离子的响应值；

$\overline{\mathrm{RRF}}$——校准曲线系列中目标化合物的平均相对响应因子。

8.3.2 建立校准曲线

以目标化合物与内标化合物定量离子响应值的比值为纵坐标，目标化合物含量与内标化合物含量的比值为横坐标，用最小二乘法建立校准曲线。若建立的线性校准曲线的相关系数（R^2）＜0.990 时，也可以采用非线性拟合曲线进行校准，曲线相关系数（R^2）应≥0.990。采用非线性校准曲线时，应至少采用 6 个浓度点进行校准。使用平均相对响应因子计算时，标准系列目标化合物相对响应因子的相对标准偏差（RSD）应≤20%。

待测试样中目标化合物含量 m_x 通过相应的校准曲线进行计算。

8.3.3 水样的结果计算

水样中目标化合物质量浓度 ρ（μg/L），按照式（1-5-4）进行计算。

$$\rho = \frac{m_x}{V_x} \times \mathrm{DF} \quad (1\text{-}5\text{-}4)$$

式中，ρ——待测水样中目标化合物的质量浓度，μg/L；

m_x——目标化合物的含量，ng；

V_x——试料体积，ml；

DF——稀释倍数。

8.3.4　土壤和沉积物样品的结果计算

8.3.4.1　低含量土壤和沉积物样品的结果计算

低含量沉积物样品中目标化合物 ω（μg/kg），按照式（1-5-5）进行计算。

$$\omega=\frac{m_x}{m\times(1-w_{H_2O})} \tag{1-5-5}$$

式中，ω——待测沉积物样品中目标化合物的浓度，μg/kg；

m_x——目标化合物的含量，ng；

m——样品的称取量，g；

w_{H_2O}——样品的含水率，%。

低含量土壤样品中目标化合物 ω（μg/kg），按照式（1-5-6）进行计算。

$$\omega=\frac{m_x}{m\times w_{dm}} \tag{1-5-6}$$

式中，ω——待测土壤样品中目标化合物的浓度，μg/kg；

m_x——目标化合物的含量，ng；

m——样品的称取量，g；

w_{dm}——样品的干物质含量，%。

8.3.4.2　高含量土壤和沉积物样品的结果计算

高含量沉积物样品中的目标化合物 ω（μg/kg），按照式（1-5-7）进行计算。

$$\omega=\frac{m_x\times V_C\times DF}{m\times(1-w_{H_2O})\times V_s} \tag{1-5-7}$$

式中，ω——待测沉积物样品中目标化合物的浓度，μg/kg；

m_x——目标化合物的含量，ng；

V_C——提取液体积，ml；

V_s——用于吹扫的提取液体积，ml；

m——样品的称取量，g；

w_{H_2O}——样品的含水率，%；

DF——稀释倍数。

高含量土壤样品中的目标化合物 ω（μg/kg），按照式（1-5-8）进行计算。

$$\omega = \frac{m_x \times V_c \times \mathrm{DF}}{m \times w_{dm} \times V_s} \tag{1-5-8}$$

式中，ω——待测土壤样品中目标化合物的浓度，μg/kg；

m_x——目标化合物的含量，ng；

V_c——提取液体积，ml；

V_s——用于吹扫的提取液体积，ml；

m——样品的称取量，g；

w_{dm}——样品的干物质含量，%；

DF——稀释倍数。

8.3.5 固体废物样品的结果计算

8.3.5.1 低含量固体废物样品的结果计算

低含量固体废物样品中目标化合物 ω（μg/kg），按照式（1-5-9）进行计算。

$$\omega = \frac{m_x}{m} \tag{1-5-9}$$

式中，ω——待测固体废物样品中目标化合物的浓度，μg/kg；

m_x——目标化合物的含量，ng；

m——样品的称取量，g。

8.3.5.2 高含量固体废物样品的结果计算

高含量固体废物样品中的目标化合物 ω（μg/kg），按照式（1-5-10）进行计算。

$$\omega = \frac{m_x \times V_c \times \mathrm{DF}}{m \times V_s} \tag{1-5-10}$$

式中，ω——待测固体废物样品中目标化合物的浓度，μg/kg；

m_x——目标化合物的含量，ng；

V_c——提取液体积，ml；

V_s——用于吹扫的提取液体积，ml；

m——样品量的称取量，g；

DF——稀释倍数。

8.3.6 固体废物浸出液的结果计算

固体废物浸出液中的目标化合物 ρ（μg/L），按照式（1-5-11）进行计算。

$$\rho = \frac{m_x}{V_x} \times \text{DF} \tag{1-5-11}$$

式中，ρ——固体废物浸出液中目标化合物的质量浓度，μg/L；

m_x——目标化合物的含量，ng；

V_x——试料体积，ml；

DF——稀释倍数。

8.3.7　气样捕集介质的结果计算

气样捕集介质中的目标化合物 ρ（mg/m^3），按照式（1-5-12）进行计算。

$$\rho = \frac{m}{V_s} \tag{1-5-12}$$

式中，ρ——样品中目标化合物的浓度，mg/m^3；

m——由校准曲线计算得到的气样捕集介质中目标化合物的含量，mg；

V_s——标准状况下的采样总体积，m^3。

注 1：样品中目标化合物的浓度单位亦可用 μg/m^3 表示。

注 2：m 可以是多个气样捕集介质中目标化合物含量的加和。

8.4　结果表示

8.4.1　水样：当测定结果小于 100 μg/L 时，保留至小数点后 1 位；当测定结果大于 100 μg /L 时，保留 3 位有效数字。

8.4.2　土壤、沉积物和固体废物：当测定结果小于 100 μg/kg 时，保留至小数点后 1 位；当测定结果大于 100 μg/kg 时，保留 3 位有效数字。

8.4.3　固体废物浸出液：当测定结果小于 100 μg/L 时，保留至小数点后 1 位；当测定结果大于 100 μg/L 时，保留 3 位有效数字。

8.4.4　气样捕集介质：质量浓度结果有效数字保留位数应不多于检出限位数，可按对应的环境行业方法标准进行修约。如果没有，可按 GB/T 8170 进行修约。

8.4.5　间二甲苯和对二甲苯的测定结果为两者之和。

9　质量保证与控制

9.1　仪器性能检查

建立初始校准之前需进行仪器性能检查，得到的 BFB 的关键离子和丰度必须全部满足要求。

9.2 空白试验

每批次样品至少做一个实验室空白，测定结果应低于检出限。每批次至少采集一个全程序空白，按照样品的分析步骤测定，测定结果应小于定量下限浓度的 1/2，或小于等于实际样品浓度的 10%。若测定结果未满足以上要求，则应采取措施排除污染并重新分析同批样品。

9.3 初始校准

在样品分析之前建立初始校准曲线。相对响应因子和线性回归校准曲线至少需 5 个浓度系列，二次回归校准曲线至少需 6 个浓度系列。目标化合物相对响应因子的 RSD 应≤20%，或者校准曲线相关系数（R^2）≥0.990。校准溶液低浓度点的回测值应在真值的 ±50% 范围内；校准溶液其他浓度点的回测值，应在真值的 ±30% 范围内，否则应查找原因或重新建立校准曲线。

在初始校准标准溶液之后，样品分析之前，使用与初始校准标准溶液不同来源制备的溶液进行分析，目标化合物的测定值与期望值的偏差应在 ±30% 以内。

9.4 连续校准

每 12 h 分析一次校准曲线中间浓度点，其测定结果与实际浓度的相对偏差应≤20%，否则应查找原因或重新建立校准曲线。内标化合物的响应值应在初始校准中间点或初始校准系列各点的平均响应值的 50% ~ 200%。

9.5 标准样品

必要时，采用有证标准物质对分析结果准确性进行质量控制。

9.6 平行样和基体加标

每批次（≤20 个）样品，进行一次平行样分析和基体加标分析。分析平行样，目标化合物的相对偏差应≤30%，基体加标回收率应在 60% ~ 130%。若加标回收率不合格，应再分析一个基体加标重复样品；若基体加标重复样品回收率仍不合格，但空白中替代物回收率测定结果及空白加标中替代物测定结果满足控制指标，说明样品存在基体效应，两次测定结果均应报出。

9.7 替代物回收率

所有样品和空白中都需加入替代物，按与样品相同的步骤分析，每种替代物的回收率应在 70% ~ 130%。如果实际样品中 1 个或多个替代物回收率超出规定范围，同批样品应重新分析。如果重新分析样品的替代物回收率合格，则报告重新分析的样品结果。如果重新分析样品的替代物回收率和第一次结果一样，空白和空白加标中替代物的回收率在允许范围内，则表明有基体效应，两次测定结果均应报出。

10　注意事项

10.1　分析完高浓度样品后，应分析一个或多个空白样品防止交叉污染。

10.2　在运输和储存过程中，挥发性有机物（尤其是二氯甲烷和碳氟化合物）易通过样品瓶的密封隔垫扩散，从而污染样品。必要时进行运输空白检查。

10.3　若样品中含有大量水溶性物质、悬浮物、高沸点有机化合物等，在分析完后需用肥皂水和实验用水清洗吹扫装置与进样针，然后在烘箱中 105℃烘干。

10.4　若样品中有些高沸点有机化合物被吹脱出来，它们将在目标化合物之后流出色谱柱。在程序升温完成后，气相色谱应留有烘烤时间确保高沸点有机化合物流出色谱柱。

10.5　水中碱性化合物的回收率受 pH 影响。吡啶、邻甲苯胺、正丙胺、2- 吡啶等化合物在酸性水样中的回收率非常低。2- 氯乙基乙烯基醚在酸性条件下容易发生水解。当 pH>4 时，脱氢卤化反应可能导致五氯乙烷水溶液降解，其他卤代化合物（如二氯丁烯和 1,1,2,2- 四氯乙烷）也会发生较低程度的降解，生成其他目标化合物。

10.6　关于 9.5 和 9.7 中实验室质控样的可接受标准，EPA 建议实验室在评估多个替代物回收率和相关纠正措施的程序后在实验室 SOP 或批准的项目计划中确定实验室的可接受标准。

11　废物处理

实验中产生的废液和废物应分类收集，做好相应标识，并委托有资质的单位集中处理。

12　引用标准

本作业指导书引用了下列文件或其中条款，凡是未注明日期的引用文件，其有效版本适用于本作业指导书。

GB 17378.3　海洋监测规范　第 3 部分：样品采集、贮存与运输

GB 17378.5　海洋监测规范　第 5 部分：沉积物分析

GB/T 14581　水质　湖泊和水库采样技术指导

GB/T 8170　数值修约规则与极限数值的表示和判定

HJ 298　危险废物鉴别技术规范

HJ 494　水质　采样技术指导

HJ 586　水质　游离氯和总氯的测定　*N*,*N*- 二乙基 -1,4- 苯二胺分光光度法

HJ 613　土壤　干物质和水分的测定　重量法

HJ/T 20　工业固体废物采样制样技术规范

HJ/T 91　地表水和污水监测技术规范

HJ 91.1　污水监测技术规范

HJ 164　地下水环境监测技术规范

HJ/T 166　土壤环境监测技术规范

HJ/T 299　固体废物　浸出毒性浸出方法　硫酸硝酸法

HJ/T 300　固体废物　浸出毒性浸出方法　醋酸缓冲溶液法

HJ 732　固定污染源废气　挥发性有机物的采样　气袋法

U.S.EPA Method 0030 Volatile Organic Sampling Train.

U.S.EPA Method 0031 Sampling Method for Volatile Organic Compounds（SMVOC）.

U.S.EPA Method 0040 Sampling of Principal Organic Hazardous Constituents from Combustion Sources Using Tedlar Bags.

U.S.EPA Method 3580A Waste Dilution.

U.S.EPA Method 5030C Purge-and-Trap for Aqueous Samples.

U.S.EPA Method 5035 Closed-System Purge-and-Trap and Extraction for Volatile Organics in Soil and Waste Samples.

U.S.EPA Method 5031 Volatile, Nonpurgeable, Water-Soluble Compounds by Azeotropic Distillation.

U.S.EPA Method 5032 Volatile Organic Compounds by Vacuum Distillation.

U.S.EPA Method 5021A Volatile Organic Compounds（VOCs）in Various Sample Matrices Using Equilibrium Headspace Analysis.

U.S.EPA Method 5041A Analysis for Desorption of Sorbent Cartridges from Volatile Organic Sampling Train（VOST）.

附录 1-5-A
（资料性附录）
目标化合物及适用前处理方法

附表 1-5-1　目标化合物及适用前处理方法

化合物名称	CAS 号	5030	5035	5031	5032	5021	5041	直接进样
丙酮	67-64-1	*	*	√	√	—	√	√
乙腈	75-05-8	*	*	√	—	—	—	√
丙烯醛	107-02-8	*	*	√	—	—	—	√
丙烯腈	107-13-1	*	*	√	*	—	√	√
烯丙醇	107-18-6	*	—	√	—	—	—	√
氯丙烯	107-05-1	√	*	—	—	—	—	√
乙基叔戊基醚	919-94-8	*	*	—	—	√ *	—	√
甲基叔戊基醚	994-05-8	*	*	—	—	√ *	—	√
苯	71-43-2	√	√	—	√	√	√	√
苄基氯	100-44-7	*	√	—	—	—	—	√
溴丙酮	598-31-2	*	—	—	—	—	—	√
溴苯	108-86-1	√	√	—	√	—	—	—
溴氯甲烷	74-97-5	√	√	—	√	√	√	√
溴二氯代甲烷	75-27-4	√	√	—	√	√	√	√
溴仿	75-25-2	*	*	—	√	√	√	√
溴甲烷	74-83-9	*	*	—	√	√	√	√
正丁醇	71-36-3	*	*	√	—	√	—	√
2- 丁酮	78-93-3	*	*	√	√	—	—	√
叔丁醇	75-65-0	*	*	√	—	*	—	√
正丁基苯	104-51-8	√	√	—	√	—	—	—
仲丁基苯	135-98-8	√	√	—	√	—	—	—
叔丁基苯	98-06-6	√	√	—	√	—	—	—
二硫化碳	75-15-0	*	*	—	√	√	√	√
四氯化碳	56-23-5	√	√	—	√	√	√	√

续表

化合物名称	CAS 号	5030	5035	5031	5032	5021	5041	直接进样
三氯乙醛	302-17-0	*	—	—	—	—	—	√
氯苯	108-90-7	√	√	—	√	√	√	√
氯丁烷	109-69-3	√	√	—	√	—	—	—
氯二溴甲烷	124-48-1	√	√	—	√	—	√	√
氯乙烷	75-00-3	√	√	—	√	√	√	√
2- 氯乙醇	107-07-3	*	—	—	—	—	—	√
2- 氯乙基乙烯基醚	110-75-8	*	*	—	—	—	—	√
氯仿	67-66-3	√	√	—	√	√	√	√
1- 氯己烷	544-10-5	√	√	—	—	—	—	—
氯甲烷	74-87-3	*	*	—	√	√	√	√
氯丁二烯	126-99-8	√	—	—	—	—	—	√
2- 氯甲苯	95-49-8	√	√	—	√	—	—	—
4- 氯甲苯	106-43-4	√	√	—	√	—	—	—
2- 丁烯醛	4170-30-3	*	—	*	—	—	—	√
环己烷	110-82-7	√	√	—	√	—	—	—
1,2- 二溴 -3- 氯丙烷	96-12-8	*	*	—	√	√	—	√
1,2- 二溴乙烷	106-93-4	√	√	—	√	√	—	√
二溴甲烷	74-95-3	√	√	—	√	√	√	√
1,2- 二氯苯	95-50-1	√	√	—	√	√	—	√
1,3- 二氯苯	541-73-1	√	√	—	√	√	—	√
1,4- 二氯苯	106-46-7	√	√	—	√	√	—	√
顺 -1,4- 二氯 -2- 丁烯	1476-11-5	*	√	—	√	—	—	√
反 -1,4- 二氯 -2- 丁烯	110-57-6	*	√	—	√	—	—	√
二氯二氟甲烷	75-71-8	*	*	—	*	√	—	√
1,1- 二氯乙烷	75-34-3	√	√	—	√	√	√	√
1,2- 二氯乙烷	107-06-2	√	√	—	√	√	√	√
1,1- 二氯乙烯	75-35-4	√	√	—	√	√	√	√
顺 -1,2- 二氯乙烯	156-59-2	√	√	—	√	√	—	—
反 -1,2- 二氯乙烯	156-60-5	√	√	—	√	√	√	√
1,3- 二氯丙烷	142-28-9	√	√	—	√	—	—	—

续表

化合物名称	CAS 号	5030	5035	5031	5032	5021	5041	直接进样
1,2- 二氯丙烷	78-87-5	√	√	—	√	√	√	√
2,2- 二氯丙烷	594-20-7	√	√	—	√	—	—	—
1,3- 二氯 -2- 丙醇	96-23-1	*	—	—	—	—	—	√
1,1- 二氯丙烯	563-58-6	√	√	—	√	—	—	—
顺式 -1,3- 二氯丙烯	10061-01-5	√	√	—	√	—	√	√
反式 -1,3- 二氯丙烯	10061-02-6	√	√	—	√	—	√	√
双环氧丁烷	1464-53-5	√	—	—	—	—	—	√
乙醚	60-29-7	*	*	—	*	—	—	√
二异丙基醚	108-20-3	*	√	—	—	√ *	—	√
1,4- 二氧六环	123-91-1	*	*	√	*	—	—	√
环氧氯丙烷	106-89-8	*	*	—	—	—	—	√
乙醇	64-17-5	*	*	√	*	√ *	—	√
乙酸乙酯	141-78-6	*	*	√	√	—	—	√
乙苯	100-41-4	√	√	—	√	√	√	√
甲基丙烯酸乙酯	97-63-2	√	√	—	√	—	—	√
乙基叔丁基醚	637-92-3	√ *	√ *	—	—	√ *	—	√
环氧乙烷	75-21-8	*	—	√	—	—	—	√
六氯丁二烯	87-68-3	*	√	—	—	√	—	√
六氯乙烷	67-72-1	*	*	—	√	—	—	√
2- 己酮	591-78-6	*	*	—	√	—	—	√
碘甲烷	74-88-4	√	√	—	√	—	√	√
异丁醇	78-83-1	*	*	√	—	√	—	√
异丙苯	98-82-8	√	√	—	√	√	—	√
对异丙基甲苯	99-87-6	√	√	—	√	—	—	—
丙二腈	109-77-3	*	—	—	—	—	—	√
甲基丙烯腈	126-98-7	*	√	√	—	—	—	√
甲醇	67-56-1	*	—	√	—	—	—	√
乙酸甲酯	79-20-9	√	√	—	√	—	—	—
丙烯酸甲酯	96-33-3	*	*	—	√	—	—	—
甲基丙烯酸甲酯	80-62-6	√	*	—	—	—	—	√

续表

化合物名称	CAS 号	5030	5035	5031	5032	5021	5041	直接进样
甲基叔丁基醚	1634-04-4	√*	√*	—	√	√*	—	√
甲基环己烷	108-87-2	√	√	—	√	—	—	—
二氯甲烷	75-09-2	√	√	—	√	√	√	√
4-甲基-2-戊酮	108-10-1	*	*	√	√	—	—	√
萘	91-20-3	*	*	—	√	√	—	√
硝基苯	98-95-3	√	√	—	—	—	—	√
2-硝基丙烷	79-46-9	√	√	—	—	—	—	√
N-亚硝基二正丁基胺	924-16-3	*	—	√	—	—	—	√
三聚乙醛	123-63-7	*	—	√	—	—	—	√
五氯乙烷	76-01-7	*	*	—	*	—	—	√
五氟苯	363-72-4	√	√	—	√	—	—	—
2-戊酮	107-87-9	*	√	√	—	—	—	√
2-甲基吡啶	109-06-8	*	*	√	—	—	—	√
1-丙醇	71-23-8	*	*	√	—	—	—	√
2-丙醇	67-63-0	*	*	√	—	√	—	√
丙炔醇	107-19-7	*	—	—	—	—	—	√
β-丙内酯	57-57-8	*	—	—	—	—	—	√
丙腈	107-12-0	√	√	√	—	—	—	—
正丙胺	107-10-8	√*	—	—	—	—	—	√
正丙苯	103-65-1	√	√	—	√	—	—	—
吡啶	110-86-1	*	*	√	*	—	—	√
苯乙烯	100-42-5	*	*	—	√	√*	√	√
1,1,1,2-四氯乙烷	630-20-6	√	√	—	√	√	√	√
1,1,2,2-四氯乙烷	79-34-5	√*	√*	—	√	√*	√	√
四氯乙烯	127-18-4	√*	√	—	√	√*	√	√
甲苯	108-88-3	√	√	—	√	√	√	√
邻甲苯胺	95-53-4	*	—	√	—	—	—	√
1,2,3-三氯苯	87-61-6	*	*	—	√	√	—	√
1,2,4-三氯苯	120-82-1	*	*	—	√	√	—	√
1,1,1-三氯乙烷	71-55-6	√	√	—	√	√	√	√

续表

化合物名称	CAS 号	5030	5035	5031	5032	5021	5041	直接进样
1,1,2- 三氯乙烷	79-00-5	√	√	—	√	√	√	√
三氯乙烯	79-01-6	√ *	√	—	√	√ *	√	√
1,1,2- 三氯 -1,2,2- 三氟乙烷	76-13-1	√	√	—	√	—	—	—
1,1,1- 三氯三氟乙烷	354-58-5	√	√	—	√	—	—	—
三氯氟甲烷	75-69-4	*	*	—	√	√	√	√
1,2,3- 三氯丙烷	96-18-4	√	√	—	√	√	√	√
1,2,3- 三甲基苯	526-73-8	—	—	—	—	√	—	—
1,2,4- 三甲基苯	95-63-6	√	√	—	√	√	—	—
1,3,5- 三甲基苯	108-67-8	√	√	—	√	√	—	—
乙酸乙烯酯	108-05-4	*	*	—	—	—	—	√
氯乙烯	75-01-4	*	*	—	√	√	√	√
间二甲苯	108-38-3	√	√	—	√	√	√	√
邻二甲苯	95-47-6	√	√	—	√	√	√	√
对二甲苯	106-42-3	√	√	—	√	√	√	√

注 1：“√”表示该方法可获得满意的回收率和精密度，但实际回收率可能因样品基体、制备技术和分析仪器的不同而存在差异。

注 2：“—”表示该化合物不能用此前的处理技术和制备。

注 3：“*”表示该化合物在使用此前的处理技术结合 8260 方法测定时，重现性、响应、回收率、稳定性和（或）色谱方面存在问题，可能会降低结果的整体质量或可信度（如多个实验室研究数据的 RSD>15%）。该化合物可能需要特殊处理。

注 4：“√ *”使用此前处理技术，该化合物可满足性能标准，但分析过程会出现一些问题。

附录 1-5-B
（资料性附录）
挥发性有机物的参考检出限

按照本作业指导书提供的吹扫捕集法的样品制备和前处理具体操作步骤，在仪器参考条件下得到部分目标化合物的参考检出限。检出限的计算是基于水样取样量为 5 ml，土壤和沉积物取样量为 5 g，固体废物（灰渣）取样量为 5 g，固体废物浸出液的取样量为 5 ml。取样量和浓缩富集倍数变化会导致检出限的改变。

附表 1-5-2 挥发性有机物的参考检出限

序号	目标化合物中文名称	目标化合物英文名称	CAS 号	检出限			
				水 /（μg/L）	土壤和沉积物 /（μg/kg）	固体废物	
						灰渣 /（μg/kg）	浸出液 /（μg/L）
1	氟苯	Fluorobenzene	462-06-6	—	—	—	—
2	二氯二氟甲烷	Dichlorodifluoromethane	75-71-8	1.1	1.1	1.1	1.1
3	氯甲烷	Chloromethane	74-87-3	1.2	1.0	1.2	1.2
4	氯乙烯	Vinyl chloride	75-01-4	1.5	1.0	1.5	1.5
5	溴甲烷	Bromomethane	74-83-9	1.1	1.1	1.1	1.1
6	氯乙烷	Chloroethane	75-00-3	0.8	0.8	0.8	0.8
7	三氯氟甲烷	Trichlorofluoromethane	75-69-4	1.1	1.1	1.1	1.1
8	1,1- 二氯乙烯	1,1-Dichloroethene	75-35-4	1.2	1.0	1.2	1.2
9	二氯甲烷	Dichloromethane	75-09-2	1.0	1.5	2.6	1.0
10	反 -1,2- 二氯乙烯	*trans*-1,2-Dichloroethene	156-60-5	1.1	1.4	1.4	1.1
11	1,1- 二氯乙烷	1,1-Dichloroethane	75-34-3	1.2	1.2	1.6	1.2
12	顺 -1,2- 二氯乙烯	*cis*-1,2-Dichloroethene	156-59-2	1.2	1.3	1.3	1.2
13	2,2- 二氯丙烷	2,2-Dichloropropane	594-20-7	1.5	1.3	1.3	1.5
14	溴氯甲烷	Bromochloromethane	74-97-5	1.4	1.4	1.4	1.4
15	三氯甲烷	Chloroform	67-66-3	1.4	1.1	1.5	1.4
16	二溴氟甲烷	Dibromofluoromethane	1868-53-7	—	—	—	—
17	1,1,1- 三氯乙烷	1,1,1-Trichloroethane	71-55-6	1.4	1.3	1.3	1.4

续表

序号	目标化合物中文名称	目标化合物英文名称	CAS 号	检出限			
				水 / (μg/L)	土壤和沉积物 / (μg/kg)	固体废物	
						灰渣 / (μg/kg)	浸出液 / (μg/L)
18	1,1- 二氯丙烯	1,1-Dichloropropene	563-58-6	1.2	1.2	1.2	1.2
19	四氯化碳	Carbon tetrachloride	56-23-5	1.5	1.3	2.1	1.5
20	1,2- 二氯乙烷 -d_4	1,2-Dichloroethane-d_4	17060-07-0	—	—	—	—
21	1,2- 二氯乙烷	1,2-Dichloroethane	107-06-2	1.4	1.3	1.3	1.4
22	苯	Benzene	71-43-2	1.4	1.9	1.6	1.4
23	三氯乙烯	Trichloroethene	79-01-6	1.2	1.2	1.2	1.2
24	1,2- 二氯丙烷	1,2-Dichloropropane	78-87-5	1.2	1.1	1.1	1.2
25	二溴甲烷	Dibromomethane	74-95-3	1.5	1.2	1.2	1.5
26	溴二氯甲烷	Bromodichloromethane	75-27-4	1.3	1.1	1.1	1.3
27	顺 -1,3- 二氯丙烯	*cis*-1,3-Dichloropropene	10061-01-5	1.4	0.8	0.8	1.4
28	氯苯 -d_5	Chlorobenzene-d_5	3114-55-4	—	—	—	—
29	甲苯 -d_8	Toluene-d_8	2037-26-5	—	—	—	—
30	甲苯	Toluene	108-88-3	1.4	1.3	2.0	1.4
31	反 -1,3- 二氯丙烯	*trans*-1,3-Dichloropropene	10061-02-6	1.4	0.7	0.7	1.4
32	1,1,2- 三氯乙烷	1,1,2-Trichloroethane	79-00-5	1.5	1.2	1.4	1.5
33	1,3- 二氯丙烷	1,3-Dichloropropane	142-28-9	1.4	1.1	1.1	1.4
34	四氯乙烯	Tetrachloroethene	127-18-4	1.2	1.4	1.4	1.2
35	二溴氯甲烷	Dibromochloromethane	124-48-1	1.2	1.1	1.1	1.2
36	1,2- 二溴乙烷	1,2-Dibromoethane	106-93-4	1.2	1.1	1.5	1.2
37	氯苯	Chlorobenzene	108-90-7	1.0	1.2	1.2	1.0
38	1,1,1,2- 四氯乙烷	1,1,1,2-Tetrachloroethane	630-20-6	1.5	1.2	1.2	1.5
39	乙苯	Ethylbenzene	100-41-4	0.8	1.2	1.2	0.8
40	间 - 二甲苯 / 对 - 二甲苯	*m*-Xylene/*p*-Xylene	108-38-3/ 106-42-3	2.2	1.2	3.6	2.2
41	邻 - 二甲苯	*o*-Xylene	95-47-6	1.4	1.2	1.3	1.4
42	苯乙烯	Styrene	100-42-5	0.6	1.1	1.6	0.6
43	三溴甲烷	Bromoform	75-25-2	0.6	1.5	1.7	0.9
44	异丙苯	Isopropylbenzene	98-82-8	0.7	1.2	1.2	0.8

续表

序号	目标化合物中文名称	目标化合物英文名称	CAS 号	检出限			
				水 /(μg/L)	土壤和沉积物 /(μg/kg)	固体废物	
						灰渣 /(μg/kg)	浸出液 /(μg/L)
45	1,4- 二氯苯 -d_4	1,4-Dichlorobenzene-d_4	3855-82-1	—	—	—	—
46	4- 溴氟苯	4-Bromofluorobenzene	460-00-4	—	—	—	—
47	1,1,2,2- 四氯乙烷	1,1,2,2-Tetrachloroethane	79-34-5	1.1	1.2	1.2	1.1
48	1,2,3- 三氯丙烷	1,2,3-Trichloropropane	96-18-4	1.2	1.2	1.2	1.2
49	溴苯	Bromobenzene	108-86-1	0.8	1.3	1.3	0.8
50	正丙苯	*n*-Propylbenzene	103-65-1	0.8	1.2	1.2	0.8
51	2- 氯甲苯	2-Chlorotoluene	95-49-8	1.0	1.3	1.3	1.0
52	1,3,5- 三甲基苯	1,3,5-Trimethylbenzene	108-67-8	0.7	1.4	1.5	0.7
53	4- 氯甲苯	4-Chlorotoluene	106-43-4	0.9	1.3	1.3	0.9
54	叔丁苯	*tert*-Butylbenzene	98-06-6	1.2	1.2	1.2	1.2
55	1,2,4- 三甲基苯	1,2,4-Trimethylbenzene	95-63-6	0.8	1.3	1.5	0.8
56	仲丁苯	*sec*-Butylbenzene	135-98-8	1.2	1.1	1.1	1.2
57	对异丙基甲苯	*p*-Isopropyltoluene	99-87-6	0.8	1.3	1.3	0.8
58	1,3- 二氯苯	1,3-Dichlorobenzene	541-73-1	1.2	1.5	1.5	1.2
59	1,4- 二氯苯	1,4-Dichlorobenzene	106-46-7	0.8	1.5	1.5	0.8
60	正丁苯	*n*-Butylbenzene	104-51-8	1.0	1.7	1.7	1.0
61	1,2- 二氯苯	1,2-Dichlorobenzene	95-50-1	0.8	1.5	1.0	0.8
62	1,2- 二溴 -3- 氯丙烷	1,2-Dibromo-3-chloropropane	96-12-8	1.0	1.9	1.9	1.0
63	1,2,4- 三氯苯	1,2,4-Trichlorobenzene	120-82-1	1.1	0.6	0.8	1.1
64	六氯丁二烯	Hexachlorobutadiene	87-68-3	0.6	1.6	1.6	0.8
65	萘	Naphthalene	91-20-3	1.0	1.0	1.0	1.0
66	1,2,3- 三氯苯	1,2,3-Trichlorobenzene	87-61-6	1.0	1.0	1.0	1.0

附录 1-5-C
（资料性附录）
仪器参考条件下目标化合物的总离子流图

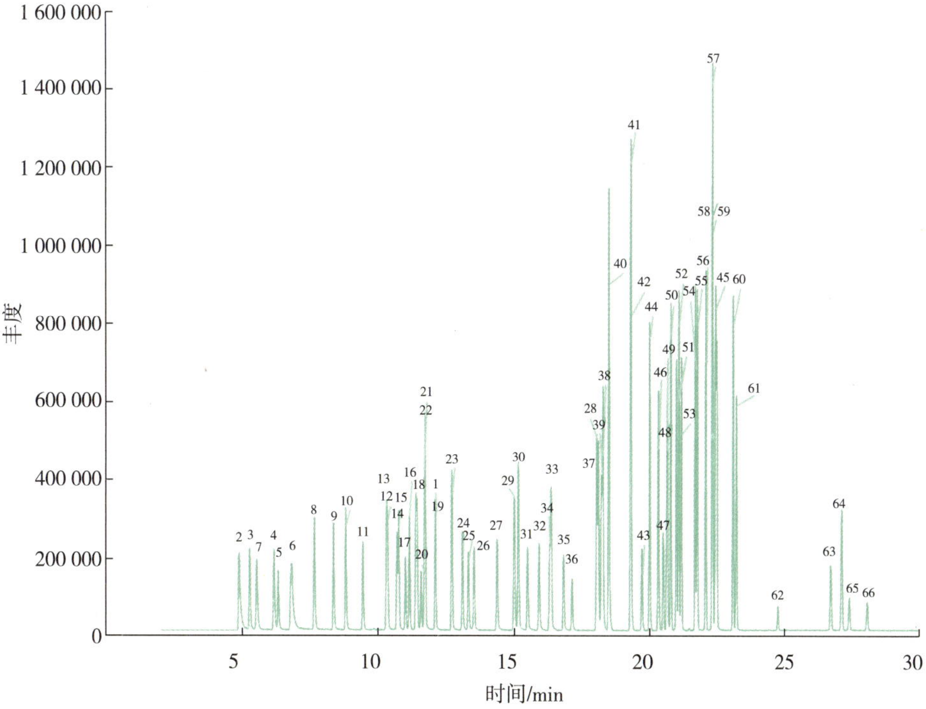

附图 1-5-1　仪器参考条件下目标化合物的总离子流图

1—氟苯（IS）；2—二氯二氟甲烷；3—氯甲烷；4—氯乙烯；5—溴甲烷；6—氯乙烷；7—三氯氟甲烷；8—1,1- 二氯乙烯；9—二氯甲烷；10—反 -1,2- 二氯乙烯；11—1,1- 二氯乙烷；12—顺 -1,2- 二氯乙烯；13—2,2- 二氯丙烷；14—溴氯甲烷；15—三氯甲烷；16—二溴氟甲烷（SS）；17—1,1,1- 三氯乙烷；18—1,1- 二氯丙烯；19—四氯化碳；20—1,2- 二氯乙烷 -d_4（SS）；21—1,2- 二氯乙烷；22—苯；23—三氯乙烯；24—1,2- 二氯丙烷；25—二溴甲烷；26—溴二氯甲烷；27—顺 -1,3- 二氯丙烯；28—氯苯 -d_5（IS）；29—甲苯 -d_8（SS）；30—甲苯；31—反 -1,3- 二氯丙烯；32—1,1,2- 三氯乙烷；33—1,3- 二氯丙烷；34—四氯乙烯；35—二溴氯甲烷；36—1,2- 二溴乙烷；37—氯苯；38—1,1,1,2- 四氯乙烷；39—乙苯；40—间 - 二甲苯 / 对 - 二甲苯；41—邻 - 二甲苯；42—苯乙烯；43—三溴甲烷；44—异丙苯；45—1,4- 二氯苯 -d_4（IS）；46—4- 溴氟苯（SS）；47—1,1,2,2- 四氯乙烷；48—1,2,3- 三氯丙烷；49—溴苯；50—正丙苯；51—2- 氯甲苯；52—1,3,5- 三甲基苯；53—4- 氯甲苯；54—叔丁苯；55—1,2,4- 三甲基苯；56—仲丁苯；57—对异丙基甲苯；58—1,3- 二氯苯；59—1,4- 二氯苯；60—正丁苯；61—1,2- 二氯苯；62—1,2- 二溴 -3- 氯丙烷；63—1,2,4- 三氯苯；64—六氯丁二烯；65—萘；66—1,2,3- 三氯苯

附录 1-5-D
（资料性附录）
目标化合物的测定参考参数

表 1-5-3 目标化合物的测定参考参数

序号	目标化合物中文名称	类型	定量内标	定量离子	辅助离子
1	氟苯	内标物	—	96	77
2	二氯二氟甲烷	目标化合物	1	85	87
3	氯甲烷	目标化合物	1	50	52
4	氯乙烯	目标化合物	1	62	64
5	溴甲烷	目标化合物	1	94	96
6	氯乙烷	目标化合物	1	64	66
7	三氯氟甲烷	目标化合物	1	101	103
8	1,1- 二氯乙烯	目标化合物	1	96	61、63
9	二氯甲烷	目标化合物	1	84	86、49
10	反 -1,2- 二氯乙烯	目标化合物	1	96	61、98
11	1,1- 二氯乙烷	目标化合物	1	63	65、83
12	顺 -1,2- 二氯乙烯	目标化合物	1	96	61、98
13	2,2- 二氯丙烷	目标化合物	1	77	41、97
14	溴氯甲烷	目标化合物	1	128	49、130
15	三氯甲烷	目标化合物	1	83	85、47
16	二溴氟甲烷	替代物	1	113	111、192
17	1,1,1- 三氯乙烷	目标化合物	1	97	99、61
18	1,1- 二氯丙烯	目标化合物	1	75	110、77
19	四氯化碳	目标化合物	1	117	119、121
20	1,2- 二氯乙烷 -d_4	替代物	1	65	67、102
21	1,2- 二氯乙烷	目标化合物	1	62	64、98
22	苯	目标化合物	1	78	77、51
23	三氯乙烯	目标化合物	1	95	130、132
24	1,2- 二氯丙烷	目标化合物	1	63	41、112

续表

序号	目标化合物中文名称	类型	定量内标	定量离子	辅助离子
25	二溴甲烷	目标化合物	1	93	95、174
26	溴二氯甲烷	目标化合物	1	83	85、127
27	顺 -1,3- 二氯丙烯	目标化合物	1	75	39、77
28	氯苯 -d_5	内标物	—	117	82
29	甲苯 -d_8	替代物	2	98	100
30	甲苯	目标化合物	2	91	92
31	反 -1,3- 二氯丙烯	目标化合物	2	75	39、77
32	1,1,2- 三氯乙烷	目标化合物	2	83	97、85
33	1,3- 二氯丙烷	目标化合物	2	76	41、78
34	四氯乙烯	目标化合物	2	166	168、129
35	二溴氯甲烷	目标化合物	2	129	127、131
36	1,2- 二溴乙烷	目标化合物	2	107	109、188
37	氯苯	目标化合物	2	112	77、114
38	1,1,1,2- 四氯乙烷	目标化合物	2	131	133、119
39	乙苯	目标化合物	2	91	106
40	间 - 二甲苯 / 对 - 二甲苯	目标化合物	2	106	91
41	邻 - 二甲苯	目标化合物	2	106	91
42	苯乙烯	目标化合物	2	104	78、103
43	三溴甲烷	目标化合物	2	173	175、254
44	异丙苯	目标化合物	2	105	120
45	1,4- 二氯苯 -d_4	内标物	—	152	115、150
46	4- 溴氟苯	替代物	3	95	174、176
47	1,1,2,2- 四氯乙烷	目标化合物	3	83	131、85
48	1,2,3- 三氯丙烷	目标化合物	3	75	110、77
49	溴苯	目标化合物	3	156	77、158
50	正丙苯	目标化合物	3	91	120
51	2- 氯甲苯	目标化合物	3	91	126
52	1,3,5- 三甲基苯	目标化合物	3	105	120
53	4- 氯甲苯	目标化合物	3	91	126
54	叔丁苯	目标化合物	3	119	91、134
55	1,2,4- 三甲基苯	目标化合物	3	105	120

续表

序号	目标化合物中文名称	类型	定量内标	定量离子	辅助离子
56	仲丁苯	目标化合物	3	119	91、134
57	对异丙基甲苯	目标化合物	3	119	134、91
58	1,3- 二氯苯	目标化合物	3	146	111、148
59	1,4- 二氯苯	目标化合物	3	146	111、148
60	正丁苯	目标化合物	3	119	91、134
61	1,2- 二氯苯	目标化合物	3	146	111、148
62	1,2- 二溴 -3- 氯丙烷	目标化合物	3	157	75、155
63	1,2,4- 三氯苯	目标化合物	3	180	182、145
64	六氯丁二烯	目标化合物	3	225	223、227
65	萘	目标化合物	3	128	—
66	1,2,3- 三氯苯	目标化合物	3	180	182、145

8141B

有机磷化合物的测定 气相色谱法

1 适用范围

本方法适用于海水、地表水、地下水、污水、浸出液等水溶性液态样品以及土壤、沉积物、固体废物等固态样品中有机磷化合物的测定。

所适用的目标化合物见附录 1-6-A。

部分化合物的参考检出限见附录 1-6-B。

2 方法原理

水样为中性时，选用液 - 液萃取或固相萃取，土壤和沉积物、固体废物样品选用索氏提取、加压流体萃取、微波提取、超声波提取后，提取液经净化、浓缩，经色谱柱分离，火焰光度检测器（FPD）或氮磷检测器（NPD）检测。保留时间定性，内标法或外标法定量。

3 干扰和消除

3.1 元素硫可能会产生干扰，使用带磷滤光片的 FPD 时，可最大限度地降低材料的干扰。使用方法 U.S.EPA 3660 除去硫干扰时，只能使用四丁基铵（TBA）- 亚硫酸盐，因为铜可能会破坏有机磷化合物，分析时须进行回收率及稳定性的测定，保证四丁基

参照 U.A.EPA 8141 B—2007 方法。

铵（TBA）- 亚硫酸盐净化法的回收率高于 85%。

3.2 二溴磷可在样品前处理及色谱分析过程中通过脱溴转化为敌敌畏（DDVP），脱溴的程度取决于基质的性质，当待测物为二溴磷时，须考虑其脱溴的能力。

3.3 敌百虫在酸性、中性或碱性介质中可降解，形成敌敌畏（DDVP）和盐酸，使用本方法测定有机磷中敌百虫时，应考虑其降解成敌敌畏的可能性。

4 试剂和材料

除非另有说明，分析时均使用符合国家标准的分析纯试剂，实验用水为不含目标物的纯水。

4.1 异辛烷（C_8H_{18}）：农残级。

4.2 正己烷（C_6H_{14}）：农残级。

4.3 丙酮（C_3H_6O）：农残级。

4.4 四氢呋喃（THF，C_4H_8O）：农残级。

4.5 甲基叔丁基醚（MTBE，$C_5H_{12}O$）：农残级。

4.6 标准储备液：ρ=1 000 mg/L，通过纯品制备或者购买有证标准溶液。

精确称量 0.010 0 g 纯品，溶解在丙酮 / 正己烷混合液中，稀释至 10 ml。如果纯品的纯度为 96% 及以上，则可用称取的重量直接计算储备液的浓度。也可直接购买市售有证标准溶液。

西玛津和阿特拉津在正己烷中溶解度较低，阿特拉津应溶解在 MTBE 中，西玛津应该溶解在丙酮 /MTBE/THF（1∶3∶1，*V*/*V*/*V*）的混合溶剂中。

4.7 标准混合储备液：ρ=40 mg/L。

通过单个组分的储备液进行制备时，应保证单个组分及其常规氧化产物在色谱系统中的分辨率。配制少于 25 个组分的标准混合储备液：精确取每种组分 1 000 mg/L 的储备液各 1 ml，混合并稀释至 25 ml。例如，对于含有 20 种独立组分的混合标准储备液，定容至 25 ml 后，混合物中每种组分的浓度为 40 mg/L。标准混合储备液可进一步稀释至所需的浓度。不推荐使用 25 种组分以上的标准混合储备液。

4.8 内标标准溶液：ρ=5 mg/L。

使用 NPD 时，可使用 1- 溴 -2- 硝基苯作为内标，浓度为 1 000 mg/L，使用时稀释至 5 mg/L。内标加入量为 10 μl/ml 萃取液。所有样品及校准物质的内标加标浓度均应相同。由于 FPD 响应小，不适合使用 1- 溴 -2- 硝基苯作为内标物。

4.9　替代物标准溶液：ρ=1 μg/L。

磷酸三丁酯和磷酸三苯酯均可作为替代物，用于 FPD 或 NPD 的分析。在每个样品中加入 1 μg/L 替代物溶液 1.0 ml（含 1 ng 替代物）。如果替代物和样品中某种物质存在共出峰的现象，4- 氯 -3- 硝基三氟甲苯也可作为替代物进行 NPD 的分析。分析中也可使用其他替代物，调整替代物浓度或体积，但须保证符合质控要求。

4.10　其他实验室常用试剂。

5　仪器和设备

5.1　气相色谱仪

气相色谱仪具分流 / 不分流进样口，火焰光度检测器或氮磷检测器、色谱数据处理工作站等。

5.2　色谱柱

色谱柱 1：30 m × 0.53 mm 毛细管柱，膜厚 1.0 μm，化学键合 50% 三氟磷酸聚硅氧烷和 50% 甲基聚硅氧烷（DB-210）或等效色谱柱。

色谱柱 2：30 m × 0.53 mm 毛细管柱，膜厚 1.0 μm，化学键合 5% 苯基聚硅氧烷和 95% 甲基聚硅氧烷（DB-5、SPB-5、RTX-50）或等效色谱柱。

5.3　液体样品的萃取装置：固相萃取装置、带聚四氟活塞的分液漏斗。

5.4　固体样品的萃取装置：加速溶剂萃取仪、索氏提取器、微波萃取仪等性能相当的设备。

5.5　凝胶渗透色谱仪（GPC）：具有 254 nm 固定波长紫外检测器，填充凝胶填料的净化柱。

5.6　浓缩装置：旋转蒸发仪、氮吹管等或其他同等性能的设备。

5.7　玻璃层析柱。

5.8　微量注射器。

5.9　分析天平：感量为 0.1 mg。

5.10　其他实验室常用的玻璃器皿。

6　样品

6.1　样品的采集

海水、地下水、地表水和污水的样品采集分别按照 GB 17378.3、HJ/T 164、

GB/T 14581、HJ/T 91 和 HJ/T 91.1 的相关规定执行。土壤、沉积物和固体废物样品的采集分别按照 HJ/T 166、GB 17378.3、HJ 494、HJ/T 20 和 HJ 298 的相关规定执行。

6.2 样品的保存

水样必须采集在具聚四氟乙烯内衬盖的棕色玻璃容器中。样品采集后，用氢氧化钠或硫酸将水样的 pH 调为 5 ~ 8，同时记录固定剂的加入量。固体废物、土壤、沉积物的样品应保存在洁净的具塞磨口棕色玻璃瓶中。采集好的样品立即于 6℃下冷藏避光保存，样品萃取前应在 6℃下运输和保存。水样和固体样品应在采集后的 7 d 内萃取，萃取液于 6℃下保存，在 40 d 内分析。

6.3 干物质含量、水分或含水率的测定

土壤样品干物质和水分测定按照 HJ 613 执行，沉积物样品含水率测定按照 GB 17378.5 执行，固体废物样品干物质、水分或含水率的测定采用重量法。

6.4 试样的制备

6.4.1 向采样瓶的原始水样或土壤样品中加入目标化合物分析时所需的替代物。

6.4.2 选择合适的萃取方法。不同基体对应的前处理方法见表 1-6-1。一般情况下，水样为中性时，使用二氯甲烷进行萃取，可使用分液漏斗液液萃取法（U.S.EPA 3510C）、连续液液萃取法（U.S.EPA 3520C）、固相萃取法（U.S.EPA 3535A）或其他萃取法。固体样品用正己烷 - 丙酮（1∶1，*V*/*V*）萃取或者用二氯甲烷 - 丙酮（1∶1，*V*/*V*）进行萃取，可使用索氏提取方法（U.S.EPA 3540C）、自动索氏提取法（U.S.EPA 3541）、加压流体萃取法（U.S.EPA 3545）、微波提取法（U.S.EPA 3546）、超声波提取法（U.S.EPA 3550C）或其他萃取法。

有机磷酸酯可在酸性或碱性条件下水解，因此，pH 低于 4 或高于 8 的溶液的萃取和净化不适用于本方法。

6.4.3 净化

如样品基质较为干净，则不需净化。但大部分环境和固体废物样品的提取液在分析前须净化。净化步骤取决于样品性质和数据质控要求。

6.4.3.1 对于有机磷化合物，样品提取物可使用弗罗里硅土柱法（U.S.EPA 3620C）、硫磺处理法（U.S.EPA 3660B，TBA- 亚硫酸盐选项）进行净化。

6.4.3.2 如果使用硫磺处理法进行净化，不应使用含铜的技术，因为待测物在铜存在

的条件下容易降解。

6.4.3.3　使用凝胶渗透净化法（U.S.EPA 3640）时，应确保所有的待测物均适用于该方法，或通过实验分析证明，在浓度不大于 5 倍限值时，回收率大于 85%。

6.4.3.4　在气相色谱分析之前，萃取溶剂可换为正己烷，但须确保提取浓缩液定量转移。在样品转移过程中不应使用 100% 的正己烷，因为有机磷化合物极性较大，在转移过程中容易损失。有机磷酸酯转移时使用二氯甲烷或正己烷 / 丙酮混合溶剂效果最佳。

6.4.3.5　二氯甲烷可以用作 FPD 和 NPD 的进样溶剂。

表 1-6-1　不同基体对应的前处理方法

基体	前处理方法	
	样品的萃取	样品的净化
水样	分液漏斗液液萃取法（U.S.EPA 3510C）	弗罗里硅土柱法（U.S.EPA 3620） 硫磺处理法（U.S.EPA 3660B） 凝胶渗透净化法（U.S.EPA 3640A）
	连续液液萃取法（U.S.EPA 3520C）	
	固相萃取法（U.S.EPA 3535A）	
土壤和沉积物、固体废物	索氏提取方法（U.S.EPA 3540C）	
	自动索氏提取法（U.S.EPA 3541）	
	加压流体萃取法（U.S.EPA 3545）	
	微波提取法（U.S.EPA 3546）	
	超声波提取法（U.S.EPA 3550C）	

6.5　空白试样的制备

用实验用水代替液态实际样品，用石英砂代替固态实际样品，进行空白试样的制备。

7　分析步骤

7.1　气相色谱参考条件

气相色谱条件：方法可使用单柱或双柱分析。参考色谱条件见表 1-6-2。

表 1-6-2 气相色谱参考条件

柱 1	DB-210（或同等柱）
	规格：30 m × 0.53 mm ID
	膜厚度（μm）：1.0
柱 2	DB-5（或同等柱）
	规格：30 m ×0.53 mm ID
	膜厚度（μm）：1.5
载气流量	6（ml/min）He
工作气体流速	20（ml/min）He
升温程序	120℃（3min），以 5℃ /min 的速度升温至 270℃（10 min）
进样口温度	250℃
检测器温度	300℃
进样量	2 μl
溶剂	正己烷
检测器类型	NPD
分流器类型	双柱分析时使用 Y-shaped 或 Tee 连接双柱
氢气压力	20 psi①
柱温度	400℃

7.2 校准曲线的绘制

校准曲线溶液应至少配制 5 个浓度，使用异辛烷或正己烷对标准混合储备液进行稀释。校准曲线溶液的浓度范围应包括待测物的浓度范围，且应在检测器的线性响应范围以内。有机磷的校准曲线 1 ~ 2 个月做一次，如果与质控样或以往数据进行对比时发现校准曲线有问题，须立即更换。上面提到的易水解的物质，应分别配制校准曲线溶液。

在 7.1 参考条件下，目标化合物的色谱图见附录 1-6-C。

7.3 试样的测定

按照与绘制标准曲线相同的仪器参考条件测定待测试样。

① psi，pounds per square inch，磅每平方英寸；1 psi=6.895 kPa。

7.4　空白试样的测定

按照与试样测定相同的仪器参考条件测定空白试样。

8　结果与计算

8.1　定性分析

使用保留时间定性。样品分析前，应建立保留时间窗 $t\pm3\ S$。t 为初次校准时各浓度级别标准物质的保留时间的平均值，S 为初次校准时各浓度级别标准物质的保留时间的标准偏差。进行样品分析时，待测物保留时间应在保留时间窗内。对于定性有疑问的样品可选择两种不同的极性色谱柱进行分离测定或使用 GC-MS 进行确认。

8.2　结果计算

使用内标或外标校准曲线法定量。

液态样品中目标化合物的含量 ρ_i 按照式（1-6-1）计算。

$$\rho_i = \frac{\rho_{\mathrm{s}i} \times V_1}{V} \times f \tag{1-6-1}$$

式中，$\rho_{\mathrm{s}i}$——由校准曲线计算得到的试样中目标化合物的质量浓度，mg/L；

V_1——试样制备后的定容体积，ml；

V——取样体积，ml；

f——样品稀释倍数。

固态样品中目标化合物的含量 ρ_i 按照式（1-6-2）计算。

$$\rho_i = \frac{\rho_{\mathrm{s}i} \times V_1}{w_s} \times f \tag{1-6-2}$$

式中，$\rho_{\mathrm{s}i}$——由校准曲线计算得到的试样中目标化合物的质量浓度，mg/L；

V_1——试样制备后的定容体积，ml；

w_s——样品称重质量，g；根据样品类型，可以是湿重或干重；

f——样品稀释倍数。

8.3　结果表示

测定结果小数位数的保留与方法检出限一致，最多保留 3 位有效数字。

9 质量保证与控制

9.1 空白实验

每批样品萃取、净化和分析时或试剂改变时，均应做一个方法空白。其目标化合物的测定值应低于方法检测限。

9.2 平行样测定

每批样品至少测定一个平行样，精密度满足相关分析方法要求。

9.3 样品加标回收率测定

每批样品至少测定一个加标样品，加标回收率满足相关分析方法要求。

9.4 替代标准物测定

替代标准物应在萃取前加入样品中，更多内容参见 U.S.EPA 8000B 和相应的测定方法。

9.5 基质效应

基质效应的确认应至少分析一个平行样和一个基质加标样，或者分析一对基质加标平行样。如果样品中被认为含有目标分析物，实验室可以分析一个平行样和一个基质加标样来进行确认。如果样本预测不含有目标分析物，实验室可分析一对基质加标平行样来进行确认。

9.6 内标

使用内标物进行定量时，须对内标物进行评估。内标物测得的峰面积与校准时平均峰面积的差异不得超过 50%。当内标物的峰面积超过了限值，所有质控范围外的样品须重新分析。

10 注意事项

10.1 大量单个组分的标准溶液最好分别单独存储在小容器里，这样可防止取用溶液时，剩余的溶液水解或受到污染。

10.2 FPD 推荐在磷模式下使用。

10.3 卤素检测器（电解质或者微库仑法）仅用于分析卤代的或者含硫目标化合物。

10.4　当磷原子和硫原子结合时，FPD 对有机磷化合物的响应会增强。

10.5　色谱柱在高温条件下和氧气接触会发生永久性的、不可逆转的损坏。氧气捕集阱老化和更换膜片时，氧气可通过调节器的氯丁橡胶膜片、气体歧管进入色谱柱。DB-210 和 DB-608 等极性柱更易被氧化。氧化后的色谱柱随着程序升温，其基线会迅速升高。

10.6　进样口、前柱、“Y”形分流器受到污染均会导致色谱峰拖尾。这些部件的清洗、替换及切除会降低色谱峰拖尾。丰索磷、二溴磷、谷硫磷和乐果等化合物均可反映系统性能的好坏。

10.7　方法中两种类型的检测器均使用火焰产生响应。优化氧气和氢气的流量可提高目标化合物的灵敏度和线性响应。

11　废物处理

实验中产生的废液和废物应集中收集，做好相应标识，并委托有资质的单位处理。

12　引用标准

本作业指导书引用了下列文件或其中条款，凡是未注明日期的引用文件，其有效版本适用于本作业指导书。

GB 17378.3　海洋监测规范　第 3 部分：样品采集、贮存与运输

GB 17378.5　海洋监测规范　第 5 部分：沉积物分析

GB/T 14581　水质　湖泊和水库采样技术指导

HJ 298　危险废物鉴别技术规范

HJ 494　水质　采样技术指导

HJ 613　土壤　干物质和水分的测定　重量法

HJ/T 20　工业固体废物采样制样技术规范

HJ/T 91　地表水和污水监测技术规范

HJ 91.1　污水监测技术规范

HJ 164　地下水环境监测技术规范

HJ/T 166　土壤环境监测技术规范

U.S.EPA Method 614 The Determination of Organophosphorus Pesticides in Municipal and Industrial Wastewater.

U.S.EPA Method 3510C Separatory Funnel Liquid-Liquid Extraction.
U.S.EPA Method 3520C Continuous Liquid-Liquid Extraction.
U.S.EPA Method 3535A Solid-Phase Extraction (SPE) .
U.S.EPA Method 3540C Soxhlet Extraction.
U.S.EPA Method 3541 Automated Soxhlet Extraction.
U.S.EPA Method 3545 Pressurized Fluid Extraction (PFE) .
U.S.EPA Method 3546 Microwave Extraction.
U.S.EPA Method 3550C Ultrasonic Extraction.
U.S.EPA Method 3620C Florisil Cleanup.
U.S.EPA Method 3660B Sulfur Cleanup.
U.S.EPA Method 3640A Gel-Permeation Cleanup.
U.S.EPA Method 8000B Determinative Chromatographic Separations.

附录 1-6-A
（资料性附录）
气相色谱法测定的目标化合物

附表 1-6-1　方法中目标化合物信息

目标化合物	CAS 编号
有机磷农药	
氯丹[b]	3244-90-4
乙基谷硫磷[a]	2642-71-9
甲基谷硫磷	86-50-0
硫丙磷（甲丙硫磷）	35400-43-2
三硫磷[a]	786-19-6
毒虫畏[a]	470-90-6
毒死蜱	2921-88-2
甲基毒死蜱[a]	5598-13-0
蝇毒磷	56-72-4
巴毒磷[a]	7700-17-6
内吸磷 -O[c]	298-03-3
内吸磷 -S[c]	126-75-0
二嗪农	333-41-5
除线磷[a]	97-17-6
敌敌畏	62-73-7
百治磷[a]	141-66-2
乐果	60-51-5
敌噁磷[a, c]	78-34-2
乙拌磷	298-04-4
苯硫磷	2104-64-5
乙硫磷[a]	563-12-2
灭克磷	13194-48-4
伐灭磷[a]	52-85-7

续表

目标化合物	CAS 编号
杀螟硫磷[a]	122-14-5
丰索磷	115-90-2
倍硫磷	55-38-9
地虫硫磷[a]	944-22-9
对溴磷[a,d]	21609-90-5
马拉硫磷	121-75-5
脱叶亚磷[c]	150-50-5
速灭磷[e]	7786-34-7
久效磷	6923-22-4
二溴磷	300-76-5
对硫磷	56-38-2
甲基对硫磷	298-00-0
甲拌磷	298-02-2
亚胺硫磷[a]	732-11-6
磷胺[a]	13171-21-6
皮蝇磷	299-84-3
杀虫畏	22248-79-9
治螟磷	3689-24-5
焦磷酸四乙酯[d]	107-49-3
特丁磷[a]	13071-79-9
治线磷[a,b]	297-97-2
丙硫磷[b]	34643-46-4
敌百虫[a]	52-68-6
毒壤磷[b]	327-98-0
工业化学药品	
六甲基磷酰三胺[a]	680-31-9
磷酸三邻甲苯酯[a,d]	78-30-8
三嗪除草剂（仅适用氮磷检测器）	
阿特拉津[a]	1912-24-9
西玛津[a]	122-34-9

续表

目标化合物	CAS 编号
氨基甲酸酯类和相关化合物	
恶虫威	22781-23-3
丁草敌	2008-41-5
丙草丹	759-94-4
灭虫威	2032-65-7
草达灭	2212-67-1
克草猛	1114-71-2
邻苯二胺	95-54-5
苯胺灵	122-42-9
苄草丹	52888-80-9
野麦畏	2303-17-5

注：[a] 仅用 30 m 柱分析。

[b] 标准品在美国已经停产，不容易获取。

[c] 由于氧化作用，标准品可能会形成多种物质。

[d] 化合物有剧毒或神经毒性。

[e] 由于顺式和反式异构体，会出现邻近的主 / 次峰。

附录 1-6-B
（资料性附录）
有机磷化合物的参考检出限

按照本作业指导书提供的样品制备和前处理具体操作步骤（水样采用液液萃取法，土壤样品采用超声波萃取法），在仪器参考条件下得到部分目标化合物的参考检出限。检出限的计算是基于水样取样量为 100.0 ml，土壤取样量为 20.0 g，定容体积为 1 ml。取样量和浓缩富集倍数变化会导致检出限的改变。

附表 1-6-2 方法检出限和测定下限

序号	化合物名称	水		土壤	
		检出限 /（μg/L）	测定下限 /（μg/L）	检出限 /（μg/kg）	测定下限 /（μg/kg）
1	速灭磷	0.08	0.16	0.4	1.6
2	甲拌磷	0.09	0.18	0.4	1.6
3	二嗪磷	0.1	0.4	0.6	2.4
4	异稻瘟净	0.2	0.8	0.6	2.4
5	甲基对硫磷	0.1	0.4	0.9	3.6
6	杀螟硫磷	0.2	0.8	0.9	3.6
7	溴硫磷	0.2	0.4	0.9	3.6
8	水胺硫磷	0.5	2.0	0.8	3.2
9	稻丰散	0.4	1.6	0.9	3.6

附录 1-6-C
（资料性附录）
气相色谱参考分析条件下有机磷化合物的色谱图

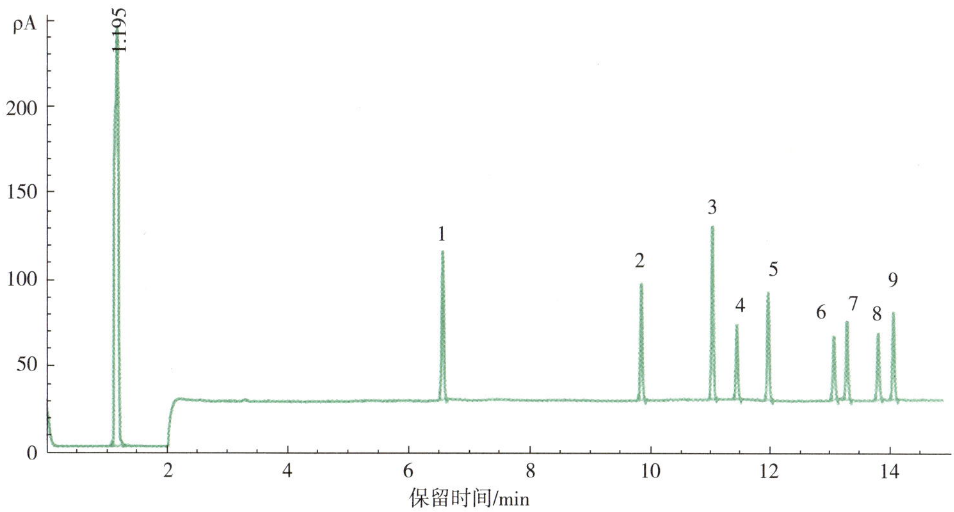

附图 1-6-1　气相色谱参考条件下有机磷化合物的色谱图

1—速灭磷；2—甲拌磷；3—二嗪磷；4—异稻瘟净；5—甲基对硫磷；6—杀螟硫磷；7—溴硫磷；8—水胺硫磷；9—稻丰散

8081B

有机氯农药的测定 气相色谱法

1 适用范围

本方法适用于海水、地表水、地下水、污水、浸出液等水溶性液态样品以及土壤、沉积物、固体废物等固态样品中有机氯农药的测定。

所适用的目标化合物见附录 1-7-A。

部分化合物的参考检出限见附录 1-7-B。

2 方法原理

采用合适的前处理方法提取固体或液态样品中有机氯农药，将净化后的萃取物由气相色谱分离后，用电子捕获检测器进行检测。根据保留时间定性，外标法定量。

3 干扰和消除

3.1 样品预处理过程中引入的邻苯二甲酸酯类会对农药测定造成很大干扰，可通过避免接触任何塑料物品，检查所有溶剂和试剂的沾污情况来减少邻苯二甲酸酯类的干扰。

3.2 硫的存在将导致宽峰，对出峰时间早的有机氯农药的测定产生干扰；沉积物样品也存在硫污染，建议用 U.S.EPA 3660 方法除硫。当异狄氏剂醛是目标化合物并且要采用四丁基铵方法净化时，其必须在硫净化过程之前进行测定。异狄氏剂醛可以用

参照 U.S.EPA 8081 B—2007 方法。

U.S.EPA 3660 中铜粉除硫技术进行净化。

3.3　蜡状物、油脂和其他高分子物质的干扰可通过 U.S.EPA 3640 凝胶色谱净化技术去除。

3.4　其他卤代杀虫剂或者工业化学品可能干扰有机氯农药的测定。某些共洗提有机磷农药可用 U.S.EPA 3640 GPC- 杀虫剂选项去除。共洗提氯酚可用 U.S.EPA 3630 硅胶净化法、U.S.EPA 3620 硅酸镁净化法或 U.S.EPA 3610 氧化铝净化法去除。多氯联苯也可能干扰有机氯农药的测定，参考用 U.S.EPA 3620 硅酸镁净化法和 U.S.EPA 3630 硅胶净化法将有机氯农药从多氯联苯中分离出来。

4　试剂和材料

除非另有说明，分析时均使用符合国家标准的分析纯试剂。本方法中所有用水均为不含目标化合物的蒸馏水或纯水。

4.1　正己烷（C_6H_{14}）：农残级。

4.2　乙醚（$CH_3CH_2OCH_2CH_3$）：农残级。

4.3　二氯甲烷（CH_2Cl_2）：农残级。

4.4　丙酮［$(CH_3)_2CO$］：农残级。

4.5　乙酸乙酯（$CH_3COOCH_2CH_3$）：农残级。

4.6　异辛烷［$(CH_3)_3CCH_2CH(CH_3)_2$］：农残级。

4.7　有机氯标准贮备溶液：可以用纯标准物质配制而成，或者直接购买有证标准，一般浓度为 1.0 mg/ml。

4.8　有机氯标准溶液：由标准贮备溶液配制。此混合标准溶液可进一步稀释至所需浓度。

4.9　有机氯标准工作溶液：用正己烷稀释标准溶液，配制成至少 5 种浓度的标准工作溶液。其浓度应与实际样品的预期浓度范围相符合，且在检测器的线性范围内。

注：标准溶液（贮备液、工作溶液、标准溶液）需贮存在用聚四氟乙烯密封的容器中，4℃以下避光保存。

4.10　浓硫酸（H_2SO_4）：优级纯，$\rho(H_2SO_4)$=1.84 g/ml。

4.11　无水硫酸钠（Na_2SO_4）：550℃烘烤 4 h。

4.12　弗罗里硅土：550℃烘烤 4 h。

4.13　其他实验室常用试剂。

5 仪器和设备

5.1 气相色谱仪具（分流 / 不分流进样口），电子捕获检测器（ECD），色谱数据处理工作站等。

5.2 毛细管色谱柱（推荐使用的色谱柱如下）。

5.2.1 窄口径色谱柱

（1）30 m × 0.25 mm（或 0.32 mm）熔融石英毛细管柱 SE-54（DB-5 或其他等效柱），膜厚 1 μm。

（2）30 m × 0.25 mm，35% 苯基甲基聚硅氧烷熔融石英毛细管柱（DB-608，SPB-608 或其他等效柱），膜厚 2.5 μm 或 1 μm。

5.2.2 宽口径色谱柱

（1）30 m × 0.53 mm，35% 苯基甲基聚硅氧烷熔融石英毛细管柱（DB-608、SPB-608、RTX-5 或其他等效柱），膜厚 0.5 μm 或 0.83 μm。

（2）30 m × 0.53 mm，50% 苯基甲基聚硅氧烷熔融石英毛细管柱（DB-608、SPB-1701 或其他等效柱），膜厚 1.0 μm。

（3）30 m × 0.53 mm，95% 二甲基 -5% 二苯基聚硅氧烷熔融石英毛细管柱（DB-5、SPB-5、RTX-5 或其他等效柱），膜厚 1.5 μm。

5.2.3 双柱宽口径色谱柱

5.2.3.1 双柱 1

（1）30 m × 0.53 mm 熔融石英毛细柱 SE-54（DB-5、SPB-5、RTX-5 或其他等效柱），膜厚 1.5 μm。

（2）30 m × 0.53 mm，50% 苯基甲基聚硅氧烷熔融石英毛细管柱（DB-1701 或其他等效柱），膜厚 1.0 μm。

双柱 1 安装于一个按压式“Y”形玻璃三通分流器上或“Y”形熔融石英连接器上或等效设备上。

5.2.3.2 双柱 2

（1）30 m × 0.53 mm 熔融石英毛细柱 SE-54（DB-5、SPB-5、RTX-5 或其他等效柱），膜厚 0.83 μm。

（2）30 m × 0.53 mm，50% 苯基甲基聚硅氧烷熔融石英毛细管柱（DB-1701 或其他等效柱），膜厚 1.0 μm。

双柱 2 安装于一个 8 英寸[①]惰性三通玻璃进样装置上。

5.3　液体样品的萃取装置：固相萃取装置；带聚四氟活塞的分液漏斗。

5.4　固体样品的萃取装置：加压流体萃取、索氏提取、微波萃取等同等性能的设备。

5.5　凝胶渗透色谱仪（GPC）：具 254 nm 固定波长紫外检测器，填充凝胶填料的净化柱。

5.6　浓缩装置：旋转蒸发仪，氮吹仪等同等性能的设备。

5.7　玻璃层析柱。

5.8　微量注射器。

5.9　分析天平：感量 0.1 mg。

5.10　其他实验室常用的玻璃器皿。

6　样品

6.1　样品采集和保存

6.1.1　水样

海水、地下水、地表水和污水的样品采集分别按照 GB 17378.3、HJ/T 164、GB/T 14581、HJ/T 91 和 HJ/T 91.1 的相关规定执行，水样采集在具有玻璃塞的棕色磨口瓶或具有聚四氟乙烯衬垫的棕色螺口玻璃瓶中。样品采集后立即置于 4℃保存，7 d 内完成萃取，40 d 内完成分析。

6.1.2　土壤、沉积物和固体废物样品

土壤、沉积物和固体废物的样品采集分别按照 HJ/T 166、HJ 494、GB 17378.3、HJ/T 20 和 HJ 298 的相关规定执行。样品保存在洁净的采样瓶中，尽快运回实验室分析，运输过程中应密封避光。样品应在 4℃以下冷藏保存，保存时间为 14 d。样品提取液在 4℃以下避光冷藏保存，40 d 内完成分析。

6.2　干物质含量、水分或含水率的测定

土壤样品干物质和水分测定按照 HJ 613 执行，沉积物样品含水率测定按照 GB 17378.5 执行，固体废物样品干物质、水分或含水率的测定采用重量法。

---

① 1 英寸 =2.54 cm。

6.3 试样的制备

6.3.1 提取

6.3.1.1 水样萃取

水样可在中性条件下以二氯甲烷为萃取剂，采用分液漏斗萃取法（U.S.EPA 3510）、连续液液萃取法（U.S.EPA 3520）、固相萃取法（U.S.EPA 3535）进行萃取。

6.3.1.2 固体样品萃取

以正己烷－丙酮（1∶1）或二氯甲烷－丙酮（1∶1）为萃取剂，采用索氏提取法或自动索式提取法（U.S.EPA 3540 或 U.S.EPA 3541）、加压流体萃取法（U.S.EPA 3545）、微波萃取法（U.S.EPA 3546）、超声萃取法（U.S.EPA 3550）、超临界流体萃取法（U.S.EPA 3562）进行萃取。

6.3.2 试样净化

对干净的样品，一般无须进行净化，但大部分环境样品和废物样品的萃取物在分析前需要进行净化处理。

6.3.2.1 若样品是生物样品或含有高分子的物质，使用凝胶渗透色谱－农药选项（U.S.EPA 3640）净化，再经过氧化铝净化法（U.S.EPA 3610）、硅胶净化法（U.S.EPA 3630）或硅酸镁净化法（U.S.EPA 3620）等其中一种吸附柱净化。

6.3.2.2 去除邻苯二甲酸酯，使用氧化铝净化法（U.S.EPA 3610）。

6.3.2.3 从脂肪族、芳香族及含氮化合物中分离有机氯农药，使用硅酸镁净化（U.S.EPA 3620）。

6.3.2.4 从某些干扰物质中分离出单一组成的有机氯农药使用硅胶净化法（U.S.EPA 3630）。

6.3.2.5 去除沉积物和工业废物中可能存在的硫，使用硫净化法（U.S.EPA 3660）。

6.4 空白试样的制备

用实验用水代替实际样品，进行液态样品空白试样的制备。用石英砂代替实际样品，进行固态样品空白试样的制备。

7 分析步骤

7.1 气相色谱参考条件

根据实际样品选择无分流进样或分流进样模式。

7.1.1 窄口径单柱测定条件

（1）测定条件 A：30 m × 0.25 mm（或 0.32 mm）内径，采用 SE-54（DB-5 或等效柱）化学键合的熔融石英毛细管柱，膜厚 1 μm。

进样口温度：225℃，检测器温度：300℃，载气压力：16 psi。

程序升温条件：100℃保持 2 min，以 15℃ /min 程序升温至 160℃，再以 5℃ /min 程序升温至 270℃。

（2）测定条件 B：30 m × 0.25 mm 内径，采用 35% 苯基甲基聚硅氧烷（DB-608，SPB-608 或等效柱）化学键合的熔融石英毛细管柱，膜厚 1 μm。

进样口温度：225℃，检测器温度：300℃，载气压力：20 psi。

程序升温条件：160℃保持 2 min，以 5℃ /min 程序升温至 290℃，保持 1 min。

窄口径单柱测定条件下有机氯农药的色谱图见附录 1-7-D。

7.1.2 宽口径单柱测定条件

（1）测定条件 A［30 m × 0.53 mm 内径，采用 35% 苯基甲基聚硅氧烷（DB-608、SPB-608、RTX-5 或等效柱）化学键合的熔融石英毛细柱，膜厚 0.5 μm 或 0.83 μm］和［30 m × 0.53 mm 内径，采用 50% 苯基甲基聚硅氧烷（DB-608、SPB-1701 或等效柱）化学键合的熔融石英毛细管柱，膜厚 1.0 μm］。

进样口温度：250℃，检测器温度：290℃，载气流速：5 ~ 7 ml/min，尾吹气流速：30 ml/min。

程序升温条件：150℃保持 0.5 min，以 5℃ /min 程序升温至 270℃，保持 10 min。

（2）测定条件 B［30 m × 0.53 mm 内径，采用 SE-54（DB-5、SPB-5、RTX-5 或等效柱）化学键合的熔融石英毛细柱，膜厚 1.5 μm］。

进样口温度：205℃，检测器温度：290℃，载气流速：6 ml/min，尾吹气流速：30 ml/min。

程序升温条件：140℃保持 2 min，以 10℃ /min 程序升温至 240℃，保持 5 min，以 5℃ /min 程序升温至 265℃，保持 18 min。

7.1.3 双柱 1 测定条件

色谱柱 1：30 m × 0.53 mm 内径，采用 50% 苯基甲基聚硅氧烷（DB-1701 或等效柱）化学键合的熔融石英毛细柱，膜厚 1.0 μm。

色谱柱 2：30 m × 0.53 mm 内径，采用 DB-5 或等效柱化学键合的熔融石英毛细管柱，膜厚 0.83 μm。

进样口温度：250℃，检测器温度：320℃，载气流速：6 ml/min，尾吹气流速：20 ml/min。

程序升温条件：140℃保持 2 min，再以 2.8℃ /min 程序升温至 270℃，保持 1 min。

双柱 1 测定条件下有机氯农药的保留时间见附录 1-7-C。

7.1.4 双柱 2 测定条件

色谱柱 1：30 m × 0.53 mm 内径，采用 50% 苯基甲基聚硅氧烷（DB-1701 或等效柱）化学键合的熔融石英毛细柱，膜厚 1.0 μm。

色谱柱 2：30 m × 0.53 mm 内径，采用 DB-5 或等效柱化学键合的熔融石英毛细管柱，膜厚 1.5 μm。

进样口温度：250℃，检测器温度：320℃，载气流速：6 ml/min，尾吹气流速：20 ml/min。

程序升温条件：150℃保持 0.5 min，以 12℃ /min 程序升温至 190℃，保持 2 min，以 4℃ /min 程序升温至 270℃，保持 1 min。

7.2 标准曲线的绘制

取一定量有机氯标准溶液，配制成至少 5 个浓度点，按照仪器参考条件由低浓度到高浓度依次对标准系列溶液进行分析。以目标化合物浓度为横坐标，以对应目标化合物的峰高或峰面积为纵坐标，绘制标准曲线。

7.3 试样的测定

按照与绘制标准曲线相同的仪器参考条件测定待测试样。

7.4 空白试样的测定

按照与试样测定相同的仪器参考条件测定空白试样。

8 结果与计算

8.1 定性分析

根据保留时间进行定性确认，还可使用双柱进行化合物确认。

依据毒杀芬等混合物特征峰和标准物质的保留时间及峰形的比较作为定性依据。

8.2　定量分析

采用外标法时使用以下公式计算每种目标化合物在各浓度下的校准因子、平均校准因子。

通过与具有相同特征峰（相同保留时间、形状和峰面积）的标准物质进行比较可对毒杀芬等混合物进行定量。

8.2.1　校准因子和平均校准因子

每种目标化合物在各浓度下的校准因子计算如下：

$$\mathrm{CF}=\frac{\text{标准物质中化合物的峰面积（或峰高）}}{\text{化合物的进样量（ng）}} \tag{1-7-1}$$

每种目标化合物的平均校准因子计算如下：

$$\overline{\mathrm{CF}}=\frac{\sum_{i=1}^{n}\mathrm{CF}_i}{n} \tag{1-7-2}$$

式中，n——标准溶液的分析次数。

8.2.2　液态样品

$$\text{体积浓度（μg/L）}=\frac{A_x\times V_t\times D}{\overline{\mathrm{CF}}\times V_i\times V_s} \tag{1-7-3}$$

式中，A_x——样品中待测物的峰面积（或峰高）；

V_t——浓缩萃取液的体积，μl；

D——在分析前对样品或萃取液进行稀释，即稀释因子，稀释因子量纲为 1；

$\overline{\mathrm{CF}}$——初始校准的平均校准因子，面积（或峰高）/ng；

V_i——萃取液的进样体积，μl；

V_s——被萃取液体样品的体积，ml。

8.2.3　固态样品

$$\text{质量浓度（μg/kg）}=\frac{A_x\times V_t\times D}{\overline{\mathrm{CF}}\times V_i\times W_s} \tag{1-7-4}$$

式中，A_x——样品中待测物的峰面积（或峰高）；

V_t——浓缩萃取液的体积，μl；

D——在分析前对样品或萃取液进行稀释，即稀释因子，稀释因子量纲为 1；

$\overline{CF}$——初始校准的平均校准因子，面积（或峰高）/ng；

V_i——萃取液的进样体积，μl；

W_s——样品称重质量，g；根据数据的要求，可以为湿重或干重。

8.3 结果表示

8.3.1 液态样品：结果单位为 μg/L。测定结果的小数点后位数的保留与方法检出限一致，最多保留 3 位有效数字。

8.3.2 固态样品：结果单位为 μg/kg。测定结果的小数点后位数的保留与方法检出限一致，最多保留 3 位有效数字。

9 质量保证和质量控制

9.1 空白试验

每 20 个样品或每批次（少于 20 个样品 / 批）至少分析一个实验室空白，其目标化合物的测定值应低于方法检出限。

9.2 曲线校准

标准曲线的相关系数 R^2≥0.995 或各个曲线点校正因子（峰面积 / 浓度）的相对标准偏差 RSD≤20%。

每 20 个样品或每批次（少于 20 个样品 / 批）应分析一个标准曲线的中间浓度，其测定结果与初始曲线在该点测定浓度的相对偏差应在 ±20% 范围内，否则应重新绘制标准曲线。

9.3 平行样品的测定

每 20 个样品或每批次（少于 20 个样品 / 批）至少分析一个平行样，单次平行样品测定结果的相对偏差应在 ±20% 范围内。

9.4 基体加标

每 20 个样品或每批次（少于 20 个样品 / 批）至少分析一个基体加标样品，加标样品的回收率应在 60% ~ 120%。

9.5 仪器的性能检验

向仪器注入 1 μl 浓度为 50 ng/ml 的 DDT 或异狄氏剂溶液，按下列公式计算降解率。

$$\text{DDT 分解百分比（\%）}=\frac{\text{分解的峰面积之和（DDD+DDE）}}{\text{所有峰面积之和（DDT+DDE+DDD）}}\times 100\% \quad (1\text{-}7\text{-}5)$$

$$\text{异狄氏剂分解百分比（\%）}=\frac{\text{分解的峰面积之和（醛 + 酮）}}{\text{所有峰面积之和（异狄氏剂 + 醛 + 酮）}}\times 100\% \quad (1\text{-}7\text{-}6)$$

若发现有 4,4'-DDE、4,4'-DDD、异狄氏剂酮或异狄氏剂醛存在，即表示发生了分解反应。若 DDT 或异狄氏剂分解超过 15%，则应维护进样口，并重新校准仪器。

10　注意事项

10.1　溶剂、试剂、玻璃器具以及样品处理设备都可能对样品分析产生干扰。必须在分析条件下，通过测定方法空白来确认这些物品不会对分析产生干扰。

10.2　本方法干扰源可分为如下三类：（1）溶剂、试剂或者样品处理器皿的污染。（2）气相色谱载气、零件、柱表面或检测器表面的污染。（3）从样品基体中萃取到在检测器上有响应的其他化合物。

10.3　样品预处理过程中引入的邻苯二甲酸酯类物质会对有机氯农药测定造成很大干扰，应采取相应的消除办法予以消除。

10.4　电子捕获检测器具有高灵敏度，在初始校准前一般要清洗进样口和色谱柱。

11　废物处理

实验中产生的废液和废物应集中收集，做好相应标识，并委托有资质的单位处理。

12　引用标准

本作业指导书引用了下列文件或其中条款，凡是未注明日期的引用文件，其有效版本适用于本作业指导书。

GB 17378.3　海洋监测规范　第 3 部分：样品采集、贮存与运输

GB 17378.5　海洋监测规范　第 5 部分：沉积物分析

GB/T 14581　水质　湖泊和水库采样技术指导

HJ 298　危险废物鉴别技术规范

HJ 494　水质　采样技术指导

HJ 613　土壤　干物质和水分的测定　重量法

HJ 699　水质　有机氯农药和氯苯类化合物的测定　气相色谱 - 质谱法

HJ 835　土壤和沉积物　有机氯农药的测定　气相色谱 - 质谱法

HJ 921　土壤和沉积物　有机氯农药的测定　气相色谱法

HJ/T 20　工业固体废物采样制样技术规范

HJ/T 91　地表水和污水监测技术规范

HJ 91.1　污水监测技术规范

HJ 164　地下水环境监测技术规范

HJ/T 166　土壤环境监测技术规范

U.S.EPA Method 3510C Separatory Funnel Liquid-Liquid Extraction.

U.S.EPA Method 3520C Continuous Liquid-Liquid Extraction.

U.S.EPA Method 3535A Solid-Phase Extraction（SPE）.

U.S.EPA Method 3540C Soxhlet Extraction.

U.S.EPA Method 3541 Automated Soxhlet Extraction.

U.S.EPA Method 3545A Pressurized Fluid Extraction（PFE）.

U.S.EPA Method 3546 Microwave Extraction.

U.S.EPA Method 3550C Ultrasonic Extraction.

U.S.EPA Method 3562 Supercritical Fluid Extraction of Polychlorinated Biphenyls（PCBs）and Organochlorine Pesticides.

U.S.EPA Method 3610B Alumina Cleanup.

U.S.EPA Method 3620C Florisil Cleanup.

U.S.EPA Method 3630C Silica Gel Cleanup.

U.S.EPA Method 3640A Gel-Permeation Cleanup.

U.S.EPA Method 3660B Sulfur Cleanup.

附录 1–7–A
（资料性附录）
气相色谱法测定的目标化合物

附表 1-7-1　适用气相色谱法测定的有机氯农药

化合物名称	CAS 编号	化合物名称	CAS 编号
艾氏剂	309-00-2	狄氏剂	60-57-1
α - 六六六	319-84-6	硫丹Ⅰ	959-98-8
β - 六六六	319-85-7	硫丹Ⅱ	33213-65-9
γ - 六六六（林丹）	58-89-9	硫丹硫酸酯	1031-07-8
δ - 六六六	319-86-8	异狄氏剂	72-20-8
顺式 - 氯丹	5103-71-9	异狄氏剂醛	7421-93-4
反式 - 氯丹	5103-74-2	异狄氏剂酮	53494-70-5
氯丹（不具体指定）	57-74-9	七氯	76-44-8
乙酯杀螨醇（杀螨醇）	510-15-6	环氧七氯	1024-57-3
1,2- 二溴 -3- 氯丙烷（DBCP）	96-12-8	六氯苯	118-74-1
4,4'-DDD	72-54-8	六氯环戊二烯	77-47-4
4,4'-DDE	72-55-9	异艾氏剂	465-73-6
4,4'-DDT	50-29-3	甲氧滴滴涕	72-43-5
燕麦敌	2303-16-4	毒杀芬	8001-35-2

附录 1-7-B
（资料性附录）
有机氯农药的参考检出限

按照本作业指导书提供的样品制备和前处理具体操作步骤，在窄口径单柱测定条件下得到部分目标化合物的参考检出限。检出限的计算是基于水样取样量为 200 ml，液液萃取法，土壤和沉积物取样量为 20 g，索氏提取法，取样量和浓缩富集倍数变化会导致检出限的改变。

附表 1-7-2　有机氯农药的参考检出限

序号	目标化合物名称	水样 /（μg/L）	固体样品 /（μg/kg）
1	α-六六六	0.007	0.06
2	γ-六六六	0.008	0.05
3	β-六六六	0.007	0.05
4	七氯	0.008	0.04
5	δ-六六六	0.005	0.05
6	艾氏剂	0.010	0.03
7	环氧七氯	0.007	0.05
8	硫丹 I	0.007	0.03
9	*p,p'*-DDE	0.008	0.05
10	狄氏剂	0.006	0.05
11	异狄氏剂	0.007	0.05
12	*p,p'*-DDD	0.007	0.05
13	硫丹 II	0.007	0.05
14	*p,p'*-DDT	0.008	0.04
15	异狄氏醛	0.008	0.07
16	硫丹硫酸酯	0.007	0.05
17	甲氧滴滴涕	0.008	0.05

附录 1–7–C
（资料性附录）
有机氯农药的保留时间

按照 7.1.3 双柱 1 测定条件，使用两种不同色谱柱测定有机氯农药的保留时间见附表 1–7–3。

附表 1–7–3　有机氯农药的保留时间

化合物	DB–5/min	DB–1701/min
六氯苯	6.440	7.351
α–六六六	6.286	8.391
γ–六六六	6.901	9.295
七氯	8.444	9.978
艾氏剂	9.295	10.744
β–六六六	6.764	11.610
δ–六六六	7.364	12.386
环氧七氯	10.349	12.854
硫丹 Ⅰ	11.387	13.780
γ–氯丹	11.022	14.000
α–氯丹	11.467	14.258
p,p'–DDE	12.845	14.587
狄氏剂	12.167	14.731
异狄氏剂	13.154	15.848
o,p'–DDT	13.574	16.127
p,p'–DDD	13.780	17.371
硫丹 Ⅱ	13.466	17.641
p,p'–DDT	14.585	17.977
灭蚁灵	18.185	19.247
硫丹硫酸酯	14.731	19.732
甲氧滴滴涕	16.192	20.479
异狄氏剂酮	16.852	22.016

附录 1-7-D
（资料性附录）

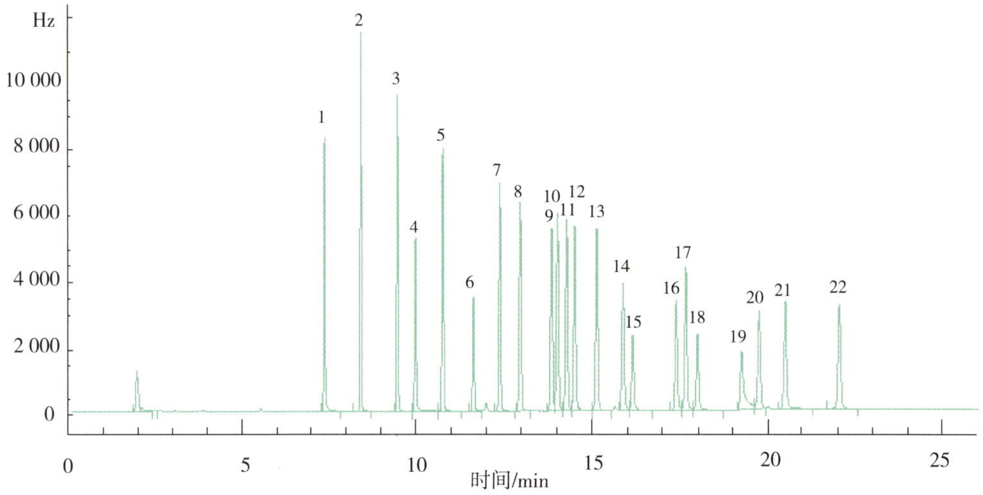

附图 1-7-1　窄口径单柱测定条件下有机氯农药的色谱图

1—六氯苯；2—α-六六六；3—γ-六六六；4—七氯；5—艾氏剂；6—β-六六六；7—δ-六六六；8—环氧七氯；9—硫丹Ⅰ；10—反式-氯丹；11—顺式-氯丹；12—*p*,*p*'-DDE；13—狄氏剂；14—异狄氏剂；15—*o*,*p*'-DDT；16—*p*,*p*'-DDD；17—硫丹Ⅱ；18—*p*,*p*'-DDT；19—异狄氏剂酮；20—甲氧滴滴涕；21—硫丹硫酸酯；22—灭蚁灵。

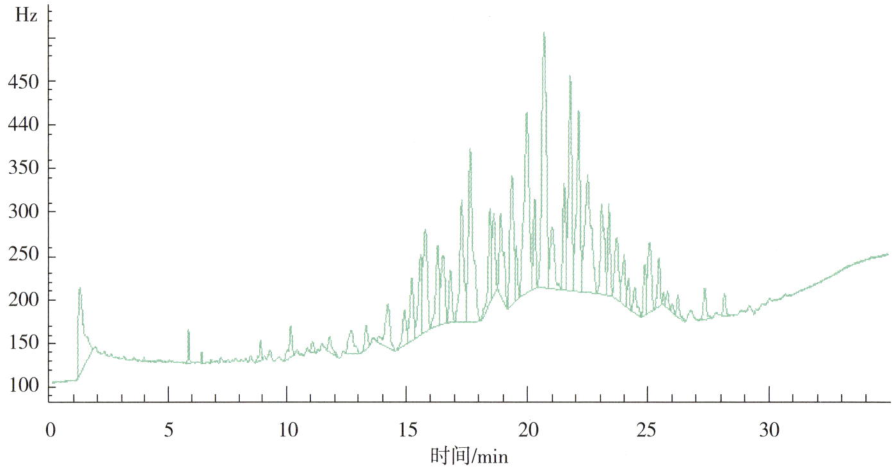

附图 1-7-2　窄口径单柱测定条件下毒杀芬的色谱图

8270E

半挥发性有机物的测定 气相色谱 - 质谱法

1 适用范围

本方法适用于海水、地表水、地下水、污水、浸出液等水溶性液态样品和土壤、沉积物、固体废物等固态样品中半挥发性有机物的测定。

所适用的目标化合物见附录 1-8-A。

部分化合物的参考检出限见附录 1-8-B。

2 方法原理

不同基体样品中半挥发性有机物经过合适的前处理方法提取，再净化、浓缩、定容后，用气相色谱分离、质谱检测。根据与标准物质质谱图和保留时间比较定性，内标法定量。

3 干扰与消除

在半挥发性有机物的测定过程中，应尽量避免接触、使用塑料制品，以免引入酞酸酯类化合物。

4 试剂和材料

除非另有说明，分析时均使用符合国家标准的分析纯试剂。

参照 U.S.EPA 8270 E—2018 方法。

4.1 实验用水：二次蒸馏水或通过纯水设备制备的水。

使用前需经过空白检验，确认在目标化合物的保留时间区间内无干扰峰出现或目标化合物浓度低于方法检出限。

4.2 二氯甲烷（CH_2Cl_2）：农残级。

4.3 丙酮（CH_3COCH_3）：农残级。

4.4 正己烷（C_6H_{14}）：农残级。

4.5 半挥发性有机物混标：ρ=2 000 μg/ml。

4.6 内标化合物：ρ=2 000 μg/ml。

4.7 替代物：ρ=2 000 μg/ml。

4.8 十氟三苯基膦溶液（DFTPP）：ρ=50 mg/L。

4.9 氢氧化钠（NaOH）：优级纯。

4.10 浓硫酸（H_2SO_4）：优级纯。

4.11 浓硝酸（HNO_3）：优级纯。

4.12 无水硫酸钠：优级纯。置于马弗炉中 400℃烘烤 4 h，冷却后装入磨口玻璃瓶中密封，于干燥器中保存。

4.13 索氏提取套筒：玻璃纤维或天然纤维材质，玻璃纤维套筒至于马弗炉中 400℃烘烤 4 h，天然纤维材质套筒使用前用和样品提取相同的溶剂清洗净化。

4.14 石英砂：20 ~ 50 目。

使用前需要通过检验，确认无目标化合物或目标化合物浓度低于方法检出限。

4.15 氦气：纯度≥99.999%。

4.16 氮气：纯度≥99.999%。

4.17 其他实验室常用试剂。

注：以上所有标准贮备液均应参照制造商的产品说明保存方法，配制的中间液应于 -10℃下避光保存。使用前恢复至室温、混匀。

5 仪器和设备

5.1 气相色谱质谱联用仪：气相色谱部分是分流 / 不分流进样口，可程序升温。质谱部分具有 70eV 电子轰击（EI）离子源，配 NIST 质谱图库，具有全扫描（SCAN）和选择离子扫描（SIM）、手动 / 自动调谐、数据采集、定量分析及谱库检索等功能。

5.2 玻璃分液漏斗：250 ml、2 L。

5.3　色谱柱：DB-5 MS，30 m × 0.25 mm 的熔融石英毛细柱，液膜厚度 0.25 μm 或其他等效色谱柱。

5.4　提取装置：索氏提取仪或其他等效的设备。

5.5　氮吹浓缩仪：配有 1.0 ml 和 10 ml 刻度的浓缩管，或其他等效浓缩设备。

5.6　微量注射器：10 μl、50 μl、100 μl、250 μl、1 ml。

5.7　净化设备：凝胶色谱仪或其他等效设备。

5.8　翻转式振荡仪。

5.9　采样器材：铁铲、不锈钢药勺、空气采样器、空气采样捕集介质等设备。

5.10　采样瓶：60 ml、1 L 等不同规格棕色玻璃瓶，具聚四氟乙烯硅胶衬垫。

5.11　一般实验室常用仪器和设备。

注：本节未列出半挥发性有机物的前处理方法 3000 系列中所有仪器和采样设备。

6　样品

6.1　样品的采集

6.1.1　水样

海水、地下水、地表水和污水样品的采集分别按照 GB 17378.3、HJ/T 164、GB/T 14581、HJ/T 91 和 HJ/T 91.1 的相关规定执行。水样必须采集在具聚四氟乙烯内衬盖的棕色玻璃容器中。

6.1.2　土壤、沉积物和固体废物

土壤、沉积物和固体废物的样品采集分别按照 HJ/T 166、HJ 494、GB 17378.5、HJ/T 20 和 HJ 298 的相关规定执行。样品应于洁净的棕色玻璃瓶中保存。

6.1.3　气样

固定污染源废气样品的采集按照 U.S.EPA 0010 的相关规定执行。环境空气样品的采集按照 HJ 691 的相关规定执行。

6.2　样品的保存

样品采集后冷藏运输，运回实验室后应尽快分析。若不能及时分析，应将样品于 4℃以下保存。其中，水样的保存时间为 7 d；土壤和沉积物样品的保存时间为

10 d；固体废物样品的保存时间为 10 d；气样因捕集介质不同会有差异，保存时间一般不超过 7 d。

6.3 干物质含量、水分或含水率的测定

土壤样品干物质和水分测定按照 HJ 613 执行，沉积物样品含水率测定按照 GB 17378.5 执行，固体废物样品干物质、水分或含水率的测定采用重量法。

6.4 样品的前处理方法

不同目标化合物适用的前处理方法见附录 1-8-A。不同基体对应的前处理方法按表 1-8-1 所示执行。

表 1-8-1 不同基体对应的前处理方法

基体	前处理方法
气体（颗粒物及吸附树脂）	使用 0010 方法采集的半挥发性有机物的萃取法（U.S.EPA 3542）
水（包括 TCLP 浸出液）	分液漏斗液液萃取法（U.S.EPA 3510）
	微萃取水中的有机物（U.S.EPA 3511）
	连续液液萃取法（U.S.EPA 3520）
	固相萃取法（U.S.EPA 3535）
土壤和沉积物	索氏提取法（U.S.EPA 3540）
	自动索氏提取法（U.S.EPA 3541）
	加压流体萃取法（U.S.EPA 3545）
	微波萃取法（U.S.EPA 3546）
	超声波萃取法（U.S.EPA 3550）
	超临界流体萃取（U.S.EPA 3561）
固体废物	索氏提取法（U.S.EPA 3540）
	自动索氏提取法（U.S.EPA 3541）
	加压流体萃取法（U.S.EPA 3545）
	微波萃取法（U.S.EPA 3546）
	超声波萃取法（U.S.EPA 3550）
	超临界流体萃取（U.S.EPA 3561）
	废弃物稀释法（U.S.EPA 3580）

6.4.1　水样的制备

6.4.1.1　液液萃取

取 1 L 均匀水样于 2 L 分液漏斗中，在水样萃取前加入替代物，混合均匀。用氢氧化钠将水样的 pH 调至大于 11，加入 30 ml 二氯甲烷到水样中，振摇萃取（萃取时注意周期性放气释放压力），静置使有机相分层。收集有机相后，重复以上萃取步骤两次，将萃取液合并在锥形瓶中。然后用硫酸溶液将水样的 pH 调至小于 2，再用各 30 ml 二氯甲烷萃取 3 次，将萃取液全部合并入锥形瓶中，萃取液使用无水硫酸钠脱水。

6.4.1.2　浓缩

在室温条件下，开启氮气至溶剂表面有气流波动，用二氯甲烷多次洗涤氮吹过程中已露出的浓缩管管壁。如不需要净化，可直接浓缩至 1 ml，转移到样品瓶中，待测。

注 1：可在加热条件进行氮吹浓缩，但过高温度会导致部分半挥发性有机物损失。

注 2：亦可使用旋转蒸发、平行蒸发等其他等效浓缩方法。

6.4.1.3　净化

对于基体相对干净的样品，可不需要净化。需要净化时，具体的净化方法取决于目标化合物、干扰物的性质和项目的数据质量控制目标，样品萃取液净化可参照表 1-8-2 执行。

表 1-8-2　不同目标化合物对应的净化方法

目标化合物	净化方法
所有的碱性、中性、酸性优先控制污染物	凝胶渗透净化法（U.S.EPA 3640）
苯胺类及苯胺的衍生物	弗罗里硅土净化法（U.S.EPA 3620）
氯化烃类	弗罗里硅土净化法（U.S.EPA 3620）
	凝胶渗透净化法（U.S.EPA 3640）
卤代醚类	弗罗里硅土净化法（U.S.EPA 3620）
	凝胶渗透净化法（U.S.EPA 3640）
硝基芳烃类和环酮类	弗罗里硅土净化法（U.S.EPA 3620）
	凝胶渗透净化法（U.S.EPA 3640）
亚硝基胺类	氧化铝净化法（U.S.EPA 3610）
	弗罗里硅土净化法（U.S.EPA 3620）
	凝胶渗透净化法（U.S.EPA 3640）

续表

目标化合物	净化方法
有机氯农药	氧化铝净化法（U.S.EPA 3610）
	弗罗里硅土净化法（U.S.EPA 3620）
	硅胶净化法（U.S.EPA 3630）
	凝胶渗透净化法（U.S.EPA 3640）
	净化硫的方法（U.S.EPA 3660）
有机磷农药	弗罗里硅土净化法（U.S.EPA 3620）
	凝胶渗透净化法（U.S.EPA 3640）
多环芳烃类	氧化铝柱净化和分离汽油废弃物（U.S.EPA 3611）
	弗罗里硅土净化法（U.S.EPA 3620）
	凝胶渗透净化法（U.S.EPA 3640）
多氯联苯类	弗罗里硅土净化法（U.S.EPA 3620）
	硅胶净化法（U.S.EPA 3630）
	净化硫的方法（U.S.EPA 3660）
	硫酸 / 高锰酸钾净化法（U.S.EPA 3665）
石油废弃物	氧化铝柱净化和分离汽油废弃物（U.S.EPA 3611）
	酸 - 碱分配净化法（U.S.EPA 3650）
酚类	硅胶净化法（U.S.EPA 3630）
	凝胶渗透净化法（U.S.EPA 3640）
邻苯二甲酸酯类	氧化铝净化法（U.S.EPA 3610）
	弗罗里硅土净化法（U.S.EPA 3620）
	凝胶渗透净化法（U.S.EPA 3640）

6.4.2 土壤和沉积物试样的制备

6.4.2.1 土壤和沉积物样品的准备

将样品置于聚四氟乙烯盘或不锈钢盘中，除去枝棒、叶片、石子等异物，混匀样品。按照 HJ/T 166 的要求进行样品缩分。可采用冷冻干燥或干燥剂脱水两种方式脱水干燥。

冷冻干燥法：取适量混匀后样品，放入冷冻干燥仪中干燥脱水至少 12 h。干燥后的样品需研磨、混匀。然后称取 20 g 样品进行提取。

干燥剂法：称取 20 g 的新鲜样品，加入适量的无水硫酸钠，混匀成流砂状，全部转移至提取容器中待用。如果使用加压流体萃取，则用硅藻土代替无水硫酸钠脱水。

6.4.2.2　索氏提取

将制备好的样品全部转移到索氏提取套筒，加入替代物，小心置于索氏提取器回流管中，在圆底溶剂瓶中加入 100 ml 二氯甲烷 - 丙酮混合溶剂（1+1，*V*/*V*），提取 16 ~ 18 h，回流速度控制在 4 ~ 6 次 /h，然后停止加热回流，取出圆底溶剂瓶，待浓缩。

6.4.2.3　加压流体萃取

按照 HJ 783 或 U.S.EPA 3545 步骤进行提取。

6.4.2.4　浓缩

参照 6.4.1.2 执行。

6.4.2.5　净化

参照 6.4.1.3 执行。

6.4.3　固体废物试样的制备

6.4.3.1　固体废物样品的准备

（1）固体废物浸出液

固体废物浸出液的制备按照 HJ/T 299 或 HJ/T 300 的相关规定执行。取 100 ml 固体废物浸出液进行液液萃取，萃取溶剂为二氯甲烷。

注：浸出液浓度较高，可适当减少取样量。

（2）水性液态、油状液态固体废物

水性液态固体废物：称取 10 g 样品，加入 90 ml 水，混匀后全部转入分液漏斗，加入替代物、二氯甲烷后进行液液萃取。

油状液态固体废物：称取适量或 10 g 样品，加入适量二氯甲烷至样品完全溶解，混匀后全部转入分液漏斗，加 100 ml 水，加入替代物、二氯甲烷后进行液液萃取。

（3）固体和半固态固体废物

样品提取前应进行干燥、粉碎、均化和筛分成细小颗粒。对于灰渣等干燥的固体废物，可直接进行研磨均化。大体积的干燥固体废物应先粉碎，再研磨均化、筛分。将制备好的样品全部装入索氏提取套筒中，加入替代物，小心置于索氏提取器回流管中，在圆底溶剂瓶中加入 100 ml 二氯甲烷 - 丙酮混合溶剂（1+1，*V*/*V*），提取 16 ~ 18 h，回流速度控制在 4 ~ 6 次 /h。然后停止加热回流，取出圆底溶剂瓶，待浓缩。亦可按照 HJ 782 或 U.S.EPA 3545 步骤进行提取。

6.4.3.2 浓缩

参照 6.4.1.2 执行，浸出液体提取液浓缩并定容到 10 ml，固体和半固体废物的提取液可浓缩并定容到 1 ml 或 10 ml，待测。如需净化，继续浓缩提取液到 1 ml 左右。

6.4.3.3 净化

参照 6.4.1.3 执行。

6.4.4 气样的制备

固定污染源废气样品的提取按照 U.S.EPA 3542 的相关规定执行。环境空气样品的提取按照 U.S.EPA 3540 的相关规定执行。固定污染源废气和环境空气样品的浓缩、净化参照 6.4.1.2 和 6.4.1.3 执行。

注：应根据项目的目的，选择合适的提取溶剂。

6.4.5 空白试样的制备

用 1 L 实验用水代替实际样品，进行水样空白试样的制备。用 20 g 石英砂代替土壤和沉积物实际样品，进行空白试样的制备。用 10 g 石英砂、100 ml 浸提液分别代替固体废物、固体废物浸出液的实际样品，进行空白试样的制备。用未采集样品的气样捕集介质（如滤膜）进行空白试样的制备。

7 分析步骤

7.1 仪器参考条件

7.1.1 色谱参考条件

气相色谱采用非分流进样，载气：氦气，流量为 1 ml/min，进样口温度为 280℃，初始温度为 40℃，保持 4 min，然后以 8℃ /min 的速率升温至 300℃，保持 9 min，一直保持到所有组分从色谱柱中流出。进样体积：1 μl。

7.1.2 质谱参考条件

离子源：EI 源；离子源温度：230℃；离子化能量：70 eV；气相色谱－质谱的传输线温度为 280℃；扫描方式：全扫描（*m*/*z*）35 ~ 500 amu；溶剂延迟：4.0 min。

注：SIM 方式可适用于含量较低的清洁水或使用全扫描方式灵敏度达不到相应标准要求的样品。

7.1.3　仪器性能检查

在初始校准之前，使用 1 μl 十氟三苯基膦（DFTPP）溶液，通过气相色谱进样口直接进样，进行 GC/MS 分析。可通过取峰顶扫描点及其前后两个扫描点离子丰度的平均值扣除背景值后获得关键离子丰度。十氟三苯基膦（DFTPP）关键离子丰度应满足表 1-8-3 规定的标准，否则需对质谱仪的一些参数进行调整或清洗离子源。

表 1-8-3　十氟三苯基膦关键离子及离子丰度评价

质荷比（*m*/*z*）	相对丰度规范	质荷比（*m*/*z*）	相对丰度规范
68	小于 69 峰的 2%	199	198 峰的 5%～9%
69	出峰	365	大于基峰的 1%
70	小于 69 峰的 2%	441	小于 443 峰的 150%
197	小于 198 峰的 2%	442	基峰或出峰
198	基峰或出峰	443	442 峰的 15%～24%

7.2　绘制校准曲线

分别取适量的半挥发性有机物混标溶液、替代物和内标标准溶液，用二氯甲烷稀释，配制成系列浓度的标准溶液。校准曲线至少配制 5 个不同浓度（1 μg/ml、5 μg/ml、10 μg/ml、20 μg/ml、50 μg/ml），内标物质量浓度可为 40 μg/ml 或其他浓度。

按照仪器参考条件，从低至高依次进样分析。

在 7.1 参考条件下，目标化合物的总离子流图见附录 1-8-C。

注 1：替代物亦可在单一浓度下进行校准。

注 2：适用时，亦可使用其他合适溶剂配制标准溶液。

7.3　试样的测定

加入内标，按照与绘制校准曲线相同的仪器参考条件进行测定。

注 1：若样品中的待测物浓度超过曲线最高点时，则需取适量样品在容量瓶中稀释后立即测定。

注 2：当分析一个高浓度样品后，应分析一个或多个空白样品检查交叉污染。

7.4　空白试验

按照与试样测定相同的仪器参考条件测定空白试样。

8 结果与计算

8.1 定性分析

根据与标准物质质谱图和保留时间比较对目标化合物进行定性。应多次分析标准溶液得到目标化合物的保留时间均值，以平均保留时间 ±3 倍的标准偏差为保留时间窗口，样品中目标化合物的保留时间应在其范围内。

样品中目标化合物的保留时间与初始校准标准溶液中间点或连续校准中该化合物的保留时间的差值应在 ±10 s 内。目标化合物标准质谱图中相对丰度高于 30% 的所有离子应在样品质谱图中存在，样品质谱图和标准质谱图中特征离子的相对丰度偏差应在 ±30% 之内。分子离子峰，即使其相对丰度低于 30%，也应作为判别化合物的依据。

8.2 定量分析

在对目标化合物定性判断的基础上，根据定量离子的响应（峰面积），采用内标法进行定量。可参照附录 1-8-D 设置定量离子、辅助离子，当样品中目标化合物的定量离子有干扰时，可使用辅助离子定量。

8.3 结果计算

8.3.1 平均相对响应因子（$\overline{\mathrm{RRF}}$）

当目标化合物采用平均相对响应因子进行计算时，标准系列第 i 点中目标化合物的相对响应因子 RRF_i，按式（1-8-1）计算。

$$\mathrm{RRF_i} = \frac{A_i}{A_{\mathrm{IS}i}} \times \frac{\rho_{\mathrm{IS}i}}{\rho_i} \tag{1-8-1}$$

式中，RRF_i——校准曲线系列中第 i 点目标化合物的相对响应因子；

A_i——校准曲线系列中第 i 点目标化合物定量离子的响应值；

$A_{\mathrm{IS}i}$——校准曲线系列中第 i 点与目标化合物相对应内标定量离子的响应值；

ρ_i——校准曲线系列中第 i 点目标化合物的质量浓度，μg/ml；

$\rho_{\mathrm{IS}i}$——校准曲线系列中内标物的质量浓度，μg/ml。

校准曲线系列中目标化合物的平均相对响应因子$\overline{\mathrm{RRF}}$，按照式（1-8-2）计算。

$$\overline{\mathrm{RRF}} = \frac{\sum_{i=1}^{n} \mathrm{RRF}_i}{n} \tag{1-8-2}$$

式中，$\overline{RRF}$——校准曲线系列中目标化合物的平均相对响应因子；

RRF_i——校准曲线系列中第 i 点目标化合物的相对响应因子；

n——标准系列点数。

8.3.2　建立校准曲线

使用平均相对响应因子计算时，标准系列目标化合物相对响应因子的相对标准偏差（RSD）应≤20%。用最小二乘法建立校准曲线，若建立的线性校准曲线的相关系数（r^2）<0.99 时，也可以采用非线性拟合曲线进行校准，曲线相关系数（r^2）需≥0.99。采用非线性校准曲线时，应至少采用 6 个浓度点进行校准。

8.3.3　水样的结果计算

水样中目标化合物质量浓度 ρ（μg/L），按式（1-8-3）计算。

$$\rho = \frac{A_x \times \rho_{IS}}{A_{IS} \times \overline{RRF}} \times \frac{V_{ex} \times DF}{V_0} \quad (1\text{-}8\text{-}3)$$

式中，ρ——样品中目标化合物的浓度，μg /L；

A_x——试样中目标化合物定量离子的响应值；

ρ_{IS}——试样中内标的浓度，μg/ml；

A_{IS}——试样中内标化合物定量离子的响应值；

$\overline{RRF}$——校准曲线系列中目标化合物的平均相对响应因子；

V_{ex}——试样的定容体积，ml；

DF——稀释倍数；

V_0——水样的取样体积，ml。

8.3.4　土壤样品的结果计算

土壤样品中目标化合物 ω（mg/kg），按照式（1-8-4）计算。

$$\omega = \frac{A_x \times \rho_{IS} \times V_x}{A_{IS} \times \overline{RRF} \times m \times W_{dm}} \times DF \quad (1\text{-}8\text{-}4)$$

式中，ω——样品中的目标化合物含量，mg /kg；

A_x——试样中目标化合物定量离子的响应值；

ρ_{IS}——试样中内标化合物的浓度，μg/ml；

A_{IS}——试样中内标化合物定量离子的响应值；

$\overline{RRF}$——校准曲线系列中目标化合物的平均相对响应因子；

V_x——试样的定容体积，ml；

m——样品的称取量，g；

W_{dm}——样品干物质含量，%；

DF——稀释倍数。

8.3.5 沉积物样品的结果计算

沉积物样品中的目标化合物 ω（mg/kg），按照式（1-8-5）计算。

$$\omega = \frac{A_x \times \rho_{IS} \times V_x}{A_{IS} \times \overline{RRF} \times m \times (1-w)} \times DF \quad (1\text{-}8\text{-}5)$$

式中，ω——样品中的目标化合物含量，mg /kg；

A_x——试样中目标化合物定量离子的响应值；

ρ_{IS}——试样中内标化合物的浓度，μg/ml；

A_{IS}——试样中内标化合物定量离子的响应值；

$\overline{RRF}$——校准曲线系列中目标化合物的平均相对响应因子；

V_x——试样的定容体积，ml；

m——样品的称取量，g；

w——样品的含水率，%；

DF——稀释倍数。

8.3.6 固体废物浸出液的结果计算

固体废物浸出液中的目标化合物 ρ（μg/L），按照式（1-8-6）计算。

$$\rho = \frac{A_x \times \rho_{IS} \times V_x}{A_{IS} \times \overline{RRF} \times V_i} \times DF \quad (1\text{-}8\text{-}6)$$

式中，ρ——样品中目标化合物的浓度，μg /L；

A_x——试样中目标化合物定量离子的响应值；

ρ_{IS}——试样中内标化合物的浓度，μg/ml；

A_{IS}——试样中内标化合物定量离子的响应值；

$\overline{RRF}$——校准曲线系列中目标化合物的平均相对响应因子；

V_i——浸出液取样体积，L；

V_x——试样的定容体积，ml；

DF——稀释倍数。

8.3.7　固体废物的结果计算

固体废物中的目标化合物 ω（mg/kg），按照式（1-8-7）计算。

$$\omega = \frac{A_x \times \rho_{\mathrm{IS}} \times V_x}{A_{\mathrm{IS}} \times \overline{\mathrm{RRF}} \times m} \tag{1-8-7}$$

式中，ω——样品中的目标化合物含量，mg /kg；

A_x——试样中目标化合物定量离子的响应值；

ρ_{IS}——试样中内标化合物的浓度，μg/ml；

A_{IS}——试样中内标化合物定量离子的响应值；

$\overline{\mathrm{RRF}}$——校准曲线系列中目标化合物的平均相对响应因子；

V_x——试样的定容体积，ml；

m——样品的称取量（湿重），g。

8.3.8　气样捕集介质的结果计算

气样捕集介质中的目标化合物 ρ（mg/m^3），按照式（1-8-8）计算。

$$\rho = \frac{m}{V_s} \tag{1-8-8}$$

式中，ρ——样品中目标化合物的浓度，mg /m^3；

m——由校准曲线计算得到的气体捕集介质中目标化合物的含量，mg；

V_s——标准状况下的采样总体积，m^3。

注 1：样品中目标化合物的浓度单位亦可用 $\mu g/m^3$ 表示。

注 2：*m* 可以是多个气体捕集介质中目标化合物含量的加和。

8.4　结果表示

8.4.1　水样：当测定结果小于 1 μg /L 时，小数位的保留与方法检出限一致；当测定结果大于 1 μg /L 时，保留 3 位有效数字。

8.4.2　土壤和沉积物：当测定结果小于 1 mg/kg 时，小数位的保留与方法检出限一致；当测定结果大于 1 mg/kg 时，保留 3 位有效数字。

8.4.3　固体废物：测定结果小数点位数与方法检出限保持一致，最多保留 3 位有效数字。

8.4.4　气样捕集介质：质量浓度结果位数应不多于检出限位数，可按对应的环境行业方法标准进行修约。如果没有，可按数值修约规则 GB/T 8170 进行修约。

9 质量保证与控制

9.1 仪器性能检查

建立初始校准之前需进行仪器性能检查，得到的 DFTPP 的关键离子和丰度必须全部满足要求。

9.2 空白试验

每批次样品至少做一个实验室空白，测定结果应低于检出限。每批次至少采集一个全程序空白，按照样品的分析步骤测定，测定结果应小于定量下限浓度的 1/2，或小于等于实际样品浓度的 10%。若测定结果未满足以上要求，则应采取措施排除污染并重新分析同批样品。按质量控制相关要求进行运输空白试验。

9.3 初始校准

在样品分析之前建立初始校准曲线。相对响应因子和线性回归校准曲线至少需 5 个浓度系列，二次回归校准曲线至少需 6 个浓度系列。目标化合物相对响应因子的 RSD 应≤20%，或者校准曲线相关系数（R^2）≥0.99。校准溶液低浓度点的回测值应在真值的 ±50% 范围内；其他浓度校准溶液的回测值，应在真值的 ±30% 范围内。否则应查找原因或重新建立校准曲线。

在初始校准标准溶液之后，样品分析之前，使用与初始校准标准溶液不同来源制备的溶液进行分析，目标化合物的测定值与期望值的偏差应在 ±30% 以内。

9.4 连续校准

每 12 h 分析一次校准曲线中间浓度点，其测定结果与实际浓度值相对偏差应≤20%，否则应查找原因或重新建立校准曲线。内标物的响应应在初始校准中间点或初始校准序列各点的平均响应的 50% ~ 200%。

9.5 替代物回收率

所有样品和空白中都需加入替代物，按与样品相同的步骤分析。2- 氟苯酚、苯酚 -d_6 因其沸点低，回收率低于其他替代物，一般在 50% 左右。复杂基体中替代物回收率与空白中替代物回收率有时差异会很大，因此实验室应制定基于性能的回收率标准和 / 或为项目选择的标准制定替代物回收率标准。

9.6　标准样品

必要时，采用有证标准物质对分析结果准确性进行质量控制。

9.7　平行样和基体加标

每批次（≤20 个）样品，进行一次平行样分析和基体加标分析。分析平行样，目标化合物的相对偏差应≤30%。基体加标回收率参考范围：固体废物样品加标回收率范围为 35% ~ 150%；浸出液加标样品回收率范围为 40% ~ 110%；土壤和沉积物样品加标回收率范围为 46% ~ 119%，水样加标回收率范围为 14.8% ~ 131%。若加标回收率异常，应再分析一个基体加标重复样品；若基体加标重复样品回收率与之前相同，但空白中替代物回收率的测定结果和空白加标中替代物和加标的测定结果满足控制指标，说明样品存在基体效应，二次测定结果均应报出。

10　注意事项

10.1　五氯苯酚等酚类化合物、硝基苯胺类化合物的色谱特性不稳定，特别是 GC 系统被高沸点物质污染之后，应注意仪器的维护。

10.2　六氯环戊二烯在气相色谱仪的汽化室内发生热分解，在丙酮溶液中会发生化学反应，还会发生光解。

10.3　注意调节仪器参数使得 *N*- 亚硝基二甲胺与溶剂峰分离，*N*- 亚硝基二甲胺会在气相色谱仪的汽化室内分解。

10.4　关于实验室质控样的可接受标准，EPA 建议实验室在评估多个替代物回收率和相关纠正措施的程序后在实验室 SOP 或批准的项目计划中确定实验室的可接受标准，基体复杂时，基体加标的回收率一般会低于空白加标的回收率。

10.5　液液萃取时，如果发生乳化现象，需要采取机械手段完成两相分离，包括搅动、离心、用玻璃棉过滤等方法破乳，也可采用冷冻方法破乳。

11　废物处理

实验中产生的废液和废物应集中收集，做好相应标识，并委托有资质的单位处理。

12　引用标准

本作业指导书引用了下列文件或其中条款，凡是未注明日期的引用文件，其有效版本适用于本作业指导书。

GB 17378.3 海洋监测规范 第 3 部分：样品采集、贮存与运输

GB 17378.5 海洋监测规范 第 5 部分：沉积物分析

GB/T 14581 水质 湖泊和水库采样技术指导

GB/T 8170 数值修约规则与极限数值的表示和判定

HJ 298 危险废物鉴别技术规范

HJ 494 水质 采样技术指导

HJ 613 土壤 干物质和水分的测定 重量法

HJ 691 环境空气 半挥发性有机物 采样技术导则

HJ 782 固体废物 有机物的提取 加压流体萃取法

HJ 783 土壤和沉积物 有机物的提取 加压流体萃取法

HJ/T 20 工业固体废物采样制样技术规范

HJ/T 91 地表水和污水监测技术规范

HJ/T 91.1 污水监测技术规范

HJ/T 164 地下水环境监测技术规范

HJ/T 166 土壤环境监测技术规范

HJ/T 299 固体废物 浸出毒性浸出方法 硫酸硝酸法

HJ/T 300 固体废物 浸出毒性浸出方法 醋酸缓冲溶液法

U.S.EPA Method 0010 Modified Method 5 Sampling Train.

U.S.EPA 3540 Soxhlet Extioction.

U.S.EPA Method 3542 Extraction of Semivolatile Analytes Collected Using Method 0010（Modified Method 5 Sampling Train）.

U.S.EPA Method 3545 Pressurized Fluid Extraction.

U.S.EPA Method 3610 Alumina Cleanup.

U.S.EPA Method 3611 Alumina Column Cleanup and Separation of Petroleum Wastes.

U.S.EPA Method 3620 Florisil Cleanup .

U.S.EPA Method 3630 Silica Gel Cleanup.

U.S.EPA Method 3640 Gel-Permeation Cleanup.

U.S.EPA Method 3650 Acid-Base Partition Cleanup.

U.S.EPA Method 3660 Sulfur Cleanup.

U.S.EPA Method 3665 Sulfuric Acid/Permanganate Cleanup.

附录 1-8-A
（资料性附录）
目标化合物及适用前处理方法

附表 1-8-1 目标化合物及适用前处理方法

化合物名称	CAS 号	3510	3520	3540/3541	3545	3550	3580
苊	83-32-9	√	√	√	√	√	√
苊烯	208-96-8	√	√	√	√	√	√
苯乙酮	98-86-2	√	√	√	√	√	√
2- 乙酰氨基氟	53-96-3	√	√	—	√	√	—
乙酰硫脲	591-08-2	*	—	—	—	—	*
二氯丙酸	309-00-2	√	√	√	—	√	√
2- 氨基蒽醌	117-79-3	√	—	—	—	—	√
4- 阿基苯甲酯	60-09-3	√	—	—	—	—	√
4- 氨基联苯	92-67-1	√ *	√ *	—	—	*	√
3- 氨基 -9- 乙基咔唑	132-32-1	√	√	—	—	—	—
敌菌灵	101-05-3	√	—	—	—	—	√
苯胺	62-53-3	√ *	√ *	√ *	*	√ *	√
邻甲氧基苯胺	90-04-0	√	—	—	—	—	√
蒽	120-12-7	√	√	√	√	√	√
杀螨特	140-57-8	√ *	√ *	—	—	√	—
PCB 1016	12674-11-2	√	√	√	—	√	√
PCB 1221	11104-28-2	√	√	√	—	√	√
PCB 1232	11141-16-5	√	√	√	—	√	√
PCB 1242	53469-21-9	√	√	√	—	√	√
PCB 1248	12672-29-6	√	√	√	—	√	√
PCB 1254	11097-69-1	√	√	√	—	√	√
PCB 1260	11096-82-5	√	√	√	—	√	√
阿特拉津	1912-24-9	√ *	√ *	√ *	√ *	√ *	—
保棉磷	86-50-0	*	*	—	—	—	√

续表

化合物名称	CAS 号	3510	3520	3540/3541	3545	3550	3580
偶氮苯	103-33-3	√	√	—	—	√	—
燕麦灵	101-27-9	*	—	—	—	—	*
苯甲醛	100-52-7	√*	√*	√*	√*	√*	—
联苯胺	92-87-5	*	*	*	√*	*	*
苯甲酸	65-85-0	*	√*	√*	*	√*	√*
苯并［a］蒽	56-55-3	√	√	√	√	√	√
苯并［b］荧蒽	205-99-2	√	√	√	√	√	√
苯并［k］荧蒽	207-08-9	√	√	√	√	√	√
苯并［g,h,i］苝	191-24-2	√	√	√	√	√	√
苯并［a］芘	50-32-8	√	√	√	√	√	√
苯并［e］芘	192-97-2	√	—	—	—	√	—
苯醌	106-51-4	*	*	—	—	—	√
苯甲醇	100-51-6	√*	√*	√*	√*	√*	√*
α-六六六	319-84-6	√*	√*	√	—	√	√
β-六六六	319-85-7	√	√	√	—	√	√
δ-六六六	319-86-8	√	√	√	—	√	√
γ-六六六（林丹）	58-89-9	√*	√*	√	—	√	√
联苯	92-52-4	√	√	√	√	√	—
双（2-氯乙氧基）甲烷	111-91-1	√	√	√	√	√	√
双（二氯乙基）醚	111-44-4	√	√	√	√	√	√
双（2-氯-1-甲基乙基）醚	108-60-1	√	√	√	—	√	√
邻苯二甲酸二（2-乙基己基）酯	117-81-7	√	√	√	√	√	√
4-溴联苯醚	101-55-3	√	√	√	√	√	√
溴苯腈	1689-84-5	√	—	—	—	—	√
邻苯二甲酸丁苄酯	85-68-7	√	√	√	√	√	√
己内酰胺	105-60-2	*	*	√	√	√	—
敌菌丹	2425-06-1	*	*	—	—	—	√
克菌丹	133-06-2	*	*	—	—	—	√
甲萘威	63-25-2	√	—	—	—	—	√
咔唑	86-74-8	√	√	√	√	√	—

续表

化合物名称	CAS 号	3510	3520	3540/3541	3545	3550	3580
呋喃丹	1563-66-2	√	—	—	—	—	√
三硫磷	786-19-6	√	—	—	—	—	√
氯丹（NOS）	57-74-9	√	√	√	—	√	√
毒虫畏	470-90-6	√	—	—	—	—	√
4- 氯苯胺	106-47-8	√	√	√	√	√	√
丁酰肼	510-15-6	√	√	—	√	√	√
5- 氯邻甲苯胺	95-79-4	√	—	—	—	—	√
4- 氯 -3- 甲酚	59-50-7	√	√	√	√	√	√
3- 氯甲基吡啶盐酸盐	6959-48-4	√	—	—	—	—	√
1- 氯萘	90-13-1	√	√	√	—	√	√
2- 氯萘	91-58-7	√	√	√	√	√	√
2- 氯苯酚	95-57-8	√	√	√	√	√	√
4- 氯二苯醚	7005-72-3	√	√	√	√	√	√
4- 氯 -1,2- 苯二胺	95-83-0	√	√	—	—	—	—
4- 氯 -1,3- 苯二胺	5131-60-2	√	√	—	—	—	—
䓛	218-01-9	√	√	√	√	√	√
蝇毒磷	56-72-4	√	—	—	—	—	√
2- 甲氧基 -5- 甲基苯胺	120-71-8	√	—	—	—	—	√
巴毒磷	7700-17-6	√	—	—	—	—	√
消螨酚	131-89-5	√	—	—	—	—	*
4,4- 滴滴滴	72-54-8	√	√	√	—	√	√
4,4'- 滴滴伊	72-55-9	√	√	√	—	√	√
4,4'- 滴滴涕	50-29-3	√	√	√	—	√	√
内吸磷 -O	298-03-3	*	*	—	—	—	√
内吸磷 -S	126-75-0	*	*	—	—	—	√
燕麦敌（顺或反式）	2303-16-4	√	√	—	√	√	√
2,4- 二氨基甲苯	95-80-7	*	*	—	—	—	√
二苯并［*a*,*j*］吖啶	224-42-0	√	—	—	—	√	√
二苯并［*a*,*h*］蒽	53-70-3	√	√	√	√	√	√
二苯并呋喃	132-64-9	√	√	√	√	√	√

续表

化合物名称	CAS 号	3510	3520	3540/3541	3545	3550	3580
二苯并［*a*,*e*］芘	192-65-4	√	—	—	—	√	√
1,2- 二溴 -3- 氯丙烷	96-12-8	√	√	—	—	—	—
邻苯二甲酸二丁酯	84-74-2	√	√	√	√	√	√
2,3- 二氯 -1,4- 萘醌	117-80-6	*	*	—	—	—	√
1,2- 二氯苯	95-50-1	√ *	√ *	√ *	√ *	√ *	√
1,3- 二氯苯	541-73-1	√ *	√ *	√ *	√ *	√ *	√ *
1,4- 二氯苯	106-46-7	√ *	√ *	√ *	√ *	√ *	√
3,3'- 二氯联苯胺	91-94-1	√ *	√ *	√ *	√ *	√ *	√ *
2,4- 二氯苯酚	120-83-2	√	√	√	√	√	√
2,6- 二氯苯酚	87-65-0	√	√	√	√	√	√
敌敌畏	62-73-7	√	—	—	—	—	√
倍硫磷	141-66-2	√	—	—	—	—	√
狄氏剂	60-57-1	√	√	√	—	√	√
邻苯二甲酸二乙酯	84-66-2	√	√	√	√	√	√
硫酸二乙酯	64-67-5	*	—	—	—	—	*
己烯雌酚	56-53-1	*	*	—	—	—	√
乐果	60-51-5	√ *	√ *	—	—	√ *	√
3,3'- 二甲氧基联苯胺	119-90-4	√	—	—	—	—	*
邻苯二甲酸二甲酯	131-11-3	√	√	√	√	√	√
对二甲氨基偶氮苯	60-11-7	√	√	—	√	√	√
7,12- 二甲基苯并［*a*］蒽	57-97-6	√ *	√ *	—	√ *	√ *	*
4,4'- 二氨基 -3,3'- 二甲基联苯	119-93-7	*	*	—	*	*	√
分特拉明	122-09-8	—	—	—	—	—	√
2,4- 二甲基苯酚	105-67-9	√	√	√	√	√	√
1,2- 二硝基苯	528-29-0	√	√	—	—	√	√
1,3- 二硝基苯（1,3-DNB）	99-65-0	√	√	—	√	√	√
1,4- 二硝基苯	100-25-4	√ *	—	—	—	√	√
4,6- 二硝基邻甲酚	534-52-1	√ *	√ *	√ *	√ *	√ *	√ *
2,4- 二硝基苯酚	51-28-5	√ *	√ *	√ *	√ *	√ *	√ *
2,4- 二硝基甲苯（2,4-DNT）	121-14-2	√	√	√	√	√	√

续表

化合物名称	CAS 号	3510	3520	3540/3541	3545	3550	3580
2,6- 二硝基甲苯（2,6-DNT）	606-20-2	√	√	√	√	√	√
敌螨普	39300-45-3	*	*	—	—	—	*
邻苯二甲酸二正辛酯（DNOP）	117-84-0	√	√	√	√	√	√
地乐酚（DNBP）	88-85-7	√	√	√	—	√	√
1,4- 二氧六环	123-91-1	*	√ *	*	*	*	—
二苯胺	122-39-4	√	√	√	—	√	√
5,5- 二苯基乙内酰脲	57-41-0	√	—	—	—	—	√
1,2- 二苯肼	122-66-7	√ *	√ *	√ *	√ *	√ *	√ *
乙拌磷	298-04-4	√	√	—	—	√	√
硫丹 I	959-98-8	√ *	√ *	√	—	√	√
硫丹 II	33213-65-9	√ *	√ *	√	—	√	√
硫丹硫酸酯	1031-07-8	√	√	√	—	√	√
异狄氏剂	72-20-8	√ *	√ *	√	—	√	√
异狄氏剂醛	7421-93-4	√	√	√	—	√	√
异狄氏剂酮	53494-70-5	√	√	—	—	√	√
苯硫磷	2104-64-5	√	—	—	—	—	√
乙硫磷	563-12-2	√	—	—	—	—	√
氨基甲酸乙酯	51-79-6	*	—	—	—	—	√
甲磺酸乙酯	62-50-0	√	√	—	√	√	√
氨磺磷	52-85-7	√ *	—	—	—	*	√
丰索磷	115-90-2	√	—	—	—	—	√
倍硫磷	55-38-9	√	—	—	—	—	√
氟氯灵	33245-39-5	√	—	—	—	—	√
荧蒽	206-44-0	√	√	√	√	√	√
芴	86-73-7	√	√	√	√	√	√
七氯	76-44-8	√	√	√	—	√	√
环氧七氯	1024-57-3	√	√	√	—	√	√
六氯苯	118-74-1	√	√	√	√	√	√
六氯丁二烯	87-68-3	√	√	√	√	√	√
六氯环戊二烯	77-47-4	√ *	*	√ *	√ *	√ *	√ *

续表

化合物名称	CAS 号	3510	3520	3540/3541	3545	3550	3580
六氯乙烷	67-72-1	√	√	√	√	√	√
六氯酚	70-30-4	√ *	—	—	—	—	*
六氯丙烯	1888-71-7	√	*	√	√	√	√
六甲基磷酰胺（HMPA）	680-31-9	√	—	—	—	—	√
对苯二酚	123-31-9	—	—	—	—	—	√
茚并［1,2,3-*cd*］芘	193-39-5	√	√	√	√	√	√
异艾氏剂	465-73-6	√	√	—	√	√	√
异佛乐酮	78-59-1	√	√	√	√	√	√
异黄樟醚	120-58-1	√	√	—	√	√	√
开蓬	143-50-0	√ *	—	—	—	√	√
对溴磷	21609-90-5	√	—	—	—	—	√
马拉硫磷	121-75-5	*	*	—	—	—	√
马来酸酐	108-31-6	*	*	—	—	—	√
美雌醇	72-33-3	√	—	—	—	—	√
美沙吡林	91-80-5	*	—	—	—	—	√
甲氧滴滴涕	72-43-5	√	—	—	—	√	√
甲磺酸甲酯	66-27-3	√ *	√ *	—	—	√ *	√
甲基对硫磷	298-00-0	√	√	—	—	√	√
3- 甲基胆蒽	56-49-5	√	√	—	√	√	√
4,4'- 甲基二氢（2- 氯苯胺）	101-14-4	*	*	—	—	—	*
4,4'- 亚甲基二（*N*,*N*- 二甲基苯胺）	101-61-1	√	√	—	—	—	—
1- 甲基萘	90-12-0	√	√	√	√	√	—
2- 甲基萘	91-57-6	√	√	√	√	√	√
2- 甲基苯酚（*o*- 甲酚）	95-48-7	√	√	√	√	√	√
3- 甲基苯酚（*m*- 甲酚）	108-39-4	√	√	√	√	√	√
4- 甲基苯酚（*p*- 甲酚）	106-44-5	√	√	√	√	√	√
速灭磷	7786-34-7	√	—	—	—	—	√
兹克威	315-18-4	*	*	—	—	—	√
灭蚁灵	2385-85-5	√	—	—	—	—	√

续表

化合物名称	CAS 号	3510	3520	3540/3541	3545	3550	3580
久效磷	6923-22-4	*	*	—	—	—	√
二溴磷	300-76-5	√	—	—	—	—	√
萘	91-20-3	√	√	√	√	√	√
1,4- 萘醌	130-15-4	√ *	√ *	—	√ *	√ *	√
1- 萘胺	134-32-7	√ *	√ *	—	—	*	√
2- 萘胺	91-59-8	√ *	√ *	—	—	*	√
尼古丁	54-11-5	*	—	—	—	—	√
5- 硝基苊	602-87-9	√	—	—	—	—	√
2- 硝基苯胺	88-74-4	√ *	√ *	√ *	√ *	√ *	√ *
3- 硝基苯胺	99-09-2	√ *	√ *	√ *	√ *	√ *	√ *
4- 硝基苯胺	100-01-6	√ *	√	—	—	√ *	√
5- 硝基邻茴香胺	99-59-2	√	—	—	—	—	√
硝基苯（NB）	98-95-3	√	√	√	√	√	√
4- 硝基联苯	92-93-3	√	—	—	—	—	√
除草醚	1836-75-5	√	—	—	—	—	√
2- 硝基苯酚	88-75-5	√	√	√	√	√	√
4- 硝基苯酚	100-02-7	*	√ *	√ *	√ *	√ *	√ *
4- 硝基喹啉 -1- 氧化物	56-57-5	√	√	—	√	√	√
N- 亚硝基二正丁胺	924-16-3	√	√	√	—	√	√
N- 亚硝基二乙胺	55-18-5	√	√	√	√	√	√
N- 亚硝基二甲胺	62-75-9	*	√ *	√ *	√ *	√ *	√ *
N- 亚硝基二苯胺	86-30-6	√ *	√ *	√ *	√ *	√ *	√ *
N- 亚硝基二丙胺	621-64-7	√	√	√	√	√	√
N- 亚硝基甲基乙基胺	10595-95-6	√	√	√	√	√	√
N- 亚硝基吗啉	59-89-2	√	√	—	√	√	√
N- 亚硝基哌啶	100-75-4	√	√	√	—	√	√
N- 亚硝基吡咯烷	930-55-2	√	√	√	√	√	√
5- 硝基 - 邻甲苯胺	99-55-8	√	√	—	√	√	√
八甲基焦磷酰胺	152-16-9	*	—	—	—	—	*
4,4'- 二氨基二苯醚	101-80-4	√	—	—	—	—	√

续表

化合物名称	CAS 号	3510	3520	3540/3541	3545	3550	3580
对硫磷	56-38-2	√	√	—	—	√	√
五氯苯	608-93-5	√	√	√	√	√	√
五氯硝基苯	82-68-8	√	√	—	√	√	√
五氯苯酚	87-86-5	√ *	√ *	√ *	√ *	√ *	√ *
苝	198-55-0	√	—	—	—	—	√
非那西丁	62-44-2	√	√	—	√	√	√
菲	85-01-8	√	√	√	√	√	√
苯巴比妥	50-06-6	√	—	—	—	—	√
苯酚	108-95-2	*	√ *	√ *	√ *	√ *	√ *
1,4- 苯二胺	106-50-3	√	—	—	*	—	√
甲拌磷	298-02-2	√	√	—	—	√	√
伏杀硫磷	2310-17-0	*	*	—	—	—	√
亚胺硫磷	732-11-6	*	*	—	—	—	√
磷胺	13171-21-6	*	*	—	—	—	√
邻苯二甲酸酐	85-44-9	*	*	—	—	—	*
2- 甲基吡啶	109-06-8	√	√	—	√	√	—
胡椒基亚砜	120-62-7	√	—	—	—	—	√
多氯联苯（NOS）	1336-36-3	—	—	—	—	—	—
拿草特（除草剂）	23950-58-5	√	√	—	√	√	√
丙基硫氧嘧啶	51-52-5	*	—	—	—	—	*
芘	129-00-0	√	√	√	√	√	√
吡啶	110-86-1	*	√ *	√ *	*	√ *	—
间苯二酚	108-46-3	*	*	—	—	—	√
黄樟素	94-59-7	√	√	—	√	√	√
士的宁	57-24-9	*	*	—	—	—	√
草克死	95-06-7	√	—	—	—	—	√
特丁硫磷	13071-79-9	√	—	—	—	—	√
1,2,4,5- 四氯苯	95-94-3	√	√	√	√	√	√
2,3,4,6- 四氯苯酚	58-90-2	√	√	√	√	√	√
杀虫畏	961-11-5	√	—	—	—	—	√

续表

化合物名称	CAS 号	3510	3520	3540/3541	3545	3550	3580
四乙基二硫代焦磷酸酯	3689-24-5	√	√	—	—	√	—
焦磷酸四乙酯（TEPP）	107-49-3	√	—	—	—	—	√
硫磷嗪	297-97-2	√	√	—	—	√	√
苯硫酚	108-98-5	√	—	—	—	—	√
甲苯 -2,4- 二异氰酸酯	584-84-9	*	*	—	—	—	√
邻甲苯胺	95-53-4	√	√	—	√	*	√
毒杀芬	8001-35-2	√	√	√	—	√	√
1,2,4- 三氯苯	120-82-1	√	√	√	√	√	√
2,4,5- 三氯苯酚	95-95-4	√	√	√	√	√	√
2,4,6- 三氯苯酚	88-06-2	√	√	√	√	√	√
O,*O*,*O*- 三乙基硫代磷酸酯	126-68-1	√	√	—	—	√	—
氟乐灵	1582-09-8	√	—	—	—	—	√
磷酸三甲酯	512-56-1	*	*	—	—	—	√
2,4,5 三甲基苯胺	137-17-7	√	—	—	—	—	√
1,3,5- 三硝基苯	99-35-4	√	√	—	√	√	√
三（2,3- 二溴丙基）磷酸	126-72-7	√	—	—	—	—	*
磷酸三对甲苯酯	78-32-0	√	—	—	—	—	√

注 1：“√”表示方法可获得满意的回收率和精密度。但实际回收率可能因样品基体、制备技术和分析仪器的不同而存有差异。

注 2：“—”表示该化合物不能用此前处理技术制备。

注 3：“*”表示该化合物在使用该前处理方法结合 8270 法测定时，重现性、响应性、回收率、稳定性和 / 或色谱方面存在问题，可能会降低结果的整体质量或可信度。该化合物可能需要特殊处理，以提高提取效率和分析性能，使其满足项目需求。

注 4：“√ *”使用该前处理技术，此目标化合物可满足性能标准，但会出现一些分析问题。

附录 1–8–B
（资料性附录）
半挥发性有机物的参考检出限

按照本作业指导书提供的样品制备和前处理具体操作步骤，在仪器参考条件下得到部分目标化合物的参考检出限。检出限的计算是基于水样取样量为 1 L，土壤和沉积物取样量为 20 g，固体废物（灰渣）取样量为 10 g，固体废物浸出液的取样量为 100 ml。取样量和浓缩富集倍数变化会导致检出限的改变。

附表 1-8-2　半挥发性有机物的参考检出限

序号	目标化合物中文名称	目标化合物英文名称	CAS 号	检出限			
				水 /（μg/L）	土壤和沉积物 /（mg/kg）	固体废物	
						灰渣 /（mg/kg）	固体废物浸出液 /（mg/L）
1	*N*- 亚硝基二甲胺	*N*-Nitrosodimethylamine	621-64-7	0.2	0.08	0.06	0.1
2	苯酚	Phenol	108-95-2	0.4	0.1	0.1	0.2
3	2- 氯苯酚	2-Chlorophenol	95-57-8	0.5	0.06	0.09	0.8
4	双（2- 氯乙基）醚	Bis（2-chloroethyl）ether	111-44-4	0.3	0.09	0.04	0.2
5	1,3- 二氯苯	1,3-Dichlorobenzene	541-73-1	0.4	0.08	0.04	0.2
6	1,4- 二氯苯	1,4-Dichlorobenzene	106-46-7	0.4	0.08	0.05	0.4
7	1,2- 二氯苯	1,2-Dichlorobenzene	95-50-1	0.3	0.08	0.05	0.2
8	2- 甲基苯酚	2-Methylphenol	95-48-7	0.5	0.1	0.08	0.2
9	双（2- 氯异丙基）醚	Bis（2-cholroisopropyl）ether	108-60-1	0.8	0.1	0.04	0.2
10	六氯乙烷	Hexachloroethane	118-74-1	0.2	0.1	0.05	0.2
11	4- 甲基苯酚	4-Methylphenol	106-44-5	0.4	0.1	0.06	0.2
12	*N*- 亚硝基二正丙胺	*N*-Nitrosodi-n-propylamine	621-64-7	0.5	0.07	0.08	0.3
13	硝基苯	Nitrobenzene	98-95-3	0.6	0.09	0.05	0.3
14	异佛尔酮	Isophorone	78-59-1	0.5	0.07	0.06	0.2

续表

序号	目标化合物中文名称	目标化合物英文名称	CAS 号	检出限			
				水 / (μg/L)	土壤和沉积物 / (mg/kg)	固体废物	
						灰渣 / (mg/kg)	固体废物浸出液 / (mg/L)
15	2- 硝基苯酚	2-Nitrophenol	88-75-5	0.4	0.2	0.08	0.4
16	2,4- 二甲基苯酚	2,4-Dimethylphenol	105-67-9	0.5	0.09	0.2	0.2
17	双（2- 氯乙氧基）甲烷	Bis（2-chloroethoxy）methane	111-91-1	0.4	0.08	0.05	0.2
18	2,4- 二氯苯酚	2,4-Dichlorophenol	120-83-2	0.4	0.07	0.07	0.2
19	1,2,4- 三氯苯	1,2,4-Trichlorobenzene	120-82-1	0.4	0.07	0.05	0.2
20	萘	Naphthalene	92-20-3	0.3	0.09	0.05	0.2
21	4- 氯苯胺	4-Chloroaniline	106-47-8	0.4	0.09	0.06	0.2
22	六氯丁二烯	Hexachlorobutadiene	87-68-3	0. 5	0.06	0.05	0.2
23	4- 氯 -3- 甲苯酚	4-Chloro-3-methylphenol	59-50-7	0.4	0.06	0.05	0.2
24	2- 甲基萘	2-Methylnaphthalene	91-57-6	0.4	0.08	0.06	0.4
25	六氯环戊二烯	Hexachlorocyclopentadiene	77-47-4	0.3	0.1	0.08	0.4
26	2,4,6- 三氯苯酚	2,4,6-Trichlorophenol	88-06-2	0.4	0.1	0.2	0.2
27	2,4,5- 三氯苯酚	2,4,5-Trichlorophenol	95-95-4	0.6	0.1	0.2	0.2
28	2- 氯萘	2-Chloronaphthalene	91-58-7	0.3	0.1	0.04	0.2
29	2- 硝基苯胺	2-Nitroaniline	88-74-4	0.4	0.08	0.2	0.2
30	苊烯	Acenaphthylene	208-96-8	0.4	0.09	0.05	0.1
31	邻苯二甲酸二甲酯	Dimethylphthalate	131-11-3	0.4	0.07	0.08	0.2
32	2,4- 二硝基甲苯	2,4-dinitrotoluene	121-14-2	0.4	0.2	0.1	0.2
33	3- 硝基苯胺	3-nitroaniline	99-09-2	0.3	0.1	0.2	0.2
34	苊	Acenaphthene	83-32-9	0.4	0.1	0.08	0.2
35	2,4- 二硝基苯酚	2,4-dinitrophenol	51-28-5	0.8	0.1	0.3	0.2
36	二苯并呋喃	dibenzofuran	132-64-9	0.4	0.09	0.06	0.1
37	4- 硝基苯酚	4-nitrophenol	100-02-7	0.3	0.09	0.3	0.1
38	2,6- 二硝基甲苯	2,6-dinitrotoluene	606-20-2	0.3	0.08	0.07	0.2
39	芴	Fluorene	86-73-7	0.3	0.08	0.06	0.1

续表

序号	目标化合物中文名称	目标化合物英文名称	CAS 号	检出限			
				水 /（μg/L）	土壤和沉积物 /（mg/kg）	固体废物	
						灰渣 /（mg/kg）	固体废物浸出液 /（mg/L）
40	邻苯二甲酸二乙酯	Diethylphthalate	84-66-2	0.4	0.3	0.08	0.2
41	4- 氯苯基苯基醚	4-Chlorophenyl phenyl ether	7005-72-3	0.3	0.3	0.05	0.5
42	4- 硝基苯胺	4-Nitroaniline	100-01-6	0.6	0.1	0.08	0.2
43	4,6- 二硝基 -2- 甲苯酚	4,6-Dinitro-2-methylphenol	534-52-1	0.2	0.1	0.4	0.1
44	偶氮苯	Azobenzena	103-33-3	0.8	0.1	0.1	0.1
45	4- 溴二苯基醚	4-Bromophenyl phenyl ether	101-55-3	0.3	0.1	0.06	0.1
46	六氯苯	Hexachlorobenzene	118-74-1	1.5	0.1	0.05	0.2
47	五氯苯酚	Pentachlorophenol	87-86-5	1.3	0.2	0.3	0.1
48	菲	Phenanthrene	85-01-8	0.3	0.1	0.06	0.2
49	蒽	Anthracene	120-12-7	0.3	0.1	0.06	0.1
50	咔唑	Carbazole	86-74-8	0.8	0.1	0.09	0.1
51	邻苯二甲酸二正丁酯	Dibutylphthalate	84-74-2	0.8	0.1	0.1	0.1
52	荧蒽	Fluoranthene	206-44-0	0.4	0.2	0.08	0.3
53	芘	Pyrene	129-00-0	0.4	0.1	0.06	0.1
54	邻苯二甲酸丁基苄基酯	Benzyl butyl phthalate	85-68-7	0.8	0.2	0.1	0.3
55	苯并［*a*］蒽	Benzo（*a*）anthracene	56-55-3	0.7	0.1	0.2	0.3
56	䓛	Chrysene	218-01-9	0.5	0.1	0.1	0.1
57	邻苯二甲酸二（2- 乙基己基）酞酸酯	Bis（2-ethylhexyl）phthalate	117-81-7	0.9	0.1	0.2	0.2
58	邻苯二甲酸二正辛酯	di-*n*-Octylphthalate	117-84-0	0.7	0.2	0.1	0.2
59	苯并［*b*］荧蒽	Benzo（*b*）fluoranthene	205-99-2	0.5	0.2	0.2	0.2
60	苯并［*k*］荧蒽	Benzo（*k*）fluoranthene	207-08-9	0.4	0.1	0.3	0.2

续表

序号	目标化合物中文名称	目标化合物英文名称	CAS 号	检出限			
				水 /（μg/L）	土壤和沉积物 /（mg/kg）	固体废物	
						灰渣 /（mg/kg）	固体废物浸出液 /（mg/L）
61	苯并［*a*］芘	Benzo（*a*）pyrene	50-32-8	0.4	0.1	0.2	0.3
62	茚并［1,2,3-*cd*］芘	Indeno（1,2,3-*cd*）pyrene	193-39-5	1.5	0.1	0.3	0.2
63	二苯并［*a*,*h*］蒽	Dibenzo（*a*,*h*）anthracene	53-70-3	0.7	0.1	0.2	0.2
64	苯并［*g*,*h*,*i*］苝	Benzo（*g*,*h*,*i*）perylene	191-24-2	0.5	0.1	0.2	0.2

附录 1-8-C
（资料性附录）

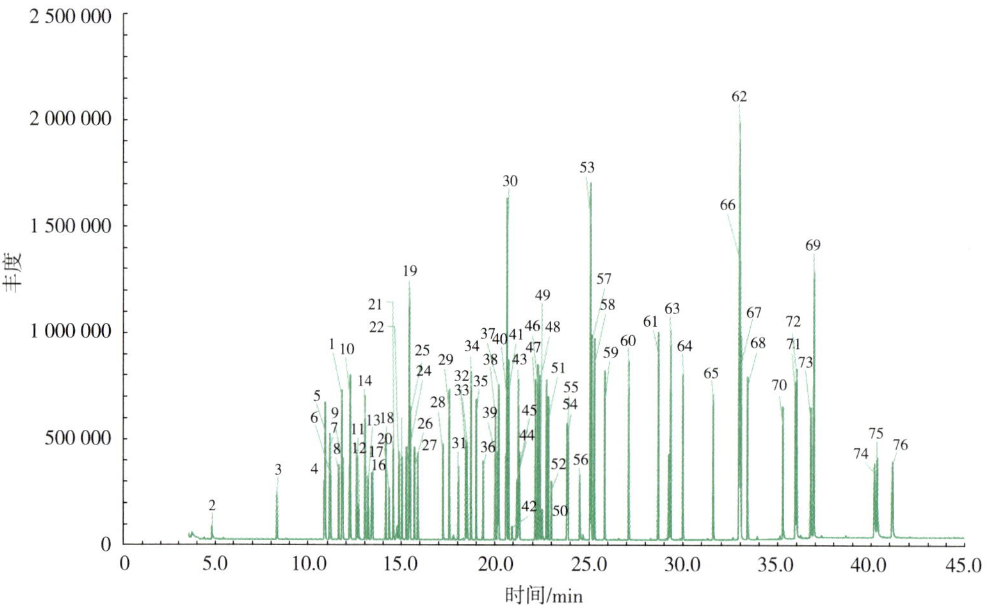

附图 1-8-1　仪器参考条件下目标化合物的总离子流图

1—1,4- 二氯苯 -d_4（IS）；2—*N*- 亚硝基二甲胺；3—2- 氟苯酚（SS）；4—苯酚 -d_6（SS）；5—苯酚；6—2- 氯苯酚；7—双（2- 氯乙基）醚；8—1,3- 二氯苯；9—1,4- 二氯苯；10—1,2- 二氯苯；11—2- 甲基苯酚；12—双（2- 氯异丙基）醚；13—六氯乙烷；14—4- 甲基苯酚；15—*N*- 亚硝基二正丙胺；16—硝基苯 -d_5（SS）；17—硝基苯；18—异佛尔酮；19—萘 -d_8（IS）；20—2- 硝基苯酚；21—2,4- 二甲基苯酚；22—双（2- 氯乙氧基）甲烷；23—2,4- 二氯苯酚；24—1,2,4- 三氯苯；25—萘；26—4- 氯苯胺；27—六氯丁二烯；28—4- 氯 -3- 甲苯酚；29—2- 甲基萘；30—苊 -d_{10}（IS）；31—六氯环戊二烯；32—2,4,6- 三氯苯酚；33—2,4,5- 三氯苯酚；34—2- 氟联苯（SS）；35—2- 氯萘；36—2- 硝基苯胺；37—苊烯；38—邻苯二甲酸二甲酯；39—2,4- 二硝基甲苯；40—3- 硝基苯胺；41—苊；42—2,4- 二硝基苯酚；43—二苯并呋喃；44—4- 硝基苯酚；45—2,6- 二硝基甲苯；46—芴；47—邻苯二甲酸二乙酯；48—邻苯二甲酸二乙酯；49—4- 硝基苯胺；50—4,6- 二硝基 -2- 甲苯酚；51—偶氮苯；52—2,4,6- 三溴苯酚（SS）；53—菲 -d_{10}（IS）；54—4- 溴苯基苯基醚；55—六氯苯；56—五氯苯酚；57—菲；58—蒽；59—咔唑；60—邻苯二甲酸二正丁酯；61—荧蒽；62—䓛 -d_{12}（IS）；63—芘；64—4,4'- 三联苯 -d_{14}；65—邻苯二甲酸丁基苄基酯；66—苯并［*a*］蒽；67—䓛；68—邻苯二甲酸二（2- 乙基己基）酞酸酯；69—苝 -d_{12}（IS）；70—邻苯二甲酸二正辛酯；71—苯并［*b*］荧蒽；72—苯并（*k*）荧蒽；73—苯并［*a*］芘；74—茚并［1,2,3-*cd*］芘；75—二苯并［*a,h*］蒽；76—苯并［*g,h,i*］苝

附录 1-8-D
（资料性附录）

附表 1-8-3　目标化合物的测定参考参数

序号	目标化合物中文名称	类别	定量内标	定量离子	辅助离子
1	1,4- 二氯苯 -d_4	内标物	—	150	115
2	*N*- 亚硝基二甲胺	目标化合物	1	42	74、73
3	2- 氟苯酚	替代物	1	112	64、92
4	苯酚 -d_6	替代物	1	99	71
5	苯酚	目标化合物	1	94	66、40
6	2- 氯苯酚	目标化合物	1	128	93、63
7	双（2- 氯乙基）醚	目标化合物	1	93	63、95
8	1,3- 二氯苯	目标化合物	1	146	111、75
9	1,4- 二氯苯	目标化合物	1	146	111、148
10	1,2- 二氯苯	目标化合物	1	146	111、148
11	2- 甲基苯	目标化合物	1	108	77、107
12	双（2- 氯异丙基）醚	目标化合物	1	121	77、123、79
13	六氯乙烷	目标化合物	1	117	201、109
14	4- 甲基苯酚	目标化合物	1	107	77、108
15	*N*- 亚硝基二正丙胺	目标化合物	1	43	70、130
16	硝基苯 -d_5	替代物	1	82	128、54
17	硝基苯	目标化合物	1	77	123、51
18	异佛尔酮	目标化合物	1	82	128、54
19	萘 -d_8	内标物	—	136	108
20	2- 硝基苯酚	目标化合物	2	139	65、81
21	2,4- 二甲基苯酚	目标化合物	2	107	122、77
22	双（2- 氯乙氧基）甲烷	目标化合物	2	93	63、123
23	2,4- 二氯苯酚	目标化合物	2	162	164、63
24	1,2,4- 三氯苯	目标化合物	2	147	74、109
25	萘	目标化合物	2	128	129
26	4- 氯苯胺	目标化合物	2	127	129、65

续表

序号	目标化合物中文名称	类别	定量内标	定量离子	辅助离子
27	六氯丁二烯	目标化合物	2	118	260、223
28	4- 氯 -3- 甲苯酚	目标化合物	2	107	142、144
29	2- 甲基萘	目标化合物	2	142	141、115
30	苊 -d_{10}	内标物	—	164	162、160
31	六氯环戊二烯	目标化合物	3	130	239、235
32	2,4,6- 三氯苯酚	目标化合物	3	196	198、200
33	2,4,5- 三氯苯酚	目标化合物	3	196	198、200
34	2- 氟联苯	替代物	3	172	171、170
35	2- 氯萘	目标化合物	3	162	127
36	2- 硝基苯胺	目标化合物	3	138	65、92
37	苊烯	目标化合物	3	152	76
38	邻苯二甲酸二甲酯	目标化合物	3	163	77
39	2,4- 二硝基甲苯	目标化合物	3	165	89、63
40	3- 硝基苯胺	目标化合物	3	65	92、138
41	苊	目标化合物	3	153	76
42	2,4- 二硝基苯酚	目标化合物	3	184	154、63
43	二苯并呋喃	目标化合物	3	168	139
44	4- 硝基苯酚	目标化合物	3	139	65、109
45	2,6- 二硝基甲苯	目标化合物	3	165	89、63
46	芴	目标化合物	3	166	163、82
47	邻苯二甲酸二乙酯	目标化合物	3	149	177
48	4- 氯苯基苯基醚	目标化合物	3	204	141、77
49	4- 硝基苯胺	目标化合物	3	65	108、138
50	4,6- 二硝基 -2- 甲苯酚	目标化合物	3	198	105、51
51	偶氮苯	目标化合物	3	77	182、51
52	2,4,6- 三溴苯酚	替代物	3	332	62、143
53	菲 -d_{10}	内标物	—	188	80
54	4- 溴苯基苯基醚	目标化合物	4	250	141、77
55	六氯苯	目标化合物	4	284	286、282
56	五氯苯酚	目标化合物	4	266	184
57	菲	目标化合物	4	178	176、179

续表

序号	目标化合物中文名称	类别	定量内标	定量离子	辅助离子
58	蒽	目标化合物	4	178	176、179
59	咔唑	目标化合物	4	167	139、166
60	邻苯二甲酸二正丁酯	目标化合物	4	149	150、76
61	荧蒽	目标化合物	4	202	200、203
62	䓛 -d_{12}	内标物	—	240	236、241
63	芘	目标化合物	5	202	200、201
64	4,4’- 三联苯 -d_{14}	替代物	5	244	245、243
65	邻苯二甲酸丁基苄基酯	目标化合物	5	149	91、206
66	苯并［*a*］蒽	目标化合物	5	228	226、229
67	䓛	目标化合物	5	228	226、229
68	邻苯二甲酸二（2- 乙基己基）酞酸酯	目标化合物	5	149	167、57
69	苝 -d_{12}	内标物	—	264	260、263
70	邻苯二甲酸二正辛酯	目标化合物	6	149	279
71	苯并［*b*］荧蒽	目标化合物	6	252	126、250
72	苯并［*k*］荧蒽	目标化合物	6	252	126、250
73	苯并［*a*］芘	目标化合物	6	252	253、250
74	茚并［1,2,3-*cd*］芘	目标化合物	6	276	138、274
75	二苯并［*a*,*h*］蒽	目标化合物	6	278	139、276
76	苯并［*g*,*h*,*i*］苝	目标化合物	6	276	138、274

1614A

多溴联苯醚的测定 高分辨气相色谱-高分辨质谱法

1 适用范围

本方法适用于海水、地表水、地下水、污水、浸出液等水溶性液态样品和土壤、沉积物、固体废物等固态样品中多溴联苯醚的测定。

所适用的目标化合物见附录 1-9-A，主要关注的 8 种同类物以粗体显示。

本方法不同介质中多溴联苯醚同类物的检出限详见附录 1-9-B。

2 方法原理

样品提取后，萃取液经净化、浓缩和定容，用气相色谱分离，高分辨质谱检测。根据保留时间碎片离子质荷比及丰度比定性，同位素稀释法或内标法定量。

3 干扰与消除

使用过的玻璃器皿应及时清洗，并在洁净的空间中使其晾干。若使用烘箱进行烘干，注意要使用专用烘箱（即该烘箱只用于烘干玻璃器皿，不用于其他分析操作），烘箱设定温度不宜过高以免玻璃器皿表面产生活性点对目标化合物进行吸附。用于分析高、低质量浓度样品的玻璃器具应分别在不同的清洗器中进行清洗，避免交叉污染。试剂和材料中的多溴联苯醚的浓度水平应低于方法检出限，如有必要，需进行清洗。

参照 U.S.EPA 1614 A—2010 方法。

4　试剂和材料

除非另有说明，分析时均须使用符合国家标准的农残级试剂，并进行空白试验。

4.1　丙酮（C_3H_6O）。

4.2　甲苯（C_7H_8）。

4.3　正己烷（C_6H_{14}）。

4.4　甲醇（CH_3OH）。

4.5　二氯甲烷（CH_2Cl_2）。

4.6　壬烷（C_9H_{20}）。

4.7　乙醚（$C_4H_{10}O$）。

4.8　硫代硫酸钠（$Na_2S_2O_3$）：优级纯。

4.9　无水硫酸钠（Na_2SO_4）：优级纯。

使用前将无水硫酸钠用 20 ml/g 二氯甲烷清洗，待二氯甲烷挥发完全后，置于马弗炉中 400℃下灼烧 1 h 以上，冷却至室温后密封保存。

4.10　氢氧化钠（NaOH）：优级纯。

4.11　氯化钠（NaCl）：优级纯。

4.12　氢氧化钾（KOH）：优级纯。

4.13　硫酸（H_2SO_4）：分析纯，ρ（H_2SO_4）=1.84 g/ml。

4.14　实验用水：用正己烷充分洗涤过的蒸馏水。除非另有说明，本标准中使用的水均指经过上述处理的蒸馏水。

4.15　石英砂，20～50 目。

在马弗炉中 450℃灼烧 4 h，冷却至室温后密封保存。

4.16　凝胶渗透色谱（GPC）校正标准贮备液：包括 2.5 mg/ml 玉米油，0.05 mg/ml 邻苯二甲酸二（2- 乙基己基）酯（BEHP），0.01 mg/ml 甲氧基氯，0.002 mg/ml 苝、0.008 mg/ml 硫或需包含十溴联苯醚，用于凝胶渗透色谱校正。

4.17　氢氧化钠溶液：ρ（NaOH）= 0.04 g/ml。

取 4.0 g 氢氧化钠溶于 100 ml 水中。

4.18　氯化钠溶液：ρ（NaCl）= 0.05 g/ml。

取 5.0 g 氯化钠溶于 100 ml 水中。

4.19　氢氧化钾（KOH）：ρ（KOH）= 0.20 g/ml。

取 20 g 氢氧化钾溶于 100 ml 水中。

4.20 硅胶：100～200 目。

取一定量的硅胶置于烧杯，使用二氯甲烷清洗，待二氯甲烷挥发完全后置于干燥箱中 180℃下干燥至少 1 h，再在干燥器中冷却，装入试剂瓶中密封保存。

4.21 酸性硅胶（30% *w/w*）。

将 44 g 浓硫酸与 100 g 硅胶充分搅拌，使之成流体粉末状，制备完成后装入干净容器中，密封保存。

4.22 碱性硅胶。

将 30 g 氢氧化钠溶液与 100 g 硅胶充分搅拌，使之成流体粉末状，制备完成后装入干净容器中，密封保存。

4.23 酸性氧化铝，市售。

在 130℃下处理 12 h。

4.24 碱性氧化铝，市售。

在马弗炉中 600℃灼烧 24 h，冷却至室温后密封保存。

4.25 弗罗里土：60～100 目。

在干燥箱中 130～150℃下干燥至少 3 d，冷却至室温后密封保存。

4.26 二氧化硅：100～200 目。

4.27 多溴联苯醚标准贮备液：可直接购买市售有证标准溶液（多溴联苯醚混合标准溶液或单个组分多溴联苯醚标准溶液），ρ=20 μg/ml，包括：BDE-28、BDE-47、BDE-99、BDE-100、BDE-153、BDE-154、BDE-183，其中 BDE-209 的质量浓度为 200 μg/ml，溶液于 4℃避光保存。

4.28 多溴联苯醚标准使用液：ρ=1.00 ng/ml，其中 BDE-209 的质量浓度为 10 ng/ml，溶液于 4℃避光保存。

4.29 碳标记的多溴联苯醚的标准溶液：ρ=1.00 μg/ml，包括：BDE-28 L、BDE-47 L、BDE-99 L、BDE-100 L、BDE-153 L、BDE-154 L、BDE-183 L，其中 BDE-209 L 的质量浓度为 10 μg/ml。市售有证标准溶液，溶剂均为壬烷，溶液于 4℃避光保存。

4.30 碳标记的多溴联苯醚的标准使用液：ρ=2.00 ng/ml，其中 BDE-209L 的质量浓度为 20 ng/ml，溶液于 4℃避光保存。

4.31 碳标记的净化内标贮备液：ρ=1.00 μg/ml，包括：BDE-139 L，市售有证标准溶液，溶剂为壬烷，市售有证标准溶液，溶液于 4℃避光保存。

4.32 碳标记的净化内标使用液：ρ=2.00 ng/ml，溶液于 4℃避光保存。

4.33 碳标记的进样内标贮备液：ρ=5.00 μg/ml，包括：PCB-52 L 和 PCB-138 L，溶剂为壬烷，市售有证标准溶液，溶液于 4℃避光保存。

4.34 碳标记的进样内标使用液：ρ=1 000 ng/ml，溶液于 4℃避光保存。

4.35 高纯氦气：纯度≥99.999%。

4.36 高纯氮气：纯度≥99.999%。

5 仪器和设备

5.1 高分辨气相色谱 / 高分辨质谱仪。

5.1.1 高分辨气相色谱仪：

（1）进样口：具分流 / 不分流进样口，也可使用柱上进样或程序升温大体积进样方式。

（2）色谱柱：长柱：30 m（±5 m）×0.25 mm（±0.02 mm）×0.1 μm；固定相为 5% 苯基 - 甲基聚硅氧烷的熔融石英毛细管柱，或选用其他等效的色谱柱。

为防止八至十溴代联苯醚的降解，可选用短柱进行分析。短柱：15 m（±1 m）×0.25 mm（±0.02 mm）×0.1 μm；固定相为耐高温 5% 苯基 - 甲基聚硅氧烷的熔融石英毛细管柱，或选用其他等效的色谱柱。

（3）柱温箱：具有程序升温功能。

5.1.2 高分辨质谱仪：

（1）具有气质联机接口。

（2）具有电子轰击离子源，电子轰击能量可在 28 ~ 40 eV 调节。

（3）具有选择离子检测功能。

（4）动态分辨率大于等于 5 000。

（5）高分辨状态下能够在 1.5 s 内重复监测 15 个选择离子。

（6）数据处理系统：能够实时采集、记录及存储质谱数据。

5.2 提取装置：固相萃取、液液萃取、索氏提取器或具有相当功能的设备。

5.3 过滤装置。

5.4 净化装置。

5.4.1 玻璃层析柱。

5.4.2 凝胶渗透色谱仪：配有紫外检测器（波长 254 nm）及长度 600 mm、直径 25 mm 的凝胶柱，装填 70 ~ 75 g SX-3 Bio-beads 填料。

5.5 浓缩装置：旋转蒸发仪、氮吹仪、K-D 浓缩。

5.6 采样瓶：广口棕色玻璃瓶或带聚四氟乙烯衬垫瓶盖的螺口棕色玻璃瓶。液体样品至少 1.1 L；固体样品至少 100 ml。

5.7 一般实验室常用仪器和设备：离心机、干燥箱、研磨机、组织匀浆机、天平、pH 计、移液管等。

6 样品

6.1 样品的采集与保存

6.1.1 水样

海水、地下水、地表水和废水的样品采集分别按照 GB 17378.3、HJ/T 164、HJ/T 91 和 HJ/T 91.1 的相关规定执行。样品采集后，须尽快运回实验室分析，运输途中于 6℃以下避光保存。如果样品中存在残余氯，则每升水加入 80 mg 硫代硫酸钠。

6.1.2 固体、混合相、半固体和油性样品

土壤、沉积物和固体废物的样品采集分别按照 HJ/T 166、HJ 494、GB 17378.3、HJ/T 20 和 HJ 298 的相关规定执行。样品采集后，须尽快运回实验室分析，固体、半固体、油性和混合相样品须 6℃以下避光保存，也可以 -10℃避光保存。

6.1.3 鱼类和其他组织样本

样品用铝箔包裹，须尽快运回实验室分析，运输途中应 6℃以下避光保存。如果须长时间运输，须冷冻样品。实验室收到冷冻组织样本后，如暂不能分析，应在 -10℃下密封冷冻保存。

6.1.4 保存时间

如果在 6℃以下避光保存，水样、固体、混合相、半固体和油性样品保存时间为一年，鱼类和其他组织样本保存时间为 24 h。如果在 -10℃的避光保存，固体、半固体、多相、组织样品及样品提取液保存时间为一年。

6.2 样品水分的测定

土壤样品干物质含量的测定按照 HJ 613 执行，沉积物样品的含水率按照 GB 17378.5 执行，固体废物样品干物质、水分或含水率的测定采用重量法。

7　样品前处理

7.1　样品的制备

在选取样品萃取方法之前，需要进行样品中固体含量的判定。固体百分含量≤1% 的水样，可直接进行萃取；固体百分含量＞1% 的样品或多相样品，须充分混匀样品，然后测定固体百分含量，或进行颗粒研磨后萃取；鱼类和其他组织处理前须确定分析部位，然后将其均质化处理。

（1）固体百分含量的测定

将玻璃纤维滤纸平衡后称重，取（10.00±0.02）ml 充分混合的水样或多相样品，过滤，将滤膜置于（110±5）℃下干燥 12 h 以上，冷却称重。按照式（1-9-1）计算固体百分含量：

$$\text{固体百分含量（\%）} = \frac{\text{滤膜烘干后重量（g）} - \text{滤膜重量（g）}}{10\text{（g）}} \times 100\% \quad （1\text{-}9\text{-}1）$$

称取 5 ~ 10 g 非水样、固体、半固体样品、不含水的多相样品和非组织样品于烧杯中，将样品置于（110±5）℃下干燥 12 h 以上，冷却称重。按照式（1-9-2）计算固体百分含量：

$$\text{固体百分含量（\%）} = \frac{\text{烘干后的重量（g）}}{\text{烘干前的重量（g）}} \times 100\% \quad （1\text{-}9\text{-}2）$$

（2）颗粒研磨

将粒径大于 1 mm 的样品进行研磨，均化处理成约 1 mm 的颗粒。

7.2　试样的制备

应在样品过滤、萃取前添加 1 ml 碳标记的多溴联苯醚的标准使用液（4.30）。

7.2.1　萃取

水样的取样量一般为 1 L，固相样品的取样量一般为 10 g 左右。可以根据样品性质选择以下不同的萃取方式或不同方式的联用。

7.2.1.1　固相萃取法

固体百分含量≤1% 的水样，静置后可直接进行固相萃取。将固相萃取膜圆盘放在底盘的支撑网上，放置固相萃取用专用漏斗，用夹子固定好固相萃取装置。漏斗中加入约 15 ml 的二氯甲烷，开启抽滤泵抽去二氯甲烷；用约 15 ml 的丙酮重复该步骤。样品进行固相萃取之前，漏斗中注入约 20 ml 的甲醇，并使其浸润，开启抽滤泵抽去甲醇，使其降至离圆盘表层 2 mm，关闭抽滤泵开关，保持固相萃取膜湿润；用约 20 ml 的水重复该步骤。将样品缓慢注入固相萃取装置中进行萃取，样品滤完之前，用 50 ml 水清洗样品容器，并将清洗液注入固相萃取中，漏斗内壁也用少量水清洗。待圆盘干燥约 3 min 后，选择适合的洗脱溶剂（约 50 ml）进行洗脱，再用 4 ~ 5 ml 丙酮湿润圆盘，最后用 20 ml 二氯甲烷清洗样品容器内壁，将萃取液收集，进行反萃取。

7.2.1.2 液液萃取

将样品加入分液漏斗，用 5 ml 水冲洗容器，冲洗液一并加入分液漏斗，再用 60 ml 二氯甲烷重复该操作，震荡萃取，重复 2 次，最后用 20 ml 二氯甲烷冲洗分液漏斗内壁，重复 2 次，将清洗液与萃取液混合，经无水硫酸钠脱水后浓缩，进行反萃取。

7.2.1.3 连续液 / 液萃取

分别在提取器中和烧瓶中分别加入 100 ~ 150 ml、200 ~ 300 ml 的二氯甲烷，将样品加入提取器中，用 50 ~ 100 ml 二氯甲烷冲洗容器内壁，加热提取 16 ~ 24 h，回流速度控制在 1 ~ 2 滴 /s。提取液经无水硫酸钠脱水后，将溶剂置换成正己烷，随后进行反萃取。

7.2.1.4 SDS 提取

首先将 5.0 g 二氧化硅加入萃取管，顶层覆盖 100 g 石英砂，分别在提取器中和烧瓶中分别加入 30 ~ 40 ml、200 ~ 250 ml 的甲苯，进行预提取，加热提取 3 h，回流速度控制在 1 ~ 2 滴 /s。预提取后将固体样品或滤膜装入提取器，分别在提取器中和烧瓶中分别加入新的甲苯，加热提取 16 ~ 24 h，回流速度控制在 1 ~ 2 滴 /s。提取完后，将提取液浓缩至近干，用二氯甲烷稀释 100 ml，定量转移至分液漏斗，进行反萃取。

7.2.1.5 索氏提取

将组织样品与 30 ~ 40 g 无水硫酸钠研磨均化成流沙状，转移至提取器中，萃取溶剂为二氯甲烷，加热提取 18 ~ 24 h，回流速度控制在 1 ~ 2 滴 /s。将提取液转移至已称重的烧瓶中，浓缩至近干或氮吹去除溶剂，将烧瓶称重，测定样品中的脂肪含量百分比。将烧瓶中的样品用正己烷溶解，转移至手工净化柱进行净化。

7.2.1.6 反萃取

若提取液颜色较深，须进行反萃取。将提取液加入分液漏斗，用 50 ml 氢氧化钾溶液振荡萃取，静置后弃去水相。根据水相层颜色的深浅重复操作 2 ~ 4 次，直到水相中无色为止；用 50 ml 氯化钠溶液震摇萃取，静置后弃去水相。再用 50 ml 硫酸振荡萃取，静置后弃去硫酸层。根据硫酸层颜色的深浅重复操作 2 ~ 4 次，直到水相中无色为止；用 50 ml 氯化钠溶液震摇萃取，静置后弃去水相。将萃取液浓缩，待净化分析。

7.2.1.7 溶剂置换

若进行反萃取，需往提取液中加入 10 ~ 20 ml 正己烷；若使用 GPC 净化，需将溶剂置换成 5 ml 二氯甲烷；若使用硅胶、弗罗里土、氧化铝净化，需将溶剂置换成 1 ml 正己烷。

7.2.2 净化

若样品基质不复杂（如处理后的废水、地下水和饮用水），可不进行净化。当样品存在大分子干扰时（如土壤、沉积物、组织样品）可选择凝胶渗透色谱对提取液进行净化。酸性、中性和碱性硅胶柱、氧化铝柱和弗罗里土柱主要用于去除极性和非极性干扰；多层酸碱硅胶净化柱主要用于去除组织样品中脂质。净化前加入 1 ml 碳标记的多溴联苯醚净化内标。

7.2.2.1 凝胶渗透色谱

使用二氯甲烷淋洗凝胶渗透色谱系统，将 5 ml 凝胶渗透色谱校准使用液注入样品环中，再用二氯甲烷洗脱校正标准溶液，记录紫外检测器响应信号，正常色谱峰流出顺序依次为玉米油、十溴联苯醚、邻苯二甲酸二（2- 乙基己基）酯、甲氧基氯、苝和硫。玉米油流出信号小于 5% 信号峰为多溴联苯醚样品起始收集时间，硫信号峰最大值的时间点为样品结束收集时间。移取 5 ml 样品提取液于定量环中，使用二氯甲烷洗脱，收集多溴联苯醚时间段内的洗脱液。浓缩进一步分离净化，或添加适量进样内标，加入壬烷定容至适当体积，待测。

注 1：凝胶色谱净化过程中，每处理 20 个样品后需要进行凝胶渗透色谱校正标准混合溶液确认，如十溴联苯醚的回收率高于 85%，则认为净化有效，若十溴联苯醚的回收率低于 85%，则须对前一批次样品重新提取净化。

注 2：凝胶色谱净化柱可处理水、土壤或多相样品萃取液中 0.5 g 的大分子物质；或 5 ml 组织样品提取液中的 1.5 g 脂质，如超过凝胶色谱净化柱处理量，须对试样进行分取。

7.2.2.2 硅胶柱净化

在玻璃层析柱（内径 15 mm）底部添加一些玻璃棉，依次装填 1 g 硅胶、4 g 碱性硅胶、1 g 硅胶、8 g 酸性硅胶、2 g 硅胶和 4 g 无水硫酸钠。填充后多层硅胶柱用 50 ~ 100 ml 正己烷淋洗，保持液面与无水硫酸钠齐平。将浓缩后的提取液转移至净化柱中，用 1 ml 正己烷冲净提取液的容器壁，反复进行 2 ~ 3 次。用 25 ml 正己烷以 2.5 ml/min（大约 1 滴 /s）的流速淋洗，收集淋洗液。

7.2.2.3 氧化铝柱净化

在玻璃层析柱（内径 15 mm）底部添加一些玻璃棉，装填 6 g 酸性氧化铝或 6 g 碱性氧化铝，填充后用 50 ~ 100 ml 正己烷淋洗，保持液面与无水硫酸钠齐平。将浓缩后的提取液转移至净化柱中，用 1 ml 正己烷冲洗提取液的容器壁，反复进行 2 ~ 3 次。首先用 15 ml 的正己烷溶液淋洗，以 2.5 ml/min（大约 1 滴 /s）的流速淋洗，弃去淋洗液。然后用 50% 二氯甲烷－正己烷溶液淋洗，以 2.5 ml/min（大约 1 滴 /s）的流速淋洗，收集该组分淋洗液。洗脱溶剂体积需根据氧化铝的选择进行确定。

7.2.2.4 多层酸碱硅胶净化柱

在玻璃层析柱（内径 15 mm）底部添加一些玻璃棉，依次装填 2 g 硅胶、2 g 碱性硅胶、2 g 无水硫酸钠、10 g 酸性硅胶和 2 g 无水硫酸钠。填充后多层酸碱硅胶柱用 100 ml 正己烷淋洗，保持液面与无水硫酸钠齐平。将浓缩后的提取液转移至净化柱中，用 200 ml 正己烷淋洗，收集淋洗液。

7.2.2.5 弗罗里土柱净化

在玻璃层析柱（内径 22 mm）底部添加一些玻璃棉，依次装填 0.5 ~ 1.1 cm 无水硫酸钠、10 ~ 10.5 cm 弗罗里土和 2.0 ~ 2.0 cm 无水硫酸钠。填充后用 100 ml 正己烷淋洗，以 4.5 ~ 5.0 ml/min 的流速淋洗，保持液面与无水硫酸钠齐平。将浓缩后的提取液转移至净化柱中，用 1 ml 正己烷冲净提取液的容器壁，反复进行 2 ~ 3 次。用正己烷淋洗，收集淋洗液。若多溴联苯醚分离效果较差，可使用正己烷 / 乙醚进行洗脱。根据每批次弗罗里土，建立淋取曲线，确定洗脱溶剂体积。

7.2.3 浓缩定容

用浓缩装置将淋洗液浓缩至约 1ml，然后使用高纯氮吹出多余溶剂，浓缩至微湿。添加 2 μl 碳标记的进样内标使用液，加入壬烷定容至 20 μl，待测。

8 分析步骤

8.1 测量参考条件

8.1.1 气相色谱参考条件

长柱系统气相色谱参考条件：进样体积：1 μl 或 2 μl；进样口温度：300℃；接口温度：320℃；程序升温：初始温度 100℃（3 min）→ 5℃ /min → 320℃（5 min）。

短柱系统气相色谱参考条件：载气流量：1.5 ml/min；程序升温进样（TPI）；进样体积：5 μl；放空流量：100 ml /min；放空压力：2 psi（0.75 min）；分流放空流量：500 ml/min（5 min）；进样口程序升温：45 ℃（0.8 min）→ 6 ℃ /min → 330 ℃（20 min）；色谱柱程序升温：75℃（0.4 min）→ 40℃ /min → 200℃（5 min）→ 10℃ /min → 260℃→ 5℃ /min → 300℃（10 min）。

8.1.2　质谱参考条件

设置仪器满足如下条件，并使用标准溶液或标准参考物质确认保留时间窗口。质谱分辨率 r≥5 000。多溴联苯醚各目标物的定量离子和辅助离子见表 1-9-1，离子丰度比（表 1-9-2）在规定范围内。

表 1-9-1　质量数设定（监测离子和锁定质量数）

同类物	*m*/*z*	*m*/*z* 类型	*m*/*z*	化合物
F*n*-1；Br-1	247.983 7	M	$^{12}C_{12}H_9{}^{16}O^{79}Br$	MoBDE
	249.981 6	M+2	$^{12}C_{12}H_9{}^{16}O^{81}Br$	MoBDE
	260.023 9	M	$^{13}C_{12}H_9{}^{16}O^{79}Br$	$^{13}C_{12}$MoBDE
	262.021 9	M+2	$^{13}C_{12}H_9{}^{16}O^{81}Br$	$^{13}C_{12}$MoBDE
	280.982 4	lock	$^{12}C_6F_{11}$	PFK
F*n*-2；Br-2；Cl-4	301.962 6	M	$^{13}C_{12}H_6{}^{35}Cl_4$	$^{13}C_{12}$TeCB
	303.959 7	M+2	$^{13}C_{12}H_6{}^{35}Cl_3{}^{37}Cl$	$^{13}C_{12}$TeCB
	325.894 2	M	$^{12}C^{12}H_8{}^{16}O^{79}Br_2$	DiBDE
	327.892 1	M+2	$^{12}C_{12}H_8{}^{16}O^{79}Br^{81}Br$	DiBDE
	330.979 2	lock	$^{12}C_7F_{13}$	PFK
	337.934 4	M	$^{13}C_{12}H_8{}^{16}O^{79}Br_2$	$^{13}C_{12}$DiBDE
	339.932 4	M+2	$^{13}C_{12}H_8{}^{16}O^{79}Br^{81}Br$	$^{13}C_{12}$DiBDE
F*n*-3 Br-3；Br-4；Cl-6	371.881 7	M+2	$^{13}C_{12}H_5{}^{35}Cl_5{}^{37}Cl$	$^{13}C_{12}$HxCB
	373.878 8	M+4	$^{13}C_{12}H_6{}^{35}Cl_4{}^{37}Cl_2$	$^{13}C_{12}$HxCB
	405.802 7	M+2	$^{12}C_{12}H_6{}^{16}O^{79}Br_2{}^{81}Br$	TrBDE
	407.800 2	M+4	$^{12}C_{12}H_7{}^{16}O^{79}Br^{81}Br_2$	TrBDE
	417.842 9	M+2	$^{13}C_{12}H_7{}^{16}O^{79}Br_2{}^{81}Br$	$^{13}C_{12}$TrBDE
	419.840 9	M+4	$^{13}C_{12}H_7{}^{16}O^{79}Br^{81}Br_2$	$^{13}C_{12}$TrBDE
	442.972 8	lock	$^{12}C_{10}F_{17}$	PFK

续表

同类物	*m/z*	*m/z* 类型	*m/z*	化合物
Fn-3 Br-3；Br-4；Cl-6	483.713 2	M+2	$^{12}C_{12}H_6{}^{16}O^{79}Br_3{}^{81}Br$	TeBDE
	485.711 1	M+4	$^{12}C_{12}H_6{}^{16}O^{79}Br_2{}^{81}Br_2$	TeBDE
	497.751 4	M+4	$^{13}C_{12}H_6{}^{16}O^{79}Br_2{}^{81}Br_2$	$^{13}C_{12}$TeBDE
	499.749 3	M+6	$^{13}C_{12}H_6{}^{16}O^{79}Br^{81}Br_3$	$^{13}C_{12}$TeBDE
Fn-4；Br-5；Br-6	554.966 5	lock	$^{12}C_{13}F_{21}$	PFK
	563.621 6	M+4	$^{12}C_{12}H_5{}^{16}O^{79}Br_3{}^{81}Br_2$	PeBDE
	565.619 6	M+6	$^{12}C_{12}H_5{}^{16}O^{79}Br_2{}^{81}Br_3$	PeBDE
	575.661 9	M+4	$^{13}C_{12}H_5{}^{16}O^{79}Br_3{}^{81}Br_2$	$^{13}C_{12}$PeBDE
	577.659 8	M+6	$^{13}C_{12}H_5{}^{16}O^{79}Br_2{}^{81}Br_3$	$^{13}C_{12}$PeBDE
	641.532 2	M+4	$^{12}C_{12}H_4{}^{16}O^{79}Br_4{}^{81}Br_2$	HxBDE
	643.530 2	M+6	$^{12}C_{12}H_4{}^{16}O^{79}Br_3{}^{81}Br_3$	HxBDE
	655.570 4	M+6	$^{13}C_{12}H_4{}^{16}O^{79}Br_3{}^{81}Br_3$	$^{13}C_{12}$HxBDE
	657.568 3	M+8	$^{13}C_{12}H_4{}^{16}O^{79}Br_2{}^{81}Br_4$	$^{13}C_{12}$HxBDE
Fn-5；Br-7；Br-8	716.956 9	lock	$^{12}C_{17}F_{27}$	PFK
	721.440 6	M+6	$^{12}C_{12}H_3{}^{16}O^{79}Br_4{}^{81}Br_3$	HpBDE
	723.438 6	M+8	$^{12}C_{12}H_3{}^{16}O^{79}Br_3{}^{81}Br_4$	HpBDE
	733.480 9	M+6	$^{13}C_{12}H_3{}^{16}O^{79}Br_4{}^{81}Br_3$	$^{13}C_{12}$HpBDE
	735.478 8	M+8	$^{13}C_{12}H_3{}^{16}O^{79}Br_3{}^{81}Br_4$	$^{13}C_{12}$HpBDE
	799.351 1	M+6	$^{12}C_{12}H_2{}^{16}O^{79}Br_5{}^{81}Br_3$	OcBDE
	801.349 1	M+8	$^{12}C_{12}H_2{}^{16}O^{79}Br_4{}^{81}Br_4$	OcBDE
	811.391 4	M+6	$^{13}C_{12}H_2{}^{16}O^{79}Br_5{}^{81}Br_3$	$^{13}C_{12}$OcBDE
Fn-6；Br-9；Br-10	813.389 3	M+8	$^{13}C_{12}H_2{}^{16}O^{79}Br_4{}^{81}Br_4$	$^{13}C_{12}$OcBDE
	879.259 6	M+8	$^{12}C_{12}H^{16}O^{79}Br_5{}^{81}Br_4$	NoBDE
	881.257 5	M+10	$^{12}C_{12}H^{16}O^{79}Br_4{}^{81}Br_5$	NoBDE
	891.299 8	M+8	$^{13}C_{12}H^{16}O^{79}Br_5{}^{81}Br_4$	$^{13}C_{12}$NoBDE
	892.944 1	lock	$^{12}C_{19}F_{35}$	PFK
	893.297 8	M+10	$^{13}C_{12}H^{16}O^{79}Br_4{}^{81}Br_5$	$^{13}C_{12}$NoBDE
	957.170 1	M+8	$^{12}C_{12}{}^{16}O^{79}Br_6{}^{81}Br_4$	DeBDE
	959.168 0	M+10	$^{12}C_{12}{}^{16}O^{79}Br_5{}^{81}Br_5$	DeBDE
	971.208 3	M+10	$^{13}C_{12}{}^{16}O^{79}Br_5{}^{81}Br_5$	$^{13}C_{12}$DeBDE
	973.206 3	M+12	$^{13}C_{12}{}^{16}O^{79}Br_4{}^{81}Br_6$	$^{13}C^{12}$DeBDE

表 1-9-2 理论离子丰度比

溴原子取代数目	离子丰度比	理论离子丰度比	下限	上限
1	M/（M+2）	1.03	0.88	1.18
2	M/（M+2）	0.51	0.43	0.59
3	（M+2）/（M+4）	1.03	0.88	1.18
4	（M+2）/（M+4）	0.7	0.6	0.81
	（M+4）/（M+6）	1.54	1.31	1.77
5	（M+4）/（M+6）	1.03	0.88	1.18
6	（M+4）/（M+6）	0.77	0.65	0.89
	（M+6）/（M+8）	1.37	1.16	1.58
7	（M+6）/（M+8）	1.03	0.88	1.18
8	（M+6）/（M+8）	0.82	0.7	0.94
9	（M+8）/（M+10）	1.03	0.88	1.18
10	（M+8）/（M+10）	0.86	0.73	0.99
10	（M+10）/（M+12）	1.23	1.05	1.41
氯原子取代数量				
4	M/（M+2）	0.78	0.66	0.9
6	（M+2）/（M+4）	1.25	1.06	1.44

8.1.3 校准

仪器使用前，应对质谱仪系统进行调谐。导入质量校准物质（PFK）得到稳定的响应后，手动或自动优化质谱仪参数，使各质量范围内 PFK 峰离子的分辨率 $r \geqslant 5\ 000$ 且峰型良好。通过锁定质量模式进行质量校正，校正过程完成后保存质量校正文件。样品分析每进行 24 h，须对质谱系统进行检查。

8.2 标准曲线的测定

标准溶液浓度序列应有 5 种以上浓度，见表 1-9-3。按照仪器参考条件，由低质量浓度到高质量浓度依次进样，记录各目标化合物的保留时间和定量离子的响应值。

表 1-9-3 标准溶液浓度序列

多溴联苯醚标准溶液		溶液浓度 / （ng/ml）				
		CS-1	CS-2	CS-3	CS-4	CS-5
未标记多溴联苯醚化合物						
2,4,4′-TrBDE	28 L	1	5	50	500	2 500
2,2′,4,4′-TeBDE	47 L	1	5	50	500	2 500
2,2′,4,4′,5-PeBDE	99 L	1	5	50	500	2 500
2,2′,4,4′,6-PeBDE	100 L	1	5	50	500	2 500
2,2′,4,4′,5,5′-HxBDE	153 L	1	5	50	500	2 500
2,2′,4,4′,5′,6-HxBDE	154 L	1	5	50	500	2 500
2,2′,3,4,4′,5′,6-HpBDE	183 L	1	5	50	500	2 500
DeBDE	209 L	10	50	500	5 000	25 000
碳标记的多溴联苯醚化合物						
$^{13}C_{12}$-2,4,4′-TrBDE	28 L	100	100	100	100	100
$^{13}C_{12}$-2,2′,4,4′-TeBDE	47 L	100	100	100	100	100
$^{13}C_{12}$-2,2′,4,4′,5-PeBDE	99 L	100	100	100	100	100
$^{13}C_{12}$-2,2′,4,4′,6-PeBDE	100 L	100	100	100	100	100
$^{13}C_{12}$-2,2′,4,4′,5,5′-HxBDE	153 L	100	100	100	100	100
$^{13}C_{12}$-2,2′,4,4′,5′,6-HxBDE	154 L	100	100	100	100	100
$^{13}C_{12}$-2,2′,3,4,4′,5′,6-HpBDE	183 L	100	100	100	100	100
$^{13}C_{12}$-DeBDE	209 L	1 000	1 000	1 000	1 000	1 000
碳标记的净化内标						
$^{13}C_{12}$-2,2′,3,4,4′,6-HxBDE	139 L	100	100	100	100	100
碳标记的进样内标						
$^{13}C_{12}$-2,2′,5,5′-TeCB	PCB-52 L	100	100	100	100	100
$^{13}C_{12}$-2,2′,3,4,4′,5′-HxCB	PCB-138 L	100	100	100	100	100

8.3 试样的测定

将待测样品按照与标准曲线建立相同仪器条件进行试样的测定。

8.4 空白试验

按照与试样测定相同步骤进行空白试样的测定。空白样品可选用瓶装水或活性炭制备的瓶装水；固相空白样品可选用石英砂或类似基质；组织样品可选用玉米油或蔬菜油；纸类样品可选用玻璃纤维滤膜。样品应不得检出多溴联苯醚。

9　结果与计算

9.1　定性分析

以样品中目标物的保留时间、定量离子和辅助离子丰度比与标准样品比较来定性。多溴联苯醚的同类物的两个监测离子在指定保留时间窗口内应同时存在，色谱峰的保留时间应与标准溶液一致，同时内标物质的保留时间应与标准溶液一致。样品中化合物的信噪比（S/N）应≥2.5；标准溶液中化合物的信噪比（S/N）应≥10。样品中目标化合物的定量离子和辅助离子丰度比应在表 1-9-2 规定范围内；标准溶液中化合物对应的两个监测离子的离子丰度比应与理论离子丰度比大体一致，变化范围应在 ±15% 以内。

9.2　结果计算

9.2.1　同位素稀释法

（1）相对响应因子计算

按照式（1-9-3）计算相对响应因子。

$$RR=\frac{(A1_n+A2_n)\ C_1}{(A1_1+A2_1)\ C_n} \tag{1-9-3}$$

式中，$A1_n$ 和 $A2_n$——目标化合物的两个监测离子响应值；

$A1_l$ 和 $A2_l$——标记的两个监测离子响应值；

C_l——校准标准中标记化合物的浓度；

C_n——校准标准中目标化合物的浓度。

（2）提取液中多溴联苯醚的浓度

$$C_{ex}(\text{ng/ml})=\frac{(A1_n+A2_n)\ C_1}{(A1_l+A2_l)\ RR} \tag{1-9-4}$$

式中，C_{ex}——提取液中多溴联苯醚的浓度，ng /ml；

$A1_n$ 和 $A2_n$——目标化合物的两个监测离子响应值；

$A1_l$ 和 $A2_l$——标记的两个监测离子响应值；

C_l——校准标准中标记化合物的浓度，ng /ml；

RR——相对响应因子。

9.2.2 内标法

（1）相对响应因子计算

按照式（1-9-5）计算相对响应因子。

$$RF=\frac{(A1_s+A2_s)\ C_{\mathrm{is}}}{(A1_{\mathrm{is}}+A2_{\mathrm{is}})\ C_s} \tag{1-9-5}$$

式中，$A1_s$ 和 $A2_s$——目标化合物的两个监测离子峰面积；

$A1_{\mathrm{is}}$ 和 $A2_{\mathrm{is}}$——标记的两个监测离子峰面积；

C_{is}——内标浓度，ng/ml；

C_s——化合物的浓度，ng/ml。

（2）提取液中多溴联苯醚的浓度

$$C_{ex}(\mathrm{ng/ml})=\frac{(A1_s+A2_s)\ C_{\mathrm{is}}}{(A1_{\mathrm{is}}+A2_{\mathrm{is}})\ \mathrm{RF}} \tag{1-9-6}$$

式中，C_{ex}——提取液中多溴联苯醚的浓度，ng/ml；

$A1_s$ 和 $A2_s$——目标化合物的两个监测离子响应值；

$A1_{\mathrm{is}}$ 和 $A2_{\mathrm{is}}$——标记的两个监测离子响应值；

C_{is}——内标浓度，ng/ml；

RF——相对响应因子。

9.2.3 回收率计算

按照式（1-9-7）计算内标回收率。

$$回收率(\%)=\frac{检测浓度}{进样浓度}\times 100\% \tag{1-9-7}$$

9.2.4 固体样品中目标化合物的计算

$$固体样品中目标化合物的浓度(\mathrm{ng/kg})=\frac{C_{ex}\times V_{ex}}{W_s\times 1\,000} \tag{1-9-8}$$

式中，C_{ex}——提取液中多溴联苯醚的浓度，ng/ml；

V_{ex}——提取液体积，ml；

W_s——样品称重质量，g；根据样品类型，可以为湿重或干重。

9.2.5　水样中目标化合物的计算

$$水样中目标化合物的浓度（ng/L）= \frac{C_{ex} \times V_{ex}}{V_s \times 1\,000} \quad (1-9-9)$$

式中，C_{ex}——提取物中 BDE 的浓度，pg/ml；

V_{ex}——提取物体积，ml；

V_s——样品体积，L。

9.3　结果表示

测定结果保留 3 位有效数字。水样的质量浓度单位以 pg /L 表示；固体样品的质量浓度单位以 ng/kg 表示；组织样品的质量浓度单位以 ng/kg 湿重表示，但需提供脂肪含量百分比，可根据需要计算脂肪中多溴联苯醚的浓度。

10　质量保证与控制

10.1　每 30 个样品或每批次须做一个参考基质实验，计算碳标记的多溴联苯醚的平均回收率（R）及标准偏差（S_R），每个参考基质的回收率范围为 $R-2S_R$ 至 $R+2S_R$。

10.2　每批次样品须做一个实验室空白实验，测试结果中的目标化合物均应未检出。

10.3　由于仪器在高分辨率模式下运转，需使用 PFK 或其他质量校准物质进行质量漂移校正，偏差须小于 5 ppm。

10.4　选择中间质量浓度的标准溶液，按照一定周期或频次测定，离子丰度比变化范围应在 ±15% 内。

10.5　碳标记的多溴联苯醚标准溶液的回收率在 25%～150% 的范围内，其中 $^{13}C_{12}$-DeBDE 的回收率在 20%～200% 的范围内；净化内标的回收率在 30%～135% 的范围内，否则应查找原因，直至回收率满足要求，才能进行样品测定。

10.6　十溴联苯醚降解率的测试：对十溴联苯醚进行分析，若八溴联苯醚和九溴联苯醚大于总量的 10%，则须调整色谱条件，避免降解。

11　注意事项

11.1　使用过的玻璃器器皿应及时清洗。使用洗涤剂清洗玻璃器皿，依次使用清水、甲醇、自来水、甲醇、丙酮及二氯甲烷充分冲洗玻璃器皿内、外壁。

11.2 实验室应选用可直接使用的低质量浓度标准物质，减少或避免对高质量浓度标准物质的操作。

11.3 分析人员应了解多溴联苯醚类的分析以及相关风险，实验室应配备手套、实验服、通风柜等保护措施。

12 废物处理

实验中产生的废液和废物应集中收集，做好相应标识，并委托有资质的单位处理。

13 引用标准

本作业指导书引用了下列文件或其中条款，凡是不注日期的引用文件，其有效版本适用于本作业指导书。

GB 17378.3 海洋监测规范 第 3 部分：样品采集、贮存与运输

GB 17378.5 海洋监测规范 第 5 部分：沉积物分析

HJ 77.4 土壤和沉积物 二噁英类的测定 同位素稀释高分辨气相色谱－高分辨质谱法

HJ 298 危险废物鉴别技术规范

HJ 494 水质 采样技术指导

HJ 613 土壤 干物质和水分的测定 重量法

HJ 916 环境二噁英类监测技术规范

HJ/T 20 工业固体废物采样制样技术规范

HJ/T 91 地表水和污水监测技术规范

HJ/T 91.1 污水监测技术规范

HJ/T 164 地下水环境监测技术规范

HJ/T 166 土壤环境监测技术规范

U.S.EPA Method 1614 Brominated Diphenyl Ethers in Water Soil，Sediment and Tissue By HRGC/HRMS.

附录 1-9-A
（资料性附录）
209 种多溴联苯醚同类物及主要关注的 8 种同类物

附表 1-9-1　同位素稀释和内标法高分辨气相色谱 - 高分辨质谱法测定未标记和同位素标记的多溴联苯醚同类物

未标记 BDE 同类物		同位素标记同类物	
名称	编号	名称	编号
2-MoBDE	BDE-1		
3-MoBDE	BDE-2		
4-MoBDE	BDE-3	$^{13}C_{12}$-4-MoBDE	BDE-3 L
2,2′-DiBDE	BDE-4		
2,3-DiBDE	BDE-5		
2,3′-DiBDE	BDE-6		
2,4-DiBDE[1]	BDE-7		
2,4′-DiBDE[1]	BDE-8		
2,5-DiBDE	BDE-9		
2,6-DiBDE	BDE-10		
3,3′-DiBDE	BDE-11		
3,4-DiBDE[1]	BDE-12		
3,4′-DiBDE[1]	BDE-13		
3,5-DiBDE	BDE-14		
4,4′-DiBDE[1]	BDE-15	$^{13}C_{12}$-4,4′-DiBDE	BDE-15 L
2,2′,3-TrBDE	BDE-16		
2,2′,4-TrBDE[1]	BDE-17		
2,2′,5-TrBDE	BDE-18		
2,2′,6-TrBDE	BDE-19		
2,3,3′-TrBDE	BDE-20		
2,3,4-TrBDE	BDE-21		
2,3,4′-TrBDE	BDE-22		
2,3,5-TrBDE	BDE-23		

续表

未标记 BDE 同类物		同位素标记同类物	
名称	编号	名称	编号
2,3,6-TrBDE	BDE-24		
2,3′,4-TrBDE[1]	BDE-25		
2,3′,5-TrBDE	BDE-26		
2,3′,6-TrBDE	BDE-27		
2,4,4′-TrBDE[1,2]	**BDE-28**	$^{13}C_{12}$-2,4,4′-TrBDE	BDE-28 L
2,4,5-TrBDE	BDE-29		
2,4,6-TrBDE[1]	BDE-30		
2,4′,5-TrBDE	BDE-31		
2,4′,6-TrBDE[1]	BDE-32		
2′,3,4-TrBDE[1]	BDE-33		
2′,3,5-TrBDE	BDE-34		
3,3′,4-TrBDE[1]	BDE-35		
3,3′,5-TrBDE	BDE-36		
3,4,4′-TrBDE[1]	BDE-37		
3,4,5-TrBDE	BDE-38		
3,4′,5-TrBDE	BDE-39		
2,2′,3,3′-TeBDE	BDE-40		
2,2′,3,4-TeBDE	BDE-41		
2,2′,3,4′-TeBDE	BDE-42		
2,2′,3,5-TeBDE	BDE-43		
2,2′,3,5′-TeBDE	BDE-44		
2,2′,3,6-TeBDE	BDE-45		
2,2′,3,6′-TeBDE	BDE-46		
2,2′,4,4′-TeBDE[1,2]	**BDE-47**	$^{13}C_{12}$-2,2′,4,4′-TeBDE	BDE-47 L
2,2′,4,5-TeBDE	BDE-48		
2,2′,4,5′-TeBDE[1]	BDE-49		
2,2′,4,6-TeBDE	BDE-50		
2,2′,4,6′-TeBDE[1]	BDE-51		
2,2′,5,5′-TeBDE	BDE-52		
2,2′,5,6′-TeBDE	BDE-53		

续表

未标记 BDE 同类物		同位素标记同类物	
名称	编号	名称	编号
2,2′,6,6′-TeBDE	BDE-54		
2,3,3′,4′-TeBDE	BDE-55		
2,3,3′,4′-TeBDE	BDE-56		
2,3,3′,5-TeBDE	BDE-57		
2,3,3′,5′-TeBDE	BDE-58		
2,3,3′,6-TeBDE	BDE-59		
2,3,4,4′-TeBDE	BDE-60		
2,3,4,5-TeBDE	BDE-61		
2,3,4,6-TeBDE	BDE-62		
2,3,4′,5-TeBDE	BDE-63		
2,3,4′,6-TeBDE	BDE-64		
2,3,5,6-TeBDE	BDE-65		
2,3′,4,4′-TeBDE[1]	BDE-66		
2,3′,4,5-TeBDE	BDE-67		
2,3′,4,5′-TeBDE	BDE-68		
2,3′,4,6-TeBDE	BDE-69		
2,3′,4′,5-TeBDE	BDE-70		
2,3′,4′,6-TeBDE[1]	BDE-71		
2,3′,5,5′-TeBDE	BDE-72		
2,3′,5′,6-TeBDE	BDE-73		
2,4,4′,5-TeBDE	BDE-74		
2,4,4′,6-TeBDE[1]	BDE-75		
2′,3,4,5-TeBDE	BDE-76		
3,3′,4,4′-TeBDE[1]	BDE-77	$^{13}C_{12}$-3,3′,4,4′-TeBDE	BDE-77 L
3,3′,4,5-TeBDE	BDE-78		
3,3′,4,5′-TeBDE[1]	BDE-79		
3,3′,5,5′-TeBDE	BDE-80		
3,4,4′,5-TeBDE	BDE-81		
2,2′,3,3′,4-PeBDE	BDE-82		
2,2′,3,3′,5-PeBDE[1]	BDE-83		

续表

未标记 BDE 同类物		同位素标记同类物	
名称	编号	名称	编号
2,2′,3,3′,6-PeBDE	BDE-84		
2,2′,3,4,4′-PeBDE[1]	BDE-85		
2,2′,3,4,5-PeBDE	BDE-86		
2,2′,3,4,5′-PeBDE	BDE-87		
2,2′,3,4,6-PeBDE	BDE-88		
2,2′,3,4,6′-PeBDE	BDE-89		
2,2′,3,4′,5-PeBDE	BDE-90		
2,2′,3,4′,6-PeBDE	BDE-91		
2,2′,3,5,5′-PeBDE	BDE-92		
2,2′,3,5,6-PeBDE	BDE-93		
2,2′,3,5,6′-PeBDE	BDE-94		
2,2′,3,5′,6-PeBDE	BDE-95		
2,2′,3,6,6′-PeBDE	BDE-96		
2,2′,3′,4,5-PeBDE	BDE-97		
2,2′,3′,4,6-PeBDE	BDE-98		
2,2′,4,4′,5-PeBDE[1,2]	**BDE-99**	$^{13}C_{12}$-2,2′,4,4′,5-PeBDE	BDE-99 L
2,2′,4,4′,6-PeBDE[1,2]	**BDE-100**	$^{13}C_{12}$-2,2′,4,4′,6-PeBDE	BDE-100 L
2,2′,4,5,5′-PeBDE	BDE-101		
2,2′,4,5,6′-PeBDE	BDE-102		
2,2′,4,5,′6-PeBDE	BDE-103		
2,2′,4,6,6′-PeBDE	BDE-104		
2,3,3′,4,4′-PeBDE[1]	BDE-105		
2,3,3′,4,5-PeBDE	BDE-106		
2,3,3′,4′,5-PeBDE	BDE-107		
2,3,3′,4,5′-PeBDE	BDE-108		
2,3,3′,4,6-PeBDE	BDE-109		
2,3,3′,4′,6-PeBDE	BDE-110		
2,3,3′,5,5′-PeBDE	BDE-111		
2,3,3′,5,6-PeBDE	BDE-112		
2,3,3′,5′,6-PeBDE	BDE-113		

续表

未标记 BDE 同类物		同位素标记同类物	
名称	编号	名称	编号
2,3,4,4′,5-PeBDE	BDE-114		
2,3,4,4′,6-PeBDE	BDE-115		
2,3,4,5,6-PeBDE[1]	BDE-116		
2,3,4′,5,6-PeBDE	BDE-117		
2,3′,4,4′,5-PeBDE	BDE-118		
2,3′,4,4′,6-PeBDE[1]	BDE-119		
2,3′,4,5,5′-PeBDE[1]	BDE-120		
2,3′,4,5,′6-PeBDE	BDE-121		
2′,3,3′,4,5-PeBDE	BDE-122		
2′,3,4,4′,5-PeBDE	BDE-123		
2′,3,4,5,5′-PeBDE	BDE-124		
2′,3,4,5,6′-PeBDE	BDE-125		
3,3′,4,4′,5-PeBDE[1]	BDE-126	$^{13}C_{12}$-3,3′,4,4′,5-PeBDE	BDE-126 L
3,3′,4,5,5′-PeBDE	BDE-127		
2,2′,3,3′,4,4′-HxBDE[1]	BDE-128		
2,2′,3,3′,4,5-HxBDE	BDE-129		
2,2′,3,3′,4,5′-HxBDE	BDE-130		
2,2′,3,3′,4,6-HxBDE	BDE-131		
2,2′,3,3′,4,6′-HxBDE	BDE-132		
2,2′,3,3′,5,5′-HxBDE	BDE-133		
2,2′,3,3′,5,6-HxBDE	BDE-134		
2,2′,3,3′,5,6′-HxBDE	BDE-135		
2,2′,3,3′,6,6′-HxBDE	BDE-136		
2,2′,3,4,4′,5-HxBDE	BDE-137		
2,2′,3,4,4′,5′-HxBDE[1]	BDE-138		
2,2′,3,4,4′,6-HxBDE	BDE-139	$^{13}C_{12}$-2,2′,3,4,4′,6-HxBDE	BDE-139 L
2,2′,3,4,4′,6′-HxBDE[1]	BDE-140		
2,2′,3,4,5,5′-HxBDE	BDE-141		
2,2′,3,4,5,6-HxBDE	BDE-142		
2,2′,3,4,5,6′-HxBDE	BDE-143		

续表

未标记 BDE 同类物		同位素标记同类物	
名称	编号	名称	编号
2,2′,3,4,5′,6-HxBDE	BDE-144		
2,2′,3,4,6,6′-HxBDE	BDE-145		
2,2′,3,4′,5,5′-HxBDE	BDE-146		
2,2′,3,4′,5,6-HxBDE	BDE-147		
2,2′,3,4′,5,6′-HxBDE	BDE-148		
2,2′,3,4′,5′,6-HxBDE	BDE-149		
2,2′,3,4′,6,6′-HxBDE	BDE-150		
2,2′,3,5,5′,6-HxBDE	BDE-151		
2,2′,3,5,6,6′-HxBDE	BDE-152		
2,2′,4,4′,5,5′-HxBDE[1,2]	**BDE-153**	$^{13}C_{12}$-2,2′,4,4′,5,5′-HxBDE	BDE-153 L
2,2′,4,4′,5′,6-HxBDE[1,2]	**BDE-154**	$^{13}C_{12}$-2,2′,4,4′,5′,6-HxBDE	BDE-154 L
2,2′,4,4′,6,6′-HxBDE 4	BDE-155		
2,3,3′,4,4′,5-HxBDE	BDE-156		
2,3,3′,4,4′,5′-HxBDE	BDE-157		
2,3,3′,4,4′,6-HxBDE	BDE-158		
2,3,3′,4,5,5′-HxBDE	BDE-159		
2,3,3′,4,5,6-HxBDE	BDE-160		
2,3,3′,4,5′,6-HxBDE	BDE-161		
2,3,3′,4′,5,5′-HxBDE	BDE-162		
2,3,3′,4′,5,6-HxBDE	BDE-163		
2,3,3′,4′,5′,6-HxBDE	BDE-164		
2,3,3′,5,5′,6-HxBDE	BDE-165		
2,3,4,4′,5,6-HxBDE[1]	BDE-166		
2,3′,4,4′,5,5′-HxBDE	BDE-167		
2,3′,4,4′,5′,6-HxBDE	BDE-168		
3,3′,4,4′,5,5′-HxBDE	BDE-169		
2,2′,3,3′,4,4′,5-HpBDE	BDE-170		
2,2′ 3,3′,4,4′,6-HpBDE	BDE-171		
2,2′,3,3′,4,5,5′-HpBDE	BDE-172		
2,2′,3,3′,4,5,6-HpBDE	BDE-173		

续表

未标记 BDE 同类物		同位素标记同类物	
名称	编号	名称	编号
2,2′,3,3′,4,5,6′-HpBDE	BDE-174		
2,2′,3,3′,4,5′,6-HpBDE	BDE-175		
2,2′,3,3′,4,6,6′-HpBDE	BDE-176		
2,2′,3,3′,4′,5,6-HpBDE	BDE-177		
2,2′,3,3′,5,5′,6-HpBDE	BDE-178		
2,2′,3,3′,5,6,6′-HpBDE	BDE-179		
2,2′,3,4,4′,5,5′-HpBDE	BDE-180		
2,2′,3,4,4′,5,6-HpBDE[1]	BDE-181		
2,2′,3,4,4′,5,6′-HpBDE	BDE-182		
2,2′,3,4,4′,5′,6-HpBDE[1,2]	**BDE-183**	$^{13}C_{12}$-2,2′,3,4,4′,5′,6-HpBDE	BDE-183 L
2,2′,3,4,4′,6,6′-HpBDE	BDE-184		
2,2′,3,4,5,5′,6-HpBDE	BDE-185		
2,2′,3,4,5,6,6′-HpBDE	BDE-186		
2,2′,3,4′,5,5′,6-HpBD	BDE-187		
2,2′,3,4′,5,6,6′-HpBDE	BDE-188		
2,3,3′,4,4′,5,5′-HpBDE	BDE-189		
2,3,3′,4,4′,5,6-HpBDE[1]	BDE-190		
2,3,3′,4,4′,5′,6-HpBDE	BDE-191		
2,3,3′,4,5,5′,6-HpBDE	BDE-192		
2,3,3′,4′,5,5′,6-HpBDE	BDE-193		
2,2′,3,3′,4,4′,5,5′-OcBDE	BDE-194		
2,2′,3,3′,4,4′,5,6-OcBDE	BDE-195		
2,2′,3,3′,4,4′,5,6′-OcBDE	BDE-196		
2,2′,3,3′,4,4′,6,6′-OcBDE	BDE-197		
2,2′,3,3′,4,5,5′,6-OcBDE	BDE-198		
2,2′,3,3′,4,5,5′,6′-OcBDE	BDE-199		
2,2′,3,3′,4,5,6,6′-OcBDE	BDE-200		
2,2′,3,3′,4,5′,6,6′-OcBDE	BDE-201		
2,2′,3,3′,5,5′,6,6′-OcBDE	BDE-202		
2,2′,3,4,4′,5,5′,6-OcBDE	BDE-203		

续表

未标记 BDE 同类物		同位素标记同类物	
名称	编号	名称	编号
2,2′,3,4,4′,5,6,6′-OcBDE	BDE-204		
2,3,3′,4,4′,5,5′,6-OcBDE	BDE-205		
2,2′,3,3′,4,4′,5,5′,6-NoBDE	BDE-206		
2,2′,3,3′,4,4′,5,6,6′-NoBDE	BDE-207		
2,2′,3,3′,4,5,5′,6,6′-NoBDE	BDE-208		
DeBDE[1,2]	**BDE-209**	$^{13}C_{12}$-DeBDE	BDE-209 L

注 1：在 U.S.EPA 2001 年文献调查文献中已报道的同类物。

注 2：2002 年 6 月 17 日至 18 日在加拿大安大略省伯灵顿加拿大内陆水域中心举行的“第四届环境中溴代阻燃剂年度研讨会”中确定的主要关注的多溴联苯醚。

附录 1-9-B
（资料性附录）
不同介质中多溴联苯醚的检出限

附表 1-9-2　不同介质中多溴联苯醚的检出限

序号	化合物简称	水样 /（pg/L）		其他介质 /（ng/kg）		提取液 /（pg/L）
		方法检出限	定量限	方法检出限	定量限	定量限
1	BDE-2	50	200	5	20	10
2	BDE-8/11	40	100	4	10	5
3	BDE-17	50	200	5	20	10
4	BDE-28/33	20	50	2	5	2.5
5	BDE-75	30	100	3	10	5
6	BDE-47	25	100	2.5	10	5
7	BDE-66	20	50	2	5	2.5
8	BDE-100	20	50	2	5	2.5
9	BDE-99	40	100	4	10	5
10	BDE-85	40	100	4	10	5
11	BDE-154	20	50	2	5	2.5
12	BDE-153	20	50	2	5	2.5
13	BDE-138/166	40	100	4	10	5
14	BDE-183	30	100	3	10	5
15	BDE-190	20	50	2	5	2.5
16	BDE-209	700	2 000	70	200	100

注：上表中检出限引自 US EPA 1614A—2010 方法中的原始数据，非实验室检出限。

6020B

多种金属元素的测定
电感耦合等离子体质谱法

1 适用范围

本方法使用电感耦合等离子体质谱法，适用于地表水、地下水、污水、浸出液等水溶性液态样品以及土壤、沉积物、固体废物等固态样品中铝（Al）、砷（As）、银（Ag）、铍（Be）、钡（Ba）、钙（Ca）、铬（Cr）、钴（Co）、铜（Cu）、镉（Cd）、铁（Fe）、汞（Hg）、钾（K）、镁（Mg）、锰（Mn）、钠（Na）、镍（Ni）、铅（Pb）、硒（Se）、锑（Sb）、铊（Tl）、钒（V）、锌（Zn）23 种金属元素的测定。

各元素的参考检出限见附录 1-10-A。

2 方法原理

经消解制备后的试样由载气带入雾化系统雾化后，目标元素以气溶胶形式进入等离子体的轴向通道中，被充分蒸发、解离、原子化和电离，转化成带电荷的正离子，经离子采集系统进入质谱仪，根据离子的质荷比进行分离并定性、定量分析。在一定浓度范围内，待测离子的质荷比所对应的响应值与其浓度成正比。根据元素的质谱图或特征离子进行定性，内标法定量。

参照 U.S.EPA 6020 B—2014 方法。

3　干扰和消除

3.1　质谱干扰

质谱干扰主要包括多原子离子干扰、同量异位素干扰、氧化物和双电荷离子干扰等。

多原子离子干扰是 ICP-MS 最主要的干扰来源，可以利用干扰校正方程、仪器优化以及碰撞 / 反应池技术等加以解决，也可以使用高分辨率的 ICP-MS 消除或减少干扰。主要的质谱型干扰见附录 1-10-B 中表 1-10-B.1。同量异位素干扰可以使用干扰校正方程进行校正，或在分析前对样品进行化学分离（如固相螯合）等方法进行消除。常用的干扰校正方程见附录 1-10-B 中表 1-10-B.2。氧化物干扰和双电荷干扰可通过调节仪器参数降低影响。

3.2　非质谱干扰

非质谱干扰主要包括基体效应、空间电荷效应和物理干扰等。其干扰程度与样品基体性质有关，通常采用稀释样品、内标法、延迟冲洗时间、优化仪器条件等措施来消除和降低干扰。

4　试剂和材料

除非另有说明，分析时均使用符合国家标准的优级纯试剂。实验用水为新制备的去离子水或同等纯度的水。在制备标准品和样品处理时，必须使用超高纯度或等效的酸。

4.1　硝酸：ρ（HNO_3）=1.42 g/ml，优级纯或者高纯。

4.2　硝酸溶液：1+4（*V*/*V*）。

4.3　硝酸溶液：3+97（*V*/*V*）。

4.4　硝酸溶液：1+99（*V*/*V*）。

4.5　盐酸：ρ（HCl）=1.19 g/ml，优级纯或者高纯。

4.6　盐酸溶液：1+99（*V*/*V*）。

4.7　氢氟酸：ρ（HF）=1.49 g/ml，优级纯或者高纯。

4.8　高氯酸：ρ（$HClO_4$）=1.76 g/ml，优级纯或者高纯。

4.9　双氧水（H_2O_2）：ω=30%。

4.10　磷酸：ρ（H_3PO_4）=1.87 g/ml，优级纯或者高纯。

4.11　磷酸溶液：85+15（*V*/*V*）。

4.12　硫酸：ρ（H_2SO_4）=1.61 g/ml，优级纯或者高纯。

4.13　硫酸溶液：96+4（V/V）。

4.14　盐酸－硝酸溶液（王水）：3+1（V/V），用硝酸和盐酸配制。

4.15　标准溶液。

4.15.1　单元素标准储备液。

用高纯度的金属（纯度≥ 99.99%）或金属盐类（基准或高纯试剂）配制成 100 ~ 1 000 mg/L 的标准储备溶液，溶液酸度保持在 1.0%（V/V）以上。或购买市售有证标准物质。

4.15.2　多元素混合标准储备液：ρ=10.0 mg/L。

可通过单元素标准储备溶液配制，或购买市售有证标准物质。

4.15.3　多元素标准使用液：ρ=200 μg/L。

可购买市售有证标准物质，或用硝酸溶液稀释标准储备液配制成多元素混合标准使用液。

4.15.4　内标储备液：ρ=10.0 mg/L。

宜选用 ^{6}Li、^{45}Sc、^{74}Ge、^{89}Y、^{103}Rh、^{115}In、^{185}Re、^{209}Bi 为内标元素。可用高纯度的金属（纯度＞ 99.99%）或金属盐类（基准或高纯试剂）配制。或购买市售有证标准物质。

4.15.5　内标使用液：ρ=100 μg/L。

用硝酸溶液稀释内标储备液，配制内标标准使用液。由于不同仪器使用的蠕动泵管管径不一样，在线加入内标时，加入的浓度也不同，在配制内标使用液时应使内标元素在样液中的浓度为 10 ~ 50 μg/L。

4.15.6　质谱仪调谐液：ρ=1.0 ~ 10 μg/L。

宜选用含有 Li、Be、Mg、Y、Co、In、Tl 、Pb 和 Bi 元素为质谱仪的调谐溶液。可购买市售有证标准物质，也可用高纯度的金属（纯度＞ 99.99%）或相应的金属盐类（基准或高纯试剂）进行配制。

4.16　慢速定量滤纸。

4.17　载气：氩气（纯度≥99.999%）。

5　仪器和设备

5.1　电感耦合等离子体质谱仪。仪器工作环境和对电源的要求需根据仪器说明书规定执行。仪器扫描范围：5 ~ 250 amu，分辨率：10% 峰高处所对应的峰宽应优于 1 amu。

5.2　温控电热板：±0.2℃。

5.3　微波消解仪：具备程序化功率设定功能，可提供至少 1 000 W 的输出功率。

5.4　分析天平：感量为 0.000 1 g。

5.5　聚四氟乙烯密闭消解罐：可抗压、耐酸、耐腐蚀，具有泄压功能。

5.6　过滤装置，0.45 μm 孔径水系微孔滤膜。

5.7　自动消解装置。

5.8　赶酸仪：温度≥150℃。

5.9　尼龙筛：0.15 mm（100 目）。

5.10　一般实验室常用的玻璃器皿。

6　样品

6.1　样品的采集与保存

6.1.1　水样

地下水、地表水和污水的样品采集与保存分别按照 HJ/T 164、GB/T 14581、HJ/T 91 和 HJ/T 91.1 的相关规定执行。可溶性元素样品和元素总量样品分别采集。

可溶性元素样品采集后立即用 0.45 μm 滤膜过滤，弃去初始的滤液 50 ml，用少量滤液清洗采样瓶，收集所需体积的滤液于采样瓶中，加入适量硝酸将酸度调节至 pH＜2。

元素总量样品的保存参照 HJ 493 的相关规定进行，样品采集后，加入适量硝酸将酸度调节至 pH＜2。

6.1.2　土壤、沉积物和固体废物样品

土壤、沉积物和固体废物样品的采集与保存分别按照 HJ/T 166、GB 17378.3、HJ 494、HJ/T 20 和 HJ 298 的相关规定执行。样品采集、运输和保存过程应避免沾污和损失待测元素。

6.2　干物质含量、水分或含水率的测定

土壤样品干物质和水分测定按照 HJ 613 执行，沉积物样品含水率测定按照 GB

17378.5 执行，固定废物样品干物质、水分或含水率的测定采用重量法。

6.3 土壤、沉积物和固体废物样品的制备

土壤、沉积物和固体废物样品的制备分别按照 HJ/T 166、GB 17378.5、HJ/T 20 和 HJ 298 的相关规定执行，将样品风干、研磨至一定孔径。浸出的毒性样品按照 HJ/T 299 或 HJ/T 300 方法执行。样品的制备过程应避免沾污和损失待测元素。

6.4 试样制备

测定水样中的溶解态元素不需要消解。

测定地下水、地表水、土壤、沉积物和其他（可酸浸出）固体废物中酸溶出态元素总量时，应对样品进行消解。

6.4.1 水质样品中可溶性元素的制备

其试样的制备方法见 6.1.1。

6.4.2 水质样品中元素总量的制备

参照 HJ 700 的相关规定对样品进行前处理。

6.4.2.1 电热板消解法

准确移取（100.0±1.0）ml 摇匀后的样品于 250 ml 聚四氟乙烯烧杯中（视水样实际情况，取样量可适当减少，但需注意稀释倍数的计算），加入 2 ml 硝酸溶液和 1.0 ml 盐酸溶液于上述烧杯中，置于电热板上加热消解，加热温度不得高于 85℃（详见本节注 3）。消解时，烧杯应盖上表面皿或采取其他措施，保证样品不受通风柜周边的环境污染。持续加热，保持溶液不沸腾，直至样品蒸发至 20 ml 左右。在烧杯口盖上表面皿以减少过多的蒸发，并保持轻微持续回流 30 min。待样品冷却后，用去离子水冲洗烧杯至少 3 次，并将冲洗液倒入容量瓶中，确保消解液转移至 50 ml 容量瓶中，用去离子水定容，加盖，摇匀保存。若消解液中存在一些不溶物可静置过夜取上清液待测或过滤后测定。

6.4.2.2 微波消解法

准确移取 45.0 ml 摇匀后的样品于消解罐中，加入 4.0 ml 硝酸和 1.0 ml 盐酸（可根据微波消解罐的体积等比例减少取样量和加入的酸量），在 170℃温度下微波消解 10 min。消解完毕，冷却至室温后，将消解液移至 100 ml 容量瓶中，用去离子水定容

至刻度，摇匀，待测。也可适度浓缩样品，定容至 50 ml 容量瓶中。

注 1：使用电热板消解法时，正确的加热方法为将烧杯放在电热板中间位置，调节电热板的温度，使盛放有水样、未加盖的烧杯的受热温度不高于 85℃。若烧杯上盖有表面皿，水温可升至约 95℃。

注 2：当目标元素为银、铝、砷、铍、钡、钙、镉、钴、铬、铜、铁、钾、镁、锰、钼、镍、铅、铊、钒、锌的总量时，可采用 HJ 677 或 HJ 678 对样品进行消解处理；其余元素参照本方法执行。样品前处理完毕，应尽快进行分析。

注 3：对于有机物含量较高的样品，酌情加入适量过氧化氢。

6.4.3　土壤和沉积物试样的制备

参照《全国土壤污染状况详查土壤样品分析测试方法技术规定》的相关规定对样品进行前处理。

6.4.3.1　电热板加热消解

称取过筛的待测样品 0.25 g（准确到 0.000 2 g），于 50 ml 聚四氟乙烯烧杯中，用几滴水润湿，加入 5 ml 硝酸，10 ml 氢氟酸，2 ml 高氯酸，盖上坩埚盖，将聚四氟乙烯烧杯置于 100℃的电热板低温加热 2 h，放置过夜后，取下坩埚盖，加热至高氯酸烟冒尽。趁热加入 8 ml 王水，在电热板上加热至溶液体积剩余 2 ~ 3 ml，用约 10 ml 去离子水冲洗杯壁，微热 5 ~ 10 min 至溶液清亮，取下冷却；将溶液转入 25.0 ml 有刻度值带塞的聚乙烯试管中，用去离子水稀释至刻度，摇匀，澄清。移取清液 1.00 ml 于聚乙烯试管中，用硝酸（3+97，*V*/*V*）稀释至 10.0 ml，摇匀，备上机测定。

6.4.3.2　微波消解

①消解方法一：适用于铊、铍、钡、锰、铜、铅、锌、镉、铬、镍、钴、钒等元素的消解。

称取过筛的样品 0.25 ~ 0.50 g（精确至 0.000 1 g）置于消解罐中，用少量实验用水润湿。在防酸通风橱中，依次加入 6 ml 硝酸、3 ml 盐酸、2 ml 氢氟酸，使样品和消解液充分混匀。若有剧烈化学反应，待反应结束后再加盖拧紧。将消解罐装入消解罐支架后放入微波消解装置的炉腔中，确认温度传感器和压力传感器工作正常。按照表 1-10-1 中升温程序进行微波消解，程序结束后冷却。待罐内温度降至室温后在防酸通风橱中取出消解罐，缓缓泄压放气，打开消解罐盖。

表 1-10-1 微波消解参考程序

步骤	升温时间 /min	目标温度	保持时间 /min
1	7	室温至 120℃	3
2	5	120 ~ 160℃	3
3	5	160 ~ 190℃	25

将消解罐中的溶液转移至聚四氟乙烯坩埚中，用少许实验用水洗涤消解罐和盖子后一并倒入坩埚。将坩埚置于温控加热设备上在微沸的状态下进行赶酸。待液体成黏稠状时，取下稍冷，用滴管取少量硝酸（1+99，*V/V*）冲洗坩埚内壁，利用余温溶解附着在坩埚壁上的残渣，之后转入 25 ml 容量瓶中，再用滴管吸取少量硝酸（1+99，*V/V*）重复上述步骤，洗涤液一并转入容量瓶中，然后用硝酸（1+99，*V/V*）定容至标线，混匀，静置过夜取上清液待测或过滤后测定。

注 1：微波消解后若有黑色残渣，表明碳化物未被完全消解。在温控加热设备上向坩埚中补加 2 ml 硝酸、1 ml 氢氟酸和 1 ml 高氯酸，在微沸状态下加盖反应 30 min 后，揭盖继续加热至高氯酸白烟冒尽，液体成黏稠状。上述过程反复进行直至黑色碳化物消失。

注 2：由于土壤、沉积物样品种类多，所含有机质差异较大，微波消解的硝酸、盐酸和氢氟酸用量可根据实际情况酌情增加。

注 3：样品中所测元素含量低时，可将样品称取量提高到 1 g（精确至 0.000 1 g），微波消解的硝酸、盐酸和氢氟酸用量也应按比例根据实际情况酌情增加，或增加消解次数。

注 4：为避免消解液损失和安全伤害，消解后的消解罐必须冷却至室温后才能开盖。

②消解方法二：适用于砷、铋、汞、锑、硒元素的消解（参照 HJ 680 的相关规定对样品进行前处理）。

称取风干、过筛的样品 0.25 ~ 0.50 g（精确至 0.000 1 g）置于消解罐中，用少量实验用水润湿。在防酸通风橱中，依次加入 2 ml 硝酸、6 ml 盐酸，使样品和消解液充分混匀。若有剧烈化学反应，待反应结束后再加盖拧紧。将消解罐装入消解罐支架后放入微波消解装置的炉腔中，确认温度传感器和压力传感器工作正常。按照表 1-10-2 的升温程序进行微波消解，程序结束后冷却。待罐内温度降至室温后在防酸通风橱中取出消解罐，缓缓泄压放气，打开消解罐盖。将消解罐中的溶液转移至 25 ml 容量瓶，用少许实验用水洗涤消解罐和盖子后一并倒入容量瓶中，然后用实验用水定容至标线，混匀，静置过夜取上清液待测或过滤后测定。

表 1-10-2　微波消解升温程序

步骤	升温时间 /min	目标温度	保持时间 /min
1	7	室温至 120℃	3
2	10	120 ~ 180℃	15

6.4.4　固体废物试样的制备

6.4.4.1　固体废物浸出液试样的制备

按照 HJ 557、HJ/T 299、HJ/T 300 或 GB 5086.1 的相关规定进行固体废物浸出液的制备。

准确移取固体废物浸出液 25.0 ml，置于消解罐中，加入 4 ml 硝酸和 1 ml 盐酸，将消解罐放入微波消解装置进行消解，推荐的试样消解程序见表 1-10-3。消解后冷却至室温，小心打开消解罐的盖子，然后将消解罐于 150℃敞口赶酸至内溶物近干，冷却至室温后，用去离子水溶解内溶物，然后将溶液转移至 50 ml 容量瓶中，用去离子水定容至 50 ml。测定前过滤或取上清液进行测定。

6.4.4.2　固体废物试样的制备

对于固态样品或可干化的半固体样品，称取 0.1 ~ 0.2 g 过筛后的样品；对于液态或不可干化的固态样品，直接称取样品 0.2 g，精确至 0.000 1 g。将样品置于消解罐中，加入 1 ml 盐酸、4 ml 硝酸、1 ml 氢氟酸和 1 ml 双氧水，将消解罐放入微波消解装置进行消解，推荐的试样消解程序见表 1-10-3。消解后冷却至室温，小心打开消解罐的盖子，然后将消解罐放在赶酸仪中，于 150℃敞口赶酸，至内溶物近干，冷却至室温后，用去离子水溶解内溶物，然后将溶液转移至 50 ml 容量瓶中，用去离子水定容至 50 ml。测定前使用滤膜过滤或取上清液进行测定。对于特殊基体样品，若使用上述消解液消解不完全，可适当增加酸用量。

表 1-10-3　推荐微波消解程序

试样	消解程序
固体废物	10 min 升高到 175℃，并在 175℃保持 20 min
固体废物浸出液	10 min 内升高到 165℃，并在 165℃保持 10 min

6.5　空白试样的制备

不加样品按照 6.3 步骤同时制备空白试样。

7 分析步骤

7.1 仪器调谐

电感耦合等离子体质谱仪开机预热，按照仪器使用说明书进行调谐，使质量轴、分辨率、灵敏度、氧化物干扰和双电荷干扰等参数满足仪器说明书要求；调谐液中所含元素信号强度的相对标准偏差应≤5%。在涵盖待测元素的质量范围内进行质量校正和分辨率校验，如质量校正结果与真实值差值超过 ±0.1 amu 或调谐元素信号的分辨率在 10% 峰高处所对应的峰宽超过 0.65 ~ 0.8 amu，应依照仪器使用说明书对质谱进行校正。

7.2 仪器参考条件

仪器参考条件见表 1-10-4。

表 1-10-4 仪器参考条件

功率	雾化器	采样锥和截取锥	载气流速	采样深度	内标加入方式	检测方式
1 240 W	高盐雾化器	镍	1.10 L/min	6.9 mm	在线加入内标：锗、铟、铋等多元素混合标准溶液	自动测定 3 次

推荐使用和同时检测的同位素以及对应内标物见表 1-10-5。

表 1-10-5 推荐使用元素质量数及内标物

元素	质量数	内标	元素	质量数	内标
铝	27	Sc	钡	134，135，136，137，138	Rh 或 In
铍	9	Li 或 Sc	锑	121，123	In
镉	114，112，111，110，113，116，106	Rh 或 In	铅	208，207，206，204	Re 或 Bi
钴	59	Sc 或 Ge	锌	64，66，68，67，70	Ge
铜	63，65	Ge	钒	51，50	Sc 或 Ge
铬	52，53，50，54	Sc 或 Ge	砷	75	Ge
锰	55	Sc 或 Ge	钙	42，43，44，46，48	Sc
镍	58，60，62，61，64	Sc 或 Ge	镁	24，25，26	Sc
铁	56，54，57，58	Sc	硒	80，78，82，76，77，74	Ge
汞	202，200，199，201	Re 或 Bi	银	107，109	Rh 或 In
钾	39	Sc	铊	205，203	Re 或 Bi
钠	23	Sc	—	—	—

注：有下划线标识的为推荐使用的质量数。

7.3　校正

7.3.1　标准曲线的配制

分别准确移取一定体积的各元素标准使用液置于一组 100 ml 容量瓶中，用硝酸溶液稀释至刻度，混匀，制备至少 5 个浓度点（含零点）的标准系列。内标元素标准使用液可直接加入待测溶液中，也可以通过蠕动泵在线加入。内标应选择样品中不含有的元素，或浓度远大于试样本身含量的元素。标准系列溶液浓度见表 1-10-6。标准曲线的浓度范围可根据测定实际需要进行调整。

表 1-10-6　标准系列溶液浓度

元素	C_0/（μg/L）	C_1/（μg/L）	C_2/（μg/L）	C_3/（μg/L）	C_4/（μg/L）	C_5/（μg/L）
铝	0.00	10.0	20.0	40.0	60.0	80.0
砷	0.00	10.0	20.0	30.0	40.0	50.0
银	0.00	0.500	1.00	5.00	10.0	20.0
铍	0.00	0.500	1.00	5.00	10.0	20.0
钡	0.00	0.500	1.00	5.00	10.0	20.0
钙	0.00	5.00	10.0	20.0	40.0	60.0
铬	0.00	10.0	20.0	40.0	60.0	80.0
钴	0.00	10.0	20.0	40.0	60.0	80.0
铜	0.00	25.0	50.0	75.0	100	150
镉	0.00	0.200	0.400	0.600	0.800	1.000
铁	0.00	200	400	600	800	1 000
汞	0.00	0.500	1.00	2.00	4.00	8.00
钾	0.00	5.00	10.0	20.0	40.0	60.0
镁	0.00	5.00	10.0	20.0	40.0	60.0
锰	0.00	200	400	600	800	1 000
钠	0.00	5.00	10.0	20.0	40.0	60.0
镍	0.00	10.0	20.0	50.0	80.0	100
铅	0.00	0.500	1.00	5.00	10.0	20.0
硒	0.00	0.500	1.00	5.00	10.0	20.0
锑	0.00	1.00	2.00	3.00	4.00	5.00
铊	0.00	0.500	1.00	5.00	10.0	20.0
钒	0.00	20.0	40.0	80.0	160	320
锌	0.00	20.0	40.0	80.0	160	320

7.3.2 标准曲线的建立

将标准系列溶液依次导入雾化器，按优化的 7.2 仪器参考条件依次从低浓度到高浓度进行分析。以质量浓度为横坐标，以其对应的响应值为纵坐标建立标准曲线。

7.4 试样测定

在试样测定前，先用 2% 硝酸溶液冲洗系统直至信号降至最低，待分析信号稳定后方能开始测定。按与标准曲线建立相同的操作步骤进行试样的测定。若试样中待测元素浓度超出标准曲线的范围，需要稀释以后重新测定，稀释倍数为 f。

7.5 空白试验

按照与试样相同的测定条件测定空白试样。

8 结果与计算

8.1 水样计算

样品中各金属元素含量 ρ（mg/L）按照式（1-10-1）进行计算：

$$\rho = \rho_1 \times f - \rho_2 \qquad (1\text{-}10\text{-}1)$$

式中，ρ——样品中元素的浓度，μg/L 或 mg/L；

ρ_1——稀释后样品中元素的质量浓度，μg/L 或 mg/L；

ρ_2——实验室空白样品中元素的质量浓度，μg/L 或 mg/L；

f——稀释倍数。

8.2 土壤和沉积物样品计算

样品中待测元素的含量 ω_1（mg/kg），按照式（1-10-2）进行计算：

$$\omega_1 = \frac{(\rho \times f - \rho_o) \cdot V}{m \times w_{\mathrm{dm}} \times 1\,000} \qquad (1\text{-}10\text{-}2)$$

式中，ω_1——金属元素的含量，mg/kg；

ρ——试样中待测元素的质量浓度，μg/L；

ρ_0——空白试样中对应待测元素的质量浓度，μg/L；

V——试样的定容体积，ml；

f——试样溶液的稀释倍数；

m ——称取试样的质量，g；

W_{dm} ——样品干物质的含量，%。

8.3　固体废物样品计算

固体废物浸出液中待测金属元素的浓度 ρ（mg/L），按照式（1-10-1）进行计算。

固体废物中待测金属元素的含量 ω_1（mg/kg），按照式（1-10-2）进行计算。

8.4　结果表示

测定结果小数点位数与方法检出限保持一致，最多保留 3 位有效数字。

9　质量保证与控制

9.1　每批样品至少做 2 个空白试样，空白值应符合下列情况之一才能被认为是可接受的：

（1）空白值应低于方法测定下限；

（2）低于标准限值 10%；

（3）低于每一批样品最低测定值的 10%。

9.2　每批样品须做标准曲线，其相关系数应＞0.999。每测 20 个样品应测定校准空白和一个位于校准曲线中间的标准点，测定值的变化应不大于 ±10%。

9.3　每批样品至少按 10% 的比例进行平行双样测定，样品数量少于 10 个时，应至少测定一个平行双样。测定结果相对偏差应＜20%。

9.4　每批样品至少分析 10% 的基体加标样或基体加标平行双样，当样品量小于 10 个时，每批样品至少做一个基体加标样或基体加标平行双样。加标回收率应控制在 70%～130%。

9.5　每批样品至少做一个有证标准样品，测定结果应在其给出的不确定度范围内。

9.6　ICP-MS 对试剂纯度要求较高，应使用纯度高的试剂，且每批次试剂须通过空白检验，同一批次样品应使用同一批次实验用水，实验用水应通过空白检验。

9.7　每次分析时，试样中内标的响应值应介于标准曲线响应值的 70%～130%，否则说明仪器发生漂移或有干扰产生，应查找原因后重新分析。若发现基体干扰，须稀释试样后测定；若发现试样中含有内标元素，须更换内标或提高内标元素浓度。

10 注意事项

10.1 实验室所用的玻璃器皿须使用硝酸溶液浸泡 24 h，依次用自来水和实验室用水洗净后方可使用。

10.2 为保证仪器的稳定性和实验的准确性，应参照仪器说明书，定期或测定一定数量样品后对仪器的雾化器、矩管、采样锥和截取锥进行清洗。

10.3 ICP-MS 应尽量避免试样中硝酸的含量过高，以最大限度地减少对接口的损坏，并最大限度地降低与目标元素的同量异位干扰。当使用盐酸和硫酸时，会产生更多的分子离子干扰。锑和银的浓度在 50 ~ 500 μg/L 时需要加入 1%（*V*/*V*）盐酸溶液作为稳定剂。对于浓度＞500 μg/L 的银，需要加入更多的盐酸溶液。因此，受氯离子分子离子干扰的元素（例如，As 和 V）的准确度将降低。

11 废物处理

实验中产生的废液和废物应集中收集，做好相应标识，并委托有资质的单位处理。

12 引用标准

本作业指导书引用了下列文件或其中条款，凡是未注明日期的引用文件，其有效版本适用于本作业指导书。

GB 17378.3 海洋监测规范 第 3 部分：样品采集、贮存与运输

GB 17378.5 海洋监测规范 第 5 部分：沉积物分析

GB 5086.1 固体废物 浸出毒性浸出方法 翻转法

GB/T 14581 水质 湖泊和水库采样技术指导

HJ 298 危险废物鉴别监测技术规范

HJ 493 水质样品的保存和管理技术规定

HJ 494 水质 采样技术指导

HJ 613 土壤 干物质和水分的测定 重量法

HJ 680 土壤和沉积物 汞、砷、硒、铋、锑的测定 微波消解 / 原子荧光法

HJ 700 水质 65 种元素的测定 电感耦合等离子体质谱法

HJ 766 固体废物 金属元素的测定 电感耦合等离子体质谱法

HJ 832 土壤和沉积物 金属元素总量的消解 微波消解法

HJ/T 20　工业固体废物采样制样技术规范

HJ/T 91　地表水和污水监测技术规范

HJ/T 91.1　污水监测技术规范

HJ/T 164　地下水环境监测技术规范

HJ/T 166　土壤环境监测技术规范

HJ/T 299　固体废物　浸出毒性浸出方法　硫酸硝酸法

HJ/T 300　固体废物　浸出毒性浸出方法　醋酸缓冲溶液法

《全国土壤污染状况详查土壤样品分析测试方法技术规定》

U.S.EPA Method 6020 Inductively Coupled Plasma-Mass Spectrometry.

附录 1-10-A
（资料性附录）
金属元素的参考检出限

按照本作业指导书提供的样品制备和前处理具体操作步骤，在仪器参考条件下得到部分金属元素的参考检出限。检出限的计算是基于水样取样为 5 ml，土壤和沉积物取样量为 0.250 0 g，固体废物含量取样量为 0.1 g，固体废物浸出液的取样量为 25 ml。

附表 1-10-1　金属元素的参考检出限

序号	中文名称	化学式	CAS 号	检出限			
				水 /（μg/L）	土壤和沉积物 /（mg/kg）	固体废物	
						固废含量 /（mg/kg）	固体废物浸出液 /（μg/L）
1	铝	Al	7429-90-5	1.15	—	—	—
2	银	Ag	7440-22-4	0.04	0.03	1.4	2.9
3	砷	As	7440-38-2	0.12	0.4	0.5	1.0
4	钡	Ba	7440-39-3	0.20	1.1	0.9	1.8
5	铍	Be	7440-41-7	0.04	0.006	0.4	0.7
6	钙	Ca	7440-70-2	6.61	—	—	—
7	镉	Cd	7440-43-9	0.05	0.03	0.6	1.2
8	钴	Co	7440-48-4	0.03	0.007	1.1	2.2
9	铬	Cr	7440-47-3	0.11	0.4	1.0	2.0
10	铜	Cu	7440-50-8	0.08	0.6	1.2	2.5
11	铁	Fe	7439-89-6	0.82	—	—	—
12	汞	Hg	7439-97-6	—	—	—	—
13	钾	K	7440-09-7	4.50	—	—	—
14	镁	Mg	7439-95-4	1.94	—	—	—
15	锰	Mn	7439-96-5	0.12	—	1.8	3.6
16	钠	Na	7440-23-5	6.36	—	—	—
17	镍	Ni	7440-02-0	0.06	0.3	1.9	3.8
18	铅	Pb	7439-92-1	0.09	0.5	2.1	4.2

续表

序号	中文名称	化学式	CAS 号	检出限			
				水 /（μg/L）	土壤和沉积物 /（mg/kg）	固体废物	
						固废含量 /（mg/kg）	固体废物浸出液 /（μg/L）
19	锑	Sb	7440-36-0	0.15	0.2	1.6	3.2
20	硒	Se	7782-49-2	0.41	—	0.6	1.3
21	铊	Tl	7440-28-0	0.02	0.02	0.6	1.3
22	钒	V	7440-62-2	0.08	0.03	0.6	1.1
23	锌	Zn	7440-66-6	0.67	2.0	3.2	6.4

附录 1-10-B
（资料性附录）
质谱型干扰、干扰校正方程

附表 1-10-1 为 ICP-MS 测定中主要的质谱型干扰，附表 1-10-2 为常用的干扰校正方程。

附表 1-10-1 ICP-MS 测定中主要的质谱型干扰

元素	质量数	同量异位素干扰	多原子离子干扰	氧化物干扰	双电荷干扰
Ag	107、109	—	ZrOH	ZrO，NbO	—
As	75	—	ArCl，CaCl	CoO	Nd^{++}，Sm^{++}
Ba	138	La^{+}，Ce^{+}	—	—	—
Cd	111	—	MoOH，ZrOH	MoO	—
	114	Sn^{+}	MoOH	MoO，RuO	—
Co	59	—	CaOH，MgCl	CaO	Sn^{++}
Cr	52	—	ArC，ClOH	ArO	—
	53	Fe^{+}	ArOH	ClO，ArO	—
Cu	63	—	ArNa，MgCl	TiO	—
	65	—	SOOH	TiO	—
Mn	55	—	NaS，ArOH，ArNH	ArO，ClO，KO	—
Mo	98	Ru^{+}	—	KrO	—
Ni	58	Fe^{+}	CaN，NaCl，MgS	ArO，CaO	Sn^{++}
	60	—	CaOH，MgCl，NaCl	CaO	Sn^{++}
Sb	123	Te^{+}	—	—	—
Sr	88	—	—	—	Yb^{++}
V	51	—	SOH，ClN，ArNH	ClO	—
Zn	64	Ni^{+}	AlCl，SS，FeC	CaO	—
	66	—	PCl，SS，FeC	TiO	Ba^{++}
	68	—	FeN，PCl，ArS，FeC，SS，ArNN	CrO	Nd^{++}，Sm^{++}，Ba^{++}，Ce^{++}

续表

元素	质量数	同量异位素干扰	多原子离子干扰	氧化物干扰	双电荷干扰
Mg	24	C_2	—	—	—
	26	—	C N	—	—
K	39	—	ArH	—	—
	41	—	ArH	—	—
Ca	44	—	CO_2	—	—
Fe	54	—	ArN	—	—
	56	—	—	ArO	—
	57	—	ArOH	—	—
Se	76	Ar^+	—	—	—
	77	Ar^+	—	—	—
	80	Ar^+	—	—	—
	82	—	BrH	—	—

附表 1-10-2　ICP-MS 测定中常用的干扰校正方程

元素	干扰校正方程
^{51}V	[51]M × 1−[53]M × 3.127+[52]M × 0.353
^{75}As	[75]M × 1−[77] M × 3.127+[82]M × 2.733−[83]M × 2.757
^{82}Se	[82]M × 1−[83]M × 1.009
^{98}Mo	[98]M × 1−[99]M × 0.146
^{111}Cd	[111]M × 1−[108]M × 1.073−[106]M × 0.712
^{114}Cd	[114]M × 1−[118]M × 0.027−[108]M × 1.63
^{115}In	[115]M × 1−[118]M × 0.016
^{208}Pb	[206]M × 1+[207]M × 1+[208]M × 1

注："M" 为通用元素符号。

第 2 篇　方法译文

5021A

平衡顶空法测定多基体中挥发性有机物

（U.S.EPA 5021A—2014）

SW-846 不是分析培训手册，因此，其所提供的方法程序仅适用于至少受过基础化学分析原理和专业技术正规培训的分析人员。

此外，除了必须采用规定参数的分析方法，SW-846 方法还可作为方法导则，包含指导如何执行分析程序或技术的通用规则。实验室可以以此为基础，建立本实验室的详细标准操作程序（SOP），用于常规或特定工作项目。本方法中的验证数据仅供参考，不作为 / 不可作为实验室认证所必须达到的绝对质量控制标准（QC）。

1 适用范围

1.1 本方法介绍了平衡顶空分析法制备，由气相色谱法（GC）或气相色谱 / 质谱法（GC/MS）测定土壤 / 沉积物、固体废物、水和水溶性液体样品中的挥发性有机物（VOC）。该方法适用于具有强挥发性且根据所述条件能够从样品中有效挥发的多种有机化合物。虽然该方法给出了低浓度挥发性有机化合物样品或水样的直接顶空分析法，但对于不适合低浓度测定方法的高浓度挥发性有机物的固体样品或油类样品，还介绍了溶剂萃取和萃取液进样方法。本制备方法与测定方法（如 U.S.EPA 8015、U.S.EPA 8021 或 U.S.EPA 8260）结合使用。该制备方法适用于下列化合物，经过验证也适用于测定方法例如 U.S.EPA 8260 中 1.1 节）包含的其他挥发性有机物（表 2-1-1）。

表 2-1-1 适用本方法测定的化合物

化合物	CAS 号[a]	响应	稳定性
丙酮	67-64-1	ws	hs
戊醇（TAA）	75-85-4	nd	hs
戊基乙基醚（TAEE）	919-94-8	nd	nd
戊基甲基醚（TAME）	994-05-8	nd	hs
苯	71-43-2	c	hs
溴氯甲烷	74-97-5	p	hs
一溴二氯甲烷	75-27-4	c	ms
三溴甲烷	75-25-2	p	hs
溴甲烷	74-83-9	c	hvs
丁基醇（TBA）	75-65-0	ws	nd
四氯化碳	56-23-5	c	hvs
氯苯	108-90-7	c	hvs
氯乙烯	75-00-3	c	ms
三氯甲烷	67-66-3	c	hs
氯甲烷	74-87-3	c	hvs
二溴氯甲烷	124-48-1	p	nd
1,2- 二溴 -3- 氯丙烷	96-12-8	p	ms
1,2- 二溴乙烷	106-93-4	p	hs
二溴甲烷	74-95-3	p	hs
1,2- 二氯苯	95-50-1	c	hs
1,3- 二氯苯	541-73-1	c	ms
1,4- 二氯苯	106-46-7	c	ms
二溴一氟甲烷	75-71-8	c	hs
1,1- 二氯乙烷	75-34-3	c	hs
1,2- 二氯乙烷	107-06-2	p	hs
1,1- 二氯乙烯	75-35-4	c	hvs
反 -1,2- 二氯乙烯	156-60-5	c	ms
1,2- 二氯丙烷	78-87-5	c	hs
二异丙醚（DIPE）	108-20-3	c	hs
乙醇	64-17-5	ws	nd
乙苯	100-41-4	c	hvs
乙基叔丁基醚（ETBE）	637-92-3	c	hs

续表

化合物	CAS 号[a]	响应	稳定性
六氯丁二烯	87-68-3	c	ms
异丙醇	67-63-0	ws	nd
甲基叔丁基醚（MTBE）	1634-04-4	c	hs
二氯甲烷	75-09-2	c	hs
萘	91-20-3	p	ms
苯乙烯	100-42-5	c	hvs
1,1,1,2- 四氯乙烷	630-20-6	c	hs
1,1,2,2- 四氯乙烷	79-34-5	p	nd
四氯乙烯	127-18-4	c	ms
甲苯	108-88-3	c	hs
1,2,4- 三氯苯	120-82-1	c	hs
1,1,1- 三氯乙烷	71-55-6	c	ms
1,1,2- 三氯乙烷	79-00-5	p	hs
三氯乙烯	79-01-6	c	ms
三氯一氟甲烷	75-69-4	c	ls
1,2,3- 三氯丙烷	96-18-4	p	ls
氯乙烯	75-01-4	c	hvs
邻二甲苯	95-47-6	c	hvs
间二甲苯	108-38-3	c	hvs
对二甲苯	106-42-3	c	hvs
汽油范围有机物	—		

注：a CAS 为化学文摘登记号。

c：在试剂水中的响应是可以接受的；在基体改性剂溶液中预期有类似响应（<50% 改善）。

p：与试剂水相比，在基体改性剂的响应预期提高 50% 以上；建议使用基体改性剂。

ws：高水溶性目标化合物。由于顶空分配低，方法灵敏度预计低于其他目标化合物；预计基体改性剂对可接受的方法性能至关重要。

nd：未测定。

hs：水样保存稳定性高（>60 d）。可能适合更长时间的保存，更多信息见 U.S.EPA 5035 附录 A 表 A.1 脚注和参考文献。

ms：水样保存稳定性中等（15 ~ 60 d）。可能适合更长时间的保存，更多信息见 U.S.EPA 5035 附录 A 表 A.1 脚注和参考文献。

ls：水样保存稳定性低（<14 天），应尽快进行分析。如果酸保存，可能会降解。

hvs：取决于样品基体，水样保存稳定性变化较大。如果需要更长时间保存，见 U.S.EPA 5035 附录 A 表 A.1 脚注和参考文献。

1.2 下列化合物也可通过本方法进行分析或用作替代物（表 2-1-2）。

表 2-1-2 可通过本方法测定的化合物

化合物	CAS 号[a]	响应	稳定性
溴苯	108-86-1	c	nd
正丁苯	104-51-8	c	nd
仲丁基苯	135-98-8	c	nd
叔丁基苯	98-06-6	c	nd
2- 氯甲苯	95-49-8	c	nd
4- 氯甲苯	106-43-4	c	nd
顺 -1,2- 二氯乙烯	156-59-4	c	hs
1,3- 二氯丙烷	142-28-9	c	nd
2,2- 二氯丙烷	590-20-7	c	nd
1,1- 二氯丙烷	563-58-6	c	nd
异丙苯	98-82-8	c	nd
4- 异丙基甲苯	99-87-6	c	nd
正丙苯	103-65-1	c	nd
1,2,3- 三氯苯	87-61-6	c	nd
三氟甲苯	98-08-8	nd	nd
1,2,4- 三甲苯	95-63-6	c	nd
1,3,5- 三甲苯	108-67-8	c	nd

注：a 化学文摘登记号。

c：在试剂水中的响应是可以接受的；在基体改性剂溶液中预期发生类似响应（<50% 改善）。

nd：未测定。

1.3 为了使该方法出具有效的定量数据，应满足测定方法和 / 或 U.S.EPA 8000 中所述的所有质量控制标准。另外，这种方法也可以用作筛选方法。如果用于筛选，可以通过最少的校准和质量控制，如试剂空白和单一校准标准，获得半定量或估计的样品结果。

和测定挥发性有机物的所有方法一样，在低水平分析前筛选样品有助于将含有高于测定方法校准范围的高浓度挥发性有机物的样品残留污染问题降至最低。此外，由于从容器中取出一份等分样品可能会损害样品的完整性，因此应采集多份等分样品，以便进行筛选和重新分析。

1.4 为了适应对各种样品基体和 VOC 的分析，此方法通常建议使用基体改性剂

（7.7 节）。基体改性剂是一种水溶性盐溶液，在分析前加入每个样品的样品瓶中。基体改性剂的作用是促进挥发性有机物扩散到顶空瓶顶部空间。使用基体改性剂的主要好处为：

（1）使不能从水相有效进入顶空瓶上部空间的挥发性有机物（表 2-1-1 中响应列被鉴定为“p”或“ws”的挥发性有机物）的响应和再现性更好。

（2）使标准品和样品之间因水相活性差异导致的测量偏差可能更小。

样品中挥发性有机物扩散至小瓶上部空间与校准标准不同导致测量偏差。下面描述了测量偏差的来源以及基体改性剂对这些偏差来源的预期影响。

1.4.1　含有高浓度溶质的水样：

水样中溶质浓度高时，某些 VOC 的大部分被分配到顶空，从而导致测定浓度的高偏差。在较高浓度溶解溶质下容易出现高测量偏差的 VOC，也是相对于试剂水在基体改性剂中响应最显著改善的 VOC（在 1.1 节中的表格的响应用“p”或“ws”标识）。在 1.1 节和 1.2 节的表 2-1-2 中响应为“c”的 VOC 不受此测量偏差源的影响。基体改性剂用于使样品和校准标准之间的溶质浓度正常化，从而使这种偏差源最小化。

1.4.2　含有水溶性有机成分的水样：

水溶性有机成分（例如共溶剂或表面活性）的存在会导致具有高辛醇—水分配系数（例如，C_3 和 C_4 烷基苯、三氯苯和萘）的 VOC 测定结果偏低，而较低和较高水溶性 VOC 的回收不太可能受到强烈影响，除非样品中的水溶性有机组分比例很高。基体改性剂有助于提高受顶空分配的测量偏差影响的 VOC 回收率。

1.4.3　含有不溶于水成分的样品：

对于具有与水不混溶物质的样品，VOC 扩散至顶空空间时与之相竞争。添加基体改性剂对 VOC 从水相扩散至顶空空间具有有利影响的同时，也促进其向不溶于水相（例如，有机物含量大于 1% 的土壤、油性材料）的扩散，潜在地扩大了相对于校准标准物质的基体效应。当基体改性剂用于分析时，这种基体效应对具有高辛醇—水分配系数的挥发性有机物更为明显。较低和更强水溶性的 VOC 的回收率所受到的影响较小。

对于复杂样品，多种基体效应可能是相关的，为了获得认为对项目最关键目标化合物的可靠数据，可能必须对某些目标化合物的数据质量做出折中。对于简单样品基体和 VOC 预计不会发生测量偏差（例如，分析地表水样品中的苯系物和其他烷基苯），可不加基体改性剂。

1.5　本方法与测定方法 U.S.EPA 8015（GC/FID）结合使用，可用于分析石油烃（如汽油）中的脂肪族烃部分。可使用本方法和 U.S.EPA 8021（GC/PID）测定芳香类化合物（苯系物）。U.S.EPA 8021 和 U.S.EPA 8015 结合使用可同时分析测定汽油和其他挥发性石油烃组分。如果需要对这些目标化合物进行质谱检测，可使用 U.S.EPA 8260（GC/MS 法测定 VOC）。

1.6 使用此方法测量挥发性有机物可能会受到多个来源的影响而发生测量偏差，包括样品中挥发性有机物在水相和顶空之间相对于标准物质的分配差异、样品中顶空体积相对于标准物质的差异以及挥发性有机物被吸附到表面或被吸收到混合物中（例如，土壤有机质）。测量偏差也可以通过适合项目和测定方法的内标、替代物和基体加标回收进行监控。使用基体改性剂（7.7 节）可将样品中挥发性有机物相对于标准物质的分配系数差异导致的测量偏差降至最低。只要向顶空瓶中添加的固体物质体积相对于顶空体积较小，从而因物质使得相对于校准标准、样品中的顶空体积发生变化而导致的测量偏差可以忽略不计。通过向校准标准中加入与被测样品相同体积的无有机物质的固体材料，可以减小此偏差。与具有细颗粒尺寸分布对 VOC 吸附的固体样品和 / 或含有高浓度有机物的固体样品测量偏差很大，可通过分析少量固体样品或通过溶剂萃取（11.4 节）测定。

1.7 分析人员在使用本方法之前应先参阅整个分析过程中各个操作程序的基础方法（如 U.S.EPA 3500、U.S.EPA 3600、U.S.EPA 5000 和 U.S.EPA 8000），以获得有关质量控制程序，建立质控标准、数据处理和综合性导则等方面的补充说明。同时也应参考本手册前面的免责声明及 SW-846 第 2 章中关于方法、仪器、材料、试剂和耗材选择等方面的指导说明，以及具有证明其所选技术适用于所关注的目标化合物、样品基体和浓度水平等。

此外，分析人员和数据使用人员应该清楚，除明确说明外，联邦测试要求并不对 SW-846 中的方法使用做强制性规定，分析人员和方法委员会可以以本方法中环境保护局（EPA）所提供的信息为指导，判定结果是否达到数据质量目标（DQOs）要求。

1.8 本方法特别是使用与分析人员选择的测定方法相连接的平衡顶空装置时仅限于由有适当经验和经过培训的分析员使用，或在其监督下使用。每个分析人员必须证明具有使用此方法出具可接受结果的能力。

2 方法概述

2.1 样品收集和顶空瓶准备

2.1.1 水样

将一个 40 ml 挥发性有机物（VOA）样品瓶注满容量并加盖，使瓶中不留顶部空间。在取样时，可通过向瓶中添加化学保存剂（例如盐酸溶液、固体亚硫酸氢钠或固体磷酸三钠）来保存水样。在实验室，样品瓶中样品被分样到顶空瓶中，并添加内标物和替代物。如果用于分析，则应在二次取样期间添加基体改性剂（7.7 节）到顶空瓶中。

2.1.2　低浓度土壤样品

使用适当尺寸的工具采集约 2 g 土壤，并将其置于预先称重的压片密封或螺旋密封的玻璃顶空瓶中，然后密封。根据关注的目标化合物的不同，可以在密封瓶之前添加 pH 缓冲试剂（如硫酸氢钠、磷酸三钠）来保存土壤样品，如果用于分析，还应该在密封瓶之前添加基体改性剂（7.7 节）。第 8.3.3 节还介绍了使用可密封取芯装置作为替代取样技术，可简化现场土壤的收集和处理。

在取样或实验过程中，替代物和内标物应添加到样品瓶中。如果用于分析，基体改性剂未在现场添加到样品瓶中，则应在实验室添加替代物和内标物时同时添加。在加入样品后，向瓶中加入基体改性剂或试剂水可能会由于瓶顶部空间的部分改变而导致容器气体挥发性有机物的损失。因此，在添加样品之前，向瓶中加入基体改性剂改进剂（7.7 节）并快速密封，有助于防止样品中挥发性有机化合物的损失，保持样品的代表性。

注：化学保存剂的选择主要取决于样品中被测定的挥发性有机化合物，部分程度上取决于样品基体。基体改性剂起化学保存剂的作用，但它不会改变样品的 pH，也不能防止某些 VOC 的降解，包括醚的水解或氯化脂肪族化合物的脱氢脱卤（4.7 节）。亚硫酸氢钠也不适合用作石灰质土壤的保存剂，当暴露于酸中时，由于与碳酸盐的化学反应，可能会释放出二氧化碳气体，导致 VOC 从容器中流失或积聚压力，容器密封时可能导致破裂。

2.1.3　高浓度土壤或其他固体样品

用适当大小的取芯工具收集有代表性的部分土壤，并将其放置在预先称重的玻璃 VOA 样品瓶中，然后密封。土壤样品可以在取样时或者实验室收到后加入萃取溶剂（如甲醇）保存。在实验室，用校准标准所用的基体（无有机试剂水或基体改性剂）稀释甲醇提取物，并类似水样进行分析。第 8.3.3 节还介绍了可能用到的另一种取样技术——气密密封取芯装置，SW-846 方法 U.S.EPA 5035A 中的 A.6 节提供了有关土壤甲醇提取的附加信息。

注：替代物可以在萃取时加入溶剂中，也可以在分析前加入含有少量提取物的试剂水中。由于两种方式的替代物回收数据均能证明提取或分析效率，因此添加替代物的时间取决于给定样本基体所解决的问题以及数据的预期用途。

2.2　对于土壤样品，在 VOA 样品瓶中收集额外的等份试样，测定干物质含量。

2.3 在实验室中，转动顶空瓶使内标和替代物在整个基体中扩散。顶空瓶放在顶空分析仪的自动进样器转盘中，并在室温下保存。在分析前约 1 h，将单个瓶转移至加热区，并在保持高温的同时机械转动，使 VOC 在液固两相之间达到平衡。

2.4 然后，自动进样器用氦气对顶空瓶加压，并通过加热使部分顶空气体混合物进入气相色谱仪，通过气相色谱仪进样口或通过惰性小死体积连接器直接连接到色谱分析柱。

2.5 使用适当的 GC 或 GC/MS 方法进行定量分析。任何添加到现场样品中的化学保存剂和基体改性剂也应添加到校准标准和其他质量控制样品中。

3 定义

与本程序相关的定义，请参阅第 1 章和制造商说明。

4 干扰

4.1 溶剂、试剂、玻璃器皿和其他样品处理器具可能含有杂质或对样品分析方法有影响的干扰物质。在与样品分析相同的条件下，所有这些材料都必须进行空白实验，以验证其不会对样品分析造成干扰。根据需要进行试剂选择，用全玻璃蒸馏装置进行溶剂提纯。参见各方法关于质量控制程序的特定指南和 SW-846 第 4 章中玻璃器皿清洗的通用要求。同时参考测定方法中有关干扰内容。

4.2 由于挥发性有机物在实验室普遍存在，其分析存在较大的干扰问题。常见问题和注意事项见 U.S.EPA 5000。

4.3 在装运和储存过程中，挥发性有机物（尤其是二氯甲烷和碳氟化合物）通过样品瓶的密封隔膜扩散，从而污染样品。由适当的无有机物的基体和样品容器制备运输空白，经历采样和前处理，可以检查此类污染。

4.4 样品基体本身可通过几种反应中的一种或几种混合反应造成严重干扰。这些包括但不限于土壤的吸附能力、土壤的生物活性和土壤的实际组成。富含有机质或油性物质的土壤和有机污泥废物抑制挥发性有机物向顶空空间的扩散。因此，取决于特定化学物质的性质，通过直接蒸汽分配的目标化合物回收率可能很低。这种基体效应虽然可能克服，但却非常困难。建议将替代物或其他氘化化合物（用于 GC/MS 方法）添加到基体中并进行分析，以确定这些化合物的回收率。回收率可以作为基体效应影响程度的参考指标，但不一定完全正确。另外，在该方法中使用高浓度程序可使含油废物和其他有机污泥废物的问题最小化。

4.5　高低浓度样品的交替分析可能会带来交叉污染。在实际测定中，当出现异常高浓度样品时，应测定一个甚至多个样品空白或仪器空白以检查是否存在交叉污染。分析人员应当确认下一个样品中目标物的检出并不是受到上一个样品中该目标物异常高浓度的交叉污染，如果异常高浓度值的目标物在下一个样品中未检出，则可省去空白分析检查。

4.6　进行挥发性有机物分析的实验区域应不含任何可能干扰分析的溶剂。分析二氯甲烷时必须采取特殊的预防措施。分析和样品储存区域应与所有可能来源的二氯甲烷隔离，否则，会导致背景值不稳定。由于二氯甲烷可以渗透聚四氟乙烯（PTFE）管道，所以所有的气相色谱气体管路和净化气体管路都应该使用不锈钢或铜材质。实验人员在进行使用二氯甲烷作为溶剂的液液萃取操作过程中，实验服暴露于二氯甲烷中，也可能导致样品污染。其他有机溶剂也会导致背景值不稳定，在分析挥发性有机物的实验室中，必须采取同样的预防措施。

4.7　酸性样品（$pH<7$）中的醚类化合物在较高温度条件下易水解。因此，如果目标化合物是醚类或这些醚水解时形成的醇类，则应在样品保存时加入碱性固定剂。卤代化合物在强碱作用下会发生取代和消除反应。卤代脂肪族挥发性有机化合物在中性高温条件下（如样品前处理需加热制备）容易发生脱氢卤代反应。如果对卤代脂肪族挥发性有机化合物或者它们的转化产物进行分析，需要加入酸性固定剂来防止脱氢卤代反应。使用亚硫酸氢钠保存的高有机质土壤中会检测到丙酮的生成（U.S.EPA 5035A 附录中 A.8 节有更多说明）。每批样品至少进行一个样品基体加标测试，以判断添加固定剂是否引起化学反应。加标溶液必须包括所有客户要检测的目标化合物。

5　安全

本方法并未包括其使用过程中的所有安全事项。实验室有责任提供安全的实验环境和职业安全及健康管理局（OSHA）规定的与本方法中使用的化学品安全处理相关的通用文件。所有工作人员都应该能够获取物质安全数据表（MSDSs）的参考资料。

6　仪器和材料

本方法提及的商品名称或产品仅供举例之用，并不代表 EPA 的认可或唯一推荐产品。SW-846 方法中引用的仪器和设备是在方法开发期间或后期方法验证过程中使用的产品和设备。除本手册中列出的以外，其他玻璃器皿、试剂、用品、仪器和设备等，只要证明其能满足分析样品的预期方法性能要求并备有记录文件，即可以使用。

本节未列出实验室常用玻璃器皿（如烧杯和容量瓶）。

6.1 顶空瓶：22 ml 透明玻璃瓶，配有聚四氟乙烯隔垫螺纹帽并与分析系统相兼容。密封良好、配有隔垫的其他尺寸顶空瓶也可使用。理想情况下，所有顶空瓶的皮重应一致，隔垫也是如此。隔垫应不受阻碍，因为穿透聚四氟乙烯表面可能允许目标化合物扩散并吸附到硅酮背衬材料中。新的一次性顶空瓶如果通过空白检验可以不经预处理直接使用。将顶空瓶存放在没有有机溶剂的地方。如果怀疑顶空瓶是污染源，首先用清洁剂溶液清洗，然后用自来水和蒸馏水彻底冲洗，最后在 105℃的烘箱中干燥 1 h。使用前让顶空瓶冷却。

6.2 顶空系统：第 11.0 节中列出的操作条件适用于该方法所用设备。有关详细信息，请参阅第 16 节中参考文献［1］。经实验室证明目标化合物的测定能满足方法要求时，也可选择其他设备和相应的条件参数。所使用的系统必须满足以下要求：

6.2.1 系统必须能够在高温下保存样品，并在各种样品类型和顶部空间之间建立可重复的平衡。

6.2.2 该系统必须能准确地将顶空的代表性样品转移到装有毛细管柱的气相色谱仪中，而不影响色谱或检测器。

6.3 现场采样设备。

6.3.1 水样样品瓶：透明或棕色 40 ml 挥发性有机物分析（VOA）瓶并带有聚四氟乙烯内衬的螺纹盖。

6.3.2 土壤样品瓶。

6.3.2.1 土壤采样器采集不少于 2 g 的土壤样品。例如，3780SPT 型号的吹扫 / 捕集式土壤采样器（联合设计和制造公司，弗吉尼亚州亚历山大市北亨利街 814 号，邮编：22314），或同等规格的土壤采样器。

6.3.2.2 自动注射器或瓶顶分配器，校准后体积可达到 10.0 ml 液体体积。

6.3.2.3 顶空瓶瓶盖铝盖压盖器：如果顶空瓶配备螺旋盖，则不需要此封口工具。

6.3.2.4 VOA 样品瓶（22 ml、40 ml 或 60 ml），带聚四氟乙烯隔垫和封口密封盖或螺旋盖。这些样品瓶可用于样品筛选，高浓度样品分析（如果需要）和干重测定。

6.3.2.5 密封、气密取芯装置：一种土壤取芯装置，其内部体积适用于约 2 g 样品的直接蒸汽分配分析，或其他适合于高水平分析的尺寸，配备有 O 形密封圈或等效气密密封装置。由不会吸收或与目标化学品反应的材料制成，横截面直径适合与顶空分析仪兼容的 VOA 样品瓶或用于甲醇提取。

6.4　其他设备。

6.4.1　样品瓶盖压盖器（6.3.2.3 节）：用于压紧空白样品、曲线标准点和水样样品瓶瓶盖。

6.4.2　微量注射器：用于加入标准溶液、内标和替代物。

6.4.3　带 Luer-Lok™ 尖端的 5 ml 玻璃注射器（根据样品量可选用其他规格）。

7　试剂和标准物质

7.1　所有试验必须使用试剂级化学品。除非另有说明，否则，所有试剂均应符合美国化学学会（ACS）分析试剂委员会的规范。也可以使用其他等级的试剂，只要先确定试剂纯度足够高，使用时不降低测试准确度。试剂应储存在玻璃容器中，以防止污染物从塑料容器中浸出。

7.2　无有机物的试剂水：必须无干扰，除非另有说明，实验中用到的水均应无有机物干扰试剂水。

7.3　甲醇：农残级或等效级别，远离其他溶剂存放，尽量购买小体积（1 L 或更小）包装，以减少保存期限，减少污染的可能性。

7.4　校准标准物、内标和替代物的标准储备液、二级标准使用液的配置详见分析步骤和 U.S.EPA 5000。

7.4.1　校准加标溶液：在甲醇或水中配制 5 个或者更多不同浓度的加标溶液，其中包含所有目标化合物。校准溶液的浓度应确保向顶空瓶中添加 1.0 μl 的每种溶液都能覆盖检测器的分析范围。或者，在保证不影响曲线线性的前提下，可以通过添加一种或多种不同体积的储备溶液来制备校准标准。对于甲醇萃取物的分析，在多浓度水平下校准替代物以及在稀释萃取物中测量的替代物浓度水平上证明校准线性都可能是合适的。

7.4.2　内标和替代物：遵循测定方法中关于内标和替代物选择的建议。选择和使用物理性质与项目感兴趣的目标化合物类别相似的替代物将提供更有意义的样品特定质量保证信息。对于内标和替代物标液，可使用 20 mg/L（溶剂为甲醇）来添到每个样品中。浓度可能会根据测定方法中使用的检测器的相对灵敏度而变化。如果采用气相色谱法测定，则最好采用外标法，而不用内标法。

7.5 空白制备：将 10.0 ml 基体改性剂（7.7 节）或试剂加入到样品瓶中。在顶空瓶的水面下加入一定量的内标和替代物，并密封。放入自动取样器中，与未知样品相同的方式分析。现场样品中加入的固定剂和基体改性剂应加入到空白中。

7.6 制备校准标准样：按照与空白（7.5 节）相同的方法制备校准标准样，按 7.4.1 节方法加入校准标准溶液，内标和替代物也是如此。现场样品中加入的固定剂和基体改性剂也应加入到校准标准样中。

7.7 基体改性剂：将 180 g 分析纯氯化钠加入 500 ml 实验用水中，搅拌均匀，直到所有成分溶解。也可选用其他水溶性盐。基体改性剂的加入应不影响样品的 pH，以免影响保存或目标化合物的稳定性。分析每批 10.0 ml 的成分，应根据 7.5 节验证溶液无污染物。将制备好的基体改性剂贮存在不含有机化学品且温度≤6℃的密封瓶中。

注意：基体改性剂不适用于土壤有机物含量较高的部分挥发性有机物的分析。

7.8 低含量（蒸汽分配）分析中样品固定剂制备：应根据目标化合物的不同选择不同固定剂，固定剂应在采样时加入并与样品混合均匀。

7.8.1 碱性固定剂：向 22 ml 顶空瓶或 40 ml 水样瓶中加入 100 mg 分析纯十二水磷酸三钠，使水样 pH >10。

7.8.2 酸性固定剂：向 40 ml 水样瓶中加入 2 ~ 3 滴 6 mol/L 的盐酸溶液，盐酸溶液通过 1 : 1 稀释分析纯盐酸而制备。酸性保存土壤样品时，向 22 ml 顶空瓶中添加 1 g 分析纯固体硫酸氢钠。

注意：如果已用酸性固定剂保存含有 MTBE、TAME、ETBE 或其他汽油醚类样品，这些样品在顶空分析之前必须用磷酸三钠调节 pH＞10。

8 样品采集和保存

样品的采集、保存和储存应根据 EPA 对不同项目规定来执行，并可能在要求对给定污染物进行符合性监测的法规或项目规划文件中有所规定。如果法规中规定了此类要求，则应遵循这些要求。对于 EPA 没有规定的项目，在样品采集和分析之前，使用下列规定，确定样品的采集、保存和存储。

8.1 参见 SW-846 第 4 章和 U.S.EPA 5035A 或一般样品采集信息。所有样品应于 6℃及以下在密封样品瓶中保存，储存环境中应无溶剂气体，如果样品泄漏，应弃置。

采样前，取代表性土壤或水样加入酸或亚硫酸氢盐进行预试验，如果有含碳物质，会有气泡产生。如果化学保存过程中出现了气泡，这会增加挥发性成分损失的可能，因此应在不使用酸或亚硫酸氢盐保存的情况下采集样品。

8.2　水样：采集样品于 40 ml 样品瓶中，必要时可根据分析的目标化合物加入合适的固定剂（7.8 节）。水样应采满，上部不留空间。每个样品至少采集两个样品瓶。如果需要，可能需要更多的样品瓶用于重复和 MS/MSD 分析。实验室分析之前将样品转移至顶空瓶中，并加入基体改性剂和标准物质。

水样在采集时，应避免气泡进入样品瓶中。如果样品瓶经过剧烈振荡而产生气泡，则此样品作废，重新采集样品。样品采集后样品瓶应完全密封，分析之前，严禁打开样品瓶。

由于水样中溶解的气体在不同温度下在液体基体中的溶解度和扩散特性不同，样品在储存过程中可能产生一定的顶空。顶空将以微气泡的形式出现，这时样品还是有效的。冷却样品时脱气产生的气泡直径不应超过 5 ~ 6 mm。当存在气泡时，还应检查盖和隔膜，以确保取样时进行了适当的密封。样品瓶中出现的大气泡通常表明样品的取样技术不正确或存在气体发生源。后一种情况通常伴随着小瓶内压力的积聚（例如，用酸保存的含有碳酸盐的样品）。EPA 进行的研究（EMSL-Ci，未公布的数据）表明，“豌豆”大小的气泡（即直径不超过 1/4 英寸或 6 mm 的气泡）不会对挥发性有机物结果产生不利影响。这些气泡通常出现在废水样品中，比地下水样品更容易受到气体溶解度变化的影响。

8.3　土壤样品：下面介绍了在顶空样品瓶中采集土壤样品的三种可选程序。U.S.EPA 5035A 附录中的 A.7 描述了一些可能也适用的其他替代方法。这些备选方案的选择应基于对现场条件、土壤有机碳含量、特定挥发性待测物和感兴趣的浓度水平以及分析结果预期用途的了解。在样品采集前，应对采样现场和样品有机物含量有大致的了解。通过直接蒸汽分配进行低浓度样品分析，每个点位应采集 3 或 4 个样品以用于重复分析；而平行样品的量要足以进行高浓度分析，因为要稀释溶剂萃取液和重新分析。此外，还应收集额外的样品，用于平行和加标 / 加标平行的分析，以及单独采集用于干重测定的部分。如果采用低浓度方法分析样品，但样品可能含有高浓度 VOC，则应按低浓度分析和高浓度分析要求采集样品。这是因为一旦样品密封在小瓶中，就很难稀释为低浓度分析准备的样品。

8.3.1　直接在准备好的顶空瓶中采样进行低浓度样品分析。

土壤可通过添加含有 10.0 ml 基体改性剂或试剂水以及任何必要改变 pH 的化学固定剂的顶空瓶进行取样。在取样前，将固定剂和基体改性剂或水添加到瓶中，以防止顶空部分与任何相关 VOC 一起从瓶中置换。基体改性剂具有降低样品基体的生物降解潜力和增加挥发性有机化合物从水中进入顶空瓶的作用。在现场取样情况下，通过将水溶液添加到实验室的顶空瓶中并在将其送至现场之前将其密封，可以将与水溶液污染以及不正确的测量和转移到样品瓶中的有关问题最小化。取样后（<10 s）应迅速获取样品并转移到顶空瓶中，以尽量减少挥发损失。为了估计添加的样品质量，应在向样品中添加土壤样品之前和之后，对样品瓶、盖子和任何添加的溶液进行称重，并记录质量。如果在取样前未在实验室制备顶空瓶，分析实验室必须了解现场添加到每个瓶中任何试剂的特性和数量。

（1）样品瓶应为带聚四氟乙烯隔垫螺纹帽的标准玻璃顶空瓶。

（2）使用土壤采样器 6.3.2.1，将 2 ~ 3 cm（约 2 g）的土壤样品添加到含有 10.0 ml 基体改性剂或试剂水和任何使用 pH 改性化学固定剂的样品瓶中，样品瓶应事先称重。应将样品轻轻地放入瓶中，以减少可能会除去挥发性化合物的搅拌。立即密封，使隔垫的聚四氟乙烯侧朝向样品。

8.3.2 直接在空的或准备好的顶空瓶中采样进行高浓度样品分析。

如果样品中 VOC 浓度高（＞200 μg/kg），将样品直接采集到空的顶空瓶中或预先加入甲醇溶液的顶空瓶中，详细步骤见 11.4 节。

（1）样品瓶应为 22 ml 带聚四氟乙烯隔垫螺纹帽的玻璃顶空瓶（也可选用其他规格的样品瓶，如 6.1 所述）。

（2）使用土壤采样器（6.3.2.1 节），向顶空瓶中加入 2 ~ 3 cm（约 2 g）的土壤样品，并立即密封，使隔垫的聚四氟乙烯侧朝向样品。取样后（<10 s）应迅速获取样品并将其转移到瓶中，以尽量减少挥发损失，并应轻轻地将其引入瓶中，以减少可能导致挥发性化合物流失的搅动。如果采样前向瓶中添加甲醇，则应在瓶中添加土壤样品之前和之后对瓶、盖子和甲醇进行称重，并记录质量。实验室应检查记录的质量，证实溶剂在运输和 / 或储存过程中没有损失。

8.3.3 也可采用带有密闭、气密的取芯装置进行低或高浓度样品取样。

对于黏性土壤样品，可以采用适当尺寸的气密密封取芯装置进行样品采集，冷藏保存并运送到实验室，在实验室进一步保存样品或立即准备分析。

（1）将清洁的取芯装置插入新鲜表面进行样品采集，并确保取芯工具和样品之间无空气滞留。在插入物质过程中，收集的物质体积不应对取芯工具造成过大的压力。在加盖之前，应对样品容器的唇口和螺纹进行目视检查，并将任何外来碎片擦拭干净，以形成密封。

（2）实验室接收样品后，将每个可密封取芯装置中的土塞挤压到含有适当溶液（用于低浓度分析的基体改性剂或试剂水，适当时使用 pH 改性固定剂，或用于高浓度分析的甲醇）称过重的 VOA 样品瓶。取芯装置必须匹配顶空瓶或其他 VOA 样品瓶的开口，否则会导致 VOC 损失。为了估计添加的样品质量，应在向样品中添加土壤样品之前和之后，对样品瓶、盖子和任何添加的溶液称重，并记录质量。

8.4　无论采用哪种方法采集土壤样品，都应制备现场空白。如果未在现场添加基体改性剂，则应将现场使用的任何试剂（例如，10.0 ml 无有机试剂水、甲醇或基体改性剂，以及任何其他固定剂）添加到干净的瓶中以制备现场空白溶液并立即密封。

8.5　样品保存。

8.5.1　样品应在≤6℃下储存至分析，以防止目标化合物从水中溢散，并降低目标化合物与容器玻璃壁反应的能力，进一步阻碍样品生物降解。不应冷冻 VOA 样品瓶中没有顶部空间的水样，但如果容器密封良好，可以冷冻。如果储存温度不低于制造商建议的保持容器密封完整性的最低温度，则土壤样品的冻结也是适当的。在该温度范围内的冻结可用于延长密封的气密取芯装置和带试剂水的密封顶空瓶中土壤的保存时间，即使没有添加其他固定剂。详见 U.S.EPA 5035A 附录表 A1。样品储存区应无有机溶剂蒸汽。

8.5.2　所有样品应在收集后 14 d 内进行分析，如果目标化合物不稳定，则应尽快分析。参见 SW-846 第 4 章中表 4-1 中的警告事项，U.S.EPA 5035 附录 A 中表 A-1 和 1.1 化合物列表。该方法与某些化合物类别和可能影响目标化合物稳定性和分析保持时间的适用保存选项有关。在这段时间内未分析的样品应向数据使用者确认，结果应视为最小值，除非可以证明报告的 VOC 浓度不会因保存、储存和在建议的保存时间以外进行的分析而受到不利影响。

9　质量控制

9.1　有关质量保证（QA）和质量控制（QC）的内容，请参阅 SW-846 第 1 章。需要注意的是，系列方法（如 U.S.EPA 8000）也包含适用于其中引用的个别方法（如 U.S.EPA 8081、U.S.EPA 8082、U.S.EPA 8260 和 U.S.EPA 8270）的一般 QC 标准和指南。个别方法也可能包含 QC 标准但仅针对该方法。一般方法中的质量控制标准优先于本章的质量控制标准。方法特定的 QC 标准优先于一般方法的 QC 标准。

任何涉及收集分析数据的工作都应包含在一个结构合理、系统化的计划文件中，例如，质量保证方案计划（QAPP）或采样及分析计划（SAP），这些文件将项目目标和规范转换为执行项目和结果评价人员的操作指南或实施方案。每个实验室都应该建立并保持一个正式、规范的质量保证程序。实验室还应备存记录，以证明所出数据的质量。所有的数据记录和质量控制数据都应保存以备查阅或检查。

9.2 能力的初始验证。

每个实验室必须通过在一个干净的基体中制备和检测目标化合物，利用产生的可接受精密度和准确度数据证明其初始能力。实验室还必须在培训新员工或仪器设备进行重大变化时重新进行能力验证。有关如何完成能力验证的信息，请参见 U.S.EPA 8000D 第 9.3 节。

9.3 定量下限（LLOQ）确认标准。

实验室应将 LLOQ 确定为定量的最低点，在大多数情况下，LLOQ 是校准曲线上的最低浓度点。建议对每个项目进行 LLOQ 验证，以验证低目标化合物浓度水平下的定量能力。这种验证可以用干净的可控材料（如试剂水、溶剂空白、渥太华砂、硅藻土等）或不含目标化合物的代表性样品基体来完成。最理想的情况是，定量下限应该小于基于数据质量目标的决策浓度限值或者法规浓度限值。

为了验证在定量下限（LLOQ）下整个样品制备和分析过程，通过将目标化合物加入干净的可控材料中，使其达到预测的 LLOQ 浓度水平，从而制备 LLOQ 检验标准（不是初始校准的一部分）。也可选择，在已知 LLOQ 浓度水平上将相应的目标化合物加入一个代表性的样品基体。作为 LLOQ 检查，环境样品和其他 QC 样品的制备程序相同。

LLOQ 浓度水平中目标化合物的回收应在既定的内部限值或其他特定于项目的接受限值之内，以证明 LLOQ 中可接受的方法性能。直到实验室有足够的数据来确定可接受限值，LCS 标准 ±20% 可用于 LLOQ 可接受标准。一般在校准曲线的低端整体响应较差。一旦获得足够的数据点，应尽快确定基于历史的 LLOQ 可接受标准。有关 LLOQ 的更多信息可以见 U.S.EPA 8000D 第 9.7 节。

9.4 在处理任何样品之前，分析人员应证明与样品和试剂接触的设备的所有部件都是无干扰的。这是通过对一个方法空白的分析来实现的。作为一项持续的检查，每次提取、清理和分析样品时，当试剂发生变化时，应制备一份方法空白，对目标化合物进行分析，以防止实验室污染。如果在任何目标化合物的保留时间窗内观察到一个峰，而这个峰会干扰对该目标化合物的测量，那么在分析样品之前，确定源并尽可能消除它。空白应经过样品制备和分析的所有阶段。当收到新的试剂或化学品时，实验室应监测与样品有关的方法和 / 或仪器空白，以发现污染迹象。如新批试剂或化学品的来源没有显示出先前的问题，则无须在制备样品前对每批试剂或化学品进行测试。但是，如果在制备批次中试剂发生了变化，则必须为每一组试剂准备单独的空白。

任何实际样品的检测结果不应该扣除方法空白。这种"空白扣除"可能导致结果出现负值。若方法空白结果不符合项目特定的允许标准，但又无法重新分析，则应向数据用户提供样品结果、方法空白结果，和关于实验室所采取的纠正措施的讨论。

9.5　样品制备与分析的质量控制。

实验室必须建立记录样品基体对方法性能（如精密度、准确度和方法灵敏度）影响的程序。每批≤20 个的样品应至少包括一个方法空白，一个实验室控制样品（LCS），一个基体加标或基体加标平行（MS/MSD）。适用时，可在每个样品和 QC 样品中添加替代物，监控回收率评价样品基体的影响。任何方法空白、基体加标和平行质控样品应遵循与实际样品相同的分析步骤（11 节）。

请参阅 U.S.EPA 5000 和 U.S.EPA 8000 中的步骤，证明要分析的每组样品可接受的连续性能表现。

9.6　建议本实验室采用额外的质量保证措施来配合本方法使用。最有成效的具体做法取决于实验室的需求和样品的性质。实验室应尽可能对标准参考资料进行分析，并参与相关的评估研究。

9.7　实验室应制定质量控制程序，确保在采集样品和处理样品过程中不损害样品的完整性，如对全程序空白、方法空白等进行分析。此外，建议实验室监测所有样品的内标（IS）面积积分；由于瓶盖和隔垫密封不良导致的泄漏将通过较低的 IS 面积积分来显示。在 IS 区域积分较低且怀疑有泄漏的情况下，应放弃样本容器和数据结果。较少挥发性内标的低面积积分也可能归因于基体效应，不应与瓶泄漏混淆。

9.8　加热样品 / 化学固定剂 / 基体改性剂混合物会加剧诸如酸催化水解或碱催化取代和消除反应等化学干扰。这只能通过每个项目分析批次的一个基体加标来确定。加标溶液应与制备校准标准的溶液相同，以便评价加标回收率并减少标液来源引起的误差。可接受标准应当是测定方法中推荐的标准，或者由执行得当的系统规划文件规定的标准。如果不能满足这些标准，分析人员可以通过向过碱性混合物中添加固体 $NaHSO_4$ 或向过酸性混合物中添加固体 $Na_3PO_4 \cdot 12H_2O$ 来调整混合物的 pH。在这之后，应重新对未检测过样品进行基体加标测定。如果结果是可以接受的，应在适当分析批次中对所有样品进行 pH 调整。即使 pH 调整后的基体加标测定是可以接受的，数据使用者必须了解最初的基体加标没达到要求且 pH 调整是必要的。应报告 pH 调整后的样品的结果，并且必须使数据使用者知道最初基体加标没通过是有原因的。

10 校准和标准化程序

校准和标准程序的有关信息见 11 节和特定测定方法中附加的校准和标准化程序。

11 操作步骤

11.1 样本制备：除非收集土壤样品只作筛选用途，否则必须在实验室进行样品制备。样品制备过程取决于样品基体和目标化合物浓度范围。

为了将挥发性有机物损失降到最低或减少瓶顶部空间与室内空气的交换，将标准物质迅速添加到刚从冷藏箱取出的冰冷样品瓶，或者在制备阶段重新密封或换一个新瓶盖，并轻压。

注意：在密封的样品瓶中加入标准溶液（如内标），用微量注射器刺穿聚四氟乙烯隔膜表面，使瓶中的气相含量暴露在隔膜背面的硅胶材料上。这种材料可能会吸收瓶中的部分气相挥发性有机化合物，根据暴露时间作用导致校准、样品测量、回收率等方面的问题。对于分子量较大、辛醇 - 水分配系数较高的 VOCs，这一问题通常更为严重，如果对这些 VOCs 进行分析，则应避免这种做法，或者在刺穿后不久应将瓶盖更换为未刺穿隔垫的瓶盖。

11.1.1 水样

水样的制备不可避免地涉及一些样品的处理和暴露于实验室空气中的风险。应特别小心，尽量减少目标化合物从样品中挥发到实验室大气中。第一个预防措施是从冰箱中取出后立即处理水样。温度的降低降低了目标化合物的挥发性，其好处远远大于在较低温度下测量样品体积所带来的误差。

（1）如有必要在顶空瓶中加入 5 ml 基体改性剂溶液（7.7 节）。否则，加入 5 ml 试剂水。将隔垫和压褶顶部置于瓶上，并将压褶工具移动到一个容易使用的位置。

（2）将 5 ml 气密注射器的针头插入瓶的隔垫，取出样品。注满注射器，注满时注意防止空气进入注射器，然后将注射器从样品中取出，放入顶空瓶中的液相中。将整个部分注入顶空瓶，然后迅速加入内标和 / 或替代标准溶液，立即密封小瓶。这种分样破坏了之后分析液体样品的有效性。因此，如果只有一个 VOA 样品瓶，分析人员此时应以与第一个相同的方式制备第二个样品，以防止样品完整性可能丢失。在分析人员确定第一个样品已被正确分析之前，第二个样品应保存在<6℃。如果需要分析第二个样品，应在 24 h 内完成。

11.1.2　土壤样品

如果样品将通过直接顶空进行低浓度分析，请遵循本节的说明。如果样品将用溶剂萃取，并将萃取物稀释以进行高浓度分析，请继续进行第 11.4 节。

（1）如果将土壤样品置于没有水和基体改性剂的顶空瓶中，且现场没有记录样品质量，则通过称量小瓶加土壤的重量并减去空瓶的质量和瓶盖来估算样品质量。然后，打开顶空瓶，加入 10.0 ml 基体改性剂或试剂水、内标和 / 或替代标准，并立即重新密封。正如第 8 节所指出的，VOC 的损失可能发生在打开瓶和加入 10 ml 顶空溶液的时候。

注意：每次只打开并制备一个顶空瓶以使挥发性有机物的损失降到最低。

（2）如果在取样时将土壤样品放入装有试剂水或基体改性剂的顶空瓶中，首先将密封瓶及其内的样品称重，精确至 0.01 g。如果在采样时加入基体改进液（8.3.1 节），则皮重不包括 10 ml 基体改进液。因此，称量与这些样品相关的空白，并从中减去准备空白小瓶的皮重。用差值作为样品中基体改性剂的重量（尽管这种方法可能会在样本结果中引入一些误差，但该误差应该远远小于在没有添加改进剂的情况下未保存样本所发生的误差）。如果在采样时没有添加替代物和 / 或内标，则应在此时添加。

11.2　采用平衡顶空技术的低浓度法的样品制备见第 11.3 节，高浓度法的样品制备见第 11.4 节。对于明显含有油性物质或有机污泥废物的样品，建议采用高浓度法（见 11.4 节）。有关选择 GC 或 GC/MS 测定方法的指南，请参阅 U.S.EPA 8000。对汽油的分析，U.S.EPA 8021 法采用气相色谱 /PID（光电离检测器）法对苯系物（苯、甲苯、乙苯、二甲苯）进行分析，U.S.EPA 8015 法采用气相色谱 /FID（火焰离子化检测器）对汽油其他组分进行分析。如果首选 GC/MS 分析，请遵循 U.S.EPA 8260。用于 MTBE 和其他燃料含氧化合物的分析，U.S.EPA 8015 使用气相色谱 /FID 检测器或 U.S.EPA 8260 使用气相色谱 / 质谱联用。

11.3　平衡顶空法用于水、土壤 / 沉积物和固体废物的低浓度（直接蒸汽分配）检测。

11.3.1　校准

在对任何 GC 或 GC/MS 方法使用这种引入技术之前，必须对系统进行校准。EPA 8000 讨论了一般的校准程序，而测定方法和 U.S.EPA 5000 提供了标准校准和制备的具体信息。通常，由于内标法可能存在干扰问题，GC 方法首选外标法。如果根据历史数据干扰不是问题，内标法是可以接受的。GC/MS 方法通常使用内标法。GC/MS 方法在进行校准之前需要对仪器进行调谐。

11.3.1.1 GC/MS 调谐

如果采用 GC/MS 测定，则制备一个顶空瓶，其中含有试剂水和测定方法中列出的 4- 溴氟苯（BFB）的量。

11.3.1.2 初始校准

如第 7.6 节所述，准备至少 5 个顶空瓶用于校准曲线，和试剂空白（7.5 节），并按照 11.3.2 所选择的测定方法。混合步骤是不必要的，因为瓶中没有土壤。每种校准模型推荐的最小校准标准数量见 U.S.EPA 8000D。

11.3.1.3 校准验证

如第 7.6 节所述，准备一个顶空瓶，在校准曲线中浓度点进行加标。按照第 11.3.2.1 节（首先将瓶放入自动取样器）和测定方法进行。如果采用 GC/MS 测定法，则制备第二个顶空瓶，其中包含试剂水和测定方法中规定 BFB 的量。

11.3.2 顶空分析仪工作条件

使用第 16 节参考文献 [1] 中描述的设备，并使用 U.S.EPA 8260 作为测定方法，对整个第 11.3 节中描述的条件进行了实验优化。如果使用其他顶空系统和测定方法，建议遵循制造商的顶空操作条件，只要这些条件与所使用的测定方法相适应。

（1）将样品（在旋转器或振动筛上）混合至少 2 min。对于含有水不溶性物质的样品，在混合过程中必须小心，防止该物质黏附到瓶封的内表面；否则，取样针在戳穿密封后会被这种物质污染。还必须小心，以避免过度灌装瓶，防止水样将针污染。

将样品瓶置于室温下的自动取样器旋转盘中。瓶被加热到 85℃并平衡 50 min。每个样品在此均衡并混匀，混合每个瓶都用氦载气加压，最小压力为 10 psi。

（2）按照仪器厂商的说明，通过加热传输线将具有代表性、重现性，由加压顶空制备的样品转移到 GC 柱。

（3）按照选择的测定方法进行分析。

注：如果维持特定的 pH 对于保证所关注的待测物测量质量至关重要（4.7 节），则应验证每个样品的 pH。如果需要碱性保存，应调节样品的 pH≥10（7.8.1 节）。如果需要酸保存，应调节 pH≤2（7.8.2 节）。这种检查可以在样品分析后进行，以避免损害样品的完整性。可用广泛 pH 试纸验证保存剂有效性。

11.4 高浓度土壤样品的方法

11.4.1 如果按照第 8.3.2 节所述的方法采集样品，且不向瓶中添加甲醇，则称量样品，精确到 0.01 g。将相对试样质量 2 倍体积的甲醇，加入称重过的顶空瓶中，并立即重新密封。每次只打开一个瓶子，以减少挥发性有机化合物的损失。如 8.3.3 节所述，样品收集在一个可密封的设备，首先将甲醇添加到一个瓶中，称量瓶与甲醇和瓶盖的总质量，然后添加土壤，马上密封，重新称重，计算样品的质量。

11.4.2 如果采用 8.3.1 程序用于采样，加基体改性剂或无有机污染物的试剂水到样品瓶，如 8.3.2 节所述，高浓度分析时，从独立、没有基体改性剂和试剂水 VOA 瓶或测干物质含量的瓶中取样。将大约 5 g 样品从 40 ml 或 60 ml 的 VOA 瓶中转移到装有 10.0 ml 甲醇的称过皮重的顶空瓶中，密封，重新称重，以估计转移的样品质量。每次只打开一个瓶子，以减少挥发性有机物的损失。使用此程序将样品从一个瓶转移到另一个瓶，可能会造成 VOC 损失。有关详细信息，请参阅 U.S.EPA 5035A 附录中 A.5。

11.4.3 室温下振摇 10 min。将 2 ml 甲醇萃取液倒进带有聚四氟乙烯表面隔垫并密封的螺旋盖瓶中。取 10 μl 注入含 10.0 ml 基体改性剂或无有机污染物试剂水的顶空瓶。如果甲醇含量不会对目标化合物的反应产生不利影响，则可以添加更大体积的甲醇（7.4.1 节）。根据需要添加内标和 / 或替代品，并通过将小瓶放入自动取样器并按照第 11.3.2.1 节根据顶空步骤分析。

12 数据分析与计算

没有与此过程直接相关的数据分析和计算。参见测定方法中的指南。

13 方法性能

13.1 SW-846 方法提供的方法性能参数和相关信息仅为示例或指导性资料。这些数据并不代表方法使用者必须达到的性能要求。相反，方法性能标准应基于特定项目而制定，实验室应根据方法的应用情况，建立内部质量控制性能标准。

13.2 水样

采用该方法对地下水样品中的几种挥发性有机化合物进行了测定。采集两个地点的样本：第一个地点（A 点）采集 24 个样本，第二个地点（B 点）采集 23 个样本。使用碱性保存剂防止甲基叔丁基醚等醚类物质降解，每个点位采集多瓶样品。样品由三个独立的实验室分析。所有的实验室都使用这种方法进行样品制备，每个实验室都使用不同的测定方法。第一个实验室采用四极杆 GC/MS 技术（U.S.EPA 8260），第二个实验室采用离子阱 GC/MS 技术（U.S.EPA 8260），第三个实验室采用 GC/FID 技术（U.S.EPA 8015）。分析的示例结果如图 2-1-1 ~ 图 2-1-6 所示。由于这三个实验室都遵循相同的项目计划和相同的数据质量目标，所以这三个实验室尽管使用的技术不同但获得的数据是可比的。按照第 9.8 节的建议，每个点位都进行了基体加标研究。图 2-1-7 显示了点位 A 研究中获得的回收率，而从点位点 B 研究获得的回收率见图 2-1-8。图 2-1-8 显示了其中一个实验室 MTBE 的回收情况很差。然而，其他醚的回收率是可以接受的，这表明不可能是水样降解导致。这种效应归因于样本基体干扰。

13.3　土壤样品

单个实验室使用 2 种土壤，即沙土和花园土壤测定获得的精密度和准确度数据见 U.S.EPA 8260C 的表 26 ~ 表 28。

14　污染防护

14.1　污染防治包含任何在产生环节上减少或消除废物的产生数量或毒性的技术。实验室中有许多防治污染的机会。EPA 已建立了一套环境管理技术的优先级制度，其将污染防治作为管理的首选，在任何可行的情况下，实验室人员都应该运用污染防治技术考虑废物的产生。当废物不能在源头上削减时，环境保护局建议的次优选择是循环使用。

14.2　在实验室和研究机构中，可行的污染预防措施是“少就是好”，参见美国化学学会政府关系和科学政策部门的实验室废物减量化管理。

15　废物管理

EPA 要求实验室废物管理措施符合所有的法律法规要求。EPA 强烈要求实验室尽可能减少和控制通风柜或操作台的所有排放，以保护空气、水和土壤。遵守污水排放许可的法律法规，遵守所有固体和危险废物的法规，尤其是危险废物鉴别规定和土壤处置的有关规定。更多废物管理信息可查阅美国化学会的“实验室人员用废物管理手册”。

16　参考文献

[1] Flores P，Bellar T. Determination of Volatile Organic Compounds in Soils using Equilibrium Headspace Analysis and Capillary Column Gas Chromatography/Mass Spectrometry. U.S. Environmental Protection Agency，Office of Research and

Development, Environmental Monitoring Systems Laboratory, Cincinnati, OH, December, 1992.

[2] Loffe B V, Vitenberg A G. "Headspace Analysis and Related Methods in Gas Chromatography," John Wiley and Sons, 1984.

[3] Pirkle R J, McLoughlin R P. The Analysis of Selected Components of Reformulated Gasoline in Environmental Samples" from MTBE Handbook, ed.Kostecki P, Moyer, E. Amherst Scientific Publishers, 2002.

[4] U.S.EPA OUST, Environmental Fact Sheet: Analytical Methods for Fuel Oxygenates, EPA 510-F-03-001, April, 2003.

[5] White H, Lesnik B, Wilson J T. Analytical Methods for Fuel Oxygenates, LUST Line (Bulletin#42), October, 2002, http://www.epa.gov/oust/mtbe/LL42Analytical.pdf.

[6] RCRA Organic Methods Workgroup Meeting Minutes, March 20, 2012.

[7] RCRA Organic Methods Workgroup Meeting Minutes, March 22, 2012.

[8] RCRA Organic Methods Workgroup Meeting presentation describing changes to Method 5021, "Proposed Changes to SW-846 Method 5021A, VOCs by Static Headspace", March 1, 2012.

17 表格、图标、流程图和确认数据

下面列出本方法的参考图表。

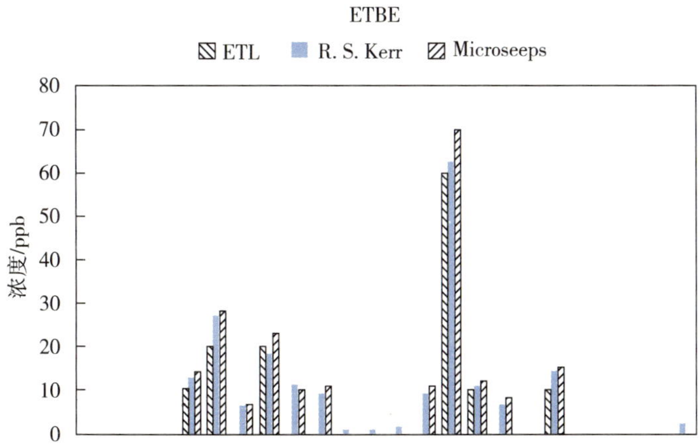

图 2-1-1 点位 A 乙基叔丁基醚研究实例结果

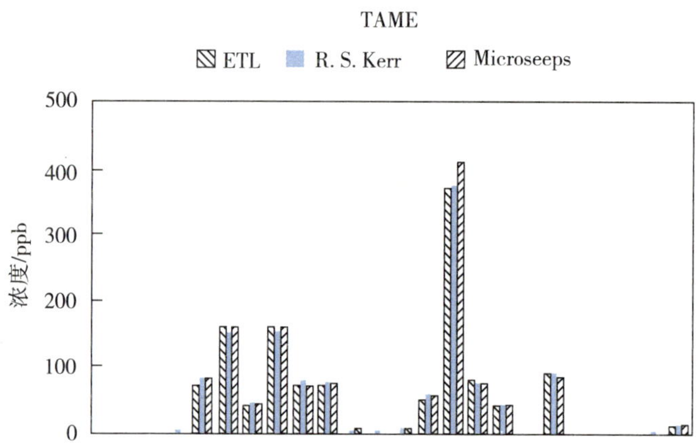

图 2-1-2　点位 A 甲基叔戊基醚研究示例结果

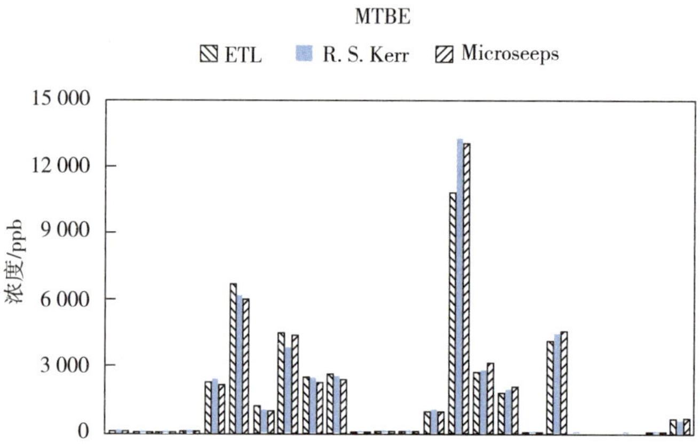

图 2-1-3　点位 A 甲基叔丁基醚研究实例结果

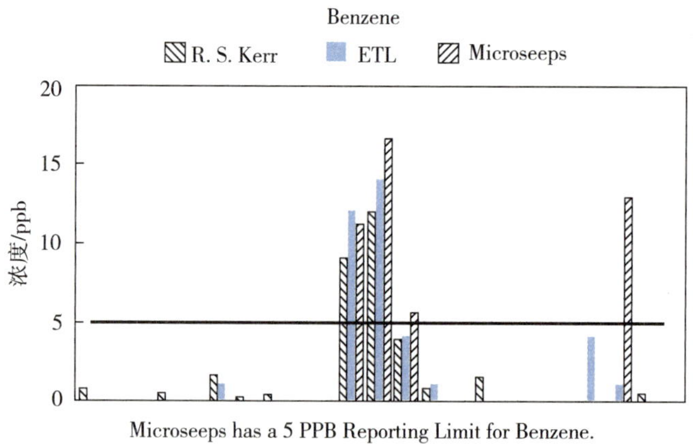

图 2-1-4　点位 B 苯研究实例结果

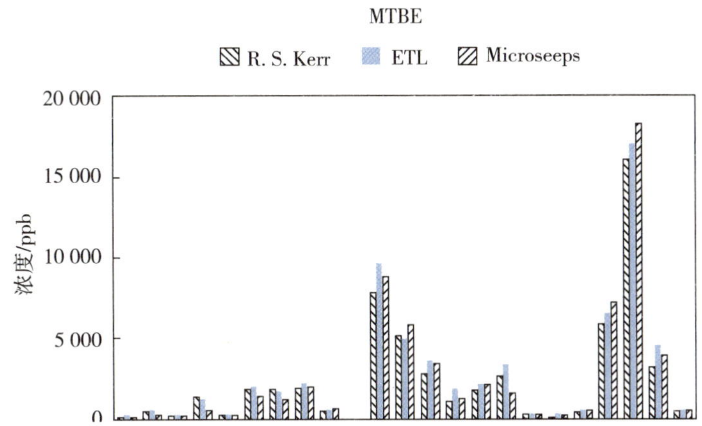

图 2-1-5　点位 B 甲基叔丁基醚研究实例结果

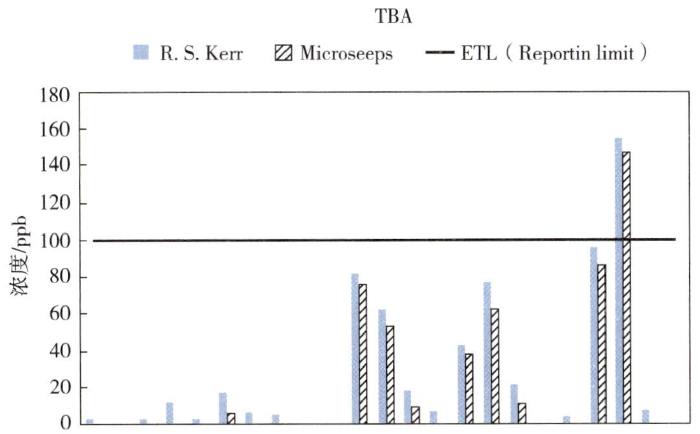

图 2-1-6　点位 B 叔丁醇研究实例结果

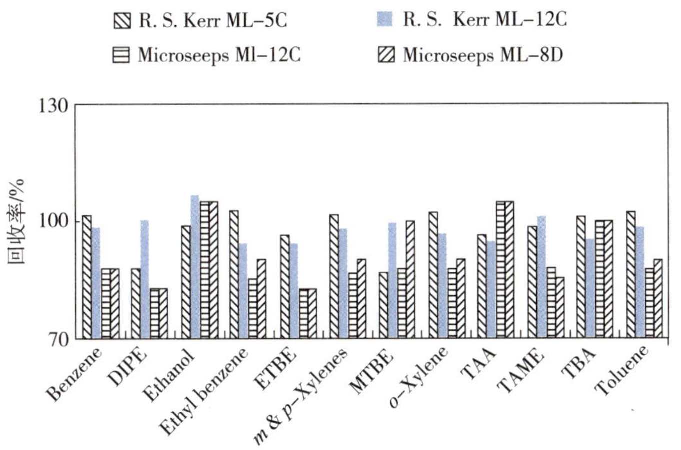

图 2-1-7　点位 A 基体加标回收率实例

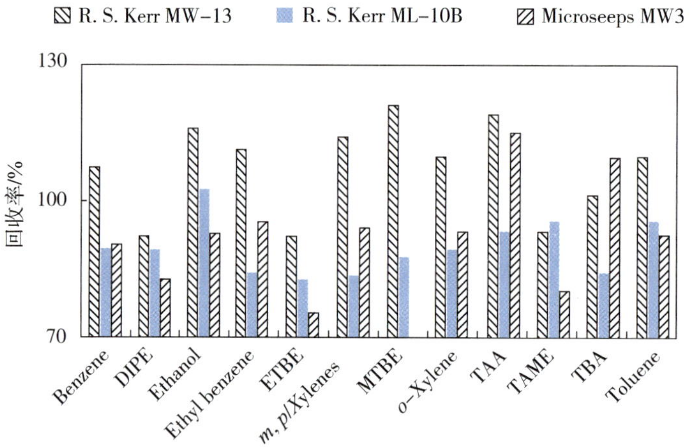

图 2-1-8 点位 B 基体加标回收率实例

附录 2-1-A　U.S.EPA 5021A 修订摘要（与 2003 年 6 月第 1 版相比）

（1）改进了整体方法格式，以与新的 SW-846 方法风格指南保持一致。格式已更新为 Microsoft Word.docx。

（2）为了提高本方法的清晰度，对全篇进行了小幅度的编辑和技术性修改。

（3）修订号改为 2，发布日期改为 2014 年 7 月。

（4）增加了本附录，用于显示与先前版本相比的变化。

（5）第 9.2 节更新了能力的初始验证的内容；第 9.3 节更新了定量下限确认标准的内容。

（6）第 1.1 节和 1.2 节包括了响应列和目标化合物分类系统，提供哪些 VOC 响应可以通过基体改性剂提高的信息。

（7）第 8.3.3 节增加了一个可密封、气密的取芯装置，作为土壤样本收集的替代选项。

（8）第 7.4.1 增加一种制备校准用标准液的替代方法。可以通过添加不同体积的一种或多种储备溶液制备不同浓度校准标准液。

（9）在 1.4 节澄清，使用本方法样品分析的主要测量偏差来源，哪些测量偏差可以通过基体改性剂改进，哪些测量偏差可能会因基体改性剂而变差，以及在其他情况下，不添加基体改性剂是合适的。

（10）在 11.1 节之后添加了一个警告。关于聚四氟乙烯材质进样瓶瓶盖完整性对油溶性目标物分析的重要影响。

5030C

吹扫捕集法测定液态样品中挥发性有机物

（U. S. EPA 5030C—2003）

1 适用范围

1.1 本方法描述了水样和水溶性液体样品中挥发性有机化合物（VOCs）分析的吹扫捕集过程。也对 U.S.EPA 5035 制备的高浓度土壤和废弃物提取液的分析进行了描述。气相色谱的测定步骤见 U.S.EPA 8015 和 U.S.EPA 8021。本方法同样适用于 GC/MS 方法 U.S.EPA 8260。表 2-2-1 所列为经评估的用本方法进行前处理的化合物。

表 2-2-1 适用本方法进行前处理的化合物

化合物	CAS 号[a]	响应	稳定性
丙酮	67-64-1	pp / ht	hs
乙腈	75-05-8	pp	nd
丙烯醛	107-02-8	pp	ms
丙烯腈	107-13-1	pp	hs
烯丙醇	107-18-6	ht	nd
氯丙烯	107-05-1	c	ms
叔戊醇（TAA）	75-85-4	ht	hs
叔戊基乙基醚（TAEE）	919-94-8	c / ht	nd
叔戊基甲基醚（TAME）	994-05-8	c / ht	hs
苯	71-43-2	c	hs

续表

化合物	CAS 号[a]	响应	稳定性
苄基氯	100-44-7	c	nd
双（2- 氯乙基）硫醚	505-60-2	pp	nd
溴丙酮	598-31-2	pp	nd
溴氯甲烷	74-97-5	c	hs
一溴二氯甲烷	75-27-4	c	ms
溴仿	75-25-2	c	hs
溴甲烷	74-83-9	c	hvs
正丁醇	71-36-3	ht	nd
2- 丁酮（MEK）	78-93-3	pp	hvs
叔丁醇（TBA）	75-65-0	ht	nd
二硫化碳	75-15-0	pp	hvs
四氯化碳	56-23-5	c	hvs
三氯乙醛	302-17-0	pp	nd
氯苯	108-90-7	c	hvs
一氯二溴甲烷	124-48-1	c	nd
氯乙烷	75-00-3	c	ms
2- 氯乙醇	107-07-3	pp	nd
2- 氯乙基乙烯基醚	110-75-8	c	ls
氯仿	67-66-3	c	hs
氯甲烷	74-87-3	c	hvs
氯丁二烯	126-99-8	c	nd
巴豆醛	4170-30-3	pp	nd
1,2- 二溴 -3- 氯丙烷	96-12-8	pp	ms
1,2- 二溴乙烷	106-93-4	c	hs
二溴甲烷	74-95-3	c	hs
1,2- 二氯苯	95-50-1	c	hs
1,3- 二氯苯	541-73-1	c	ms
1,4- 二氯苯	106-46-7	c	ms

续表

化合物	CAS 号[a]	响应	稳定性
顺式 -1,4- 二氯 -2- 丁烯	1476-11-5	c	nd
反式 -1,4- 二氯 -2- 丁烯	110-57-6	pp	ls
二氯二氟甲烷	75-71-8	c	hs
1,1- 二氯乙烷	75-34-3	c	hs
1,2- 二氯乙烷	107-06-2	c	hs
1,1- 二氯乙烯	75-35-4	c	hvs
顺式 -1,2- 二氯乙烯	156-59-4	c	hs
反式 -1,2- 二氯乙烯	156-60-5	c	ms
1,2- 二氯丙烷	78-87-5	c	hs
1,3- 二氯 -2- 丙醇	96-23-1	pp	nd
顺式 -1,3- 二氯丙烯	10061-01-5	c	ls
反式 -1,3- 二氯丙烯	10061-02-6	c	ls
1,2,3,4- 二环氧丁烷	1464-53-5	c	nd
乙醚	60-29-7	c	nd
二异丙醚（DIPE）	108-20-3	c / ht	hs
1,4- 二噁烷	123-91-1	ht / pp	nd
乙苯	100-41-4	c	hvs
环氧乙烷	75-21-8	pp	nd
甲基丙烯酸乙酯	97-63-2	c	ms
乙基叔丁基醚（ETBE）	637-92-3	c / ht	hs
六氯丁二烯	87-68-3	c	ms
2- 己酮	591-78-6	pp	hvs
碘甲烷	74-88-4	c	nd
异丁醇	78-83-1	ht / pp	nd
异丙基苯	98-82-8	c	ms
丙二腈	109-77-3	pp	nd
甲基丙烯腈	126-98-7	pp	hs
二氯甲烷	75-09-2	c	hs

续表

化合物	CAS 号 [a]	响应	稳定性
甲基丙烯酸甲酯	80-62-6	c	ms
4- 甲基 -2- 戊酮（MIBK）	108-10-1	pp	ms
甲基叔丁基醚（MTBE）	1634-04-4	c / ht	hs
萘	91-20-3	c	ms
硝基苯	98-95-3	c	nd
2- 硝基丙烷	79-46-9	c	nd
N- 亚硝基 - 二正丁胺	924-16-3	pp	nd
三聚乙醛	123-63-7	pp	nd
2- 戊酮	107-87-9	pp	nd
2- 甲基吡啶	109-06-8	pp	nd
1- 丙醇	71-23-8	ht / pp	nd
2- 丙醇	67-63-0	ht / pp	nd
β - 丙内酯	57-57-8	pp	nd
丙腈	107-12-0	ht	nd
正丙胺	107-10-8	c	nd
苯乙烯	100-42-5	c	hvs
1,1,1,2- 四氯乙烷	630-20-6	c	hs
1,1,2,2- 四氯乙烷	79-34-5	c	nd
四氯乙烯	127-18-4	c	ms
甲苯	108-88-3	c	hs
邻甲苯胺	95-53-4	pp	nd
1,2,4- 三氯苯	120-82-1	c	hs
1,1,1- 三氯乙烷	71-55-6	c	ms
1,1,2- 三氯乙烷	79-00-5	c	hs
三氯乙烯	79-01-6	c	ms
三氯氟甲烷	75-69-4	c	ls
1,2,3- 三氯丙烷	96-18-4	c	ls
乙酸乙烯酯	108-05-4	c	ls

续表

化合物	CAS 号 [a]	响应	稳定性
氯乙烯	75-01-4	c	hvs
邻二甲苯	95-47-6	c	hvs
间二甲苯	108-38-3	c	hvs
对二甲苯	106-42-3	c	hvs

注：a 化学文摘登记号。

c：使用本技术具有足够的响应。

ht：目标化合物仅能在高温下吹扫，如 80℃。

pp：吹扫效率较差，导致定量限较高。强烈建议使用替代的样品制备方法。可能适合在更高温度下吹扫。

nd：未测定。

hs：在水样中稳定性好（> 60 d）。更长的保存时间可能是适当的，更多信息见 U.S.EPA 5035 附录 A，表 A.1 脚注和参考文献［47］。

ms：在水样中稳定性中等（15 ~ 60 d）。更长的保存时间可能是适当的，更多信息见 U.S.EPA 5035 附录 A，表 A.1 脚注和参考文献［47］。

ls：在水样中稳定性差（<14 d），应尽快分析。酸性条件下保存，化合物可能会降解。

hvs：在水样中稳定性变化较大。更长的保存时间可能是适当的，更多信息见 U.S.EPA 5035 附录 A，表 A.1 脚注和参考文献［47］。

1.2　U.S.EPA 5030 适用于沸点在 200℃以下、不溶于或微溶于水的大多数挥发性有机化合物。水溶挥发性有机化合物可使用该分析技术；然而，在某些情况下，由于吹扫效率差，定量限（用 GC 或 GC/MS）约高 10 倍，且精密度不稳定。本方法还仅限于从涂层毛细管柱中以尖峰形式流出的化合物，包括低分子量卤代烃、芳烃、酮、腈、乙酸酯、丙烯酸酯、醚和硫化物。与 20℃或 40℃吹扫温度相比，在 80℃高温下吹扫，可提高水溶性目标化合物（如酮和醇）的吹扫效率。

甲基叔丁基醚（MTBE）和相关的燃料中含氧化合物的分析经常遇到分析方法有效性和结果数据评价的问题。这些氧化物通常包括：甲基叔丁基醚（MTBE）、乙基叔丁基醚（ETBE）、叔戊基甲基醚（TAME）、二异丙基醚（DIPE）、叔戊基乙基醚（TAEE）、叔戊醇（TAA）和叔丁醇（TBA），根据它们的沸点和蒸气压，可归类为挥发性有机物。然而，主要的分析问题是其中一些化合物在水中具有高溶解度，导致难以用吹扫捕集（P&T）技术将这些化合物从环境样品中转移到分析仪器（例如，GC 或 GC/MS 系统）中。因此，使用为其他较低水溶性挥发性物优化的方法，可能会导致对相同样品中含氧化合物浓度的显著低估。

EPA 评估了常用分析方法的性能，以确定测定水样中 MTBE 和其他目标含氧化合物的适当分析条件（U.S.EPA 5035 附录 A，参考文献［49］和［50］）。通过对 U.S.EPA 5030 进行最小限度的改变（温度升高至 80℃而不是在环境温度下吹扫），选择常用的挥发性有机物分析 U.S.EPA 8260 的分析柱，可以提高低浓度 MTBE 和相关含氧化合物的回收率。EPA 性能研究数据表明，使用更高温度吹扫而非在环境温度下吹扫并结合 RTX- 挥发性毛细管柱显著改善了醇的整体回收率，且使用加热吹扫和 DB-WAX 毛细管柱获得了与其一致的含氧化合物回收率。因此，如果醇（如 TBA 和 TAA）是目标化合物，推荐采用 80℃吹扫条件和 DB-WAX 毛细管柱以获得水样中低浓度含氧化合物的最佳回收率。

1.3　U.S.EPA 5030 结合 U.S.EPA 8015（GC/FID）可用于总石油烃轻馏分中脂肪族烃馏分（如汽油）的分析。对于芳烃馏分（BTEX），采用 U.S.EPA 5030 和 U.S.EPA 8021（GC/PID）。U.S.EPA 8021（GC/PID）结合 U.S.EPA 8015 测定汽油馏分总量。

1.4　通过吹扫捕集提取和气相色谱法可直接分析水样中挥发性有机化合物。水中较高浓度的这些目标化合物可以通过将样品直接注入色谱系统中或在吹扫捕集过程之前稀释样品来测定。

与任何挥发性有机物的前处理方法一样，应筛查样品，以避免含有高于低浓度校准范围的超高浓度可吹扫物质的样品对吹扫捕集系统的污染。此外，因为不能打开密封的样品容器取出一份等分试样而同时不损害样品的完整性，所以应当采集多个等分试样以便进行筛查和再分析。

1.5　分析人员应参阅手册前面的免责声明和第 2 章中关于方法、仪器、材料、试剂和耗材选择等方面的指导说明，以及具有证明其所选技术适用于所关注的目标化合物、样品基体和浓度水平等。

此外，分析人员和数据使用人员应该清楚，除明确说明外，联邦测试要求并不对 SW-846 中的方法使用做强制性规定，分析人员和方法委员会可以以本方法中环境保护局（EPA）所提供的信息为指导，判定结果是否达到数据质量目标（DQOs）要求。

1.6　本方法仅限于由经验丰富并经过培训的实验室分析人员使用，或在其监督下使用。每个分析人员必须证明其具有使用本方法出具可接受结果的能力。

2　方法概述

2.1　水样：根据所要测定的目标化合物，在环境温度或升高的温度下将惰性气体鼓泡通过部分水样，挥发性组分有效地从水相转移到气相中。气相被吹扫通过吸附柱，挥发性组分被吸附。吹扫完成后，加热吸附剂柱并用惰性气体反吹，将组分解吸到气相色谱柱上。

2.2 U.S.EPA 5035 的高浓度提取液：将一部分用 U.S.EPA 5035 制备的甲醇提取液与不含有机物的试剂水在吹扫管中混合。然后根据常规水样方法用吹扫捕集 GC 或 GC/MS 进行分析。

3 定义

有关可能适用的定义，请参阅 SW-846 术语和缩写章节。

4 干扰

4.1 吹扫气体中的杂质，以及捕集阱前端管道中的有机化合物的逸出，是造成污染问题的主要原因。必须测定实验室试剂空白，以证明在分析条件下分析系统没有被污染。必须避免在吹扫装置中使用非聚四氟乙烯（非 PTFE）塑料涂层，非 PTFE 螺纹密封剂或具有橡胶部件的流量控制器，因为这类材料可能会释放有机化合物，并在吹扫操作过程中富集在捕集阱中。这些化合物将在测定步骤中产生干扰或假阳性。

4.2 挥发性有机物（特别是二氯甲烷和碳氟化合物）能够穿透样品瓶的密封隔垫，导致样品在运输和保存过程中被污染。由适当的不含有机物的基体和样品容器制备的运输空白，经过取样和同样的运输和保存，用于检查这种污染。

4.3 当依次分析高浓度和低浓度样品时，可能会发生残留污染。在实际应用中，分析高浓度样品后，应接着分析不含有机物的试剂水以检查交叉污染。如果发现存在于异常高浓度样品中的目标化合物出现在随后的样品中，分析人员必须证明该化合物不是来自残留。相反，如果那些目标化合物不存在于随后的样品中，则不需要分析不含有机物的试剂水。捕集阱和系统的其他部分也可能受到污染。因此，可能需要经常性地烘烤和吹扫整个系统。

4.4 进行挥发性有机物分析的实验室应完全不存在溶剂。分析二氯甲烷时必须采取特别的预防措施。分析区和样品储存区应与所有大气中二氯甲烷的源隔离。否则可能导致随机的背景水平。由于二氯甲烷可穿透 PTFE 管，所有 GC 载气管线和吹扫气管道应由不锈钢或铜管构成。在常规液 / 液萃取过程中曾暴露于二氯甲烷中的实验人员的衣物，可能造成样品污染。在分析挥发性有机物的实验室中存在的其他有机溶剂也可导致随机的背景水平，必须采取相同的预防措施。

5 安全

本方法并未包括其使用过程中的所有安全事项。实验室有责任提供安全的实验环境和职业安全及健康管理局（OSHA）规定的与本方法中使用的化学品安全处理相关的通用文件。所有工作人员都应该能够获取物质安全数据表（MSDSs）的参考资料。

6 仪器和材料

本方法提及的商品名称或产品仅供举例之用，并不代表 EPA 的认可或唯一推荐产品。SW-846 方法中引用的产品和仪器是在方法开发或后期验证过程中使用过的。只要证明方法性能满足预期用途并有文件证明，可以使用本文列出以外的其他玻璃制品、试剂、用品、仪器和设备。

6.1 样品容器

所需的具体样品容器取决于所使用的吹扫捕集系统（见 6.2 节）。有几种商品化系统可购买。某些系统采用特殊玻璃原料制成 40 mL 透明瓶，配有双面聚四氟乙烯－硅胶涂层的衬垫。其他系统允许使用大小足够容纳最小样品体积的任何高质量玻璃小瓶，用带有聚四氟乙烯－硅胶衬垫的螺旋盖密封。请参阅吹扫捕集系统制造商关于合适的样品瓶、隔垫、瓶盖和机械搅拌装置的说明。有关样品容器的附加信息，请参见 U.S.EPA 5035 附录 A。

6.2 吹扫捕集系统

吹扫捕集系统由一个单元组成，该单元能够手动或自动从样品瓶中取适当体积的样品，例如 5 ml 或 25 ml，向样品中加入替代物，基体加标和内标（如果适用），并将样品转移到吹扫装置，其使用惰性气流吹扫 VOCs，并捕获释放的 VOCs，随后将 VOCs 脱附到气相色谱仪中。这种系统的商用来源有多家，其性能应满足以下要求。

6.2.1 推荐的吹扫管应能容纳 5 ml 样品，水柱至少高 3 cm。水柱和捕集阱之间的顶空总体积小于 15 ml。吹扫气体以细小气泡的形式穿过水柱，气泡初始直径应小于 3 mm。吹扫气体入口距水柱底部不超过 5 mm。如图 2-2-1 所示，样品吹扫器应满足这些设计标准。只要证明有适当的性能，可以使用替代的样品吹扫装置。

6.2.2 方法开发时所用的捕集阱长 25 cm，内径为 0.267 cm。从入口开始，捕集阱填充以下吸附剂：1/3 填充 2,6- 亚联苯氧化物聚合物（2,6- 二苯基含氧化物聚合物），

1/3 为硅胶，另 1/3 为椰壳活性炭。建议在入口处填充 1.0 cm 涂覆甲基硅氧烷的填料，以延长捕集阱的使用寿命（见图 2-2-2 和图 2-2-3）。如果不需要分析二氯二氟甲烷或其他相似挥发性的碳氟化合物，则不必填充活性炭，而增加聚合物的量至捕集阱的 2/3。如果仅分析沸点在 35℃以上的化合物，则硅胶和活性炭均不必填充，而将聚合物填充整个捕集阱。初次使用之前，将捕集阱在 180℃下用惰性气体以至少 20 ml/min 的流量反吹捕集阱老化过夜，捕集管排出的气体通入通风橱中，不要导入色谱柱中。日常使用前，在 180℃下反吹捕集阱老化 10 min，捕集阱排出的气体可导入色谱柱，但在分析样品之前，色谱柱必须运行完整的温度程序。

6.2.3 脱附设备必须能够将捕集阱快速加热至 180℃使化合物脱附。在烘烤期间，捕集阱的聚合物段加热温度不应超过 180℃，其余填充段温度不超过 220℃。脱附装置的设计应满足图 2-2-2 和图 2-2-3 的设计说明。

6.2.4 吹扫捕集装置可作为单独的单元，也可以连接到气相色谱仪上，如图 2-2-3 和图 2-2-4 所示。

6.2.5 捕集阱填料。

6.2.5.1 2,6- 亚联苯氧化物聚合物（2,6-diphenylene oxide polymer）：60/80 目，色谱级（Tenax GC 或等效物）。

6.2.5.2 甲基硅氧烷填料：OV-1（3%）涂于 Chromosorb-W 上，60/80 目或等效物。

6.2.5.3 硅胶：35/60 目，Davison，等级 15 或等效物。

6.2.5.4 椰壳活性炭：由 Barnebey Cheney 制造，CA-580-26 或等效物，碾碎后通过 26 目筛制备。

6.2.5.5 替代的捕集阱材料

已经开发了许多疏水性碳分子筛和石墨炭黑材料。这些材料的各种组合可提供类似于 Tenax\ 硅胶 \ 碳捕集阱的保留性质。如果所获得的吸附和脱附特性满足预期应用的灵敏度和精度，则可以使用这类材料作为捕集管的填料。

6.2.5.5.1 以下填充剂组合的替代方案对于大多数目标化合物是可行的：

7.6cm Carbopack™ B/1.3 cm Carbosieve™ S-III

VOCARB 3000 - 10.0 cm Carbopack™ B/6.0 cm Carboxin ™ 1000/1.0 cm Carboxin™ 1001

VOCARB 4000 - 8.5 cm Carbopack™ C/10.0 cm Carbopack™ B/6.0 cm Carboxin™ 1000/1.0 cm Carboxin™ 1001

这些填料组合需要快速加热至 245 ~ 270℃的脱附温度（参照制造商的说明书）。有报道说在这些升高的温度下，会发生目标化合物的催化和热分解。已发现 VOCARB 4000 填充剂组合能催化分解 2- 氯乙基乙烯基醚，并部分分解 2,2- 二氯丙烷。溴仿和溴甲烷也显示出一些热分解现象。

6.2.5.5.2　通过每日监测氯甲烷和溴甲烷的形成情况对形成的热分解产物的量进行定期跟踪。每天在分析例行核查标准品前，必须先分析包含替代物、内标和 20 μg/L 溴仿的例行核查标准品。如果氯甲烷或溴甲烷的浓度超过 0.5 μg/L，则捕集阱可能被盐或与填料紧密键合的污染物严重污染。此时应更换捕集阱并重新校准系统。

注：即使新装的捕集阱在首次使用前也可能被空气中的挥发性有机物污染。这些高吸附性材料必须严密地密封在挥发性有机物污染最小的区域。

6.3　加热器或加热油浴：能将吹扫室温度维持在室温到 100℃范围内，并控制温度波动在 1℃内。

6.4　毛细管 GC 色谱柱：任何满足测定方法性能标准的 GC 色谱柱都可以使用。参见具体测定方法查看推荐的色谱柱、条件和保留时间。

6.4.1　大孔径色谱柱要具有能够接受从捕集阱热脱附的标准气的容量，且色谱分析能够从热脱附的启动开始。根据质谱的泵抽力，可能需要在色谱柱的末端和质谱之间加装模块。可加装开口分流接口、全玻璃射流分离器或低温（6.4.2 节）装置。模块类型及其调节方式对方法检测限具有显著影响。如果符合实现本方法的性能标准，其他模块也可使用。

6.4.2　使用窄孔径柱的系统需要较低气体流量，2 ~ 4 ml/min。由于脱附气体流量低，较早洗脱的目标物需要重新聚焦以便形成狭窄的谱峰。可以通过使用低温模块来进行再聚焦。这种类型的模块通常使用液氮，将脱附的样品组分冷凝在未涂覆的熔融石英预柱的狭窄区间。当所有组分都从捕集阱脱附时，模块在载气气流作用下快速加热，将目标化合物转移到分析柱中。分析柱的末端应放置在距质谱离子源几毫米之内。该模块的潜在问题是由于从捕集阱脱附的水结成冰，导致模块堵塞。这种情况将导致灵敏度和色谱分辨率的严重降低。替代物的低回收率可提示有这种情况发生。

6.5　注射器和注射器阀

6.5.1　微量注射器：10 μl、25 μl、100 μl、250 μl、500 μl 和 1 000 μl。这些注射器应该配备足够长度的 20 号（内径 0.006 英寸）针，能从进样口延伸到距装置中玻璃砂芯 1 cm 距离内。针头长度取决于所使用吹扫装置的尺寸。

6.5.2 注射器阀：二通式，具旋转密合接头（Luer）（3 个），适用于吹扫装置。

6.5.3 两个带旋转密合（Luer-Lok）针头的 5 ml 玻璃注射器（根据使用的样品体积，也可以使用其他尺寸）。

6.6 其他

6.6.1 40 ml，螺旋盖，PTFE 内衬，隔垫密封。在使用前检查每个小瓶，确保小瓶具有平坦、均匀的密封表面。

6.6.2 容量瓶，A 级（10 ml 和 100 ml），具磨砂玻璃塞。

7 试剂和标准物质

7.1 在所有测试中必须使用试剂级化学品。除非另有说明，所有试剂均符合美国化学学会分析试剂委员会（ACS）的规格，其规格可查。当确定试剂纯度足够高，其使用不会降低测定的准确性时，可以使用其他等级的试剂。

7.2 不含有机物的试剂水：本方法中说的水均指第 1 章中定义的不含有机物的试剂水。

7.3 样品保存剂

7.3.1 关于样品保存是否必要以及如何选择适当的样品保存方法，参见 U.S.EPA 5035 附录 A。

7.3.2 硫酸氢钠（$NaHSO_4$）：ACS 试剂级或同等级。

7.3.3 浓盐酸（HCl）：ACS 试剂级或同等级。

注意：如果样品中含有 MTBE、TAME、ETBE 或其他汽油醚，样品已加入硫酸氢钠（7.3.2 节）或盐酸（7.3.3 节）进行保存，并准备在高温下吹扫进行分析，则这些样品在开始分析之前必须用十二水合磷酸三钠（TSP）（7.3.4 节）调节至 pH＞10。

7.3.4 十二水合磷酸三钠（$Na_3PO_4 \cdot 12H_2O$，TSP）：ACS 试剂级或同等级（用于燃料中含氧化合物）（参考文献［5］）。

7.3.5 如果需要添加保存剂，则应在到现场之前将保存剂添加到采样小瓶中，且应先于样品加入采样小瓶。

注意：如果同时添加脱氯剂和酸作为保存剂，样品必须首先脱氯，再酸化。

7.4 关于本方法中采用的内标和替代物，参见测定方法和 U.S.EPA 5000。推荐 4- 溴氟苯、1,4- 二氟苯、1,2- 二氯乙烷 -d_4 和甲苯 -d_8 作为替代物。根据分析要求和特定的目标化合物，可以使用其他化合物作为替代物。推荐的内标是氯苯 -d_5，1,4- 二氯

苯 -d_4 和氟苯。其他化合物如果具有与目标化合物接近的保留时间也可用作内标。

8　样品采集和保存

8.1　样品采集的通用信息，参见本章的介绍，有机分析 4.1 节和 U.S.EPA 5035 附录 A。样品应储存在有盖小瓶中，尽量减小顶部空间，4℃或以下保存在无溶剂气体的区域。由于样品冷藏而脱气形成的气泡尺寸不应超过 5 ~ 6 mm。出现气泡时，还要观察瓶盖和衬垫，以确保在采样时进行了适当的密封。是否有漏气现象。如果样品密封不当，则应弃置。

8.2　样品瓶的准备

样品瓶的具体准备程序取决于项目计划文件中所要求的目标化合物。根据所需类别的目标化合物，样品保存剂可能需要也可能不需要，分析保存时间将取决于是否加入保护剂。样品瓶应在固定实验室或其他受控环境中准备、密封，并运到现场。在准备过程中应戴手套。有关样品瓶准备的更多详细信息，参见 U.S.EPA 5035 附录 A。

8.3　样品采集

根据采样计划中规定的程序采集样品。任何挥发性有机物的采样必须注意尽量减少对样品的扰动，从而最大限度地减少挥发性组分的损失。由于一个样品瓶采集的样品只能进行一次分析，因此应采集多个样品，尤其是用于筛查和 QC 分析的样品。对于某些特定的项目，可以使用挥发性有机物混合样品来实现项目的数据质量目标。只有当实验室的定量水平和检测水平足以满足混合样品数量（最多 5 个）的要求时，才能将样品混合。样品的混合操作必须在实验室内进行［见 11.2.4.5 节后的注释］。在样品采集之前和期间，接触样品瓶时始终应佩戴手套。更多详细信息参见在 U.S.EPA 5035 附录 A。

8.4　样品处理和运输

采样计划应规定，所有用于挥发性有机物分析的样品应近 4℃左右冷藏，包装在适当的容器中，置于冰上运送到实验室。详见 U.S.EPA 5035 附录 A。

8.5　样品存储

8.5.1　样品送至实验室后，应在推荐的温度下保存，直至分析（详见 U.S.EPA 5035 附录 A）。样品存储区域应无有机溶剂气体。

8.5.2　所有样品应在保存期内尽快分析，通常自采样起可保存 14 d。但是，某些化合物类别和保存方式会影响本方法涉及的目标化合物的稳定性和分析保存时间，请参见

U.S.EPA 5035 附录 A 中表 A-1 和本方法 1.1 节中目标化合物表。如果能够证明超出推荐的样品保存时间，而 VOC 浓度没有受到保存、储存和分析的不利影响，则更长的保存时间也是适当的。否则，如果没有这种性能证明，而样品未能在推荐的保存时间内分析，则必须予以记录且数据应被视为最低值。

9 质量控制

9.1 质量保证（QA）和质量控制（QC）请参阅第 1 章。每个实验室应有正式的质量保证计划。实验室还应保存生成数据的质量文件的记录。所有数据表和质量控制数据应保存以供参考或检查。当 QC 指南之间存在不一致时，方法中规定的 QC 要求优先于技术规定要求和第 1 章中的要求，技术规定的 QC 要求优先于第 1 章中的要求。

9.2 在处理任何样品之前，分析人员应证明与样品和试剂接触的设备的所有部件都没有干扰。这是通过分析方法空白来实现的。每次提取、净化和分析样品时，以及更换试剂时，应制备方法空白，并分析目标化合物，以避免实验室污染。

9.3 所有方法空白、基体加标样或平行样应经过与实际样品相同的分析流程（11 节）。

9.4 能力的初始验证：每个实验室必须通过分析清洁基体中的目标化合物，并获得可接受的准确度和精密度数据，来证明其已初步掌握样品制备和测定方法。当新员工接受培训或仪器设备发生重大变化时，实验室还必须重复以下步骤。有关如何能够证明其能力水平，请参阅 U.S.EPA 5000 和 U.S.EPA 8000。

9.5 样品制备和分析过程中的质量控制：U.S.EPA 5000 和 U.S.EPA 8000 中描述了如何证明具备分析每批样品的持续能力，包括方法空白、基体加标 / 基体加标平行样或基体加标和平行样分析，实验室控制样品（LCS）以及向每个样品和 QC 样品中添加替代物。

9.6 建议实验室除采用本方法规定的质量保证措施外，还应采取额外的质量保证措施。最有效的具体做法取决于实验室的需要和样品的性质。只要有可能，实验室应分析标准参考物质并参与相关的能力评估研究。

9.7 实验室应有质量控制程序，以确保在样品采集和样品处理过程中其完整性不受影响，例如确保衬垫和瓶盖不会泄漏等。此外，建议实验室监控所有样品的内标（IS）面积，因为由于瓶盖和隔垫的不良密封导致的泄漏会明显导致低 IS 面积。当观察到低 IS 面积并且怀疑有泄漏时，其数据结果应作废，并丢弃样品容器。

10　校准和标准化程序

有关校准和标准化的信息，参看 11 节，有关附加校准和标准化程序，请参考适当的测定方法。

11　操作步骤

11.1　水样的吹扫捕集技术参见 11.2 节。U.S.EPA 5035 中高浓度方法的溶剂萃取液分析参见 11.3 节。气相色谱测定步骤见 U.S.EPA 8015 和 U.S.EPA 8021。本方法也适用于气相色谱－质谱方法（GC/MS）U.S.EPA 8260。对于汽油的分析，使用 U.S.EPA 8021 用光离子化检测器气相色谱（GC/PID）分析苯系物（BTEX）结合使用 U.S.EPA 8015 用火焰离子化检测器（GC/FID）对烃类进行分析。

11.2　本节提供了水样和水溶性样品的吹扫捕集分析指南。

11.2.1　初始设置

在使用这种引入技术用于任何 GC 或 GC/MS 方法之前，必须进行系统的校准。U.S.EPA 8000 讨论了一般的校准程序，而测定方法和 U.S.EPA 5000 则提供了校准和标准配制的具体信息。由于可能存在内标的干扰问题，因此外标法一般是气相色谱法（非质谱检测）的首选。如果干扰不是问题，或者当使用气相色谱－质谱法时，可以采用内标法。气相色谱－质谱法需要在校准前进行仪器调谐。

11.2.1.1　安装符合 6.2 节要求的吹扫捕集装置。在吹扫模式下，通入流速至少为 20 ml/min 的惰性气体，在 180℃下老化 Tenax 捕集阱过夜（其他捕集阱请参照制造商推荐的温度条件）。每天使用前，在 180℃下反吹老化捕集阱 10 min，同时色谱柱温度设置为 220℃。

11.2.1.2　将吹扫捕集装置连接到气相色谱仪或气相色谱 / 质谱仪系统。

11.2.1.3　制备最终所需浓度的校准标准溶液，这些溶液含有替代物、内标，并使用自动进样器（11.2.1.3.1 节）或手动使用注射器（11.2.1.3.2 节）将 5 ml 样品转移至吹扫装置。

注：如果使用样品体积不是 5 ml，例如是 25 ml，则所使用的校准标准溶液必须具有相同的体积。

11.2.1.3.1　使用自动进样器时，应在容量瓶中配制校准标准溶液，并将其转移至样品瓶后密封。根据制造商的说明将样品瓶放在仪器转盘中。在不破坏样品瓶的气密性密封的情况下，自动取样器取出特定体积的样品（通常为 5 ml 或 25 ml），将其加入到吹扫装置中，并自动添加内标和替代物。

11.2.1.3.2 使用带有 15 cm 长的 20 号针头的 5 ml 玻璃注射器（如果需要，可以使用 10 ml 或 25 ml 注射器）将不含有机物的试剂水加入吹扫装置中。针头通过图 2-2-1 所示的进样口插入。进样口是 14 号针，其内径可供 20 号针头插入。接下来，使用配有长针头（6.5.1 节）的 10 μl 或 25 μl 微量注射器，取一定体积适当浓度的校准标准溶液使用液。通过将针头插入进样口，将校准溶液直接加入吹扫装置中不含有机物的试剂水中。当微量注射器注入校准溶液时，确保注射器针头的末端位于不含有机物试剂水液面以下。同样，加入 10.0 μl 内标溶液。关闭进样口处的二通注射器阀（校准标准溶液、内标和替代标准可以在将试剂水转移到吹扫装置之前直接添加到注射器中的不含有机物的试剂水中，参见 11.2.4.7 节）。

11.2.1.4 按照第 11.2.4 节描述的吹扫捕集分析过程进行。

11.2.1.5 使用 U.S.EPA 8000 中所述的步骤计算每个目标化合物的校准因子（CF）或响应因子（RF）。依据 U.S.EPA 8000 中所述，计算每种化合物的平均校准因子（外标）或响应因子（内标）。评估校准数据的线性或选择其他校准模型，可依据 U.S.EPA 8000 和特定测定方法中所述。

11.2.1.6 如果吹扫捕集程序与 U.S.EPA 8021 或 U.S.EPA 8260 一起使用，则评估以下四种化合物的响应：氯甲烷、1,1- 二氯乙烷、溴仿和 1,1,2,2- 四氯乙烷。它们常用于检查吹扫流量是否适当，是否由于管线的污染或系统中的活性点的存在而引起化合物的降解。

11.2.1.6.1 氯甲烷：如果吹扫流速过快，该化合物极易丢失。

11.2.1.6.2 溴仿：如果吹扫流速太慢，该化合物极有可能吹扫效率很差。传输线中的冷点和 / 或活性点可能对响应造成不利影响。

11.2.1.6.3 1,1,2,2- 四氯乙烷和 1,1- 二氯乙烷：当吹扫捕集系统中的传输管线被污染和 / 或捕集材料中存在活性点时，这些化合物会降解。

11.2.1.7 当用 U.S.EPA 8021 分析较晚流出的化合物（如六氯丁二烯、1,2,3- 三氯苯等）时，来自高浓度样品或甚至是标准物质的交叉污染和记忆效应是一个常见的问题。分析后，将吹扫装置多清洗几次能够解决这一问题。较新型号的吹扫捕集系统通常在吹扫和捕集过程之后烘烤系统，从而克服这个问题。此外，活性炭阱保持的水分少时，可以减少该问题的发生。

11.2.2 校准验证（见相应的测定方法）

有关校准验证的详细信息，请参阅 U.S.EPA 8000。在校准范围中间点附近或实际样品浓度水平附近的单一标准来进行验证。该标准可使用自动进样器或使用注射器手动制备。

11.2.2.1　使用自动进样器时，在容量瓶中配制校准标准溶液，并将其转移至样品瓶后密封。根据制造商的说明将样品瓶放在仪器转盘中。在不破坏样品瓶气密性的情况下，自动取样器取出特定体积的样品（通常为 5 ml 或 25 ml），将其加入吹扫装置中，并自动添加内标和替代物。

11.2.2.2　要配制校准标准溶液，将适当体积的初级稀释标准液注入装有不含有机物的试剂水的容量瓶、气密性注射器或吹扫装置中，并将适量内标注入水中。确保向每个标准样品和实际样品加入相同量的内标。用于校准的不含有机物的试剂水的体积必须与所分析样品的体积相同（通常为 5 ml）。用来添加替代物和内标溶液的注射器的针头必须足够长，确保替代物和内标在液面以下加入。按照 6.2 节中所述安装吹扫捕集装置。按照 11.2.4 节的吹扫捕集步骤进行操作。在分析样品之前，必须满足 U.S.EPA 8000 中规定的气相色谱或气相色谱 - 质谱的校准要求。

11.2.3　样品筛查

11.2.3.1　强烈建议在进行吹扫捕集 GC 或 GC/MS 分析前对所有样品进行筛查。样品可能含有高于预估量的可吹扫有机物，会污染吹扫捕集系统。从而需要大量的清洗和仪器维护。在吹扫捕集分析之前对样品进行筛查可以提供关于样品稀释是否必要的指导。

11.2.3.2　SW-846 包含三种可用的筛查技术：自动顶空进样器（U.S.EPA 5021），连接到装有串联光离子化检测器和电导检测器的气相色谱仪；用便携式光离子化检测器（PID）筛查（U.S.EPA 3815）；或用十六烷萃取样品（U.S.EPA 3820），并在具火焰离子化检测器和 / 或电子捕获检测器的气相色谱仪上分析萃取物。此外，可以基于分析人员的专业判断采用其他适当的筛查技术。

11.2.4　样品引入和吹扫

11.2.4.1　所有样品和标准溶液在分析前必须恢复至室温。应使挥发性有机样品中的悬浮颗粒物沉降，且不能二次取样。

11.2.4.2　安装吹扫捕集装置。GC 和 GC/MS 的操作条件参见 11.0 节具体采用的测定方法。对于某些气相色谱柱和 / 或某些气相色谱 - 质谱系统，可能需要对整个柱温箱进行冷却，以获得足够的气体分离度。通常 30 m 宽口径色谱柱需要将气相色谱柱温箱冷却至 25℃或更低，以便获得适当的气体分离度。

11.2.4.3　在分析样品前，必须满足气相色谱或气相色谱 - 质谱校准确认要求（U.S.EPA 8000）。

11.2.4.4 调节吹扫气体流量（氮气或氦气）为 25 ~ 40 ml/min（有关特定类别目标化合物的建议值见表 2-2-2），调节吹扫捕集装置的操作温度（如果不是室温）。如果要分析氯甲烷和溴仿，则优化流量使上述两种化合物得到最佳响应。气体流量过大会降低氯甲烷的响应，而流量过小会降低溴仿的响应。所有样品和标准品应在相同的吹扫气体流量和温度下运行。

11.2.4.5 可以使用自动进样器（11.2.4.5.1 节）或使用注射器手动（11.2.4.5.2 节）将样品引入吹扫装置。

11.2.4.5.1 根据制造商的说明将样品瓶放在仪器转盘中。在不破坏样品瓶的气密性，密封的情况下，自动取样器取出特定体积的样品（通常为 5 ml 或 25 ml），将其加入吹扫装置中，同时自动添加内标和替代物。

11.2.4.5.2 或者，可以通过将气密性注射器穿过样品瓶衬垫取出样品。或当取样量大于 5 ml 时，使用适当体积的注射器，取下注射器活塞，装上一个密闭的注射器阀。如果需要较低的检测限，可使用 25 ml 注射器。打开样品瓶，小心地将样品倒入注射器管中至恰好不溢流。将注射器活塞安装回注射器并挤压样品。打开注射器阀，排出残留的空气，同时将样品体积调整为 5.0 ml 或 25.0 ml。这种取等分试样的过程破坏了该液体样品将来再次分析的有效性。因此，如果只有一瓶挥发性有机物分析样品，则分析人员应同时盛装样品于第二个注射器，以免样品完整性的损失。第二份样品保存到分析人员已经确定第一份样品已被适当地分析为止。第二份样品应在 24 h 内分析。必须注意防止空气泄漏到注射器中。

注：混合样品必须在密闭系统中使用气密注射器进行挥发性有机物混合样品的制备。从每个单独样品中准确提取等体积的水样于一体积足够大的注射器中，即为待分析的混合样品。例如，使用小针从 4 个样品瓶中的每一个取出 1.25 ml，从而在注射器中收集 5 ml 的水，制备成 1∶4 的混合样品进行分析。

11.2.4.6 对于用于基体加标的样品，按照制造商的说明手动或自动加入基体加标溶液，所用的标准溶液见 U.S.EPA 5000 试剂部分。所添加溶液的浓度和添加量应按照 U.S.EPA 8000 的质量控制部分所述来确定。

11.2.4.7 当需要稀释样品时，可以在使用自动进样器装置进行吹扫之前稀释样品。或者，可以在已经用微量注射器加入试剂水的 5 ml 注射器中直接进行手动稀释，或者适用时使用玻璃量具。所有样品稀释步骤必须立即进行，直到稀释的样品放入气密性注射器中。

11.2.4.7.1　若使用容量瓶进行稀释，建议使用 10 ~ 100 ml 体积的容量瓶。选择容量瓶的体积使得能够在校准曲线的上限以内对目标化合物进行必要的稀释。对于极大的稀释倍数，可能需要进行中间稀释。

11.2.4.7.2　先计算需加入不含有机物试剂水的大致体积，并向容量瓶中加入略少于该体积的不含有机物的试剂水。

11.2.4.7.3　将适量 11.2.4.5 节中制备在注射器中的样品注入瓶中。不推荐小于 1 ml 的试样。用不含有机物的试剂水稀释样品至刻度。盖上瓶塞，倒置，并摇动 3 次。若需再进行稀释，则重复上述步骤。

11.2.4.7.4　如 11.2.4.5 节，将稀释的样品装入 5 ml 注射器。

11.2.4.8　通过注射器的阀孔加入 10.0 μl 替代物标准溶液（见第 11.0 节的各测定方法），如果适用，加入 10.0 μl 内标溶液，然后关闭阀门。替代物和内标可以预先混合，同时一次加入样品中。若有要求，则此时应向样品中加入基体加标溶液（10.0 μl）。

11.2.4.9　将注射器 - 注射器阀组件连接到吹扫装置的注射器阀上。打开注射器阀，将样品注入吹扫室。

11.2.4.10　将两个阀均关闭，吹扫样品，吹扫温度和吹扫时间见表 2-2-2。当使用 U.S.EPA 8260 进行气相色谱 - 质谱分析时，通常在环境温度下吹扫 11 min。

11.2.5　样品脱附

所用的样品脱附程序取决于所使用的气相色谱模块类型。非低温和低温模块的程序描述如下。分析人员还应参考吹扫捕集系统制造商和捕集阱填充材料供应商的说明。

11.2.5.1　非低温模块——推荐的 11 min 吹扫后（请参见表 2-2-2 了解特定类别目标化合物的吹扫时间指南），设置吹扫捕集系统为脱附模式，不接通载气，将捕集阱预热至 180℃（对于特定的捕集填料可使用其他推荐温度）。

注：一些吹扫捕集系统能够执行水分去除步骤（如干气吹扫），其可以通过在脱附步骤之前吹扫捕集阱以从捕集阱和气体管线中除去过量的水分。然而，水分去除步骤的效用取决于捕集阱填料的性质。通常，当使用碳基疏水性填料时，该步骤可以防止水分进入气相色谱系统并影响色谱分析，但可能需要将捕集阱冷却到 25℃或更低。然而，对于疏水性较弱或亲水性的填料（如硅胶），除水步骤实际上可能会释放出越来越多的水进入气相色谱，结果产生更大的问题，包括灵敏度降低，色谱分析不良和捕集填料过早失效等。由于早期洗脱的内标和替代物的响应在一天中不稳定，因此这个问题能明显地看出来。通过正确选择水分控制装置、捕集填料，除水期间的捕集阱温度、载气流量，可以获得最佳结果。也可能需要使用捕集阱背压控制。在使用除水步骤之前，请参考吹扫捕集系统制造商和捕集填料供应商的说明。

打开载气开关，启动气相色谱温度程序并采集数据。载气流速取决于所使用的捕集阱。对于标准硅胶捕集阱（4.6.2 节）使用 15 ml/min 的流速，而对于其他捕集阱，10 ml/min 可能足够。持续通入载气约 4 min，或按照制造商的建议时间。若 U.S.EPA 8015 中的目标化合物，则脱附时间只需 1.5 min。

11.2.5.2 低温模块：吹扫 11 min 后，设置吹扫捕集系统为脱附模式，确保低温模块为 -150℃或更低，快速将捕集阱加热至 180℃（温度视捕集阱填料而可能有所不同），同时用惰性气体以 4 ml /min 的流量反吹约 5 min（分析 U.S.EPA 8015 中的目标化合物时，1.5 min 足够）。在 5 min 脱附循环结束时，将低温阱快速加热至 250℃，同时启动气相色谱仪的程序并开始数据采集。

11.2.6 捕集阱重新老化

11.2.6.1 样品脱附后，将吹扫捕集装置设回吹扫模式，重新老化捕集阱。等待 15 s，然后关闭吹扫装置上的注射器阀让气体通过捕集阱。对于 U.S.EPA 8021 和 U.S.EPA 8260，捕集阱温度应保持在 180℃，对于 U.S.EPA 8015，捕集阱温度应保持在 210℃。捕集阱温度最高可设置为 220℃。然而，高温度会缩短捕集阱的使用寿命（捕集阱温度随填料不同而异）。大约 7 min 后，关闭捕集阱加热器，打开注射器阀从而关断流过捕集阱的气体。冷却，捕集阱准备进下一个样品。

11.2.6.2 当捕集阱内化合物被脱附到气相色谱仪中时，清空吹扫室。并每次以 5 ml 不含有机物的试剂水（或先用甲醇再用不含有机物的试剂水）冲洗吹扫室至少两次，以避免残留的挥发性有机物污染后续样品分析。

11.2.7 数据分析和计算

11.2.7.1 按照测定方法和 U.S.EPA 8000 中的指导进行定性和定量分析。如果样品或样品稀释液在第一次分析时，其中的目标化合物浓度超过初始校准范围，则样品必须在进行高倍数稀释后重新分析。当所分析的化合物的响应值达到饱和时，必须紧接着分析不含有机物的试剂水。如果空白分析存在干扰，则必须净化系统以去除污染。在空白样品满足第 1 章所述的不含有机物试剂水标准之前，不得重新进行样品分析。

11.2.7.2 所有稀释液中的主要化合物（先前的饱和峰）的响应应保持在曲线线性范围的上半部分。计算目标化合物响应的详细信息继续参照 U.S.EPA 8000 和具体的测定方法。

11.2.8 与水互溶液体的分析

11.2.8.1 与水互溶液体先用不含有机物的试剂水稀释至少 50 倍后，再依水样分析的步骤进行。

11.2.8.2 初始和后续稀释，可通过移取 2 ml 样品至 100 ml 容量瓶中，用不含有机物的试剂水稀释至刻度来制备。立即将其转移到 5 ml 气密性注射器中。

11.2.8.3　或者，在装满不含有机物试剂水的 5 ml 注射器中，直接加入 20.0 ~ 100.0 μl 的液体样品，制备稀释液。此样品可供添加替代物，或者适用时添加内标和基体加标液。

11.2.9　水溶性化合物的分析

11.2.9.1　第 1.1 节表格中所列的弱吹扫能力（pp）的或需高温下吹扫（ht）的许多高水溶性目标化合物，如酮类、醇类，醛类和 1,4- 二噁烷，吹扫捕集程序在升高的温度（通常为 80℃）下进行，可以使用本方法分析。

11.2.9.2　如果需要分析水样中的含氧燃料，包括醇类、叔丁醇（TBA）和叔戊醇（TAA），则必须在开始吹扫循环之前用十二水合磷酸三钠（TSP）（第 7.3.4 节）调节样品至 pH＞10。

11.2.9.3　以下吹扫捕集条件是方法优化的推荐起点：

使用疏水捕集材料，以防止捕集阱收集过多水分。

瓦里安 Archon 自动进样器（或性能相当设备），预热至 80℃，保持 3 min。

Tekmar 3000 吹扫捕集仪（或性能相当设备）。

吹扫时间：7 min。

干吹时间：3 min。

脱附时间：3 min。

烘烤时间：3 min。

11.3　本节提供了使用 U.S.EPA 5035 制备的高浓度样品的溶剂萃取液的分析指南。

11.3.1　将溶剂萃取液加入不含有机物的试剂水中之前，应先按第 11.0 节中所述的具体测定方法，设置气相色谱或气相色谱－质谱系统。

11.3.2　表 2-2-3 可用于确定添加到 5 ml 不含有机物的试剂水中用于分析的溶剂萃取液的体积。如果进行了筛查分析，则用估计浓度来确定适当的体积。否则，从低浓度开始分析，估计样品的浓度范围，确定适当的体积。如果样品为高浓度样品，则从 100.0 μl 开始取。所有稀释液中的主要成分（先前的饱和峰）的响应必须保持在曲线线性范围的上半部分。

11.3.3　从装有注射器阀旋转密合针头（Luer-lok）的 5.0 ml 注射器中取出柱塞，向注射器筒中注入不含有机物的试剂水，直到溢出为止。将注射器活塞安装回原位，并挤压试剂水，排出其中的空气。调整体积为 4.9 ml。将活塞拉回至 5.0 ml，以便添加样品提取液和标准溶液。加入 10.0 μl 内标溶液。加入按 11.3.2 节中确定体积的溶剂提取液以及一定量的 U.S.EPA 5035 中所使用的溶剂，使总体积为 100.0 μl（不包括标准溶液中的甲醇）。

11.3.4 将注射器—注射器阀组件连接到吹扫装置上的注射器阀上。打开注射器阀，将水 / 甲醇样品注入吹扫室。

11.3.5 按照特定测定方法的要求进行分析。在与样品分析相同的仪器上分析所有试剂空白。标准溶液和空白也应包含 100.0 μl 甲醇，以模拟样品条件。

11.4 样品分析

通过本方法制备的样品可用于 U.S.EPA 8015、U.S.EPA 8021 和 U.S.EPA 8260 的分析。参见这些方法中各项分析条件。对于汽油的分析，使用 U.S.EPA 8021（GC/PID）分析苯系物，结合使用 U.S.EPA 8015（GC/FID）分析烃类物质。

12 数据分析与计算

没有与本方法直接相关的数据分析和计算步骤。按照测定方法的要求进行。

13 方法性能

性能数据示例和指导，请参考测定方法。

14 污染防护

14.1 污染防治包含任何在产生环节上减少或消除废弃物的产生数量或毒性的技术。实验室中有许多防治污染的机会。EPA 已建立了一套环境管理技术的优先级制度，其将污染防治作为管理的首选，在任何可行的情况下，实验室人员都应该运用污染防治技术考虑废弃物的产生。当废弃物不能在源头上削减时，环境保护局建议的次优选择是循环使用。

14.2 在实验室和研究机构中，可行的污染预防措施是“少就是好”，参见美国化学学会政府关系和科学政策部门的实验室废物减量化管理。

15 废物管理

EPA 要求实验室废弃物管理措施符合所有的法律法规要求。EPA 强烈要求实验室尽可能减少和控制通风柜或操作台的所有排放，以保护空气、水和土壤。遵守污水排放许可的法律法规，遵守所有固体和危险废物的法规，尤其是危险废物鉴别规定和土壤处置的有关规定。更多废弃物管理信息可查阅美国化学学会的“实验室人员用废物管理手册”。

16　参考文献

[1] U.S.EPA 40 CFR Part 136，Guidelines Establishing Test Procedures for the Analysis of Pollutants Under the Clean Water Act；Final Rule and Interim Final Rule and Proposed Rule，October 26，1984.

[2] Bellar T. Measurement of Volatile Organic Compounds in Soils Using Modified Purge-and-Trap and Capillary Gas Chromatography/Mass Spectrometry，U.S. Environmental Protection Agency，Environmental Monitoring Systems Laboratory，Cincinnati，OH，November，1991.

[3] U.S.EPA OSW. Development and Evaluation of Methods for the Analysis of MTBE. September 17，2001.

[4] U.S.EPA OUST. Environmental Fact Sheet：Analytical Methods for Fuel Oxygenates. EPA 510-F-03-001，April，2003，http：//www.epa.gov/OUST/mtbe/omethods.pdf.

[5] White H，Lesnik B，Wilson J T. Analytical Methods for Fuel Oxygenates. LUST Line (Bulletin #42)，October，2002，http：//www.epa.gov/oust/mtbe/LL42Analytical.pdf.

17　表格、图、流程图和确认数据

下面列出本方法的参考图表。

表 2-2-2　吹扫捕集操作参数

参数	分析方法	
	U.S.EPA 8015	U.S.EPA 8021/U.S.EPA 8260
吹扫气	N_2 或 He	N_2 或 He
吹扫气流量 /（ml/min）	20	40
吹扫时间 /min	15.0 ±0.1	11.0 ±0.1
吹扫温度 /℃	室温 [2]	室温 [2]
脱附温度 /℃	180	180
反吹惰性气体流量 /（ml/min）	20 ~ 60[1]	20 ~ 60[1]
脱附时间 /min	1.5	4

注：[1] U.S.EPA 8021 使用宽口径毛细管柱时，最佳脱附流速为 10 ~ 15 ml/min。

[2] 当分析 TBA，TAA 或其他含醇燃料时，U.S.EPA 8015 和 U.S.EPA 8260 的吹扫温度为 80℃。

表 2-2-3 分析高浓度土壤 / 沉积物的甲醇提取液体积

近似的浓度范围	甲醇提取液体积[a]
500 ~ 10 000 μg/kg	100 μl
1 000 ~ 20 000 μg/kg	50 μl
5 000 ~ 100 000 μg/kg	10 μl
25 000 ~ 500 000 μg/kg	100 μl 1/50 稀释[b]

注：超过此表浓度时计算适当的稀释因子。

[a] 加入 5 ml 被吹扫的水中的甲醇体积应保持恒定。因此，不论需要加多少体积的甲醇，保持最终加入 5 ml 注射器中的总体积为 100 μl。

[b] 取部分甲醇提取液稀释后，取 100 μl 用于分析。

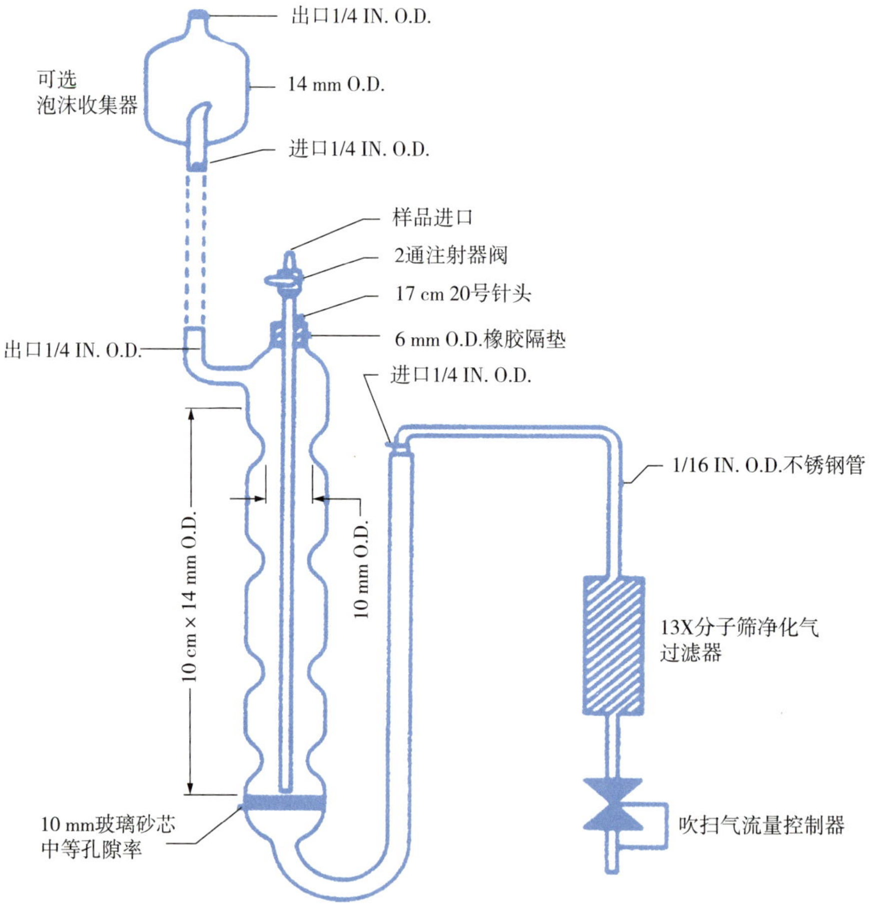

图 2-2-1 吹扫装置示例

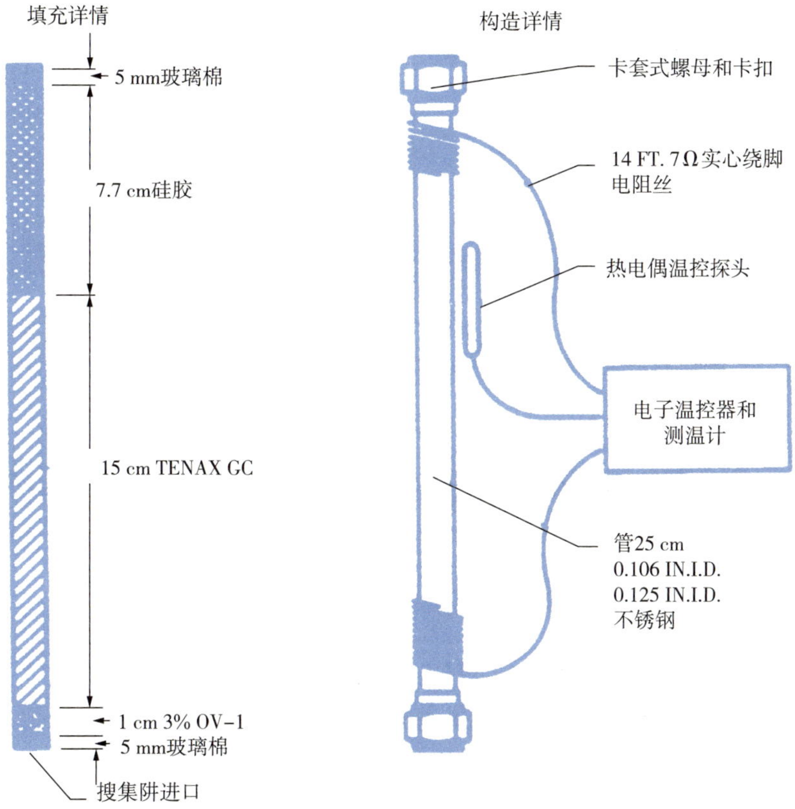

图 2-2-2 具有脱附能力的捕集阱填充和构造示例

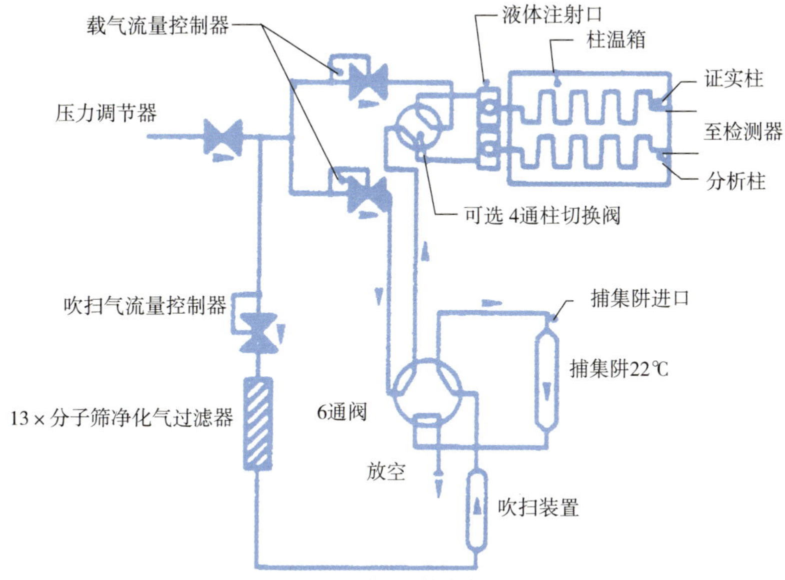

注：GC和捕集阱之间管线应加热到80℃

图 2-2-3 典型的吹扫捕集装置示意图（吹扫模式）

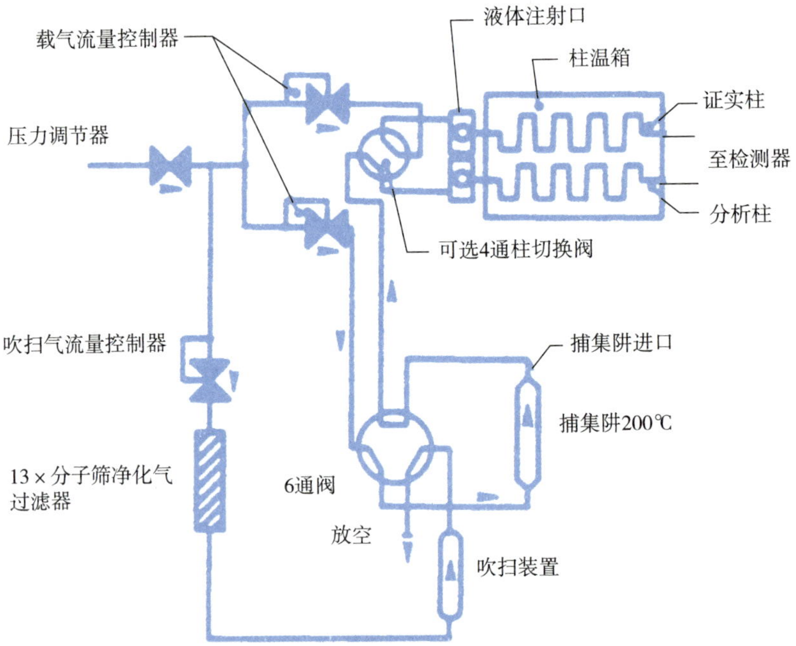

注：GC和捕集阱之间的管线应加热至80℃

图 2-2-4 典型的吹扫捕集装置示意图（脱附模式）

分液漏斗液液萃取法

（U.S.EPA 3510C—1996）

1 适用范围

1.1 本方法介绍了从水样中分离有机化合物的程序，也描述了第 4 章第 4.3 节中提到的适合正确测定方法的萃取液浓缩技术。

1.2 本方法适用在各种色谱程序的前处理中分离和浓缩不溶于水以及微溶于水的有机化合物。

1.3 本方法必须由经验丰富和经过训练的分析人员使用或在其监督下使用。每个分析人员必须证明其具有使用本方法并出具可接受数据的能力。

2 方法概述

2.1 在规定的 pH 下（表 2-3-1），定量取样（通常为 1 L）加入分液漏斗中用二氯甲烷连续萃取。

2.2 萃取液干燥后再浓缩（必要时），如有必要须将萃取液溶剂置换为适合净化或测定方法的溶剂（适合的置换溶剂见表 2-3-1）。

3 干扰

3.1 参考 U.S.EPA 3500。

3.2 在碱性条件下萃取，一些目标化合物会分解。有机氯农药可能脱氯，邻苯二甲酸酯类可能会发生转换，酚类可能发生反应而形成丹宁酸盐。这些反应会随着 pH 的增大而加快，在 U.S.EPA 3510 中可以通过减少反应时间减缓分解。对于分析这些化合物，U.S.EPA 3510 优于 U.S.EPA 3520。但使用 U.S.EPA 3520，在酸性 pH 下进行初次萃取，可以优化酚类化合物的回收率。

4 仪器和材料

4.1 分液漏斗：2 L，具聚四氟乙烯活塞。

4.2 干燥柱：内径 20 mm Pyrex 玻璃色谱柱，底部填有 Pyrex 玻璃棉并具聚四氟乙烯活塞。

注：接触过高浓度的萃取液后，多孔盘（烧结玻璃盘）很难去除污染。没有多孔盘的玻璃柱也可以购买到。用一小块 Pyrex 玻璃棉垫来承载吸附剂。先用 50 ml 丙酮预洗玻璃棉垫，再用 50 ml 的洗脱溶剂进行清洗，然后用吸附剂填充小柱。

4.3 K-D 浓缩器。

4.3.1 浓缩管：10 ml，具刻度（Kontes K-570050-1025 或等效物）。磨口玻璃塞用于防止萃取液的挥发。

4.3.2 蒸馏瓶：500 ml（Kontes K-570001-500 或等效物）。使用弹簧、夹具或等效器具连接浓缩管。

4.3.3 冷凝管：三球大型（Kontes K-503000-0121 或等效物）。

4.3.4 冷凝管：两球小型（Kontes K-569001-0219 或等效物）。

4.3.5 弹簧：1/2 in（Kontes K-662750 或等效物）

注：在采用 K-D 蒸发浓缩器进行浓缩，推荐使用下列玻璃器皿来回收溶剂。联邦、州或地方政府在控制空气中挥发性有机物的法规中可能要求必须使用这种装置。EPA 推荐使用这种改造装置作为执行污染减排计划的一个方法。溶剂回收是支持减少废物排放和防止污染的一种手段。

4.4 溶剂蒸汽回收系统（Kontes K-545000-1006 或 K-547300-0000，Ace 玻璃 6614-30 或等效物）。

4.5 沸石：经溶剂萃取，约 10/40 目（碳化硅或等效物）。

4.6 水浴：加热式，带有同心圈盖，可以控制温度（± 5℃）。水浴应在通风柜内使用。

4.7 样品瓶：2 ml，玻璃瓶，带聚四氟乙烯内垫的螺纹帽或夹压式密封盖。

4.8 pH 试纸：pH 范围涵盖萃取液的 pH。

4.9　锥形瓶：250 ml。
4.10　注射器：5 ml。
4.11　刻度量筒：1 L。

5　试剂

5.1　所有试验必须使用试剂级化学品。除非另有说明，否则，所有试剂均应符合美国化学学会（ACS）分析试剂委员会的规范。也可以使用其他等级的试剂，只要先确定试剂纯度足够高，使用时不降低测试准确度。试剂应储存在玻璃容器中，以防止污染物从塑料容器中浸出。
5.2　不含有机物的试剂水：本方法用水或试剂水均指不含有机物的试剂水，参见第 1 章。
5.3　氢氧化钠溶液（10 mol/L），NaOH：将 40 gNaOH 溶于无有机物的试剂水中，将其稀释至 100 ml。只要加入量不明显改变样品的总体积（例如，小于 1%），其他浓度的氢氧化物溶液也可用于调节样品的 pH。
5.4　硫酸钠（颗粒状，无水），Na_2SO_4：将硫酸钠置于一个浅托盘中在 400℃加热 4 h 进行纯化，或用二氯甲烷进行预清洗。如果硫酸钠用二氯甲烷进行预清洗，必须分析一个方法空白，证明硫酸钠没有产生干扰。
5.5　硫酸溶液（1∶1，V/V），H_2SO_4：将 50 ml H_2SO_4 缓慢加入 50 ml 不含有机物的试剂水中。只要加入量不明显改变样品的总体积（例如，小于 1%），其他浓度的酸性溶液也可用于调节样品的 pH。
5.6　萃取 / 置换溶剂：所有溶剂必须达到农残级或等效物。
5.6.1　二氯甲烷，CH_2Cl_2，沸点 39℃。
5.6.2　正己烷，C_6H_{14}，沸点 68.7℃。
5.6.3　异丙醇，$CH_3CH(OH)CH_3$，沸点 82.3℃。
5.6.4　环己烷，C_6H_{12}，沸点 80.7℃。
5.6.5　乙腈，CH_3CN，沸点 81.6℃。

6　样品采集和保存

详见相应有机分析方法中有关样品采集和保存的相关内容。

7 操作步骤

7.1 用容量为 1 L 的刻度量筒量取 1 L（至少）的样品。如果样品瓶中的所有样品都被萃取，需在样品瓶的外面标记样品的刻度位置。如果样品浓度较高，量取少量样品用不含有机物的试剂水稀释到 1 L，或用小体积的样品瓶盛装样品，样品全部萃取。

7.2 用移液管量取 1.0 ml 的替代物标准溶液加入刻度量筒（或样品瓶）的试样中，混合均匀（替代物标准溶液和基体加标溶液的信息详见 U.S.EPA 3500 以及使用的测定方法）。

7.2.1 向每批次样品中的基体加标样品加入 1.0 ml 的基体加标标准溶液。

7.2.2 如果使用 U.S.EPA 3640，凝胶色谱净化，由于无法从凝胶色谱中回收一半的萃取液，加入的替代物溶液以及基体加标标准溶液体积加倍（或仍使用 1.0 ml 的加标溶液，浓缩最后的萃取液到原来体积的一半，如浓缩到 0.5 ml 而不是 1.0 ml）。

7.3 使用 pH 试纸检查样品的 pH，如有必要，用 1∶1 的硫酸或 10 mol/L 氢氧化钠溶液将其调节到表 2-3-1 中规定的 pH。只要不会导致萃取液体积的显著变化（小于 1%），也可采用较低强度的酸碱溶液（详见 5.3 和 5.5 节）。

7.4 从刻度量筒（或样品瓶）中取一定量样品加入分液漏斗中。用 60 ml 的二氯甲烷清洗量筒（或样品瓶），并将清洗溶液转移至分液漏斗中。如果直接从样品瓶中转移样品，向样品瓶中加水至 7.1 节中标记的刻度处，测量瓶中样品的体积。

7.5 封上分液漏斗剧烈振摇 1 ~ 2 min 并周期性放气释放压力。此外，当浓缩管在水浴中时，将置换溶剂从冷凝管的顶部倒入，见 7.11.4 节。

注：二氯甲烷会迅速产生高压，因此分液漏斗密封并开始摇动后立即放气。分液漏斗放气应在通风柜中，以避免分析人员接触到溶剂蒸气。

7.6 静置 10 min，使有机相与水相分层。如果层间乳化界面超过溶剂层的 1/3，分析人员必须采用机械手段完成两相分离。依据样品选择最佳破乳方法，包括搅动、玻璃棉过滤、离心或其他物理方法。将萃取液收集在锥形瓶中。如果乳化液不能被分离（回收的二氯甲烷少于 80%，校正二氯甲烷的水溶性），将样品、溶剂和乳化液转移到连续萃取器的萃取室中，并按 U.S.EPA 3520 所述进行连续液 - 液萃取。

7.7 加入新的溶剂重复萃取 2 次（详见 7.2 ~ 7.5 节）。合并 3 次萃取液。

7.8 如果需要进一步调节 pH 和萃取，将水相的 pH 调节到表 2-3-1 中规定的 pH。如 7.2 ~ 7.5 节所述，用 60 ml 的二氯甲烷重复萃取 3 次，收集合并萃取液并适当标记。

7.9 如果进行 GC/MS 分析（U.S.EPA 8270），酸 / 中性和碱性萃取液可在浓缩之前进行合并。然而，在一些情况下，酸 / 中性和碱性萃取液单独浓缩分析更好（例如，为了管理规定，需要确定是否存在低浓度的特定酸 / 中性或碱性化合物，则可能需要单独进行萃取分析）。

7.10　用 K–D 浓缩器进行浓缩（如有必要）（7.11.1 ~ 7.11.6 节）。

7.11　K–D 浓缩技术。

7.11.1　将 10 ml 浓缩管连接到 500 ml 蒸馏瓶上，组装 K–D 浓缩装置（4.3 节）。

7.11.2　根据生产商说明，将溶剂蒸汽回收玻璃器皿（冷凝以及回收装置）（4.4 节）装到 K–D 浓缩装置的冷凝管上。

7.11.3　将萃取液倒入装有大约 10 cm 无水硫酸钠的干燥柱内以去除其中的水分，干燥后的萃取液收集于 K–D 浓缩管中。另用 20 ~ 30 ml 二氯甲烷溶剂淋洗装有萃取液的锥形瓶，然后将其加入干燥柱，以达到定量转移的目的。

7.11.4　向烧瓶中加入 1 ~ 2 粒清洁的沸石，并接上三球斯奈德冷凝管。自斯奈德冷凝管上方加入约 1 ml 二氯甲烷预湿冷凝管。将 K–D 浓缩装置置于水浴槽内（水浴温度比溶剂沸点高 15 ~ 20℃），使浓缩管部分浸入热水中，整个蒸馏瓶底部圆形表面与热蒸气接触。调节装置的垂直位置及水温，使浓缩在 10 ~ 20 min 内完成。在适当的蒸馏速度下，冷凝管内的玻璃球应保持上下振动，但管内并不会积存溶剂。当液体体积降至 1 ml 时，将 K–D 装置移出水浴槽，让溶剂沿壁滴下并冷却至少 10 min。

7.11.5　如必须进行溶剂转换（如表 2–3–1 所示），应立刻取下斯奈德冷凝管，并加入 50 ml 转换溶剂及 1 粒新的沸石，并重新附上冷凝器。或者，将置换溶剂从冷凝管的顶部倒入，同时浓缩装置一直置于 7.11.4 节中的热水浴中。按 7.11.4 节描述的方法浓缩萃取液，如有必要，升高水浴温度保持适当的蒸馏速度。

7.11.6　取下斯奈德冷凝管，以 1 ~ 2 ml 二氯甲烷或置换溶剂淋洗 K–D 烧瓶及斯奈德冷凝管下方接口。如果有硫化物结晶，继续用 U.S.EPA 3660 来净化。萃取液可用 7.12 节所述方法进一步浓缩或用上次用过的溶剂调节到 10.0 ml。

7.12　如果表 2–3–1 中有要求进一步浓缩，可采用微型斯奈德冷凝管技术（7.12.1 节）或氮吹浓缩技术（7.12.2 节）调整萃取液到最终要求体积。

7.12.1　微型斯奈德冷凝管技术

如果表 2–3–1 中有要求进一步浓缩，向浓缩管中加入 1 粒新的沸石，并将二球微型斯奈德冷凝管直接接到浓缩管上。在斯奈德冷凝管上方加入约 0.5 ml 二氯甲烷或转换溶剂预湿冷凝管。将微型浓缩装置放入水浴槽中，使浓缩管部分浸在热水中。调节装置的垂直位置及水温（必要时），使浓缩在 5～10 min 内完成，在适当的蒸馏速度下，冷凝管内的玻璃球应保持上下振动，但管内并不会积存溶剂。当液体体积降至 0.5 ml 时，将浓缩装置移出水浴槽，让溶剂回流并冷却至少 10 min。取下斯奈德冷凝管，用 0.2 ml 二氯甲烷或置换溶剂淋洗烧瓶和下方接口，收集洗涤液至浓缩管中，用溶剂按表 2-3-1 中所示调整最终萃取液体积。

7.12.2 氮吹技术

7.12.2.1 将浓缩管放入 35℃的水浴中，用清洁、干燥的氮气流（经活性炭柱过滤）缓和地将溶剂体积蒸发到如表 2-3-1 中所示的最终体积。

注意：在活性炭阱与样品之间，不可使用新的塑胶管，因为其可能引入污染物。

7.12.2.2 在浓缩过程中，用二氯甲烷或合适的溶剂多次淋洗浓缩管内壁。在蒸发过程中，应注意浓缩管的位置，避免冷凝水滴进到萃取液中（例如，溶剂液面应低于水浴液面）。正常操作程序中，绝不可让萃取液干涸。

注意：当溶剂体积降至 1 ml 以下时，某些半挥发性有机物可能会损失。

7.13 可用适当的测定方法进行目标化合物的分析（详见本章 4.3 节）。如不立即对萃取液进行分析，则将浓缩管密封，冷藏储存。如果储存时间超过 2 d，必须将萃取液移转至配有聚四氟乙烯内衬的螺旋瓶盖或压盖的样品瓶内，并适当标识。

8 质量控制

8.1 任何试剂空白，基体加标或平行样品应与实际样品的分析步骤完全相同。

8.2 具体质量控制程序见第 1 章，样品提取和制备步骤参见 U.S.EPA 3500。

9 方法性能

性能数据参见测定方法。

表 2-3-1 不同测定方法的特定萃取条件

测定方法	第一次萃取 pH	第二次萃取 pH	分析所需置换溶剂	净化所需置换溶剂	净化所需萃取液体积 /ml	分析所需最终萃取液体积 /ml[a]
U.S.EPA 8041	≤2	无	异丙醇	正己烷	1.0	1.0，0.5[b]
U.S.EPA 8061	5～7	无	正己烷	正己烷	2.0	10.0
U.S.EPA 8070	按来样	无	甲醇	二氯甲烷	2.0	10.0
U.S.EPA 8081	5～9	无	正己烷	正己烷	10.0	10.0

续表

测定方法	第一次萃取 pH	第二次萃取 pH	分析所需置换溶剂	净化所需置换溶剂	净化所需萃取液体积 /ml	分析所需最终萃取液体积 /ml[a]
U.S.EPA 8082	5 ~ 9	无	正己烷	正己烷	10.0	10.0
U.S.EPA 8091	5 ~ 9	无	正己烷	正己烷	2.0	1.0
U.S.EPA 8100	按来样	无	无	环己烷	2.0	1.0
U.S.EPA 8111	按来样	无	正己烷	正己烷	2.0	10.0
U.S.EPA 8121	按来样	无	正己烷	正己烷	2.0	1.0
U.S.EPA 8141	按来样	无	正己烷	正己烷	10.0	10.0
U.S.EPA 8270[c,d]	＜2	＞11	无	—	—	1.0
U.S.EPA 8310	按来样	无	乙腈	—	—	1.0
U.S.EPA 8321	按来样	无	甲醇	—	—	1.0
U.S.EPA 8325	7	无	甲醇	—	—	1.0
U.S.EPA 8410	按来样	无	二氯甲烷	二氯甲烷	10.0	0.0（干）

注：[a] 对于建议最终萃取液体积为 10.0 ml 的方法，可将体积减少至 1.0 ml，以达到较低的检出限。

[b] 可通过 U.S.EPA 8041 分析酚类化合物，用 GC/FID 分析 1.0 ml 的异丙醇萃取液。U.S.EPA 8041 也包括 可选的酚类化合物衍生步骤，用 GC/ECD 分析 0.5 ml 的正己烷萃取液。

[c] GC/MS 的特殊性是可以不需要萃取液净化这个步骤。如有需要，请参考 U.S.EPA 3600 中关于净化步骤的指导方法。

[d] 可以颠倒萃取过程中 pH 顺序以更好分离酸性和碱性化合物。过度的调节 pH 可能导致一些目标化合物的损失（见 3.2 节）。

U.S.EPA 3510C
分液漏斗液液萃取法

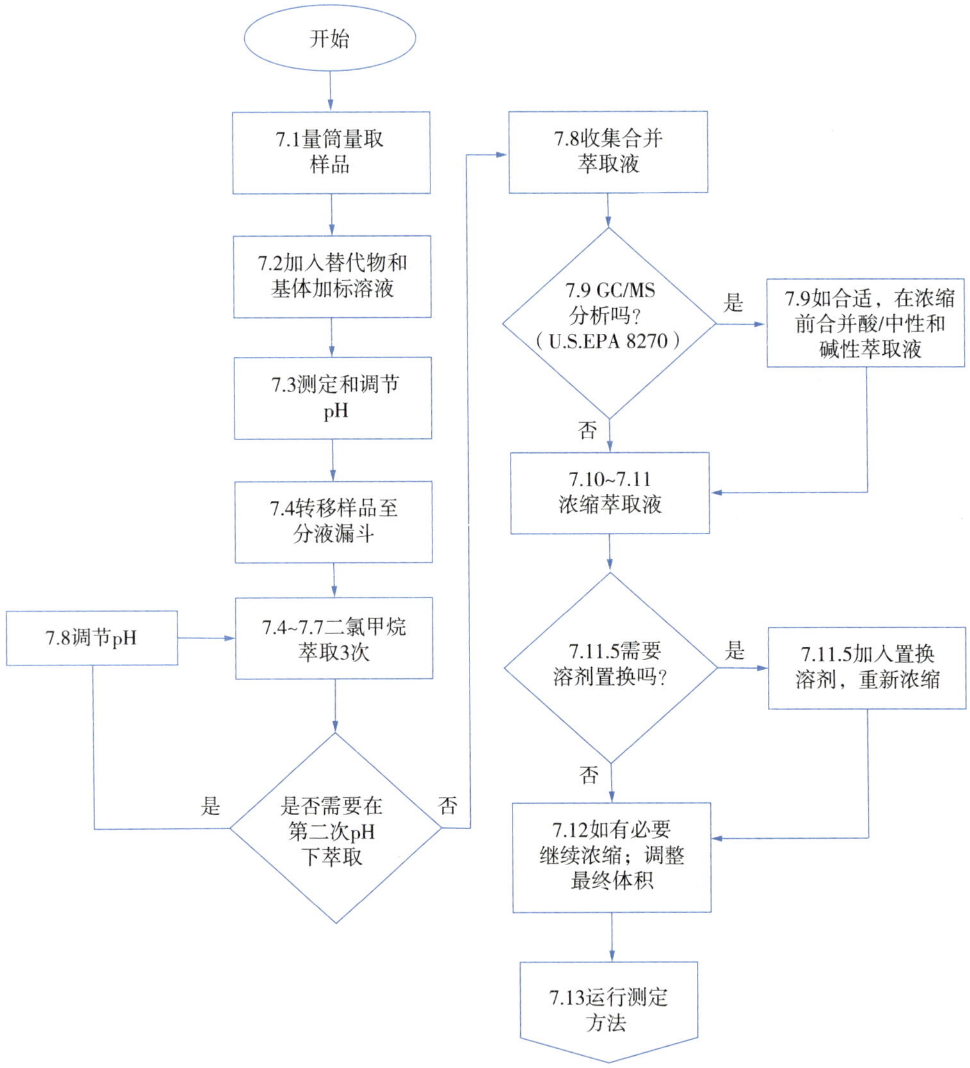

图 2-3-1　分液漏斗液液萃取法

3535A

固相萃取法

（U. S. EPA 3535A—2007）

SW-846 不是分析培训手册，因此，其所提供的方法程序仅适用于至少受过基础化学分析原理和专业技术正规培训的分析人员。

此外，除了必须采用规定参数的分析方法，SW-846 方法还可作为方法导则，包含指导如何执行分析程序或技术的通用规则。实验室可以以此为基础，建立本实验室的详细标准操作程序（SOP），用于常规或特定工作项目。本方法中的验证数据仅供参考，不作为 / 不可作为实验室认证所必须达到的绝对质量控制标准（QC）。

1 适用范围

1.1 本方法介绍了利用固相萃取（SPE）介质从水样中提取目标化合物的程序，描述了从水介质包括地下水、废水和毒性特征浸出程序（TCLP，U.S.EPA 1311）的浸出液中萃取各种有机化合物的条件，介绍了采用萃取膜萃取 9 类目标化合物和用萃取柱萃取 2 类目标化合物的方法。还可以用其他的固相萃取技术（见第 6 节）。萃取程序与目标化合物有关，随目标化合物的类别及固相萃取介质的种类而变。表 2-4-1 列出了迄今已经验证评价过的各类目标化合物、相应的固相萃取介质类型和测定方法，从中可查到相关性能数据。

表 2-4-1 迄今已验证过的各类目标化合物及固相萃取介质种类和测定方法

目标化合物类别	萃取介质类型	测定方法
邻苯二甲酸酯	膜	U.S.EPA 8061
有机氯农药	膜	U.S.EPA 8081
多氯联苯（PCBs）	膜	U.S.EPA 8082
有机磷农药	膜	U.S.EPA 8141
硝基芳烃类和硝胺类	膜和柱	U.S.EPA 8330
爆炸物（包括硝基芳烃类、硝胺类和硝酸酯类等 U.S.EPA 8095 中列出的化合物）	膜和柱	U.S.EPA 8095
含有机氯农药的 TCLP 浸出液	膜	U.S.EPA 8081
含半挥发性有机物的 TCLP 浸出液	膜	U.S.EPA 8270
含苯氧基除草剂的 TCLP 浸出液	膜	U.S.EPA 8321

1.2 本方法也可用于其他半挥发性有机物或可萃取的化合物，也适用于其他目标化合物的萃取或其他固相萃取介质和萃取溶剂，但前提条件是分析人员要达到基体加标及 SW-846 中 U.S.EPA 8000 系列测试方法要求的性能数据（例如回收率在 70% ~ 130% 或达到特定项目的回收率要求）。仅用不含有机物的试剂水不足以完成本方法的性能验证，必须用实际样品的实验数据来验证。

1.3 本方法不适用于悬浮物含量大于 1% 的水样。但是，根据特定项目的工作目标和数据的用途，如果颗粒物不作为样品的组成部分，可以在量取萃取试样之前将颗粒物沉降；如果将颗粒物视为水样的组成部分，则应参考 SW-846 第 2 章，按多相样品进行处理。

1.4 本方法也包括了浓缩萃取液和置换溶剂的程序。

1.5 在“饮用水安全法案”的相关方法中，固相萃取也称液固萃取（LSE）。

1.6 分析人员在使用本方法之前应先参阅整个分析过程中各个操作程序的基础方法（如 U.S.EPA 3500、U.S.EPA 3600、U.S.EPA 5000 和 U.S.EPA 8000），以获得有关质量控制程序，建立质控标准、数据处理和综合性导则等方面的补充说明。同时也应参考本手册前面的免责声明及 SW-846 第 2 章中关于方法、仪器、材料、试剂和耗材选择等方面的指导说明，以及具有证明其所选技术适用于所关注的目标化合物、样品基体和浓度水平等。

此外，分析人员和数据使用人员应该清楚，除明确说明外，联邦测试要求并不对 SW-846 中的方法使用做强制性规定，分析人员和方法委员会可以以本方法中环境保护局（EPA）所提供的信息为指导，判定结果是否达到数据质量目标（DQOs）要求。

1.7　本方法必须由经验丰富和经过训练的分析人员使用，或在其监督下使用。每个分析人员必须证明其具有使用本方法并出具可接受数据的能力。

2　方法概述

2.1　样品的制备程序随目标化合物而变。在萃取某些化合物时，需事先调节样品的 pH（见 11.2 节）。对其他种类的化合物则不需要调节 pH。

2.2　调节 pH（必要时）后，量取一定量的水样，使其通过萃取装置中的固相萃取介质（膜或柱），以实现萃取。

2.3　用合适的溶剂将目标化合物从固相介质上洗脱到收集瓶中（见 11.7 和 11.8.7 节）。必要时，对萃取液进行干燥（用无水硫酸钠）和浓缩。

2.4　一些目标化合物在萃取液浓缩后还需要溶剂置换及后续的样品净化（见 U.S.EPA 3600 系列）或测定步骤（见 U.S.EPA 8000 系列）。

3　定义

见 SW-846 第 1 章和仪器使用说明书中的有关定义。

4　干扰

4.1　溶剂、试剂、玻璃器皿和其他样品处理器具可能含有杂质或对样品分析方法有影响的干扰物质。在与样品分析相同的条件下，所有这些材料都必须进行空白实验，以验证其不会对样品分析造成干扰。根据需要进行试剂选择，用全玻璃蒸馏装置进行溶剂提纯。参见各方法关于质量控制程序的特定指南和 SW-846 第 4 章中玻璃器皿清洗的通用要求。同时参考 U.S.EPA 3500 中有关干扰和质控等内容。

4.2　已经证实，某些目标化合物在碱性条件下萃取会发生分解，如有机氯农药会脱氯，邻苯二甲酸酯会水解，其分解反应速率随着 pH 的升高及反应时间的延长而加快。

4.3　键合相的硅胶（如 C_{18}）长时间处于 pH$<$2 的强酸性水样中或$>$9 的强碱性水样中都会水解。水样的 pH 值在此区间的极值时，增加水样与硅胶接触时间会加剧水解。水解会降低萃取效率或引起仪器基线的不稳定，出现此类问题时，应考虑使用苯乙烯 - 二乙烯苯（SDB）萃取膜。

4.4　邻苯二甲酸酯是实验室普遍存在的污染物，常被用作硬质塑料（如 PVC）的脱模剂和软管材的增塑剂，所以本方法实验过程应全部使用玻璃器皿，并进行空白实验以证明所用无水硫酸钠或其他试剂中无邻苯二甲酸酯污染。

4.5 样品中的颗粒物可能会阻塞固相介质，使萃取速度变慢，此时可在不影响方法性能前提下使用合适的助滤剂有助于缩短萃取时间。当水样中含有大量悬浮物时（>1%），即使使用了助滤剂，本方法也不适用，因为溶剂用量少且溶剂和固相介质接触的时间较短，萃取效率仍可能达不到要求。

5 安全

5.1 本方法并未包括其使用过程中的所有安全事项。实验室有责任提供安全的实验环境和职业安全及健康管理局（OSHA）规定的与本方法中使用的化学品安全处理相关的通用文件。所有工作人员都应该能够获取物质安全数据表（MSDSs）的参考资料。

5.2 当处理含有爆炸物的样品时，要严格执行本方法的浓缩步骤，否则，可能会引起爆炸。

6 仪器和材料

本方法提及的商品名称或产品仅供举例之用，并不代表 EPA 的认可或唯一推荐产品。SW-846 方法中引用的仪器和设备是在方法开发期间或后期方法验证过程中使用的产品和设备。除本手册中列出的以外，其他玻璃器皿、试剂、用品、仪器和设备等，只要证明其能满足分析样品的预期方法性能要求并备有记录文件，即可以使用。本方法中所述的萃取装置和材料为 EPA 提供试验数据资料（膜萃取 8 类目标化合物和柱萃取 1 类目标化合物）时所用到的。只要经过证明其能够有效萃取目标化合物，其他的固相萃取介质也可以使用。使用其他固相萃取装置时，需要对 11.0 节中描述的操作过程进行修改，修改时可参考供应商提供的使用说明书进行。

本节未列出实验室常用玻璃器皿（如烧杯和容量瓶）。

6.1 膜固相萃取系统：Empore^{TM} 多通道膜萃取装置，有 3 个直径为 90 mm 的标准过滤器或 6 个直径为 47 mm 的标准过滤器或等效装置。只要满足项目质控要求并达到满意萃取性能，也可使用为固相萃取设计的其他手动、自动或自动控制的样品制备系统。

6.1.1 多通道抽气装置主机：费舍尔公司 Fisher 14-378-1B（3 通道）、14-378-1A（6 通道）或等效物。

6.1.2 标准过滤器：费舍尔公司的 Fisher 14-378-2A（47 mm）、14-378-2B（90 mm）或等效物，包括样品贮存池、过滤夹、滤板及具有长形滴嘴的过滤头。

6.1.3 收集管：60 ml，应具有合适的内径和长度，以使标准过滤器的滴嘴能插入管径，避免样品溅出。

6.1.4 过滤瓶：2 L，磨砂口玻璃接头（可选）。可以搭配全玻璃的标准过滤器及收集管使用进行单个样品的萃取。

6.2 柱固相萃取系统：Visiprep 固相萃取多孔装置（Supelco）或其他柱固相萃取系统（见 6.4 节）。样品萃取时使用的玻璃容器及器具，可参考厂商的建议。

6.3 固相萃取膜：Empore™ 47 mm、90 mm 或等效物。萃取膜可分多种固相材质，直径为 47 mm 或 90 mm 两种，只要能证明满足目标化合物的萃取要求，也可以使用其他固相材质。见表 2-4-10 系特定萃取膜的选用指南。

6.3.1 C_{18} 萃取膜：Empore™ 萃取膜，直径 47 mm（3M 产品型号 98-0503-0015-5），直径 90 mm（3M 产品型号 98-0503-0019-7）或等效物。

6.3.2 C_{18} 高流速萃取膜：Empore™ 萃取膜，直径 47 mm（3M 产品型号 98-0503-0138-5），直径 90 mm（3M 产品型号 98-0503-0136-9）或等效物。对使用助滤剂仍不易过滤的样品，使用此类萃取膜不失为一种较好的选择。

6.3.3 苯乙烯－二乙烯苯（SDB-XC）萃取膜：Empore™ 萃取膜，直径 47 mm（3M 产品型号 98-0503-0067-6），直径 90 mm（3M 产品型号 98-0503-0068-4）或等效物。

6.3.4 磺化苯乙烯－二乙烯苯反相（SDB-RPS）磺酸酯萃取膜：Empore™ 萃取膜，直径 47 mm（3M 产品型号 98-0503-0110-4），直径 90 mm（3M 产品型号 98-0503-0111-2）或等效物。

6.4 固相萃取柱：Waters 公司 Porapak® R 固相萃取装置或等效物。若能证明其满足目标化合物的萃取效果，也可使用其他固相萃取柱。

6.5 助滤剂（可选）。

6.5.1 助滤剂 400：费舍尔公司 Fisher 14-378-3 或等效物。

6.5.2 一次性玻璃纤维预滤器：Whatman GMF150，孔径 1 μm 或等效物。

6.6 干燥柱：内径 22 mm、带聚四氟乙烯塞的玻璃色谱柱，Kontes K-420530-0242 或等效物。

注：接触过高浓度或黏稠性的萃取液后，柱内用于装载无水硫酸钠的多孔盘（烧结玻璃盘）不易除污，可改用玻璃棉垫来承载除水剂。

6.7 K-D 浓缩装置。

6.7.1 浓缩管：10 ml，带刻度，磨口玻璃塞，可防止短期储存时萃取液的挥发。

6.7.2 蒸馏瓶：500 ml 或其他体积，大小适用于溶剂的浓缩，可用弹簧或夹子固定于浓缩管上。

6.7.3 三球大型斯奈德冷凝管。

6.7.4 两球小型斯奈德冷凝管（可选）。

6.7.5 弹簧：1/2 in。

6.8 溶剂蒸发回收系统：Kontes 545000-1006 或 K-547300-0000，Ace Glass 6614-30 或等效物。

注：在采用 K-D 蒸发浓缩装置进行浓缩过程中，推荐使用这种玻璃器皿来回收溶剂（见 11.9 和 11.0 节）。联邦、州或地方政府在控制空气中挥发性有机物的法规中可能要求必须使用这种装置。EPA 推荐使用这种改造装置作为执行污染减排计划的一个方法。溶剂回收是支持减少废物排放和防止污染的一种手段。

6.9 沸石：经溶剂萃取，约 10/40 目（碳化硅或等效物）。

6.10 水浴：可加热，附同心圈盖，可控制温度在 ±5℃以内，水浴应在通风柜内使用。

6.11 氮吹浓缩装置（可选）：N-Evap，12 个或 24 个吹气位置（112 型或等效物）。

6.12 玻璃样品瓶：适当大小，如 2 ml 或 10 ml，带聚四氟乙烯内垫的螺纹帽或夹压式密封盖，用于储存萃取液。

6.13 pH 试纸：广泛 pH 试纸。

6.14 真空系统：可维持 66 cm（或 26 in）汞柱的真空度。

6.15 量筒：适当大小。

6.16 滴管：一次性。

6.17 一次性过滤膜：0.45 μm（Millex SR 或等效物）。

7 试剂和标准物质

7.1 所有试验必须使用试剂级化学品。除非另有说明，否则，所有试剂均应符合美国化学学会（ACS）分析试剂委员会的规范。也可以使用其他等级的试剂，只要先确定试剂纯度足够高，使用时不降低测试准确度。试剂应储存在玻璃容器中，以防止污染物从塑料容器中浸出。

7.2 不含有机物的试剂水：本方法用水或试剂水均指不含有机物的试剂水，参见 SW-846 第 1 章中的定义。

7.3 无水硫酸钠（粒状、无结晶水 Na_2SO_4）：于浅盘中在 400℃烘干约 4 h，或将硫酸钠用二氯甲烷预洗纯化。

7.4　萃取前调节样品 pH 的溶液

7.4.1　硫酸溶液（1∶1，*V*/*V*），H_2SO_4：将 50 ml 浓硫酸（相对密度 1.84）缓慢地加到 50 ml 试剂水中。

7.4.2　氢氧化钠溶液（10 mol/L），NaOH：将 40 g NaOH 溶于试剂水中，稀释至 100 ml。

7.5　萃取、清洗和溶剂置换

经验证，本方法 11.0 节推荐的组合溶剂是有效的。如果能够证明其满足目标化合物萃取性能的要求，也可使用其他溶剂。

溶剂的选择取决于目标化合物，没有一种溶剂可以通用于所有的目标化合物。无论使用何种溶剂体系（包括本方法列出的），分析人员都必须证明其在所需要的浓度水平对目标化合物有足够好的萃取效果。这种证明至少应包括 U.S.EPA 3500 中所描述的能力的初始验证（使用洁净参考基体）。U.S.EPA 8000 描述相关程序，这些程序可用来建立验证、基体加标、实验室控制样品的性能标准。

所有溶剂至少应为农残级或等效物。溶剂在使用前可先脱气。

7.5.1　二氯甲烷，CH_2Cl_2。

7.5.2　正己烷，C_6H_{14}。

7.5.3　乙酸乙酯，$CH_3COOCH_2CH_3$。

7.5.4　乙腈，CH_3CN。

7.5.5　甲醇，CH_3OH。

7.5.6　丙酮，$(CH_3)_2CO$。

7.5.7　甲基叔丁基醚（MTBE），$C_5H_{12}O$。

7.5.8　异丙醇，$(CH_3)_2CHOH$。

8　样品采集和保存

参见本方法的 11.1 和 11.2 节，同时参见 SW-846 第 4 章“有机物分析”、U.S.EPA 3500 及所用测定方法中的相关内容。

9　质量控制

9.1　参见 SW-846 第 1 章中质量保证（QA）和质量控制（QC）规则。当质量控制指南文件之间存在不一致时，方法中特定的质量控制标准优先于基于特定技术的标准以及第 1 章中给出的标准，特定技术的质量控制标准优先于第 1 章中的标准。任何涉及收集分析数据的工作都应包含在一个结构合理、系统化的计划文件中，例如质量保证方案计划（QAPP）或采样及分析计划（SAP），这些文件将项目目标和规范转换为执行项目和评价结果人员所遵守的说明书。每个实验室都应该建立并保持一套正式、规范的质量保证程序。实验室还应该保存记录以证明所出具数据的质量。所有的数据记录和质量控制数据都应保存以备查阅和检查。

9.2 能力的初始验证

每个实验室必须通过由洁净基体中目标化合物产生的可接受的精密度和准确度数据来验证其使用样品制备和测定方法的初始能力。实验室有新员工培训后上岗或仪器发生较大改变时，这种初始验证必须重新进行。具体验证步骤参见 U.S.EPA 8000。

9.3 在开始萃取之前，分析人员首先应该证明所有与样品及试剂接触的仪器均是没有干扰的。这可以通过分析方法空白来实现。作为一项持续性的检查，每批样品萃取、净化和分析时或试剂改变时，均应做一次方法空白，分析其中的目标化合物，以确保不受实验室的慢性污染干扰。

9.4 所有方法空白、基体加标样品或基体加标平行样品均应与实际样品采用完全一致的分析程序（见 11 节）。

9.5 标准的质量保证措施应与本方法如合适的系统性计划文件和实验室 SOP 一同实施。所有的仪器操作条件都应记录。

9.6 样品萃取和样品制备的 QC 程序及确定 QC 程序时所用的确定方法等，也可参见 U.S.EPA 3500。

9.7 测定方法要求的替代标准物应在萃取前加入样品中。更多内容参见 U.S.EPA 3500、U.S.EPA 8000 和相应的测定方法。

9.8 如前所述，使用任何萃取技术（包括固相萃取）均应有验证数据的支持，以证明方法中所使用的溶剂体系和操作条件对萃取样品基体中一定浓度水平的目标化合物的有效性。

10 校准和标准化程序

没有直接与本萃取程序相关的校准和标准化步骤。

11 操作步骤

大部分有机物的固相萃取程序都非常相似，样品制备程序（11.1 节）、pH 调节（11.2 节）、安装萃取装置（11.3 节）及萃取液的浓缩一般适用于所有的目标化合物。萃取膜清洗（11.4 节）及活化（11.5 节）、样品萃取（11.6 节）及洗脱（11.7 节）则因目标化合物类别不同而有所差异。11.8 节中描述了使用 SPE 柱提取硝基芳香烃类、硝胺类和爆炸物的技术。11.9 节中描述了 K-D 浓缩操作步骤，如果需要进一步浓缩，11.10 节中介绍了斯奈德微柱和氮吹浓缩技术。

11.1 样品制备

由于其他萃取方法（如分液漏斗或液 - 液连续萃取法）所使用的样品量通常是 1 L，所以本方法中大部分步骤的样品量也为 1 L。当目标化合物的浓度过高或灵敏度为非主要考虑因素时，样品量也可减少。但是样品必须用适当大小的容器采集。为了得到较好的分析结果，必须提取全部样品。

水样的制备过程中，有几个问题必须考虑。首先，如果项目要求关注的目标化合物与水样中颗粒物有关，则样品制备过程中必须保证原始水样中的颗粒物被包含在被萃取的样品中。然而当水样中颗粒物含量大于 1% 时，萃取介质的效率可能会受到影响。在某些时候，根据项目的目的及数据的用途只需对可溶性的成分进行定量分析，此时，可以将含颗粒物的样品先静置，然后再量取用于萃取的试样。相反，如果水样中含颗粒物较多，而且需要分析目标化合物的总量，则可进行相分离，用本方法萃取水相部分，再根据目标化合物的种类选用适当的方法萃取固相部分，然后，将所得萃取液分别或合并后进行分析。其次，大部分有机化合物是疏水性的，易黏附在样品容器的表面，因此，大部分萃取方法都明确要求在将样品转移至萃取装置后，要用溶剂淋洗容器并将淋洗溶剂加至萃取装置内。因此，仅从样品瓶中取部分样品进行萃取是不恰当的，如不应从 1 L 样品瓶中取 250 ml 进行萃取。

萃取水样的体积取决于分析结果的使用目的，一般情况下，样品量必须满足项目目标所需要的分析灵敏度（见 SW-846 第 2 章）。理想情况下，采集样品时，样品充满整个容器，即样品瓶内不应留有多余的空间。如 1 L 样品采集在 1 L 的采样瓶中，250 ml 样品采集在 250 ml 样品瓶中，依此类推。

注意：光照可引起几种多环芳烃的光降解，如果目标化合物中包括这类化合物，萃取过程则应避光，在黑暗的环境中进行。

所有替代物和基体加标物（适用时）都应加在采样瓶中的原水样中，然后盖好盖子并振荡混匀。对某些目标化合物还需要调节水样至特定的 pH 值（见表 2-4-10），这应在加入替代物或基体加标物（适用时）并混匀后进行。否则，这些添加物的回收率将很难代表样品中目标化合物的萃取效果。

如果此方式不可行，则必须将部分样品转移至量筒后再加标。在这种情况下，分析人员必须小心地振荡混合样品，以确保样品中的颗粒物分布均匀，且必须记录此样品瓶未经淋洗。

注：当样品中颗粒物含量超过 1% 时，本方法不适用，因为这样的水样很难过滤，且萃取效率可能因溶剂量少及过短的接触时间而降低。如果颗粒物严重降低过滤速度或造成无法过滤，则应选择其他更适用的萃取方法。

11.1.1 在样品瓶外，依样品的高度来标记已使用的样品体积。盖紧瓶盖，振荡数分钟，使样品中颗粒物分布均匀。

11.1.2 以 1 L 试剂水制备方法空白样品或制备与样品体积一致的空白样品（如样品量为 250 ml 时，应制备 250 ml 方法空白样品）。空白样品可用量筒、烧杯或其他适当的容器制备，关于方法空白样品的制备频次参见 SW-846 第 1 章。

11.1.3 向采样瓶中的原始水样和空白样品中加入测定方法中列出的所有替代标准物质。

11.1.4 充分振荡样品并放置数分钟，以保证添加的替代物溶入水样中，同时使颗粒物能够沉降下来，以加快水样的过滤速度。

11.1.5 将方法要求的基体加标物加入采集的原始平行双样中，基体加标物的制备频次参见 SW-846 第 1 章或分析方法中的有关要求。膜固相萃取时，样品加标后需向样品中加 5.0 ml 甲醇，然后如 11.1.4 节所述混匀静置。

11.1.6 如果采取可能造成萃取物损失的净化步骤，则需相应调整替代物和加标物的加入量。在 U.S.EPA 3640 凝胶渗透净化（GPC）中，标准物质的加入量要加倍，以弥补在将样品注入 GPC 管柱时所耗损的一半萃取浓缩液。

11.2 调节 pH

必要时，使用广泛 pH 试纸测试水样的 pH，将水样的 pH 调节到表 2-4-2 所述的范围内。为确保目标化合物不被沉淀或在絮凝中流失，应在原始采样瓶中调节 pH。为保证与水中目标化合物受 pH 影响程度相同，应在替代物和基体加标物加入之后进行 pH 调节。

注意：若样品需要脱氯，应在采样时即进行脱氯处理；应在脱氯之后再调节 pH 萃取。

注：酸性除草剂的固相萃取效果受样品 pH 影响很大，如果从 TCLP 浸出液或其他样品中萃取酸性除草剂，应在萃取前将 pH 调至 1.0。

表 2-4-2 目标化合物萃取 pH

目标化合物类别	萃取 pH
邻苯二甲酸酯	5 ~ 7
有机氯农药	5 ~ 9
多氯联苯（PCBs）	5 ~ 9
有机磷农药	原样
硝基芳烃类和硝胺类	原样
爆炸物（包括硝基芳烃类、硝胺类和硝酸酯类等 U.S.EPA 8095 中列出的化合物）	原样
含有机氯农药的 TCLP 浸出液	原液
含半挥发性有机物的 TCLP 浸出液	原液
含苯氧基除草剂的 TCLP 浸出液	1.0

11.3 安装萃取装置

11.3.1 安装一个多孔抽气膜萃取装置（使用直径 47 mm 或 90 mm 的萃取膜）。单一样品的萃取，使用备有标准过滤装置的吸滤瓶（如图 2-4-1 所示），萃取膜可为 47 mm 或 90 mm。适用于各类目标化合物的固相膜材质如表 2-4-3（表 2-4-10 中也列有）。

表 2-4-3 固相萃取膜的适用性

目标化合物类别	膜种类
邻苯二甲酸酯	C_{18}
有机氯农药	C_{18}
多氯联苯（PCBs）	C_{18}
有机磷农药	磺化苯乙烯 - 二乙烯苯（SDB-RPS）
硝基芳烃类和硝胺类	磺化苯乙烯 - 二乙烯苯（SDB-RPS）
爆炸物（包括硝基芳烃类、硝胺类和硝酸酯类等 U.S.EPA 8095 中列出的化合物）	磺化苯乙烯 - 二乙烯苯（SDB-RPS）
含有机氯农药的 TCLP 浸出液	苯乙烯 - 二乙烯苯（SDB-XC）
含半挥发性有机物的 TCLP 浸出液	苯乙烯 - 二乙烯苯（SDB-XC）
含苯氧基除草剂的 TCLP 浸出液	苯乙烯 - 二乙烯苯（SDB-XC）

硝基芳香族、硝基胺类化合物和爆炸物的水样也可用固相萃取柱方式萃取。固相萃取柱的安装参考厂家的说明书（如 Porapak R 或等效物），按 11.8 节进行操作。

11.3.2 若样品中存在大量的颗粒物，用膜萃取时建议使用助滤剂或预滤器，例如 Empore™400 助滤剂、Whatman GMF150 或其他等效预滤器。

11.3.2.1 安装好标准过滤装置后，在萃取膜表面加约 40 g Empore™400 助滤剂。

11.3.2.2 另一种方法是在萃取膜上面安放 Whatman GMF150 预滤器，再将玻璃样品贮槽安在标准过滤器上。

11.3.2.3 用固相萃取柱萃取硝基芳香族、硝基胺类化合物或爆炸物时，不可使用助滤剂（见 11.8 节）。

11.4 萃取装置清洗

萃取样品前必须用两种不同的溶剂分别对萃取膜进行清洗，清洗的步骤依目标化合物和样品的基体而定，且在萃取装置使用之前进行。

11.4.1 首次清洗步骤

表 2-4-4 列出了首次清洗步骤推荐使用的溶剂及体积。

表 2-4-4 首次清洗使用的溶剂和体积

目标化合物类别	首次清洗溶剂及体积
邻苯二甲酸酯	20 ml 二氯甲烷
有机氯农药	20 ml 二氯甲烷
多氯联苯（PCBs）	20 ml 二氯甲烷
有机磷农药	5 ml 丙酮
硝基芳烃类和硝胺类	5 ml 乙腈
爆炸物（包括硝基芳烃类、硝胺类和硝酸酯类等 U.S.EPA 8095 中列出的化合物）	5 ml 丙酮
含有机氯农药的 TCLP 浸出液	5 ml 丙酮
含半挥发性有机物的 TCLP 浸出液	5 ml 丙酮
含苯氧基除草剂的 TCLP 浸出液	5 ml 乙腈

用上述体积的溶剂，沿贮槽壁向下淋洗来清洗萃取器和萃取膜。首先使少量溶剂抽过萃取膜（处真空状态），然后关闭真空，使溶剂浸泡膜约 1 min，再开启真空，将剩余溶剂抽过萃取膜，并抽干。

11.4.1.1 使用助滤剂时，要调整清洗溶剂的体积以保证浸泡整个助滤层。

11.4.1.2　在后续的活化步骤中，应调整溶剂体积使溶剂一直保持浸没过滤层。

11.4.2　第二次清洗步骤

表 2-4-5　第二次清洗使用的溶剂和体积

目标化合物类别	第二次清洗溶剂及体积
邻苯二甲酸酯	10 ml 丙酮
有机氯农药	10 ml 丙酮
多氯联苯（PCBs）	不需要
有机磷农药	5 ml 甲醇
硝基芳烃类和硝胺类	15 ml 乙腈
爆炸物（包括硝基芳烃类、硝胺类和硝酸酯类等 U.S.EPA 8095 中列出的化合物）	15 ml 异丙醇
含有机氯农药的 TCLP 浸出液	5 ml 乙酸乙酯
含半挥发性有机物的 TCLP 浸出液	5 ml 乙酸乙酯
含苯氧基除草剂的 TCLP 浸出液	不需要

11.4.3　第三次清洗步骤

第三次清洗仅用于爆炸物的萃取，见表 2-4-6。

表 2-4-6　第三次清洗使用的溶剂和体积

目标化合物类别	第三次清洗溶剂及体积
爆炸物（包括硝基芳烃类、硝胺类和硝酸酯类等 U.S.EPA 8095 中列出的化合物）	15 ml 甲醇

11.5　膜活化

由于萃取膜材质是疏水性的，水溶液样品无法通过萃取膜，因此在样品萃取前应用亲水性溶剂将萃取膜预湿。此步骤称为活化，所使用的溶剂取决于目标化合物。表 2-4-7 列出了对各类目标化合物建议使用的活化溶剂。

注意：从开始活化直到样品萃取结束，在全过程中保持膜的湿润是非常关键的。如果在活化步骤中萃取膜不慎干涸，则必须在加样品之前重新进行活化。

11.5.1　将活化溶剂加入萃取装置中。开启真空，抽气至数滴溶剂穿透萃取膜，确保溶剂浸润萃取膜。关闭真空，使萃取膜浸泡在溶剂中一定时间（时间如表 2-4-7 所示）。

表 2-4-7 活化步骤

目标化合物类别	活化步骤
邻苯二甲酸酯	20 ml 甲醇浸泡 1 min，20 ml 水冲洗
有机氯农药	20 ml 甲醇浸泡 1 min，20 ml 水冲洗
多氯联苯（PCBs）	20 ml 甲醇浸泡 1 min，20 ml 水冲洗
有机磷农药	5 ml 甲醇浸泡 1 min，20 ml 水冲洗
硝基芳烃类和硝胺类	15 ml 乙腈浸泡 3 min，30 ml 水冲洗
爆炸物（包括硝基芳烃类、硝胺类和硝酸酯类等 U.S.EPA 8095 中列出的化合物）	20 ml 乙腈浸泡 3 min，20 ml 乙腈淋洗，50 ml 水冲洗后再用 50 ml 水冲洗
含有机氯农药的 TCLP 浸出液	5 ml 甲醇浸泡 1 min，15 ml 水冲洗
含半挥发性有机物的 TCLP 浸出液	5 ml 甲醇浸泡 1 min，15 ml 水冲洗
含苯氧基除草剂的 TCLP 浸出液	5 ml 甲醇浸泡 1 min，15 ml 水冲洗

11.5.2 使用助滤剂时，应调整活化溶剂体积，在萃取完成之前，保持整个过滤层始终浸没在溶剂中。

11.5.3 到达浸泡时间后，重新启动真空抽气，抽取溶剂，但要留一薄层在萃取膜上，恰在萃取膜干涸前，关闭真空。

11.5.4 将表 2-4-7 所列的试剂水量加至萃取装置内，开启真空，使水穿透萃取膜，当萃取膜表面上水层还有 2 ~ 3 mm 高时，关闭真空，勿使萃取膜干涸。

11.5.5 用于爆炸物的萃取膜需要用乙腈和试剂水各冲洗 2 次。

11.6 用固相萃取膜萃取样品

11.6.1 将萃取膜清洗和活化后，将样品倒入样品贮存槽，调节真空度至最强以尽快过滤（至少 10 min）。尽可能多地将水样转移至样品槽中。

注：对颗粒物含量高的样品，可待样品中的颗粒物沉降后，尽可能多地将上清液倒入样品槽内。减少真空度，使颗粒尽可能少地被吸入萃取膜内部。大部分水溶液已通过萃取膜后，搅动含有颗粒物的剩余样品，并倒入样品槽中。再用一定量的试剂水冲洗，将剩余的颗粒物样品转移至样品槽中。颗粒物必须在水样全部通过萃取膜之前转移至样品槽。另一种情况是，根据项目要求或数据用途，如仅需定量测定水样中可溶部分中的目标化合物，此时，可只萃取不含颗粒物的上清液样品。

11.6.2 待样品全部经过固相萃取膜后，维持真空抽气 3 min，抽干萃取膜。方法空白样品及基体加标样品（见 11.1 节）均用与样品相同的方式处理。

注：萃取爆炸物时，需维持真空 20 min 抽干萃取膜，但是，对于易被氧化的其他目标化合物，抽干时间应尽量短。

11.7　从萃取膜上洗脱目标化合物

洗脱溶剂的选取是固相萃取成功的关键因素，表 2-4-8 列出了各种目标化合物的推荐洗脱溶剂。

表 2-4-8　各种目标化合物的洗脱步骤

目标化合物类别	洗脱步骤
邻苯二甲酸酯	5 ml 丙酮浸泡 15 ~ 20 s，用 15 ml 乙腈冲洗样品瓶然后加至萃取膜上
有机氯农药	5 ml 丙酮浸泡 15 ~ 20 s，用 15 ml 二氯甲烷冲洗样品瓶然后加至萃取膜上
多氯联苯（PCBs）	5 ml 丙酮浸泡 15 ~ 20 s，用 15 ml 乙腈冲洗样品瓶然后加至萃取膜上
有机磷农药	0.6 ml 丙酮浸泡 1 min，以 5 ml MTBE 淋洗样品瓶，重复淋洗 2 次加至萃取膜上
硝基芳烃类和硝胺类	5 ml 乙腈浸泡 3 min
爆炸物（包括硝基芳烃类、硝胺类和硝酸酯类等 U.S.EPA 8095 中列出的化合物）	4 ml 乙腈浸泡 3 min
含有机氯农药的 TCLP 浸出液	4 ml 丙酮淋洗样品瓶并加至萃取膜上，以 2 ml 丙酮淋洗玻璃器皿并加至萃取膜上，浸泡 1 min，再以 5 ml 乙酸乙酯淋洗样品瓶 2 次并加至萃取膜上
含半挥发性有机物的 TCLP 浸出液	4 ml 丙酮淋洗样品瓶并加至萃取膜上，以 2 ml 丙酮淋洗玻璃器皿并加至萃取膜上，浸泡 1 min，再以 5 ml 乙酸乙酯淋洗样品瓶 2 次并加至萃取膜上
含苯氧基除草剂的 TCLP 浸出液	5 ml 乙腈冲洗样品瓶，然后加至萃取膜上，浸泡 1 min，再分别用 5 ml 乙腈冲洗样品瓶 2 次并加至萃取膜上

11.7.1　将标准过滤器从多孔抽气装置上移出，放入收集管。收集管应能容纳全部洗脱液。过滤装置的滴嘴必须置于收集管颈部的下方，以防止开启真空时洗脱液溅出，造成目标化合物的流失，如使用单一萃取的过滤瓶装置，在放入收集管之前，应将瓶中的水清除。

11.7.2　以亲水性溶剂（如丙酮或乙腈）做第一次洗脱，有助于回收被吸附剂孔隙间水分截留的目标化合物。用二氯甲烷做第二次洗脱时，亲水性溶剂的洗脱更是格外重要。收集管放好后，按表 2-4-8 中的加入量将淋洗溶剂加入萃取装置中。让溶剂均匀地铺散在整个萃取膜（或插入式过滤器）上，快速打开真空抽气阀再马上关闭，让最初几滴溶剂穿透萃取膜。然后按表 2-4-8 所述时间浸泡萃取膜，再按 11.7.3 进行操作。

11.7.3 用表 2-4-8 所列的第二种溶剂淋洗样品瓶或装过样品的玻璃容器，并将洗涤液移入萃取装置。如有必要，用一次性滴管从溶剂瓶中分取溶剂洗涤萃取装置的内壁。

注：如果样品瓶底的颗粒物是根据项目的要求不进行萃取的，洗瓶步骤可略，但仍应将所推荐的溶剂直接加入萃取装置中。

11.7.4 将大约一半的溶剂抽过萃取膜，然后关闭真空泵，使萃取膜及其上粒状物浸泡约 1 min，再将剩余的溶剂抽过萃取膜。如使用助滤剂，应调整淋洗溶剂体积使整个过滤层在开始时就浸没在溶剂中。

11.7.5 如表 2-4-8 所示，重复样品瓶的淋洗步骤，继续开启真空将洗脱液收集到收集管中。

11.7.6 如果萃取液浑浊，用 Millex-SR 或其他等效物过滤。

注意：不能进行爆炸物浓缩，以免引爆爆炸物！

11.8 硝基芳香族、硝基胺类和爆炸物的固相萃取柱萃取

分析硝基芳香族、硝基胺类和爆炸物的水样也可如表 2-4-9 所示的固相萃取柱萃取。样品的制备同 11.1 节所述。

表 2-4-9 硝基芳香族、硝基胺类和爆炸物的活化步骤

目标化合物类别	活化步骤
硝基芳烃类、硝胺类	10 ml 乙腈，30 ml 水
爆炸物（包括硝基芳烃类、硝胺类和硝酸酯类等 U.S.EPA 8095 中列出的化合物）	30 ml 乙腈，50 ml 水

11.8.1 将固相萃取柱安装于固相萃取装置上（见 11.3.1 节），如表 2-4-9 所示用乙腈洗涤萃取柱，溶剂自然滴落。勿使萃取柱干涸。

11.8.2 当柱上仅剩一薄层溶剂时，加入试剂水，让其自然流下，在萃取柱中的水即将流干时关闭截止阀。

11.8.3 在萃取柱上端接上连接头，连接头的另一端连有 PTFE 软管，软管应足够长，能与样品瓶或其他装样品的容器（如烧杯）相接。

11.8.4 开启真空，将水样以约 10 ml/min 的速度抽过萃取柱，直至所有样品流过萃取柱。当颗粒物阻塞萃取柱导致流速降低时，可增大真空度以保持一定的流速。

11.8.5 硝基芳香族、硝基胺类化合物或爆炸物的萃取按照下列步骤进行。

11.8.5.1 硝基芳香族和硝胺类

样品全部通过萃取柱后，关闭真空，将 5 ml 试剂水加入萃取柱。若可行，让试剂

水靠重力自然流过萃取柱，否则可利用真空抽过萃取柱。试剂水被抽过萃取柱后关闭截止阀。

11.8.5.2 爆炸物

水样全部抽过萃取柱后，继续抽 15 min，将萃取柱中的水分彻底抽干，关闭真空，将萃取柱出口可能附着的水滴除去。

11.8.6 方法空白和基体加标样品（见 11.1 节）的操作步骤与样品完全一样。

11.8.7 从柱上洗脱硝基芳香族和硝基胺类化合物

试剂水全部通过萃取柱之后，在萃取柱下方放置一个收集管。向固相柱顶端加入 5 ml 乙腈，靠重力自然淋洗萃取柱并将洗脱液收集于收集管中。测量接收液的实际体积（准确到 0.1 ml）。如需对其进行浓缩，执行 11.9 节，否则将其储存于冰箱中直至分析测定。

11.8.8 从柱上洗脱爆炸物

试剂水全部通过萃取柱之后，在萃取柱下方放置一个收集管，向固相柱顶端加入 4 ml（不是 5 ml）乙腈，靠重力自然淋洗萃取柱，并将洗脱液收集于收集管中，测量接收液的实际体积（准确到 0.1 ml）。

注意：爆炸物萃取液不能浓缩，以免引爆爆炸物！

分析测定之前将萃取物储存于冰箱中。

11.9 K-D 浓缩技术

为了满足灵敏度的要求，需要用 K-D 浓缩或氮吹技术将样品浓缩至测定方法或特定目的所要求的最终体积。

注意：爆炸物萃取液不能浓缩，以免引爆爆炸物。

11.9.1 将 10 ml 浓缩管连接到适当大小的蒸馏瓶上，组装 K-D 浓缩装置。

11.9.2 将收集管中合并的萃取液（见 11.7.1 和 11.8.7 节）通过装有 10 g 无水硫酸钠的干燥柱以去除其中的水分，干燥后的萃取液收集于 K-D 浓缩管中。如果待测物呈酸性，则使用酸化的无水硫酸钠（见 U.S.EPA 8151）。

11.9.3 另用 20 ml 溶剂淋洗收集管及干燥柱，并将洗涤液收集至 K-D 浓缩装置中，以达到定量转移的目的。

11.9.4 向烧瓶中加入 1 ~ 2 粒清洁的沸石，并接上三球斯奈德冷凝管。依照说明书，将 K-D 装置的三球斯奈德冷凝管与溶剂蒸气回收玻璃容器（冷凝器和接收器，见 6.8 节）相接。自斯奈德冷凝管上方加入约 1 ml 二氯甲烷（或其他适当溶剂）预湿冷凝管。将 K-D 浓缩装置置于水浴槽内（水浴温度比溶剂沸点高 15～20℃），使浓缩管部分浸入热水中，整个蒸馏瓶底部圆形表面与热蒸气接触。调节装置的垂直位置及水温，使浓缩在 10～20 min 内完成。在适当的蒸馏速度下，冷凝管内的玻璃球应保持上下振动，但管内并不会积存溶剂。当液体体积降至 1 ml 时，将 K-D 装置移出水浴槽，让溶剂沿壁滴下并冷却至少 10 min。

11.9.4.1　如须进行溶剂转换（如表 2-4-10 所示），应立刻取下斯奈德冷凝管，并加入 50 ml 转换溶剂及一粒新的沸石。

11.9.4.2　重新安装斯奈德冷凝管，浓缩萃取液，提高水浴温度（必要时），以保持适当的蒸馏速度。

11.9.5　取下斯奈德冷凝管，以 1～2 ml 溶剂淋洗 K-D 烧瓶及斯奈德冷凝管下方接口，收集洗涤液至浓缩管中，萃取液可用 11.10 节所述技术之一进行进一步浓缩或用适当的溶剂（见表 2-4-10）调节其最终体积到 5.0～10.0 ml。

11.10　如果需要进一步浓缩，可采用微型斯奈德冷凝管技术（见 11.10.1 节）或氮吹浓缩技术（见 11.10.2 节）。

注意：爆炸物萃取液不能浓缩，以免引爆爆炸物！

11.10.1　微型斯奈德冷凝管

11.10.1.1　向浓缩管中加入 1 粒新的沸石，并将二球微型斯奈德冷凝管直接接到浓缩管上。依照说明书，将 K-D 装置的微型斯奈德冷凝管与溶剂蒸气回收玻璃器皿（冷凝器及接收器）相接。在斯奈德冷凝管上方加入约 0.5 ml 二氯甲烷或转换溶剂预湿冷凝管。将微型浓缩装置放入水浴槽中，使浓缩管部分浸在热水中。调节装置的垂直位置及水温（必要时），使浓缩在 5～10 min 内完成，在适当的蒸馏速度下，冷凝管内的玻璃球应保持上下振动，但管内并不会积存溶剂。

11.10.1.2　当液体体积降至 0.5 ml 时，将浓缩装置移出水浴槽，让溶剂回流并冷却至少 10 min。取下斯奈德冷凝管，用 0.2 ml 溶剂淋洗其下方接口，收集洗涤液至浓缩管中，调整最终萃取液体积至 1.0～2.0 ml。

11.10.2　氮吹技术

11.10.2.1　将浓缩管放入 30℃水浴中，用清洁、干燥的氮气流（经活性炭柱过滤）缓和地将溶剂体积吹至 0.5 ml。

注意：在活性炭阱与样品之间，不可使用新的塑胶管，因为其可能引入邻苯二甲酸酯干扰。

11.10.2.2 在浓缩过程中，用溶剂多次淋洗浓缩管内壁。在蒸发过程中，应注意浓缩管的位置，避免冷凝水滴进到萃取液中。正常操作程序中，绝不可让萃取液干涸。

注意：当溶剂体积降至 1 ml 以下时，某些半挥发性有机物（如甲酚）可能会损失。

11.11 至此，萃取液即可进行净化，或用适当的测定方法进行目标化合物的分析。如不立即对萃取液进行下一步操作，则必须将浓缩管密封，储存于冰箱内。如果储存时间超过 2 d，必须将萃取液移转至配有聚四氟乙烯内衬的螺旋瓶盖的样品瓶内，贴上标签，并储藏于冰箱内。

12 数据分析与计算

本萃取程序不涉及计算内容，样品最终结果的计算参见相关分析方法。

13 方法性能

所有性能数据的实例和与固相萃取相关的导则可参见测定方法（如 1.1 节列出的）。SW-846 中的性能数据和相关信息仅为举例或指导性资料。这些数据并不代表方法使用者必须达到的性能标准要求。相反地，方法性能标准必须根据项目的特点建立，实验室应根据方法的应用情况建立内部的 QC 标准。这些性能数据并非用来且不必用作实验室认证的绝对 QC 标准。

14 污染防护

14.1 污染防治包含任何在产生环节上减少或消除废弃物的产生数量或毒性的技术。实验室中有许多防治污染的机会。EPA 已建立了一套环境管理技术的优先级制度，其将污染防治作为管理的首选，在任何可行的情况下，实验室人员都应该运用污染防治技术考虑废弃物的产生。当废弃物不能在源头上削减时，环境保护局建议的次优选择是循环使用。

14.2 在实验室和研究机构中，可行的污染预防措施是“少就是好”，参见美国化学学会政府关系和科学政策部门的实验室废物减量化管理。

15 废物管理

EPA 要求实验室废弃物管理措施符合所有的法律法规要求。EPA 强烈要求实验室尽可能减少和控制通风柜或操作台的所有排放，以保护空气、水和土壤。遵守污水排放许可的法律法规，遵守所有固体和危险废物的法规，尤其是危险废物鉴别规定和土壤处置的有关规定。更多废弃物管理信息可查阅美国化学学会的“实验室人员用废物管理手册”。

16 参考文献

[1] Lopez-Avila V, Beckert W, et al.. Single Laboratory Evaluation of Method 8060 - Phthalate Esters. EPA/600/4-89/039.

[2] Tomkins B A, Merriweather R, et al.. Determination of Eight Organochlorine Pesticides at Low Nanogram/Liter Concentrations in Groundwater Using Filter Disk Extraction and Gas Chromatography [J]. JAOAC International, 1992, 75 (6): 1091-1099.

[3] Markell C. 3M Data Submission to EPA. letter to B. Lesnik, 1995.

[4] Jenkins T F, Thorne P G, Myers, et al.. Evaluation of Clean Solid Phases for Extraction of Nitroaromatics and Nitramines fromWater, USACE Cold Regions Research and Engineering Laboratory [R]. Special Report, 1995: 95-22.

[5] Walsh M E, Ranney T. Determination of Nitroaromatic, Nitramine, and Nitrate Ester Explosives in Water Using Solid Phase Extraction and GC-ECD, Proceedings of the 13th Annual Waste Testing and Quality Assurance Symposium, Arlington, VA',1997.

[6] Walsh M E, Ranney T. Determination of Nitroaromatic, Nitramine, and nitrate ester explosives in water using SPE and GC-ECD: Comparison with HPLC, CRREL Report 98-2, U.S. Army Cold Regions Research and Engineering Laboratory, Hanover, NH, 1998.

[7] Walsh M E, Ranney R. Determination of Nitroaromatic, Nitramine, and Nitrate Ester Explosives in Water using Solid-phase Extraction and Gas Chromatography-electron Capture Detection: Comparison with High-performance Liquid Chromatography [J]. Journal of Chromatographic Science, 1998 (36): 406-416.

17　表格、图、流程图和确认数据

如表 2-4-10、图 2-4-1 所示为本方法的参考。

表 2-4-10　各种测定方法的膜萃取推荐条件

测定方法	萃取 pH	膜材料[a]	淋洗溶剂	置换溶剂	分析用最终萃取液体积[b]/ml
U.S.EPA 8061（邻苯二甲酸酯）	5～7	C_{18}	乙腈	正己烷	10.0
U.S.EPA 8081（有机氯农药）	5～9	C_{18}	二氯甲烷	正己烷	10.0
U.S.EPA 8082（多氯联苯）	5～9	C_{18}	二氯甲烷	正己烷	10.0
U.S.EPA 8141（有机磷农药）	原液	磺化苯乙烯－二乙烯苯（SDB-RPS）	甲基叔丁基醚（MTBE）	正己烷	10.0
U.S.EPA 8330（硝基芳烃类和硝胺类）	原液	磺化苯乙烯－二乙烯苯（SDB-RPS）	乙腈	乙腈	10.0
U.S.EPA 8095（爆炸物）	原液	磺化苯乙烯－二乙烯苯（SDB-RPS）	乙腈	乙腈	5.0
U.S.EPA 8081（含有机氯农药的 TCLP 浸出液）	TCLP 原液	苯乙烯－二乙烯苯（SDB-XC）	乙酸乙酯	正己烷	10.0
U.S.EPA 8270（含半挥发性有机物的 TCLP 浸出液）	TCLP 原液	苯乙烯－二乙烯苯（SDB-XC）	乙酸乙酯	二氯甲烷	1.0
U.S.EPA 8321（含苯氧基除草剂的 TCLP 浸出液）	1.0	苯乙烯－二乙烯苯（SDB-XC）	乙腈	正己烷	10.0

注：[a] 对很多分析物而言，SDB 比 C_{18} 有更大的容量和更强的亲和力，但也较难淋洗。
[b] 在建议萃取后最终保留体积为 10.0 ml 的方法中，也可以将体积降至 1.0 ml 以达到更低的检出限。若能满足项目的灵敏度要求，也可采用其他最终体积。

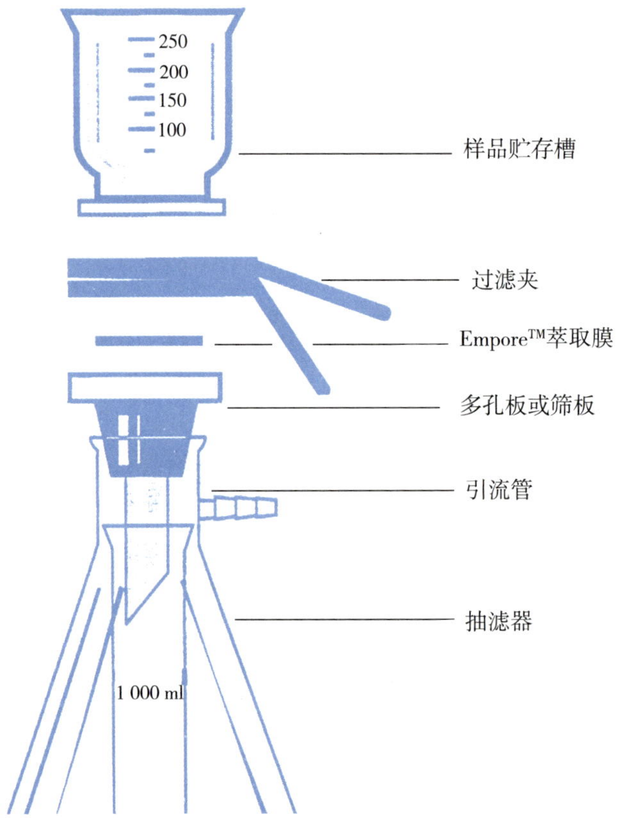

图 2-4-1 单个样品的膜萃取装置示意

8260D

挥发性有机物的测定 气相色谱－质谱法

（U.S.EPA 8260D—2018）

SW-846 不是分析培训手册，因此，其所提供的方法程序仅适用于至少受过基础化学分析原理和专业技术正规培训的分析人员。

此外，除了必须采用规定参数的分析方法，SW-846 方法还可作为方法导则，包含指导如何执行分析程序或技术的通用规则。实验室可以以此为基础，建立本实验室的详细标准操作程序（SOP），用于常规或特定工作项目。本方法中的验证数据仅供参考，不作为 / 不可作为实验室认证所必须达到的绝对质量控制标准（QC）。

1 适用范围

1.1 本方法适用于测定各种固体废物基体中的挥发性有机物（VOCs）。不论含水率多少，本方法几乎适用于所有类型的样品，包括各种空气采样捕集介质、地表水、地下水、含水污泥、碱液、酸液、废液、含油废物、凝胶、焦油、纤维废物、聚合乳液、滤饼、废活性炭、废催化剂、土壤以及沉积物。以下（表 2-5-1）目标化合物可用本方法测定。

表 2-5-1　可用本方法测定的目标化合物

化合物	CAS 号[a]	U.S.EPA 5030	U.S.EPA 5035	U.S.EPA 5031	U.S.EPA 5032	U.S.EPA 5021	U.S.EPA 5041	直接进样
丙酮	67-64-1	*	*	√	√	—	√	√
乙腈	75-05-8	*	*	√	—	—	—	√
丙烯醛	107-02-8	*	*	√	—	—	—	√
丙烯腈	107-13-1	*	*	√	*	—	√	√
烯丙醇	107-18-6	*	—	√	—	—	—	√
氯丙烯	107-05-1	√	*	—	—	—	—	√
乙基叔戊基醚	919-94-8	*	*	—	—	√ *	—	√
甲基叔戊基醚	994-05-8	*	*	—	—	√ *	—	√
苯	71-43-2	√	√	—	√	√	√	√
苄基氯	100-44-7	*	√	—	—	—	—	√
溴丙酮	598-31-2	*	—	—	—	—	—	√
溴苯	108-86-1	√	√	—	√	—	—	—
溴氯甲烷	74-97-5	√	√	—	√	√	√	√
溴二氯甲烷	75-27-4	√	√	—	√	√	√	√
三溴甲烷	75-25-2	*	*	—	√	√	√	√
溴甲烷	74-83-9	*	*	—	√	√	√	√
正丁醇	71-36-3	*	*	√	—	√	—	√
2- 丁酮	78-93-3	*	*	√	√	—	—	√
叔丁醇	75-65-0	*	*	√	—	√ *	—	√
正丁基苯	104-51-8	√	√	—	√	—	—	—
仲丁基苯	135-98-8	√	√	—	√	—	—	—
叔丁基苯	98-06-6	√	√	—	√	—	—	—
二硫化碳	75-15-0	*	*	—	√	√	√	√
四氯化碳	56-23-5	√	√	—	√	√	√	√
三氯乙醛	302-17-0	*	—	—	—	—	—	√
氯苯	108-90-7	√	√	—	√	√	√	√
氯丁烷	109-69-3	√	√	—	√	—	—	—
氯二溴甲烷	124-48-1	√	√	—	√	—	√	√
氯乙烷	75-00-3	√	√	—	√	√	√	√
2- 氯乙醇	107-07-3	*	—	—	—	—	—	√

续表

化合物	CAS 号[a]	U.S.EPA 5030	U.S.EPA 5035	U.S.EPA 5031	U.S.EPA 5032	U.S.EPA 5021	U.S.EPA 5041	直接进样
2- 氯乙基乙烯基醚	110-75-8	*	*	—	—	—	—	√
三氯甲烷	67-66-3	√	√	—	√	√	√	√
1- 氯己烷	544-10-5	√	√	—	—	—	—	—
氯甲烷	74-87-3	*	*	—	√	√	√	√
氯丁二烯	126-99-8	√	—	—	—	—	—	√
2- 氯甲苯	95-49-8	√	√	—	√	—	—	—
4- 氯甲苯	106-43-4	√	√	—	√	—	—	—
丁烯醛	4170-30-3	*	—	*	—	—	—	√
环己烷	110-82-7	√	√	—	√	—	—	—
1,2- 二溴 -3- 氯丙烷	96-12-8	*	*	—	√	√	—	√
1,2- 二溴乙烷	106-93-4	√	√	—	√	√	—	√
二溴甲烷	74-95-3	√	√	—	√	√	√	√
1,2- 二氯苯	95-50-1	√	√	—	√	√	—	√
1,3- 二氯苯	541-73-1	√	√	—	√	√	—	√
1,4- 二氯苯	106-46-7	√	√	—	√	√	—	√
顺 -1,4- 二氯 -2- 丁烯	1476-11-5	*	√	—	√	—	—	√
反 -1,4- 二氯 -2- 丁烯	110-57-6	*	√	—	√	—	—	√
二氯二氟甲烷	75-71-8	*	*	—	*	√	—	√
1,1- 二氯乙烷	75-34-3	√	√	—	√	√	√	√
1,2- 二氯乙烷	107-06-2	√	√	—	√	√	√	√
1,1- 二氯乙烯	75-35-4	√	√	—	√	√	√	√
顺 -1,2- 二氯乙烯	156-59-2	√	√	—	√	√	√	√
反 -1,2- 二氯乙烯	156-60-5	√	√	—	√	√	√	√
1,3- 二氯丙烷	142-28-9	√	√	—	√	—	—	—
1,2- 二氯丙烷	78-87-5	√	√	—	√	√	√	√
2,2- 二氯丙烷	594-20-7	√	√	—	√	—	—	—
1,3- 二氯 -2- 丙醇	96-23-1	*	—	—	—	—	—	√
1,1- 二氯丙烯	563-58-6	√	√	—	√	—	—	—
顺 -1,3- 二氯丙烯	10061-01-5	√	√	—	√	—	√	√

续表

化合物	CAS 号[a]	U.S.EPA 5030	U.S.EPA 5035	U.S.EPA 5031	U.S.EPA 5032	U.S.EPA 5021	U.S.EPA 5041	直接进样
反 -1,3- 二氯丙烯	10061-02-6	√	√	—	√	—	√	√
1,2,3,4- 双环氧丁烷	1464-53-5	√	—	—	—	—	—	√
二乙基醚	60-29-7	*	*	—	*	—	—	√
二异丙基醚	108-20-3	*	√	—	—	√ *	—	√
1,4- 二氧六环	123-91-1	*	*	√	*	—	—	√
环氧氯丙烷	106-89-8	*	*	—	—	—	—	√
乙醇	64-17-5	*	*	√	*	√ *	—	√
乙酸乙酯	141-78-6	*	*	√	√	—	—	√
乙苯	100-41-4	√	√	—	√	√	√	√
甲基丙烯酸乙酯	97-63-2	√	√	—	√	—	—	√
乙基叔丁基醚	637-92-3	√ *	√ *	—	—	√ *	—	√
环氧乙烷	75-21-8	*	—	√	—	—	—	√
六氯丁二烯	87-68-3	*	√	—	—	√	—	√
六氯乙烷	67-72-1	*	*	—	√	—	—	√
2- 己酮	591-78-6	*	*	—	√	—	—	√
碘甲烷	74-88-4	√	√	—	√	—	√	√
异丁醇	78-83-1	*	*	√	—	√	—	√
异丙苯	98-82-8	√	√	—	√	√	—	√
对异丙基甲苯	99-87-6	√	√	—	√	—	—	—
丙二腈	109-77-3	*	—	—	—	—	—	√
甲基丙烯腈	126-98-7	*	√	√	—	—	—	√
甲醇	67-56-1	*	—	√	—	—	—	√
乙酸甲酯	79-20-9	√	√	—	√	—	—	—
丙烯酸甲酯	96-33-3	*	*	—	√	—	—	—
甲基丙烯酸甲酯	80-62-6	√	*	—	—	—	—	√
甲基叔丁基醚	1634-04-4	√ *	√ *	—	√	√ *	—	√
甲基环己烷	108-87-2	√	√	—	√	—	—	—
二氯甲烷	75-09-2	√	√	—	√	√	√	√
4- 甲基 -2- 戊酮	108-10-1	*	*	√	√	—	—	√
萘	91-20-3	*	*	—	√	√	—	√

续表

化合物	CAS 号 [a]	U.S.EPA 5030	U.S.EPA 5035	U.S.EPA 5031	U.S.EPA 5032	U.S.EPA 5021	U.S.EPA 5041	直接进样
硝基苯	98-95-3	√	√	—	—	—	—	√
2- 硝基丙烷	79-46-9	√	√	—	—	—	—	√
N- 亚硝基二正丁胺	924-16-3	*	—	√	—	—	—	√
三聚乙醛	123-63-7	*	—	√	—	—	—	√
五氯乙烷	76-01-7	*	*	—	*	—	—	√
五氟苯	363-72-4	√	√	—	√	—	—	—
2- 戊酮	107-87-9	*	√	√	—	—	—	√
2- 甲基吡啶	109-06-8	*	*	√	—	—	—	√
1- 丙醇	71-23-8	*	*	√	—	—	—	√
2- 丙醇	67-63-0	*	*	√	—	√	—	√
丙炔醇	107-19-7	*	—	—	—	—	—	√
β - 丙内酯	57-57-8	*	—	—	—	—	—	√
丙腈	107-12-0	√	√	√	—	—	—	—
正丙胺	107-10-8	√ *	—	—	—	—	—	√
正丙苯	103-65-1	√	√	—	√	—	—	—
吡啶	110-86-1	*	*	√	*	—	—	√
苯乙烯	100-42-5	*	*		√	√ *	√	√
1,1,1,2- 四氯乙烷	630-20-6	√	√	—	√	√	√	√
1,1,2,2- 四氯乙烷	79-34-5	√ *	√ *	—	√	√ *	√	√
四氯乙烯	127-18-4	√ *	√	—	√	√ *	√	√
甲苯	108-88-3	√	√	—	√	√	√	√
邻甲苯胺	95-53-4	*	—	√	—	—	—	√
1,2,3- 三氯苯	87-61-6	*	*	—	√	√	—	√
1,2,4- 三氯苯	120-82-1	*	*	—	√	√	—	√
1,1,1- 三氯乙烷	71-55-6	√	√	—	√	√	√	√
1,1,2- 三氯乙烷	79-00-5	√	√	—	√	√	√	√
三氯乙烯	79-01-6	√ *	√	—	√	√ *	√	√
1,1,2- 三氯 -1,2,2- 三氟乙烷	76-13-1	√	√	—	√	—	—	—
1,1,1- 三氯三氟乙烷	354-58-5	√	√	—	√	—	—	—
三氯氟甲烷	75-69-4	*	*	—	√	√	√	√

续表

化合物	CAS 号[a]	U.S.EPA 5030	U.S.EPA 5035	U.S.EPA 5031	U.S.EPA 5032	U.S.EPA 5021	U.S.EPA 5041	直接进样
1,2,3- 三氯丙烷	96-18-4	√	√	—	√	√	√	√
1,2,3- 三甲基苯	526-73-8	—	—	—	—	√	—	—
1,2,4- 三甲基苯	95-63-6	√	√	—	√	√	—	—
1,3,5- 三甲基苯	108-67-8	√	√	—	√	√	—	—
乙酸乙烯酯	108-05-4	*	*	—	—	—	—	√
氯乙烯	75-01-4	*	*	—	√	√	√	√
间二甲苯	108-38-3	√	√	√	√	√	√	√
邻二甲苯	95-47-6	√	√	—	√	√	√	√
对二甲苯	106-42-3	√	√	—	√	√	√	√

注：[a]化学文摘登记号。

化合物列表关键事项

"√" 表示从历史记录来看，该方法可获得满意的回收率和精密度。但实际回收率可能因样品基体、制备技术和分析仪器的不同而存有差异。多个实验室使用 U.S.EPA 5030 和 U.S.EPA 5035 得到的大量研究数据可参见表 2-5-3。在多个实验室研究中，具有该标记的化合物的相对标准偏差（RSD）≤15%。

"—" 表示未用此前处理技术测定该化合物。

"*" 表示该化合物在使用此前处理技术结合 U.S.EPA 8260 测定时，重现性、响应、回收率、稳定性和 / 或色谱方面存在问题，可能会降低结果的整体质量或可信度（如多个实验室研究数据中 RSD>15%）。该目标化合物可能需要特殊处理（见第 1.3 节），以提高性能来满足项目需求。如不能满足相关的性能标准，必要时可能还需适当的数据修正。

"√ *" 使用该前处理技术，此目标化合物可满足性能标准（参见 "√" 注释），但会出现列于第 1.3 节中的分析问题（参见 "*" 注释）。

1.2 上述化合物可通过多种方式引入气相色谱 / 质谱联用系统。表 2-5-1 所列的前处理技术提供有方法性能数据。吹扫捕集，U.S.EPA 5030（水样）和 U.S.EPA 5035（固体和废油样品），是检测挥发性有机化合物最常用的方法。但对于某些化合物，其他技术也可适用，且也可得到更好的性能。

这些技术包括：废油样品经十六烷稀释后直接进样（U.S.EPA 3585）；固体和水样使用自动静态顶空（U.S.EPA 5021）；水样直接进样（可以浓缩）或经共沸蒸馏浓缩后进样（U.S.EPA 5031）；水、固体、油和组织样品使用真空蒸馏（U.S.EPA 5032）。对于气体样品，使用 EPA 5041 从捕集介质中解吸挥发性有机物（U.S.EPA 0010、U.S.EPA 0030、U.S.EPA 0031）。此外，利用样品定量环，从聚四氟乙烯 PTFE 袋（也称为 Tedlar® 袋，U.S.EPA 0040）中二次取样，直接进样分析。关于如何选择合适的进样方法，U.S.EPA 5000 提供了更多通用信息。

1.3　第 1.1 节表中注有“*”的化合物的特殊注意事项。

1.3.1　水中碱性化合物的回收率受 pH 影响。吡啶、邻甲苯胺、正丙胺、2- 吡啶等化合物在酸性水样中的回收率非常低，甚至为 0。

1.3.1.1　2- 氯乙基乙烯醚在酸性条件下容易发生水解。

1.3.2　当 pH>4 时，脱氢卤化反应可能导致五氯乙烷水溶液降解（此主题相关详细信息见第 16 节的参考文献［6］），其他卤代化合物（如二氯丁烯和 1,1,2,2- 四氯乙烷）也会发生较低程度降解，生成其他目标化合物（尤其是四氯乙烯和三氯乙烯）。用氢气作载气也可能引起这些目标化合物的脱氢卤化反应。

1.3.3　醇类、酮类、醚类等水溶性化合物的响应较低。制备过程中可能需要提高样品平衡温度。加热样品可使这些目标化合物性能数据表现得更好，因此吹扫时可能需要升高样品温度。但是，乙醚和甲基叔丁基醚等醚类化合物在酸性条件下易受热水解。需要加热样品分析这些目标化合物时，不建议加酸保存。校准标准溶液中这些化合物的浓度可适当增加。本分析方法以甲醇为标液溶剂。因此当甲醇作为目标化合物时，将需要特殊的前处理条件和其他替代标准品。

1.3.4　醛类化合物（如丙烯醛、三聚乙醛、巴豆醛）虽在目标列表中，但在本方法分析条件下稳定性很差。其他方法可能更适合这些化合物。

1.3.5　分子量较大的目标化合物（如萘、1,2- 二溴 -3- 氯丙烷和六氯丁二烯）整体响应较低，且受方法条件和浓度影响较大。

1.3.6　室温下为气态的化合物（如氯氟烃、氯甲烷和氯乙烯）很容易通过小瓶密封处泄漏以及在操作过程中发生损失。此外，与水和甲醇共流出的化合物，响应也会受到抑制。

1.3.7　氯乙烯和苯乙烯因化学反应活性高易发生损失。即使酸化保存也不能阻止。

1.4　分析人员在使用本方法之前应先参阅整个分析过程中各个操作程序的基础方法（如 U.S.EPA 5000 和 U.S.EPA 8000），以获得有关质量控制程序，建立质控标准、数据处理和综合性导则等方面的补充说明。同时也应参考本手册前面的免责声明及 SW-846 第 2 章中关于方法、仪器、材料、试剂和耗材选择等方面的指导说明，以及具有证明其所选技术适用于所关注的目标化合物、样品基体和浓度水平等。

此外，分析人员和数据使用人员应该清楚，除明确说明外，联邦测试要求并不对 SW-846 中的方法使用做强制性规定，分析人员和方法委员会可以以本方法中环境保护局（EPA）所提供的信息为指导，判定结果是否达到数据质量目标（DQOs）要求。

1.5 本方法仅限于具有气相色谱 / 质谱联用仪使用经验，经过相关培训，且能熟练掌握质谱解吸的分析人员使用，或在他们的指导下使用。每位分析人员必须证明其具备使用本方法获得可靠数据的能力。

2 方法概述

2.1 使用第 1.2 节中提及的一种前处理方法将挥发性有机化合物引入气相色谱仪。可将目标化合物直接导入毛细管色谱柱；也可在毛细管预柱上聚焦冷凝，然后迅速蒸发至毛细管色谱柱中进行分析；或者从捕集阱脱附，送至分流模式下的进样端口，注入毛细管色谱柱中。色谱柱程序升温以分离目标化合物，然后由连接 GC 的质谱仪进行检测。

2.2 经毛细柱洗脱的目标化合物通过直接连接或分流器导入质谱仪中。一些大口径毛细管柱可能需要在质谱仪接口前进行分流，而小口径毛细管柱可直接与离子源连接或与质谱仪接口的限流柱一起使用。通过比较目标物与已知标准品的质谱图和保留时间（RT）来完成定性分析。使用合适的符合预期用途的校准曲线，通过比较主要特征（定量）离子相对于内标物（IS）的响应值来完成定量分析。

2.3 本方法包含的特定校准和质量控制（QC）步骤，可替代 EPA 8000 中所提供的通用要求。

3 定义

与本程序有关的定义，请参阅 SW-846 第 1 章以及制造商有关说明。

4 干扰

4.1 为了避免影响数据质量，必须将实验室挥发性有机物对分析系统的污染尽可能降到最低水平。参考每种前处理方法中具体的质量控制程序指南，以及 SW-846 第 4 章中玻璃器皿清洗的通用要求。干扰的相关讨论参考 EPA 8000。

4.2 挥发性有机物的制备和分析区域应与使用目标化合物作溶剂的实验室区域物理隔离。该区域的气体供给相对其他实验室区域应保持正压。空白用水应与目标化合物溶剂隔离，且不得使用塑料管路。

4.3 当高浓度和低浓度样品相继测定时，可能产生交叉污染。高浓度样品分析完毕后，分析一个或多个空白样，以证明过载不会对后续样品的目标化合物响应造成明显影响。

4.4　对于可能含大量表面活性剂、固体悬浮物、高沸点化合物、高浓度目标化合物或其他非目标干扰物的样品，在进行吹扫－捕集气相色谱 / 质谱分析前，最好使用其他技术对样品进行筛查，谨防系统污染。

4.5　通过空白分析来评估污染控制。传输（运输）、校准、试剂空白提供了分析环节不同位置污染物存在的信息。当怀疑所测得的目标化合物浓度因污染而偏高或结果呈假阳性时，应纠正受影响的数据，然后将任何可疑的数据质量问题告知数据用户。禁止对样品结果扣空白处理。

5　安全

本方法并未包括其使用过程中的所有安全事项。实验室有责任提供安全的实验环境和职业安全及健康管理局（OSHA）规定的与本方法中使用的化学品安全处理相关的通用文件。所有工作人员都应该能够获取物质安全数据表（MSDSs）的参考资料。使用氢气做载气的安全指南请见附录 2-5-B。

6　仪器和材料

本说明书中提及的品牌或产品仅为举例之用，并不代表 EPA 的认可或唯一推荐产品。SW-846 方法中引用的仪器和设备是在方法开发期间或随后方法验证过程中使用的产品和设备。除本手册中列出的以外，其他玻璃器皿、试剂、用品、仪器和设备等，只要证明其能满足分析样品的预期方法性能要求并备有记录文件，即可以使用。

6.1　本节未列出常用的实验室玻璃器皿（如烧杯和烧瓶）。

6.1.1　U.S.EPA 5030 所述的用于水样的吹扫和捕集装置。

6.1.2　U.S.EPA 5035 所述的用于固体样品的吹扫和捕集装置。

6.1.3　U.S.EPA 5021 所述的用于固体和水样的自动静态顶空装置。

6.1.4　U.S.EPA 5031 所述的用于固体和水样的共沸蒸馏装置。

6.1.5　U.S.EPA 5032 所述的用于水、固体和组织样品的真空蒸馏装置。

6.1.6　U.S.EPA 5041 所述的用于空气样品的空气捕获介质的解吸装置。

6.1.7　U.S.EPA 0040 所述的用于从 Tedlar® 气袋中采集气样的空气采样环。

6.2　GC/MS 系统。

6.2.1 气相色谱仪：配有程序升温、不分流进样以及其他必要辅助设备，包括注射器、分析柱和载气。如使用氢气作载气，参见附录 2-5-B。

6.2.1.1 气相色谱仪应配备流量控制器，以便在整个程序升温过程中保持柱流速恒定。

6.2.1.2 对于某些色谱柱配置，柱温箱必须冷却到 30℃以下。因此可能需要低于室温的柱温箱控制器。

6.2.1.3 根据毛细管柱的内径和 GC/MS 系统的要求，毛细管柱可以直接与质谱的离子源连接，也可以通过分离器连接。

6.2.1.4 色谱柱：以下色谱柱可很好地分离挥发性有机化合物：

30 m × 0.25 mm ID，膜厚 1.4 μm，DB-624 或 VOCOL；

20 m × 0.18 mm ID，膜厚 1 μm，DB-VRX；

60 m × 0.32 mm ID，膜厚 1.5 μm 或 1.8 μm，RTX-Volatiles。

以下为引用参考文献中用于生成性能数据的色谱柱：

30 m × 0.25-0.32 mm ID，膜厚 1 μm，DB-5，RTX-5，SPB-5；

75 m × 0.53 mm ID，膜厚 3 μm，DB-624，RTX-502.2 或 VOCOL。

6.2.2 质谱仪。

6.2.2.1 电子轰击离子源（70 V 电子伏特），以足够快的速度扫描（*m/z* 35 ~ 270），能够在每个目标色谱峰上获得至少 5 个（但最好是 10 个或以上）质谱信息。质谱仪也必须能满足第 11.3.1 节所述标准。

6.2.2.2 如果离子阱质谱能够通过轴向调制来减少离子 - 分子反应，并且能够产生类似 EI 质谱图，与美国环保局 / 美国国家标准与技术研究所 NIST 谱库（或同等库）相匹配，则可以使用离子阱质谱。由于在离子阱质谱中水和甲醇的离子 - 分子反应会产生与氯甲烷和氯乙烷共流出的干扰物，此情况下这些目标化合物用作定量离子的基峰质荷比 *m/z* 均为 49。质谱仪必须能够产生符合第 11.3.1 节所述标准的质谱图。

6.2.2.3 配备真空泵、碰撞池、碰撞气和高真空系统，且能够以子离子扫描模式或选择反应监测模式（SRM）对目标化合物进行分析的串联质谱 MS/MS 检测器也适用本方法。建议向仪器制造商咨询一些目标化合物在选择反应监测模式 SRM 中特定母离子和子离子。质谱系统必须能够使用内部校准试剂（如全氟三丁胺）根据制造商关于质量分辨率、质量数测定以及质谱灵敏度的技术规范，记录质谱的性能。建议应至少每周 1 次，或者以满足项目需求的合适频次对系统进行性能检查。最低限度是必须在初始校准（ICAL）之前对系统的性能进行检查。

6.2.2.4　在实际应用中，如定量下限要求低于 EI 质谱的正常范围，或为了降低样品的基体干扰，可选用选择离子监测（SIM）或化学电离（CI）质谱。

6.2.3　GC/MS 接口：采用下述示例之一用于连接 GC 和 MS。

6.2.3.1　直接连接，通过一根加热的传输线将色谱柱插入质谱仪中，通常用于内径小于 0.53 mm 的毛细管柱。

6.2.3.2　喷射分离器，包括一条全玻璃传输线，以及玻璃富集装置或一个分离接口，用于内径大于等于 0.53 mm 的毛细管柱。

6.2.3.3　满足第 11.3.1 节所述性能要求的其他接口。

6.2.4　数据系统：质谱仪必须与一个计算机系统相连，连续采集和储存色谱分离过程中所有质谱图。该计算机必须具有能查找指定质量离子 GC/MS 数据文件以及将离子丰度对应时间或扫描次数作图的软件。这种类型图称为提取离子流剖面图（EICP）。软件还应具有将某段时间或扫描次数限度内的 EICP 丰度积分的功能以及提供最新版本的 EPA 及 NIST 质谱库（或同等版本）。

6.3　微量注射器：10 μl、25 μl、100 μl、250 μl、500 μl 和 1 000 μl 气密微量注射器。

6.4　进样阀：两通，带 3 个鲁尔接头，适用吹扫装置。

6.5　注射器：5、10 或 25 ml，气密性，带截止阀。

6.6　天平：分析天平，感量 0.000 1 g；上皿天平，感量 0.1 g。

6.7　玻璃 VOA 瓶：20 ml、40 ml、60 ml，带聚四氟乙烯（PTFE）衬垫的螺纹瓶盖或钳口瓶盖（适用前处理技术，与自动进样器兼容）。

6.8　玻璃瓶：用于 GC 自动进样器。

6.9　一次性巴斯德吸管。

6.10　容量瓶：A 级，5 ml、10 ml、50 ml、100 ml，配磨口玻璃塞。

6.11　勺匙：不锈钢。

7　试剂和标准物质

7.1　所有试验必须使用试剂级化学品。除非另有说明，否则，所有试剂均应符合美国化学学会（ACS）分析试剂委员会的规范，规范可通过以下网址获得：http：//pubs.acs.org/reagents/comminfo/techquestions.html。也可以使用其他等级的试剂，只要先确定试剂纯度足够高，使用时不降低测试准确度。试剂应储存在玻璃容器中，以防止污染物从塑料容器中浸出。

7.2 不含有机物的试剂水：本方法中所有用水均指不含有机物的试剂水，参见第 1 章。

7.3 甲醇，CH_3OH：吹扫捕集级或相当级别，确保无定量下限浓度的目标化合物干扰。与其他溶剂分开存放，以避免污染。

7.4 正十六烷：试剂级或相当级别，通过溶剂空白分析，确保对目标浓度的目标化合物没有干扰。空白分析的结果必须证明不存在挥发性干扰。

7.5 盐酸 / 水 HCl/H_2O（1∶1，*V*/*V*）：将一定体积的浓盐酸小心地加至等体积的不含有机物的试剂水中。

7.6 标准贮备液：可购买有证标准溶液或通过纯标准物质配制。经合格供应商或第三方认证的商品化标准贮备液，可在任何浓度下使用。在甲醇（或其他适用溶剂）中，按需加入定量的液体或气体纯物质，配制标准贮备液。

7.6.1 从供应商购买的有证标准溶液必须按照制造商推荐的有效期限进行更换。实验室内配制的标准贮备液必须在一年后更换，如与 QC 核查样品比对发现问题，则应及早更换。当多种标准溶液互相混合时，无论来源如何，都必须在制造商规定的有效期限或一年后（以先到为准）或早些出现问题时进行更换。混标的指定有效期限宜与最早到期的标准贮备液的有效期限相一致。

7.7 标准使用液：使用标准贮备液，在甲醇（或其他适用溶剂）中配制标准使用液，单标或混标皆可，包含所有目标化合物。标准使用液必须以最小的顶部空间储存，并应经常检查是否有降解或蒸发的迹象，特别是在配制校准标准溶液之前。大多数化合物的标准使用液应在 4 周后更换，除非在此之前怀疑标准溶液的稳定性已受到影响。如果没有文件证明气体的标准使用液的可接受性，则该标准使用液应在 1 周后更换。有证混标的储存应参照制造商说明书中建议的保存时间和存储温度。

7.8 替代物：推荐的常用替代物为甲苯 -d_8，4- 溴氟苯（BFB）和 1,2- 二氯乙烷 -d_4。理化特性与目标化合物种类相似的其他化合物，只要能被明确识别，且满足 SW-846 第 15.11 节中所述初始校准和连续校准验证的任何适用可接受标准，也可用作替代物（如 EPA 合同实验室项目（CLP）的当前工作报告中用的氘代监测化合物，见 SW-846 第 15.16 节中的参考文献［14］）。首先宜在甲醇中配制替代物标准贮备液，再基于此贮备液配制甲醇中合适浓度的替代物加标液。每个 GC/MS 分析的样品都必须在分析之前添加替代物加标液。

7.9 内标物（IS）：推荐的内标物为氟苯、氯苯 -d_5 和 1,4- 二氯苯 -d_4。其他具有与目标化合物相似保留时间，可被明确识别并符合 SW-846 第 15.11 节中任何适用的可接受标准的化合物也可用作内标物。更多信息参见 U.S.EPA 8000 的第 15.11.4.3 节。在甲醇（或其他适用溶剂）中配制内标液。

7.10　4- 溴氟苯（BFB）调谐验证标准溶液：甲醇（或其他适用溶剂）中的 BFB 标准溶液可直接进样。如果 BFB 用作替代物，则可使用替代物标准溶液来做调谐验证。

7.11　校准标准溶液：用于本方法的校准标准溶液有两种：由主要来源配制的标准溶液（用于初始校准 ICAL 和连续校准验证 CCV），以及由第二种来源配制的标准溶液（用于初始校准验证 ICV）。使用有证混合标准溶液时，放置时间和储存温度应满足制造商的说明书要求。

7.11.1　初始校准标准溶液必须至少配制 5 种不同浓度，由标准贮备液或有证混合标准溶液稀释配制而成。在不含有机物的试剂水或适用样品制备的溶剂中配制这些标准溶液。平均响应因子$\overline{RF}$或线性回归校准模式中至少包括 5 种不同浓度，二次曲线拟合校准模式中至少包括 6 种不同浓度，其中低浓度点应等于或低于定量下限（见第 9.9 节以及 U.S.EPA 8000）。至少有一种校准标准溶液的浓度等于或低于样品的浓度，以符合项目数据质量目标（DQOs）的需求。其余的标准溶液应与典型样品的浓度范围一致，但不应超过 GC/MS 系统的工作范围。建立初始校准曲线时，初始校准标准溶液应由新鲜配制的标准贮备液和次级稀释标准溶液制备。

7.11.2　连续校准验证标准溶液应在接近初始校准的中间点浓度配制，且其来源与初始校准标准溶液相同。

7.11.3　用于初始校准验证的第二来源标准溶液必须使用第二家制造商，或用同一制造商但与校准溶液独立分批生产的标准物质来配制。来自同一制造商的第二个批号可足以满足这一要求。初始校准验证中目标化合物的浓度推荐在校准曲线中间点浓度附近。如果易得的话，该校准溶液应包含项目检测的所有目标化合物。相关指导和可接受限值，请参见第 9.3.2 和 11.3.6 节。

7.11.4　EPA 认为初始校准和连续校准验证标准溶液应包含特定分析的所有目标化合物。这些目标化合物不必包括方法证明有效的整个目标化合物清单（第 1.1 节）。但是，实验室不得给出未列入校准标准溶液中的目标化合物的定量结果。

7.12　基体加标和实验室控制样（LCS）：基体加标标准品的制备见 U.S.EPA 5000。为了避免不同来源标准溶液浓度偏差对全过程回收率的影响，应采用与初始校准标准溶液相同来源的标准来制备基体加标和实验室控制样品。加至基体加标和实验室控制样中的挥发性有机物应能代表待测化合物。建议所有的实验室控制样和基体加标样品包含全部的待测目标分析物。在某些情况下，一组数量有限但具有代表性的目标化合物也是可接受的。

7.13 必须特别留意确保所有标准溶液的稳定性。标准溶液应以最少的顶部空间，避光，≤6℃，保存在聚四氟乙烯内衬的螺纹瓶或钳口棕色容器中。或者按照标液制造商的建议保存。标准溶液和样品制备完成后应立即冷藏或冷冻，这样有助于保持溶液的稳定并最低程度地降低挥发性目标化合物的损失。通过仪器加入的内标物和替代物加标液只要密封防止损失即可，无须冷藏。

7.14 载气：可使用氦气或氢气。如使用氢气，宜调整分析条件以获得最佳性能，且校准和所有质控测试必须使用氢气作载气进行。相关指导参见附录 2-5-B。

8 样品采集和保存

样品的采集、保存和储存要求可能因 EPA 项目而异，可能在规范或项目计划文件中有特定规定，这些文件要求对特定污染物进行符合性监测。凡规范中明确此类规定的，则按要求执行。如果没有特定的法规要求，使用以下信息作为确定样品采集、保存和储存要求的参考。

8.1 有关储存条件和保存时间，参阅 SW-846 第 4 章“有机物分析”中的相关内容。

8.2 水样储存应最小顶部空间或没有顶部空间，以减少高挥发性有机物的损失。

8.3 固体和废弃物样品应采集在气密性容器中。如有可能，容器应与密闭的样品前处理和分析技术相兼容。小心操作，以减少样品采集、运输、储存、制备和分析环节中挥发性有机物的损失。更多信息参考第 4 章和美国测试与材料协会（ASTM）D4547（参考文献［18］）。

8.4 待测挥发性有机物的样品应与标准品、其他预计浓度相差明显的挥发性有机物的样品、或用于分析其他参数（如半挥发性有机物）的样品分别存放。

8.5 分析空白样以监测由不正当操作或储藏条件引起的潜在交叉污染。这种监测活动的具体内容应在实验室标准操作程序 SOP 或与挥发性有机物采样相关的项目计划文件中进行阐述。

9 质量控制

9.1 有关质量保证（QA）和质量控制（QC）措施请参阅 SW-846 第 1 章。当质量控制指南文件之间存在不一致时，特定方法的质量控制标准优先于特定技术的质量控制标准以及第 1 章中给出的标准，特定技术的质量控制标准优先于第 1 章中给出的标准。

任何涉及收集分析数据的工作都应包含在一个结构合理、系统化的计划文件中，例如质量保证项目计划（QAPP）或采样及分析计划（SAP），这些文件将项目目标和规范转换为执行项目和结果评价人员的操作指南或实施方案。每个实验室都应建立并保持一个正式的质量保证程序。实验室还应备存记录，以证明所出数据的质量。所有的数据记录和质量控制数据都应保存以备查阅或检查。

9.2　有机物测定方法的通用质量控制程序参考 U.S.EPA 8000。确保各类样品前处理技术正确操作的质量控制程序参照 U.S.EPA 5000。本方法中提供的任何更具体的质量控制程序均能取代 U.S.EPA 5000 或 U.S.EPA 8000 中的相关内容。

9.3　U.S.EPA 8000 有评估气相色谱系统运行所需的质量控制程序，包括保留时间窗口、校准验证和样品色谱分析的评估程序。此外，关于仪器质量控制类别、最低频次和标准要求的讨论见本方法的相关章节，概要参见表 2-5-8。不符合质量控制可接受标准的目标化合物，不应进行定量分析。但是，若这些测试结果仅用于筛选目的，且被视为估计值，则仍可以继续对那些不符合标准要求的目标化合物进行分析。

9.3.1　初始校准之前，GC/MS 必须进行调谐验证且满足标准要求。在相同分析条件下，可接受标准主要用于验证灵敏度、质量精度和质量分辨率（请参阅第 11.3.1 节）。

9.3.2　必须依据第 11.3 节所述要求对 GC/MS 系统进行初始校准。在分析样品之前，如可行，使用第二来源的初始校准验证标准溶液对初始校准进行验证（请参阅第 11.3.6 节）。

9.3.3　通过连续校准验证定期对 GC/MS 系统进行校准。验证频率和可接受标准见第 11.4 节。

9.4　能力的初始验证（IDP）：在实施一种方法之前，每个实验室必须进行能力的初始验证（IDP），包括将至少 4 个平行参照样加至干净基体中，完成整个样品制备和分析过程。自动进样器若用于样品稀释，则在样品分析前应先评估稀释的准确性。当仪器或程序发生重大变化时，实验室必须证明仍然可以获得可接受的精密度和准确度。此外，每当有新员工经培训后上岗，每个分析员都必须对其所负责的方法或方法的一部分进行能力的初始验证。应记录此验证，证明新进人员能成功地按照实验室制定的 SOP 执行，并满足其中规定的任何适用的可接受标准。有关如何执行 IDP 的更多信息，请参阅 U.S.EPA 8000 的第 9.3 节。

9.5　空白。

9.5.1　在处理任何样品之前，分析人员必须通过方法空白（MB）或仪器空白分析证明仪器和试剂未受污染和干扰。如果空白中出现杂峰，阻碍定性或导致定量偏差，分析人员应尽可能确定污染源并消除。作为一项连续性检查，每分析一批次样品或更换试剂时，必须制备和分析方法空白中目标化合物，以防止实验室长期污染。方法空白、运输空白和其他现场空白必须经历样品制备和分析的全部步骤。每台仪器在进校准标准溶液分析之后，样品分析之前，须至少分析一个方法空白。分析高浓度校准标准溶液后进行空白分析，可用于评估在分析类似高浓度样品后，使仪器信号降至可接受水平所需的去污染程度。

9.5.2 如果空白中目标化合物浓度低于定量下限的一半或低于项目特定要求，则通常认为这个空白是可接受的。如果批次中相关的样品没有受到影响（即样品中不存在目标化合物，或样品中目标化合物的浓度或响应大于空白中的 10 倍），则空白中目标化合物的浓度可以超过允许限值。实验人员（或实验室）应记录检测到的实验室常见污染物，并与可以需要采取纠正措施的情况（如样品残留）区分开来。也可根据项目实际需要使用其他标准。

9.5.3 如果在某批次样品中发现了目标化合物，其浓度接近于空白测定浓度（请参阅第 9.5.2 节），则该目标化合物的存在浓度就值得怀疑，可能需要纠正。空白中的污染物应满足第 11.6 节中大多数或所有定性标准，方被视为有效检测。如果空白不符合实验室建立的或项目特定的标准，可能需要重新分析样品。如果被测目标化合物浓度远远低于法律法规的限值，或者认为被测目标化合物对项目不重要，则无须重新分析。

9.5.4 当实验室收到新的试剂或化学品时，应监测与样品有关的空白，以确保无任何干扰。如果来源没有问题，那么不必在样品预处理前对每一批试剂或化学品进行测试。然而，如果在制备过程中更换了试剂，则须对每批试剂制备单独的空白样。

9.5.5 任何实际样品的检测结果不应该扣除方法空白（或任何空白）。这种“空白扣除方法”可能导致结果出现负值。若方法空白结果不符合项目特定的允许标准，但又无法重新分析，则应向数据用户提供样品结果、方法空白结果和关于实验室所采取的纠正措施的讨论。

9.6 样品制备和分析过程中的质量控制：实验室必须建立记录样品基体对方法性能（如精密度、准确度和方法灵敏度）影响的程序。每个批次应至少包括一个方法空白和实验室控制样。如果实际情况和样品容量允许，还应包括实验室样品平行和基体加标，或基体加标和基体加标平行，同时测定替代物的回收率。这些质控样品应执行与实际样品相同的分析步骤（第 11.0 节）。

9.6.1　每个样品制备必须包含一个方法空白（MB）。方法空白由一定量与样品基体类似，且重量或体积也相近的干净（控制）基体组成。应适当包含其他类型的空白（如运输空白、存储空白等），但应与方法空白区分。

9.6.2　每个样品制备批次必须包含一个实验室控制样（LCS）。实验室控制样由一定量与样品基体类似，且重量或体积也相近的干净（控制）基体组成。如果合适，实验室控制样品中可加入与基体加标相同浓度的同类目标化合物。基体加标的分析结果表明，存在样品基体本身的潜在问题，则实验室控制样的测定结果可用于证明实验室分析干净基体的能力。水样基体的实验室控制样通常是用不含有机物的试剂水制备，类似实验室连续校准验证标液。固体基体的实验室控制样也可使用干净的石英砂，但石英砂的使用不是必需的。当以连续校准验证相同的方式制备实验室控制样，那么这个样品可以同时当作实验室控制样和实验室连续校准验证使用。在这种情况下，可使用实验室连续校准验证的可接受标准来进行实验室控制样的评估。制定实验室控制样的可接受标准的相关信息，请参阅 U.S.EPA 8000。

9.6.3　记录基体对目标化合物测定的影响应包括至少分析一个基体加标和一个未加标的样品平行，或一个基体加标和基体加标平行。是否制备和分析样品平行或基体加标和基体加标平行，取决于对样品和项目目标的了解。这些宜在项目规划文件中加以说明。如果预计到样品中含有目标化合物，那么实验室可使用基体加标和无基体加标的现场样品平行。如果预计样品不含目标化合物，那么实验室可使用基体加标和基体加标平行。查阅 U.S.EPA 8000 可获取关于制定基体加标 / 实验室样品平行或基体加标 / 基体加标平行的可接受标准的信息。在固体样品中加入液态混标，不应期望加标物质的性能表现等同于其在现场实际条件下的状态。因此，可认为基体加标仅是用来评估在方法限制下基质效应的严重程度。

9.6.4　有关执行预处理和分析的质量控制程序的详细信息，请参见 U.S.EPA 8000。评价方法性能的内部标准可依据 U.S.EPA 8000 中的指南来制定。

9.7　替代物回收率：每个空白、实际样品、实验室质控样和现场质控样都必须添加替代物。每个实验室应根据各自的样品制定替代物的回收率限值，评估各自样品的替代物回收率。有关评估替代物数据，以及建立和更新替代物限值的信息参见 U.S.EPA 8000。在制定实验室或项目特定的标准之前，实际样品的替代物回收率限值建议为 70% ~ 130%。评估多个替代物回收率和相关纠正措施的程序应在实验室 SOP 或批准的项目计划中确定。

9.8 必须监测内标物响应，以确保灵敏度保持不变，并减少相关目标化合物浓度的测量偏差风险。将实际样品的内标物响应与初始校准或连续校准验证中相同内标物的响应相比，推荐的可接受标准参见第 11.5.6 节。当内标响应超出可接受范围时，则需进一步调查，可能需对已检出和未检出的测定结果进行定性鉴别。

9.9 定量下限（LLOQ）：定量下限是指实验室已证明的，在一定置信度下，目标化合物可被可靠地测量和报告的最低浓度，且必须高于或等于校准曲线的最低点。实验室应在可持续满足定量和定性要求的浓度下建立定量下限（见第 11.6 节）。实验室应至少每年一次，或者当制备和分析程序发生重大变化时，对定量下限进行验证，以证明其在较低目标化合物浓度下的定量能力。可通过制备和分析 0.5～2 倍的定量下限浓度的实验室控制样或基体加标样进行验证。如果预计样品浓度在定量下限附近，且存在明显的基体干扰，则可使用其他材料验证方法的定量下限。可使用干净的可控材料（如试剂水、溶剂空白、渥太华砂、硅藻土等）或不含目标化合物的代表性样品基体来完成验证。最理想的情况是，定量下限应该小于基于数据质量目标的决策浓度限值或者法规浓度限值。

9.9.1 定量下限验证。

9.9.1.1 使用干净的可控材料加标验证定量下限是一种最理想的情况，因为它不评估真实样品可能存在的基体效应。对于基于具体项目的定量下限应用，利用已建立的数据质量目标，一个具有代表性的特定基体的定量下限验证可以更可靠地评估其定量下限能力。

9.9.1.2 定量下限验证是通过将 0.5～2 倍的定量下限浓度的目标化合物加至干净的控制材料中制备的。也可选择在一个具有代表性的、且无目标化合物的样品基体中加入 0.5～2 倍定量下限浓度的目标化合物来进行验证。定量下限检查执行与环境样品和其他质控样一致的制备和分析程序。定量下限验证样品必须独立于用于计算目标化合物浓度的初始校准（即不需要重新计算校准点）。建议对每台出数据报告的仪器进行定量下限验证分析。但是，实验室宜至少在类似的分析仪器之间轮流进行核查，以便在 3 年内全部完成验证。

9.9.1.3 定量下限验证中目标化合物的回收率宜处于既定的内部限值范围内，或者在特定项目设定的可接受限值范围内，以证明在定量下限附近方法性能是可以接受的。在实验室拥有足够的数据来确定可接受限值前，实验室控制样标准的 ±20%（即下限为减 20% 和上限为加 20%）可用于定量下限的可接受标准。这种做法认可在校准曲线的低点可能存在更大的不确定性。一旦获得了足够的数据，就应该确定实用的、基于历史数据的定量下限可接受标准。

9.9.2　报告低于定量下限的浓度：低于已确定的定量下限的浓度仍可报告；不过，这些目标化合物须记为估算值。报告低于定量下限浓度的程序应在实验室的 SOP 或项目特定计划中予以记录。所报告的低于定量下限的目标化合物应符合第 11.6 节中的大部分或全部定性鉴别标准。

9.10　建议实验室使用此方法时采用额外的质量保证措施。根据实验室需求和样品的实际情况制定特定措施是最有效的。实验室应尽可能测定标准参考物质，并参加相关能力验证。

10　校准和标准化程序

有关校准和标准化程序，请参阅第 11.3 节和第 11.4 节。

11　操作步骤

11.1　本方法提供了多种可选择的进样方式。所有的内标物、替代物和基体加标化合物（如适用）都必须在引入 GC/MS 系统前加至样品中。有关此类加标程序，参阅具体的进样方法。

11.1.1　直接进样：包括注入含极高浓度目标化合物的水样；采用 5031 法（共沸精馏）注入水样；注入经十六烷稀释的废油样品（U.S.EPA 3585）。直接进样（未浓缩）应用范围非常有限。直接注射水样仅用于测定毒性特征（TC）法规限值浓度或 mg/L 级别及以上浓度的挥发性有机物。直接进样也可与水样的可燃性试验（U.S.EPA 1010 和 U.S.EPA 1020）一起使用，以确定乙醇浓度是否大于 24%。

11.1.2　吹扫和捕集：包括水样的吹扫和捕集（U.S.EPA 5030）以及固体样品的吹扫和捕集（U.S.EPA 5035）。U.S.EPA 5035 还提供了用甲醇（以及其他水溶性溶剂）萃取高浓度固体废弃物和油性废弃物，随后用 U.S.EPA 5030 从水性基体中吹扫和捕集的技术方法。

11.1.2.1　通常情况下，水样的吹扫和捕集在室温下进行，而土壤或固体样品为了提高吹扫效率在 40℃下进行。在略高于室温（如 35℃）的固定温度下吹扫水样，可以改善环境温度变化时的再现性。

11.1.2.2　水样和土壤 / 固体样品也可在较高的温度下吹扫，只要所有的校准标准溶液、现场实际样品和相关的 QC 样品也在相同的温度下吹扫，且实验室必须证明方法性能可被项目接受。在较高温度下吹扫（如 40 ~ 80℃）可提高那些在室温下吹扫效率较差的高水溶性化合物的吹扫性能表现。

11.1.3 真空蒸馏：该技术可用于从含水、固体或组织样品（U.S.EPA 5032）中将挥发性有机化合物引入气相色谱 / 质谱系统（U.S.EPA 8261）。

11.1.4 自动静态顶空：该技术可用于从含水、固体样品（U.S.EPA 5021）中将挥发性有机化合物引入气相色谱 / 质谱系统。

11.1.5 吸附管解吸：该技术可用于从气样采集的吸附管（U.S.EPA 5041）中解吸来引入挥发性有机化合物。该吸附管来自挥发性有机物采样系统（VOST）或挥发性有机化合物（SMVOC）采样方法（U.S.EPA 0031）。

11.2 根据 EPA 实验室的分析和用于生成本方法性能数据的研究，以实例形式列出了推荐的色谱条件。实际条件将取决于目标化合物、仪器和所选色谱柱的制造商指南。最高工作温度因具体色谱柱制造商而异。

11.2.1 通用条件：

进样器温度：200 ~ 275℃。

传输线温度：200 ~ 300℃。

11.2.2 直接分流接口，以下为示例条件：

载气（氦）流速：1.3 ml/min。

色谱柱：60 m × 0.25 mm × 1.4 μm DB-624。

初始温度：35℃，保持 3 min。

程序升温：6℃ /min 升至 100℃，12℃ /min 升至 180℃，20℃ /min 升至 200℃，保持 7 min。

进样口温度：225℃。

传输线温度：230℃。

分流比：30 : 1。

11.2.3 分流进样：

载气（氦）流速：0.9 ml/min。

色谱柱：20.0 m × 0.18 mm × 1.0 μm DB-VRX。

初始温度：30℃，保持 3 min。

程序升温：10℃ /min 升至 100℃，20℃ /min 升至 240℃；保持 1 min。

进样口温度：250℃。

传输线温度：250℃。

分流比：50 ∶ 1。

11.2.4　分流进样：

载气（氦）流速：0.7 ml/min。

色谱柱：20 m × 0.18 mm × 1.0 μm DB-624。

初始温度：40℃，保持 4min。

程序升温：15℃ /min 升至 190℃，250℃保持 1.5 min。

分流比：35 ∶ 1。

11.2.5　直接进样：

载气（氦）流速：4 ml/min。

色谱柱：70 m × 0.53 mm 膜厚 DB-624。

初始温度：40℃，保持 3 min。

程序升温：8℃ /min 升至 260℃。

11.2.6　氢气载气：

流速：1 ml/min。

色谱柱：40 m × 0.18 mm × 1 μm 膜厚，Rtx-VMS。

初始温度：30℃，保持 4 min。

程序升温：7℃ /min 升至 180℃。

进样口温度：200℃。

传输线温度：200℃。

分流比：70 ∶ 1。

11.3　初始校准——建议使用下述 GC/MS 操作条件：

质量范围：质荷比 *m/z*：35 ~ 270。

采集速度：色谱峰上至少产生 5 个质谱图（但最好是 10 个或以上）。

离子源温度：根据制造商的说明书。

只适用离子阱质谱仪：根据制造商的建议设置轴向调谐器、歧管温度和发射电流。

11.3.1　GC/MS 系统生成的质谱图必须有足够的质量精度和质量分辨率，以及足够强的信号，以用于对含特定质荷比的特征离子的目标化合物、替代物和内标物的定量分析。质谱仪性能的标准化简化了由不同仪器生成的质谱图间的比较，例如对照商业谱库搜索未知谱图。4- 溴氟苯 BFB 常用于验证电子轰击离子源 EI 质谱性能。表 2-5-4 提供了 BFB 离子丰度比评估标准。这些标准只适用于表中所示质量数范围内获得的 EI 质谱图。

可通过使用内部校准物（如全氟三丁胺，也称为 PFTBA）满足制造商质量分辨率、质量精度和灵敏度的要求，以证明系统性能可接受。根据系统或分析条件，也可使用其他参照化合物来验证质谱性能（例如，负离子化学电离可用八氟萘）。无论如何评估质谱性能，只有在满足性能标准后，才能开始系统校准，且校准标准和样品须在相同条件下分析，即如系统重新调谐则应执行新的校准措施。如果使用化学电离、选择离子扫描或串联质谱，则可以用制造商的 MS 调谐标准或上面列出的其他替代程序之一来代替 BFB 调谐要求。

11.3.1.1 在没有其他关于如何获取 BFB 质谱图的情况下建议可采用下列方法：

采用与分析校准标准溶液和样品相同的方法注入 BFB。调整注入 BFB 的量，以防止高丰度质量数使检测器饱和（如≤50 ng）。获得数据之后，选择峰顶点的质谱或使用平均质谱图（例如，整个 BFB 色谱峰上的丰度最高的三个质谱图）进行评价。允许扣除背景，但仅用于消除柱流失或仪器背景离子。不可扣除 BFB 峰的任何部分或任何其他离散峰。用于背景扣除的质谱图可以是单个质谱图，也可以是在 BFB 流出 20 s 内获得的短时间范围的平均质谱图。

11.3.1.2 比较 BFB 质谱图强度和表 2-5-4 中的标准。如果方法性能没有受到不利影响，可以使用其他已记录的离子比例标准。如果用氢气作为载气，表 2-5-4 中 BFB 的 96/95 质荷比标准很难达到。因载气和水蒸气的相互作用，96/95 质荷比的相对丰度为 5%～15% 是可接受的。分析人员可自由选择比本方法所含标准更为严格的标准，或者使用其他已记录的标准，只要在整个初始校准、校准验证和样品分析过程中可以始终如一地使用这些标准。

注：除选择离子扫描 SIM 分析外，与此分析相关的所有后续标准溶液、现场实际样品和质控样品必须使用相同的质谱条件。BFB 可以在全扫描模式下分析，而标准溶液、样品和质控样则在 SIM 下进行分析。实验室也可使用另一种检测器性能验证方法如 PFTBA 调谐，或制造商推荐的检测器检查方法，作为使用 SIM 分析时 BFB 调谐的替代方法。

注：BFB 调谐检查不适用于化学电离或串联质谱选择反应监测模式。但是，实验室必须在初始校准之前，证明 MS 系统达到了仪器制造商为全氟三丁基胺（PFTBA）内部校准剂或其他合适的化学品规定的质量精度和质量分辨率标准。

11.3.2 设置进样系统，然后按照所选择的制备方法制备并分析校准标准溶液（参见第 11.1 节）。初始校准标准溶液必须包括所有目标化合物，且至少 5 种不同浓度的标准溶液（见第 7.11.1 节和 U.S.EPA 8000）。替代物可在初始校准的多个浓度下或在单一浓度下（即向每个校准标准溶液加入恒定量，与内标物一样）进行校准。

每个目标化合物和内标化合物的基峰质荷比适合作为定量分析的主要质荷比（见表 2-5-2），但只要使用一致，质谱图中的其他辅助质荷比也可用于定量分析。如果主要质荷比处发现有干扰，则使用其他质荷比。校准范围、色谱仪性能和任何过载的程度取决于进样技术、气相色谱柱和色谱条件，以及进样系统和气相色谱 / 质谱仪对溶剂、水和其他注入的样品基体成分的耐受性。

注：定量下限是基于能够一致并可靠地满足定量和定性分析验证要求的浓度下建立的（见第 9.9 节和 11.6 节）。为了确保峰值信号与背景充分区分，并满足对目标化合物的定性鉴别要求，应目视检查定量下限校准标准溶液中的目标化合物峰。

11.3.3　选择离子扫描 SIM 和选择反应监测 SRM 分析的其他考虑事项

SIM 和 SRM 可用于那些要求定量限低于 EI 单四极杆质谱正常范围的应用，这两种方法都是本方法所允许的。使用主要质荷比（或选择反应监测模式 SRM 的子离子）进行定量分析，至少一个次质荷比（或子离子）进行定性确认，基于色谱保留时间建立质谱采集组。所选质荷比（子离子）值应包括仪器上获得的目标化合物的质谱图中记录的任何质量亏损，通常小于 0.2 amu。每个离子的滞留时间可以通过仪器软件自动计算，或者根据目标化合物的峰宽、每个峰上需要获得的质谱数，以及在每段中需要获得的共存离子数来计算。每一段监测的质荷比值越少，每个质量数的采集时间就越长，从而提高系统的灵敏度。质谱仪的总循环时间应足够短，每个色谱峰至少需要采集 5 个，最好是 10 个或以上的质谱图。

当选择离子监测 SIM 或者选择反应监测 SRM 模式分析样品时，建议采用以下最佳做法：

每个目标化合物，应至少监测两种离子，且使用校准曲线的中间点来为每一个化合物建立适当的离子比。主要离子和辅助离子的比值是在选择离子监测和选择反应监测（除保留时间以外）中唯一可用的定性工具，这提高了它们在正确识别中的重要性。当在一个给定的基体中预期或观察到干扰时，采集多个辅助离子可有助于定性分析识别。

确保所有监测的离子正确积分，以获得合适的离子比。每次建立初始校准后都要用初始校准中间点更新主要和辅助离子的比例以及参考质谱图。

11.3.4　将每个目标化合物和内标的特征离子的响应（推荐离子表参见表 2-5-2）对其浓度制成表格。计算每个目标化合物对其内标的相对响应因子（RF），公式如下：

$$\mathrm{RF}=\frac{A_S \times C_{is}}{A_{is} \times C_s} \tag{2-5-1}$$

式中，A_S——目标化合物或者替代物的峰响应；

A_{IS}——内标物的峰响应；

C_s——目标化合物或者替代物的浓度；

C_{IS}——内标物的浓度。

（1）使用下列公式计算每个目标化合物的平均响应因子及其相对标准偏差（RSD）。

$$\overline{\mathrm{RF}}=\frac{\sum_{i=1}^{n}\mathrm{RF}_i}{n} \tag{2-5-2}$$

$$\mathrm{RSD}=\frac{\mathrm{SD}}{\overline{\mathrm{RF}}}\times 100 \tag{2-5-3}$$

$$\mathrm{SD}=\sqrt{\frac{\sum_{i=1}^{n}(\mathrm{RF}_i-\overline{\mathrm{RF}})^2}{n-1}} \tag{2-5-4}$$

式中，RF_i——校准标准溶液中每种物质的响应因子；

$\overline{\mathrm{RF}}$——初始校准中每种物质的平均响应因子；

n——校准点的数量，例如 5；

SD——标准偏差。

（2）每种目标化合物的相对标准偏差应≤20%（见第 11.3.5 节）。表 2-5-5 所列的最小响应因子，用于指示系统是否正常工作，以及检查校准标准溶液是否正确配制。由于表 2-5-5 中的最小响应因子由测定特定离子获得且仪器条件不一，所以本方法不要求所有目标化合物都满足这些最小响应因子，此表信息仅供参考。实验室应在其标准操作程序 SOP 中建立相应步骤［例如，实验室确立的最小响应因子、信噪比（S/N）检查等］，以确保仪器正常工作，并正确制备校准标准溶液。

注：相对响应因子＜0.01（峰响应值小于内标物响应值的 1/100）的目标化合物，建议提高其相对于其他目标化合物的浓度，使其响应与其他目标化合物更有可比性。

11.3.5 目标化合物的线性：如果任何目标化合物的相对标准偏差都≤20%，则在校准范围内可认为相对响应因子是恒定的，可用平均响应因子进行定量（见第 11.7.2 节）。

11.3.5.1 如果任一种目标化合物的 RSD＞20%，参考 U.S.EPA 8000 第 11.5 节选用其他校准措施（如缩小校准范围，改变校准模式等），并应用其中的一种或多种选项来满足初始校准的可接受标准。或者，可用适当的数据限定来出具受影响目标化合物的报告，或重新校准仪器。

注：当采用平均响应因子校准模式的 RSD>20% 时，绘制和目视检查校准曲线可以作为一种有用的诊断工具。检查可能会发现分析中产生的问题，包括标准溶液配制错误，色谱系统中存在的不稳定因素，和目标化合物的色谱性能较差等。

注：校准模式强制通过原点（对于实验室试剂空白中持续检出目标化合物）可以更好地估计空白污染物的背景水平。当空白存在问题时，为确定目标化合物的方法报告限，必须正确评估背景污染。

11.3.5.2　如果初始校准内 10% 以上化合物（或 10% 以上将出具报告的化合物）的 RSD 超过 20% 的限值，且不符合其他曲线拟合的最低相关准则［$r^2 \geqslant 0.99$ 或相对标准误差（RSE）≤20%］，则认为色谱系统不够稳定，不能开始分析。纠正问题根源，然后从第 15.11.3 节开始重复校准程序。不能满足这些标准的化合物，其相应浓度仍可测定，但必须作为估计值出具报告。为报告这类化合物未检出，必须证明有足够的准确性可检测定量下限浓度的化合物（关于标线重新拟合参见第 11.3.5.4 节，关于连续校准 CCV 参见第 11.4.3.2 节）。RSE 的进一步讨论参考 U.S.EPA 8000。RSE 计算示例见参考文献［16］。

11.3.5.3　由于可用本方法分析的化合物数量很多，因此其中有些化合物可能不能满足上述的标准要求。在这种情况下，一般认为那些不符合标准的化合物对具体项目不重要，因此它生成的数据就用于筛选目的的合格数据或估计值。分析人员应着重于使那些对项目而言关键的化合物满足校准标准。不满足初始校准标准的目标化合物应告知数据使用者，同时告知可能的合格数据，但没有必要让不出具报告的化合物也满足标准。

注：一旦最终确定校准模式，仅为了使样品和相应的质控样满足推荐的质量控制标准，就视情况而定选择另一种模式是不恰当的。

11.3.5.4　校准，特别是线性回归校准模式，可能在校正曲线的低浓度点出现明显偏差。所有校准点，尤其是那些与定量下限浓度相当的校准点，宜使用以本标准最终建立的标准曲线重新进行计算（非重新分析，即将校准标准的响应值再代入曲线中重新进行拟合计算）更多相关细节，请参见 U.S.EPA 8000。尤其使用线性回归拟合时，如果与定量下限相对应的校准标液浓度点是最低浓度点，则其重新计算的浓度值宜在标准溶液真值浓度 ±50% 范围内，其他所有浓度（即高于最低点标准溶液）宜在 ±30% 范围内。对于低于定量下限的校准点，没有通过重新拟合标准的要求。可根据项目的需要采用其他标准。但这些标准应在实验室标准操作程序（SOP）或具体项目的质量保证方案计划（QAPP）中明确定义。应对不符合重新拟合标准的目标化合物进行评估，以便采取纠正措施。如果与定量下限浓度相当的低浓度点不能满足回测要求，则目标化合物应报告为接近该浓度的估计值，或在较高的浓度下重新建立定量下限（计算公式见 U.S.EPA 8000 第 11.5.4 节）。

11.3.6 初始校准验证 ICV：在分析样品之前，如果可能，使用从另一个来源获得的标准溶液对初始校准进行验证，例如可使用第二个制造商，或同一制造商但与校准标液不同批次来源的标准溶液。应在与初始校准相同的干净控制基体中制备。初始校准验证中推荐的目标化合物可接受标准是预期浓度的 70% ~ 130%。根据具体项目的数据质量目标，可适用其他标准。不符合初始校准验证的目标化合物，不应进行定量分析。但仍可继续分析，结果仅用于筛选目的且视为估计值。

11.4 连续校准验证（CCV）：CCV 标准溶液必须在任何样品分析之前，每 12 h 分析周期的开始进行分析。

注：调谐检查（第 11.3.1 节）仅要求在初始校准之前进行。

11.4.1 必须每 12 h 一次，在样品分析前，验证每个目标化合物的初始校准性能（第 11.3 节）。使用与初始校准标液相同的贮备液或同一来源的标准溶液，在校准曲线范围的中间点浓度附近，完成连续校准验证分析（含出具报告的所有化合物）。分析结果必须与最近一次校准曲线相对比，且满足第 11.4.3 ~ 11.4.5 节的连续校准验证标准。

注：如果样品在初始校准后 12 h 内分析，则可以省略连续校准验证，并可将最后一个初始校准标准溶液的进样作为评估的起始时间参考。

11.4.2 为确保整个系统（进样器、传输线和 GC/MS 系统）无污染，在连续校准验证之后和样品分析之前，必须进行空白分析。项目中不满足标准的目标化合物应告知数据使用者并对结果作适当定性鉴别。如果空白显示有污染，则可以进行额外空白分析，以降低因标液或样品引入残留而造成的任何系统污染。方法空白性能标准见第 9.5 节，方法空白性能标准的相关资料，请参阅 U.S.EPA 8000。

11.4.3 连续校准验证标准

11.4.3.1 对连续校准验证中每种目标化合物的计算浓度或绝对量应处于期望值的 ±20% 范围以内。

注：对于响应因子校准模式，在校准验证中目标化合物响应因子的计算值与初始校准中的平均响应因子的百分偏差（*D*%）与其浓度的计算值和期望值之间的百分漂移相同。有关百分偏差和百分漂移的计算请参阅 U.S.EPA 8000。

11.4.3.2 如果某一化合物的百分偏差或百分漂移≤20%，则该化合物的初始校准认定有效。由于可用本方法分析的化合物数量很多，预计某些化合物将达不到该标准。如果初始校准中 20% 以上的化合物（或者 20% 以上需出具报告的化合物）不符合标准（如百分偏差或者漂移＞20%），则必须在样品分析前采取纠正措施。不符合连续校准验证标准而在相关样品中报告浓度的目标分析物必须进行标识该浓度是潜在的估计值或是偏离值。化合物在低浓度点不合格的情况下，如果能证明其在定量下限浓度水平或项目关注的特定浓度水平有足够的检测灵敏度（例如，通过校准低于既定定量下限的浓度以确认未检出；或通过分析一浓度水平接近的标准品以确认如分析物存在可被定性识别），则可报告未检出（参见 U.S.EPA 8000 第 11.7 节）。可记为未检出或将定量下限提升到更高的浓度水平。如果化合物在连续校准验证高浓度点不合格，而在相关现场样品中没有发现，则可不经鉴定标识而直接出具报告。

注：如果目标分析物化合物和内标的响应比值明显降低（回收率 <50%）或色谱发生显著降解，则必须进行系统维护，或分析人员必须证明在定量下限浓度有足够的灵敏度。

11.4.3.3　初始校准中所列的类似问题可能会影响通过连续校准验证。如果不能通过其他措施来纠正该问题，就必须进行新的初始校准。在开始样品分析之前，必须满足校准验证标准。

11.4.4　内标的保留时间：如果连续校准验证中内标物的绝对保留时间和最近一次初始校准中间点浓度的保留时间偏差超出 30 s，则应检查色谱系统是否存在故障，并按要求采取纠正措施。在采取纠正措施之后，所有在系统故障时分析过的样品都必须重新分析。保留时间的变化将取决于所使用的色谱系统的类型。

11.4.5　内标的响应：为了证明测量系统在初始校准以后具有持续的稳定性，连续校准验证中内标物的响应必须与初始校准中相同内标的响应进行比较来评价。如果内标物的响应与初始校准中间点或初始校准序列（实验室 SOP 规定）中的平均值相比，变化超过了 2 倍（即 50% ~ 200%），则应采取纠正措施。这些纠正措施可能包括但不限于更换和 / 或重新分析连续校准验证标准溶液，或质谱重新调谐和校准。当内标响应不符合这些标准时，系统灵敏性可能受到危害，建议重新分析样品，特别是当项目的法规限值接近定量下限时。

11.5　GC/MS 分析样品。

11.5.1　强烈建议对样品进行筛选，以减少未知高浓度有机化合物对 GC/MS 系统或进样设备的污染。可选的筛查方法如下：

筛查固体样品中的 VOCs（U.S.EPA 3815），自动顶空 - 气相色谱 / 火焰离子化检测器（GC/FID）（U.S.EPA 5021/8015），自动顶空 - 气相色谱 / 光离子化检测器 / 电导检测器（GC/PID/ELCD）（U.S.EPA 5021/8021），或固体废弃物稀释 -GC/PID/ELCD（U.S.EPA 3585/8021）使用相同类型的色谱柱。当仅用于筛选目的时，可酌情降低上述方法中的 QC 要求。当使用 U.S.EPA 8260 来实现低浓度定量分析时，样品筛查尤为重要。

11.5.2　在每个实际样品和所有质控样品中加入一定量的替代物加标液和内标加标液，可手动或自动进样器加标。替代物和内标可混合为一支加标液。

11.5.3　在选为基体加标的样品中加入一定量的目标化合物加标液（见第 7.12 节）。按相同的步骤制备实验室控制样，即加标至与校准标准制备相同的干净控制基体中（如试剂水，渥太华土等）。更多关于基体加标和实验室控制样的选择和制备的指导事项参见第 7.12 节、9.6.2 节和 U.S.EPA 8000。

11.5.4　在与初始校准标准溶液相同的分析条件下，将实际样品和相关质控样导入 GC/MS。当筛查结果显示有高浓度目标化合物或干扰，或者如果测得的目标化合物浓度在校准范围以上时，制备并分析经适当稀释的样品，或选择一个更易稀释的制备方法（例如：甲醇萃取固体而不是直接水相分配）。稀释应有针对性，以便使主成分（以前饱和的色谱峰）的响应处于校准范围的中间。

11.5.5　当样品中化合物的浓度高到足以导致给后续样品带来明显残留时（第 9.5 节），应在此次分析之后，至少进行一次方法空白或仪器空白，以证明后续样品没有残留影响。如果一个或多个空白分析不足以使系统恢复到可接受的运行条件，则可能要进行范围更广的除污染程序，可能需要进行重新校准。或者，当无法在下一个样品前进行空白分析时，例如使用无人值守的自动取样器时，分析人员应在分析高浓度样品后至少检查下一个样品的结果。如果在随后的实际样品中不存在高浓度样品中的目标化合物，则表明没有残留。

11.5.6　监控所有实际样品和相关质控样中内标物的响应值和保留时间，以便提供特定样品的 GC/MS 进样行为的质量保证，并对系统是否需要检查或维修做出判断。如果在实际样品或相关质控样中任何一个内标物的主要质荷比的响应与初始校准中间点的响应、初始校准序列的平均响应，或最近一次分析的校准验证标准溶液（实验室 SOP 规定）中的响应值比，变化超过 2 倍（即 50% ~ 200%），则须采取纠正措施。任何受影响的实际样品和相关质控样都宜重新分析，使相关数据合格。

11.6　定性分析。

11.6.1　本方法通过保留时间以及背景校正后的样品质谱图与参考质谱图比较对化合物进行定性识别。满足如下要求，即可对化合物定性。

11.6.1.1 化合物的特征离子强度必须在同步扫描中或单独扫描中达到最大限度。

11.6.1.2 目标化合物的保留时间落在其初始校准标准溶液中间点或每 12 h 周期开始时连续校准验证标准溶液中的保留时间的 ±10 s（Δ 保留时间 0.17 min）范围内，或相对其对应内标物的漂移时间的 ±10 s 范围内（内标物 Δ 保留时间 ±10 s）。应仔细检查色谱图，以尽量减少假阳性和假阴性结果的发生。如果内标物的保留时间发生了偏移，则应检查样品，以确定相应目标化合物是否发生了类似的偏移。如果保留时间漂移明显，可以用相对保留时间（RRT）代替 Δ 保留时间。其他信息请参见 U.S.EPA 8000 的第 11.4 节。

注：一些目标化合物的保留时间偏移远大于对应的内标物（相对于内标物的偏移超过 10 s）。此时，与具有类似理化性质的化合物比较保留时间偏移对于目标化合物的定性更有帮助。此外，推荐使用样品稀释或样品加标，有助于确定基体对目标化合物洗脱的影响，且利于定性。

11.6.1.3 定性离子（即次要特征离子或 MS/MS 串联质谱选择离子对）的相对强度与其在参考质谱图中的相对强度的偏差应在 30% 以内。例如，参考谱图中某定性离子的响应是其定量离子响应的 50%，则样品谱图中相应的定性 / 定量离子比率范围在 20% ~ 80%。对比所用的参考质谱图必须是由实验室使用本方法条件生成（通常为校准标准溶液）。样品质谱图的定性识别不限定离子采集模式，选择离子监测或选择反应监测模式也支持参考谱库比对，见第 11.6.2 节。

11.6.1.4 质谱图相似，但不能色谱分离的同分异构体被认为是同分异构体对。色谱峰的分离度在 50% 以上（即在两个同分异构体峰谷的高度小于或等于两峰平均高度的 50%，或 1-［峰谷高］/［平均峰高］≥50%），视为可分离。如果存在洗脱行为相似的异构体，必须通过初始校准中间点浓度的标准溶液或实验室指定的连续校准验证溶液来验证分辨率。为了确认仪器性能是否足以对关注的目标化合物异构体进行有效分离，检查初始校准验证 ICV 和日常连续校准验证 CCV 核查标液中结构异构体的分离度是非常重要的。

11.6.1.5 当目标化合物不能完全分离，产生的质谱包含多个化合物共有离子时，对其定性就比较困难。当色谱峰明显包含不止一个组分（肩峰或重叠峰）时，选择合适的目标化合物和背景谱图就十分关键。

11.6.1.6 仔细检查提取离子流图有助于谱图选择和化合物定性识别。当与目标化合物共同洗脱（即只显示一个色谱峰），虽可满足定性标准，但各目标化合物质谱图中将包含额外的共流出物的碎片离子。

11.6.2 若样品含校准物质之外的组分，可进行谱库检索初步定性。是否需要进行此类定性分析取决于所执行的分析目的（例如，《资源保护和开采法》（RCRA）许可或《废物抛弃要求》可能需要报告非目标化合物）。数据系统谱库检索程序不应作为标准化例程使用，这会导致比较样品谱图和标准物谱图时出错。只有样品谱图与谱库检索结果进行手工比较后，分析人员方可进行初步定性。初步定性的指导原则如下：

（1）参考图谱中主要离子的丰度（离子的丰度大于最强丰度离子的 10%）应出现在样品图谱中，且强度相当。

（2）参考图谱中的分子离子应出现在样品图谱中。如果分子离子未出现，仔细检查库匹配以避免错误识别。

（3）样品图谱中存在的主要离子，而参考图谱中没有，应加以检查，以确定是否可能存在共流出物。

（4）参考图谱中存在的离子，而样品图谱中没有，应加以检查，以确定是否被无意扣除。数据系统的谱库扣除功能有时会造成这些差异。

（5）质谱谱库检索算法通常会基于未知谱图和谱库的对比，给识别的峰指定匹配系数。对符合上述条件的质谱图，匹配系数 >0.8（80%）可作为确定依据。当确定数据采集时存在已知的局限，如存在不能完全分离的图谱干扰，较低的匹配系数也被认可。对于匹配系数相近的多个谱库图谱（如低丰度分子离子的碳氢化合物，或同分异构体），一类更通用的结构（如未知碳氢化合物，C4 苯结构异构体）可更好地表示未知物的初步识别。更多信息见参考文献［15］。

11.7 定量分析。

11.7.1 目标化合物定性后，可根据主要特征离子的提取离子流色谱图的丰度积分进行定量分析。所使用的内标应该是与既定目标化合物保留时间最接近的内标。

11.7.1.1 由于软件积分结果的一致性更好，只要软件积分结果可以接受，建议使用软件进行积分。当由于基线选择不正确、目标峰丢失、共流出物参与积分、峰仅部分积分等原因，造成软件无法正确积分时，手动积分就十分必要了。无论是采用软件自动积分还是手动积分，分析人员都应负责确保积分准确。

11.7.1.2 手动积分不得替代仪器的正确维护或方法的正确设置（如保留时间更新、积分参数文件等）。分析人员应通过适当地维护仪器、更新保留时间，设置色谱峰积分参数来尽量减少手动积分。

11.7.2 如果相对响应因子的相对标准偏差 RSD≤20%，则平均响应因子校准模式可适用初始校准（见第 11.3.4 节）。内标校准和线性 / 非线性拟合校准的公式参见 U.S.EPA 8000。

11.7.3 如适用，可使用平均响应因子校准模式的计算公式估算样品中的任何非目标化合物的浓度（见第 11.6.2 节），但需进行如下修正：第 11.3.4 节中的 A_x 和 A_{IS} 响应由总离子流色谱图得到，响应因子 RF 默认假设为 1。计算结果应清晰标明为估计值。使用保留时间最接近且无干扰的内标物。

11.7.4 质谱图非常相似的同分异构体，如果可以完全分离，可作为独立的异构体进行定量。参见第 11.6.1.4 节。

11.7.5 用 U.S.EPA 8260 推荐的内标定量方法，分析诸如汽油系列有机化合物 GROs 和总石油烃（TPH）的多组分参数，已经超出了本方法的测定范围。这些参数一般常用 GC/FID 或 GC/MS，详见 U.S.EPA 8015。使用本方法生成的总离子流图对这些参数进行外标法定量仍是可行的。此类应用推荐使用外标法校准，减少在 TPH 色谱图中扣除多个非目标组分（如内标）的峰面积。更多指导信息见 U.S.EPA 8000 第 11.4.2 节和 U.S.EPA 8015 第 11.3 节。

12 数据分析与计算

数据分析与计算的相关内容见第 11.7 节。

13 方法性能

13.1 SW-846 方法提供的方法性能参数和相关信息仅为示例或指导性资料。这些数据并不代表方法使用者必须达到的性能要求。相反，方法性能标准应基于特定项目而制定，实验室应根据方法的应用情况，建立内部质量控制性能标准。这些性能数据并非用来，且不允许用做认证实验室合格与否的绝对质量控制（QC）标准。

13.2 本方法已在单个实验室采用吹扫捕集法（U.S.EPA 5030）用加标水样进行测试。选用大口径毛细色谱柱，水样加标浓度为 0.5 ~ 10 μg/L。本方法目标化合物的单个实验室精密度和准确度数据详见 https://www.epa.gov/hw-sw846/sw-846-test-method-8260d-volatile-organic-compounds-gas-chromatographymass-spectrometry。

13.3 采用直接进样（U.S.EPA 3585），用大口径色谱柱对废机油样品进行分析。分析油品中毒性浸出方法（TCLP）的挥发性有机物的单个实验室精密度和准确度数据详见 https://www.epa.gov/hw-sw846/sw-846-test-method-8260d-volatile-organiccompounds-gas-chromatographymass-spectrometry。通过对 7 组新老油品的平行样分析，计算其性能参数。除了醇类、酮类、乙酸乙酯和氯苯的加标浓度为 5 ppm（远低于毒性浸出法规限值浓度），大多数目标化合物的加标浓度为其浸出毒性监管浓度。加标前，新的油品（即美国汽车工程师协会 SAE 30 号机油）加热至 80℃过夜，以去除挥发性有机物。用过的废油品（如从客车中排出的废机油混合物）不加热，加入 20 ~ 300 ppm 的苯、甲苯、乙苯和二甲苯（BTEX）以及异丁醇等污染物。这些污染物促进了废油中 BTEX 化合物的回收率。因此，这些目标化合物的氘代物的分析数据代表了更典型的回收率值。

13.4 采用 U.S.EPA 5035，使用三种类型的土壤基体：砂土、危废填埋场地表 10 英尺以下区域采集的土壤和花园表层土壤，测定单个实验室的准确度和精密度。每个样品中目标化合物的浓度加标至 20 μg/kg。数据详见 https://www.epa.gov/hw-sw846/sw-846-test-method-8260d-volatile-organiccompounds-gas-chromatographymass-spectrometry。所有数据均采用氟苯作内标进行计算，内标在甲醇萃取前加至土壤样品中。由于内标响应差异有可能造成部分结果回收率高于 100%。

13.4.1 一般情况下，砂土基体中目标化合物的回收率最高，危废填埋场略低，花园表层土壤的回收率最低。这是因为花园土壤的吸附力最强。这说明了分析基体加标样品来评估基体效应程度的必要性。

13.4.2 某些气体或挥发性很强的化合物，如氯乙烯，三氯氟甲烷和 1,1- 二氯乙烯的回收率略高于 100%。这可能是由于难以高精度地在土壤中加入这些化合物，使之平衡，然后再提取。花园土壤的测定结果（详见：https://www.epa.gov/hw-sw846/sw-846-test-method-8260d-volatile-organic-compounds-gas-chromatographymassspectrometry）中也发现一些芳香烃化合物回收率高，包括甲苯、二甲苯和三甲苯。这可能是由于样品采集前土壤污染程度较高造成。

13.5 采用共沸蒸馏（U.S.EPA 5031）处理不可吹扫的挥发性有机物的方法性能数据详见参考文献［9］。

13.6 采用真空蒸馏（U.S.EPA 5032）处理水、土壤、油和鱼组织基体中的挥发性有机物的性能数据详见参考文献［11］。

13.7 采用 U.S.EPA 5021 处理花园土基体，进行单个实验室精密度和准确度测定。平行样中目标化合物浓度加标至 20 μg/kg。这些数据可在 https://www.epa.gov/hw-sw846/sw-846-test-method-8260d-volatile-organic-compounds-gas-chromatographymass-spectrometry 中获得。选择推荐的内标物，可使两种类型土壤中的目标化合物得到最佳

的精密度和准确度数据。

13.7.1　采用 U.S.EPA 5021，通过对砂土基体的 7 个平行样分析结果的计算测定下限，示例详见 https://www.epa.gov/hw-sw846/sw-846-test-method-8260d-volatile-organic-compounds-gas-chromatographymass-spectrometry。之所以选择砂土是因为砂土的基体效应最小。使用第一章所述程序计算 LLOQ，并旨在作为该方法能力的一种通用性指示。

13.8　U.S.EPA 0040 采样和 U.S.EPA 8260 分析的样品的测定下限估计在 0.03 ~ 0.9 ppm 浓度范围内。相关数据详见 https://www.epa.gov/hw-sw846/sw-846-test-method-8260d-volatile-organic-compounds-gaschromatographymass-spectrometry。基体效应会引起个别化合物定量限偏高。

13.9　适用 U.S.EPA 5041 的目标化合物，推荐用于定量分析的内标物可在 https://www.epa.gov/hw-sw846/sw-846-test-method-8260d-volatile-organic-compounds-gas-chromatographymass-spectrometry 中获得。

14　污染防护

14.1　污染防治包含任何在产生环节上减少或消除废弃物的产生数量或毒性的技术。实验室中有许多防治污染的机会。EPA 已建立了一套环境管理技术的优先级制度，其将污染防治作为管理的首选，在任何可行的情况下，实验室人员都应该运用污染防治技术考虑废弃物的产生。当废弃物不能在源头上削减时，环境保护局建议的次优选择是循环使用。

14.2　实验室和研究机构可行的污染预防措施请参阅：http://www.acs.org/content/dam/acsorg/about/governance/committees/chemicalsafety/publications/less-is-better.pdf。

15　废物管理

EPA 要求实验室废弃物管理措施符合所有的法律法规要求。EPA 强烈要求实验室尽可能减少和控制通风柜或操作台的所有排放，以保护空气、水和土壤。遵守污水排放许可的法律法规，遵守所有固体和危险废物的法规，尤其是危险废物鉴别规定和土壤处置的有关规定。更多废弃物管理信息可查阅美国化学学会的“实验室人员用废物管理手册”，可在 http://www.labsafety.org/FreeDocs/WasteMgmt.pdf 中获得。

16 参考文献

[1] Prakash B, Zaffiro A, Zimmerman M, et al.. Measurement of Purgeable Organics Compounds in Water by Capillary Column Gas Chromatography/Mass Spectrometer, Method 524.3, 2009.

[2] Bellar T A, Lichtenberg J J. Amer. Water Works Assoc. 1974, 66 (12): 739-744.

[3] Bellar T A, Lichtenberg J J. Semi-Automated Headspace Analysis of Drinking Waters and Industrial Waters for Purgeable Volatile Organic Compounds, in Van Hall, Ed. Measurement of Organic Pollutants in Water and Wastewater, ASTM STP, 1979, 686: 108-129.

[4] Budde W L, Eichelberger J W. Performance Tests for the Evaluation of Computerized Gas Chromatography/Mass Spectrometry Equipment and Laboratories, U.S. Environmental Protection Agency, Environmental Monitoring and Support Laboratory, Cincinnati, OH, EPA-600/4-79-020, April 1980.

[5] Eichelberger J W, Harris L E, Budde W L. Reference Compound to Calibrate Ion Abundance Measurement in Gas Chromatography-Mass Spectrometry Systems, Analytical Chemistry, 1975, 47: 995-1000.

[6] Jeffers P M, Ward L M Woytowltch L M, et al.. Homogeneous Hydrolysis Rate Constants for Selected Chlorinated Methanes, Ethanes, Ethenes, and Propanes, Environmental Science and Technology, 1989, 23: 965-969.

[7] Marsden P J, Helms C L , Colby B N. Analysis of Volatiles in Waste Oil, Report for B. Lesnik, OSW/EPA under EPA contract 68-W9-001, June 1992.

[8] Flores P, Bellar T. Determination of Volatile Organic Compounds in Soils Using Equilibrium Headspace Analysis and Capillary Column Gas Chromatography/Mass Spectrometry, U.S. Environmental Protection Agency, Office of Research and Development, Environmental Monitoring Systems Laboratory, Cincinnati, OH, December, 1992.

[9] Bruce M L, Lee R P, Stephens M W. Concentration of Water Soluble Volatile Organic Compounds from Aqueous Samples by Azeotropic Microdistillation, Environmental Science and Technology, 1992, 26: 160-163.

[10] Cramer P H, Wilner J, Stanley J S. Final Report: Method for Polar, Water Soluble,

Nonpurgeable Volatile Organics (VOCs), For U.S. Environmental Protection Agency, Environmental Monitoring Support Laboratory, EPA Contract No. 68-C8-0041.

[11] Hiatt M H. Analysis of Fish and Sediment for Volatile Priority Pollutants. Analytical Chemistry, 1981, 53: 1541.

[12] Validation of the Volatile Organic Sampling Train (VOST) Protocol, Volumes Ⅰ and II, EPA/600/4-86-014A, January, 1986.

[13] Data on precision and accuracy of compound recoveries was taken from an EPA statistical analysis of LCS data from the Department of Defense (DOD) Environmental Data Quality Workgroup (EDQW) LCS study. This study was conducted by DOD in 2012 and the raw data was shared with the EPA work group. The final DOD study was published in 2013, after the EPA statistical analysis had been done independently.

[14] EPA Contract Laboratory Organic Statement of Work (SOM02.3d), http: //www.epa.gov/sites/production/files/2015-10/documents/som23d.pdf.

[15] NIST/EPA/NIH Mass Spectral Library (NIST 14) and NIST Mass Spectral Search Program (Version 2.2) User's Guide. National Institute of Standards and Technology, June 2014.

[16] Burrows R. Basic RSE calculator (version 2) and instructions, December 2016. Available at: http://nelac-institute.org/docs/comm/emmec/Calculating%20RSE.pdf.

[17] U.S.EPA Method 524.4, May 2013, EPA-815-R-13-002. Available at: nepis.epa.gov/

[18] ASTM Standard D4547, Standard Guide for Sampling Waste and Soils for VOCs, ASTM International, West Conshohocken, PA, 2015.Available at www.astm.org.

17 表、图表、流程图和确认数据

以下为本方法引用的图表（表 2-5-2、表 2-5-2A、表 2-5-3 ~ 表 2-5-8，图 2-5-1、图 2-5-2）。

表 2-5-2 可吹扫有机化合物的特征质荷比（*m/z*）

化合物	定量离子	辅助离子
丙酮	58	43
乙腈	41	40,39
丙烯醛	56	55,58

续表

化合物	定量离子	辅助离子
丙烯腈	53	52,51
烯丙醇	57	58,39
氯丙烯	76	41,39,78
苯	78	—
苄基氯	91	126,65,128
溴丙酮	136	43,138,93,95
溴苯	156	77,158
溴氯甲烷	128	49,130
溴二氯甲烷	83	85,127
三溴甲烷	173	175,254
溴甲烷	94	96
异丁醇	74	43
正丁醇	56	41
2- 丁酮	72	43
正丁基苯	91	92,134
仲丁基苯	105	134
叔丁基苯	119	91,134
二硫化碳	76	78
四氯化碳	117	119
三氯乙醛	82	44,84,86,111
氯乙腈	48	75
氯苯	112	77,114
氯丁烷	56	49
氯二溴甲烷	129	208,206
氯乙烷	64(49*)	66(51*)
2- 氯乙醇	49	44,43,51,80
双（2- 氯乙基）硫化物	109	111,158,160
2- 氯乙基乙烯基醚	63	65,106
三氯甲烷	83	85
氯甲烷	50(49*)	52（51*）
氯丁二烯	53	88,90,51

续表

化合物	定量离子	辅助离子
3- 氯丙腈	54	49,89,91
2- 氯甲苯	91	126
4- 氯甲苯	91	126
1,2- 二溴 -3- 氯丙烷	75	155,157
二溴一氯甲烷	129	127
1,2- 二溴乙烷	107	109,188
二溴甲烷	93	95,174
1,2- 二氯苯	146	111,148
1,3- 二氯苯	146	111,148
1,4- 二氯苯	146	111,148
顺 -1,4- 二氯 -2- 丁烯	75	53,77,124,89
反 -1,4- 二氯 -2- 丁烯	53	88,75
二氯二氟甲烷	85	87
1,1- 二氯乙烷	63	65,83
1,2- 二氯乙烷	62	98
1,1- 二氯乙烯	96	61,63
顺 -1,2- 二氯乙烯	96	61,98
反 -1,2- 二氯乙烯	96	61,98
1,2- 二氯丙烷	63	112
1,3- 二氯丙烷	76	78
2,2- 二氯丙烷	77	97
1,3- 二氯 -2- 丙醇	79	43,81,49
1,1- 二氯丙烯	75	110,77
顺 -1,3- 二氯丙烯	75	77,39
反 -1,3- 二氯丙烯	75	77,39
1,2,3,4- 双环氧丁烷	55	57,56
二乙基醚	74	45,59
1,4- 二氧六环	88	58,43,57
环氧氯丙烷	57	49,62,51
乙醇	31	45,27,46
乙酸乙酯	88	43,45,61

续表

化合物	定量离子	辅助离子
乙苯	91	106
甲基丙烯酸乙酯	69	41,99,86,114
环氧乙烷	44	43,42
六氯丁二烯	225	223,227
六氯乙烷	201	166,199,203
2- 己酮	43	58,57,100
2- 羟基丙腈	44	43,42,53
碘甲烷	142	127,141
异丁醇	43	41,42,74
异丙苯	105	120
对异丙基甲苯	119	134,91
丙二腈	66	39,65,38
甲基丙烯腈	41	67,39,52,66
丙烯酸甲酯	55	85
甲基叔丁基醚	73	57
碘甲烷	142	127,141
甲基丙烯酸甲酯	69	41,100,39
4- 甲基 -2- 戊酮	100	43,58,85
二氯甲烷	84	86,49
萘	128	—
硝基苯	123	51,77
2- 硝基丙烷	46	—
五氯乙烷	167	130,132,165,169
2- 甲基吡啶	93	66,92,78
丙炔醇	55	39,38,53
β - 丙内酯	42	43,44
丙腈	54	52,55,40
正丙胺	59	41,39
正丙苯	91	120
吡啶	79	52

续表

化合物	定量离子	辅助离子
苯乙烯	104	78
1,1,1,2- 四氯乙烷	131	133,119
1,1,2,2- 四氯乙烷	83	131,85
四氯乙烯	164	129,131,166
甲苯	92	91
1,2,3- 三氯苯	180	182,145
1,2,4- 三氯苯	180	182,145
1,1,1- 三氯乙烷	97	99,61
1,1,2- 三氯乙烷	83	97,85
三氯乙烯	95	97,130,132
三氯氟甲烷	101	103
1,2,3- 三氯丙烷	75	77
1,2,4- 三甲基苯	105	120
1,3,5- 三甲基苯	105	120
乙酸乙烯酯	43	86
氯乙烯	62	64
邻二甲苯	106	91
间二甲苯	106	91
对二甲苯	106	91

表 2-5-2A　内标 / 替代物

化合物	主要特征离子	辅助特征离子
苯 -d_5	84	83
溴苯 -d_5	82	162
溴氯甲烷 -d_2	51	131
4- 溴氟苯	95	174、176
氯苯 -d_5	117	—
三氯甲烷 -d_1	84	—
二溴氟甲烷	113	—
1,2- 二氯苯 -d_4	152	115、150

续表

化合物	主要特征离子	辅助特征离子
1,4- 二氯苯 $-d_4$	152	115、150
二氯乙烷 $-d_4$	102	—
1,4- 二氟苯	114	—
氟苯	96	77
五氟苯	168	—
甲苯 $-d_8$	98	—
1,1,2- 三氯乙烷 $-d_3$	100	—

注：离子阱质谱的特征离子（观察离子 - 分子反应时使用）。

表 2-5-3　2012 年国防部实验室控制样数据中实验室控制样限值的统计研究各目标化合物回收率的相对标准偏差①

目标化合物名称	CAS 号	水中的相对标准偏差	固体中的相对标准偏差
乙醛	75-07-0	66%	52%
丙酮	67-64-1	20%	21%
乙腈	75-5-8	16%	15%
丙烯醛	107-02-8	20%	18%
丙烯腈	107-13-1	12%	11%
氯丙烯	107-05-1	11%	11%
乙基叔戊基醚	919-94-8	10%	10%
甲基叔戊基醚	994-05-8	6%	10%
苯	71-43-2	7%	7%
苄基氯	100-44-7	18%	10%
双（2- 氯异丙基）醚	108-60-1	12%	NA
溴苯	108-86-1	7%	7%
溴氯甲烷	74-97-5	7%	8%
溴二氯甲烷	75-27-4	8%	8%
4- 溴氟苯	460-00-4	5%	7%
三溴甲烷	75-25-2	11%	11%

注：①样本重复次数 $N>20$（所有目标化合物的平均回收率为 97%，平均相对标准偏差为 12%）EPA 国防部实验室控制样的统计研究细节详见参考文献［13］。

续表

目标化合物名称	CAS 号	水中的相对标准偏差	固体中的相对标准偏差
溴甲烷	74-83-9	15%	15%
1,3- 丁二烯	106-99-0	19%	10%
2- 丁酮	78-93-3	15%	16%
乙酸正丁基酯	123-86-4	10%	12%
丙烯酸丁酯	141-32-2	72%	NA
正丁醇	71-36-3	13%	14%
仲丁醇	78-92-2	NA	17%
叔丁醇	75-65-0	10%	11%
甲酸叔丁酯	762-75-4	11%	NA
仲丁基苯	135-98-8	8%	9%
叔丁基苯	98-06-6	8%	9%
二硫化碳	75-15-0	12%	12%
四氯化碳	56-23-5	10%	11%
氯苯	108-90-7	6%	7%
2- 氯 -1,3- 丁二烯	126-99-8	12%	11%
氯丁烷	109-69-3	NA	8%
氯二溴甲烷	124-48-1	9%	9%
氯二氟甲烷	75-45-6	18%	19%
氯乙烷	75-00-3	13%	13%
2- 氯乙基乙烯基醚	110-75-8	16%	18%
三氯甲烷	67-66-3	7%	8%
1- 氯己烷	544-10-5	8%	10%
氯甲烷	74-87-3	16%	15%
1- 氯丙烷	540-54-5	10%	8%
2- 氯丙烷	75-29-6	12%	9%
2- 氯甲苯	95-49-8	7%	8%
4- 氯甲苯	106-43-4	7%	9%
2- 氯 -1,1,1- 三氟乙烷	75-88-7	8%	7%
氯三氟乙烯	79-38-9	22%	24%
环己烷	110-82-7	10%	11%
环己酮	108-94-1	42%	22%

续表

目标化合物名称	CAS 号	水中的相对标准偏差	固体中的相对标准偏差
1,2- 二溴 -3- 氯丙烷	96-12-8	12%	12%
1,2- 二溴乙烷	106-93-4	7%	7%
二溴氟甲烷	1868-53-7	7%	7%
二溴甲烷	74-95-3	7%	8%
1,2- 二氯苯	95-50-1	7%	7%
1,3- 二氯苯	541-73-1	7%	8%
1,4- 二氯苯	106-46-7	7%	8%
顺 -1,4- 二氯 -2- 丁烯	1476-11-5	15%	12%
反 -1,4- 二氯 -2- 丁烯	110-57-6	18%	13%
二氯二氟甲烷 [Freon-12]	75-71-8	22%	23%
1,1- 二氯乙烷	75-34-3	8%	8%
1,2- 二氯乙烷	107-06-2	9%	9%
1,1- 二氯乙烯	75-35-4	10%	10%
1,2- 二氯乙烯	540-59-0	7%	7%
顺 -1,2- 二氯乙烯	156-59-2	8%	8%
反 -1,2- 二氯乙烯	156-60-5	8%	9%
二氯氟甲烷	75-43-4	10%	18%
1,2- 二氯丙烷	78-87-5	7%	8%
1,3- 二氯丙烷	142-28-9	7%	7%
2,2- 二氯丙烷	594-20-7	13%	11%
1,1- 二氯丙烯	563-58-6	8%	8%
1,3- 二氯丙烯	542-75-6	8%	8%
顺 -1,3- 二氯丙烯	10061-01-5	8%	9%
反 -1,3- 二氯丙烯	10061-02-6	9%	10%
1,2- 二氯 -1,1,2,2- 四氟乙烷	76-14-2	16%	20%
1,2- 二氯三氟乙烷 [Freon 123a]	354-23-4	11%	12%
二乙基醚	60-29-7	10%	10%
二乙苯（总）	25340-17-4	6%	6%
1,2- 二乙苯	135-01-3	6%	5%
1,3- 二乙苯	141-93-5	6%	6%
1,4- 二乙苯	105-05-5	6%	6%

续表

目标化合物名称	CAS 号	水中的相对标准偏差	固体中的相对标准偏差
二异丙醚	108-20-3	11%	10%
二甲醚	115-10-6	11%	NA
3,3- 二甲基 -1- 丁醇	624-95-3	15%	14%
二甲基二硫醚	624-92-0	15%	9%
1,4- 二氧六环	123-91-1	14%	14%
环氧氯丙烷	106-89-8	13%	14%
乙醇	64-17-5	17%	19%
乙酸乙酯	141-78-6	14%	15%
丙烯酸乙酯	140-88-5	38%	49%
甲基丙烯酸乙酯	97-63-2	9%	10%
乙基叔丁基醚	637-92-3	10%	9%
乙苯	100-41-4	7%	8%
2- 乙基 -1- 己醇	104-76-7	21%	25%
4- 乙基甲苯	622-96-8	14%	13%
氟苯	462-06-6	6%	6%
呋喃	110-00-9	16%	NA
庚烷	142-82-5	16%	16%
六氯丁二烯	87-68-3	11%	13%
六氯乙烷	67-72-1	10%	10%
己烷	110-54-3	17%	17%
2- 己酮	591-78-6	14%	16%
碘甲烷	74-88-4	10%	10%
异戊醇	123-51-3	14%	14%
异丁醇	78-83-1	12%	13%
异戊二烯	78-79-5	9%	18%
乙酸异丙酯	108-21-4	12%	13%
异丙苯	98-82-8	10%	11%
对 - 异丙基甲苯	99-87-6	8%	9%
甲基丙烯腈	126-98-7	12%	11%
乙酸甲酯	79-20-9	14%	15%
丙烯酸甲酯	96-33-3	12%	11%

续表

目标化合物名称	CAS 号	水中的相对标准偏差	固体中的相对标准偏差
甲基丙烯酸甲酯	80-62-6	10%	12%
甲硫醚	75-18-3	13%	12%
甲基叔丁基醚	1634-04-4	9%	9%
甲基环己烷	108-87-2	10%	11%
二氯甲烷	75-09-2	8%	10%
2- 甲基萘	91-57-6	26%	27%
4- 甲基 -2- 戊醇	108-11-2	15%	NA
4- 甲基 -2- 戊酮	108-10-1	11%	12%
甲基苯乙烯	25013-15-4	8%	8%
萘	91-20-3	12%	12%
2- 硝基丙烷	79-46-9	16%	17%
五氯乙烷	76-01-7	11%	11%
戊烷	109-66-0	26%	25%
2- 戊酮	107-87-9	15%	NA
2- 丙醇	67-63-0	15%	13%
丙腈	107-12-0	12%	11%
乙酸正丙酯	109-60-4	8%	16%
正丙苯	103-65-1	8%	9%
苯乙烯	100-42-5	8%	8%
1,1,1,2- 四氯乙烷	630-20-6	8%	8%
1,1,2,2- 四氯乙烷	79-34-5	9%	9%
四氯乙烯	127-18-4	9%	9%
四氢呋喃	109-99-9	13%	13%
1,2,4,5- 四甲基苯	95-93-2	11%	11%
甲苯	108-88-3	7%	7%
1,2,3- 三氯苯	87-61-6	10%	11%
1,2,4- 三氯苯	120-82-1	10%	11%
1,3,5- 三氯苯	108-70-3	9%	10%
2,3,4- 三氯丁烯	2431-50-7	4%	NA
1,1,1- 三氯乙烷	71-55-6	9%	9%
1,1,2- 三氯乙烷	79-00-5	7%	7%

续表

目标化合物名称	CAS 号	水中的相对标准偏差	固体中的相对标准偏差
三氯乙烯	79-01-6	7%	8%
三氯氟甲烷［Freon-11］	75-69-4	12%	13%
1,2,3- 三氯丙烷	96-18-4	8%	9%
1,1,1- 三氯三氟乙烷	354-58-5	9%	7%
三氟甲苯	98-08-8	6%	9%
1,1,2- 三氟 -1,2,2- 三氯乙烷［Freon-113］	76-13-1	11%	12%
1,2,3- 三甲基苯	526-73-8	6%	6%
1,2,4- 三甲基苯	95-63-6	8%	8%
1,3,5- 三甲基苯	108-67-8	8%	9%
异辛烷	540-84-1	13%	14%
乙酸乙烯酯	108-05-4	15%	17%
溴乙烯	593-60-2	13%	7%
氯乙烯	75-01-4	14%	14%
二甲苯（总）	1330-20-7	7%	8%
对 / 间 - 二甲苯	179601-23-1	7%	8%
邻二甲苯	95-47-6	7%	8%

表 2-5-4　4- 溴氟苯（BFB）推荐标准

质荷比 *m/z*	强度（相对丰度）
95	质量数 174 的 50% ~ 200%
96	质量数 95 的 5% ~ 9% （使用氢气做载气时，质量数 95 的 5% ~ 15%）
173	小于质量数 174 的 2%
174	质量数 95 的 50% ~ 200%
175	质量数 174 的 5% ~ 9%
176	质量数 174 的 95% ~ 105%
177	质量数 176 的 5% ~ 10%

注：此标准基于 U.S.EPA 524.4（参考文献［17］），修改了 *m/z* 95 和 *m/z* 174 丰度标准。

表 2-5-5 EPA 合同实验室项目的响应因子参考标准

化合物	RF
丙酮	0.01
苯	0.2
溴氯甲烷	0.1
一溴二氯甲烷	0.3
三溴甲烷	0.1
溴甲烷	0.01
2- 丁酮	0.01
二硫化碳	0.1
四氯化碳	0.1
氯苯	0.4
氯乙烷	0.01
三氯甲烷	0.3
氯甲烷	0.01
环己烷	0.01
一氯二溴甲烷	0.2
1,2- 二溴 -3- 氯丙烷	0.01
1,2- 二溴乙烷	0.2
1,2- 二氯苯	0.6
1,3- 二氯苯	0.5
1,4- 二氯苯	0.6
二氯二氟甲烷	0.01
1,1- 二氯乙烷	0.3
1,2- 二氯乙烷	0.07
1,1- 二氯乙烯	0.06
顺 -1,2- 二氯乙烯	0.2
反 -1,2- 二氯乙烯	0.1
1,2- 二氯丙烷	0.2
顺 -1,3- 二氯丙烯	0.3
反 -1,3- 二氯丙烯	0.3
乙苯	0.4
2- 己酮	0.01
异丙苯	0.4

续表

化合物	RF
乙酸甲酯	0.01
4- 甲基 -2- 戊酮	0.03
甲基叔丁基醚	0.1
甲基环己烷	0.05
二氯甲烷	0.01
苯乙烯	0.2
1,1,2,2- 四氯乙烷	0.2
四氯乙烯	0.1
甲苯	0.3
1,2,3- 三氯苯	0.4
1,2,4- 三氯苯	0.4
1,1,1- 三氯乙烷	0.05
1,1,2- 三氯乙烷	0.2
1,1,2- 三氯 -1,2,2- 三氟乙烷	0.05
三氯乙烯	0.2
三氯氟甲烷	0.01
氯乙烯	0.01
间 / 对二甲苯	0.2
邻二甲苯	0.2

注：本表中的数据引用 EPA 合同实验室研究项目 CLP 工作报告 SOM 02.4。这些响应因子仅供参考，而非要求。更多信息参见附录 2-5-B。

表 2-5-6　用于高浓度样品分析的推荐萃取量

大致浓度范围 /（μg/kg）	萃取体积[a]
500 ~ 10 000	100 μl
1 000 ~ 20 000	50 μl
5 000 ~ 100 000	10 μl
25 000 ~ 500 000	100 μl 样品稀释 50 倍[b]

注：浓度超过此表，需计算合适的稀释倍数。

[a] 加入 5 ml 待吹扫水样中的溶剂体积应保持不变。因此，不论萃取体积多少，保持总的 100 μl 体积添加到 5 ml 注射器中。

[b] 稀释溶剂萃取液，取 100 μl 进行分析。

表 2-5-7 挥发性内标及指定其定量的相应目标化合物

氟苯	氯苯 -d_5	1,4- 二氯苯 -d_4
丙酮	苯	对溴氟苯（替代物）
丙烯腈	溴二氯甲烷	三溴甲烷
溴氯甲烷	四氯化碳	正丁基苯
溴甲烷	氯苯	仲丁基苯
2- 丁酮	环已烷	正丁苯
二硫化碳	一氯二溴甲烷	1,2- 二溴 -3- 氯丙烷
氯乙烷	1,2- 二溴乙烷	1,2- 二氯苯
三氯甲烷	1,2- 二氯丙烷	1,3- 二氯苯
氯甲烷	顺 -1,3- 二氯丙烯	1,4- 二氯苯
二氯二氟甲烷	反 -1,3- 二氯丙烯	1,2- 二氯苯 -d_4（替代物）
1,1- 二氯乙烷	乙苯	六氯丁二烯
1,2- 二氯乙烷	2- 已酮	异丙苯
1,2- 二氯乙烷 -d_4（替代物）	甲基环已烷	异丙基甲苯
1,1- 二氯乙烯	4- 甲基 -2- 戊酮	萘
顺 -1,2- 二氯乙烯	苯乙烯	正丙苯
反 -1,2- 二氯乙烯	1,1,1,2- 四氯乙烷	1,2,3- 三氯丙烷
1,4- 二氟苯（替代物）	1,1,2,2- 四氯乙烷	1,2,4- 三甲基苯
氟利昂 -113	四氯乙烯	1,3,5- 三甲基苯
乙酸甲酯	1,1,1- 三氯乙烷	1,2,3- 三氯苯
二氯甲烷	1,1,2- 三氯乙烷	1,2,4- 三氯苯
甲基叔丁基醚	三氯乙烯	
三氯氟甲烷	甲苯	
氯乙烯	甲苯 -d_8（替代物）	
	间 / 对二甲苯	
	邻二甲苯	

注：该表并非包含了第 1.1 节表中所列的所有化合物，仅作为相应内标的建议。

表 2-5-8　EPA 8260D 的质量控制标准概要 [a]

质量控制类型	最低频率	技术规定	建议可接受标准
仪器性能检查（参见第 9.3.1，11.3.1 节）	初始校准之前	必须在初始校准前进行验证	符合参考化合物的离子比标准：4- 溴氟苯（表 2-5-4），或其他记录的标准
初始校准（ICAL）（参见第 9.3.2，11.3.2-11.3.5 节）	样品分析之前； 如果不能满足连续性能标准，则按需进行	响应因子（RF）和线性回归（LR）最少需 5 个点，二次回归（QR）最少需 6 个点； 所报告的目标化合物 90% 以上符合初始校准标准	平均响应因子校准模式：响应因子的相对标准偏差≤20%； 线性回归或二次回归校准模式：相关系数 $R \geqslant 0.995$，$R^2 \geqslant 0.99$； 不论何种校准模式：若定量下限是校正点最低点，则其标液回测值（重新拟合）宜在真值的 ±50% 范围内；其他校准标准溶液的回测值，宜在真值的 ±30% 范围内； 或相对标准误差（RSE）≤20%（相关计算参见 U.S.EPA 8000 及参考文献［16］）； 更多其他标准，请参见 U.S.EPA 8000
初始校准验证（ICV）（参见第 9.3.2，11.3.6 节）	每次初始校准之后，样品分析之前	与初始校准标准溶液不同来源制备而得	目标化合物的测定值与期望值的偏差应在 ±30% 以内
连续校准验证（CCV）（参见第 9.3.3，11.4 节）	每 12 h 进行一次	80% 以上的目标化合物符合连续校准验证标准	目标化合物和替代物的偏差或漂移≤20%； 内标物的响应应在初始校准中间点或初始校准序列各点的平均响应的 50%～200%； 内标物的保留时间与初始校准相比，漂移不得超过 30 s
空白（参见第 9.5，9.6.1 节）	每批样品（≤20 个样品）制备一个方法空白； 按需进行仪器空白	未提供	空白样品中目标化合物的浓度应小于定量下限的 1/2，或小于等于实际样品浓度的 10%

续表

质量控制类型	最低频率	技术规定	建议可接受标准
实验室控制样（LCS）（参见第 9.6.2 节）	每批样品（≤20 个样品）制备一个实验室控制样	未提供	满足回收率标准（如果 LCS 和 CCV 相同，可使用 CCV 标准）
平行样和基体加标（参见第 9.6.3 节）	只要实验室有足够的样品量，每个制备批次（≤20 个样品），进行一次平行样和基体加标分析，或基体加标和基体加标平行分析	未提供	满足基于性能或特定项目的基体加标回收率标准；满足样品与实验室平行或基体加标与基体加标平行之间的相对百分比偏差要求
替代物（参见第 9.7 节）	添加到每个样品	未提供	满足实验室制定的或为该项目选择的基于性能的回收率标准
内标物（IS）（参见第 9.8 节，11.5.6 节）	添加到每个样品	未提供	内标物响应应为初始校准中间点（或初始校准序列各点的平均）或最近一次连续校准验证中相同内标物的响应的 50%～200%
定性分析（参见第 11.6.1 节）	每个目标化合物	未提供	样品中目标化合物的保留时间应在初始校准中间点或连续校准验证中目标化合物保留时间的 ±10 s 范围以内； 或相应内标保留时间漂移的 ±10 s 范围以内（内标物 Δ 保留时间 ±10 s）样品中目标化合物的特征离子 丰度比与参考质谱图的偏差在 ±30% 以内； 或与参考谱库谱图的匹配系数 ≥0.8（仅适用于全扫描采集模式）

注：[a] 默认的可接受标准；可为给定应用指定备选标准。更多信息请参阅第 9 节。

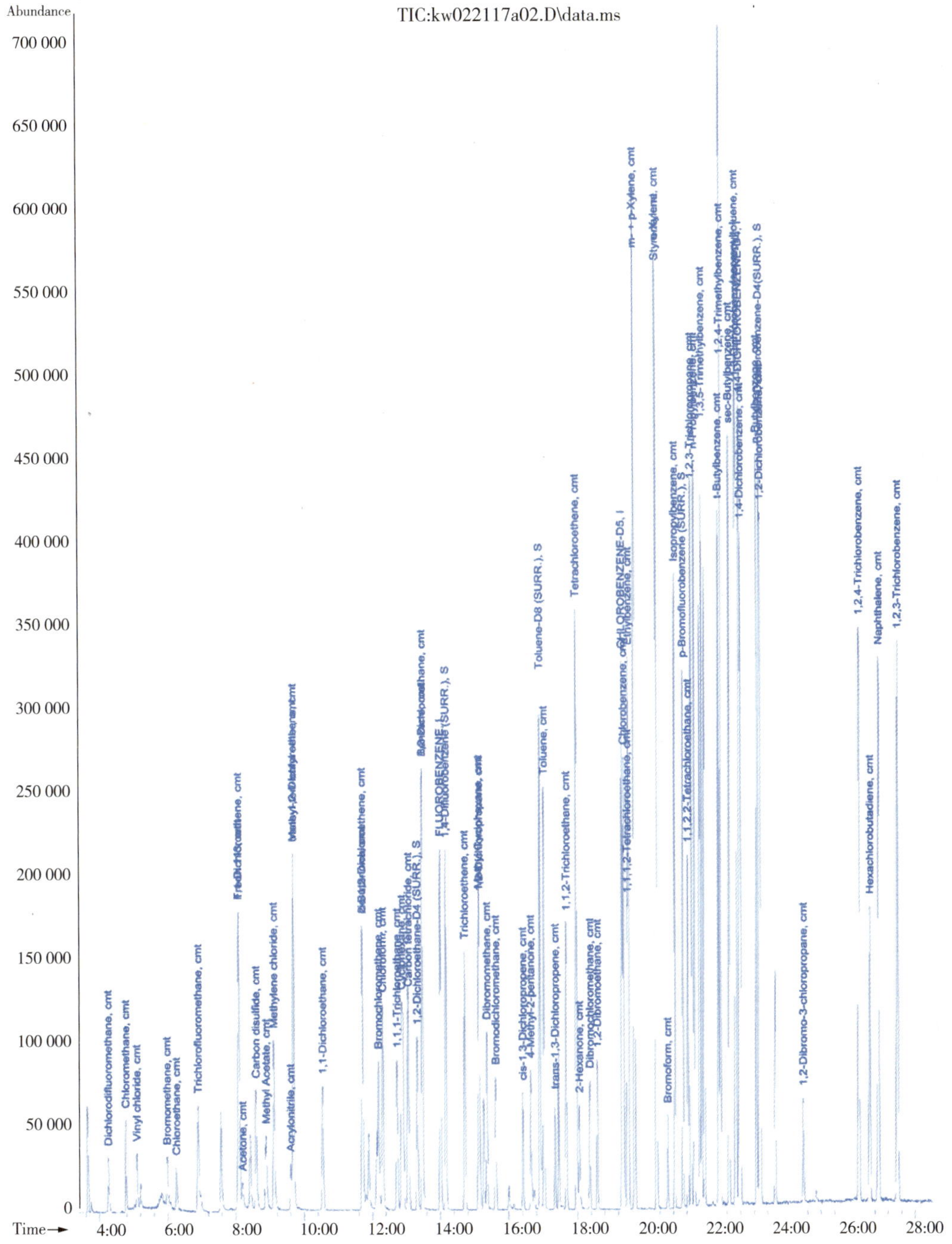

图 2-5-1　挥发性有机物的气相色谱图例[a]

注：[a] 由美国环保局第 10 区提供。

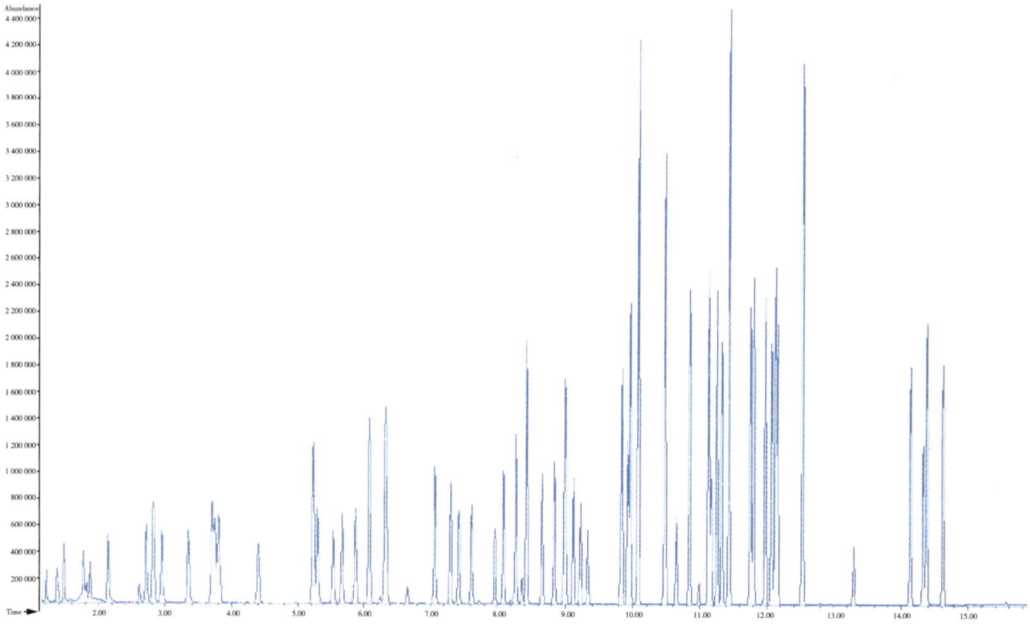

图 2-5-2 挥发性有机物的气相色谱图例[a]

注：[a] 由美国环保局第 5 区提供。

附录 2-5-A：U.S.EPA 8260D 第 4 版较 U.S.EPA 8260C 第 3 版的变更内容

1. 在整个文档中，为了与新的 SW-846 格式保持一致，对整个方法格式进行了更新。术语“质量”用“质荷比 *m/z*”代替，以反映检测器实际所测量的。用响应代替面积或高度。增加了允许使用氢气作为载气的内容。

2. 第 1 节：表格（第 1.1 节）更新了性能的新名称（√，*，等）。增加了这些符号（第 1.1 节）的定义以及对存在已知性能问题的化合物（第 1.3 节）的扩展描述。将三氯三氟乙烷分为 1,1,2- 三氯三氟乙烷和 1,1,1- 三氯三氟乙烷两种异构体。

3. 第 5 节：MSDS（材料安全数据清单）已更改为 SDS（安全数据清单），因为这是全球协调系统（GHS）中的正确术语。加入了关于氢气的安全说明。

4. 第 6 节：删除了所有供应商和产品名称，并替代为通用术语（第 6.2.1 节）。将质谱采集速率改为每个色谱峰的最小质谱个数（第 6.2.2.1 节）。增加串联质谱仪（第 6.2.2.3 节）和选择离子扫描 SIM/ 化学电离 CI（第 6.2.2.4 节）的相关小节。

5. 第 7 节：增加了一段关于使用另一来源标准物质进行初始校准验证的内容（第 7.11.3 节）。在“试剂和标准溶液”一节增加了关于载气的内容（第 7.14 节）。

6. 第 9 节：修订本节，内容重新组织。增加了 U.S.EPA 8000 中的新的内容和参考文献。修订和扩展了关于 IDP（第 9.4 节）、空白内容（第 9.5 ~ 9.5.4 节）和定量下限（第 9.9 节）的各小节。对空白这节进行了重大修订 / 增添，增加了关于空白中允许浓度的说明信息（LLOQ 的一半）、空白浓度如何与样品浓度相关（<1/10）以及一些定性数据的指导。增加了关于定量下限检查标准频次要求内容（第 9.9.1.2 节）。

7. 第 11 节：本节被更新，内容重新组织。修订了常用色谱柱的色谱条件（第 11.2.1 ~ 11.2.5 节），并增加了一套氢载气的色谱条件（第 11.2.6 节）。修订了 BFB 全扫描分析的调谐标准（第 11.3 节和表 2-5-4），以及其他选项，包括 SIM 和 / 或 CI 分析。增加了两条关于各种调谐验证方式适用性的注释（第 11.3.1.2 节）。调谐验证频率也从每 12 h 一次更新为在初始校准之前一次。更新了 SIM 和 SRM 指南（第 11.3.3 节）。增加了存在空白污染时初始校准曲线拟合以及评价校准拟合的相关附加选项的说明（第 11.3.5 节）。增加了关于初始校准验证 ICV 标准溶液的最新内容（第 11.3.6

节）。阐明了校准验证频率，允许最后一次初始校准标准溶液作为初始校准后分析样品的 12 h 周期的开始（第 11.4.1 节）。阐明了在初始校准和连续校准验证后需进行空白实验。阐明了需对连续校准验证中的内标物进行监测。现在仅规定内标物的绝对保留时间（第 11.4.4 节）。增加了使用质谱库检索为定性鉴定提供支持的选项（第 11.6.1.3 节）。修订了确认色谱峰分辨率的计算方法（第 11.6.1.4 节）。修改了 TIC 解释内容（第 11.6.2 节）。增加了关于采用总离子流图对 TPH 和 GRO 多组分混合物进行分析的内容（第 11.7.5 节）。

8. 第 13 节：之前 8260C 末尾表格中列出的性能数据现在放在：https://www.epa.gov/hw-sw846/sw-846-test-method-8260d-volatile-organiccompounds-gas-chromatographymass-spectrometry 中获得。

9. 第 14 节和第 15 节：已列出的安全文档的链接已更新并替换为如下链接：

a. http：//www.acs.org/content/dam/acsorg/about/governance/committees/chemicalsafety/publications/less-is-better.pdf

b. http：//www.labsafetyinstitute.org/FreeDocs/WasteMgmt.pdf

10. 第 16.0 节：修订了参考文献［1］，增加了表 2-5-3 国防部研究数据的参考文献［13］。

11. 表 2-5-2：增加了新目标化合物及其推荐离子。

12. 表 2-5-3：删除了定量下限限值，并用 2012 国防部研究数据替代。

13. 表 2-5-4：用 U.S.EPA 524.3 中的新标准修订了 BFB 标准。

14. 表 2-5-5：最小响应因子表更名为指南，表下添加了一条注意事项。化合物按名称字母顺序进行排列。

15. 表 2-5-7：增加了推荐的相应内标物。化合物按名称字母顺序排列。

16. 表 2-5-8：增加了推荐与 U.S.EPA 8260D 一起使用的质量控制标准。

17. 增加附录 2-5-B，讨论氢载气的使用事项。

18. SW-846 工作组对“必须”和“宜”两词的使用进行了全面审查，以确定本方法质量控制样的使用频次和类型要求，以及其相应的可接受标准。

19. 增加目录表，并更新本方法中所有图表以符合 508 要求。

附录 2-5-B：使用氢气作载气的使用指南

B1.0 使用氢气作载气的使用指南

B1.1 本方法允许氢气作为载气。但是，要将分析结果与氦气作载气相当，可能需要进行以下修改：

B1.1.1 建议使用高纯度的氢气（即 99.999% 或更高），例如氢气发生器或高纯气瓶，其干扰（如碳氢化合物和水）最少。长时间使用氢气作载气会使铜管变脆，因此使用不锈钢管代替铜管可延长气体管路的使用寿命。质谱离子源材料的设计应允许使用氢气作载气。联系质谱制造商，以确认离子源是否兼容。

此外，使用氢气作载气时应降低气源压力，以防止发生化学电离或其他有害反应。这可以通过使用窄孔径的毛细管柱（内径 0.18 mm 或更小），以降低流经质谱的流速，也可使用更大容积或泵效率的内置质谱真空泵（分子涡轮泵）来实现。使用内置扩散泵的系统，不合适使用氢气作为载气。

B1.1.2 使用氢载气会洗涤附在系统金属表面上的化合物（通常是碳氢化合物），增加背景干扰。使用高流量的氢气对系统进行烘烤，可以将这些干扰降低到不影响分析的程度。建议气路上安装新的过滤器（或如果气体纯度足够，则将其全部移除），以防止洗涤过滤器中的杂质。

B1.2 与氦气相比，使用氢气作为载气可能会降低目标化合物的响应（2 ~ 5 倍）。表 2-5-5 所列的响应因子 RF 标准是使用氦气作载气制定的，由于一些目标化合物的响应降低，因此不适用于氢气作载气。如果使用最低响应因子来评估校准，实验室应制定自己的标准或使用仪器制造商公布的响应因子。目标化合物的反应性随仪器条件而变化。作为能力验证（DOC）过程的一部分，需评估目标化合物在预期分析条件下的稳定性。

B1.3 一些活性目标分析物的性能可能与使用氦气做载气时的性能不同。与任何方法修订一样，在样品分析前，须用氢气作为载气重复进行且通过本方法第 9.0 节所列的所有质量控制程序。如果萃取液和校准标准溶液使用其他替代溶剂，也需重复这些质量控制程序。

B1.4 氢气是高度易燃气体，需有额外的安全控制以防止气体达到爆炸极限。可通过将气相色谱进样口和质谱初级泵的排气管连接到实验室的排气系统，并对所有气体管路连接处进行泄漏检查来实现。在打开气相色谱仪气路以及质谱泄真空（如质谱维护）之前，应先关闭氢气气源。使用氢气作载气之前，用户应咨询仪器制造商关于安全使用氢气的附加指南。

8141B

有机磷化合物的测定 气相色谱法

（U.S.EPA 8141B—2007）

SW-846 不是分析培训手册，因此，其所提供的方法程序仅适用于至少受过基础化学分析原理和专业技术正规培训的分析人员。

此外，除了必须采用规定参数的分析方法，SW-846 方法还可作为方法导则，包含指导如何执行分析程序或技术的通用规则。实验室可以以此为基础，建立本实验室的详细标准操作程序（SOP），用于常规或特定工作项目。本方法中的验证数据仅供参考，不作为 / 不可作为实验室认证所必须达到的绝对质量控制标准（QC）。

1 适用范围

1.1 本气相色谱法适用于有机磷化合物的测定。表 2-6-1 中的化合物可使用毛细管柱及 FPD 或 NPD 检测器进行测定。使用 NPD 检测器时，三嗪除草剂也可用该方法进行测定。对目标化合物的测定，须对色谱柱、检测器、校准程序等进行选择。虽然表 2-6-1 中列出了每种化合物的特征数据，但在单次分析中，要同时测定所有组分是不可能的，这是因为很多物质的化学性质和色谱性质可导致其同时出峰。表中的化合物如果不是目标化合物时，都可能对目标化合物的测定造成干扰。

表 2-6-1 适用本方法测定的化合物

分析物	CAS 号[1]
有机磷农药	
氯丹[b]	3244-90-4
乙基谷硫磷[a]	2642-71-9
甲基谷硫磷	86-50-0
硫丙磷（乙丙硫磷）	35400-43-2
三硫磷[a]	786-19-6
毒虫畏[a]	470-90-6
毒死蜱	2921-88-2
甲基毒死蜱 a	5598-13-0
地虫硫磷	56-72-4
八毒磷[a]	7700-17-6
内吸磷 -O[c]	8065-48-3
内吸磷 -S[c]	8065-48-3
二嗪农	333-41-5
除线磷[a]	97-17-6
敌敌畏	62-73-7
百治磷[a]	141-66-2
乐果	60-51-5
敌杀磷[a,c]	78-34-2
乙拌磷	298-04-4
苯硫磷	2104-64-5
乙硫磷[a]	563-12-2
灭克磷	13194-48-4
伐灭磷[a]	52-85-7
杀螟硫磷[a]	122-14-5
丰索磷	115-90-2
倍硫磷	55-38-9
地虫硫磷[a]	944-22-9
对溴磷[a,d]	21609-90-5

续表

分析物	CAS 号[1]
马拉硫磷	121-75-5
脱叶亚磷[c]	150-50-5
速灭磷[e]	7786-34-7
久效磷	6923-22-4
二溴磷	300-76-5
乙基对硫磷	56-38-2
甲基对硫磷	298-00-0
甲拌磷	298-02-2
亚胺硫磷[a]	732-11-6
磷胺[a]	13171-21-6
皮蝇磷	299-84-3
杀虫畏	22248-79-9
治螟磷	3689-24-5
焦磷酸四乙酯[d]	107-49-3
特丁磷[a]	13071-79-9
治线磷[a,b]	297-97-2
丙硫磷[b]	34643-46-4
敌百虫[a]	52-68-6
毒壤磷[b]	327-98-0
工业化学药品	
六甲基磷酰胺[a]	680-31-9
磷酸三邻甲苯酯[a,d]	78-30-8
三嗪除草剂（仅适用氮磷检测器）	
阿特拉嗪[a]	1912-24-9
西玛津[a]	122-34-9
氨基甲酸酯类和相关化合物	
恶虫威	22781-23-3
丁草特	2008-41-5
扑草灭	759-94-4
灭虫威	2032-65-7

续表

分析物	CAS 号[1]
草达灭	2212-67-1
克草猛	1114-71-2
邻苯二胺	95-54-5
苯胺灵	122-42-9
苄草丹	52888-80-9
野麦畏	2303-17-5

注：[1] 化学文摘登记号。
[a] 仅用 30 m 柱分析（见 1.5 节）。
[b] 标准品在美国已经停产，不容易获取。
[c] 由于氧化作用，标准品可能会形成多种物质。
[d] 化合物有剧毒或神经毒性。
[e] 由于顺式和反式异构体，会出现邻近的主 / 次峰。

1.2 本方法可以使用包括双柱测定，两个气相色谱柱与一个进样口和两个单独的检测器相连，实现一次进样后双柱同时分析。

1.3 FPD 或 NPD 两种检测器均可用于表 2-6-1 中列出的有机磷化合物的测定。FPD 检测器主要通过测定化合物含磷或含硫碎片的发光强度进行检测，其性能可通过选择合适的滤光片、调节氢气和空气的流速进行优化。NPD 检测器是火焰离子化检测器，配有铷陶瓷火焰头（铷珠），可增强含氮化合物和含磷化合物的相应强度。FPD 检测器的灵敏度更高，选择性更好，但在环境实验室较少使用。

1.4 使用 15 m 的色谱柱测定 1.1 中所列的所有化合物未经过验证。在使用该方法前，须对乙基谷硫磷、磷胺、敌杀磷、乙硫磷、毒虫畏、对溴磷、三硫磷、六甲基磷酰胺、磷酸三邻甲苯酯、伐灭磷、特丁磷、亚胺硫磷或其他化合物进行色谱分辨率的验证，证明其适用性后方可出数据。

1.5 基于对单柱的化合物定性应使用其他色谱柱进行确认，或其他定性方法予以确认。本方法描述了第二个不同色谱柱的分析条件，以确认主色谱柱的定性结果。如果使用方法 EPA8270 的气相色谱 / 质谱法（GC-MS）和气相色谱 / 原子发射检测器法（GC/AED）的灵敏度符合要求（分别见本方法 9.0 和 EPA 8085），也可用于定性确认方法。

1.6 EPA 指出，由于公布的超声提取浓度在 μg/L 及以下有机磷农药数据有限，因此如果分析该浓度水平的有机磷农药需要参考 EPA 3500 提供有效的方法性能数据。

1.7 分析人员在使用本方法之前应先参阅整个分析过程中各个操作程序的基础方法

（如 U.S.EPA 3500、U.S.EPA 3600、U.S.EPA 5000 和 U.S.EPA 8000），以获得有关质量控制程序，建立质控标准、数据处理和综合性导则等方面的补充说明。同时也应参考本手册前面的免责声明及 SW-846 第 2 章中关于方法、仪器、材料、试剂和耗材选择等方面的指导说明，以证明其所选技术适用于所关注的目标化合物、样品基体和浓度水平等。

此外，分析人员和数据使用人员应该清楚，除明确说明外，美国联邦测试要求并不对 SW-846 中的方法使用做强制性规定，分析人员和调解委员会可以以本方法中 EPA 所提供的信息为指导，判定结果是否达到数据质量目标要求。

1.8　本方法必须由经验丰富和经过训练的熟悉毛细管气相色谱法的分析人员使用，或在其监督下使用。每个分析人员必须具有使用本方法并出具可接受数据的能力。

2　方法概述

2.1　本方法提供了测定浓度为 μg/L 级有机磷化合物的气相色谱条件。使用本方法前，一定体积的液体样品或一定重量的固体样品需使用适当的溶剂进行提取。

2.1.1　液体样品可使用二氯甲烷在中性条件下提取，参见 U.S.EPA 3510（分液漏斗液液萃取法）、U.S.EPA 3520（连续液液萃取法）、U.S.EPA 3535（固相萃取法）或其他适当的提取方法。

2.1.2　固体样品可使用正己烷 / 丙酮（1∶1）或二氯甲烷 / 丙酮（1∶1）提取，参见 U.S.EPA 3540（索氏提取法）、U.S.EPA 3541（自动索氏提取法）、U.S.EPA 3545（加压流体萃取法）、U.S.EPA 3546（微波萃取法）、U.S.EPA 3550（超声波提取法），或其他适当的提取方法。

2.2　提取液的净化步骤取决于干扰基质和待测物的性质。常用的净化方法包括氧化铝柱法（U.S.EPA 3610）、弗罗里硅土柱法（U.S.EPA 3620）、硅胶柱法（U.S.EPA 3630）、凝胶渗透色谱法（U.S.EPA 3640）、硫磺处理法（U.S.EPA 3660）及其他净化方法。

2.3　取一定体积净化后的提取液，注入配有石英毛细管柱及火焰光度检测器（FPD）或氮磷检测器（NPD）的气相色谱仪进行分析。

2.4　由于有机磷酯和硫酯可在酸性和碱性条件下水解，因此，样品前处理中不可使用酸或碱。

3　定义

参照第一部分和说明书中的定义术语。

4 干扰

4.1 溶剂、试剂、玻璃器皿和其他样品处理器具都含有杂质或对样品分析方法有影响的干扰物质。在与样品分析相同的条件下，所有这些物质都必须进行空白实验，以验证其不会对样品分析造成干扰。根据需要进行试剂选择，用全玻璃蒸馏装置进行溶剂提纯。参见各方法的质量控制程序的特定导则和 SW-846 第 4 章中玻璃清洗的通用导则等要求。同时参考 U.S.EPA 3500、U.S.EPA 3600 和 U.S.EPA 8000，以及本方法的 1.1 节中有关干扰和质控等内容。

4.2 利用弗罗里硅土（U.S.EPA 3620）净化的提取物时，有些化合物回收率低于 85%，因此，该净化方法不可用于本方法中所有化合物。使用该净化方法时，需参照 U.S.EPA 3620，进行有机磷化合物回收率的测定。使用 FPD 检测器时常可省略样品的净化。如需使用其他的净化方法，须绘制流出曲线，且每种待测物的回收率均高于 85%。

4.3 利用凝胶渗透色谱法（U.S.EPA 3640）净化本方法中的提取物时，大多数化合物的回收率都低于 85%，这是由于多数化合物在加入邻苯二甲酸二酯之前就被洗脱出来。因此，不建议 U.S.EPA 3640 和本方法一起使用，除非指定使用 U.S.EPA 3640 或者可证明待测物回收率高于 85%。

4.4 使用带磷滤光片的 FPD 检测器时，可最大限度地降低材料的干扰。使用火焰光度气相色谱法测定某些有机磷化合物时，元素硫可能会产生干扰。使用 U.S.EPA 3660 除去硫干扰时，只能使用四丁基铵（TBA）- 亚硫酸盐，因为铜可能会破坏有机磷农药。分析时须进行回收率及其稳定性的测定，保证四丁基铵（TBA）- 亚硫净化法的回收率高于 85%。

4.5 NPD 检测器（利用电导或微库仑）对卤素的化合物具有很高的选择性，可用于对毒死蜱、皮蝇磷、蝇毒磷、丙硫磷、壤虫磷、敌敌畏、苯硫磷、二溴磷和杀虫畏的测定。许多有机磷农药也可用 ECD 检测器测定，但准确性较 NPD 或 FPD 差。在干扰物对样品的定量分析不产生影响，且该检测器的灵敏度满足项目的要求时，ECD 检测器才能被采用。

4.6 使用 15 m 的色谱柱时，某些化合物可能会同时出峰（见表 2-6-2），可选择不同极性的色谱柱进行确认，或使用 30 m × 0.53 mm 的色谱柱，或使用内径 0.25 ~ 0.32 mm 的色谱柱。使用 15 m 的色谱柱未同时出峰的化合物参见图 2-6-1 ~ 图 2-6-4。

4.7 以下化合物对在 DB-5/DB-210 的 30 m 的色谱柱上会同时出峰。这些化合物在 30 m 色谱柱中的保留时间参见表 2-6-2。

表 2-6-2　化合物在 30 m 色谱柱中的保留时间

GC 色谱柱	共流出对
DB-5	特丁硫磷 / 磷酸三邻甲苯酯
	二溴磷 / 西玛津 / 莠去津
	除线磷 / 内吸磷 -O
	毒壤磷 / 丙硫特普
	硫丙磷 / 杀虫畏 / 三硫磷
	磷胺 / 丁烯磷
	丰索磷 / 苯硫磷
DB-210	特丁磷 / 磷酸三邻甲苯酯
	除线磷 / 磷胺
	毒死蜱 / 乙基对硫磷
	丙硫特普 / 倍硫磷
	内吸磷 -O/ 乐果
	福赐松 / 谷硫磷
	苯硫磷 / 亚胺硫磷
	伐灭磷 / 二硫磷

4.8　目标化合物分析时遇到的困难

4.8.1　焦磷酸四乙酯（TEPP）是一种不稳定的三磷酸，因为它易于在水中水解并且具有热不稳定性（在 170℃分解）。在气相色谱分析和样品制备过程中应注意最大限度地减少损失。焦磷酸四乙酯（TEPP）的标准品变质后很难识别，因为焦磷酸四乙酯与其分解产物磷酸三乙酯的质谱（EI）几乎相同。

4.8.2　敌敌畏在 20℃的水中溶解度为 10 g/L，且从水溶液中提取的回收率很低。

4.8.3　二溴磷可在色谱柱上通过脱溴转化为敌敌畏（DDVP），这种反应同样发生在样品前处理过程中。脱溴的程度取决于基质的性质。当待测物为二溴磷时，须考虑其脱溴的能力。

4.8.4　敌百虫在酸性、中性或碱性介质中可降解，脱去氯化氢，以形成敌敌畏（DDVP）和盐酸。如果使用本方法进行有机磷中敌百虫的测定，应考虑其可能降解形成敌敌畏的可能性。

4.8.5　内吸磷（systox）是 *O*,*O*- 二乙基［2-（乙硫基）乙基］硫代磷酸酯（内吸磷 -*O*）和 *O*,*S*- 二乙基［2-（乙硫基）乙基］硫代磷酸酯（内吸磷 -*S*）两种化合物的混合物。色谱图中的两个峰分别对应两种异构体。推荐使用出峰较早的化合物（内吸磷 -S）进行定量。

4.8.6 二嗯磷是一种单组分农药，但在其标准色谱图中会有一些杂峰。这些峰可能是自发的氧 - 硫异构化作用造成的。因此，标准物质混合物中一般不包括二嗯磷。

4.8.7 脱叶亚磷（三硫代亚磷酸三丁酯）是一种易被氧化成三硫代磷酸酯的单组分农药。脱叶亚磷的色谱分析图通常是两个峰（第一个峰是未氧化的脱叶亚磷）。由于标样和待测样品氧化量不同，因此应根据两个峰的总和进行定量。

4.8.8 某些化合物，特别是久效磷，保留时间可能会随着进样浓度的增加而增加。对高度污染的样品，分析中应考虑其保留时间的变化。

4.8.9 许多化合物会在色谱系统的活性部位发生降解，因此，分析过程中应确保进样器和分离系统进行硅烷化，避免受到污染。色谱柱应正确的安装和维护。

4.8.10 色谱系统的性能会随着时间而下降。色谱柱的分离度、待测物的降解和基线问题可通过清洗色谱柱（见 11.0 节）得到改进。色谱柱的氧化是不可逆的。

4.9 溶剂、试剂、玻璃器皿，及样品前处理过程中使用的其他耗材受污染后，会导致色谱峰拖尾或基线升高，进而干扰测定。因此，所有材料都须定期在分析条件下测定空白，防止干扰样品测定。

4.10 三嗪类除草剂，如莠去津和西玛津以及其他含氮化合物可能会对氮磷检测器产生干扰。

5 安全

本方法并未包括其使用过程中的所有安全事项。实验室有责任提供安全的实验环境和职业安全及健康管理局（OSHA）规定的与本方法中使用的化学品安全处理相关的通用文件。所有工作人员都应该能够获取物质安全数据表（MSDSs）的参考资料。

6 仪器和材料

6.1 气相色谱仪

气相色谱分析系统包括直接进样或分流 / 不分流进样器、色谱柱、载气、检测器和记录仪等。分析时应根据待测物选择合适的检测器，如 FPD 检测器或氮磷检测器。需要一套能计算峰面积和双窗口显示色谱图的数据系统。

6.2　色谱柱

本方法使用毛细管柱，根据所需的分辨率选择不同的直径和长度（直径 0.53 mm、0.32 mm 或 0.22 mm，长度为 15 m 或 30 m）。环境样品和污染物分析一般采用直径为 0.53 mm 色谱柱。使用单进样器、双柱分析时，双柱的长度和口径应相同。色谱柱长度和直径的选择参照第 4 节和图 2-6-1 至图 2-6-4。

在建立本方法的过程中使用的是下列 4 个色谱柱，实验过程也可使用其他色谱柱，但需提供分辨率、待测物分解、灵敏度等方法参数数据，确保色谱柱的适用性。

6.2.1　色谱柱 1：15 m 或 30 m × 0.53 mm 毛细管柱，膜厚 1.0 μm，化学键合 50% 三氟磷酸聚硅氧烷和 50% 甲基聚硅氧烷（DB-210）或等效柱。

6.2.2　色谱柱 2：15 m 或 30 m × 0.53 mm 毛细管柱，膜厚 0.83 μm，化学键合 35% 苯基甲基聚硅氧烷（DB-608，RTX-35 或等效柱）。

6.2.3　色谱柱 3：15 m 或 30 m × 0.53 mm 毛细管柱，膜厚 1.0 μm，化学键合 5% 苯基聚硅氧烷和 95% 甲基聚硅氧烷（DB-5，SPB-5，RTX-50 或等效柱）。

6.2.4　色谱柱 4：15 m 或 30 m × 0.53 mm 毛细管柱，膜厚 1.0 μm 或者 1.5 μm，化学键合甲基聚硅氧烷（DB-1、SPB-1 或等效柱）。

6.2.5　柱子清洗工具：饱和相柱子清洗工具（J&W Scienfific，产品编号 430-3000 或等效柱）

6.3　分离器：如果使用双柱，单进样器配置，开放的管状柱应该要连接到其中一个流动的拆分器或者类似的设备中。

6.3.1　拆分器 1：J&W Scientific 压合“Y”形玻璃 3 通分离器。

6.3.2　拆分器 2：Supelco 8 字型玻璃注射球座。

6.3.3　拆分器 3：Restek“Y”形二氧化硅连接器。

6.4　进样器

6.4.1　0.53 mm 的柱子推荐用填充柱，配备沙漏层的 1/4 注射口。这些注射口能和双向柱分析拆分器匹配（见 6.3 节）。

6.4.2　分流 / 不分流的毛细管注射器在分流模式下操作，这对 0.25 mm 和 0.32 mm 的柱子是很必要的。

6.5　检测器

6.5.1　火焰光度检测器（FDP）推荐磷的模式下使用。

6.5.2　氮 - 磷检测器（NPD）虽然不推荐磷的模式下使用，但是依然能够检测出三嗪类除草剂。

6.5.3 卤素检测器（电解质或者微库伦法）仅仅用于分析一些卤代的或者含硫分析物（见 4.5 节）。

6.5.4 电子捕获检测器能够用于一些受限的分析物（见 4.5 节）。

6.6 数据系统

6.6.1 推荐使用能够显示色谱图、保留时间、峰积分数据的数据系统。

6.6.2 推荐使用能够储存原始色谱数据的数据系统。

7 试剂和标准物质

7.1 本方法中使用的试剂均为试剂级或农药级。除非其他明确的说明，所有的试剂必须符合美国化学分析试剂委员会相关规格要求。实验中使用其他等级的试剂时，应确保其纯度不会降低分析的准确性。试剂应该保存在玻璃容器中，防止塑料容器污染试剂。

7.2 提取溶剂

溶剂的选择取决于目标化合物，没有一种溶剂可以通用于所有的目标化合物。无论使用何种溶剂体系（包括本方法列出的），分析人员都必须证明其在所需要的浓度水平对目标化合物有足够好的萃取效果。这种证明至少应包括 U.S.EPA 3500 中所描述的初始验证（使用洁净参考基体）。U.S.EPA 8000 提供了进行验证程序、基体加标和实验室质控结果。

所有溶剂至少应为农残级或等效物。溶剂在使用前应先脱气。

7.2.1 异辛烷（C_8H_{18}）。

7.2.2 正己烷（C_6H_{14}）。

7.2.3 丙酮（C_3H_6O）。

7.2.4 四氢呋喃（THF，C_4H_8O）：仅用于三嗪标准。

7.2.5 甲基叔丁基醚（MTBE，CH_3O-t-C_4H_9）：仅用于三嗪标准。

7.3 标准溶液

本节描述的是标准储备液、中间液和使用液的制备，根据实际情况，也可使用其他的制备方法，配制其他浓度。校准曲线参见 U.S.EPA 8000。

7.4 标准储备液（1 000 mg/L）：通过纯品制备或者购买有证标准溶液。

7.4.1 精确称量 0.010 0 g 纯品，溶解在丙酮 / 正己烷混合液中，稀释至 10 ml。如果纯品的纯度为 96% 及以上，则可用称取的重量直接计算储备液的浓度。购置的任何浓度有证标准溶液均可使用。

7.4.2　西玛津和阿特拉津在正己烷中溶解度较低。阿特拉津应溶解在 MTBE 中，西玛津应该溶解在丙酮 /MTBE/THF（1∶3∶1）的混合溶剂中。

7.4.3　标准混合储备液：通过单个组分的储备液进行制备，应保证单个组分及其常规氧化产物在色谱系统中的分辨率。配制少于 25 个组分的标准混合储备液，精确取每种组分的 1 000 mg/L 的储备液各 1 ml，混合并稀释至 25 ml。例如，对于含有 20 种独立组分的混合标准储备液，定容至 25 ml 后，混合物中每种组分的浓度为 40 mg/L。标准混合储备液可进一步稀释至所需的浓度。25 种组分以上的标准混合储备液不推荐使用。

7.4.4　标准溶液，包括标准储备液、标准混合储备液、标准曲线、内标等，应在聚四氟乙烯密闭容器中避光保存。所有标准溶液应在 2 个月内使用，如果日常 QC（见 9.0 节）表明其有问题，应立即更换。易水解的物质如焦磷酸四乙酯、甲基对硫磷、脱叶亚磷，应每 30 d 核查一次。

7.4.5　大量单个组分的标准溶液最好分别单独存储在小容器里，这样可防止溶液取用时，剩余溶液的水解或受到污染。

7.5　标准曲线应至少配制 5 个浓度，使用异辛烷或正己烷对标准混合储备液进行稀释。校准曲线的浓度范围应包括待测物的浓度范围，且应在检测器的线性响应范围以内。有机磷的校准曲线 1 ~ 2 个月做一次，如果与质控样或以往数据的对比发现校准曲线有问题，须立即更换。上面提到的易水解的物质，应分别配制校准曲线溶液。校准曲线更多信息参见 U.S.EPA 8000。

7.6　内标

内标仅用于性状较好的样品分析。由于有些有机磷农药会同时出峰，且检测器对不同的样品有不同的响应值，因此内标应用较为复杂。使用内标方法时，须选择一种或多种与待测物性质相似的内标物，且内标物的测定不受方法或基质的干扰。

7.6.1　当磷原子和硫原子结合时，FPD 对有机磷化合物的响应会增强。由于硫代磷酸盐的硫原子数目不同（例如，硫代磷酸酯［P = S］作为内部标准磷酸盐［PO_4］或二硫代磷酸酯［P= S_2］），其是否能作为内标物尚未证实。

7.6.2　当使用 15 m 色谱柱时，很难将内标物和待测物及干扰物质分开，实验时应确保内标物的测定不受方法或基质的干扰。

7.6.3 使用 30 m 色谱柱及 NPD 时，1- 溴 -2- 硝基苯可被用作内标，内标储备液浓度为 1 000 mg/L，使用时稀释该溶液至 5 mg/L。内标加入量为 10 μl/ml 萃取液。所有样品及校准物质的内标的加标浓度均应相同。由于 FPD 响应小，不适合使用 1- 溴 -2- 硝基苯作为内标物。

7.7 替代物

通过在样品、标准物质和空白中加入 1 ~ 2 种替代物（样品中不存在的有机磷化合物），可确认萃取、净化、分析系统的性能，以及方法在处理样品基质时的有效性。如果测定多个物质，推荐使用 2 种替代物。待测物的氘代物不适合作为 GC/ FPD 或 GC/ NPD 的替代物。

7.7.1 使用替代物时，须选择一种或多种和目标化合物性质相似的物质，应确保替代物的测定不受方法或基质的干扰，替代物的选择和使用参见 U.S.EPA 3500 和 U.S.EPA 8000。

7.7.2 推荐使用磷酸三丁酯和磷酸三苯酯作为替代物，二者均可用于 FPD 或 NPD 的分析。在每个样品中加入 1.0 ml 的 1 μg/L 替代物溶液（含 1 ng 替代物）。如果替代物和样品中某种物质存在共出峰的现象，4- 氯 -3- 硝基三氟甲苯也可作为替代物进行 NPD 的分析。分析中也可使用其他替代物，调整替代物浓度或体积，但须保证符合质控要求。

8 样品的采集和保存

8.1 参见 SW-846 第 4 章“有机物分析”。

8.2 许多有机磷化合物在环境样品中迅速降解。有机磷酯在酸性或碱性条件下均可水解。因此，大多数水样不适合在 pH=2 的条件下保存。即使在 6℃，添加氯化汞作为固定剂的条件下存储，大部分地下水样品中的有机磷农药在 14d 内也会降解（见参考文献［12］）。

8.3 样品采集后，用氢氧化钠或硫酸将水样的 pH 调至 5 ~ 8，同时记录固定剂的加入量。水样和固体样品采集后应降温至 4℃下，样品萃取前应在 6℃下运输和保存。

8.4 水样和固体样品采集后的 7 d 内萃取。

8.5 萃取液于 6℃下保存，在 40 d 内分析。

9 质量控制

9.1 参见 SW-846 第 1 章中质量保证（QA）和质量控制（QC）规则。QC 规则之间存在矛盾时，方法中的质量控制要求优先于特定技术要求和 SW-846 第 1 章中的要求，特定技术要求又优先于第 1 章中的要求。包括分析数据收集在内的一切行为都应该包含在一个结构合理、有系统性的计划文件中，如质量保证方案计划（QAPP）或样品采集和分析计划（SAP），它们将工作目标和规范转化成实施方案，并用于评估数据的有效性。每个实验室都应该建立并保持一套正式、规范的质量保证程序。实验室还应该保存记录以证明所出具数据的质量。所有的数据记录和质量控制数据都应保存以备查阅和检查。

9.2　参考 U.S.EPA 8000 确定方法的质量控制程序。请参阅 U.S.EPA 3500 或 U.S.EPA 5000 的质量控制程序，以保证各个样品的正确制备技术。如果执行的提取物净化程序，请参见 U.S.EPA 3600 适当的质量控制程序。

9.3　U.S.EPA 8000 给出了必要的质量控制程序，以评估 GC 系统操作在保留时间窗口、校准验证、样品分析过程。

9.4　初始能力验证

每个实验室必须通过洁净基质中目标化合物可接受的精密度和准确度数据来验证其使用样品制备和测定方法的能力。如果要使用自动进样器进行样品稀释，在使用该仪器稀释样品前，实验室应证明该方式同等或优于一个经验丰富的实验人员手动稀释。当有新员工培训上岗或仪器有重大变化时，实验室必须重新进行能力的初始验证。能力的初始验证相关信息参加 U.S.EPA 8000。

9.4.1　建议质量控制（QC）参考样品浓缩物（如 U.S.EPA 8000 和 U.S.EPA 3500 中讨论）包含的每个关注分析物的浓度为 10 mg/L。请参阅 U.S.EPA 8000 示范的附加信息。

9.4.2　计算平均回收率的标准偏差，每四个 QC 参考样品的分析物的回收率。请参考 U.S.EPA 8000 评价方法性能的程序。

9.5　处理任何样品之前，分析人员首先应该证明所有与样品及试剂接触的仪器均是没有干扰的。这可以通过分析方法空白来实现。作为一项持续性的检查，每批样品萃取、净化和分析时或试剂改变时，均应做一次方法空白，分析其中的目标化合物，以确保不受实验室的慢性污染干扰。当收到新的试剂或化学品时，实验室应监测与样品分析相关的试剂分析空白。如果试剂是在制备批次中发生变化，则需要为每个试剂做空白分析。

9.6　样品制备和分析质量控制

实验室还必须具有记录基质对立性性能数据（精密度、准确度、方法灵敏度）影响的程序。QC 样品的分析至少包括方法空白、基质加标、平行样以及实验室控制样品（LCS）。所有方法空白、基质加标样品或基质加标平行样品均应与实际样品采用完全一致的分析程序（见 11 节）。

9.6.1 记录基质效应应至少分析一个基质加标样和未加标样品或一对基质加标 / 基质加标平行。制备、分析平行样或一对基质加标 / 基质加标平行取决于每批样品。如果估计样品中有目标分析物，实验室可采用基质加标和平行样的方式。如果估计样品中没有目标分析物，实验室可采用基质加标 / 基质加标平行的方式。建立 MS/MSD 的可接受标准相关信息参加 U.S.EPA 8000。

9.6.2 每个分析批次应包含一个实验室控制样品（LCS）。LCS 使用一个与样品性状相似的干净（可控）基质，重量、体积相同。适用时，LCS 的加标物、浓度与基质加标相同。基质加标的结果能反映样品基质带来的潜在问题。LCS 的结果可用来证明实验室能在干净的基质中进行分析。关于建立 LCS 的可接受标准信息参见 U.S.EPA 8000。

9.6.3 样品制备和分析中质控措施参加 U.S.EPA 8000。在 U.S.EPA 8000 中也有关于建立实验室内部评估方法性能的标准。

9.7 替代物回收率

如果使用替代物，实验室应评估替代物的回收率。参阅 U.S.EPA 8000 制定替代物回收率评估方法和界限。

9.8 建议在实验室采取额外的质量保证措施在本方法中使用。

10 校准和标准化程序

见 11.4 节校准和标准化的信息。

11 操作步骤

11.1 样品萃取

参考第 2 章和标准 U.S.EPA 3500，选择合适的萃取方法。在一般情况下，水样在 pH 中性时，使用二氯甲烷进行萃取，可使用分液漏斗液液法萃取（U.S.EPA 3510）、连续的液液萃取法（U.S.EPA 3520）、固相萃取（U.S.EPA 3535）或其他萃取法。固体样品用正己烷 / 丙酮（1∶1，*V*/*V*）萃取或者用二氯甲烷 / 丙酮（1∶1，*V*/*V*）进行萃取，可使用索氏提取方法（U.S.EPA 3540 或 U.S.EPA 3541）、加压流体萃取（U.S.EPA 3545）、微波提取（U.S.EPA 3546）、超声波提取（U.S.EPA 3550），或其他萃取法。

溶剂的选择取决于目标化合物，没有一种溶剂可以通用于所有的目标化合物。无论使用何种溶剂体系（包括本方法列出的），分析人员都必须证明其在所需要的浓度水平对目标化合物有足够好的萃取效果。这种证明至少应包括 U.S.EPA 3500 中所描述的初始验证（使用洁净参考基体）。U.S.EPA 8000 提供了进行验证程序、基体加标和实验室质控结果。

有机磷酯可在酸性或碱性条件下水解，因此，本方法中使用 pH 低于 4 或 pH 高于 8 的溶液进行萃取和净化是不适合的。

11.2 提取液净化及溶剂转换

如样品基质较为干净，则不需净化。但大部分环境和废弃物样品的提取液在分析前均需净化。净化步骤取决于样品性质和数据质控要求。本节及 U.S.EPA 3600 均提供了样品提取物的净化方法。

11.2.1 对有机磷农药，样品提取物可使用弗罗里硅土柱法（U.S.EPA 3620）、硫磺处理法（U.S.EPA 3660，TBA- 亚硫酸盐选项）进行净化。

11.2.2 如果使用硫磺处理法进行净化，不应使用含铜的技术，因为待测物在铜存在的条件下容易降解。

11.2.3 使用凝胶渗透净化（GPC，U.S.EPA 3640）时，应确保所有的待测物均适用于 U.S.EPA 3640，或通过实验分析证明，在浓度不大于 5 倍限值时，回收率>85%。实验室须保留回收率的相关数据。

11.2.4 在气相色谱分析之前，萃取溶剂可转换为正己烷，但须确保提取浓缩液定量转移。有实验数据表明，在样品转移过程中不应使用 100% 的正己烷，因为有机磷化合物极性较大，在转移过程中容易损失。有机磷酯转移使用二氯甲烷或正己烷 / 丙酮混合溶剂效果最佳。

11.2.5 二氯甲烷可以用作 FPD 和 NPD 的进样溶剂。

注：根据检测器的说明书确定二氯甲烷的适用性。

11.3 气相色谱条件

本方法允许分析人员选择可在进样口配置单住或双柱。本节所列色谱柱为建立方法时使用的色谱柱，其他合适的色谱柱也可使用。大口径或窄口径柱均可使用。实验室可以使用本方法中的色谱柱，也可使用其他的毛细管柱或其他尺寸的色谱柱，但需提供分辨率、待测物分解、灵敏度等方法数据，确保色谱柱的适用性。

使用本方法测定有机磷酸酯时，推荐使用 4 种不同的内径为 0.53 mm 的毛细管柱。如分析大量的有机磷化合物时，推荐使用长度为 30 m 的色谱柱 1（DB-210，或等效物质）和色谱柱 2（SPB-608 或等效物质）。如果对色谱分辨率的要求不高，也可使用 15 m 的毛细管柱。

11.3.1 15 m 柱的色谱条件见表 2-6-7，30 m 柱的色谱条件见表 2-6-8。

11.3.2 待测物在每组柱中的保留时间见表 2-6-2 和表 2-6-3 中，这些数据是在表 2-6-7 和表 2-6-8 的色谱条件下得到的。实验室须根据仪器的具体条件确定待测物的保留时间。

11.3.3 参考表 2-6-7 和表 2-6-8，建立与所用色谱柱相应的色谱条件，优化仪器条件可提高待测物的分辨率和灵敏度。

注：校准曲线和样品分析须使用同样的色谱条件。

11.4 校准

按照 7 节中的步骤准备校准样，初始校准和校准验证参考 U.S.EPA 8000。根据所使用的色谱柱，参考表 2-6-7 和表 2-6-8 建立合适的色谱条件。

U.S.EPA 8000 推荐使用每种校准样的测得量和加入量的比值（D%）进行校准检验。当 D% 值超过一种或多种待测物的建议值时，可继续分析，由不合格校准曲线产生结果只作筛查用。

11.4.1 在一个分析序列中，每组 20 个样品中插入一个校准样进行核查（建议 10 个样品后插入校准样以减少重复进样）。20 个样品包含空白、加标、平行等，不包括用作检验交叉污染的溶剂空白。大多数情况下，校准系数应在初始校准系数的 ±20% 之内。当校准系数超出可接受的范围，实验室应停止分析并采取纠正措施。

11.4.2 使用内标物进行定量时，须对内标物进行评估。内标物测得的峰面积与校准时平均峰面积的差异不得超过 50%。当内标物的峰面积超过了限值，所有质控范围外的样品须重新分析。

11.5 气相色谱分析

U.S.EPA 8000 提供了关于分析序列、适当稀释、建立每日保留时间窗和判别标准的说明。

11.5.1 自动进样时推荐 1 μl 进样量。当定量精度为 ±10% 相对标准偏差时，手动进样量不超过 2 μl。根据灵敏度可选择其他的进样量。

如溶剂量较少时，可使用溶剂冲洗法。如使用内标校准，进样前需在每 1 ml 样品中加 10 μl 内标物。有机磷化合物的色谱图见图 2-6-1 ~ 图 2-6-4。

11.5.2 图 2-6-5 和图 2-6-6 分别列出了使用 30 m 色谱柱时，有西玛津（除草剂）、莠去津（农药）、加芬松（三硫磷）和无以上 3 种物质时的色谱图。

11.6　定性定量

记录进样量（精准到 0.05 μl）和相应峰高或峰面积。使用内部或外部校准（见 U.S.EPA 8000），对样品色谱图中每种物质定性和定量，确定在对应于校准目的化合物的色谱图中各组分峰的定性和定量。见 U.S.EPA 8000 进行计算。

11.6.1　如果出峰和定性受到干扰，可使用 FPD 进行检测或进一步纯化。在纯化前，须用校准物质进行模拟，建立洗脱模式，确定待测物质的回收率。

11.6.2　如果响应超过该系统的线性范围，将萃取液稀释后重新测定。萃取液稀释后应尽量使所有峰都在色谱图中显示。当响应值超出色谱图时，重叠的峰不易发现。线性范围确定后，计算机中显示的色谱图中所有峰应在 100 倍范围内。当叠峰导致峰面积积分错误时建议使用峰高定量。

11.6.3　如果峰值响应小于 2.5 倍基线噪声，定量结果可能会有问题。实验室应考虑将萃取液进一步浓缩后测定。

11.6.4　如果发现部分叠峰或共流出峰，应更换色谱柱或使用 GC/MS 测定。参考本法第 9 章和 U.S.EPA 8270。

11.7　色谱仪的维护

维护可采用下列一种或多种方法。毛细管柱和进样器的维护参照 U.S.EPA 8000。

11.7.1　分流器连接：对于采用“Y”形玻璃或“Y”形石英连接器连接的双柱，清洗和关闭分流器，切除至少 30 cm 后重新接入色谱柱。高沸点残留物的积累可以改变两柱之间的分流比，从而改变校准系数。

11.7.2　色谱柱高温条件下和氧气接触会发生永久性的不可逆转的损坏。氧气捕集阱老化时、在更换膜片时，氧气可通过调节器的氯丁橡胶膜片、气体歧管进入色谱柱。DB-210 和 DB-608 等极性柱更易被氧化。氧化后的色谱柱随着程序升温，其基线会迅速升高。

11.7.3　进样器、前柱、“Y”形分流器受到污染均会导致色谱峰拖尾。这些部件的清洗、替换及切除会降低色谱峰拖尾。丰索磷、二溴磷、谷硫磷和乐果等化合物均可指示系统性能的好坏。

11.8　检测器的维护。

11.8.1　旧的 FPD 可能受到光电倍增管中杂光的影响。此杂光会降低检测器的灵敏度和线性范围。分析中可通过在黑暗的房间开启检测器来核查光是否泄漏，如果基线漂移表明光进入了光电倍增管，可增加其他屏蔽，消除光线的泄露，减少杂光的干扰。

11.8.2 NPD 的铷珠会逐渐老化，这会降低检测器的灵敏度和选择性。收集器受到污染也可降低检测器的灵敏度。可通过优化氧气和氢气的流量提高目标化合物的灵敏度和线性相应。

11.8.3 这两种类型的检测器均使用火焰产生响应。优化氧气和氢气的流量提可高目标化合物的灵敏度和线性。

11.9 第二根色谱柱确认

根据目标化合物的保留时间可初步对样品中的物质定性。当样品组成不易确定时，须进行进一步的确认。确认可采用不同色谱柱或质谱。初步定性的方法参见 U.S.EPA 8000。

当使用第二根色谱柱进行确认时，定性结果确认后，实验室应核查两根色谱柱定量结果的一致性。定量结果的比较及计算方法参见 U.S.EPA 8000。

当使用双柱进行定性时，目标化合物应同时满足两根柱子的定性标准才可确认。

11.10 GC/MS 确认。

11.10.1 GC/MS 可用于本方法定性结果的确认。GC/MS 的技术参数参照方法 U.S.EPA 8270。如果样品浓度满足要求，GC/MS 可与单柱或双柱分析相结合来进行确认。

11.10.2 GC/MS 用于定量时，须用目标农药进行校准。如果 GC/MS 仅用于定性化合物的确认，实验室须保证其他气相色谱的定性结果可被 GC/MS 确认。这种确认可通过分析与 GC 检测结果浓度相当或以下的标准溶液，进行单点确认。

11.10.3 GC/MS 确认时使用的样品萃取液及方法空白萃取液应和气相色谱使用的萃取液相同。

11.10.4 如有可能，使用化学电离质谱用于定性，因为有机磷农药在电子轰击的过程中产生过多碎片。

12 数据分析与计算

12.1 见第 11 章的数据分析和计算。

12.2 报告结果的预期用途以及单位计算和稀释倍数都要考虑进去。

13 方法性能

13.1 SW-846 中的性能数据和相关信息仅为举例或指导性资料。这些数据并不代表方法使用者必须达到的验证标准要求。方法性能标准必须根据项目的特点建立，实验室应根据方法的应用情况，建立内部的 QC 标准。这些性能数据并非用来且不允许用作实验室合格与否的绝对 QC 标准。

13.2　表 2-6-3 和表 2-6-4 的数据提供了目标分析物的参考保留时间，每个实验室必须要确定应用本方法的保留时间和保留时间窗口。

13.3　在表 2-6-5 至表 2-6-7 中提供的目标分析物的回收率，所有数据都引用参考文献［1］，且这些数据仅用来作为参考。表 2-6-11 和表 2-6-12 列举了地下水和废水样品的固相萃取。44 种有机磷化合物被分为 3 组。每一组中加入 7 个 250 ml 地下水和废水的重复样在 10 μg/L 和 250 μg/L。从在明尼苏达州圣保罗的斯特罗啤酒获得地下水，而废水是从化学制造工厂获得。水样采用磺化苯乙烯 - 乙烯基苯（SDB-RPS）固相萃取膜盘萃取和富集，使用装有氮 - 磷检测器的气相色谱仪对样品进行分析。这些数据仅供参考。

13.4　表 2-6-12 提供单一实验室对 3 个不同类型的土壤加标样品通过加压流体萃取（PFE）后的分析结果。低浓度加标为 250 μg/kg，高浓度加标为 2 500 μg/kg。分别对每个土壤类型的使用戴安公司加速溶剂萃取器进行 7 次重复提取。3 种化合物，TEPP（焦磷酸四乙酯），二溴磷和久效磷（亚素灵），被掺入的样品，但在任何土壤类型均没有被回收。每种土壤中各个化合物的回收量和加标量用于计算每个样品测量值的百分比。7 个平行样的相对标准偏差用于测量精密度。所有数据均来自参考文献［15］。这些数据仅供参考。

13.5　表 2-6-14 和表 2-6-15 列出了 11 种氨基甲酸酯和 1.1 节相关化合物的单个实验室验证研究结果。土样和水样来自于公共污水处理厂，并用氨基甲酸酯加标。加标的浓度是基于废水和污泥的通用处理标准（UTS）。样品的加标浓度在 80%UTS 限值，废水的加标浓度在 34 ~ 45 μg/L。土样加标浓度在 1 100 μg/kg。每种基质有 4 个平行样，水样用连续液液萃取（U.S.EPA 3520），土样用索氏提取（U.S.EPA 3540）。表 2-6-14 和表 2-6-15 列出了加标浓度，平均回收率和 RSD。所有数据出自参考文献［16］。这些数据仅供参考

14　污染防护

14.1　污染防治包含任何在产生环节上减少或消除废弃物的产生数量或毒性的技术。实验室中有许多防治污染的机会。EPA 已建立了一套环境管理技术的优先级制度，其将污染防治作为管理的首选，在任何可行的情况下，实验室人员都应该运用污染防治

技术考虑废弃物的产生。当废弃物不能在源头上削减时，环境保护局建议的次优选择是循环使用。

14.2 在实验室和研究机构中，可行的污染预防措施是“少就是好”，参见美国化学学会政府关系和科学政策部门的实验室废物减量化管理。

15 废物管理

EPA 要求实验室废弃物管理措施符合所有的法律法规要求。EPA 强烈要求实验室尽可能减少和控制通风柜或操作台的所有排放，以保护空气、水和土壤。遵守污水排放许可的法律法规，遵守所有固体和危险废物的法规，尤其是危险废物鉴别规定和土壤处置的有关规定。更多废弃物管理信息可查阅美国化学学会的“实验室人员用废物管理手册”。

16 参考文献

[1] Taylor V, Hickey D M, Marsden P J. Single Laboratory Validation of EPA Method8140, U.S. Environmental Protection Agency, Environmental Monitoring Systems Laboratory, Office of Research and Development, Las Vegas, NV, 1987; EPA-600/4-87-009.

[2] Pressley T A, Longbottom J E. The Determination of Organophosphorus Pesticides inIndustrial and Municipal Wastewater: Method 614, U.S. Environmental Protection Agency, Environmental Monitoring and Support Laboratory, Cincinnati, OH, 1982; EPA-600/4-82-004.

[3] “Analysis of Volatile Hazardous Substances by GC/MS: Pesticide Methods Evaluation,” Letter Reports 6, 12A, and 14 to the U.S. Environmental Protection Agency on Contract68-03-2697, 1982.

[4] “Method 622, Organophosphorus Pesticides,” U.S. Environmental Protection Agency, Environmental Monitoring and Support Laboratory, Cincinnati, OH 45268.

[5] Lopez-Avila V, Baldin E, Benedicto J, et al.. Application of Open-Tubμlar Columns to SW-846 GC Methods, final report to the U.S. Environmental Protection Agency on Contract 68-03-3511, Mid-Pacific Environmental Laboratory, Mountain View, CA, 1990.

［6］Hatcher M D，Hickey D M，Marsden P J，et al.. Development of a GC/MS Module for RCRA Method 8141，final report to the U.S.EPA Environmental Protection Agency on Contract 68-03-1958，S-Cubed，San Diego，CA，1988.

［7］Chau A S Y，Afghan B K. Chlorine and Phosphorus-Containing Pesticides［J］. Analysis of Pesticides in Water；CRC Press，Boca Raton，FL，1982，2：91-113，238.

［8］Hild J，Schμlte E，Thier H P. Separation of Organophosphorus Pesticides and their Metabolites on Glass-Capillary Columns［J］. Chromatographia，1978：11-17.

［9］Luke M A，Froberg J E，Doose G M，et al. Improved Multiresidue Gas Chromatographic Determination of Organophosphorus，Organonitrogen，and Organohalogen Pesticides in Produce，Using Flame Photometric and Electrolytic Conductivity Detectors［J］. J. Assoc. Off. Anal. Chem. 1981：1187：64.

［10］Sherma J，Berzoa M. Analysis of Pesticide Residues in Human and Environmental Samples，U.S. Environmental Protection Agency，Research Triangle Park，NC，EPA-600/8-80-038.

［11］Desmarchelier J M，Wustner D A，Fukuto T R. Mass Spectra of Organophosphorus Esters and their Alteration Products. Residue Reviews，1974：63，77.

［12］Munch D J，Frebis C P. Analyte Stability Studies Conducted during the National Pesticide Survey［J］. ES & T，1992，26：921-925.

［13］Jones T L. Organophosphorus Pesticide Standards：Stability Study，EMSL-LV Research Report，EPA 600/X-92/040，April，1992.

［14］Kotronarou A，et al.. Decomposition of Parathion in Aqueous Solution by Ultrasonic Irradiation［J］. ES&T，1992，26：1460-1462.

［15］Richter B，Ezzell J，Felix D. Single Laboratory Method Validation Report --Extraction of Organophosphorus Pesticides，Herbicides and Polychlorinated Biphenyls Using Accelerated Solvent Extraction（ASE）with Analytical Validation by GC/NPD and GC/ECD，Dionex，Salt Lake City，UT，Document 101124，December 2，1994.

［16］Science Applications International Corporation，"Carbamates Method Evaluation Report，" report for EPA under Contract 68-W6-0068，August 25，1998.

17 表格、图标和确认数据

表 2-6-3 分析物在 15 m 色谱柱上的保留时间

保留时间 /min				
分析物	DB-5	DB-210	DB-608	DB-1
焦磷酸四乙酯	—	6.44	5.12	10.66
敌敌畏	9.63	7.91	12.79	—
速灭磷	14.18	12.88	18.44	—
甲基内吸磷	18.31	15.90	17.24	—
灭克磷	18.62	16.48	18.67	—
二溴磷	—	19.01	17.40	19.35
甲拌磷	19.94	17.52	18.19	—
久效磷（亚素灵）	20.04	20.11	31.42	—
治螟磷	20.11	18.02	19.58	—
乐果	20.64	20.18	27.96	—
乙拌磷（敌死通）	23.71	19.96	20.66	—
二嗪磷	24.27	20.02	19.68	—
脱叶磷	26.82	21.73	32.44	—
皮蝇磷	29.23	22.98	23.19	—
毒死蜱	31.17	26.88	25.18	—
马拉硫磷	31.72	28.78	32.58	—
对硫磷	31.84	23.71	32.17	—
乙基对硫磷	31.85	27.62	33.39	—
毒壤磷	32.19	28.41	29.95	—
杀虫畏	34.65	32.99	33.68	—
丙硫磷（松乳剂）	34.67	24.58	39.91	—
丰索磷	35.85	35.20	36.80	—
硫丙磷（乙丙硫磷）	36.34	35.08	37.55	—
氨磺磷	36.40	36.93	37.86	—
苯硫磷	—	37.80	36.71	36.74
甲基谷硫磷	38.34	38.04	37.24	—
倍硫磷	38.83	29.45	28.86	—
蝇毒磷	39.83	38.87	39.47	—
甲拌磷	19.94	17.52	18.19	—

续表

保留时间 /min				
分析物	DB-5	DB-210	DB-608	DB-1
久效磷（亚素灵）	20.04	20.11	31.42	—
治螟磷	20.11	18.02	19.58	—
乐果	20.64	20.18	27.96	—
乙拌磷（敌死通）	23.71	19.96	20.66	—
二嗪磷	24.27	20.02	19.68	—
脱叶磷	26.82	21.73	32.44	—
皮蝇磷	29.23	22.98	23.19	—

注：[a] 气相色谱条件见表 2-6-7；

[b] 对氨磺磷的方法未完全验证；

本表所提供的数据仅供参考，每个实验室必须确保其保留时间和时间窗口为它们特定的方法所测得。

表 2-6-4　分析物在 30 m 色谱柱上的保留时间

保留时间 /min				
分析物	DB-5	DB-210	DB-608	DB-1
磷酸三甲酯	b	2.36	—	—
敌敌畏（DDVP）	7.45	6.99	6.56	10.43
六甲基磷酰胺	b	7.97	—	—
敌百虫	11.22	11.63	12.69	
四乙基焦磷酸酯	b	13.82	—	—
硫磷嗪	12.32	24.71	—	—
速灭磷	12.20	10.82	11.85	14.45
灭克磷	12.57	15.29	18.69	18.52
二嗪农	13.23	18.60	24.03	21.87
治螟磷	13.39	16.32	20.04	19.60
特丁磷	13.69	18.23	22.97	—
磷酸三邻甲苯酯	13.69	18.23	—	—
二溴磷	14.18	15.85	18.92	18.78
甲拌磷	12.27	16.57	20.12	19.65
地虫硫磷	14.44	18.38	—	—
乙拌磷	14.74	18.84	23.89	21.73
脱叶亚磷	14.89	23.22	—	26.23

续表

分析物	保留时间 /min			
	DB-5	DB-210	DB-608	DB-1
氧化脱叶磷	20.25	24.87	35.16	—
除线磷	15.55	20.09	26.11	—
甲基毒死蜱	15.94	20.45	26.29	—
皮蝇磷	16.30	21.01	27.33	23.67
毒死蜱	17.06	22.22	29.48	24.85
毒壤磷	17.29	22.73	30.44	—
氯丹	17.29	21.98	—	—
倍硫磷	17.87	22.11	29.14	24.63
内吸磷 -S	11.10	14.86	21.40	20.18
内吸磷 -O	15.57	17.21	17.70	—
久效磷	19.08	15.98	19.62	19.3
乐果	18.11	17.21	20.59	19.87
丙硫磷	19.29	24.77	33.30	27.63
马拉硫磷	19.83	21.75	28.87	24.57
甲基对硫磷	20.15	20.45	25.98	22.97
杀螟松	20.63	21.42	—	—
氯芬磷	21.07	23.66	32.05	—
乙基对硫磷	21.38	22.22	29.29	24.82
硫丙磷	22.09	27.57	38.10	29.53
四氯乙烯磷	22.06	24.63	33.40	26.90
乙硫磷	22.55	27.12	37.61	—
甲拌磷	22.77	20.09	25.88	—
丁烯磷	22.77	23.85	32.65	—
溴苯磷	24.62	31.32	44.32	—
丰索磷	27.54	26.76	36.58	28.58
苯硫磷	27.58	29.99	41.94	31.60
亚胺硫磷	27.89	29.89	41.24	—
甲基谷硫磷	28.70	31.25	43.33	32.33
乙基谷硫磷	29.27	32.36	45.55	—
氨磺磷	29.41	27.79	38.24	—
蝇毒磷	33.22	33.64	48.02	34.82
莠去津	13.98	17.63	—	—

续表

保留时间 /min				
分析物	DB-5	DB-210	DB-608	DB-1
西玛津	13.85	17.41	—	—
三硫磷	22.14	27.92	—	—
敌杀磷	d	d	22.24	—
甲基三硫磷	—	—	36.62	—
百治磷	—	—	19.33	—
内标	—	—	—	—
1- 溴 -2- 硝基苯	8.11	9.07	—	—
替代物	—	—	—	—
磷酸三丁酯	—	—	11.1	—
磷酸三苯脂	—	—	33.4	—
4- 氯 -3 硝基三氟甲苯	5.73	5.40	—	—

注：[a] 气相色谱的操作条件见表 2-6-7；

[b] 本表所示的检测限为 20 ng；

[c] 加大注入量可以使保留时间变长（在 30 s 内观察所得，参考参考文献［6］）；

[d] 能够显示多个峰，因此，不包含重叠峰；

本表所提供的数据仅供参考，每个实验室必须确保其保留时间和时间窗口为它们特定的方法所测得。

表 2-6-5　某单一实验室使用分液漏斗萃取 27 种有机磷酸酯类（U.S.EPA 3510）

分析物	不同添加浓度的回收率 /%		
	低	中	高
甲基谷硫磷	126	143±8	101
硫丙磷	134	141±8	101
毒死蜱	7	89±6	86
蝇毒磷	103	90±6	96
内吸磷	33	67±11	74
二嗪农	136	121±9.5	82
敌敌畏	80	79±11	72
乐果	NR	47±3	101
乙拌磷	48	92±7	84
苯硫磷	113	125±9	97
灭克磷	82	90±6	80
丰索磷	84	82±12	96

续表

分析物	不同添加浓度的回收率 /%		
	低	中	高
倍硫磷	NR	48±10	89
马拉硫磷	127	92±6	86
脱叶亚磷	NR	79	81
速灭磷	NR	NR	55
久效磷	NR	18±4	NR
二溴磷	NR	NR	NR
乙基对硫磷	101	94 ± 5	86
甲基对硫磷	NR	46 ± 4	44
甲拌磷	94	77 ± 6	73
皮蝇磷	67	97 ± 5	87
治螟磷	87	85 ± 4	83
四乙基焦磷酸酯	96	55 ± 72	63
杀虫畏	79	90 ± 7	80
丙硫磷	NR	45 ± 3	90
三氯酯	NR	35	4

注：1.NR= 未回收

2. 低和高浓度加标结果为单次萃取，中浓度加标的结果为 5 次平行萃取的均值和标准偏差；
3. 低浓度为 0.3 ~ 0.5 μg/L，中浓度为 1.5 ~ 2.0 μg/L，高浓度为 15 ~ 20 μg/L。敌敌畏，久效磷和四乙基焦磷酸酯的加入量为原来的 10 倍；
4. 本表所提供的数据仅供参考。

表 2-6-6　某单一实验室使用连续液－液萃取提取 27 种有机磷酸酯类（U.S.EPA 3520）

分析物	不同添加浓度的回收率 /%		
	低	中	高
甲基谷硫磷	NR	129	122
硫丙磷	NR	126	128
毒死蜱	13	82	88
蝇毒磷	94	79	89
内吸磷	38	23	41
二嗪农	NR	12 837	118
敌敌畏	81	32	74
乐果	NR	10	102
乙拌磷	94	69	81

续表

分析物	不同添加浓度的回收率 /%		
	低	中	高
苯硫磷	NR	104	119
灭克磷	39	76	83
丰索磷	90	67	90
倍硫磷	8	32	86
马拉硫磷	105	87	86
脱叶亚磷	NR	80	79
速灭磷	NR	87	49
久效磷	NR	30	1
二溴磷	NR	NR	74
乙基对硫磷	106	81±1	87
甲基对硫磷	NR	50 ± 30	43
甲拌磷	84	63 ± 3	74
皮蝇磷	82	83 ± 3	89
治螟磷	40	83 ± 7	85
四乙基焦磷酸酯	39	77 ± 1	70
杀虫畏	56	18 ± 7	83
丙硫磷	132	70 ± 14	90
三氯酯	NR	32	21

注：1. NR= 未回收；

2. 低和高浓度加标结果为单次萃取，中浓度加标的结果为 5 次平行萃取的均值和标准偏差；

3. 低浓度为 0.3 ~ 0.5 μg/L，中浓度为 1.5 ~ 2.0 μg/L，高浓度为 15 ~ 20 μg/L。敌敌畏，久 效磷和四 乙基焦磷酸酯的加入量为原来的 10 倍；

4. 本表所提供的数据仅供参考。

表 2-6-7　某单一实验室使用索氏提取法提取 27 种有机磷酸酯类（U.S.EPA 3540）

分析物	不同添加水平的回收率 /%		
	低	中	高
甲基谷硫磷	156	110	87
硫丙磷	102	103	79
毒死蜱	NR	66	79
蝇毒磷	93	89 ± 11	90
内吸磷	169	64 ± 6	75
二嗪农	87	96 ± 3	75
敌敌畏	84	39 ± 21	71

续表

分析物	不同添加水平的回收率 /%		
	低	中	高
乐果	NR	48 ± 7	98
乙拌磷	78	78 ± 6	76
苯硫磷	114	93 ± 8	82
灭克磷	65	70 ± 7	75
丰索磷	72	81 ± 18	111
倍硫磷	NR	43 ± 7	89
马拉硫磷	100	81 ± 8	81
脱叶亚磷	62	53	60
速灭磷	NR	71	63
久效磷	NR	NR	NR
二溴磷	NR	48	NR
乙基对硫磷	75	80 ± 8	80
甲基对硫磷	NR	41 ± 3	28
甲拌磷	75	77 ± 6	78
皮蝇磷	NR	83 ± 12	79
治螟磷	67	72 ± 8	78
四乙基焦磷酸酯	36	34 ± 33	63
杀虫畏	50	81 ± 7	83
丙硫磷	NR	40 ± 6	89
三氯酯	56	53	53

注：1. NR= 未回收；

2. 低和高浓度加标结果为单次萃取，中浓度加标结果为 55 次平行的均值和标准偏差；

3. 低浓度为 30 ~ 45 μg/kg，中浓度为 150 ~ 230 μg/kg，高浓度为 1 500 ~ 2 300 μg/kg。敌敌畏、久效磷和四乙基焦磷酸酯的加入量为原来的 10 倍；

4. 本表所提供的数据仅供参考。

表 2-6-8　15 m 柱的建议操作条件

柱 1 和 2（DB-210 和 SPB-608 或同等柱）	
载气流量	5 ml/min
初温	50℃，保持 1 min
升温程序	50℃以 5℃ /min 升温至 140℃（保持 10 min）以 10℃ /min 升温至 240℃（保持 10 min）（或者保持更长的足够的时间以让最后一个化合物检出）
柱 3（DB-5 或同等柱）	

续表

载气流量	5 ml/min
初温	130℃，保持 3 min
升温程序	130℃ 5℃ /min → 180℃（保持 10 min）2℃ /min → 250℃（保持 15 min）（或者保持更长的足够的时间以让最后一个化合物检出）

表 2-6-9　30 m 柱的建议操作条件

柱 1	DB-210（或同等柱）
	规格：30 m × 0.53 mm ID
	膜厚度（μm）：1.0
柱 2	DB-5（或同等柱）
	规格：30 m × 0.53 mm ID
	膜厚度（μm）：1.5
载气流量	6（ml/min）He
工作气体流速	20（ml/min）He
升温程序	120℃（3 min）以 5℃ /min 升至 270℃（10 min）
进样口温度	250℃
检测器温度	300℃
进样量	2 μl
溶剂	正己烷
注射器类型	闪蒸
检测器类型	2 个 NPD
平行	1
衰减	64
分流器类型	Y-shaped 或 Tee
数据系统	积分仪
氢气压力	20 psi
珠温度	400℃
偏压	4

注：本表所提供的数据仅供参考。

表 2-6-10 建议的 GC / MS 有机磷农药中特性离子的定量分析

分析物	定量离子	特征离子
甲基谷硫磷	160	77,132
硫丙磷（甲硫硫磷）	156	140,143,113,33
毒死蜱	197	97,199,125,314
蝇毒磷	109	97,226,362,21
内吸磷 -S	88	60,114,170
二嗪农	137	179,152,93,199,304
敌敌畏（DDVP）	109	79,185,145
乐果	87	93,125,58,143
乙拌磷	88	89,60,61,97,142
苯硫磷	157	169,141,63,185
灭克磷	158	43,97,41,126
苯硫磷	293	97,125,141,109,308
倍硫磷	278	125,109,93,169
马拉硫磷	173	125,127,93,158
脱叶亚磷	209	57,153,41,298
速灭磷	127	109,67,192
久效磷	127	67,97,192,109
二溴磷	109	145,147,79
乙基对硫磷	291	97,109,139,155
甲基对硫磷	109	125,263,79
甲拌磷	75	121,97,47,260
皮蝇磷	285	125,287,79,109
杀虫畏	109	329,331,79
治螟磷	322	97,65,93,121,202
四乙基焦磷酸酯	99	155,127,81,109
丙硫磷	113	43,162,267,309

表 2-6-11　某一实验室利用固相萃取提取地下水中有机磷农药（U.S.EPA 3535）

分析物	地下水 250 μg/L		地下水 10 μg/L	
	回收率 /%	RSD/%	回收率 /%	RSD/%
氯丹	85.6	11.5	77.7	6.8
甲基谷硫磷	83	13.4	109.7	7
乙基谷硫磷	88.3	10.8	92.8	8.1
硫丙磷	96.1	4.2	78.2	4.3
三硫磷	85.6	11	81.7	7.2
毒虫畏	87.8	10.2	90.1	6
毒死蜱	98.8	5.7	77.5	4.2
甲基毒死蜱	82.5	12	59.4	7.5
蝇毒磷	84.3	8.7	100.8	13.5
巴毒磷	86.3	10.5	89.4	5.9
内吸磷	93.6	4.5	73.8	5.1
二嗪农	91.7	4.7	70	5
二氯倍硫磷	85.2	10.9	75.6	6
敌敌畏（DDVP）	88.1	6.7	90.1	7.9
百治磷	88.6	10.8	75.7	5.7
乐果	99.3	1.8	76.7	9.5
敌杀磷	81.6	14.1	92.7	11
乙拌磷	93.2	7.6	79.5	6.1
苯硫磷	73.8	10.6	67.9	7.9
乙硫磷	85.5	10.6	79.2	6.5
灭克磷	95.6	4.1	81.4	3.7
氨磺磷	85.2	10.2	75.6	8.3
杀螟硫磷	91.2	8.8	85	5
丰索磷	86.2	6.4	97.2	6
倍硫磷	91.2	5.4	79.5	4.3
地虫硫磷	91	8	81.6	3.6
溴苯磷	81.3	12.2	73.6	8.8
马拉硫磷	79.5	6.9	78	8.7

续表

分析物	地下水 250 μg/L		地下水 10 μg/L	
	回收率 /%	RSD/%	回收率 /%	RSD/%
脱叶亚磷	113.1	9.3	84.6	4.5
速灭磷	57.9	6.9	96.8	6.7
二溴磷	90.1	6.7	88.1	7.9
乙基对硫磷	76.7	9.6	69.6	8.1
甲基对硫磷	93.9	5.8	83.6	4.7
甲拌磷	92.3	7.1	70.8	6.7
亚胺硫磷	66.1	17.7	90.3	10.7
磷胺	86.2	11.2	80.6	5.7
皮蝇磷	94.7	5.2	77.8	4.7
杀虫畏	78.6	13.1	106.3	5.9
治螟磷	75.3	9.3	68.9	8.6
特丁磷	87.1	10.5	78	3.7
治线磷	95.1	8	88.6	3.4
丙硫磷	94.4	4.1	77.8	5.6
敌百虫	72.7	13.5	45.6	6.9
毒壤磷	95.3	4.5	75.7	3.9

注：本表所提供的数据仅供参考。

表 2-6-12　某一实验室采用固相萃取法测定废水中有机磷农药的数据

分析物	废水的加标量为 250 μg/L		废水的加标量为 10 μg/L	
	回收率 /%	RSD/%	回收率 /%	RSD/%
丙硫特普	83.7	1.8	76.3	6.7
谷硫磷	102.6	18.0	129.9	12.4
乙基谷硫磷	79.8	6.8	96.0	6.7
硫丙磷	94.4	8.3	84.9	1.4
三硫磷	82.4	2.9	82.1	6.7
毒虫畏	81.7	6.5	88.0	7.2
毒死蜱	91.0	8.3	86.5	1.7

续表

分析物	废水的加标量为 250 μg/L		废水的加标量为 10 μg/L	
	回收率 /%	RSD/%	回收率 /%	RSD/%
甲基毒死蜱	77.6	2.2	56.7	7.1
蝇毒磷	100.2	17.2	111.0	8.5
丁烯磷	81.3	5.7	87.5	7.0
内吸磷	95.8	5.3	88.5	5.0
二嗪农	91.8	6.5	82.4	3.2
除线磷	82.5	1.4	76.2	5.5
敌敌畏（DDVP）	60.6	11.1	99.7	6.1
百治磷	82.0	1.6	73.4	6.1
乐果	93.5	4.1	115.7	6.7
敌杀磷	84.6	5.6	100.4	9.4
乙拌磷	92.5	5.3	90.4	2.6
苯硫磷酯	78.1	9.6	80.1	8.6
乙硫磷	83.5	2.0	78.4	6.4
灭克磷	96.3	4.7	92.9	3.1
氨磺磷	85.9	2.5	78.6	7.9
杀螟硫磷	83.5	4.8	82.3	5.9
丰索磷	101.7	11.4	110.5	6.5
倍硫磷	91.7	7.3	88.2	2.7
地虫磷	83.4	2.6	81.3	5.0
对溴磷	81.9	3.3	73.2	7.5
马拉硫磷	94.8	6.7	94.7	5.5
脱叶亚磷	94.5	12.7	90.7	1.4
速灭磷	62.6	11.2	109.0	4.8
二溴磷	60.6	11.1	99.7	6.1
乙基对硫磷	80.2	8.1	83.6	8.6
甲基对硫磷	92.9	6.5	93.8	4.4
甲拌磷	92.4	6.4	85.6	2.4
亚胺硫磷	63.5	8.2	101.3	9.1

续表

分析物	废水的加标量为 250 μg/L		废水的加标量为 10 μg/L	
	回收率 /%	RSD/%	回收率 /%	RSD/%
大灭虫	81.1	3.1	78.0	5.7
皮蝇磷	91.4	8.4	88.3	2.2
杀虫畏	101.4	14.3	126.5	6.5
硫特普	78.7	10.7	87.9	8.8
特丁磷	83.0	1.5	80.1	6.4
治线磷	85.1	5.8	84.8	4.9
丙硫磷	91.8	8.4	83.6	1.8
敌百虫	66.8	4.6	52.2	8.7
壤虫磷	91.3	8.1	84.3	1.6

注：以上数据仅供参考。

表 2-6-13　某一实验室利用加压流体萃取（U.S.EPA 3545）加标的土壤样品中的有机磷所得的数据

单位：%

分析物	黏土				亚黏土				沙土			
	低		高		低		高		低		高	
	Rec	RSD	Rec	RSD	Rec	RSD	Rec	RSD	Rec	RSD	Rec	RSD
敌敌畏	NR	—	5.6	19.0	10.4	11.4	6.5	22.2	13.9	13.4	9.9	22.2
速灭磷	66.1	3.8	67.2	4.8	57.3	11.2	63.1	6.5	61.6	14.3	64.7	12.1
内吸磷 -O&S	79.0	3.4	80.2	4.2	73.7	10.0	77.6	6.4	60.0	12.5	77.6	12.7
灭克磷	83.0	4.7	84.8	4.8	76.1	10.7	77.0	4.9	75.5	12.8	79.0	10.6
甲拌磷	67.5	3.2	79.4	5.1	63.4	11.8	73.5	5.4	62.9	13.6	76.2	10.8
治螟磷	66.6	3.7	69.4	4.7	62.6	11.0	66.8	7.3	62.1	13.8	67.7	13.2
二嗪农	80.2	4.7	80.3	4.8	74.4	12.0	75.9	6.0	73.9	14.0	77.4	11.2
乙拌磷	55.9	3.9	93.9	4.7	58.9	11.8	89.4	6.2	52.2	15.3	88.5	12.3
乐果	87.0	5.0	86.7	5.3	70.7	12.1	71.7	18.8	75.0	13.1	80.6	12.5
皮蝇磷	81.3	3.7	81.1	5.0	73.1	11.1	64.7	6.5	69.0	13.6	73.8	11.6
毒死蜱	99.5	3.1	99.0	5.1	81.7	14.1	87.7	16.8	84.1	13.1	91.6	12.7

续表

分析物	黏土				亚黏土				沙土			
	低		高		低		高		低		高	
	Rec	RSD	Rec	RSD	Rec	RSD	Rec	RSD	Rec	RSD	Rec	RSD
甲基对硫磷	82.5	3.9	84.5	5.2	74.4	11.5	79.6	5.8	74.9	13.2	80.3	11.3
乙基对硫磷	85.0	3.8	83.5	5.2	77.3	11.9	79.6	6.1	78.0	12.7	80.3	11.5
倍硫磷	56.4	3.8	71.4	5.0	44.1	10.8	50.9	6.6	44.3	12.5	51.9	12.6
丙硫磷	96.1	4.7	97.0	5.7	93.2	12.2	93.8	6.1	81.2	12.5	85.4	11.9
杀虫畏	72.1	3.3	69.7	5.6	101.4	12.6	64.7	6.5	69.3	11.9	69.3	13.0
硫丙磷	89.0	3.4	109.5	6.8	82.2	9.9	89.2	6.2	77.3	11.7	94.2	12.8
丰索磷	NR	—	69.7	4.3	70.4	9.3	52.2	7.1	63.0	9.2	62.0	13.1
苯硫磷	72.6	44.3	76.9	8.0	92.9	10.1	70.4	7.1	68.6	11.2	71.9	11.6
谷硫磷	NR	—	90.6	5.3	69.7	13.9	70.5	8.7	94.5	12.5	82.5	11.4
蝇毒磷	NR	—	79.6	4.8	62.8	13.4	6.5	10.2	74.8	16.1	72.9	9.2

注：1. NR—— 未回收；

2. REC—— 平均回收率，计算 7 次回收的百分比值；

3. RSD——结果为 7 次重复提取的相对标准偏差；

4. 低加标量大约浓度 250 μg/kg；

5. 高加标量大约浓度 2 500 μg/kg；

6. 数据来自参考文献［15］；

7. 以上数据仅供参考。

表 2-6-14　某一实验室连续使用液 - 液萃取（U.S.EPA 3520）测氨基甲酸酯数据

分析物	加标量 /（μg/L）	平均回收率 /%	RSD/%
恶虫威	45	45.6	22.0
苏达灭	34	72.1	5.3
扑草灭	34	79.4	6.1
灭虫威	45	37.8	25.0
草达灭	34	83.8	6.11
克草猛	34	80.1	6.3
邻苯二胺	45	15.8	20.1

续表

分析物	加标量 /（μg/L）	平均回收率 /%	RSD/%
苯胺灵	45	88.3	5.2
苄草丹	34	87.5	4.2
野麦畏	34	85.3	4.9
灭草猛	34	80.9	7.6

注：1. 加标的废水被平均分成四等份用来提取和分析；
2. 数据来自参考文献［16］；
3. 以上数据仅供参考。

表 2-6-15　某一实验室利用索氏提取（U.S.EPA 3540）测试土壤中的氨基甲酸酯的数据

分析物	加标量 /（μg/kg）	平均回收率 /%	RSD/%
恶虫威	1 100	83.2	15.3
苏达灭	1 100	94.6	1.6
扑草灭	1 100	103	7.4
灭虫威	1 100	91.1	30.2
草达灭	1 100	108	2.8
邻苯二胺	1 100	0.0	0.0
克草猛	1 100	105	5.5
苯胺灵	1 100	113	3.0
苄草丹	1 100	111	3.8
野麦畏	1 100	113	3.7
灭草猛	1 100	107	3.6

注：1. 加标的黏土被平均分成四等份用来提取和分析；
2. 以上数据仅供参考；
3. 数据来自参考文献［16］。

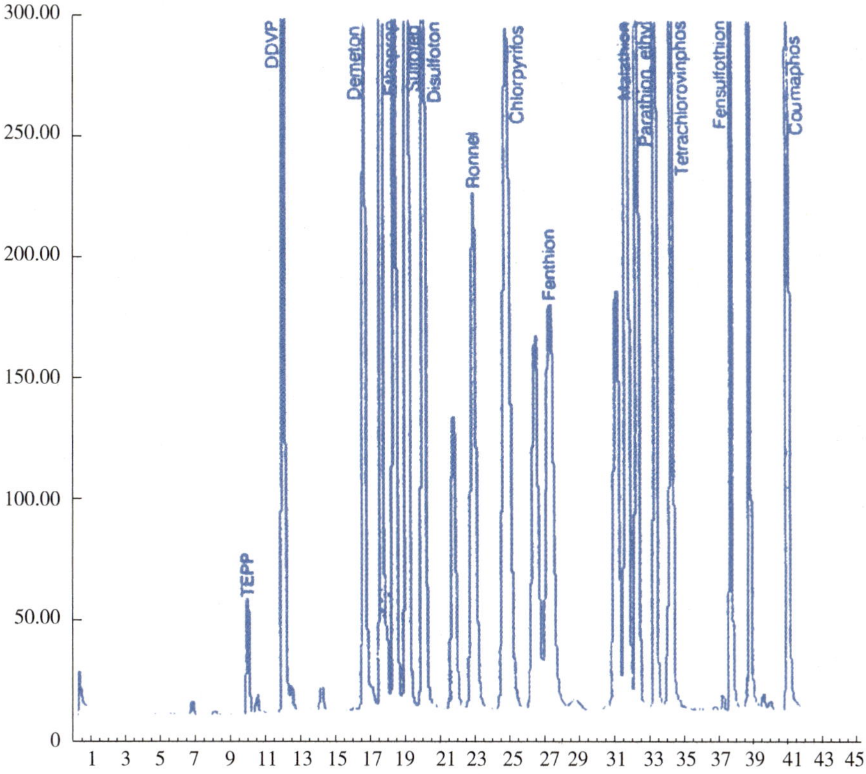

图 2-6-1　气相色谱法用使用 15 m DB-210 的色谱柱和 FPD 检测器的色谱仪测定有机磷化合物的参考色谱图

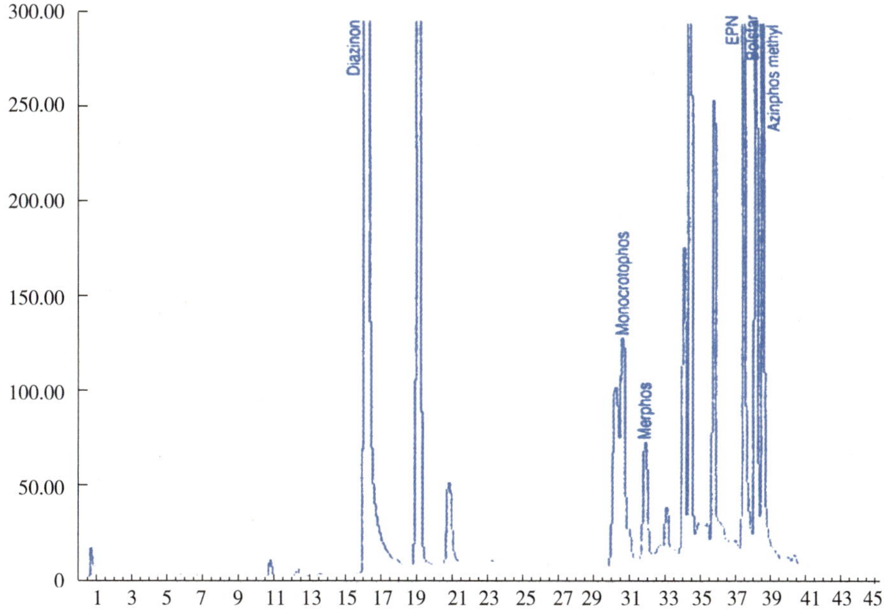

图 2-6-2　气相色谱法用使用 15 m DB-210 的色谱柱和 FPD 检测器的色谱仪测定有机磷化合物的参考色谱图

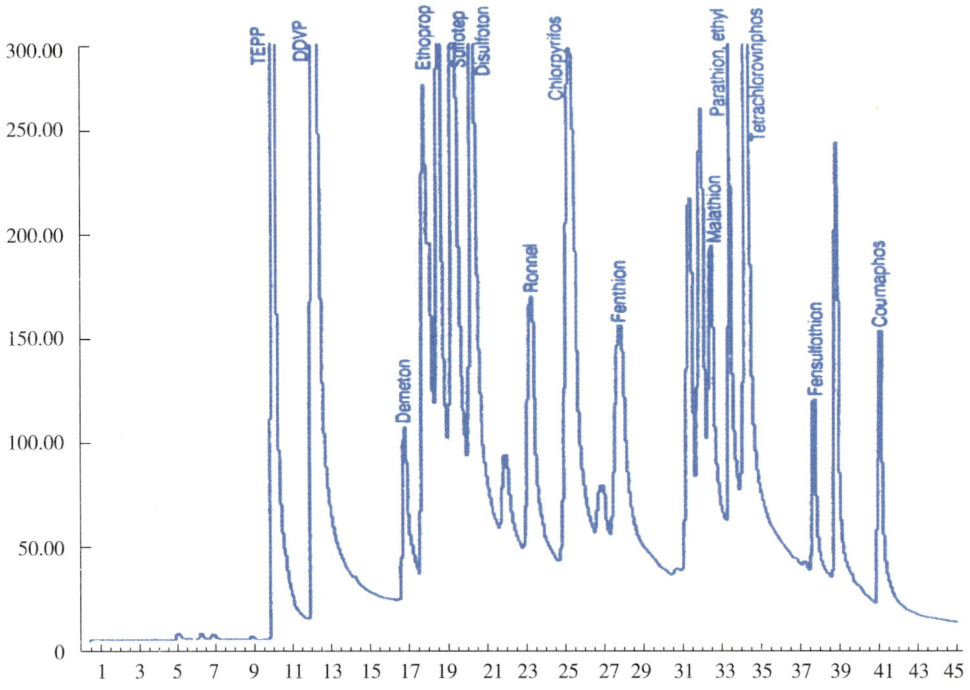

图 2-6-3　气相色谱法用使用 15 m DB-210 的色谱柱和 FPD 检测器的色谱仪测定有机磷化合物的参考色谱图

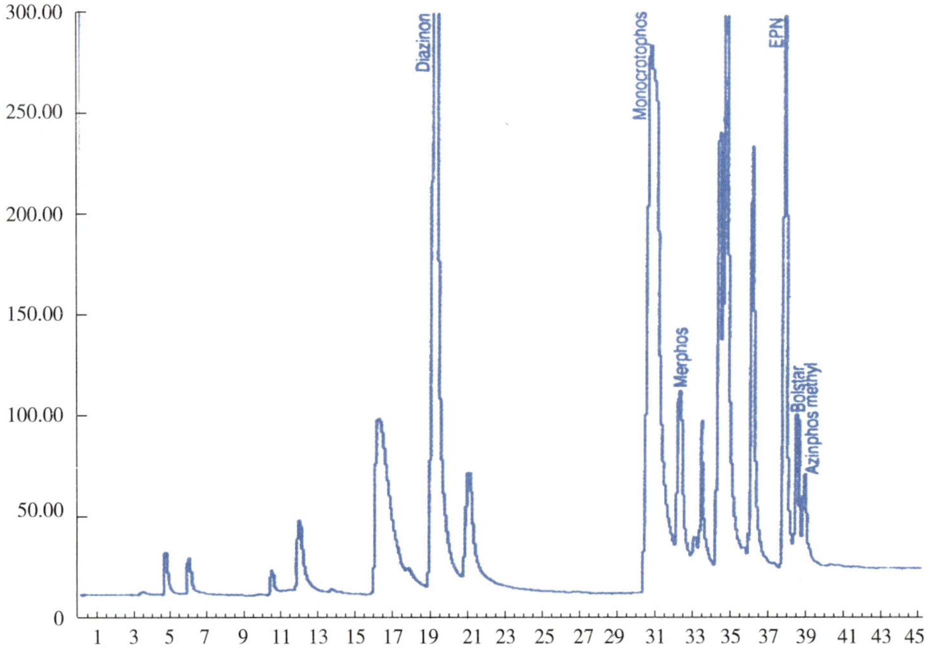

图 2-6-4　气相色谱法用使用 15 m DB-210 的色谱柱和 NPD 检测器的色谱仪测定有机磷化合物的参考色谱图

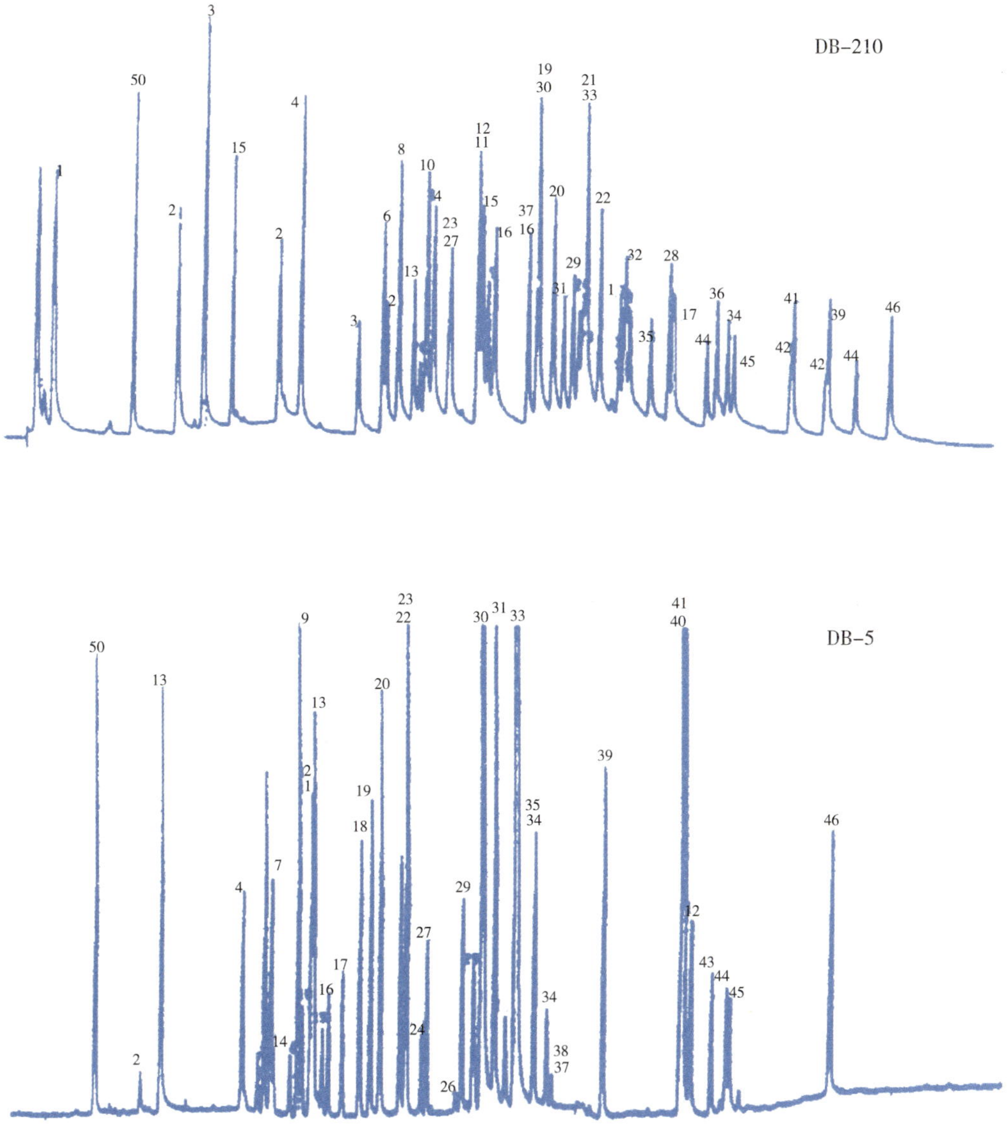

图 2-6-5　使用 30 m 长的 DB-5/DB-210 双柱和带有 NPD 检测器的色谱仪测定除西玛津、莠去津和三硫磷以外的有机磷化合物的参考色谱图

注：保留时间和气相色谱操作条件见表 2-6-4。

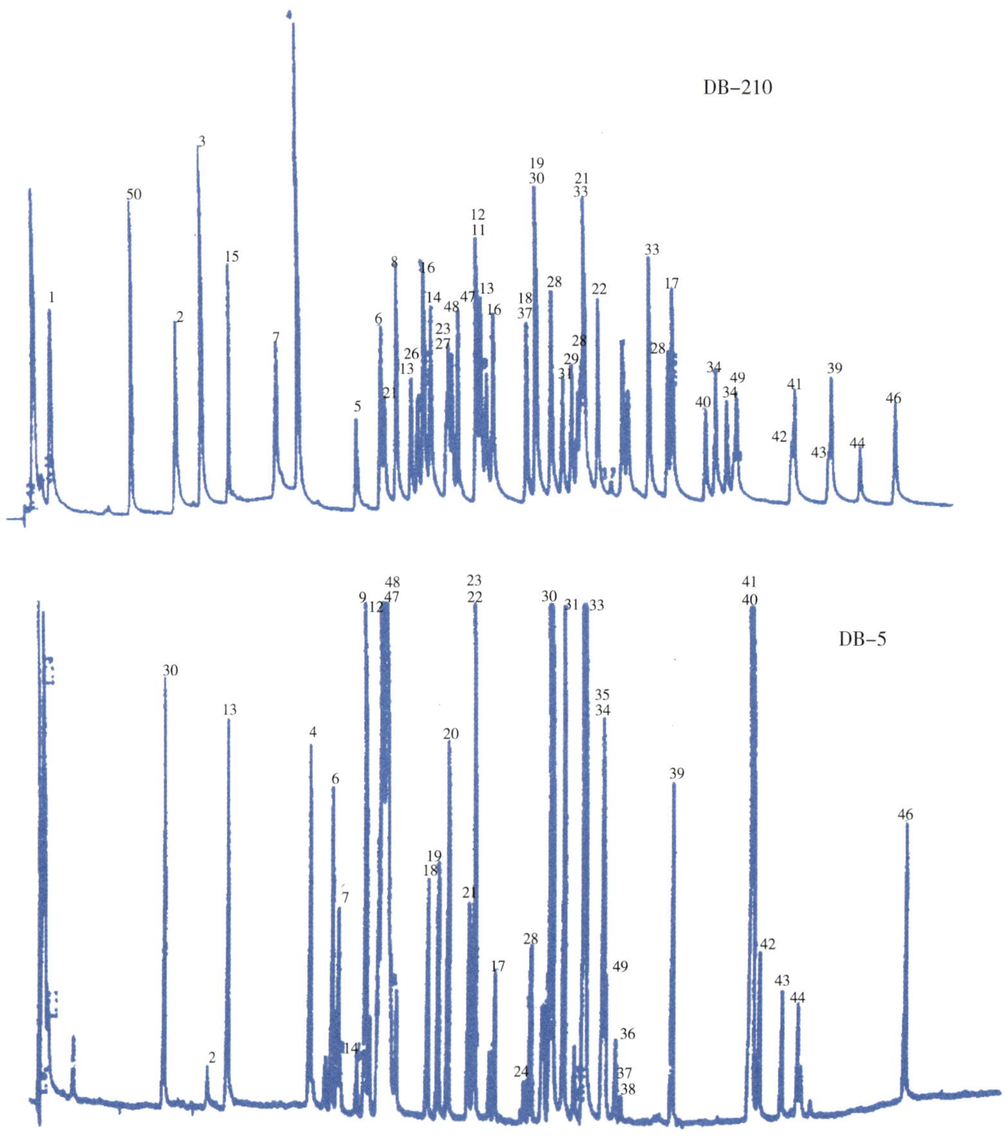

图 2-6-6　使用 30m 长的 DB-5/DB-210 双柱和带有 NPD 检测器的色谱仪测定除西玛津、莠去津和三硫磷以外的有机磷化合物的参考色谱图

注：保留时间和气相色谱操作条件见表 2-6-4。

8081B

有机氯农药的测定
气相色谱法

（U.S.EPA 8081B—2007）

SW-846 不是分析培训手册，因此，其所提供的方法程序仅适用于至少受过基础化学分析原理和专业技术正规培训的分析人员。

此外，除了必须采用规定参数的分析方法，SW-846 方法还可作为方法导则，包含指导如何执行分析程序或技术的通用规则。实验室可以以此为基础，建立本实验室的详细标准操作程序（SOP），用于常规或特定工作项目。本方法中的验证数据仅供参考，不作为 / 不可作为实验室认证所必须达到的绝对质量控制标准（QC）。

1 适用范围

1.1 本方法采用熔融石英开口式毛细管柱，使用电子捕获检测器（ECD）或者电导检测器（ELCD）气相色谱法分析从固体或液态样品中萃取各种有机氯农药的浓度。表 2-7-1 所列的化合物已用本方法通过单柱或双柱分析系统检出。

表 2-7-1 本方法通过单柱或双柱分析系统检出的化合物

化合物名称	CAS 号[a]	化合物名称	CAS 号[a]
艾氏剂	309-00-2	狄氏剂	60-57-1
α-六六六	319-84-6	硫丹 I	959-98-8
β-六六六	319-85-7	硫丹 II	33213-65-9
γ-六六六（林丹）	58-89-9	硫丹硫酸盐酯	1031-07-8
δ-六六六	319-86-8	异狄氏剂	72-20-8

续表

化合物名称	CAS 号[a]	化合物名称	CAS 号[a]
顺式 - 氯丹	5103-71-9	异狄氏剂醛	7421-93-4
反式 - 氯丹	5103-74-2	异狄氏剂酮	53494-70-5
氯丹（不具体指定）	57-74-9	七氯	76-44-8
乙酯杀螨醇（杀螨醇）	510-15-6	环氧七氯	1024-57-3
1,2- 二溴 -3- 氯丙烷（DBCP）	96-12-8	六氯苯	118-74-1
4.4'-DDD	72-54-8	六氯环戊二烯	77-47-4
4.4'-DDE	72-55-9	异艾氏剂	465-73-6
4.4'-DDT	50-29-3	甲氧滴滴涕	72-43-5
燕麦敌	2303-16-4	毒杀芬	8001-35-2

注：[a] 化学摘要注册登记号。

1.2　本方法测定的目标化合物不包括以 Aroclors 计的多氯联苯。多氯联苯应该采用 U.S.EPA 8082 方法进行分析，该方法包括专为多氯联苯特别设计的净化和定量分析程序，有利于更好地消除有机氯农药的干扰，提高分析多氯联苯的数据质量。因此，若样品中可能含有多氯联苯，应使用 U.S.EPA 8082 分析多氯联苯，用本方法（U.S.EPA 8081）分析有机氯农药。假如没有信息表明有多氯联苯存在，可以使用多氯联苯特有筛选程序（如免疫检测技术 U.S.EPA 4020）来进行初测，判断多氯联苯是否存在，或在净化步骤之前将样品萃取液等分，一部分用于分析有机氯农药，另一部分用 U.S.EPA 8082 分析多氯联苯。

1.3　分析人员应针对所研究的目标化合物选择最适合的色谱柱、检测器和校准方法。使用本方法前必须建立特定基体的性能测试数据，并对每种样品基体（如样品萃取用正己烷溶液、稀释后的油类样品等）进行分析系统稳定性验证和仪器校准。本方法提供了样品色谱图和气相色谱条件用作参考。

1.4　虽然本方法列出了许多目标化合物的验证数据，但是一次分析不可能检测出所有目标化合物。许多化合物的化学性质和色谱行为可能导致一些目标化合物出现共出峰。本方法和 U.S.EPA 3600 提供了几种净化分离方案。

1.5　本方法目标化合物中包括氯丹及毒杀芬。当样品中含有不止一种多组分混合物时，需要具有丰富经验的分析专家进行定性和定量分析，使结果达到可接受水平。应当注意，多组分混合物可在环境中或样品处理过程中降解，降解后的多组分混合物的峰型可能与标准物质有显著差异。

1.6　基于单柱分析法识别的化合物应该用另一种色谱柱再次确认，或得到至少另一种定性技术的支持。本方法介绍了这种验证的测试条件。若灵敏度能够满足要求（见 11.7），可用 GC/MS（如 U.S.EPA 8270）进行验证。在灵敏度能达到要求的情况下（见 U.S.EPA 8085），GC/AED 也是一种验证方法。

1.7　本方法包含了一个可供选用的双柱检测结构，即两个 GC 色谱柱连接在一个进样口和两个检测器上。双柱同时分析时可使用同一个进样口。

1.8　表 2-7-2 中所列化合物也可以采用本方法测定。它们与表 2-7-1 中化合物分开归类，是由于这些化合物还没有得到 EPA 广泛验证。如果这些化合物也用本方法测定，分析人员需对仪器操作条件进行优化，并验证可接受的方法条件。

表 2-7-2　也可采用本方法测定的化合物

化合物名称	CAS 号	化合物名称	CAS 号
甲草胺	15972-60-8	多氯化萘 Halowax-1013	12616-35-2
敌菌丹	2425-06-1	多氯化萘 Halowax-1014	12616-36-3
三硫磷	786-19-6	多氯化萘 Halowax-1051	2234-13-1
地茂散	2675-77-6	多氯化萘 Halowax-1099	39450-05-0
丙酯杀螨醇	5836-10-2	灭蚁灵	2385-85-5
百菌清	1897-45-6	除草醚	1836-75-5
敌草索	1861-32-1	反式 - 九氯	39765-80-5
二氯萘醌	117-80-6	五氯硝基苯	82-68-8
氯硝胺	99-30-9	氯菊酯（顺式 + 反式）	52645-53-1
三氯杀螨醇	115-32-2	乙滴涕	72-56-0
氯唑灵	2593-15-9	毒草按	1918-16-7
多氯化萘 Halowax-1000	58718-66-4	氯化松节油	8001-50-1
多氯化萘 Halowax-1001	58718-67-5	氟乐灵	1582-09-8

1.9　从样品中或水基或甲醇基体标准样品中萃取出来的十氯酮，可能产生宽尾峰，其洗提时间比标准物质晚 1 min 以上。这种延迟可能是酮官能团发生半缩醛反应的结果，此现象严重影响根据保留时间定性该化合物的能力。因此，不推荐用本方法测定十氯酮。U.S.EPA 8270 可能更适合十氯酮的测定。

1.10　适合本方法分析萃取液也可以分析有机磷农药（U.S.EPA 8141）。若不受低回收率（通常用于分析三嗪类化合物样品需要被保留）的限制，一些萃取液也可用于三嗪类化合物的测定。

1.11 使用本方法之前，建议分析人员阅读整个分析过程中可能使用每种程序的基础方法（如 U.S.EPA 3500、U.S.EPA 3600 和 U.S.EPA 3800），了解关于质控程序、QC 验收标准的进展、计算方法和一般性导则等信息。同时，分析人员还应阅读手册前部的免责声明及 SW-846 第 2 章的相关内容，以了解方法、仪器、材料、试剂和供应商的选择范围，以及分析人员证明所选定技术适用于目标化合物、目标基体和相关水平的责任。

此外，分析人员和数据使用者应该了解，除规则中明确说明外，SW-846 中方法并非联邦政府测试要求中强制使用的方法。本方法中信息由 EPA 提供，仅作为分析人员和方法委员会的参考指南，以判断测试结果是否满足或达到数据质量目标的要求。

1.12 本方法仅限于具有气相色谱使用经验和经过相关培训，并能熟练操作气相色谱的分析人员使用或在其指导下应用。每个分析人员必须证明其具有使用本方法而得到可靠数据的能力。

2 方法概述

2.1 使用适当样品萃取技术对一定体积或重量的液体或固体样品进行萃取。

2.1.1 水样在 pH 为中性时采用二氯甲烷［依据 U.S.EPA 3510（分液漏斗）、U.S.EPA 3520（连续液液萃取）、U.S.EPA 3535（固相萃取）］进行萃取，也可采用其他适用技术或溶剂进行萃取。

2.1.2 固体样品可用正己烷–丙酮（1：1）或二氯甲烷–丙酮（1：1）［依据 U.S.EPA 3540（索氏提取）、U.S.EPA 3541（自动索氏法）、U.S.EPA 3545（加压流体萃取）、U.S.EPA 3546（微波萃取）、U.S.EPA 3550（超声萃取）、U.S.EPA 3562（超临界流体萃取）］进行萃取，也可采用其他适用技术或溶剂进行萃取。

2.2 依据基体干扰物和目标化合物的性质，选择相应方法对萃取液进行净化。建议净化方法包括氧化铝净化（U.S.EPA 3610）、弗罗里硅土净化（U.S.EPA 3620）、硅胶净化（U.S.EPA 3630）、凝胶色谱净化（U.S.EPA 3640）和硫净化（U.S.EPA 3660）。

2.3 将净化后的萃取物注射到配有窄径或宽径的熔融石英毛细管柱和电子捕获检测器（GC/ECD）或电导检测器（GC/ELCD）的气相色谱仪中进行分析。

3　定义

本方法相关定义见 SW-846 第 1 章和仪器说明书中相关内容。

4　干扰

4.1　溶剂、试剂、玻璃器具以及样品处理设备都可能对样品分析产生干扰。必须在分析条件下，通过测定方法空白来确认这些物品不会对分析产生干扰。有必要适时进行试剂选择和溶剂的蒸馏提纯（使用玻璃器具进行）。参考各方法中质量控制程序的特定指南以及手册相关章节中玻璃器皿清洗的通用要求，同时参考干扰因素讨论中样品预处理的有关内容。

4.2　不同样品共萃取物带来的干扰有较大差异。本方法采用常规净化方法，特定样品需要进行进一步净化处理，以达到理想分离度和定量准确度。本方法干扰源可分为如下三类。

4.2.1　溶剂、试剂或者样品处理器皿的污染。

4.2.2　气相色谱载气、零件、柱表面或检测器表面的污染。

4.2.3　从样品基体中萃取到在检测器上有响应的其他化合物。

4.3　样品预处理过程中引入的邻苯二甲酸酯类会对农药测定造成很大干扰。避免接触任何塑料物品，检查所有溶剂和试剂的沾污情况，是减少邻苯二甲酸酯干扰的有效途径。

4.3.1　普通软质塑料中均含有不同剂量邻苯二甲酸酯类化合物，易在实验室操作过程被萃取或淋洗出来。

4.3.2　为了减少背景邻苯二甲酸酯的污染，需要对溶剂和试剂进行纯化，对玻璃器皿进行彻底净化。

4.3.3　在分析之前，用 U.S.EPA 3640（凝胶色谱净化）或 U.S.EPA 3630（硅胶净化）可除去上述干扰物质。

4.4　若萃取过程中接触到塑料制品，尤其是表面被溶剂沾湿时，干净的玻璃器皿常发生交叉污染，因此玻璃器皿必须认真清洗。

玻璃器皿使用后，尽快用最后使用过的溶剂清洗，再用清洁剂和热水清洗，最后用自来水和不含有机物的试剂水淋洗。沥干后，置于 130℃烘箱中干燥几小时或用甲醇淋洗后晾干。将干燥后的玻璃容器存放于清洁环境中（也可用其他合适的玻璃器皿清洗步骤进行清洗）。

4.5 硫的存在将导致宽峰，从而对出峰时间早的有机氯农药产生干扰。沉积物样品也存在硫污染。建议用 U.S.EPA 3660 除硫。当用 U.S.EPA 3660 中的四丁基铵方法净化时，会大大降低异狄氏剂醛的回收率，所以当异狄氏剂醛是目标化合物并且要采用四丁基铵方法净化时，其必须在硫净化过程之前测定。异狄氏剂醛测定不受铜粉影响，因此可以用 U.S.EPA 3660 中铜粉除硫技术对其进行测定。然而，正如 U.S.EPA 3660 所述，使用铜粉技术可能对其他潜在目标化合物的回收率产生负面影响，包括一些有机氯化合物和许多有机磷化合物。

4.6 蜡状物、油脂和其他高分子物质可通过凝胶色谱净化（U.S.EPA 3640）（GPC）技术去除。

4.7 其他卤代杀虫剂或者工业化学品可能干扰农药测定。某些共洗提有机磷农药可用 U.S.EPA 3640（GPC- 杀虫剂选项）去除。共洗提氯酚可用 U.S.EPA 3630（硅胶净化）、U.S.EPA 3620（硅酸镁净化）或 U.S.EPA 3610（氧化铝净化）去除。多氯联苯（PCBs）也可能干扰有机氯农药的测定，这个问题在分析多组分化合物（如氯丹、毒杀芬和氯化松节油）时最为严重。如果能确定或预期多氯联苯存在于样品中，分析人员应该参考用 U.S.EPA 3620（硅酸镁净化）和 U.S.EPA 3630（硅胶净化）技术将有机氯农药从多氯联苯中分离出来。

4.8 本方法中一些目标化合物之间存在共出峰，从而可能造成干扰。当用单柱进行分析时，以下目标化合物可能在相应的气相色谱柱上产生共出峰。

DB-608 色谱柱：氟乐灵 / 燕麦敌异构体；五氯硝基苯 / 二氯萘醌 / 异艾氏剂。

DB-1701 色谱柱：敌菌丹 / 灭蚁灵；甲氧滴滴涕 / 硫丹硫酸盐（酯）。

4.9 当用双柱进行分析时，以下目标化合物可能产生共出峰。一般 DB-5 柱可分离的物质比 DB-1701 少。

DB-5 色谱柱：氯菊酯 / 环氧七氯；硫丹Ⅰ / 顺式 - 氯丹；乙滴涕 / 异狄氏剂；硫丹Ⅱ / 丙酯杀螨醇 / 乙酯杀螨醇；4.4' - 滴滴涕 / 硫丹硫酸盐（酯）；甲氧滴滴涕 / 三氯杀螨醇。

DB-1701 色谱柱：百菌清 / β - 六六六；δ - 六六六 / 敌草索 / 氯菊酯；顺式 - 氯丹 / 反式 - 九氯。

除草醚、二氯萘醌、三硫磷和氰硝胺在两种色谱柱上都出现明显的拖尾峰。ECD 检测器对西玛津和阿特拉津的响应灵敏度很差。三嗪类化合物应该用 U.S.EPA 8141（氮磷检测器，NPD）来测定。

5　安全

本方法并未包括其使用过程中的所有安全事项。实验室有责任提供安全的实验环境和职业安全及健康管理局（OSHA）规定的与本方法中使用的化学品安全处理相关的通用文件。所有工作人员都应该能够获取物质安全数据表（MSDSs）的参考资料。

6　仪器和材料

本文中提及的商业名称或产品仅为举例之用，并不代表 EPA 认可或唯一推荐产品。SW-846 方法中引用产品和设备是建立方法或方法验证过程中使用过的。本文列出的玻璃制品、试剂、用品、仪器和设备等物品，在有方法证明其能满足分析样品的需要并备有证明文件时可以使用。

常用的实验室用玻璃器皿（如烧杯和容量瓶）在此不再一一列出。

6.1　气相色谱仪是一种由气相色谱柱和分流 / 不分流进样装置以及其他一些必要辅助设备［包括进样针、分析柱、载气、电子捕获检测器（ECD）、记录仪 / 积分仪或数据系统］组成的气相色谱分析系统。能满足测定要求时，也可使用电导检测器（ELCD）。如果使用双柱，气相色谱仪上必须装有两个检测器。

6.2　色谱分析柱：

本方法描述了单柱及双柱分析的操作程序。单柱分析首先确定某化合物是否存在，再对该化合物进行定性确认（1.7 中介绍了应用 GC/MS 的确认技术）。单柱法可采用窄口径（≤0.32 mm 内径）或宽口径（0.53 mm 内径）色谱柱。双柱法通常在气相色谱仪中一次进样后由两个不同固定相的色谱柱分流检测。双柱法一般采用宽口径（0.53 mm 内径）色谱柱，但在能够证明其他口径的色谱柱也能满足要求时，也可以使用。第三种方法是在一台气相色谱仪上装两根色谱柱，每根色谱柱分别接独立的进样器和检测器。

本节所列的色谱柱是方法研究过程中使用的。本方法列出了这些色谱柱，并不意味着其他能满足需要的色谱柱不能使用。实验室可使用这些色谱柱，也可使用那些经过方法验证（如气相色谱分离度、分析物类型和方法灵敏度）、能满足工作需要的色谱柱。

6.2.1　窄口径色谱柱用于单色谱柱分析（用于对化合物的识别，除非应用 GC/MS 等其他确认技术）。窄口径色谱柱需安装分流 / 不分流（Grob 型）进样器。

6.2.1.1 30 m × 0.25 mm（或 0.32 mm）熔融石英毛细管柱 SE-54（DB-5 或其他等效柱），膜厚 1 μm。

6.2.1.2 30 m × 0.25 mm，35% 苯基聚甲基硅烷熔融石英毛细管柱（DB-608，SPB-608 或其他等效柱），膜厚 2.5 μm 或 1 μm。

6.2.2 宽口径色谱柱用于单色谱柱分析（如果不使用其他确认方法如 GC/MS，就使用所列出的三根色谱柱中的两根柱子进行化合物鉴别）。宽口径色谱柱应该安装 1/4 英寸进样口和专门设计的惰性内衬管。

6.2.2.1 30 m × 0.53 mm，35% 苯基甲基聚硅氧烷熔融石英毛细柱（DB-608、SPB-608、RTX-5 或其他等效柱），膜厚 0.5 μm 或 0.83 μm。

6.2.2.2 30 m × 0.53 mm，50% 苯基甲基聚硅氧烷熔融石英毛细管柱（DB-608、SPB-1701 或其他等效柱），膜厚 1.0 μm。

6.2.2.3 30 m × 0.53 mm，95% 二甲基，5% 二苯基聚硅氧烷熔融石英毛细管柱（DB-5、SPB-5、RTX-5 或其他等效柱），膜厚 1.5 μm。

6.2.3 用于双柱分析的宽口径色谱柱，建议使用如下两对色谱柱：

6.2.3.1 双柱 1

30 m × 0.53 mm 熔融石英毛细柱 SE-54（DB-5、SPB-5、RTX-5 或其他等效柱），膜厚 1.5 μm。

30 m × 0.53 mm，50% 苯基甲基聚硅氧烷熔融石英毛细管柱（DB-1701 或其他等效柱），膜厚 1.0 μm。

双柱 1 安装于一个按压式 Y 形玻璃三通分流器上（J&W Scientific，产品号 705-0733）或 Y 形熔融石英连接器上（Restek，产品号 20405）或等效设备上。

注：色谱柱安装于按压式 Y 形连接器上时，先将毛细柱端浸泡于乙醇中 10 s，以软化聚酰亚胺镀层，取得较好的密封效果。

6.2.3.2 双柱 2

30 m × 0.53 mm，熔融石英毛细柱 SE-54（DB-5、SPB-5、RTX-5 或其他等效柱），膜厚 0.83 μm。

30 m × 0.53 mm，50% 苯基甲基聚硅氧烷熔融石英毛细管柱（DB-1701 或其他等效柱），膜厚 1.0 μm。

柱 2 安装于一个 8 英寸惰性三通玻璃进样装置上（Supelco，编号 2-3665M）或等效设备上。

6.3 色谱柱清洗配件：键合相柱清洗配件（J&W Scientific，产品号 430-3000）或等效配件。

6.4 容量瓶：10 ml 和 25 ml 容量瓶。用于标准溶液制备。

6.5 分析天平：能精确称量至 0.010 0 g。

7 试剂和标准物质

7.1 所有实验中使用的试剂均需为试剂级或农残级。除非另有说明，所有试剂均应遵从美国化学学会分析试剂分委员会的规范要求。也可使用其他试剂，但必须事先能确认其具有足够高的纯度，使用后不会降低测定结果的准确性。试剂应保存在玻璃容器中，以防从塑料容器中浸取污染物。

注：标准溶液（贮备液、工作溶液、校准溶液、内标溶液和替代物）需贮存在聚四氟乙烯密闭容器中，6℃以下避光保存。若制备了较多标准溶液，应分装成独立小瓶保存。所有标准贮备液保存一年后或日常质控显现出问题时，必须更换（见 9.0）。其他标准溶液保存 6 个月后或日常质控显现出问题时，必须全部更换（见 9.0）。

7.2 萃取和净化过程（U.S.EPA 3500 和 U.S.EPA 3600 方法系列）中所用的溶剂［包括正己烷、乙醚、二氯甲烷、丙酮、乙酸乙酯、异辛烷（2,2,4- 三甲基戊烷）］和其他溶剂，在分析前必须转换为正己烷或异辛烷。所有溶剂均应为农残级或相当级别，且每批溶剂应经测定证明其中不含邻苯二甲酸酯。

7.3 配制标准溶液时需要使用下列溶液。所有溶剂必须是农残级或者相当级别，且应经测定证明其中不含邻苯二甲酸酯。

7.3.1 丙酮，$(CH_3)_2CO$。

7.3.2 甲苯，$C_6H_5CH_3$。

7.4 不含有机物的试剂用水：本方法中所有用水均为不含有机物的试剂用水（参考 SW-846 第 1 章）。

7.5 标准溶液。以下各节介绍了目标化合物分析所用贮备液、中间标液和工作标液的制备。此介绍仅是提供一个实例，为了其他目的，其他方法和其他浓度的目标化合物也可以使用。校准标液制备的其他内容见 U.S.EPA 8000。

7.6 标准贮备液（1 000 mg/L）。由纯标准物质配制而成，或直接购买经认证的标准溶液。

7.6.1 准确称量 0.010 0 g 纯净化合物配制标准贮备液。用异辛烷或正己烷溶解该化合物，在 10 ml 容量瓶中定容。若化合物纯度达到 96% 以上，则可直接用称量重量计算标准贮备液浓度而无须校正。只要经制造商或另一独立机构予以确认，任意浓度的市售标准贮备液均可使用。

7.6.2 β-六六六、狄氏剂和其他标准物质在异辛烷中的溶解度有限，在制备贮备标准溶液时应加入少量丙酮或甲苯使其溶解。

7.7 混合标准贮备液：可由单种标准贮备液配制。

7.7.1 制备含 25 种成分以下的混合标准贮备液时，精确量取各种 1 000 mg/L 标准贮备液 1 ml，加入溶剂，于 25 ml 容量瓶中混合均匀。例如，如上述方法制备含有 20 种单种标准物质的混合标准液，体积调至 25 ml 后，各成分的浓度为 1 mg/25 ml。此混合标准液可进一步稀释至所需浓度。

7.7.2 制备含 25 种以上成分的混合标准贮备液时，使用适当体积的容量瓶（如 50 ml、100 ml），依上述步骤配制。

7.8 校准标准物质：用异辛烷或正己烷稀释混合标准贮备液，配制至少 5 种浓度的校准标准溶液。其浓度应与实际样品的预期浓度范围相符合，且在检测器的线性范围。校准标准溶液制备的其他信息参见 U.S.EPA 8000。

7.8.1 虽然本方法中所有单一组成待测物均可用新的 35% 苯基-甲基聚硅氧烷管柱（如 DB-608）加以分离，但在分析各种单一组成待测物时，仍应制备两种校准混合标准溶液。这样做有利于减少确认柱或旧的 35% 苯基-甲基聚硅氧烷管柱（如 DB-608）在结论和定量分析中的不确定性，并根据仪器质量控制（见 9.0）中的规定测定异狄氏剂和滴滴涕的分解程度（见 9.0）。

7.8.2 每个多组分目标化合物（如毒杀芬和氯丹）都需要各自的校准标准溶液。分析人员应仔细评价特定的毒杀芬标准溶液。一些毒杀芬成分（尤其是含氯量较多的）易发生脱氯反应。因此，不同厂家的标准物质之间可能存在显著性差异，由此可能导致相反的结论或较大的定量误差。

7.9 内标物（选用）。

五氯硝基苯不是目标待测物时，其可以作为单柱分析的内标物。1-溴-2-硝基苯（BNB）也可作为内标物。配制浓度为 5 000 mg/L（5 000 ng/μl）的五氯硝基苯或 1-溴-2-硝基苯溶液。在每 1 ml 样品萃取液中加入 10 μl 此溶液。

7.10 替代物标准物质

方法验证应使用替代物进行跟踪监测。将替代物标准物质添加到所有样品、方法空白、基体加标和校准标准溶液之中。推荐下列化合物作为替代物。也可使用其他替代物，前提是分析人员能够证明其性能满足相应的数据质量要求。

7.10.1　已经证明，无论在单柱还是双柱分析中，十氯联苯（DCBD）和四氯间二甲苯（TCX）都是一对有用的替代物。U.S.EPA 3500 描述了这些替代物的制备过程。

7.10.2　若双柱气相色谱分析条件无法调节到消除待测物与 7.10.1 中替代物之间的共出峰现象，也可使用 4- 氯 -3- 硝基三氟苯作为替代物，但这种化合物在色谱分离过程中较早出峰，可能存在其他干扰问题。该化合物的建议浓度为 500 ng/μl。1 L 水样中添加 100 μl。若能满足特定的要求，也可用其他浓度。

7.10.3　配好的替代物溶液于聚四氟乙烯密封容器中，低于 6℃暗处贮存。

8　样品采集和保存

8.1　参见 SW-846 第 4 章“有机物分析”中相关内容。

8.2　萃取液须避光保存在冰箱里，且应在萃取后 40 d 内分析完毕。

9　质量控制

9.1　参见 SW-846 第 1 章中质量保证（QA）和质量控制（QC）规则。QC 规则之间存在矛盾时，方法中的质量控制要求优先于特定技术要求和 SW-846 第 1 章中的要求，特定技术要求又优先于第 1 章中的要求。包括分析数据收集在内的一切行为都应该包含在一个结构合理、有系统性的计划文件中，如质量保证方案计划（QAPP）或样品采集和分析计划（SAP），它们将工作目标和规范转化成实施方案，并用于评估数据的有效性。每个实验室都应该建立并保持一套正式、规范的质量保证程序。实验室还应该保存记录以证明所出具数据的质量。所有的数据记录和质量控制数据都应保存以备查阅和检查。

9.2　详细的质量控制程序参考 U.S.EPA 8000。保证各种样品预处理中操作恰当的质控程序参考 U.S.EPA 3500。若需要实施萃取液净化步骤，则质控程序参考 U.S.EPA 3600。本方法中提到的其他特定质控程序均能替代 U.S.EPA 8000、U.S.EPA 3500 或 U.S.EPA 3600 中的相关内容。

9.3　U.S.EPA 8000 介绍了气相色谱系统操作评价中必要的质量控制程序，包括对保留时间窗口、校准验证和样品色谱分析的评价。

9.3.1　在一个分析序列中，每分析完 20 个样品就分析一个校准标准样品作为校准检查（建议每 10 个样品分析一个校准标准样品，以减少重复进样次数）。因此，进样总数计算包括方法空白样品、加标样品和其他非加标样品，作为检验交叉污染的溶剂空白不计入总数。校准的响应因子应在初始值的 ±20% 范围内（见 11.5.2 节）。当连续校准超过这个可接受范围时，实验室应停止分析而采取改正措施。

9.3.2 当采用内标法进行定量分析时，内标数据必须在可接受的范围内。测得的内标面积必须小于平均校准面积（初始校准时的计算面积）的 50%。当内标峰面积超过该范围时，所有超过质量控制要求的样品都必须重新分析。必须对内标的保留时间进行评估，保留时间偏离大于 30 s 时，有必要对受到影响的样品进行重新分析。

9.3.3 滴滴涕和异狄氏剂在仪器进样口处很容易降解。进样口衬管受到以前进样的高沸点残留物污染，或是进样口有金属配件时，都会引起这些化合物分解。通过注入只含有 4,4'-滴滴涕和异狄氏剂的标准样品来检查是否存在分解。若发现有 4,4'-DDE、4,4'-DDD、异狄氏剂酮或异狄氏剂醛存在，即表示发生了分解反应。若滴滴涕或异狄氏剂分解超过 15%，则在校准之前进行校正。除非在批准的项目计划里已有说明，否则即使滴滴涕和异狄氏剂不是该项目的目标化合物，也应进行这个测验，以作为系统惰性测试。

9.3.3.1 以式（2-7-1）、式（2-7-2）计算分解百分比：

$$\text{滴滴涕分解百分比（\%）}=\frac{\text{分解的峰面积之和（DDD + DDE）}}{\text{所有峰面积之和（DDT + DDE + DDD）}}\times 100\% \quad (2\text{-}7\text{-}1)$$

$$\text{异狄氏剂分解百分比（\%）}=\frac{\text{分解的峰面积之和（醛+酮）}}{\text{所有峰面积之和（异狄氏剂+醛+酮）}}\times 100\% \quad (2\text{-}7\text{-}2)$$

9.3.3.2 在分析样品之前以及每 12 h 一次的校准分析开始时，均应测定滴滴涕和异狄氏剂的分解情况。如果任一化合物的分解百分比＞15%，则应保养进样口，并重新校准仪器（见 11.9.2）。

9.3.4 当使用硅胶净化法（U.S.EPA 3630）或弗罗里硅土净化法（U.S.EPA 3620）时，分析人员必须证明此净化步骤具有再现性。不同批次的硅胶柱或弗罗里硅土柱，其组成的差异或净化柱的过载均可能改变有机氯农药在净化柱内的分布形态。在两个洗提液中均有某些待测物时，需将各洗提液中的待测物浓度相加，并对稀释做换算。

9.4 能力的初始验证

9.4.1 每个实验室必须对每个样品的制备方法和测定方法进行能力的初始验证，验证通过干净基体中目标化合物可接受的精确度和准确度分析来实现。若采用自动进样器稀释样品，在使用前，实验室需先证明这样稀释的准确度相当于或优于熟练分析人员手动稀释的准确度。在新进员工经培训后上岗或仪器产生重大改变时，实验室必须重复验证。实施这种能力验证的方法参见 U.S.EPA 8000。

9.4.2 建议含有各种目标化合物的质控参考样（见 U.S.EPA 8000 和 U.S.EPA 3500）中各化合物的浓度为 10 mg/L。将 1 ml 这样的溶液加到 1 L 试剂水中，样品浓度为 10 μg/L。如果用本方法只分析氯丹或毒杀芬，则质控参考样中应包含最具代表性的多组分混合物，建议浓度为 50 mg/L（丙酮中）。其他信息参见 U.S.EPA 8000。也可使用其他适用的浓度。

9.4.3 每四个质控样一组，计算出平均回收率及其标准偏差。方法验证程序参见 U.S.EPA 8000。

9.5 在进行样品处理之前，分析人员首先应确保与样品及试剂接触的所有仪器部件均不会对分析产生干扰。这可以通过做方法空白来实现。作为连续检验，每次样品萃取、净化、分析或试剂发生变化时，都需要对目标化合物做预处理和分析方法空白，以防止实验室的慢性污染。若在某分析物的保留时间窗口内出现可能干扰分析物测定的色谱峰，那么，如果情况允许，应在样品处理前找出原因并消除。空白试验应包括样品制备和分析过程的各个环节。在使用新试剂或新化学品时，实验室需进行全过程的方法空白分析，以确保无干扰。若不存在明显干扰来源，则在样品预处理前无须对每批试剂或化学品进行测试。然而，若在一批样品预处理之中更换试剂，则需对每批试剂单独进行空白测试。

9.6 样品预处理和分析过程的质量控制

实验室必须建立验证基体是否对方法有影响的程序（准确度、精密度和方法灵敏度）。每个分析批次至少应进行质控样品测试（包括一个方法空白样、一个基体加标样、一个平行样和一个实验室控制样品），若使用替代物，每个现场样品和质控样品中应加入替代物。方法空白、基体加标样和平行样均执行与实际样品相同的分析程序。

9.6.1 证明基体影响的测试应当包括至少分析一个基体加标和一个平行非加标样品或者一个基体加标 / 基体加标平行样。决定是否制备和分析平行样或基体加标 / 基体加标平行样，取决于在一批样品中样品的特性。如果样品中可能含有目标化合物，那么实验室可在一个未加标的样品中使用基体加标和平行样分析。如果样品中可能不含有目标化合物，实验室应该做一个基体加标 / 基体加标平行样测试。MS/MSD 验收标准的相关信息参见 U.S.EPA 8000。

9.6.2 每批样品均应包括一个实验室质控样品（LCS）测试。LCS 具有与样品基体类似的干净基体，并且拥有与样品类似的体积或质量。LCS 采用与样品基体加标相同的浓度和被分析物。当样品基体加标的分析结果表明存在样品基体自身的潜在问题时，则需要用实验室控制样品的测定结果证明实验室分析干净基体的能力。LCS 验收标准的相关信息参加 U.S.EPA 8000。

9.6.3 样品预处理和分析的质量控制细节参见 U.S.EPA 8000。评价方法适用性的内部验收标准可按 U.S.EPA 8000 进行。

9.7 替代物品回收率。若使用替代物，实验室应根据单独的样品与实验室的替代物控制限比对来评价替代物的回收率数据。评价替代物数据及发展、更新替代物控制限的相关信息见 U.S.EPA 8000。在已得到确认的项目计划中，应该详细说明评价多个替代物回收率和相关的纠偏行为的程序。

9.8 建议实验室同时执行使用本方法的额外质量保证手段。具体做法是最大限度地满足实验室的需要和样品特性需求。如有可能，实验室应分析标准参考物质，参加相关的性能评价研究。

10 校准和标准化程序

校准和标准化的有关信息见 11.0。

11 操作步骤

11.1 样品萃取

选择恰当萃取方法的指导性原则参见 SW 846 第 2 章和 U.S.EPA 3500。一般来说，水样可在 pH 中性条件下以二氯甲烷为萃取剂，采用分液漏斗液液萃取法（EPA 3510）、连续液液萃取法（U.S.EPA 3520）、固相萃取法（U.S.EPA 3535）或其他适用的方法进行。固体样品的萃取，可以正已烷 - 丙酮（1∶1）或二氯甲烷 - 丙酮（1∶1）为萃取剂，采用索氏提取法（U.S.EPA 3540 或 U.S.EPA 3541）、加压流体萃取法（U.S.EPA 3545）、微波萃取法（U.S.EPA 3546）、超声萃取法（U.S.EPA 3550）或其他适用的方法。固体样品也可以用超临界流体萃取法（U.S.EPA 3562）萃取。

注：对于有些环境和废物中的有机氯农药而言，正已烷 - 丙酮（1∶1）作为萃取溶剂比二氯甲烷 - 丙酮（1∶1）更有效。与二氯甲烷 - 丙酮混合溶剂相比，正己烷 - 丙酮萃取液中的干扰物较少，并可改进信噪比。

萃取溶剂的选择取决于目标化合物。没有一种简单的溶剂或萃取方法可以普遍适用于所有分析物和样品基体。分析人员必须结合工作目标，针对所使用的溶剂系统（包括本方法特别列出的这些溶剂系统）充分验证目标化合物的适用性。这样的验证至少应包括 U.S.EPA 3500 中提到能力的初始验证（使用干净的参比基体）。每种新的样品类型必须用目标化合物加标以确定其百分回收率。U.S.EPA 8000 描述了用于确定这种验证标准要求的实验程序，也描述了对基体加标和实验室控制样品分析结果进行认可的程序。

11.2　萃取物的净化

对相对干净的样品基体来说，一般无须进行净化，但大部分环境样品和废物样品的萃取物在分析前需要进行净化处理。净化方法取决于被分析样品的性质和对检测数据的质量要求。萃取物净化的有关知识参见本节和 U.S.EPA 3660。

11.2.1　若一个样品是生物样品或含有高分子的物质，建议用 U.S.EPA 3640（GPC-农药选项）净化。经常在 GPC 净化后，还需要再经过一种吸附色谱净化（氧化铝净化、硅胶净化或硅酸镁净化）。

11.2.2　U.S.EPA 3610（氧化铝净化）可用于去除邻苯二甲酸酯。

11.2.3　U.S.EPA 3620（硅酸镁净化）可用于从脂肪族、芳香族及含氮化合物中分离有机氯农药。

11.2.4　U.S.EPA 3630（硅胶净化）可用于从某些干扰物质中分离出单一组成的有机氯农药。

11.2.5　在某些沉积物和工业废物中可能存在硫，会对电子捕获气相色谱检测器产生分析干扰，硫可通过 U.S.EPA 3660 中所述方法去除。

11.3　气相色谱条件

本方法允许分析人员在双柱或单柱间进行选择。本节所列举的色谱柱是在本方法验证中使用过的色谱柱，并不排除使用其他现成的或未来开发的色谱柱。宽口径或窄口径色谱柱都可以选用，其他类型和尺寸的色谱柱经过方法确认（色谱分辨率、分析物类别和敏感性）后也可以使用。

11.3.1　单柱分析

本方法所述的毛细管气相色谱电子捕获检测器法（GC/ECD）允许选择 0.25 mm 或 0.32 mm 内径的毛细管柱（窄口径色谱柱），或 0.53 mm 内径的毛细管柱（宽口径色谱柱）。本方法提供了这两种柱的性能数据。图 2-7-1 ~ 图 2-7-6 为色谱图例。

11.3.1.1　总体而言，窄口径毛细管柱分辨率高，峰形窄，易获得较高灵敏度，因此更适用于相对干净的样品或经过一步或多步净化后的萃取物样品。宽口径（0.53 mm）

色谱柱容量大，更适合复杂的环境样品和废物基体样品。当然，色谱柱内径的恰当选择要由分析人员根据专业知识来进行判断。

11.3.1.2 表 2-7-3 列出了使用宽口径毛细管柱分析目标化合物时的保留时间数据，表 2-7-4 列出了使用窄口径毛细管柱分析目标化合物时的保留时间数据，表中数据仅供参考。每个实验室必须根据方法的特点要求，确定保留时间和保留时间窗口。

11.3.1.3 表 2-7-5 和表 2-7-6 列出了单柱分析方法的建议 GC 操作条件。

11.3.2 双柱分析

双柱 / 双检测器分析方法建议使用两根不同极性的 30 m × 0.53 mm 熔融石英毛细管柱，它们对目标化合物具有不同的选择性。色谱柱与一个进样口和两个独立的 ECD 检测器相连，或分别与两个进样口和两个独立的检测器相连。当然，色谱柱内径的恰当选择要由分析人员根据专业知识进行判断。

11.3.2.1 表 2-7-7 列出了有机氯化合物在双柱分析中的保留时间，表中数据仅供参考。每个实验室必须根据方法的特点要求确定保留时间和保留时间窗口。表 2-7-7 中化合物的气相色谱建议操作条件列于表 2-7-8。

11.3.2.2 本方法对毒杀芬和氯化松节油的多组分混合物分别使用表 2-7-8 列出的气相色谱操作条件进行了分析（图 2-7-4 和图 2-7-5）。

11.3.2.3 图 2-7-6 为有机氯农药混合物的气相色谱图。该混合物中各单组分的保留时间列于表 2-7-7，表中数据仅供参考。

11.3.2.4 表 2-7-9 列出了厚膜 DB-5/DB-1701 双柱色谱柱对的操作条件。这对色谱柱用于分析多组分的有机氯化合物。

11.3.2.5 表 2-7-8 列出了薄膜 DB-5/DB-1701 双柱色谱柱对的操作条件，其分流管形式不同，且升温速度较慢。这些条件使除草醚和三氯杀螨醇的峰形较好。表 2-7-7 列出了用这对色谱柱测得化合物的保留时间。

11.4 校准曲线

11.4.1 采用 7.0 中所描述的方法，配制用于校准的标准样品。初始校准和校准验证有关技术内容参见 U.S.EPA 8000 和 9.3 节。内标法或外标法都可以使用。由于电子捕获检测器灵敏度高，内标物易受干扰。所以，在多数情况下，本方法使用外标法。由于单柱分析（4.8 节）时一些农药出现共同洗脱现象，分析人员应使用两种校准混合溶液，应选择特定的混合液以减轻这种现象。

注：因为电子捕获检测器具有高灵敏度，因此，在初始校准前一般要清洗进样口和色谱柱。

11.4.1.1　除非项目计划所需，多组分待测物都采用单点校准。单点校准标准物质的浓度在每种多组分待测物的预期校准范围的中间浓度附近，且含图谱确认时初始校准的单一目标化合物，因此，分析人员应熟悉其在每一色谱柱中的峰形和保留时间。若符合计划需要，校准标准物质的浓度可比中间浓度低。

11.4.1.2　校准验证时（12 h 进行 1 次），项目计划中要求的所有目标化合物都必须进样分析。

11.4.2　参考表 2-7-5、表 2-7-6、表 2-7-8 或表 2-7-9，建立与色谱配置相匹配（单柱或双柱，见 11.3 节）的气相色谱操作条件，以判断目标化合物和灵敏度。分离 4 个六六六异构体的初始温度应≤140 ~ 150℃。洗脱十氯联苯的最终温度应在 240 ~ 270℃。进样口加压设置能改善后期洗脱的色谱峰。

注：操作条件一旦建立，校准和样品分析均应使用相同的操作条件。

11.4.3　建议每种校准标准溶液的进样量为 2 μl。也可采用其他进样体积，但必须保证对目标化合物具有足够的灵敏度。

11.4.4　因为注入 GC/ECD 的有机氯农药标准溶液浓度很低，当 GC 一天以上不用时，会因色谱柱的吸附作用而产生问题。因此，在进行初始校准或校准验证之前，应先注入一种（浓度约为中等浓度的 20 倍）有机氯农药标准混合液，使气相色谱柱去活化。

注：由于残留的原因，许多目标化合物（包括艾氏剂）在系统刚准备好之后也能检测到。因此在分析任何标准物质或样品前，需要先做空白分析，且得到可接受的空白分析结果。

11.4.5　校准因子

采用外标法时，用以下公式计算每种目标化合物在各浓度下的校准因子、平均校准因子及其相对标准偏差（RSD）。若采用内标法，响应因子的计算参见 U.S.EPA 8000。

11.4.5.1　每种目标化合物在各浓度下的校准因子计算如下：

$$\mathrm{CF}=\frac{\text{标准物质中化合物的峰面积（或峰高）}}{\text{化合物的进样量（ng）}} \tag{2-7-3}$$

11.4.5.2　每种目标化合物的平均校准因子计算如下：

$$\text{平均CF}=\overline{\mathrm{CF}}=\frac{\sum_{i=1}^{n}\mathrm{CF_i}}{n} \tag{2-7-4}$$

式中，n——标准溶液的分析次数。

11.4.5.3　每种目标化合物校准因子的标准偏差（SD）和相对标准偏差（RSD）计算

如下：

$$SD=\sqrt{\frac{\sum_{i=1}^{n}(CF_i-\overline{CF})^2}{n-1}} \tag{2-7-5}$$

$$RSD=\frac{SD}{\overline{\overline{CF}}}\times 100\% \tag{2-7-6}$$

若每种目标化合物 RSD≤20%，则仪器的响应视为线性，可用平均校准因子做样品的定量分析。若 RSD＞20%，则分析人员应根据 U.S.EPA 8000 选择其他的校准方法，如不过原点的线性校准或非线性校准模型（例如多项式方程）。

11.4.6 保留时间窗口

绝对保留时间通常用于化合物的定性分析。使用绝对保留时间时，保留时间窗口对确定目标化合物而言至关重要，可采用 U.S.EPA 8000 中的某种方法来建立。保留时间窗口的建立是用于补偿绝对保留时间由于进样和正常色谱波动导致的细微漂移。保留时间窗口宽度的确定应认真仔细，从而将假性正偏离和假性负偏离对结果的影响都降到最低。保留时间窗口过窄，可能导致假性负偏离和或因替代物或加标物不被识别而造成不必要的重新分析。保留时间窗口过宽，可能导致假性正偏离结果，不利于后续的分析。分析人员必须仔细阅读 U.S.EPA 8000 中建立保留时间窗口的细节描述。也可以使用其他方法确认化合物，只要分析人员能够证明并确定其适用性。

11.4.6.1 在建立保留时间窗口之前，确认气相色谱系统处在最佳操作条件下。

11.4.6.2 保留时间窗口宽度的确定见 U.S.EPA 8000。另外，分析人员的经验在色谱解译中十分重要。

11.5 样品萃取液的气相色谱分析

11.5.1 样品萃取液的分析必须采用与初始校准相同的气相色谱条件。

11.5.2 在进行样品分析前，至少每 12 h 进行一次校准标准样品分析以验证校准曲线。分析人员选择高低不同浓度的单组分和多组分分析物进行校准曲线验证。每分析 20 个样品至少分析 1 次标准溶液以校核校准曲线（若质控数据超过限值，建议每 10 个样品进行 1 次校准曲线校核，以减少重复进样的次数），在样品分析结束时也要进行 1 次这样的操作。标准溶液进样频次的其他知识见 9.3 节。

11.5.2.1 每种目标化合物的校准因子与初始校准时平均校准因子的差值不应超过 20%。使用不同于 RSD 的其他方法（如不经过原点的线性模型，非线性校准模型等）

进行初始校准，可参考 U.S.EPA 8000 中详细说明。

11.5.2.2　如果每个化合物校准值不在标准值的 ±20% 内，那么需检查仪器的操作条件，如果必要的话，将仪器恢复至原始设置，并注入改变校准验证标准物质的进样量。如果分析物的响应仍不在 20% 以内，则必须重新进行初始校准。11.5.7 中讨论了校准验证失败对样品测试结果的影响。

11.5.3　将校准标准溶液中每种目标化合物的保留时间与 11.4.6 建立的绝对保留时间窗口加以比较。在 12 h 一轮的分析操作期间，标准溶液中每种目标化合物的保留时间都必须落在其保留时间窗口内，否则，必须调整气相色谱系统，以使标准溶液中后续所有目标化合物的保留时间均落在其保留时间窗口内，或者重新做初始校准，建立新的保留时间窗口。如 11.4.6 所述，如果分析人员可以证明其他方法也能满足要求，也可以使用其他方法进行化合物鉴别。

11.5.4　进一定量的样品萃取物的浓缩液，建议进样量为 2 μl。校准标准溶液和样品萃取液的进样量应一致，除非分析人员能够证明用其他的进样量和条件也能达到可靠的结果。记录进样体积和峰面积。

11.5.5　确认：

若样品萃取液的峰落在某目标化合物的当天保留时间窗口内，被测物可以得到初步确定（不论是单一成分还是多成分）。当样品组成特征不是非常明显时，需要进一步确认。异柱气相色谱或质谱都可以作为确认手段。被测物被初步确定后进行进一步确认的有关知识见 U.S.EPA 8000。

当使用具有不同固定相的另一根 GC 柱进行化合物确认时，一旦确认得到证实，分析人员应该检查两根色谱柱定量结果的一致性。这种一致性比较方法和恰当的数据报告程序见 U.S.EPA 8000。

11.5.6　当使用外标法定量时（U.S.EPA 8000），测定样品色谱图中每个组分的峰面积，这个谱图与校准用化合物的谱图一致。选择合适的基线以测定峰面积或峰高，才能得到正确的定量结果。

11.5.6.1　对于液态样品：

$$\text{浓度}\ (\mu g/L) = \frac{A_x \times V_t \times D}{\mathrm{CF} \times V_i \times V_s} \tag{2-7-7}$$

式中，A_x——样品中待测物的峰面积（或峰高）；

V_t——浓缩萃取液的总体积，μl；

D——若在分析前对样品或萃取液进行稀释，即为稀释因子。若未做稀释，D=1。稀释因子量纲为 1；

$\overline{CF}$——由初始校准的平均校准因子，面积（或峰高），ng；

V_i——萃取液的进样体积，μl；样品及校准标准溶液的进样体积必须相同，除非分析人员可以证明在不同的体积量或条件下的效果都是可接受的；

V_s——被萃取液体样品的体积，ml；若此处以 L 为单位，计算结果乘以 1 000。

用上述单位，公式所得结果的浓度单位为 ng/ml，即 μg/L。

11.5.6.2 对于非液态样品：

$$\text{浓度（μg/kg）}=\frac{A_x V_t D}{\overline{CF} V_i W_s} \tag{2-7-8}$$

式中，A_x、V_t、D、$\overline{CF}$和 V_i 的含义与液态样品相同。

W_s——样品称重质量，g；根据数据的要求，可以为湿重或干重。若此处以 kg 计，计算结果乘以 1 000。

用上述单位，公式所得结果的浓度单位为 ng/g，即 μg/kg。

11.5.6.3 采用内标法定量时，计算公式见 U.S.EPA 8000。

11.5.6.4 若响应值超过系统的校准范围，需稀释萃取液并重新分析。因峰重叠而造成峰面积积分产生误差时，建议测量峰高。

11.5.6.5 若发现色谱峰有部分重叠或共出峰现象时，需更换 GC 条件或尝试以 GC/MS 定量（9.0 和 U.S.EPA 8270）。

11.5.7 在使用外标法进行样品分析时，每个样品测定都必须符合初始校准、校准验证标准溶液（每 12 h 一次）或穿插在样品中的校准标准溶液的测定。这些标准溶液的测定结果必须满足 11.5.2 中校准验证校准的要求。虽然只分析一个中间浓度的标准溶液（混合标准溶液或多组分待测物）即能满足检测的最低要求，但本方法仍极力主张分析人员在分析有机氯农药的过程中使用不同的校准验证校准溶液。强烈推荐使用多种浓度的校准溶液（混合标准溶液或多组分待测物），以确保检测器在所有待测物的整个校准范围内均有稳定的响应。

当某个校验标准溶液没有达到 QC 要求时，在最后一个符合 QC 标准的标准溶液测定之后的所有样品，都必须进行评估，以防止给出错误的定量结果和可能出现的假性负偏离结果，并据需要对样品萃取液进行重新进样分析。高频率的标准样品分析可以降低因超出 QC 限制范围而进行重新进样分析的数量。

然而，在分析一组样品之后，如果该分析物标准溶液的测试结果大于可接受的限度（如大于 20%），并且在该批次里样品中未检出该被测化合物，则那些样品就不必重新分析，因为校验标准溶液测定已经证明如果该分析物存在则一定能被检出。相反，如果某被测物质在样品萃取物中已检测到且测定结果超出 QC 限制，那么有必要进行重新进样分析以保证定量结果的准确性。如果样品中未检出某目标化合物，且该目标化合物的标准溶液响应值低于初始校准响应值的 20%，则需要再次进行分析，以确保只要目标化合物存在，即使检测器的响应降低，也不会降低到未检出的水平（假如出现假性负偏离结果）。

11.5.8　只要检验及分析样品期间所做的标准样品检测能符合仪器 QC 规范的要求，就可以继续分析样品。本方法建议每分析 10 个样品检测一个标准样品，以减少当其超过 QC 规范极限时必须重新分析的样品数量。此过程可一直持续进行，当一批样品已注入完毕，或出现不符合定性或定量的 QC 规范的结果时，此过程结束。

11.5.9　使用内标校准时，由于进样量及检测器灵敏度的波动对定量结果影响不大，并不要求所有样品的测定结果与校准验证标准溶液相符。但是，每次分析都需要检查内标物的保留时间和峰面积响应的变化。当内标物的保留时间漂移超过 30 s 或者内标物的峰面积变化超过 -50% ~ +100% 的范围时，应引起注意并必须查找原因。

11.5.10　如果峰响应小于基线噪音的 2.5 倍，将会影响定量结果的可靠性。这时应根据样品的来源决定是否需要对样品进行进一步浓缩后再进行测定。

11.5.11　在测定序列过程中，用校准标准溶液来评估保留时间的稳定性。在 12 h 的样品分析过程中，必须每次穿插在样品分析之间进行标准溶液分析（即每 20 个样品之后插入一次标准溶液分析，或频次更高），以检验保留时间窗口。若某个标准溶液落在其绝对保留时间窗口外，表示气相色谱系统失控，必须查找原因并纠正。若无法纠正，则必须重做初始校准。

11.5.12　混合物（如氯丹和毒杀芬等）的识别并不依靠单峰，而是依据其特征峰，以保留时间及峰形作为鉴定“指纹”；其定量方法是用内标法或外标法，比较与各特征峰具有相同保留时间和形状的标准物质特征峰的面积。实验性识别的信息见 U.S.EPA 8000，以 GC/MS 为识别方法的信息见本方法的 11.7。

11.5.13　若出现干扰（例如出现宽峰、圆峰或难以正确确定基线）而无法进行化合物鉴定或定量分析，则需净化萃取液、更换毛细管柱或检测器。在另一部仪器上再做一次样品分析，以判定问题是仪器等硬件条件还是样品基体造成的。有关样品净化的内容参见 U.S.EPA 3600。

11.6 多组分待测物的定量—多组分待测物在测定上有些难点。以下各节提供一些分析毒杀芬、氯化松节油、氯丹、六六六及滴滴涕的建议。

11.6.1 毒杀芬及氯化松节油－毒杀芬是莰烯氯化过程中产生的。氯化松节油是莰烯及蒎烯混合物氯化过程中产生的。毒杀芬或氯化松节油难以定量，但仍可获得合理的准确度。由 GC/ECD 的结果计算毒杀芬含量。

11.6.1.1 调整样品进样量，使毒杀芬的主要峰占全信号（FSD）的 10%～70%。

11.6.1.2 注入含量在样品量 ±10 ng 以内的毒杀芬标准溶液。

11.6.1.3 用毒杀芬所有峰的总面积或 4～6 个主要峰的面积来进行定量分析。

11.6.1.3.1 毒杀芬中含有许多在 GC/ECD 上易于分离的化合物，也包含许多无法用气相色谱分离的化合物。这些无法被分离的复杂混合物，以圆丘状显示于图谱上，成为此混合物的特性。完全分离的峰对混合物的鉴定极为重要，但在总面积中，那些无法分离的混合物占有相当的比例。

11.6.1.3.2 为测定总面积，在毒杀芬标准物质色谱图的第一个和最后一个成分峰的保留时间之间，建立一条基线。使用总面积法测定毒杀芬时，应比较样品和标准物质图谱形状，以确定标准物质中所有主要成分在样品中都存在。否则，样品浓度会明显偏低。

11.6.1.3.3 毒杀芬也可以用 4～6 个主要特征峰来定量，通过一系列毒杀芬残留物的比较研究来考察其定量方法，其中包括所有峰的总面积和 4～6 个主要特征峰面积两种方法。这两种方法所得结果一致。当毒杀芬色谱图中较早洗脱出来的峰受到其他物质（如滴滴涕）干扰时，后一种方法可以减少误差。必要时可以将选择的计算方法文件化，以提示数据的使用者。

11.6.1.3.4 当以 4～6 个主要特征峰的方法计算毒杀芬含量时，分析人员应认真计算样品和标准溶液中这些选用峰的相对面积。虽然峰完全一致的可能性不高，但应避免选择和标准溶液峰的相对大小或面积相差甚远的样品峰。

11.6.1.3.5 将所选择的 4～6 个尖峰的高度或面积加起来，以确定毒杀芬的含量。也可使用另一方式进行计算，即以标准溶液中毒杀芬的总量为基准，针对标准溶液的每个峰，计算出该峰的校正因子。再根据这些校正因子计算样品图谱中各峰的浓度，以这 4～6 个峰的平均浓度值为样品的含量。

11.6.2 氯丹：工业氯丹至少含有 11 种主要成分及 30 种以上的次要成分（用于制

备特定杀虫剂）。官方和部分文献中一直存在氯丹命名的混淆。工业氯丹的 CAS 号为 12789-03-6。顺式及反式 - 氯丹为其中两种最普遍的主要成分，反式 - 氯丹的 CAS 号为 5103-71-9，顺式 - 氯丹为 5103-74-2。反式 - 氯丹的结构有时被误解为 γ - 氯丹，并被给予另一个 CAS 号 5566-4-7。γ - 氯丹这个名称不常用，在报告工业氯丹时，区别反式 - 氯丹和 γ - 氯丹很重要。

工业原料中顺式和反式氯丹两种组成的确切百分含量还未完全确定，且每一批次中不尽相同。此外，用工业原料制备杀虫剂时，氯丹组成也可能发生变化。氯丹的计算和结果报告方法通常取决于报告的最终用途和分析人员对多组分有机氯农药残留量的分析解释能力。如下各节对三种特定报告方法进行讨论：工业氯丹（CAS 号 12789-03-6），氯丹（非特定的，即 n.o.s，CAS 号 57-74-9），单一氯丹组成成分（具有独立的 CAS 号）。

11.6.2.1　当残留物的 GC 色谱图与工业氯丹类似时，分析人员可通过比较氯丹色谱图谱中 3 ~ 5 个主要特征峰的总面积或各峰总面积的方式来定量。若环氧七氯的色谱峰很小，则计算残留量时将其并入氯丹总面积来计算。若七氯或环氧七氯占很大比率，则分别计算其面积，并且从氯丹的总面积中扣除，以获得修正的氯丹面积。

注：环氧八氯为氯丹的一种代谢物，在非极性色谱柱中很容易被误认为是环氧七氯。

测定氯丹色谱图的总面积时，注入一定量工业氯丹标准物质，使其所产生色谱图中主要峰大小与样品色谱图中大约相同。在毒杀芬标准物质色谱图第一个和最后一个成分峰的保留时间之间，建立工业氯丹的基线色谱图谱。用此面积和标准物质中氯丹的质量计算其校正因子。在样品色谱图中建立类似的基线，测量其面积，用校正因子计算样品浓度。

11.6.2.2　样品中氯丹残留物的气相色谱图和标准物质的明显不同。在这种情况下，以样品图谱反推农药中工业氯丹活性成分含量显然不可行。因此，依据分析目的，分析人员可选择性地报出所有被鉴定出的氯丹成分之和，即“氯丹（n.o.s）”，其 CAS 号为 57-74-9。

11.6.2.3　第三种方法是分别对应各自的参考物质，对顺式 - 氯丹、反式 - 氯丹和七氯的色谱峰进行定量分析，报出各自对应 CAS 号的组分含量。

11.6.2.4　测定氯丹色谱图的总面积时，注入一定量的工业氯丹标准物质，使其产生的色谱图中主要峰大小与样品大致相同。

11.6.3　六六六，学名叫六氯苯。工业上的六六六为奶黄色的非晶形固体，具有非常特别的霉臭味，是由六个化学异构体、一个或多个七氯环己烷和八氯环己烷组成的混合物。市售的六六六中，各异构体的百分含量变化范围很宽。用纯异构体的标准物质分别对每个异构体（α、β、γ、δ）进行定量分析。

11.6.4 滴滴涕，工业滴滴涕的主要组成是 4,4'-DDT（约 75%）和 2,4'-DDT（约 25%）的混合物。滴滴涕在环境中会生成 4,4'-DDE、2,4'-DDE、4,4'-DDD 和 2,4'-DDD。因为在环境中 DDT、DDE 和 DDD 是 4,4'-异构体的主流，因此，EPA 对这些异构体进行常规控制。以 4,4'-DDT、4,4'-DDE 和 4,4'-DDD 各自的纯异构体标准物质分别对样品萃取液进行定量分析。

11.7 GC/MS 确认：

样品浓度达到 GC/MS 检测要求时，在单柱分析或双柱分析中均可用 GC/MS 进行确认。

11.7.1 全扫描 GC/MS 通常要求最终萃取液中每个单一组分化合物的浓度约为 10 ng/μl。离子阱或选择性离子检测通常要求浓度约为 1 ng/μl。

11.7.2 当 GC/MS 用于定量分析时，必须以特定的目标农药做校准。若 GC/MS 只是用于目标化合物的定性确认，则分析人员必须验证用 GC/ECD 识别的农药可以用 GC/MS 确认。这种验证可以通过单点校准物质的分析来实现，该标准物质中含有目标待测物，其浓度相当于或低于 GC/ECD 分析出来的农药浓度。

11.7.3 当萃取液中物质浓度低于 1 ng/μl 时，不推荐用 GC/MS 做定性确认，除非使用响应灵敏度更好的质谱仪。

11.7.4 用 GC/MS 进行确认的方法是通过测定与 GC/ECD 分析相同的样品萃取液及空白萃取液来进行的。

11.7.5 用于半挥发有机物分析（如 U.S.EPA 8270）的水溶液样品的碱性 / 中性 / 酸性萃取液及相应的空白萃取液也可用于 GC/MS 确认分析，前提是替代物和内标物不干扰测定，且在酸 / 碱分离中稳定。然而，如果在碱性 / 中性 / 酸性萃取液中没有检测到这些农药萃取物，则应进行 GC/MS 分析。

11.8 样品浓度达到 GC/ECD 检测要求时，在单柱分析或双柱分析中均可依 U.S.EPA 8085 用 GC/ECD 进行确认。

11.9 以校正为目的的色谱系统：

当系统性能不能达到 QC 要求时，需要进行校正，校正包括如下措施的一种或多种。

11.9.1 分流器的连接：

双柱是由一个压力可调节的 Y 形玻璃分流器或一个 Y 形熔融石英连接器连接的，分流器内部应进行清洁和去活化，或者更换一个干净的去活化分流器。去掉色谱柱进样端头部的几厘米（最多 30 cm），卸下色谱柱，按照仪器说明书用溶剂反冲柱子。如果这些步骤不能消除色谱柱退化问题，有必要对金属进样器进行去活化处理或更换色谱柱。

11.9.2 GC 进样口：

GC 进样口十分重要，特别是在分析滴滴涕和异狄氏剂时。受到污染的、化学活性的或过热的进样口都会发生待测物的分解。异狄氏剂会分解成异狄氏剂醛或异狄氏剂酮；滴滴涕会分解成 DDD 或 DDE。当发生这样的分解情形时，应对进样口进行清洁和去活化，去除至少 30 cm 的管柱并重装。必要时，检查进样口温度，降至 205℃。使用包覆式柱上进样器时，异狄氏剂和滴滴涕几乎没有分解问题。

11.9.3 金属进样口：

关闭柱箱并在柱箱冷却后卸下分析柱。卸下玻璃进样衬管（针对柱上进样器的仪器）。将进样口温度降至室温，检查进样部件，清除任何肉眼看得见的异物。

11.9.3.1 在柱箱进样口下面放一个烧杯。用丙酮清洗整个进样口内部，然后用甲苯润洗。废液接在烧杯里。

11.9.3.2 按照制造商的指示，制备去活试剂（Sylon-CT 或等效物）的溶液。当去活溶剂完全覆盖了进样口内金属表面后，依次用甲苯、甲醇、丙酮和正己烷冲洗进样器。重新安装进样器并换柱。

11.9.4 洗柱：

用几倍于柱体积的适当溶剂对色谱柱进行清洗。极性与非极性溶剂均可。清洗取决于样品中可能残存的物质，最先的润洗液可以是水，接下来是甲醇和丙酮。二氯甲烷是一种很好的最终淋洗液，且在某些情况可能是唯一符合要求的溶剂。将柱充满二氯甲烷，浸泡过夜，使固定相中的物质转移到溶剂中。然后，用新鲜的二氯甲烷将色谱柱冲洗干净，控干，并且在室温下用超纯氮气吹干。

12 数据分析与计算

数据分析和计算的相关内容见 11.4 ~ 11.6 节和 U.S.EPA 8000。

13 方法性能

13.1 EPA SW-846 方法中的性能数据和相关信息仅为举例或指导性资料。这些数据并不代表方法使用者必须达到性能标准要求。方法性能标准必须根据项目的特点建立，实验室应根据方法的应用情况，建立内部 QC 标准。这些性能数据并非用来且不允许用做认证实验室合格与否的绝对 QC 标准。

13.2 本方法中的色谱分离在单一实验室中进行了试验，试验中选取了三种浓度，对清洁正己烷和液体、固体废物的萃取液进行了测试，得到了各种化合物浓度和基体中单一分析人员的精密度、总精密度和方法的准确度。

13.3 准确度和精密度水平取决于样品基体、样品预处理技术、所选择的净化技术和所用的校准方法。

13.4 表 2-7-10 和表 2-7-11 中列出了污水淤泥和二氯乙烷蒸馏残留物样品的精密度（RSD）和准确度（百分回收率）。表 2-7-12 列出了土壤（来自参考文献［10］）的回收率数据，加标浓度为 500 μg/kg 将加标溶液与土壤混合后，迅速移至萃取设备中并浸没于萃取液中，然后按 U.S.EPA 3541（自动索氏萃取法）进行萃取，以毛细管柱 GC/ECD 检测。数据仅供参考。

13.5 表 2-7-13 列出了单个实验室测定两种加标浓度 TCLP 缓冲液的精密度和准确度，采用固相萃取法（U.S.EPA 3535）进行萃取。数据仅供参考。

13.6 表 2-7-14 列出了多个实验室采用固相萃取法（U.S.EPA 3535）萃取加标 TCLP 土壤浸出液的测定数据。数据仅供参考。

13.7 表 2-7-15 列出了单个实验室采用 EPA 3535 对地下水和废水样品进行固相萃取的测定数据。数据仅供参考。

13.8 表 2-7-16 和表 2-7-17 列出了单个实验室采用超临界流体萃取法（U.S.EPA 3562）的性能数据。样品用 GC/ELCD 分析。方法中使用了可变限流器和固相捕集材料（十八烷基硅烷 ODS）。添加了 5 μg/kg 和 250 μg/kg 的三种不同土壤样品。土壤 1（Delphi）为壤砂土，含有 2.4% 黏土、94% 沙子、0.9% 有机质、3.4% 淤泥和 0.1% 水分。土壤 2（McCarthy）为沙壤土，含有 11% 黏土、56% 沙子、22% 有机质、33% 淤泥和 8.7% 水分。土壤 3（Aubur）为黏壤土，含有 32% 黏土、21% 沙子、5.4% 有机质、46% 淤泥和 2.2% 水分。各种土壤的两种浓度样品进行 7 次平行萃取。数据仅供参考。

13.9 表 2-7-18 ~ 表 2-7-20 为单个实验室采用加压流体萃取法（U.S.EPA 3545）从

黏土、壤土和砂土样品中萃取有机氯农药的精密度数据，包括三种加标浓度（低、中、高）（其浓度值是经过商家认证过的）10 ~ 14 g 样品用正己烷 - 丙酮 1 : 1 溶剂萃取，萃取温度为 100℃，萃取压力为 2 000 psi，加热 5 min，静态萃取 5 min，萃取体积为 13 ~ 15 ml，并且在 GC/ECD 分析前对浓度进行调节，以符合仪器的线性范围。数据来自参考文献［14］，文献中 PFE 结果为自动索氏萃取方法（U.S.EPA 3541）所得萃取结果的百分比。数据仅供参考。

13.10　表 2-7-21 及表 2-7-22 列出了单个实验室采用微波萃取法（U.S.EPA 3546）从天然土壤、玻璃纤维和砂土基体中萃取有机氯农药的准确度测定数据。每个目标化合物的浓度范围为 0.5 ~ 10 μg/g。同时也对 4 个受到农药和杂酚油污染的实际样品（来自 U.S.EPA ERT，Edison，NJ）进行了分析。后者由一家独立实验室采用标准索氏萃取法萃取，并对此方法的效果进行了比较。所有样品都用正己烷 - 丙酮（1 : 1）溶剂萃取。萃取液（包括空白样和 5 个加标平行双样）用 U.S.EPA 8081 进行分析。同时对农药的热不稳定程度进行了考察，结果表明，在上述处理过程中没有明显的降解。数据来自参考文献［15］。数据仅供参考。

14　污染防护

14.1　污染防治包含任何在产生环节上减少或消除废弃物的产生数量或毒性的技术。实验室中有许多防治污染的机会。EPA 已建立了一套环境管理技术的优先级制度，其将污染防治作为管理的首选，在任何可行的情况下，实验室人员都应该运用污染防治技术考虑废弃物的产生。当废弃物不能在源头上削减时，环境保护局建议的次优选择是循环使用。

14.2　在实验室和研究机构中，可行的污染预防措施是“少就是好”，参见美国化学学会政府关系和科学政策部门的实验室废物减量化管理。

15　废物管理

EPA 要求实验室废弃物管理措施符合所有的法律法规要求。EPA 强烈要求实验室尽可能减少和控制通风柜或操作台的所有排放，以保护空气、水和土壤。遵守污水排放许可的法律法规，遵守所有固体和危险废物的法规，尤其是危险废物鉴别规定和土壤处置的有关规定。更多废弃物管理信息可查阅美国化学学会的“实验室人员用废物管理手册”。

16 参考文献

[1] Lopez-Avila V, Baldin E, Benedicto J, et al.. Application of Open-Tubular Columns to SW-846 GC Methods, Report to the U.S.Environmental Protection Agency, Contract 68-03-3511, Mid-Pacific Environmental Laboratory, Mountain View, CA, 1990.

[2] Development and Application of Test Procedures for Specific Organic Toxic Substances in Wastewaters, Category 10, Pesticides and PCB Report for the U.S. Environmental Protection Agency, Contract68-03-2606.

[3] Goerlitz D F, Law L M. Removal of Elemental Sulfur Interferences from Sediment Extracts for Pesticide Analysis. Bull. Environ. Contam.Toxicol, 1971, 6: 9.

[4] Jensen S, Renberg L, Reutergardth L. Residue Analysis of Sediment and Sewage Sludge for Organochlorines in the Presence of Elemental Sulfur. Anal. Chem, 49, 316-318, 1977.

[5] Wise R H, Bishop D F, Williams R T, et al.. Gel Permeation Chromatography in the GC/MS Analysis of Organics in Sludges. U.S. Environmental Protection Agency, Cincinnati, OH.

[6] Pionke H B, Chesters G, Armstrong D E. Extraction of Chlorinated Hydrocarbon Insecticides from Soil. Agron. J., 60, 289, 1968.

[7] Burke J A, Mills P A, Bostwick D C. Experiments with Evaporation of Solutions of Chlorinated Pesticides. J. Assoc. Off. Anal. Chem, 49, 999, 1966.

[8] Glazer J A, et al.. Trace Analyses for Wastewaters. Environ. Sci. and Technol, 15, 1426, 1981.

[9] Marsden P J. Performance Data for SW-846 Methods 8270, 8081, and 8141. U.S. Environmental Protection Agency, EMSL-Las Vegas, EPA/600/4-90/015.

[10] Lopez-Avila V (Beckert, W., Project Officer). Development of a Soxtec Extraction Procedure for Extracting Organic Compounds from Soils and Sediments. EPA600/X-91/140, US Environmental Protection Agency, Environmental Monitoring Systems Laboratory, Las Vegas, NV, October 1991.

[11] Markell C. Solid-Phase Extraction of TCLP Leachates. Proceedings of the Tenth Annual Waste Testing and Quality Assurance Symposium, Arlington, VA, July,

1994.
[12] Bennett D, Lesnik B, Lee S M. Supercritical Fluid Extraction of Organochlorine Pesticide Residues from Soils. Proceedings of the Tenth Annual Waste Testing and Quality Assurance Symposium, Arlington, VA, July, 1994.
[13] Markell C. 3M Data Submission to EPA. Letter to B. Lesnik, June 27, 1995.
[14] Richter B, Ezzell J, Felix D. Single Laboratory Method Validation Report-Extraction of Organophosphorus Pesticides, Herbicides and Polychlorinated Biphenyls Using Accelerated Solvent Extraction (ASE) with Analytical Validation by GC/NPD and GC/ECD. Dionex, Salt Lake City, UT, Document 101124, December 2, 1994.
[15] Li K, Bélanger J M R, Llompart M P, et al.. Evaluation of Rapid Solid Sample Extraction Using the Microwave-Assisted Process (MAPTM) under Closed-Vessel Conditions. Spectros.Int. J., 1997, 139 (1): 1-14.

17　表格、图、流程图和确认数据

下面为本方法的参考图表（表 2-7-3 ~ 表 2-7-22、图 2-7-1 ~ 图 2-7-6）。

表 2-7-3　有机氯农药在宽口径毛细管柱、单色谱柱气相色谱的保留时间

化合物	保留时间 /min	
	DB-608[a]	DB-1701[a]
艾氏剂	11.84	12.50
α - 六六六	8.14	9.46
β - 六六六	9.86	13.58
δ - 六六六	11.20	14.39
γ - 六六六（林丹）	9.52	10.84
顺式 - 氯丹	15.24	16.48
反式 - 氯丹	14.63	16.20
4,4'-DDD	18.43	19.56
4,4'-DDE	16.34	16.76
4,4'- 滴滴涕	19.48	20.10
狄氏剂	16.41	17.32
硫丹 I	15.25	15.96
硫丹 II	18.45	19.72

续表

化合物	保留时间 /min	
	DB-608[a]	DB-1701[a]
硫代硫酸盐（酯）	20.21	22.36
异狄氏剂	17.80	18.06
异狄氏剂醛	19.72	21.18
七氯	10.66	11.56
环氧七氯	13.97	15.03
甲氧滴滴涕	22.80	22.34
毒杀芬	MR[b]	MR

注：[a] 这些分析物的参考条件见表 2-7-6；

[b] MR 表示多重响应化合物。

这些数据仅供参考。每个实验室根据方法的特定条件确定保留时间和保留时间窗口。

表 2-7-4　有机氯农药在窄口径毛细管柱、单柱气相色谱中的保留时间

化合物	保留时间 /min	
	DB-608[a]	DB-5[a]
艾氏剂	14.51	14.70
α-六六六	11.43	10.94
β-六六六	12.59	11.51
δ-六六六	13.69	12.20
γ-六六六（林丹）	12.46	11.71
顺式-氯丹	NA[b]	NA
反式-氯丹	17.34	17.02
4,4'-DDD	21.67	20.11
4,4'-DDE	19.09	18.30
4,4'-滴滴涕	23.13	21.84
狄氏剂	19.67	18.74
硫丹 I	18.27	17.62
硫丹 II	22.17	20.11
硫代硫酸盐（酯）	24.45	21.84
异狄氏剂	21.37	19.73
异狄氏剂醛	23.78	20.85

续表

化合物	保留时间 /min	
	DB-608[a]	DB-5[a]
七氯	13.41	13.59
环氧七氯	16.62	16.05
甲氧滴滴涕	28.65	24.43
毒杀芬	MR[c]	MR

注：[a] 气相色谱参考条件见表 2-7-5；

[b] NA 表示无数据；

[c] MR 表示多重响应化合物。

这些数据仅供参考。每个实验室根据方法的特定条件确定保留时间和保留时间窗口。

表 2-7-5　窄口径单柱测定有机氯化合物的气相色谱操作条件

色谱柱 1：30 m × 0.25 mm 或 0.32 mm 内径，采用 SE-54（DB-5 或等效物）化学键合的熔融石英毛细管柱，膜厚 1μm	
载气	氦气
载气压力	16 psi
进样口温度	225℃
检测器温度	300℃
初始温度	100℃，保持 2 min
程序升温条件	100℃以 15℃ /min 速度升温到 160℃，再以 5℃ /min 速度升温到 270℃
最终温度	270℃
色谱柱 2：30 m × 0.25 mm 内径，采用 35% 苯基 - 甲基聚硅氧烷（DB-608、SPB-608 或等效物）化学键合的熔融石英毛细管柱，膜厚 1 μm	
载气	氮气
载气压力	20 psi
进样口温度	225℃
检测器温度	300℃
初始温度	160℃，保持 2 min
程序升温条件	160℃以 15℃ /min 速度升温到 290℃
最终温度	290℃，保持 1 min

表 2-7-6　宽口径单柱测定有机氯化合物的气相色谱操作条件

色谱柱 1：30 m × 0.53 mm 内径，采用 35% 苯基 - 甲基聚硅氧烷（DB-608、SPB-608、RTX-35 或等效物）化合键合的熔融石英毛细管柱，膜厚 0.5 μm 或 0.83 μm 色谱柱 2：30 m × 0.53 mm 内径，采用 50% 苯基 - 甲基聚硅氧烷（DB-1701 或等效物）化学键合的熔融石英毛细管柱，膜厚 1.0 μm 色谱柱 1 与色谱柱 2 使用相同的气相色谱操作条件	
载气	氦气
载气流速	5 ~ 7 ml/min
补气	氩气 / 甲烷（P-5 或 P-10）或氮气
补气流速	20 ml/min
进样口温度	250℃
检测器温度	290℃
初始温度	150℃，保持 0.5 min
程序升温条件	150℃以 5℃ /min 速度升温到 270℃
最终温度	270℃，保持 10 min
色谱柱 3：30 m × 0.53 mm 内径，采用 SE-54（DB-5、SPB-5、RTX-5 或等效物）化学键合的熔融石英毛细管柱，膜厚 1.5 μm	
载气	氦气
载气流速	6 ml/min
补气	氩气 / 甲烷（P-5 或 P-10）或氮气
补气流速	30 ml/min
进样口温度	205℃
检测器温度	290℃
初始温度	140℃，保持 2 min
程序升温条件	140℃以 10℃ /min 速度升温到 240℃，保持 5 min；再以 5℃ /min 速度升温到 265℃，保持 5 min
最终温度	265℃，保持 18 min

表 2-7-7　双柱测定有机氯农药的保留时间

化合物	DB-5/min	DB-1701/min
二溴氯丙烷	2.14	2.84
六氯环戊二烯	4.49	4.88

续表

化合物	DB-5/min	DB-1701/min
氯唑灵	6.38	8.42
地茂散	7.46	10.60
六氯苯	12.79	14.58
燕麦敌	12.35	15.07
毒草胺	9.96	15.43
氟乐灵	11.87	16.26
α－六六六	12.35	17.42
五氯硝基苯	14.47	18.20
γ－六六六	14.14	20.00
七氯	18.34	21.16
艾氏剂	20.37	22.78
甲草胺	18.58	24.18
百菌清	15.81	24.42
β－六六六	13.80	25.04
异狄氏剂	22.08	25.29
敌草索	21.38	26.11
δ－六六六	15.49	26.37
环氧七氯	22.83	27.31
硫丹－Ⅰ	25.00	28.88
顺式－氯丹	24.29	29.32
反式－氯丹	25.25	29.82
顺式－九氯	25.58	30.01
4,4’-DDE	26.80	30.40
狄氏剂	26.60	31.20
乙滴涕	28.45	32.18
异狄氏剂	27.86	32.44
丙酯杀螨醇	28.92	34.14
乙酯杀螨醇	28.92	34.42
除草醚	27.86	34.42
4,4’-DDD	29.32	35.32
硫丹Ⅱ	28.45	35.51

续表

化合物	DB-5/min	DB-1701/min
4,4'-滴滴涕	31.62	36.30
异狄氏剂醛	29.63	38.08
灭蚁灵	37.15	38.79
硫代硫酸盐（酯）	31.62	40.05
甲氧滴滴涕	35.33	40.31
敌菌丹	32.65	41.42
异狄氏剂酮	33.79	42.26
氯菊酯	41.50	45.81
开蓬	31.10	b
三氯杀螨醇	35.33	b
二氯萘醌	15.17	b
α,α'-二溴间二甲苯	9.17	11.51
2-溴联苯	8.54	12.49

注：[a] 气相色谱条件见表 2-7-8；

[b] 每次进样 2 ng，未检出。

这些数据仅供参考。每个实验室根据方法的特定条件确定保留时间和保留时间窗口。

表 2-7-8　双柱、低温、薄膜测定有机氯农药的气相色谱操作条件

色谱柱 1：DB-1701 或等效物，30 m × 0.53 mm 内径，膜厚 1.0 μm 色谱柱 2：DB-5 或等效物，30 m × 0.53 mm 内径，膜厚 0.83 μm	
载气	氦气
载气流速	6 ml/min
补气	氮气
补气流速	20 ml/min
进样口温度	250℃
检测器温度	320℃
初始温度	140℃，保持 2 min
程序升温条件	140℃，以 2.8℃ /min 速度升温到 270℃
最终温度	270℃，保持 1 min

表 2-7-9　双柱、高温、厚膜测定有机氯农药的气相色谱操作条件

色谱柱 1：DB-1701 或等效物，30 m × 0.53 mm 内径，膜厚 1.0 μm 色谱柱 2：DB-5 或等效物，30 m × 0.53 mm 内径，膜厚 1.5 μm	
载气	氦气
载气流速	6 ml/min
补气	氮气
补气流速	20 ml/min
进样口温度	250℃
检测器温度	320℃
初始温度	150℃，保持 0.5 min
程序升温条件	150℃，以 12℃ /min 速度升温到 190℃，保持 2 min，再以 4℃ /min 速度升温到 275℃
最终温度	275℃，保持 10 min

表 2-7-10　污水淤泥中被分析物的回收率

化合物	超声波萃取		索氏提取	
	回收率 /%	相对标准偏差 /%	回收率 /%	相对标准偏差 /%
六氯乙烷	80	7	79	1
2- 氯萘	50	56	67	8
4- 溴二苯醚	118	4	nd	nd
α - 六六六	88	25	265	18
γ - 六六六（林丹）	55	9	155	29
七氯	60	13	469	294
艾氏剂	92	33	875	734
β - 六六六	351	71	150	260
δ - 六六六	51	11	57	2
环氧七氯	54	11	70	3
硫丹 I	52	11	70	4
顺式 - 氯丹	50	9	65	1
反式 - 氯丹	49	8	66	0
DDE	52	11	74	1
狄氏剂	89	19	327	7
异狄氏剂	56	10	92	15

续表

化合物	超声波萃取		索氏提取	
	回收率 /%	相对标准偏差 /%	回收率 /%	相对标准偏差 /%
硫丹Ⅱ	52	10	88	11
DDT	57	10	95	17
异狄氏剂醛	45	6	42	10
DDD	57	11	99	8
四氯间二甲苯	71	19	82	1
十氯联苯	26	23	28	48

注：1. nd 表示未检出；

2. 样品中加标浓度为 500 ~ 1 000 ng/g，分析三个平行样品；

3. 用二氯甲烷做溶剂，依据 U.S.EPA 3540 进行索氏提取；

4. 用二氯甲烷：丙酮（1：1），依据 U.S.EPA 3550 进行超声波提取；

5. 依据 U.S.EPA 3640 进行净化；

6. 气相色谱柱：DB-608，30 m × 0.53 mm 内径；

7. 以上数据仅供参考。

表 2-7-11 二氯乙烷蒸馏残留物中分析物的回收率

化合物	超声波萃取		索氏提取	
	回收率 /%	相对标准偏差 /%	回收率 /%	相对标准偏差 /%
六氯乙烷	70	2	50	30
2- 氯萘	59	3	35	35
4- 溴二苯醚	159	14	128	137
α - 六六六	55	7	47	25
γ - 六六六（林丹）	43	6	30	30
七氯	48	6	55	18
艾氏剂	48	5	200	258
β - 六六六	51	7	75	42
δ - 六六六	43	4	119	129
环氧七氯	47	6	66	34
硫丹Ⅰ	47	4	41	18
顺式 - 氯丹	48	5	47	13

续表

化合物	超声波萃取		索氏提取	
	回收率 /%	相对标准偏差 /%	回收率 /%	相对标准偏差 /%
反式 - 氯丹	45	5	37	21
DDE	45	4	70	40
狄氏剂	45	5	58	24
异狄氏剂	50	6	41	23
硫丹Ⅱ	49	5	46	17
DDT	49	4	40	29
异狄氏剂醛	40	4	29	20
DDD	48	5	35	21
四氯间二甲苯	49	2	176	211
十氯联苯	17	29	104	93

注：样品中加标浓度为 500 ~ 1 000 ng/g，分析三个平行样品；
用二氯甲烷做溶剂，依据 U.S.EPA 3540 进行索氏提取；
用二氯甲烷：丙酮（1：1），依据 U.S.EPA 3550 进行超声波提取；
依据 U.S.EPA 3640 进行净化；
气相色谱柱：DB-608，30 m × 0.53 mm 内径；
以上数据仅供参考。

表 2-7-12　单一实验室采用 U.S.EPA 3541（自动索氏提取）萃取土壤中加标有机氯农药的准确度测定数据[a]

化合物	回收率 /%	
	DB-5	DB-1701
α - 六六六	89	94
β - 六六六	86	ND
七氯	94	95
艾氏剂	ND	92
环氧七氯	97	97
反式 - 氯丹	94	95
硫丹 I	92	92
狄氏剂	ND	113

续表

化合物	回收率 /%	
	DB-5	DB-1701
异狄氏剂	111	104
硫丹Ⅱ	104	104
4,4'-DDT	ND	ND
灭蚁灵	108	102

注：[a] 自动索氏提取操作条件：浸泡 45 min，萃取时间 45 min，取样量 10 g，萃取溶液：丙酮：正己烷（1：1），加标后无平衡时间；

ND 表示未测出；

所有样品的加标量为 500 μg/kg；

数据来自参考文献［10］；

以上数据仅供参考。

表 2-7-13 单一实验室用固相萃取法萃取 TCLP 缓冲液加标有机氯农药的准确度测定数据

化合物		加标量 /（μg/L）	缓冲液 1（pH=2.886）		缓冲液 2（pH =4.937）	
			回收率 /%	相对标准偏差 /%	回收率 /%	相对标准偏差 /%
低浓度加标	毒杀芬	250	86	13	77	17
	氯丹	15	88	7	95	6
	γ-BHC（林丹）	200	115	7	98	5
	七氯	4	95	11	77	23
	环氧七氯	4	107	9	104	12
	异狄氏剂	10	89	5	100	6
	甲氧滴滴涕	5 000	97	8	95	6
高浓度加标	毒杀芬	1 000	106	7	85	15
	氯丹	60	116	12	107	12
	γ-BHC（林丹）	800	109	19	112	5
	七氯	16	113*	18*	93	3
	环氧七氯	16	82	17	91	7
	异狄氏剂	40	84	19	82	4
	甲氧滴滴涕	20 000	100	4	87	8

注：除标注 * 的结果为 3 个平行样品外，其余均为 7 个平行样品的测定结果；

以上数据仅供参考。

表 2-7-14 三个实验室用固相萃取法萃取 TCLP 土壤渗滤液加标有机氯农药的准确度测定数据

化合物		加标量（μg/L）*	实验室 1			实验室 2			实验室 3		
			回收率/%	相对标准偏差/%	样品量	回收率/%	相对标准偏差/%	样品量	回收率/%	相对标准偏差/%	样品量
缓冲液 1（pH = 2.886）	毒杀芬	500	75	25	7	95.4	2.4	3	86.0	4.3	3
	氯丹	30	80	15	7	57.8	12.0	3	73.8	0.9	3
	γ-六六六（林丹）	400	104	11	7	99.3	0.6	3	86.6	6.4	3
	七氯	8	88	13	7	70.8	20.4	3	88.0	9.1	3
	环氧七氯	8	92	13	7	108.7	6.9	3	75.0	2.8	3
	异狄氏剂	20	106	12	7	110	0	3	78.3	4.6	3
	甲氧滴滴涕	10 000	107	12	7	86.7	2.2	3	84.8	8.5	3
缓冲液 2（pH = 4.937）	毒杀芬	500	87	9	7	98	4.1	3	88.8	4.1	3
	氯丹	30	91	8	7	66.7	5.0	3	73.7	11.5	3
	γ-六六六（林丹）	400	74	20	7	102.7	2.2	3	89.3	3.1	3
	七氯	8	71	21	7	62.5	20	3	85.0	1.5	3
	环氧七氯	8	118	1	3	113	0	3	81.3	2.7	3
	异狄氏剂	20	124	7	3	111.7	2.6	3	83.0	3.4	3
	甲氧滴滴涕	10 000	73	22	7	88.8	2.7	3	89.6	2.7	3

注：* 表示浓度为实验室 2 和实验室 3 在 250 ml 渗滤液的加标量，实验室 1 的加标量为一半；
以上数据仅供参考。

表 2-7-15 单一实验室用 U.S.EPA 3535 进行固相萃取的准确度和精密度测定数据[a]

化合物	偏差/%				精密度/%			
	地下水（低）	地下水（高）	废水（低）	废水（高）	地下水（低）	地下水（高）	废水（低）	废水（高）
艾氏剂	37.3	93.5	79.3	94.0	23.7	5.5	6.7	3.4
β-六六六	89.2	107.8	79.7	82.3	6.5	2.5	1.6	4.2
δ-六六六	106.2	86.0	88.9	83.4	5.6	2.4	2.5	4.2
顺式-氯丹	75.4	112.3	78.9	89.5	12.8	2.7	4.7	2.4
反式-氯丹	70.7	98.9	79.9	93.9	15.8	2.7	4.6	2.9

续表

化合物	偏差 /%				精密度 /%			
	地下水（低）	地下水（高）	废水（低）	废水（高）	地下水（低）	地下水（高）	废水（低）	废水（高）
狄氏剂	83.4	96.1	81.2	93.3	7.1	2.3	3.8	3.6
硫丹Ⅰ	79.6	99.1	79.6	87.9	10.6	2.3	4.1	3.8
硫丹Ⅱ	94.5	101.6	82.7	93.5	5.8	2.8	4.2	4.1
异狄氏剂	88.3	98.4	85.1	89.6	6.2	2.3	3.1	2.9
异狄氏剂醛	87.5	99.9	69.0	80.2	6.0	4.0	3.3	5.9
七氯	43.1	95.4	71.8	78.6	19.2	3.9	5.0	2.8
环氧七氯	76.4	97.6	75.3	83.4	12.1	2.4	2.9	3.3
林丹	81.3	115.2	82.1	85.3	11.1	3.2	2.4	3.1
4,4'-DDE	80.3	96.0	85.1	97.9	8.3	2.5	4.4	2.4
4,4'-DDT	86.6	105.4	105	111	4.4	2.7	4.3	4.7
4,4'-DDD	90.5	101.1	74.9	79.6	4.8	2.4	4.6	2.9

注：[a]全部结果为 7 个平行样品的测定结果，共有两种加标浓度，低样品的加标浓度为 5～10 μg/L，高低样品的加标浓度为 250～500 μg/L；

以上数据仅供参考。

表 2-7-16　用超临界流体萃取法（U.S.EPA 3562）萃取有机氯农药的回收率（偏差）测定数据（7 个平行样品）

单位：%

化合物	Delphi[a]	Delphi[a]	McCarthy[b]	McCarthy[b]	Auburn[c]	Auburn[c]	平均回收率
	250 μg/kg	5 μg/kg	250 μg/kg	5 μg/kg	250 μg/kg	5 μg/kg	
γ－六六六	102.6	66.4	80.7	82.7	86.0	86.1	84.1
β－六六六	101.9	73.0	86.1	85.1	87.4	86.3	86.6
七氯	101.3	61.6	78.0	79.1	83.3	80.4	80.6
δ－六六六	120.9	82.3	90.4	89.6	92.9	89.4	94.2
艾氏剂	56.7	28.7	52.1	77.1	42.1	74.6	55.2
环氧七氯	102.3	71.9	87.1	87.4	89.6	91.1	88.2
顺式－氯丹	106.4	87.1	88.1	105.9	91.7	97.1	96.1
4,4'-DDE	110.9	75.7	88.4	118.7	83.6	110.9	98.0
狄氏剂	106.9	80.4	88.1	140.8	90.6	80.1	97.8

续表

化合物	Delphi[a]	Delphi[a]	McCarthy[b]	McCarthy[b]	Auburn[c]	Auburn[c]	平均回收率
	250 μg/kg	5 μg/kg	250 μg/kg	5 μg/kg	250 μg/kg	5 μg/kg	
异狄氏剂	211.0	87.0	111.7	98.7	90.5	87.6	114.4
4,4'-DDD	93.0	80.4	85.0	88.1	83.7	90.4	86.8
硫丹 II	105.6	89.9	92.1	88.6	87.7	92.9	92.5
4,4'-DDT	126.7	81.3	110.9	199.7	83.6	124.3	121.1
异狄氏剂醛	64.3	74.0	63.0	86.7	21.0	38.3	37.9
平均回收率	107.9	74.3	85.9	102.0	79.8	87.8	89.5

注：Delphi[a]：壤砂土；McCarthyb[b]：砂壤土；Auburnc[c]：黏壤土；
以上数据仅供参考。

表 2-7-17　用超临界流体萃取法（U.S.EPA 3562）萃取有机氯农药的相对标准偏差（精密度）测定数据（7 个平行样品）

单位：%

化合物	Delphi[a]	Delphi[a]	McCarthy[b]	McCarthy[b]	Auburn[c]	Auburn[c]	平均回收率
	250 μg/kg	5 μg/kg	250 μg/kg	5 μg/kg	250 μg/kg	5 μg/kg	
γ-六六六	3.9	3.3	3.3	6.5	4.0	1.6	3.7
β-六六六	6.5	3.0	3.0	4.3	4.6	2.0	3.9
七氯	4.4	2.1	4.3	5.0	4.4	2.6	3.8
δ-六六六	5.3	3.1	3.3	7.1	4.1	3.5	4.4
艾氏剂	2.9	5.5	2.8	4.6	1.6	1.9	3.2
环氧七氯	3.0	2.7	3.6	4.3	4.7	4.2	3.8
顺式-氯丹	3.6	5.7	4.8	13.8	4.2	2.5	5.8
4,4-'DDE	5.2	15.3	4.8	4.2	7.7	3.4	6.8
狄氏剂	4.3	4.5	2.9	23.9	5.0	3.1	7.3
异狄氏剂	7.2	6.0	4.5	6.0	4.3	10.5	6.4
4,4'-DDD	6.9	3.1	3.7	3.5	4.3	7.4	4.8
硫丹 Ⅱ	5.1	4.7	3.2	3.3	5.5	4.6	4.4
4,4'-DDT	12.5	6.2	6.6	5.9	4.9	3.4	6.6
异狄氏剂醛	3.9	7.5	4.7	11.6	1.9	26.0	9.3
平均回收率	5.3	5.2	4.0	7.4	4.4	5.5	5.3

注：[a] Delphi：壤砂土；[b] McCarthyb：砂壤土；[c] Auburnc：黏壤土；
以上数据仅供参考。

表 2-7-18 单一实验室用加压流体萃取法（U.S.EPA 3545）萃取加标量为 5～10 ppb 有机氯农药的土壤样品的测定数据

化合物	标准值 /（μg/L）	加压流体萃取法回收率和精密度					
		黏土		壤土		砂土	
		回收率 /%	相对标准偏差 /%	回收率 /%	相对标准偏差 /%	回收率 /%	相对标准偏差 /%
艾氏剂	5.2	65	10	60	6	71	11
α－六六六	5.0	52	7	50	10	60	12
β－六六六	5.0	84	6	76	5	92	11
δ－六六六	5.0	100	7	96	4	104	11
γ－六六六（林丹）	5.0	6	6	62	8	74	12
顺式－氯丹	4.9	9	7	86	4	84	11
反式－氯丹	4.9	9	8	82	5	86	11
4,4'-DDD	10.1	8	8	84	5	87	10
4,4'-DDE	4.9	10	7	90	5	96	12
4,4'-DDT	4.8	90	7	67	6	88	17
狄氏剂	5.0	94	8	84	4	88	11
硫丹Ⅰ	5.0	88	8	80	5	78	11
硫丹Ⅱ	5.0	88	7	84	4	86	10
硫丹硫酸盐（酯）	9.5	93	7	87	3	88	11
异狄氏剂	9.8	84	9	81	5	85	11
异狄氏剂醛	5.0	86	7	76	4	64	15
异狄氏剂酮	9.7	100	6	90	4	94	11
七氯	5.0	70	8	64	8	76	12
环氧七氯	5.0	78	8	76	5	82	11
甲氧滴滴涕	5.0	82	7	62	6	80	17

注：萃取 7 个平行样品，每个加标样品重 14 g；

萃取溶剂为：正己烷：丙酮（1：1），温度为 100℃，压力为 2 000 psi，加热时间为 5 min，静态萃取时间为 5 min；

数据来自参考文献［14］；

以上数据仅供参考。

表 2-7-19　单一实验室用加压流体萃取法（U.S.EPA 3545）萃取加标量为 50～100 ppb 有机氯农药的土壤样品的测定数据

化合物	标准值 /（μg/L）	加压流体萃取法回收率和精密度					
		黏土		壤土		砂土	
		回收率 /%	相对标准偏差 /%	回收率 /%	相对标准偏差 /%	回收率 /%	相对标准偏差 /%
艾氏剂	51.5	77	5	77	11	72	9
α－六六六	49.5	64	6	67	11	62	9
β－六六六	49.5	79	3	81	9	77	7
δ－六六六	50.0	85	4	88	9	83	7
γ－六六六（林丹）	49.5	74	5	77	11	73	9
顺式－氯丹	48.6	87	4	85	9	81	8
反式－氯丹	49.1	87	3	85	9	82	8
4,4'-DDD	101.0	90	3	90	7	87	8
4,4'-DDE	49.1	95	4	93	8	90	8
4,4'-DDT	48.4	79	7	73	13	75	15
狄氏剂	49.6	94	4	88	8	85	8
硫丹Ⅰ	49.8	85	3	82	9	80	8
硫丹Ⅱ	49.7	94	4	91	7	88	8
硫丹硫酸盐（酯）	94.7	93	4	89	7	87	8
异狄氏剂	98.0	86	3	83	8	81	8
异狄氏剂醛	49.5	78	4	75	7	75	8
异狄氏剂酮	97.2	95	4	91	8	85	8
七氯	49.5	70	5	72	11	68	10
环氧七氯	49.8	89	3	84	9	80	8
甲氧滴滴涕	49.6	79	8	74	12	74	14

注：萃取 7 个平行样品，每个加标样品重 10 g；
　　萃取溶剂为：正己烷：丙酮（1：1），温度为 100℃，压力为 2000 psi，加热时间为 5 min，静态萃取时间为 5 min；
　　数据来自参考文献［14］；
　　以上数据仅供参考。

表 2-7-20　单一实验室用加压流体萃取法（U.S.EPA 3545）萃取加标量为 250～500 ppb 有机氯农药的土壤样品测定数据

化合物	标准值 /（μg/L）	加压流体萃取法回收率和精密度					
		黏土		壤土		砂土	
		回收率 /%	相对标准偏差 /%	回收率 /%	相对标准偏差 /%	回收率 /%	相对标准偏差 /%
艾氏剂	257	66	3	71	11	60	16
α－六六六	247	54	5	59	11	51	14
β－六六六	247	67	2	72	9	63	13
δ－六六六	250	70	2	76	10	66	13
γ－六六六（林丹）	247	64	4	69	11	60	14
顺式－氯丹	243	72	2	76	9	65	15
反式－氯丹	245	73	2	76	9	65	15
4,4'-DDD	507	72	3	76	8	66	14
4,4'-DDE	246	83	3	87	9	75	14
4,4'-DDT	242	77	6	82	10	71	20
狄氏剂	248	78	2	81	9	70	15
硫丹 I	249	71	2	74	9	64	15
硫丹 II	249	82	2	84	8	72	15
硫丹硫酸盐（酯）	474	81	4	83	8	72	17
异狄氏剂	490	70	3	72	8	63	15
异狄氏剂醛	247	71	3	74	8	64	17
异狄氏剂酮	486	92	3	94	8	81	16
七氯	247	63	3	68	11	58	16
环氧七氯	249	70	2	75	9	64	15
甲氧滴滴涕	248	81	7	85	9	74	19

注：萃取 7 个平行样品，每个加标样品重 10 g；

萃取溶剂为：正己烷：丙酮（1：1），温度为 100℃，压力为 2 000 psi，加热时间为 5 min，静态萃取时间为 5 min；

数据来自参考文献［14］；

以上数据仅供参考。

表 2-7-21　单一实验室用微波萃取法（U.S.EPA 3546）萃取
加标量为 500 ppb 有机氯农药的土壤样品的测定数据

化合物	回收率 /%	相对标准偏差 /%
α－六六六	96	3
β－六六六	126	8
γ－六六六	103	4
δ－六六六	115	5
七氯	131	5
艾氏剂	103	2
环氧七氯	126	9
硫丹Ⅰ	122	5
DDE＋狄氏剂	118	4
异狄氏剂	155	12
硫丹Ⅱ	116	5
DDD	95	7
硫丹醛	103	9
硫丹硫酸盐（酯）	122	5
DDT	118	5
甲氧滴滴涕	119	6

注：n=3；

由于气相色谱不能分离 DDE 和狄氏剂，所以为两者结果之和；

各个分析物的浓度为 0.5 ~ 10 μg/g；

数据来自参考文献［15］；

以上数据仅供参考。

表 2-7-22　单一实验室用微波萃取法（U.S.EPA 3546）和索氏提取法（U.S.EPA 3540）萃取实际土壤样品的测定数据

化合物	微波萃取结果				索氏提取结果 /（μg/kg）
	平均浓度 /（μg/kg）	标准偏差 /（μg/kg）	相对标准偏差 /%	n	
DDE + 狄氏剂	3 400	340	10	3	7 100
异狄氏剂	22 000	2 300	11	3	22 000
DDD*	40 000	5 800	14	3	45 000
DDT*	63 000	8 400	13	3	62 000
甲氧滴滴涕*	17 000	2 000	12	3	16 000
顺式 - 氯丹	730	100	13	3	750
反式 - 氯丹	720	90	12	3	910

注：* 样品萃取液稀释了 5 倍；

土壤样品来自美国 EPA 应急响应中心的合作实验室（REAC，Edison，NJ）；

索氏提取实验为三年前由 REAC 完成，DDE + 狄氏剂回收率偏低，可能是由于样品的长期储存所致；

由于气相色谱不能分离 DDE 和狄氏剂，所以为两者结果之和；

各分析物的浓度为 0.5 ~ 10 μg/g；

数据来自参考文献［15］；

以上数据仅供参考。

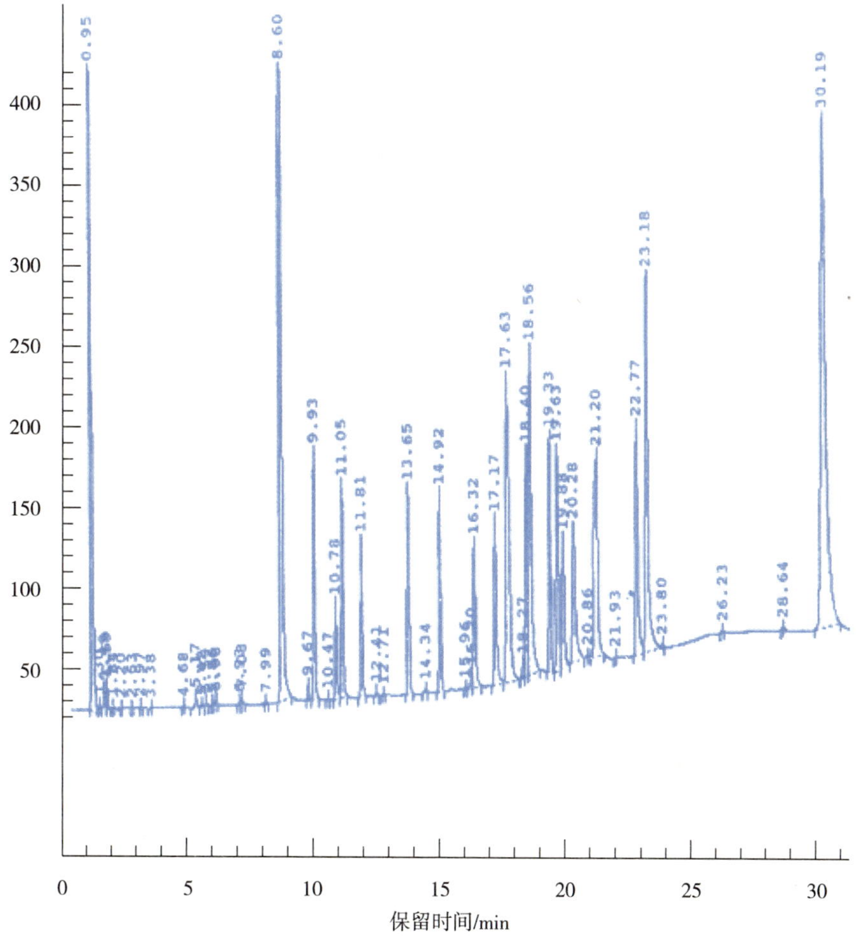

色谱柱：30 m × 0.25 mm 内径，DB-5；
程序升温：100℃（保持 2 min），以 15℃ /min 升温到 160℃，再以 5℃ /min 升温到 270℃；
氦气：He，压力：16 psi。

图 2-7-1　有机氯农药混合标准样品的气相色谱图

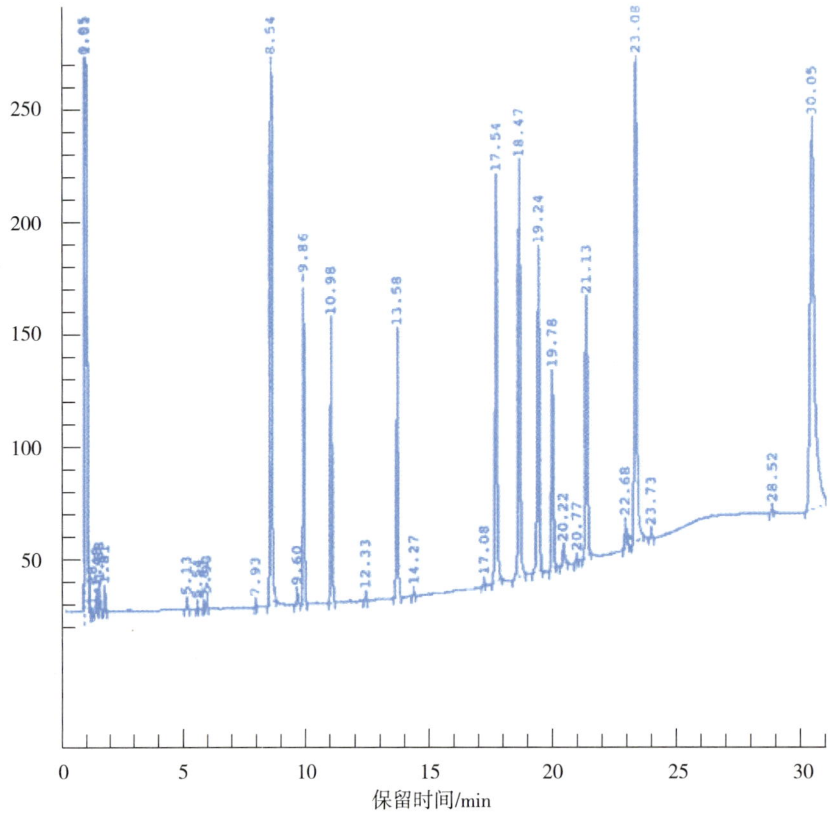

色谱柱：30 m × 0.25 mm 内径，DB-5；

程序升温：100℃（保持 2 min），以 15℃ /min 升温到 160℃，再以 5℃ /min 升温到 270℃；

氦气：He，压力：16 psi。

图 2-7-2　单一有机氯农药混合标准样品 A 的气相色谱图

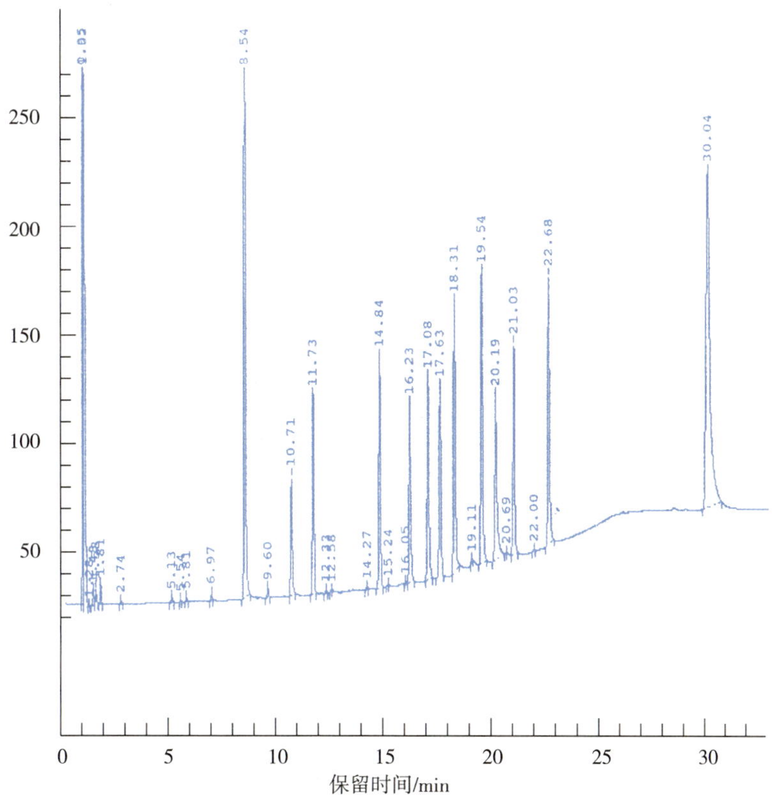

色谱柱：30 m × 0.25 mm 内径，DB-5；
程序升温：100℃（保持 2 min），以 15℃ /min 升温到 160℃，再以 5℃ /min 升温到 270℃；
氦气：He，压力：16 psi。

图 2-7-3　有机氯农药混合标准样品 B 的气相色谱图

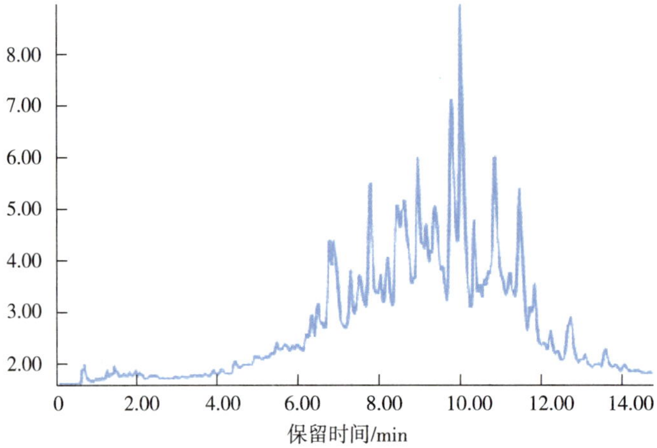

色谱柱：30 m × 0.53 mm 内径，SPB-608 熔融石英开管色谱柱；
程序升温：200℃（保持 2 min），以 6℃ /min 升温到 290℃。

图 2-7-4　毒杀芬的气相色谱图

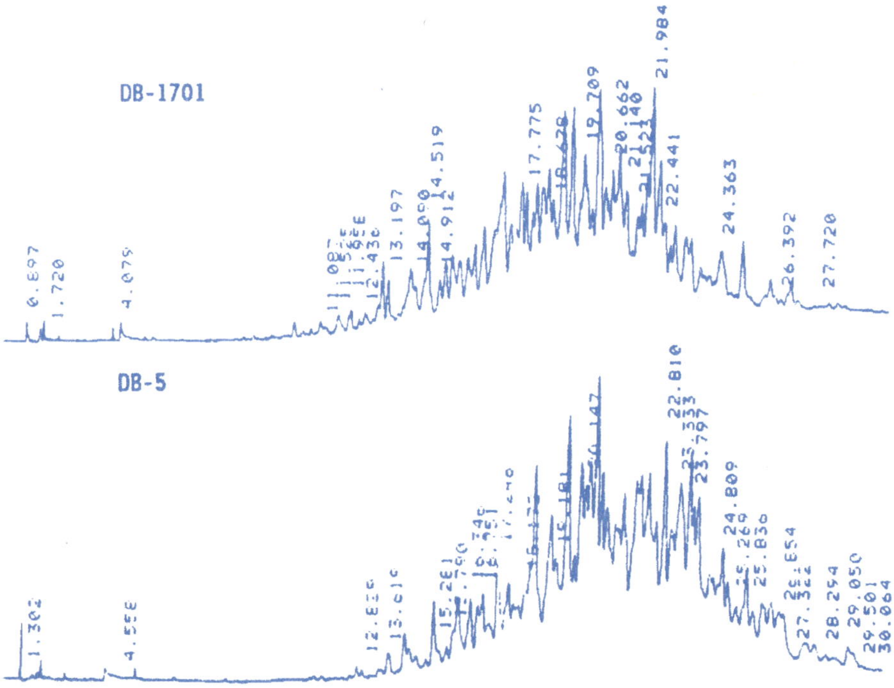

用 DB-5/ DB-1701 熔融石英开管双柱进行分析；与 J&W 压力调节 Y 形进样分流器连接；
气相色谱条件：DB-5：30 m × 0.53 mm 内径，膜厚 1.5 μm；DB-1701：30 m × 0.53 mm 内径，膜厚 1.0 μm；
程序升温：150℃（保持 0.5 min），以 12℃ /min 升温到 190℃（保持 2 min），再以 4℃ /min 升温到 275℃（保持 10 min）。

图 2-7-5　氯化松节油的气相色谱图

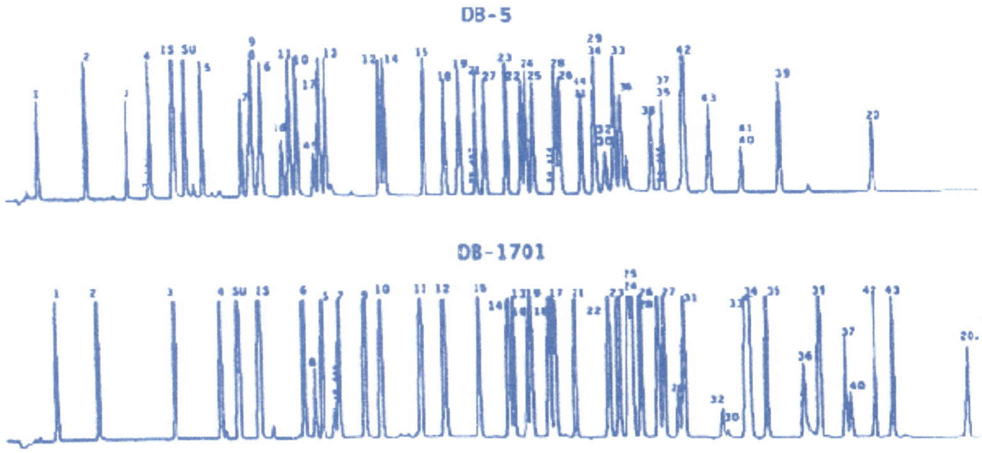

用 DB-5/ DB-1701 熔融石英开管双柱进行分析；分别与 Supelco 8 英寸 T 形进样口连接；

气相色谱条件：DB-5：30 m × 0.53 mm 内径，膜厚 0.83 μm；DB-1701：30 m × 0.53 mm 内径，膜厚 1.0 μm；

程序升温：140℃（保持 2 min），以 2.8℃ /min 升温到 270℃（保持 1 min）。

图 2-7-6　有机氯农药的气相色谱图

8270E

半挥发性有机物的测定 气相色谱质谱法

（U.S.EPA 8270E—2018）

SW-846 不是分析培训手册，因此，其所提供的方法程序仅适用于至少受过基础化学分析原理和专业技术正规培训的分析人员。

此外，除了必须采用规定参数的分析方法，SW-846 方法还可作为方法导则，包含指导如何执行分析程序或技术的通用规则。实验室可以以此为基础，建立本实验室的详细标准操作程序（SOP），用于常规或特定工作项目。本方法中的验证数据仅供参考，不作为 / 不可作为实验室认证所必须达到的绝对质量控制标准（QC）。

1 适用范围

1.1 本方法用于测定固体废物、土壤、气样捕集媒介和水等基体制备的萃取物中半挥发性有机化合物的浓度。直接进样的使用范围有限。以下化合物（见表 2-8-1）可以通过此方法测定。

表 2-8-1 不同化合物适合的前处理方法[b]

化合物名称	CAS 号[a]	U.S.EPA 3510	U.S.EPA 3520	U.S.EPA 3540/ U.S.EPA 3541	U.S.EPA 3545	U.S.EPA 3550	U.S.EPA 3580
苊	83-32-9	√	√	√	√	√	√
苊烯	208-96-8	√	√	√	√	√	√
苯乙酮	98-86-2	√	√	√	√	√	√
2- 乙酰氨基芴	53-96-3	√	√	—	√	√	—

续表

化合物名称	CAS 号[a]	U.S.EPA 3510	U.S.EPA 3520	U.S.EPA 3540/ U.S.EPA 3541	U.S.EPA 3545	U.S.EPA 3550	U.S.EPA 3580
N- 乙酰硫脲	591-08-2	*	—	—	—	—	*
二氯丙酸	309-00-2	√	√	√	—	√	√
2- 氨基蒽醌	117-79-3	√	—	—	—	—	√
4- 阿基苯甲酯	60-09-3	√	—	—	—	—	√
4- 氨基联苯酚酯	92-67-1	√ *	√ *	—	—	*	√
3- 氨基 -9- 乙基咔唑	132-32-1	√	√	—	—	—	—
敌菌灵	101-05-3	√	—	—	—	—	√
苯胺	62-53-3	√ *	√ *	√ *	*	√ *	√
邻甲氧基苯胺	90-04-0	√	—	—	—	—	√
蒽	120-12-7	√	√	√	√	√	√
阿螨特	140-57-8	√ *	√ *	—	—	√	—
PCB 1016	12674-11-2	√ *	√ *	√	—	√	—
PCB 1221	11104-28-2	√	√	√	—	√	√
PCB 1232	11141-16-5	√	√	√	—	√	√
PCB 1242	53469-21-9	√	√	√	—	√	√
PCB 1248	12672-29-6	√	√	√	—	√	√
PCB 1254	11097-69-1	√	√	√	—	√	√
PCB 1260	11096-82-5	√	√	√	—	√	√
阿特拉津	1912-24-9	√ *	√ *	√ *	√ *	√ *	—
保棉磷	86-50-0	*	*	—	—	—	√
偶氮苯	103-33-3	√	√	—	—	√	—
燕麦灵	101-27-9	*	—	—	—	—	*
苯甲醛	100-52-7	√ *	√ *	√ *	√ *	√ *	—
联苯胺	92-87-5	*	*	*	√ *	*	*
苯甲酸	65-85-0	*	√ *	√ *	*	√ *	√ *
1,2- 苯并 [*a*] 蒽	56-55-3	√	√	√	√	√	√
苯并 [*b*] 荧蒽	205-99-2	√	√	√	√	√	√
苯并 [*k*] 荧蒽	207-08-9	√	√	√	√	√	√
苯并 [*g*,*h*,*i*] 苝	191-24-2	√	√	√	√	√	√
苯并 [*a*] 芘	50-32-8	√	√	√	√	√	√
苯并 [*e*] 芘	192-97-2	√	—	—	—	√	—
苯醌	106-51-4	*	*	—	—	—	√

续表

化合物名称	CAS 号[a]	U.S.EPA 3510	U.S.EPA 3520	U.S.EPA 3540/ U.S.EPA 3541	U.S.EPA 3545	U.S.EPA 3550	U.S.EPA 3580
苯甲醇	100-51-6	√ *	√ *	√ *	√ *	√ *	√ *
α - 六六六	319-84-6	√ *	√ *	√	—	√	√
β - 六六六	319-85-7	√	√	√	—	√	√
δ - 六六六	319-86-8	√	√	√	—	√	√
γ - 六六六（林丹）	58-89-9	√ *	√ *	√	—	√	√
联苯	92-52-4	√	√	√	√	√	—
双（2- 氯乙氧基）甲烷	111-91-1	√	√	√	√	√	√
双（二氯乙基）醚	111-44-4	√	√	√	√	√	√
双（2- 氯 -1- 甲基乙基）醚[c]	108-60-1	√	√	√	—	√	√
邻苯二甲酸二（2- 乙基己基）酯	117-81-7	√	√	√	√	√	√
4- 溴联苯醚	101-55-3	√	√	√	√	√	√
溴苯腈	1689-84-5	√	—	—	—	—	√
邻苯二甲酸丁苄酯	85-68-7	√	√	√	√	√	√
己内酰胺	105-60-2	*	*	√	√	√	—
敌菌丹	2425-06-1	*	*	—	—	—	√
克菌丹	133-06-2	*	*	—	—	—	√
甲萘威	63-25-2	√	—	—	—	—	√
咔唑	86-74-8	√	√	√	√	√	—
呋喃丹	1563-66-2	√	—	—	—	—	√
三硫磷	786-19-6	√	—	—	—	—	√
氯丹（NOS）	57-74-9	√	√	√	—	√	√
毒虫畏	470-90-6	√	—	—	—	—	√
4- 氯苯胺	106-47-8	√	√	√	√	√	√
丁酰肼	510-15-6	√	√	—	√	√	√
5- 氯邻甲苯胺	95-79-4	√	—	—	—	—	√
4- 氯 -3- 甲酚	59-50-7	√	√	√	√	√	√
3- 氯甲基吡啶盐酸盐	6959-48-4	√	—	—	—	—	√
1- 氯萘	90-13-1	√	√	√	—	√	√
2- 氯萘	91-58-7	√	√	√	√	√	√

续表

化合物名称	CAS 号[a]	U.S.EPA 3510	U.S.EPA 3520	U.S.EPA 3540/ U.S.EPA 3541	U.S.EPA 3545	U.S.EPA 3550	U.S.EPA 3580
2- 氯苯酚	95-57-8	√	√	√	√	√	√
4- 氯二苯醚	7005-72-3	√	√	√	√	√	√
4- 氯 -1,2- 苯二胺	95-83-0	√	√	—	—	—	—
4- 氯 -1,3- 苯二胺	5131-60-2	√	√	—	—	—	—
䓛	218-01-9	√	√	√	√	√	√
蝇毒磷	56-72-4	√	—	—	—	—	√
2- 甲氧基 -5- 甲基苯胺	120-71-8	√	—	—	—	—	√
巴毒磷	7700-17-6	√	—	—	—	—	√
消螨酚	131-89-5	√	—	—	—	—	*
4,4’- 滴滴滴	72-54-8	√	√	√	—	√	√
4,4’- 滴滴伊	72-55-9	√	√	√	—	√	√
4,4’- 滴滴涕	50-29-3	√	√	√	—	√	√
内吸磷 -O	298-03-3	*	*	—	—	—	√
内吸磷 -S	126-75-0	*	*	—	—	—	√
燕麦敌（顺或反式）	2303-16-4	√	√	—	√	√	√
2,4- 二氨基甲苯	95-80-7	*	*	—	—	—	√
二苯并［*a*,*j*］吖啶	224-42-0	√	—	—	—	√	√
二苯并［*a*,*h*］蒽	53-70-3	√	√	√	√	√	√
二苯并呋喃	132-64-9	√	√	√	√	√	√
二苯并［*a*,*e*］芘	192-65-4	√	—	—	—	√	√
1,2- 二溴 -3- 氯丙烷	96-12-8	√	√	—	—	—	—
邻苯二甲酸二丁酯	84-74-2	√	√	√	√	√	√
2,3- 二氯 -1,4- 萘醌	117-80-6	*	*	—	—	—	√
1,2- 二氯苯	95-50-1	√ *	√ *	√ *	√ *	√ *	√
1,3- 二氯苯	541-73-1	√ *	√ *	√ *	√ *	√ *	√ *
1,4- 二氯苯	106-46-7	√ *	√ *	√ *	√ *	√ *	√
3,3’- 二氯联苯胺	91-94-1	√ *	√ *	√ *	√ *	√ *	√ *
2,4- 二氯苯酚	120-83-2	√	√	√	√	√	√
2,6- 二氯苯酚	87-65-0	√	√	√	√	√	√
敌敌畏	62-73-7	√	—	—	—	—	√
倍硫磷	141-66-2	√	—	—	—	—	√

续表

化合物名称	CAS 号[a]	U.S.EPA 3510	U.S.EPA 3520	U.S.EPA 3540/ U.S.EPA 3541	U.S.EPA 3545	U.S.EPA 3550	U.S.EPA 3580
狄氏剂	60-57-1	√	√	√	—	√	√
邻苯二甲酸二乙酯	84-66-2	√	√	√	√	√	√
硫酸二乙酯	64-67-5	*	—	—	—	—	*
己烯雌酚	56-53-1	*	*	—	—	—	√
乐果	60-51-5	√ *	√ *	—	—	√ *	√
3,3'- 二甲氧基联苯胺	119-90-4	√	—	—	—	—	*
邻苯二甲酸二甲酯	131-11-3	√	√	√	√	√	√
对二甲氨基偶氮苯	60-11-7	√	√	—	√	√	√
7,12- 二甲基苯并[*a*]蒽	57-97-6	√ *	√ *	—	√ *	√ *	*
4,4'- 二氨基 -3,3'- 二甲基联苯	119-93-7	*	*	—	*	*	√
分特拉明	122-09-8	—	—	—	—	—	√
2,4- 二甲基苯酚	105-67-9	√	√	√	√	√	√
1,2- 二硝基苯	528-29-0	√	√	—	—	√	√
1,3- 二硝基苯（1,3-DNB）	99-65-0	√	√	—	√	√	√
1,4- 二硝基苯	100-25-4	√ *	—	—	—	√	√
4,6- 二硝基邻甲酚	534-52-1	√ *	√ *	√ *	√ *	√ *	√ *
2,4- 二硝基苯酚	51-28-5	√ *	√ *	√ *	√ *	√ *	√ *
2,4- 二硝基甲苯（2,4-DNT）	121-14-2	√	√	√	√	√	√
2,6- 二硝基甲苯（2,6-DNT）	606-20-2	√	√	√	√	√	√
敌螨普	39300-45-3	*	*	—	—	—	*
邻苯二甲酸二正辛酯（DNOP）	117-84-0	√	√	√	√	√	√
地乐酚（DNBP）	88-85-7	√	√	√	—	√	√
1,4- 二氧六环	123-91-1	*	√ *	*	*	*	—
二苯胺	122-39-4	√	√	√	—	√	√
5,5- 二苯基乙内酰脲	57-41-0	√	—	—	—	—	√
1,2- 二苯肼	122-66-7	√ *	√ *	√ *	√ *	√ *	√ *
乙拌磷	298-04-4	√	√	—	—	√	√

续表

化合物名称	CAS 号[a]	U.S.EPA 3510	U.S.EPA 3520	U.S.EPA 3540/ U.S.EPA 3541	U.S.EPA 3545	U.S.EPA 3550	U.S.EPA 3580
硫丹Ⅰ	959-98-8	√*	√*	√	—	√	√
硫丹Ⅱ	33213-65-9	√*	√*	√	—	√	√
硫丹硫酸酯	1031-07-8	√	√	√	—	√	√
异狄氏剂	72-20-8	√*	√*	√	—	√	√
异狄氏剂醛	7421-93-4	√	√	√	—	√	√
异狄氏剂酮	53494-70-5	√	√	—	—	√	√
苯硫磷	2104-64-5	√	—	—	—	—	√
乙硫磷	563-12-2	√	—	—	—	—	√
氨基甲酸乙酯	51-79-6	*	—	—	—	—	√
甲磺酸乙酯	62-50-0	√	√	—	√	√	√
氨磺磷	52-85-7	√*	—	—	—	*	√
丰索磷	115-90-2	√	—	—	—	—	√
倍硫磷	55-38-9	√	—	—	—	—	√
氟消草	33245-39-5	√	—	—	—	—	√
荧蒽	206-44-0	√	√	√	√	√	√
芴	86-73-7	√	√	√	√	√	√
七氯	76-44-8	√	√	√	—	√	√
环氧七氯	1024-57-3	√	√	√	—	√	√
六氯苯	118-74-1	√	√	√	√	√	√
六氯丁二烯	87-68-3	√	√	√	√	√	√
六氯代环戊二烯	77-47-4	√*	*	√*	√*	√*	√*
六氯乙烷	67-72-1	√	√	√	√	√	√
六氯酚	70-30-4	√*	—	—	—	—	*
六氯丙烯	1888-71-7	√	*	√	√	√	√
六甲基磷酰胺（HMPA）	680-31-9	√	—	—	—	—	√
对苯二酚	123-31-9	—	—	—	—	—	√
茚并［1,2,3-*cd*］芘	193-39-5	√	√	√	√	√	√
异黄素	465-73-6	√	√	—	√	√	√
异佛乐酮	78-59-1	√	√	√	√	√	√
异黄樟醚	120-58-1	√	√	—	√	√	√
开蓬	143-50-0	√*	—	—	—	√	√

续表

化合物名称	CAS 号[a]	U.S.EPA 3510	U.S.EPA 3520	U.S.EPA 3540/ U.S.EPA 3541	U.S.EPA 3545	U.S.EPA 3550	U.S.EPA 3580
对溴磷	21609-90-5	√	—	—	—	—	√
马拉硫磷	121-75-5	*	*	—	—	—	√
马来酸酐	108-31-6	*	*	—	—	—	√
美雌醇	72-33-3	√	—	—	—	—	√
美沙吡啉	91-80-5	*	—	—	—	—	√
甲氧滴滴涕	72-43-5	√	—	—	—	√	√
甲磺酸甲酯	66-27-3	√ *	√ *	—	—	√ *	√
甲基对硫磷	298-00-0	√	√	—	—	√	√
3- 甲基胆蒽	56-49-5	√	√	—	√	√	√
4,4'- 甲基二氢（2- 氯苯胺）	101-14-4	*	*	—	—	—	*
4,4'- 甲基二氢（*N*,*N*- 二甲基苯胺）	101-61-1	√	√	—	—	—	—
1- 甲基萘	90-12-0	√	√	√	√	√	—
2- 甲基萘	91-57-6	√	√	√	√	√	√
2- 甲基苯酚（*o*- 甲酚）	95-48-7	√	√	√	√	√	√
3- 甲基苯酚（*m*- 甲酚）	108-39-4	√	√	√	√	√	√
4- 甲基苯酚（*p*- 甲酚）	106-44-5	√	√	√	√	√	√
速灭磷	7786-34-7	√	—	—	—	—	√
甲氧基甲酸盐	315-18-4	*	*	—	—	—	√
全氯五环癸烷	2385-85-5	√	—	—	—	—	√
久效磷	6923-22-4	*	*	—	—	—	√
二溴磷	300-76-5	√	—	—	—	—	√
萘	91-20-3	√	√	√	√	√	√
1,4- 萘醌	130-15-4	√ *	√ *	—	√ *	√ *	√
1- 萘胺	134-32-7	√ *	√ *	—	—	*	√
2- 萘胺	91-59-8	√ *	√ *	—	—	*	√
尼古丁	54-11-5	*	—	—	—	—	√
5- 硝基环戊烷	602-87-9	√	—	—	—	—	√
2- 硝基苯胺	88-74-4	√ *	√ *	√ *	√ *	√ *	√ *

续表

化合物名称	CAS 号 [a]	U.S.EPA 3510	U.S.EPA 3520	U.S.EPA 3540/ U.S.EPA 3541	U.S.EPA 3545	U.S.EPA 3550	U.S.EPA 3580
3- 硝基苯胺	99-09-2	√ *	√ *	√ *	√ *	√ *	√ *
4- 硝基苯胺	100-01-6	√ *	√	—	—	√ *	√
5- 硝基 - 邻茴香胺	99-59-2	√	—	—	—	—	√
硝基苯（NB）	98-95-3	√	√	√	√	√	√
4- 硝基联苯	92-93-3	√	—	—	—	—	√
硝基芬除草醚	1836-75-5	√	—	—	—	—	√
2- 硝基苯酚	88-75-5	√	√	√	√	√	√
4- 硝基苯酚	100-02-7	*	√ *	√ *	√ *	√ *	√ *
4- 硝基喹啉 -1- 氧化物	56-57-5	√	√	—	√	√	√
N- 亚硝基而正丁胺	924-16-3	√	√	√	—	√	√
N- 亚硝基二乙胺	55-18-5	√	√	√	√	√	√
N- 亚硝基二甲胺	62-75-9	*	√ *	√ *	√ *	√ *	√ *
N- 亚硝基二苯胺	86-30-6	√ *	√ *	√ *	√ *	√ *	√ *
N- 亚硝基丙胺	621-64-7	√	√	√	√	√	√
N- 硝基甲基胺	10595-95-6	√	√	√	√	√	√
N- 亚硝基吗啉	59-89-2	√	√	—	√	√	√
N- 亚硝基哌啶	100-75-4	√	√	√	—	√	√
N- 硝基吡啶	930-55-2	√	√	√	√	√	√
5- 硝基 - 邻甲苯胺	99-55-8	√	√	—	√	√	√
八甲基焦磷酰胺	152-16-9	*	—	—	—	—	*
4,4- 氧化二苯胺	101-80-4	√	—	—	—	—	√
对硫磷	56-38-2	√	√	—	—	√	√
五氯苯	608-93-5	√	√	√	√	√	√
五氯硝基苯	82-68-8	√	√	—	√	√	√
五氯苯酚	87-86-5	√ *	√ *	√ *	√ *	√ *	√ *
茈	198-55-0	√	—	—	—	—	√
非那西丁	62-44-2	√	√	—	√	√	√
菲	85-01-8	√	√	√	√	√	√
苯巴比妥	50-06-6	√	—	—	—	—	√
苯酚	108-95-2	*	√ *	√ *	√ *	√ *	√ *
1,4- 苯二胺	106-50-3	√	—	—	*	—	√

续表

化合物名称	CAS 号[a]	U.S.EPA 3510	U.S.EPA 3520	U.S.EPA 3540/ U.S.EPA 3541	U.S.EPA 3545	U.S.EPA 3550	U.S.EPA 3580
甲拌磷	298-02-2	√	√	—	—	√	√
伏杀硫磷	2310-17-0	*	*	—	—	—	√
亚胺硫磷	732-11-6	*	*	—	—	—	√
磷胺	13171-21-6	*	*	—	—	—	√
邻苯二甲酸酐	85-44-9	*	*	—	—	—	*
2- 甲基吡啶	109-06-8	√	√	—	√	√	—
胡椒基亚砜	120-62-7	√	—	—	—	—	√
多氯联苯（NOS）	1336-36-3	—	—	—	—	—	—
拿草特（除草剂）	23950-58-5	√	√	—	√	√	√
丙基硫氧嘧啶	51-52-5	*	—	—	—	—	*
芘	129-00-0	√	√	√	√	√	√
吡啶	110-86-1	*	√ *	√ *	*	√ *	—
间苯二酚	108-46-3	*	*	—	—	—	√
黄樟素	94-59-7	√	√	—	√	√	√
士的宁	57-24-9	*	*	—	—	—	√
草克死	95-06-7	√	—	—	—	—	√
特丁硫磷	13071-79-9	√	—	—	—	—	√
1,2,4,5- 四氯苯	95-94-3	√	√	√	√	√	√
2,3,4,6- 四氯苯酚	58-90-2	√	√	√	√	√	√
杀虫畏	961-11-5	√	—	—	—	—	√
四乙基二硫代焦磷酸酯	3689-24-5	√	√	—	—	√	—
焦磷酸四乙酯（TEPP）	107-49-3	√	—	—	—	—	√
硫磷嗪	297-97-2	√	√	—	—	√	√
苯硫酚	108-98-5	√	—	—	—	—	√
甲苯 -2,4 二异氰酸酯	584-84-9	*	*	—	—	—	√
邻甲苯胺	95-53-4	√	√	—	√	*	√
毒杀芬	8001-35-2	√	√	√	—	√	√
1,2,4- 三氯苯	120-82-1	√	√	√	√	√	√
2,4,5- 三氯苯酚	95-95-4	√	√	√	√	√	√
2,4,6- 三氯苯酚	88-06-2	√	√	√	√	√	√

续表

化合物名称	CAS 号[a]	U.S.EPA 3510	U.S.EPA 3520	U.S.EPA 3540/ U.S.EPA 3541	U.S.EPA 3545	U.S.EPA 3550	U.S.EPA 3580
O,O,O- 三乙基硫代磷酸酯	126-68-1	√	√	—	—	√	—
三氟乐灵	1582-09-8	√	—	—	—	—	√
磷酸三甲酯	512-56-1	*	*	—	—	—	√
2,4,5 三甲基苯胺	137-17-7	√	—	—	—	—	√
1,3,5- 三硝基苯	99-35-4	√	√	—	√	√	√
三（2,3- 二溴丙基）磷酸	126-72-7	√	—	—	—	—	*
磷酸三对甲苯酯	78-32-0	√	—	—	—	—	√

注：[a] 化学文摘服务处（CAS）登记号；

[b] 其他可接受的前处理方法参见第 1.2 节；

[c] 2007 年 11 月 30 日，《综合风险信息系统（IRIS）》将化学品名称由双氯异丙基醚改为双（2-氯 -1- 甲基乙基）醚（通用名称）。此化合物也称为 2,2'- 对二甲苯基醚（1- 氯丙烷）（CAS 索引名）。有关此化学品的别名，请参见 http：//www.epa.gov/iris/subst/0407.htm，第 7 节的“版本历史”和第 8 节。

化合物列表关键事项

“√”表示从历史上来看，可利用该技术获得化合物合适的回收率和精确度。然而，实际回收率可能会随着样品基体、同时分析的化合物数量、分析仪器以及样品的前处理方法而变化。使用一项多个实验室的实验室控制样品（LCS）研究的性能数据更新此表（数据可在第 16 节的参考文献［13］和表 2-8-2 中找到）。如果本研究中平均回收率（%R）在 50%～150%，则认为前处理方法是合适的。

并不是每种化合物都有足够的数据支撑此项研究。如果本方法的旧版本中列出化合物的前处理方法是合适的，也用“√”表示。研究数据见表 2-8-6。有关建立实验室控制样品的（LCS）可接受标准，请参阅第 9 节。

“—”表示该化合物不能用此前处理方法制备。

“*”表示该化合物在使用该前处理方法结合 U.S.EPA 8270 法测定时，重现性、响应、回收率、稳定性和 / 或色谱方面存在问题，可能会降低结果的整体质量或可信度。该化合物可能需要特殊处理，以提高提取效率和分析性能，使其满足项目需求。必要时，可能还需要修正数据。有关该化合物的具体信息，请参见第 1.4 节。

“√ *”表示使用该前处理方法，能满足性能标准（参见“√”的定义）。但是，已知该化合物会出现第 1.4 节中列出的问题（参见“*”的定义）。

1.2　在上述化合物清单中列出的前处理方法外，只要证明方法能够满足项目的要求，还可用以下方法提取半挥发性有机化合物。

空气（颗粒物及吸附树脂）：U.S.EPA 3542 萃取采用 U.S.EPA 0010 采集的半挥发性有机物。

水［包括毒性特征浸出程序（TCLP）的渗滤液］：U.S.EPA 3511 微萃取、U.S.EPA 3535 固相萃取（SPE）。

土壤、沉积物和废弃物：U.S.EPA 3546 微波萃取、U.S.EPA 3561 超临界流体萃取多环芳烃（PAHs）。

1.3 本方法可以用来定量测定大多数中性、酸性和碱性有机化合物，这些有机物可溶于二氯甲烷（只要性能数据符合要求，可使用其他合适的溶剂）并且可以被洗脱、无须衍生化就可从表面涂有少量极性硅酮的熔融二氧化硅毛细管色谱柱上显现尖锐色谱峰。这些化合物包括：多环芳香烃类、氯化烃类、有机氯农药、邻苯二甲酸酯类、有机磷酸酯类、亚硝胺类、卤代醚类、醛类、醚类、酮类、苯胺类、吡啶类、喹啉类、芳香族硝基化合物和酚类（包括硝基酚类）。表 2-8-1 列出了这些化合物的名称及经确认的特征离子。

在大多数情况下，本方法不适用于多组分的定量分析（如多氯联苯、毒杀芬、氯丹等），因为这些化合物灵敏度低或使用气相色谱 / 质谱（GC/MS）技术可能存在测量偏差。串联质谱（GC/MS/MS）可为多组分分析提供足够的灵敏度和选择性。单一成分（例如，PCB 同类物的子集）可以用任何技术来测定，前提是灵敏度满足数据应用要求且来自其他成分的干扰极小。当通过另一种技术定性这些化合物时，只要萃取物中的浓度合适，可使用 U.S.EPA 8270 来确认这些分析物。有关更多信息，请参见第 11.7.5 节。

1.4 下列化合物在使用本方法测定时，可能需要经过特殊处理。

注：有些化合物可能在不止一节中出现。

1.4.1 联苯胺在溶剂浓缩时可能会因发生氧化反应而损失。

1.4.2 在碱性条件下，从水相中提取 α - 六六六、γ - 六六六、硫丹Ⅰ和Ⅱ、异狄氏剂时，会发生降解。如果要测定这些化合物，应在中性条件下萃取。

1.4.3 六氯环戊二烯在气相色谱仪的进样口处会发生热分解，在丙酮溶液中会发生化学反应及光化学降解。建议在加热萃取过程中（如浓缩）避免光照。

1.4.4 *N*- 亚硝基二甲胺在给出的色谱条件下很难与溶剂峰分离。

1.4.5 *N*- 亚硝基二苯胺在气相色谱仪的进样口分解，并且与二苯胺分不开。因此，允许报 *N*- 亚硝基二苯胺和二苯胺的总量。

1.4.6 1,2- 二苯肼是不稳定的（即使在室温下），容易转化为偶氮苯。考虑到该化合物的稳定性，可用偶氮苯校准 1,2- 二苯肼。基于这些情况（化合物难分离），这两种化合物的浓度应报总量。

1.4.7　联苯胺、苯甲醇、苯甲酸、7,12- 二甲基苯并［*a*］蒽、2,4- 二硝基苯酚、4,6- 二硝基 -2- 甲酚、敌螨普、六氯酚、开蓬、美沙吡林、2- 硝基苯胺、3- 硝基苯胺、4- 硝基苯胺、4- 硝基酚、五氯苯酚、对苯二胺、苯酐、邻甲苯胺的色谱性能不稳定，尤其是 GC 系统被高沸点物质污染之后更是如此。

1.4.8　除非在提取前将水样的 pH 调到酸性（如低酸解常数的酚类）或碱性（如苯胺和吡啶），否则某些化合物容易电离，无法从水相中提取出来。

1.4.9　在本方法列出的 GC 进样口温度下，一些化合物的色谱特性差。降低进样口温度可以减少化合物降解。但是，分析人员在调节进样口温度时必须谨慎，因为其他化合物的性能可能受到不利影响。也可使用程序升温进样口。

1.4.10　在试样制备过程中，挥发性较强的化合物如二氯苯、1,4- 二噁烷和吡啶等可能在蒸发浓缩过程中损失。因此，除非在浓缩步骤中非常小心，否则上面列出的许多萃取方法的回收率可能很低。为了更好地评价这些化合物的性能，可以使用其他具有类似理化特性的替代物，如 1,2- 二氯苯 -d_4、1,4- 二噁烷 -d_8 和吡啶 -d_5。

1.4.11　甲苯 -2,4- 二异氰酸酯在水中水解迅速（半衰期小于 30 min）。因此，无法预期该化合物从水相中的回收率。此外，在固体基体中，甲苯 -2,4- 二异氰酸酯经常与乙醇和胺反应生成氨基甲酸酯和尿素，因此，它们无法在溶液中共存。

1.4.12　在酸性或碱性条件从含水基质中（U.S.EPA 3510 和 U.S.EPA 3520）提取以下化合物会加速它们的氧化或水解：阿螨特、苯醌、敌菌丹、内吸磷 -O、内吸磷 -S、2,4- 二氨基甲苯、2,3- 二氯 -1,4- 萘醌、乐果、1,4- 二硝基苯、敌螨普、马来酸酐、马拉硫磷、4,4’- 二氨基 -3,3’- 二氯二苯甲烷、自克威、久效磷、伏杀磷、亚胺硫磷、邻苯二甲酸酐、邻苯二甲酸盐、磷胺、间苯二酚和磷酸三甲酯。

1.4.13　以下目标化合物在储存过程中可能会在水相中发生水解（U.S.EPA 3510 和 U.S.EPA 3520）：阿螨特、保棉磷、敌菌丹、克菌丹、内吸磷 -O、乐果、敌螨普、马拉硫磷、自克威、伏杀磷、亚胺硫磷。

1.4.14　下列分析物在储存过程中可能会发生降解：4- 氨基联苯、阿特拉津、联苯胺、苯甲醛、3,3’- 二氯联苯胺、3,3’- 二甲基联苯胺、己烯雌酚、7,12- 二甲基苯并［*a*］蒽、伐灭磷、六氯芬、开蓬、4,4’- 二氨基 -3,3’- 二氯二苯甲烷、甲磺酸甲酯、1,4- 萘醌、1- 萘胺、2- 萘胺、士的宁。当与校准标准溶液中不相容的化合物或溶剂（如胺和醛不相容）混合时，可能会加速降解。

1.4.15　以下化合物的响应和 / 或回收率可能较低：*N*- 乙酰硫脲、消螨酚、燕麦灵、硫酸二乙酯、3,3'-二甲氧基联苯胺、4,4'-二氨基-3,3'-二氯二苯甲烷、八甲磷、丙基硫氧嘧啶和磷酸三（2,3-二溴丙基）酯。

1.4.16 在萃取过程和在水相基体中储存时（U.S.EPA 3510 和 U.S.EPA 3520），下列化合物会吸附在物体表面：二乙基雌酚、六氯酚和士的宁。

1.4.17 在采用 U.S.EPA 3510 制备样品时应注意，从水相中提取以下化合物，它们的分配系数较差：苯甲酸、己内酰胺、2,4-二氨基甲苯、氨基甲酸乙酯、尼古丁、4-硝基苯酚、*N*-亚硝基二甲胺、苯酚、间苯二酚，应重点关注。

1.4.18 此外，列表中的化合物因试样制备和/或色谱问题导致性能受限，已标记标明。

1.5 本方法允许选用载气（氢气）和 GC/MS/MS。参见附录 2-8-B 和第 6.1.3 节。

1.6 使用本方法前，建议分析人员查阅可能在整个分析过程中使用的每种程序方法（例如 U.S.EPA 3500、U.S.EPA 3600、U.S.EPA 5000 和 U.S.EPA 8000），了解关于质量控制（QC）程序、QC 可接受标准制定、计算和一般指南等信息。同时，分析人员还应阅读 SW-846 手册前面的免责声明以及第 2 章中有关内容，了解在方法、仪器、材料、试剂和用品选择，以及有关分析人员有责任证明所用的技术适用目标化合物、目标基体和相关浓度水平的分析。

此外，分析人员和数据使用者应了解，除规则中明确说明外，SW-846 方法并非联邦政府测试要求中强制使用的方法。本方法中的信息由美国环境保护局（EPA 或环保局）提供，作为分析人员和方法委员会做出必要判断的指南，以报告符合预期使用的数据质量目标（DQOs）的结果。

1.7 本方法仅限于具有气相色谱/质谱联用仪使用经验，经过相关培训，且能熟练掌握质谱解析的分析人员使用，或在他们的指导下使用。每位分析人员必须证明其具备使用本方法能够获得可靠数据的能力。

2 方法概述

2.1 用 GC/MS 分析前，使用合适的制备方法处理样品（请参阅 U.S.EPA 3500），必要时使用样品净化程序（请参阅 U.S.EPA 3600）。

2.2 通过将样品萃取液注入配备窄孔径熔融二氧化硅毛细管柱的气相色谱，将半挥发性化合物引入 GC/MS 中。气相色谱柱通过程序升温分离化合物，然后通过质谱仪检测。

2.3　毛细管柱洗脱的化合物通过直接连接的方式导入质谱仪中。目标化合物的鉴定是通过比较目标化合物与已知标准物的质谱图和保留时间（RT）来完成的，通过比较特征离子相对于内标（IS）的响应值进行定量分析。
2.4　本方法包含的特定校准和质量控制（QC）步骤，可替代 U.S.EPA 8000 中所提供的一般性要求。

3　定义

与本程序有关的定义，请参阅第 1 章以及制造商有关说明。

4　干扰

4.1　溶剂、试剂、气体、其他样品以及实验环境都可能会产生假阳性和 / 或干扰。必须通过分析方法空白（MB）证明样品制备和分析过程不受明显干扰。具体的质量控制程序指南请参考所使用的每种方法，玻璃器皿清洗请参考第 4 章。有关干扰的讨论请参考 U.S.EPA 8000。
4.2　必须对所有空白、样品和加标的原始 GC/MS 数据进行评估是否有干扰。确定样品的制备和 / 或净化过程中是否存在干扰，并采取纠正措施排除干扰。禁止从样品的结果中扣除空白值。如怀疑所测得的化合物浓度有偏差或样本呈假阳性结果，实验室应修正受影响的数据并加以限制，或将数据质量问题告知数据用户。
4.3　当连续分析高浓度和低浓度的样品，会产生交叉污染。为了减少污染，须在样品的注射间隙用溶剂冲洗进样注射器。一些污染物可通过在分析间隔烘烤色谱柱消除。当遇到异常高浓度的样品时，应进溶剂进行分析，以检查交叉污染。紧随高浓度样品之后的低浓度样品需要检查是否可能存在污染残留。其他指导参见 U.S.EPA 8000，第 4.2 节。

5　安全

本方法并未包括其使用过程中的所有安全事项。实验室有责任提供安全的实验环境和职业安全及健康管理局（OSHA）规定的与本方法中使用的化学品安全处理相关的通用文件。所有工作人员都应该能够获取物质安全数据表（MSDSs）的参考资料。使用氢气做载气的安全指南请见附录 2-8-B 第 B1.4 节。

6 仪器和材料

本手册中提及的品牌或产品仅为举例之用，并不代表 EPA 的认可或唯一推荐产品。SW-846 方法中引用的仪器和设备是在方法开发期间或随后方法验证过程中使用的产品和设备。除本手册中列出的以外，其他玻璃器皿、试剂、用品、仪器和设备等，只要证明其能满足分析样品的预期方法性能要求并备有记录文件，即可以使用。

常用的实验室玻璃器皿（如烧杯和烧瓶）未包括在本节中。

6.1 GC/MS 系统。

6.1.1 气相色谱仪：配有程序升温，适用不分流进样装置和所必需的附件，包括注射器、分析柱和气体（如使用氢气作载气，参见附录 2-8-B）。该进样口可以是分流 / 不分流的，程序升温分流 / 不分流（程序升温汽化或 PTV），或柱上富集。毛细管柱应直接与离子源连接。GC 应该配备流量控制器，以便在整个升温过程中保持柱流速度恒定。

6.1.2 毛细管色谱柱：30 m × 0.25 mm ID（或内径为 0.32 mm），膜厚 0.25，0.5 或 1 μm 厚，涂渍硅烷化的熔融石英毛细管柱（5% 苯基甲基聚硅氧烷，5% 苯基亚芳基二甲基聚硅氧烷，或等效）。本节中列出的毛细管柱是在方法建立时所用的毛细管柱，不排除可以用其他色谱柱。实验室可以使用这些或其他毛细管柱，只要实验室记录的方法性能数据（如色谱分辨率、化合物分解和灵敏度）适合于预期用途。

6.1.3 质谱仪。

6.1.3.1 电子轰击离子化源（70 V 电子伏特），以足够快的速度扫描（*m/z* 35 ~ 500），能够在每个目标色谱峰上获得至少 5 个（但最好是 10 个或以上）质谱信息。质谱仪必须能够产生符合第 11.3.1 节所述标准的 DFTPP 质谱图。

6.1.3.2 如果离子阱质谱能够通过轴向调制来减少离子 - 分子反应，并且能够产生类似 EI 质谱谱图，满足美国环保局 / 美国国家标准与技术研究所（NIST）库（或同等库）要求，则可以使用离子阱质谱。MS 必须能够产生符合第 11.3.1 节所述标准的 DFTPP 质谱图。

6.1.3.3 如果检测器配有必要的泵、碰撞单元、碰撞气体和高真空系统，能够以子离子扫描模式或选择反应监测模式（SRM）监控化合物离子转换，则可以使用 MS/MS 检测器。设备的生产商会给出化合物 SRM 中特定的前体和子离子的建议。当使用子离子进行定量分析时，无法通过 DFTPP 分析验证是否满足 11.3.1 系统有效性。但是，该系统必须记录根据制造商的技术规范进行质量分辨率、质量数测定以及使用内部校准（例如全氟三丁胺）分析灵敏度的性能数据。应至少每周对系统的性能进行一次检查，或以适当的频率进行检查，以满足项目的需要。至少，必须在初始校准（ICAL）之前对系统的性能进行检查。

6.1.3.4 选择离子监测（SIM）或化学电离（CI）质谱法对于低于 EI 质谱检测范围或基体干扰较大的样品定量有优势。当 CI 用于定量时，使用 DFTPP 分析是不合适的。请参见第 11.3.1 节。

6.1.4 GC/MS 接口：只要为每个目标化合物提供可接受的校准点并达到可接受的调谐性能标准，可以使用任何 GC–MS 接口。对于细孔毛细管柱，接口通常是毛细管直接接入 MS 离子源。

6.1.5 数据系统：与质谱连接的计算机系统，可在色谱程序的整个过程中连续获取和存储所有质谱信息。该系统必须具有能查找指定质量离子 GC/MS 数据文件及将离子丰度对时间或扫描数作图的软件。这种类型图称为提取离子流剖面图（EICP）。软件还应具有将某特定时间段或扫描数目限度内的 ECIP 丰度积分的功能。也应提供最近版本的 EPA/NIST 质谱库（或同等版本）。

6.1.6 保护柱（可选）：在进样口和分析柱之间的，用柱连接器连接或购买与分析柱集成在一起的产品。

6.2 各种规格进样针。

6.3 容量瓶，A 级：适当尺寸，配有磨砂玻璃塞。

6.4 天平：分析天平，能够称重 0.000 1 g。

6.5 瓶子：玻璃，配备聚四氟乙烯（PTFE）内衬的螺纹盖或钳口盖。

6.6 进样瓶：用于 GC 自动进样器。

7 试剂和标准物质

7.1 所有试验必须使用试剂级化学品。除非另有说明，否则，所有试剂均应符合美国化学学会（ACS）分析试剂委员会的规范，规范可通过以下网址获得：http：//pubs.acs.org/reagents/comminfo/techquestions.html。也可以使用其他等级的试剂，只要先确定试剂纯度足够高，使用时不降低测试准确度。试剂应储存在玻璃容器中，以防止污染物从塑料容器中浸出。

7.2 不含有机物的试剂水：本方法中提到的水均指不含有机物的试剂水。

7.3 标准溶液

以下介绍了目标化合物的贮备液、中间液和工作标准溶液的制备。以下仅供参考，只要符合预定用途，可以使用其他方法和浓度的溶液。有关校准标准溶液制备的其他信息，请参见 U.S.EPA 8000。经合格供应商或第三方认证的商用多种浓度标准贮备液也可以使用。

7.4 标准贮备液（1 000 mg/L）：可以由纯物质制备或购买有证标准溶液。

7.4.1 准确称量约 0.010 0 g 纯物质，配制标准贮备液。将物质溶解在合适的溶剂中并在 10 ml 的容量瓶中稀释到刻度线。为了方便，可以使用较大体积的容量瓶。只要化合物的纯度达到 96% 或以上时，计算标准贮备液浓度时可不进行修正。商品化标准贮备液只要经过生产商或独立机构的验证均可使用。

7.4.2 将标准贮备液移入装有 PTFE 内衬螺纹瓶中。将瓶（避光）储存在≤6℃或制造商推荐的温度。应定期检查标准贮备液是否有降解或蒸发，特别是在配制校准标准溶液前。

7.4.3 从供应商购买的有证标液须按照制造商建议的有效期更换。自配的标准贮备液 1 年后必须更换，如质控溶液显示贮备液有问题，则提早更换。当贮备液是混合溶液，不论其来源，他们必须按照生产商的有效期限或 1 年（以先到者为准）进行更换。如果发现问题，则必须在更短的时间内更换。

7.4.4 建议将亚硝胺类化合物单独配制校准溶液，不要与其他校准溶液混合。使用有证混标溶液时，请参阅制造商的说明操作。

7.4.5 与盐酸盐混合可能会含有盐酸杂质，会增加分析的难度。使用有证混标溶液时，请参阅制造商的说明操作。

7.5 IS 溶液：推荐的内标为：1,4- 二氯苯 -d_4、萘 -d_8、苊 -d_{10}、菲 -d_{10}、䓛 -d_{12}、苝 -d_{12}（见表 2-8-9）。有关更多信息，请参见 U.S.EPA 8000 的第 11.4.3 节。其他化合物也可作为内标使用，只要它们具有与其目标化合物相似的保留时间，可以被明确识别并符合第 11 节中描述的可接受准则。有关其他信息，请参见 U.S.EPA 8000 的第 11.4.3 节。

7.5.1 取每种化合物 0.200 g，用少量二硫化碳溶解。转移至一个 50 ml 的容量瓶中，用二氯甲烷定容，最终的溶液含大约 20% 的二硫化碳。大多数化合物能溶解于少量体积的甲醇、丙酮或甲苯中，但苝 -d_{12} 除外。最终，溶液含有每种标准物质的浓度为 4 000 ng/μl。每个 1 ml 样品提取液应加入 10 μl 的内标溶液，产生的内标物浓度相当于 40 ng/μl。不使用时，应避光存放在≤6℃的地方（最好在 -10℃）。使用有证混合溶液时，放置时间和储存温度应满足制造商的文件要求。

7.5.2 为了达到更低的检出限，可以使用更为低浓度的内标溶液。

7.6 GC/MS 调谐确认溶液：建议为配在二氯甲烷中浓度≤50 ng/μl DFTPP 溶液。使用其他溶剂可能会导致 DFTPP 的降解。标准溶液也应该含有 50 ng/μl 的 4,4'-DDT、五氯苯酚和联苯胺，以检验进样口的惰性和色谱柱的性能。如果进样量≤50 ng，通过改变进样体积进行补偿，可使用其他浓度的溶液。不使用时，避光存放在≤6℃的地方（最好在 -10℃）。为了达到更低的检出限，使用更低浓度的内标溶液，配制更低浓度的调谐溶液可能也是必要的。使用有证的混合溶液时，放置时间和存储温度应按制造商文件要求执行。

7.7 校准标准溶液：用于本方法的校准标准溶液有两种：一种是配制初始校准（ICAL）和连续校准验证（CCV）溶液的母液；另一种是由其他来源提供的初始校准验证（ICV）标准溶液配制。使用有证的混合溶液时，放置时间和存储温度应按制造商文件要求执行。

7.7.1 初始校准（ICAL）标准溶液必须至少由 5 种不同浓度的二级稀释贮备液或有证混合溶液配制而成。为了得到平均响应因子（$\overline{RF}$）或线性（一次）方程，校准曲线至少有 5 个不同浓度点，曲线拟合方程（二次）至少需要 6 点且最低点在定量限以下（见第 9.9 节以及 U.S.EPA 8000）。校准曲线中至少有 1 点的浓度等于或低于样品的浓度，以符合本项目数据质量目标（DQOs）的要求。其余校准点溶液浓度范围应与实际样品的浓度范围接近，但不要超过 GC/MS 系统的工作范围。为了给出方法的定性和定量结果，每种标准溶液都应涵盖所有目标化合物。

7.7.2 CCV 标准溶液的配制浓度应接近相同来源配制的 ICAL 溶液的中间点浓度或者可直接用 ICAL 中间点的溶液。

7.7.3 由第二来源配制的初始校准验证溶液的浓度应在校准曲线中间点浓度附近，标准物质由第二个制造商或同一制造商独立分批生产用来验证不同批次质量的物质。来自同一制造商的不同批号产品可能满足这一要求。如果可行，该标准溶液应包含检测的所有目标化合物。有关指导和可接受限值，请参见第 9.3.2 和 11.3.7 节。

7.7.4 EPA 认为，校准曲线中要包含所有目标化合物。这些目标化合物不必包括方法证明有效的整个化合物清单（第 1.1 节）。但是，实验室不应给出不在校准标准溶液中的物质的定量结果。

7.7.5 在分析前，每 1 ml 的校准溶液应加入 10 μl 的内标溶液。不用时，所有标准溶液都必须避光存放在≤6℃的地方（最好在 -10℃），并应每年重新配制一次，或检查标准溶液发现问题时，应重新制备。初始校准验证和连续校准验证标准溶液应根据需要制备，并在≤6℃下储存。

7.8 替代物标准溶液：推荐的替代物为苯酚 -d_6、2- 氟代苯酚、2,4,6- 三溴苯酚、硝基苯 -d_5、2- 氟联苯和对三联苯 -d_{14}。理化特性与目标化合物非常相似的其他化合物也可用作替代物，如 EPA 合同实验室项目（CLP）的工作说明书（SOW）中的氘代监测化合物，这可以在第 16 节中的参考文献［17］中找到，只要它们不存在于实际样品中，并且可以明确地识别，符合第 11 节中 ICAL 和 CCV 的所有接受标准。参考 U.S.EPA 3500 的说明配制替代物溶液。配制挥发性较强的替代物请参考第 1.4.10 节。

注：样品中含有余氯时，苯酚 -d_6 易与其反应生成氯酚类化合物。此时，采用 W-846 第 14 章样品保存措施减少氘代苯酚类或其他易受影响的化合物的降解。

注：在使用前，分析替代物加标溶液确认溶液浓度是一种很好的做法。当空白和实验室控制样品中替代物回收率有问题时，也建议按此进行排除。

7.9 基体加标和实验室控制样品 - 参见 U.S.EPA 3500 制备基体加标。为了避免不同来源标准溶液浓度偏差对全过程回收率的影响，采用与 ICAL 标准溶液相同来源的溶液制备基体加标和实验室控制样品。制备基体加标和实验室控制样品应选用与调查目的相关，具有代表性的目标化合物。建议所有实验室控制样品和基体加标样品中都要含有给出结果浓度的物质。在某些情况，一组数量有限的代表性目标化合物是可以接受的。

注：在使用前或排除实验室控制样品中目标化合物回收率低的故障时，分析 / 验证目标化合物加标溶液的浓度是一个很好的做法。

7.10 溶剂：丙酮、己烷、二氯甲烷、异辛烷、二硫化碳、甲苯或其他合适的溶剂。所有溶剂都必须是农残级或同等规格。必要时，溶剂可在使用前进行脱气。

7.11 载气：可使用氦气或氢气。如果使用氢气，可能需要调整分析条件以获得最佳性能并且第 9.0 节中的校准和所有质控测试必须使用氢载气进行。有关指导请参见附录 2-8-B。

8 样品采集和保存

样品的采集、保存和储存要求可能因 EPA 项目的不同而有变化，或可能在规范或项目规划文件中有所规定，这些文件要求对特定污染物进行符合性监测。凡规范或项目计划文件中有明确要求的，按要求执行。如果没有特定的法规要求，使用以下信息作为样品采集、保存和储存要求的指导。

8.1 有关储存条件和保存时间，请参阅 SW-846 第 14 章“有机分析”的介绍材料。

8.2 将样品萃取液储存在密封 PTFE 衬里隔垫的密封小瓶（如螺纹盖瓶或钳口瓶）

中，≤ 6℃避光保存。

9　质量控制

9.1　有关质量保证（QA）和质量控制（QC）措施请参阅 SW-846 第 11 章。当质量控制指南文件之间存在不一致时，方法中特定的质量控制标准优先于基于特定技术的标准以及第 11 章中给出的标准，特定技术的质量控制标准优先于第 11 章中的标准。任何涉及收集分析数据的工作都应包含在一个结构合理、系统化的计划文件中，例如质量保证方案计划（QAPP）或采样及分析计划（SAP），这些文件将项目目标和规范转换为执行项目和结果评价人员的操作指南或实施方案。每个实验室都应该建立并保持一个正式、规范的质量保证程序。实验室还应备存记录，以证明所出数据的质量。所有的数据记录和质量控制数据都应保存以备查阅或检查。

9.2　具体测定方法质量控制程序参考 U.S.EPA 8000。参考 U.S.EPA 3500 或 U.S.EPA 5000，以确保各类样品制备的正确性。如需净化萃取液，参考 U.S.EPA 3600 以获得合适的质控程序。本方法中涉及的更具体的质量控制程序优先于 U.S.EPA 3500、U.S.EPA 3600、U.S.EPA 5000 或 U.S.EPA 8000 中的规定。

9.3　U.S.EPA 8000 中有评估气相色谱系统运行所需的质控程序，包括评估保留时间窗口、校准曲线验证和样品色谱分析的程序。此外，下列仪器质量控制标准的讨论也能在参考文件中找到，概要见表 2-8-6。对于不符合质量控制接受准则的化合物，不应进行定量分析。但是，若结果用于筛选，且被视为估值时，可以继续对那些超出标准的分析物进行分析。

9.3.1　在进行初始校准前，GC/MS 必须符合 DFTPP 标准。更多详情，参见第 11.3.1 节和第 11.4.1。在相同分析条件下，可接受标准主要用于验证灵敏度、质量精度和质量分辨率。

9.3.2　必须有一个如第 11.3 节所述 GC/MS 的初始校准。在分析实际样品前，如果可能，使用第二来源初始校正验证标准溶液验证初始校准标准溶液（见第 7.7.1 和 11.3.7 节）。

9.3.3　GC/MS 系统必须符合第 11.4 节中的连续校准验证的可接受标准。

9.4　能力的初始验证（IDP）

在实施一种方法之前，每个实验室必须进行能力的初始验证（IDP），在整个样品制备和分析过程中，至少将 4 个参考平行样加入洁净基质。每当仪器或程序发生重大变化时，实验室必须证明条件变化了，实验室仍然可以获得可接受的精度和偏差。此外，每当有新的员工接受培训，每个分析员都必须对所负责的方法或方法的一部分进行能力的初始验证。验证应记录新的分析员能够成功地按照实验室制定的 SOP 并满足任何适用的可接受标准。有关如何进行能力的初始验证的更多信息，请参阅 U.S.EPA 8000 的第 9.3 节。

9.5 空白

9.5.1 在处理任何样品之前，分析人员必须通过对方法空白（MB）或仪器空白分析证明设备和试剂未受污染和干扰。如果空白中出现杂峰，阻碍定性或导致定量偏差，如果可能，分析人员应确定污染源并消除。作为一项持续性检查，当试剂发生变化时，每次提取、净化和分析样品时，都必须制备和分析方法空白中目标化合物，防止慢性实验室污染。方法空白和现场空白必须经过试样制备和分析全过程。在建立校准曲线之后和分析样品之前，必须在每个仪器上分析至少一个方法空白或仪器空白。

9.5.2 如果目标化合物浓度低于定量下限（LLOQ）的一半或低于项目特定要求，通常认为空白是可接受的。如果批次中相关的样品没有受到影响（即样品中没有目标化合物或样品浓度 / 响应大于或者等于空白的 10 倍），则空白中化合物的浓度可能超过可接受限值。可以根据项目的需要使用其他标准。

9.5.3 如果在批次样品中发现了目标化合物，其浓度接近于空白中的浓度（请参阅第 9.5.2 节），则该化合物的出现和 / 或浓度值得怀疑，并可能需要定性识别。空白中的污染物应满足第 11.6 节中要考虑的大多数或全部定性鉴定。如果空白不符合实验室建立的或项目特定的标准，可能需要重新萃取和 / 或重新分析样品。如果目标化合物浓度远远低于规定的限值，或者目标化合物被认为对项目不重要，则无须重新萃取和 / 或重新分析。

9.5.4 当收到新的试剂或化学品后，实验室应监测与样品有关的空白，以确认是否存在任何污染迹象。如果来源没有问题，那么不必在试样制备之前就对每一批新的试剂或化学品进行检测。但是，如果在制备过程中更换了试剂，则应为每组试剂准备单独的空白。

9.5.5 实验室不得从任何相关样品中扣除空白值。这种“扣空白”可能导致负值。若方法空白结果不符合项目特定的可接受标准且无法重新分析样品，则应向数据用户提供样品结果、方法空白结果和实验室讨论后所采取的纠正措施。

9.6　制备和分析过程中样品的质量控制

实验室还必须有记录基体对方法性能（如：精确度、偏差和方法灵敏度）影响的程序。至少，必须要有对方法空白和实验室控制样品的分析，如果可行的话，还要有基体加标、平行样并监控替代物的回收率。这些质控样品分析方法与实际样品相同（第 11.0 节）。

9.6.1　记录基体影响应包括对至少一个基体加标和一个样品平行或一对基体加标 / 基体加标平行的分析。关于是制备、分析一个基体加标和一个样品平行还是一对基体加标 / 基体加标平行，必须根据对样本和项目目标的了解，并在项目计划文件中加以说明。如果预计到样品中含有目标化合物，实验室可以用一个基体加标和一个样品平行。如果预计样品不含有目标分析物，那么实验室应该用一对基体加标 / 基体加标平行。请参阅 U.S.EPA 8000 了解关于制定基体加标 / 基体加标平行的可接受标准信息。

9.6.2　每个制备批次必须含有一个实验室控制样品。实验室控制样品由与样品基体类似的干净基体组成，且其重量或体积相似。如果合适，实验室控制样品中可加入与基体加标相同浓度的目标化合物。当基体加标的分析结果表明有因样品基体本身产生的问题，实验室控制样品的结果可以用来确认实验室可以在干净基体中进行分析。有关制定实验室关于实验室控制样品的可接受标准，请参阅 U.S.EPA 8000。

9.6.3　每个分析批次必须包含一个方法空白或仪器空白。方法空白由与样品基体类似的干净基体组成，且其重量或体积相似。如果合适，可以包括其他类型的空白（如设备清洗、运输空白等），但它们与方法空白不同。

9.6.4　有关执行样品制备和分析的质量控制程序请参见 U.S.EPA 8000。应使用 U.S.EPA 8000 中的指南编写评价方法性能的内部方法性能标准。

9.7　每个空白、实际样品、实验室质控样和现场质控样都必须添加替代物。实验室应评估样品的替代物回收率数据与实验室制定的替代物控制限值。有关评估替代物数据以及制定和更新替代物限值的信息请参见 U.S.EPA 8000。评估多个替代物回收率程序和相关纠正措施的程序应在实验室的 SOP 或批准的项目计划中确定。

9.8　监控内标的响应可确认灵敏度不变，减少测量相关目标化合物浓度的偏差风险。将实际样品中的内标响应与初始校准或连续校准中的相同内标响应进行比较，推荐的可接受标准见第 11.5.4.1 节。当内标响应超出可接受限值时，需要进行进一步研究，可能对检出和未检出的结果进行修正。

9.9 定量下限（LLOQ）

定量下限（LLOQ）的通用指南参见本节和 U.S.EPA 8000。定量下限是实验室证明可以可靠地测量和报告目标化合物，并具有一定可信度的最低浓度。定量下限必须高于或等于校准曲线的最低点。实验室应在符合定量和定性要求的浓度确定定量下限（见第 11.6 节）。实验室应至少每年对定量下限进行验证，并在制备和 / 或分析程序发生重大变化时，在较低浓度下验证定量分析能力。可通过在 0.5 ~ 2 倍的定量下限浓度萃取和 / 或分析实验室控制样品（或基体加标）进行验证。如果预计在定量下限浓度时基体有明显的干扰，根据项目特定要求进行的额外定量下限验证可能会有帮助。验证可以使用干净基体（如试剂水、溶剂空白、渥太华砂、硅藻土）或不含目标化合物的代表性样品基体来完成。最理想的情况，定量下限应该小于基于数据质量控制目标所定的预期决策浓度或法规规定浓度。

9.9.1 定量下限验证

9.9.1.1 使用干净基体加标验证定量下限是一种最理想的情况，因为它没有评估真实样品可能存在的基体效应。基于具体项目测定定量下限，利用已建立的数据质量控制目标，一个具有代表性的特定基体的定量下限验证可以更好评估最低定量能力。

9.9.1.2 定量下限验证是通过将目标化合物以 0.5 ~ 2 倍的定量下限浓度加入干净的基体制备的。另外，一个有代表性的不含目标化合物的样品基体也可以掺入 0.5 ~ 2 倍的定量下限浓度的目标化合物进行定量下限验证。定量下限的确认过程中的试样制备和分析与实际样品、质控样品一致。建议对每台出数据的仪器进行定量分析下限验证分析；但是，实验室至少应在 3 年内对同类的分析仪器进行定量下限验证。

9.9.1.3 定量下限验证中目标化合物的回收率应处于既定的内部限值范围内或处于项目特定的可接受限值范围内，以证明在定量下限附近方法性能是可以接受的。在实验室拥有足够的数据确定可接受的限值前，可将实验室控制样品标准 ±20%（即下限减 20%，上限加 20%）用于定量下限的可接受标准。这种做法在校准曲线的低点可能存在更大的不确定性。一旦获得了足够的数据，就应该确定实用的、基于历史的定量下限的可接受标准。

9.9.2 报告低于定量下限的浓度：低于已确定的定量下限的浓度仍可报告；不过，这些化合物须标记为估值。实验室的 SOP 或项目特定计划中应记录报告低于定量下限浓度的程序。报告低于定量下限的化合物物应符合第 11.6 节中的大部分或全部定性鉴别标准。

9.10　建议实验室使用此方法时采用额外的质量保证措施。根据实验室需要和样品的实际情况制定特定措施是最有效的。实验室应尽可能测定标准参考物质，并参加相关能力验证。

10　校准和标准化程序

有关校准和标准化程序，请参阅第 11.3 和第 11.4 节。

11　操作步骤

11.1　在进行 GC/MS 分析前，样品一般使用表 2-8-2 方法中的一种进行制备。

表 2-8-2　不同基体对应的方法

基体	方法
气体（颗粒物及吸附树脂）	U.S.EPA 3542
水（包括 TCLP 浸出液）	U.S.EPA 3510，U.S.EPA 3511，U.S.EPA 3520，U.S.EPA 3535
土壤和沉积物	U.S.EPA 3540，U.S.EPA 3541，U.S.EPA 3545，U.S.EPA 3546，U.S.EPA 3550，U.S.EPA 3561
固体废物	U.S.EPA 3540，U.S.EPA 3541，U.S.EPA 3545，U.S.EPA 3546，U.S.EPA 3550，U.S.EPA 3561，U.S.EPA 3580

11.2　萃取液净化：对于相对干净的样品基体，可不需要净化程序。环境和固体废物样品中的萃取液在分析前可能需要额外的净化步骤。具体的净化程序取决于目标化合物、干扰物的性质和项目的数据质量控制目标。样品萃取液净化的通用指南见本节及 U.S.EPA 3600。

在进 GC/MS 分析前，萃取液可以使用表 2-8-3 方法中的一种进行净化：

表 2-8-3　不同化合物对应的净化方法

目标化合物	方法
所有的碱性、中性、酸性优先控制污染物	U.S.EPA 3640
苯胺类及苯胺的衍生物	U.S.EPA 3620
氯化烃类	U.S.EPA 3620，U.S.EPA 3640
卤代醚类	U.S.EPA 3620，U.S.EPA 3640
硝基芳烃类和环酮类	U.S.EPA 3620，U.S.EPA 3640

续表

目标化合物	方法
亚硝基胺类	U.S.EPA 3610，U.S.EPA 3620，U.S.EPA 3640
有机氯农药	U.S.EPA 3610，U.S.EPA 3620，U.S.EPA 3630，U.S.EPA 3640，U.S.EPA 3660
有机磷农药	U.S.EPA 3620，U.S.EPA 3640
多环芳烃	U.S.EPA 3611，U.S.EPA 3630，U.S.EPA 3640
多氯联苯	U.S.EPA 3620，U.S.EPA 3630，U.S.EPA 3660，U.S.EPA 3665
石油废弃物	U.S.EPA 3611，U.S.EPA 3650
酚类	U.S.EPA 3630，U.S.EPA 3640
邻苯二甲酸酯类	U.S.EPA 3610，U.S.EPA 3620，U.S.EPA 3640

11.3 初始校准

参考表 2-8-4，设置 GC/MS 的运行条件：

表 2-8-4 仪器参考条件

目标对象	方法
质量范围	质荷比 m/z：35 ~ 500
采集速率	在一个色谱峰上获得至少 5 个（但最好是 10 个或以上）质谱数据
初始温度	40℃，保持 4 min
升温程序	40 ~ 320℃，每分钟上升 10℃
最终温度	320℃，保持此温度直到苯并［g,h,i］芘被洗脱出以后 2 min
进样口温度	225 ~ 300℃
传输线温度	250 ~ 300℃
离子源温度	根据制造商的说明书设置
进样口	Grob 型，分流 / 不分流式
进样量	0.5 ~ 2 μl
载气流速	氢气流速为 50 cm/s，或氦气为 30 cm/s
仅针对离子阱质谱	根据制造商的建议设置轴向调谐器、歧管温度和发射电流

如果质谱仪的灵敏度足够高，可以分流进样。

11.3.1 GC/MS 须能硬件调谐，注入 50 ng 或更少的 DFTPP 时，满足制造商制定的可接受标准，或如表 2-8-7 所示的标准。表 2-8-7 的调谐标准是使用氦气作载气的四极杆质谱制定的。普遍认为针对仪器类型（如飞行时间、离子阱等）制定的调谐标准可能更有效。此时，应该遵守制造商的调谐说明或其他适用的调谐标准。然而，无论选择哪种调谐标准，样品和校准溶液的分析条件应一致。

可以通过使用内部校准物（如全氟三丁胺，也称为 PFTBA）证明系统性能可接受，满足制造商质量关于分辨率、质量准确度和灵敏度的规定。只有在初始校准前，才对仪器进行调谐。根据系统或分析条件，可以使用其他参照化合物验证 MS 性能可接受（例如，负离子的 CI 源可用八氟萘）。

无论如何评估 MS 性能，只有在满足性能标准后，才能开始系统校准，样品和校准溶液须在相同的条件下分析。如果使用 CI、SIM 或串联 MS，则可以用制造商的 MS 调谐标准或上面列出的一个其他替代程序来代替 DFTPP 调谐验证要求。

11.3.1.1　如果仪器制造商没有提供如何获得 DFTPP 质谱图的具体建议，可使用以下方法：分别扫描 DFTPP 峰顶点、峰上三个最高点取均值或整个峰取均值来评价系统性能。用 DFTPP 洗脱后进行 20 s 内的单个质谱图扫描扣除背景。减去背景的目的仅仅是为了消除柱流失或者仪器的背景值。不要将 DFTPP 离子峰或其他没与 DFTPP 共洗脱的峰去掉。

11.3.1.2　如果没有基本调谐标准，使用制造商说明书中的 DFTPP 质量强度标准或表 2-8-7 中默认调谐可接受标准作为基本的调谐可接受标准。此外，如果方法性能没有受到负面影响，也可以使用其他已颁布的的调谐标准（例如，CLP 或 U.S.EPA 625）。分析人员可以选择比本方法的标准更为严格的标准或者使用其他已颁布的标准，前提是在能力的初始验证、校准验证和样品分析中也使用这些标准。

注：除 SIM 分析外，与 DFTPP 分析相关的，在其之后分析的标准溶液、实际样品和质控样品必须使用相同的质谱条件。在全扫描模式下分析 DFTPP，标准溶液、样品和质控样可以用 SIM 分析。不用 SIM 法分析 DFTPP，实验室应使用另一种检测器验证方法，如 PFTBA，或制造商推荐的检测器确认方法。

注：DFTPP 调谐确认不适用于使用 CI 源或串联 MS 的 SRM。然而，实验室必须在初始校准前证明，MS 系统满足仪器制造商用全氟三丁基胺（PFTBA）或其他的化合物作为内部校准剂制定的质量准确度和质量分辨率标准。

11.3.1.3　可用 GC/MS 的调谐确认溶液评估气相色谱柱的性能和进样口的惰性。DDT 降解为 DDE 和 DDD 的比例不应超过 20%（分解率计算参见 U.S.EPA 8081）。联苯胺和五氯苯酚应响应正常，按式（2-8-1）计算，它们的拖尾因子不应超过 2：

$$拖尾系数=\frac{BC}{AB} \quad (2\text{-}8\text{-}1)$$

其中，峰的定义如下（详细信息见图 2-8-1）：*AB* 为从中心点到 *A* 点的线段；*AC* 为峰高为 10% 处的峰宽；*BC* 是从中心点到 *C* 点的线段；*DE* 为峰高，*B* 为 10%DE。该公式在 10% 峰高处比较了前后二半部分峰宽的大小。

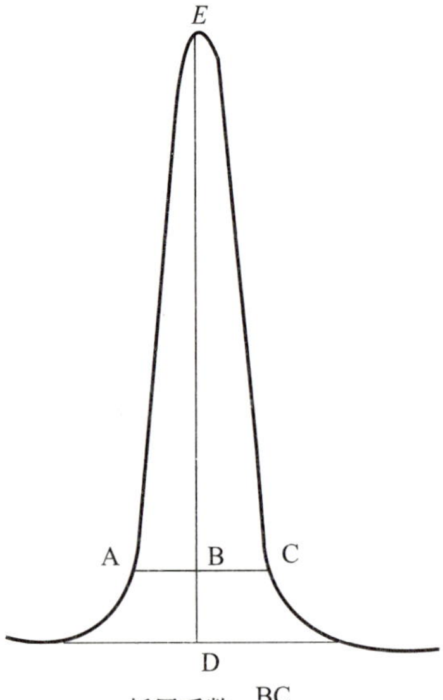

图 2-8-1　标准色谱峰

注：进行降解和拖尾因子检查目的是验证进样口的惰性。当目标化合物包括物质较多，特别是活性较强的酚类和农药类时这个程序很重要。当目标化合物不受相同色谱或化学反应活性的影响（如多环芳烃、多氯联苯），或使用其他质谱技术（如 CI，MS/MS）不进行常规全扫描时，这些检查是可选的。

11.3.1.4　如果降解过多和 / 或色谱性能差，进样口需要维护。需要将毛细管柱的进样口端切除 6 ~ 12 英寸以去除柱内的高沸点污染物。在进样口和色谱柱之间使用保护柱（见第 6.1.6 节）可能有助于延长色谱柱的使用寿命。

11.3.2　每个目标化合物、内标的基峰质荷比作为定量离子（表 2-8-5），只要使用一致，也可以使用质谱图中其他丰度强的离子用于定量。如果观察到干扰，也可以使用丰度次强的离子作为定量分析离子（例如，对于 1,4- 二氯代苯 -d_4，使用质荷比 152 定量）。

11.3.3　分析一系列的校准标准溶液（包含用于定量的化合物、替代物、内标），计算主离子的响应与目标化合物浓度比值（表 2-8-5）。校准曲线至少 5 点，最低点浓度≤定量下限（见第 7.7 节、第 9.9 节和 U.S.EPA 8000）。如果满足本方法的质控要求，可以使用其他进样量。所有标准溶液和样品萃取液的进样体积都应一样。图 2-8-3 显示的是校准曲线的 1 点，含有碱性、中性和酸性化合物谱图。

注：应在满足定量和定性要求前提下建立定量下限（见第 9.9 和 11.6 节）。仔细核查浓度在定量下限的校准点中目标化合物，确保是峰信号，不是背景值，并满足 11.6 节中的定性分析要求。

11.3.4　初始校准计算

计算目标化合物、内标的定量离子（建议离子见表 2-8-5）对浓度的响应。目标化合物与其对应内标的响应因子的计算公式如下：

$$\mathrm{RF}=\frac{A_s\times C_{\mathrm{IS}}}{A_{\mathrm{IS}}\times C_s} \tag{2-8-2}$$

式中，A_s——目标化合物或替代物的峰响应；

A_{IS}——内标物的峰响应；

C_s——目标化合物或替代物的浓度，μg/ml；

C_{IS}——内标物的浓度，μg/ml。

11.3.4.1　按下列公式计算每个目标化合物的平均响应因子及其相对标准偏差（RSD）：

$$\mathrm{meanRF}=\frac{\sum_{i=1}^{n}\mathrm{RF}_i}{n} \tag{2-8-3}$$

$$\mathrm{RSD}=\frac{\mathrm{SD}}{\overline{\overline{\mathrm{RF}}}}\times 100 \tag{2-8-4}$$

$$\mathrm{SD}=\sqrt{\frac{\sum_{i=1}^{n}\left(\mathrm{RF}_i-\overline{\mathrm{RF}}\right)^2}{n-1}} \tag{2-8-5}$$

式中，RF_i——校准标准溶液的每种物质的响应因子；

$\overline{\mathrm{RF}}$——ICAL 中每种物质的平均响应因子；

n——校准点的数量（例如 5）；

SD——标准偏差。

11.3.4.2　每个目标化合物相对标准偏差应≤20%（见第 11.3.5 节）。表 2-8-8 所列响应因子的最低限值，用于确认系统是否工作正常，并可以确认校准标准溶液是否正确制备。由于表 2-8-8 中的最小响应因子是由特定的离子产生，不同的仪器参数会有差异，所以不可能预期或要求所有的目标化合物都满足这些最小响应因子。信息仅供参考。实验室应在其标准操作程序中建立程序［例如，实验室建立最小响应因子、信噪比（S/N）检查等］，以确认仪器正常工作，校准标准溶液配制正确。

注：对于响应因子＜0.01（峰值响应小于内标物响应的 1/100）的目标化合物，相对于其他化合物，建议提高其浓度，使其响应与其他化合物更有可比性。

11.3.5　目标化合物的线性，如果任何目标化合物的相对标准偏差≤20%，则认为响应因子在校准范围内为常数，平均响应因子可用于定量分析（第 11.7.2 节）。除非报告的浓度标记为估值，平均响应因子不可用于相对标准偏差＞20% 的化合物。

11.3.5.1　如果任何目标化合物的相对标准偏差＞20%，请参考 U.S.EPA 8000 中的第 11.5 节，以指导选择其他校准模式。在这种情况下，必须将其中一个选项对 GC/MS 系统进行校准，或者进行一次新的初始校准。

11.3.5.2　当相对标准偏差超过 20% 时，绘制校准曲线和目测检查是一种有效的诊断方式。检查可能会发现分析中产生的问题，包括标准溶液制备的错误，色谱系统中存在的活性点，色谱性能较差的化合物等。

11.3.5.3　如果初始校准中超过 10% 的化合物（或需要报告的化合物超过 10%）相对标准偏差限值超过 20%，并且不符合其他曲线拟合的最低标准［$r^2 \geq 0.99$ 或相对标准误差（RSE）≤20%］，则认定色谱系统活性太强，不能开始进行分析。纠正问题根源，然后按照第 11.3 节重新开始校准程序。如果化合物不符合这些标准，标记为估值后仍然可以报告浓度。为了报告未检出化合物，必须证明有足够的准确度可以检出浓度在定量下限上的，校准曲线线性差的化合物，参见第 11.3.6 节的标准物回算浓度和第 11.4.4.2 节的连续校准验证。关于 RSE 的进一步讨论，请参考 U.S.EPA 8000。RSE 计算示例见参考文献［19］。

11.3.5.4　由于用本方法分析的化合物数量很多，有些化合物可能不满足这些标准。在这些情况下，一般认为表现较差的化合物对于特定的项目不重要。分析人员应更加注重那些对特定项目重要的化合物，使其满足校准曲线的标准。没有必要让不报结果的化合物也满足标准要求。

注：一旦最终确定校准模型，仅为了通过样品的推荐质量控制标准，以及视情况而定通过相应的质量控制标准而选择另一种模型是不合适的。

11.3.6　校准，特别是在使用线性回归方程时，可能在低浓度点部分存在偏差。使用最终的标准物质生成的校准曲线（即将响应值重新代入曲线中计算）重新计算最低点浓度（不是重新分析）。更多有关细节，请参见 U.S.EPA 8000。重新计算的低浓度校准点（特别是使用线性回归方程）的浓度应在标准真实浓度的 ±50% 范围内，重新计算的高于定量限的任何校准标准溶液的浓度应在 ±30% 范围以内。根据项目的需要，可采用其他标准；但是，这些标准应该在实验室标准操作流程或特定项目的 QAPP 中明确。对不符合重新拟合标准的目标化合物应进行评估，以便采取纠正措施。如果在低浓度重新拟合失败，且这个浓度点与定量下限接近，则应标记结果为估值或者重新在一个较高浓度重新建立定量下限。

11.3.7　初始校准验证。在分析样品前，如果可能，使用从第二来源获得另一个校准标准溶液去验证初始校准，例如，可使用第二个制造商，或同一制造商但与校准标液不同批次来源的标准溶液。推荐的目标化合物可接受标准是预期浓度的 70% ~ 130%。根据特定项目的数据质量目标，可以使用其他标准。对于不符合初始校准验证的目标化合物，不应进行定量分析。但是，若结果只用于筛选或标记为估计值，可以继续对那些不符合标准的化合物进行分析。

11.3.8　SIM 和 SRM 模式分析的其他考虑事项。SIM 和 SRM 对于定量浓度在正常 EI 源质谱定量下限以下的化合物十分有用，这两种方法都是本方法可选方法。使用主要质荷比（或 SRM 检测器的子离子）进行定量分析，至少有一个次要质荷比（或子离子）进行定性确认，根据色谱保留时间建立采集组。所选的质荷比（或子离子）值应包括仪器上获得的目标化合物的质谱图中记录的任何质量损失，通常＜0.2 amu。每个离子的停留时间可以通过仪器软件自动计算，或者根据目标化合物的峰宽、每个峰上的数据点以及每个时间段获取共存离子计算得出。当每一段监测的质子数少时，可以增加每一段质谱的采集时间，从而提高系统的灵敏度。质谱的的总循环时间应该足够短使得每个色谱峰至少需要采集 5 个数据点，最好是 10 个或以上。

当在选择离子监测或者选择反应监测模式中分析样品时（通常是为了实现较低的报告限或减少干扰），建议采用以下最佳做法：

对于每个目标化合物，应至少监测两种离子，使用校准曲线的中点为每一种化合物建立适当的离子比例。主要离子和次要离子的比值是在选择离子监测和选择反应监测（除保留时间）中唯一可供使用的定性分析工具，这提高了它们在正确识别中的重要性。在给定的基体中预期或观察到干扰时，采集多个次要离子可能有助于定性分析。

所有监测的离子必须正确积分获得合适的离子比例。用初始校准标准溶液的中间点去更新主 / 次离子比例和参照质谱图。

SIM 分析的更多指导，特别是在多环芳烃和酚类化合物上的，可在最新的 CLP 半挥发性有机方法工作说明书中找到。有关更多细节，请参见以下 CLP 工作说明书的选择离子监测部分：EPA CLP 多种浓度有机物分析、SOM01.2 SOW（参考文献［12］）或 U.S.EPA 625 现行版本。

11.4 连续校准验证（CCV）：一个 CCV 标准溶液必须在样品分析前，每 12 h 分析周期的开始时进行分析。

11.4.1 每天分析 GC/MS 的调谐确认液已不再作为 CCV 的一部分。但是，分析人员应仔细检查色谱图和目标化合物以及 CCV 中内标物是否在系统中降解。详细资料请参阅第 11.4.4.2 节中的备注。

11.4.2 每一种目标化合物的初始校准（第 11.3 节）必须在样品分析前每 12 h 进行验证，分析初始校准标准溶液和样品的进样及方法参数一致，这可以通过分析校准标准溶液（包含要报告的所有化合物）来完成，可以在 GC/MS 校准范围的中点用 ICAL 溶液的母液进行制备。须与最近 ICAL 的曲线进行比较，满足 11.4.4 ~ 11.4.6 节中规定的验证可接受标准。

注：如果样品在 ICAL 建立后的 12 h 内进行分析，最近进样的 ICAL 标准溶液可作为评估的起始时间，CCV 可以省略。

11.4.3 为确保整个系统（即进样器、传输线和 GC/MS 系统）无污染，在 CCV 和样品分析之前，必须分析方法空白或仪器空白。如果方法空白显示有污染，那么可以对仪器空白进行分析，以证明污染不是标准物质和样品交叉产生的。有关方法空白性能标准方面的资料，请参阅 U.S.EPA 8000。

11.4.4 连续校准（CCV）验证标准

11.4.4.1 CCV 标准物质中每个化合物的计算浓度或绝对量应处于期望值的 ±20% 范围以内。

注：对于响应因子校准模型，计算出的校准验证标液中目标化合物的响应因子与 ICAL 中目标化合物的平均响应因子的百分偏差（%*D*）和浓度计算值与预期值的漂移（%drift）是一致的。有关 %*D* 和 %drift 的计算请参阅 U.S.EPA 8000。

11.4.4.2 如果化合物的百分偏差或百分漂移≤20%，则化合物的 ICAL 认定有效。由于用本方法分析的化合物数量很多，预计有些化合物可能不满足标准。分析人员应将重点放在对项目至关重要的化合物的 CCV 标准上。如果在 ICAL 中超过 20% 上的化合物（或要报告的 20% 以上的化合物）不符合标准（即偏差或漂移≥ 20%），必须在样品分析前采取纠正措施。若不满足 CCV 标准的目标化合物要在样品中报告，须标记报告浓度可能是估计值或偏离值。如果化合物浓度偏低，应证明仪器有足够的灵敏度检测定量限以上或项目特定浓度的目标化合物（如在定量下限以下进行校准证实未检出，或分析在那个浓度附近的标准品证实如果该化合物存在，就能准确辨识出，见 U.S.EPA 8000 第 11.7 节）才允许报未检出。此外，可修正未检出或将定量下限提高。如果化合物在 CCV 中不高，并在相关实际样品中未检出，则可以不用修正就报告。

注：检查峰的拖尾和降解是系统反应活性和是否需要维护的良好指示。由于不再需要每天进行这些工作，分析人员必须密切监控 CCV 中响应值和色谱性能，发现系统是否存在活性太强，无法继续分析（如反应活性强的化合物损失、异常拖尾、分辨率下降）。如果目标化合物 / 内标物发生较大损失（回收率小于 50%），或者色谱图显示降解严重（拖尾系数 >2），须进行系统维护或者分析人员必须验证在定量下限具有足够的灵敏度。

11.4.4.3　在初始校准中列出的类似问题可能会影响通过连续验证标准。如果不能通过其他措施来纠正该问题，就必须进行新的初始校准。在分析样品前，连续校准验证标准必须达到。

11.4.5　内标物保留时间：如果内标绝对保留时间与最近的初始校准中中等浓度（或者最近的连续校准验证）保留时间偏差＞30 s，则应重新检查色谱系统是否存在故障。如果需要，应采取纠正措施。采取纠正措施以后，所有在系统发生故障时分析过的样品都必须重新分析。

11.4.6　内标物响应：为了证明测量系统在初始校准后持续地稳定，在连续校准验证中内标物的响应须通过与在初始校准中相同的内标物的响应进行比较而评价。如果相对于初始校准中点的内标响应值或初始校准中内标平均响应值（按照实验室的标准操作程序中规定）内标物的响应变化超过了 2 倍（50% ~ 200%），应根据需要采取纠正措施。这些纠正措施可能包括但不限于更换和 / 或重新分析连续校准验证标准溶液或重新调整调谐质谱仪和重新校准。当内标物响应不符合这些标准时，系统灵敏性可能受到危害，建议重新分析样品，特别是项目的限值与定量下限接近情况。

11.5　GC/MS 分析样品

11.5.1　建议用气相色谱 / 火焰离子化检测器（FID）或气相色谱 / 光离子化检测器（PID）对样品萃取液进行筛选，使用与气相色谱 / 质谱仪相同的毛细管柱。这有助于降低浓度非常高的有机化合物污染 GC/MS 系统的风险。在分析样品前，系统必须满足 GC/MS 校准验证标准。

11.5.2　让样品萃取液恢复到室温。在分析前，将 10 μl 的内标溶液加到 1 ml 浓缩样品萃取液中。

11.5.3 将部分样品萃取液注入 GC/MS 系统，与校准时相同的操作条件（第 11.3 节）进行分析，进样量也要一致。

11.5.4 如果任何目标化合物的浓度超过 GC/MS 系统的初始校准范围，需将样品萃取液稀释后重新分析。稀释后的萃取液中必须额外加入内标溶液，以维持和校准标准溶液相同的浓度。只有当定量离子受到干扰时，才使用次要离子定量分析。

11.5.4.1 必须检查所有样品、加标和空白中内标物响应（以面积计）和保留时间，有效的核实方法性能，并预测系统维护的需求。如果在样品、加标、空白中的内标溶液的主要质荷比的响应与最近初始校准的中间点或者连续校准验证标准溶液（以先分析的为准）的响应变化超过 2 倍（从 50% 到 200%），应采取纠正措施。应重新分析样品、加标或空白或对相关数据进行修正。

11.5.4.2 当样品中化合物的离子使检测器饱和，应在样品分析后检测仪器空白。如果空白存在干扰，则应消除系统污染。直到空白分析证明没有干扰，才能继续进行样品分析。样品间的交叉污染通常都发生在注射器中。如果注射器进行了充分的清洗，一般可以避免高浓度样品上的污染残留。

11.5.4.3 建议将超过校准曲线范围需要重新稀释的目标化合物，尽量将其浓度稀释到曲线中点以上的范围。

11.6 目标化合物定性

11.6.1 目标化合物定性：本方法定性是基于保留时间，以及在扣除背景后对比样品质谱图与标准物质质谱图中的特征离子进行比较。当符合以下标准时，就可以定性。

11.6.1.1 化合物的特征离子强度必须在同步扫描中或单独扫描中达到最大限度。

11.6.1.2 目标化合物的保留时间落在每 12 h 周期开始时连续校准验证标准溶液中的保留时间的 ±10 s（ΔRT 0.17 min）范围内，或者相对其对应内标物的漂移时间的 ±10 s 范围内（内标物 ±10 s 的 Δ 保留时间）。应仔细检查色谱图，以尽量减少假阳性和假阴性结果的发生。如果内标物的保留时间发生了偏移，则应检查样品，以确定相应目标分析物是否发生了类似的偏移。如果保留时间漂移明显，可以用相对保留时间（RRT）代替 Δ 保留时间。其他信息请参见 U.S.EPA 8000 的第 11.4 节。

注：一些目标化合物，如苯酚，其保留时间偏移量远大于对应的内标物（相对于内标物的偏移量超过 ±10 s）。此时，与具有类似理化性质的化合物（例如，酚类替代物）比较相对保留时间有利于定性。此外，推荐稀释样品或样品加标以减少基体对洗脱目标的影响，有助于定性。

11.6.1.3 定性离子（即次级特征离子，或串联质谱的选择离子对）的相对强度应与标准物质质谱图中的这些离子的相对强度偏差在 30% 内。例如，参考谱图中定性离子与定量离子响应比值为 50%，样品质谱图中相应离子的比值应在 20% ~ 80%。对比用的参考谱图可以由实验室使用本方法的分析条件得到（通常为中等浓度的校准标准溶液）。如果观察到干扰，使用专业知识进行解释。对样品中化合物定性不局限于采集模式（即 SIM 或 SRM）也可通过比较第 11.6.2 节所述的参考谱库相比较。

11.6.1.4　质谱图相似，但不能色谱分离的同分异构体被认为是同分异构体对。如果分离度至少 50% 上［即两个同分异构体两峰之间峰谷的高度小于或等于两峰平均高度的 50%，或者 1-（谷高）/（平均峰高）是≥50%］，同分异构体可以被认定为分离。如果要报告出峰时间相近的同分异构体［如苯并［*b*］荧蒽、苯并［*k*］荧蒽］，应在初始校准中点浓度和实验室制定的连续校准验证浓度证实其分离度。

在初始校准验证和每日的连续校准验证中检查同分异构体的分离证实仪器性能足够识别同分异构体的目标化合物是十分重要的。

11.6.1.5　当目标化合物不能被色谱分离，产生的质谱包含多个化合物共有离子时，对其定性就比较困难。当气相色谱峰明显表明包含不止一种成分（即双肩峰或重叠峰），选择合适的目标化合物和背景的谱图就十分关键。

11.6.1.6　检查提取离子有助于选择谱图和化合物定性。当目标化合物共同洗脱时（即只有一个明显的色谱峰），可能满足定性标准，但每个化合物的谱图都包含了共流出化合物的碎片离子。

11.6.2　初步定性：样品含有校准物质之外的化合物，可进行库检索初步定性。是否需要进行此类定性由分析的目的决定。例如，《资源保护和开采法》（RCRA）或《废物抛弃要求》可能要求报告非目标化合物。使用自动的方法搜索数据系统库会导致比较样品谱图和标准物谱图时出错。只有通过目视比较样品谱图与库检索结果以后，分析人员才可以对其进行初步鉴定。初步定性的指导原则如下：

（1）参考谱图中主要离子的相对丰度（离子的丰度大于最强丰度离子的 10%），应出现在样品谱图中。

（2）参考谱图中有的分子离子在样品谱图中应存在。如果分子离子不存在，仔细检查谱图的匹配，避免识别错误。

（3）主要离子存在样品谱图中，但参考谱图中不存在时，应检查是否是共同洗脱的化合物引起的。

（4）参考谱图中有但样品谱图中没有的离子，应检查是否被无意扣除。数据系统谱库扣除程序有时会造成这些错误。

（5）质谱谱图搜索计算程序通常会根据未知图谱与参考图谱的比较，识别峰并给出匹配系数。对于满足上述条件的谱图，匹配系数>0.8（80%）或许能作为确定依据。了解数据采集系统的极限，例如未完全分离的图谱干扰，匹配系数低也被证实。对于匹配系数相近的多个参考谱图（如分子离子丰度低的碳氢化合物，或同分异构体），对未知物初步定性可能用通用结构式来表示最为合适（如未知的碳氢化合物，4碳苯的同分异构体）。有关详情，参见第16节中的参考文献［18］。

11.7 定量分析

11.7.1 当一种目标化合物被定性，可根据EICP主要特征离子的丰度积分进行定量。定量所使用的内标物应该是与既定化合物的保留时间最接近的那个。

11.7.1.1 强烈建议如果软件积分正确，使用该积分结果，因为软件比分析人员手动积分更具备一致性。然而，当软件由于基线选择不当、漏积峰、把共同洗脱其他峰也一起积进去、峰没有全部积分等原因没有正确积分，手动积分十分必要。不管是软件自动还是人手动积分，分析人员有责任保证正确积分。

11.7.1.2 手动积分不得替代对仪器适当维护或对方法的设置（例如，保留时间更新、积分参数文件等）。分析人员应通过适当地维护仪器、更新保留时间，设置峰的积分参数来尽量减少手动积分。

11.7.2 如果相对标准偏差≤20%，则响应因子校准模型可用于初始校准（见第11.3.4节）。有关描述内标物校准、线性或非线性校准方程，请参见U.S.EPA 8000。

11.7.3 如适用，可以估算样品中任何非目标化合物的浓度（参见第11.6.2节）。可以使用相同的公式（见第11.3.4节），但需做如下修改：响应值A_x和响应值A_{IS}应由总离子色谱得到，化合物的响应因子应假设为1。

11.7.4 应报告最终浓度，注明该值是估值。使用没有干扰的，保留时间最接近的内标物。

11.7.5 用多组分化合物的定量分析来估计总浓度（如毒杀芬、多氯联苯、氯丹）超出了U.S.EPA 8270的范围。当使用U.S.EPA 8270确认多氯联苯类，单个同类物无法分离，主要是通过质谱图（定性）确认异构体或氯化程度。通常使用GC/ECD进行定量分析，例如U.S.EPA 8081或U.S.EPA 8082。单一化合物（例如，一组PCB同类物）可以用这种方法来测定，前提是灵敏度满足数据应用要求，并且来自其他化合物的干扰极小。对于多氯联苯类，Cochran和Frame（第16节的参考文献［14］）提供了一篇分析多氯联苯的同类物的文献，包括在不同色谱条件下识别共同洗脱的化合物。

有关多组分化合物的校准和定量，如多氯联苯、毒杀芬、氯丹，参见 U.S.EPA 8081 和 U.S.EPA 8082。有关多氯联苯类同系物的校准和定量资料，参见 U.S.EPA 680。有关多氯联苯单体定量的更多资料，参见 U.S.EPA 1668。有关负模式下化学电离气相色谱 / 质谱法测定毒杀芬的方法，参见 U.S.EPA 8276。

11.7.6 不推荐使用本方法介绍的内标法对柴油范围有机物（DROs）和总石油烃（TPH）等多组分参数进行定量分析。通常，这些参数的定量分析使用 U.S.EPA 8015，用 GC/FID 检测；但是，也可以使用本方法生成的总离子流图，外标法定量这些参数也是能接受的。推荐外标法，就可避免在 TPH 色谱图中减去多个非目标峰（如内标物）。有关其他指南，参见 U.S.EPA 8000 中的第 11.4.2 节和 U.S.EPA 8015。

12 数据分析与计算

数据分析和计算的相关内容参见第 11.7 节和 U.S.EPA 8000。

13 方法性能

13.1 在 SW-846 方法中提供的方法性能和相关信息仅用于示例和指导。数据不代表本方法的使用者要满足方法性能标准。相反，应根据具体项目制定性能标准，实验室应为使用该方法制定内部 QC 性能标准。这些性能数据并非用来，且不允许用做认证实验室合格与否的绝对质量控制（QC）标准。第 16 节参考文献［13］中所提供的性能数据仅作指导用途。

13.2 单个实验室能力的初始验证数据是由用改良的带疏水膜的连续液 - 液萃取法（U.S.EPA 3520）进行了 5 次重复测量而来。此验证仅使用 CLP 校准标准和适用的 CLP 目标化合物进行单独酸性萃取。这些数据见 https：//www.epa.gov/hw-sw846/sw-846-test-method-8270e-semivolatile-organic-compounds- gas-chromatographymass-spectrometry。实验室应根据萃取方法和仪器条件制定自己的可接受标准。有关更为详细的指导，请参见 U.S.EPA 8000。

13.3 为检验 GC 性能的稳定性，分别比较第 0 天和第 7 天样品分析的校准标准溶液的色谱进行。这些回收率数据（使用 U.S.EPA 3510 萃取）见 https：//www.epa.gov/hw-sw846/sw-846-test-method-8270e-semivolatile-organic-compounds-gas-chromatographymass-spectrometry. 仅供参考。

13.4 使用 U.S.EPA 3541（即自动索氏提取）的方法性能数据见 https://www.epa.gov/

hw-sw846 /sw-846-test-method-8270e-semivolatile-organic-compounds-gas-chromatographymass-spectrometry，通过测定加入每种半挥发性有机物的黏土，加标浓度为 6 mg/kg，获得单个实验室准确度和精确度数据。在添加过程中，加标溶液和土壤混匀，平衡 1 h 再萃取。萃取方法为 U.S.EPA 3541（自动索氏提取）。按照 U.S.EPA 8270 进行 3 次萃取，每次萃取液都用 GC/MS 进行分析。

挥发性较强的化合物回收率较低，可能是因为平衡过程中挥发了。所列数据取自参考文献［5］，仅供参考。

13.5 替代物精密度和准确度数据见 https：//www.epa.gov/hw- sw846/sw-846-test-method-8270e-semivolatile-organic-compounds-gas-chromatographymass- spectrometry，数据是基于 U.S.EPA 0010 采样，实际样品动态加标而来。富集的媒介通过 U.S.EPA 3542 制备，然后用 U.S.EPA 8270 进行分析。这些数据仅供参考。

13.6 采用 U.S.EPA 3545（即加压流体萃取）用于半挥发性有机物的单个实验室精度和偏差数据见 https：//www.epa.gov/hw-sw846/sw-846-test-method-8270e-semivolatile-organic-compounds-gas-chromatographymass- spectrometry，这些样品由一家供应商加标制备并经认证，含 57 种半挥发性有机物，共 3 种浓度（即 250 μg/kg、2 500 μg/kg 和 12 500 μg/kg），3 种基体（即黏土、亚黏土和沙土）。加标样品用 Dionex 快速溶剂萃取（ASE）系统和 Perstorp Environmental SoxtecTM（即自动索氏提取）分别萃取。数据见 https：//www.epa.gov/hw-sw846/sw-846-test-method-8270e- semivolatile-organic-compounds- gas-chromatographymass-spectrometry，数据表示 7 个平行样的萃取液和分析，这些数据均来自参考文献［7］。3 种基体中与自动索氏提取相关的所有化合物的平均回收率及所有与自动索氏提取相关的平行样的平均回收率为：黏土 96.8%、亚黏土 98.7%、沙土 102.1%。与自动索氏提取相关的三种浓度的平均回收率分别为：低浓度 101.2%、中浓度 97.2% 和高浓度 99.2%。这些数据仅供参考。

13.7 单个实验室精度和偏差数据是采用 U.S.EPA 3561（即采用可调限流器及固相吸附的超临界流体萃取（SFE）技术萃取多环芳烃（PAHs），通过萃取两种有证的参照物质（EC-1 是来自加拿大环境部的湖泊沉积物，HS-3 是来自加拿大国家科学与工程研究委员会的海洋沉积物，两者都受到多环芳烃的污染）。SFE 的型号为 HP 7680，分析采用 GC/MS。根据湖泊沉积物证书上的浓度（如果特定化合物没有认证浓度，则使用索氏萃取值）6 个平行样的平均回收率为 85% ~ 148%，整体回收率为 100%。根据海洋沉积物证书上的浓度，三个平行样的平均回收率为 73% ~ 133%，总平均回收率为

92%。数据见 https：//www.epa.gov/hw-sw846/sw-846-test-method-8270e-semivolatile-organic-compounds- gas-chromatographymass-spectrometry，并取自参考文献［8］。这些数据仅供参考。

13.8　通过萃取认证的标准物质（即受多环芳烃污染的土壤），单个实验室使用 U.S.EPA 3561（即采用固定限流器和液态吸附超临界流体萃取多环芳烃）获得了 12 种目标化合物的精密度和准确度。使用的 SFE 仪器是 Dionex 703-M 型，采用 GC/MS 分析。根据证书上浓度，4 种平行样的平均回收率为 60% ~ 122%，总平均回收率为 89%。以下为萃取 3.4 g 样品使用的仪器条件：压强：300 atm、时间：60 min、萃取流体：CO_2、改性剂：10% 1∶1（*v/v*）甲醇 / 二氯甲烷、炉温：80℃、限流器温度：120℃、吸附流体：氯仿（也可以使用二氯甲烷）。数据见 https：//www.epa.gov/hw-sw846/sw-846-test-method-8270e-semivolatile-organic-compounds-gas-chromatographymass-spectrometry 取自参考文献［9］。这些数据仅供参考。

13.9　https：//www.epa.gov/hw-sw846/sw-846-test-method-8270e-semivolatile-organic-compounds-gas-chromatographymass-spectrometry 的表格为单个实验室使用 U.S.EPA 3535 固相萃取 TCLP 浸出液的精密度和准确度数据，TCLP 浸出液在 2 个浓度进行了加标。这些数据仅供参考。

13.10　https：//www.epa.gov/hw-sw846/sw-846-test-method-8270e-semivolatile-organic-compounds-gas-chromatographymass-spectrometry 的表格为多个实验室使用 U.S.EPA 3535 固相萃取加标的 TCLP 土壤浸出液。这些数据仅供参考。

13.11　https：//www.epa.gov/hw-sw846/sw-846-test-method-8270e-semivolatile-organic-compounds-gas-chromatographymass-spectrometry 的表格为单个实验室使用 U.S.EPA 3546 微波萃取被污染土壤和标准参考物质的 PAH 回收率数据。这些数据仅供参考。

14　污染防护

14.1　污染防治包含任何在产生环节上减少或消除废弃物的产生数量或毒性的技术。实验室中有许多防治污染的机会。EPA 已建立了一套环境管理技术的优先级制度，其将污染防治作为管理的首选，在任何可行的情况下，实验室人员都应该运用污染防治技术考虑废弃物的产生。当废弃物不能在源头上削减时，环境保护局建议的次优选择是循环使用。

14.2 在实验室和研究机构中，可行的污染预防措施是“少就是好”，参见美国化学学会政府关系和科学政策部门的实验室废物减量化管理。

15 废物管理

EPA 要求实验室废弃物管理措施符合所有的法律法规要求。EPA 强烈要求实验室尽可能减少和控制通风柜或操作台的所有排放，以保护空气、水和土壤。遵守污水排放许可的法律法规，遵守所有固体和危险废物的法规，尤其是危险废物鉴别规定和土壤处置的有关规定。更多废弃物管理信息可查阅美国化学学会的“实验室人员用废物管理手册”。

16 参考文献

[1] Eichelberger J W, Harris L E , Budde W L. Reference Compound to Calibrate Ion Abundance Measurement in Gas Chromatography-Mass Spectrometry Systems. Analytical Chemistry, 47, 995-1000, 1975.

[2] Interlaboratory Method Study for EPA Method 625-Base/Neutrals, Acids, and Pesticides. Final Report for EPA Contract 68-03-3102.

[3] Lucas S V, Kornfeld R A. GC-MS Suitability Testing of RCRA Appendix Ⅷ and Michigan List Analytes. U.S. Environmental Protection Agency, Environmental Monitoring and Support Laboratory, Cincinnati, OH 45268, Contract No. 68-03-3224, February 20, 1987.

[4] Engel T M, Kornfeld R A, Warner J S, et al.. Screening of Semivolatile Organic Compounds for Extractability and Aqueous Stability by SW-846, Method 3510. U.S. Environmental Protection Agency, Environmental Monitoring and Support Laboratory, Cincinnati, OH 45268, Contract 68-03-3224, June 5, 1987.

[5] Lopez-Avila V (W. Beckert, Project Officer) . Development of a Soxtec Extraction Procedure for Extraction of Organic Compounds from Soils and Sediments. U.S. Environmental Protection Agency, Environmental Monitoring and Support Laboratory, Las Vegas, NV, EPA 600/X-91/140, October 1991.

[6] Bursey J, Merrill R, McAllister R, et al.. Laboratory Validation of VOST and SemiVOST for Halogenated Hydrocarbons from the Clean Air Act Amendments List.

Vol. 1 and 2, U.S. Environmental Protection Agency, EPA 600/R-93/123a and b, (NTIS PB 93-227163 and 93-27171), Research Triangle Park, NC, July 1993.

[7] Richter B, Ezzell J, Felix D. Single Laboratory Method Validation Report: Extraction of Target Compound List/Priority Pollutant List BNAs and Pesticides using Accelerated Solvent Extraction (ASE) with Analytical Validation by GC/MS and GC/ECD. Document 101124, Dionex Corporation, Salt Lake City, UT, June 16, 1994.

[8] Lee H B, Peart T E, Hong-You R L, et al.. Supercritical Carbon Dioxide Extraction of Polycyclic Aromatic Hydrocarbons from Sediments. J. Chromatography, A, 653, 83-91 (1993).

[9] Warner S. SFE Extraction of PNAs from Solid Matrices Using the Dionex 703M SFE Extractor and a Liquid Trap. EPA Region III, Central Regional Laboratory, 839 Bestgate Road, Annapolis, MD 21401, December 12, 1994.

[10] Markell C. 3M Data Submission to EPA. letter to B. Lesnik, June 27, 1995.

[11] U.S.EPA Method 525.3. Determination of Semivolatile Organic Chemicals in Drinking Water by Solid Phase Extraction and Capillary Column Gas Chromatography/Mass Spectrometry. National Exposure Research Laboratory, Office of Research and Development, U.S.EPA, Cincinnati, OH, Version 1.0, February, 2012.

[12] U.S.EPA, Superfund Analytical Services/Contract Laboratory Program (CLP), Multi- Media, Multi-Concentration Organics Analysis, SOM01.2, Exhibit D-Analytical Methods, "Analytical Method for the Analysis of Semivolatile Organic Compounds," June, 2007.

[13] Data on precision and accuracy of compound recoveries was taken from an EPA statistical analysis of LCS data from the Department of Defense (DOD) Environmental Data Quality Workgroup (EDQW) LCS study.This study was conducted by DOD in 2012 and the raw data was shared with the EPA work group.The final DOD study was published in 2013, after the EPA statistical analysis had been done independently.

[14] Cochran J, Frame G. Recent Developments in the High-Resolution Gas Chromatography of Polychlorinated Biphenyls. Journal of Chromatography A, 843, 1-434, May 28, 1999.

[15] Parris, et al.. NIST/NOAA NS&T/EPA EMAP Intercomparison Exercise Program for Organic Contaminants in the Marine Environment: Description and Results of 1995 Organic Intercomparison Exercises. NOAA Technical Memorandum NOS ORCA 104, 1996.

[16] Kucklick, et al.. Persistent Organic Pollutants and Vitamins in Northern Fur Seals (Callorhinus ursinus) Collected from St. Paul Island, Alaska as Part of the Alaska Marine Mammal Tissue Archival Project. NISTIR 7958, August 2013.

[17] EPA Contract Laboratory Organic Statement of Work (SOMO2.3d), which can be found at the website: http: //www.epa.gov/sites/production/files/2015-10/documents/som23d.pdf.

[18] NIST/EPA/NIH Mass Spectral Library (NIST 14) and NIST Mass Spectral Search Program (Version 2.2) User's Guide.National Institute of Standards and Technology, June 2014.

[19] Burrows R. Basic RSE calculator v2 and instructions, December 2016.Available at: http: //nelac-institute.org/docs/comm/emmec/Calculating%20RSE.pdf.

17 表格、图标、流程图和确认数据

如下为本方法引用到的图表（表 2-8-5 ~ 表 2-8-10、图 2-8-2 ~ 图2-8-3）

表 2-8-5 半挥发性有机物的特征离子 [a]

化合物 [b]	定量离子	辅助离子
苊 -d_{10}(IS)	164	162、160
苊	154	153、152
苊烯	152	151、153
苯乙酮	105	71、51、120
2- 乙酰氨基芴	181	180、223、152
N- 乙酰硫脲	118	43、42、76
二氯丙酸	66	263、220
2- 氨基蒽醌	223	167、195
4- 阿基苯甲酯	197	92、120、65、77
4- 氨基联苯酚酯	169	168、170、115

续表

化合物[b]	定量离子	辅助离子
敌菌灵	239	241、143、178、89
苯胺	93	66、65
邻甲氧基苯胺	108	80、123、52
蒽	178	176、179
阿螨特	185	191、319、334、197、321
阿特拉津	200	173、215
保棉磷	160	132、93、104、105
偶氮苯	182	105、77
燕麦灵	222	51、87、224、257、153
苯甲醛	77	105、106
苯并［*a*］蒽	228	229、226
联苯胺	184	92、185
苯并［*b*］荧蒽	252	253、125
苯并［*k*］荧蒽	252	253、125
苯甲酸	122	105、77
苯并［*g,h,i*］苝	276	138、277
苯并［*a*］芘	252	253、125
苯并［*e*］芘	252	253、125
苯醌	108	54、82、80
苯甲醇	108	79、77
α－六六六	183	181、109
β－六六六	181	183、109
γ－六六六（林丹）	183	181、109
δ－六六六	183	181、109
联苯	154	153、76
双（2-氯异丙基）醚	45	77、121
双（二氯乙基）醚	93	63、95
双（2-氯乙氧基）甲烷	93	95、123
邻苯二甲酸二（2-乙基己基）酯	149	167、279
溴苯腈	277	279、88、275、168
4-溴联苯醚	248	250、141

续表

化合物[b]	定量离子	辅助离子
邻苯二甲酸丁苄酯	149	91、206
己内酰胺	113	55、56
敌菌丹	79	77、80、107
克菌丹	79	149、77、119、117
甲萘威	144	115、116、201
咔唑	167	166、139
呋喃丹	164	149、131、122
三硫磷	157	97、121、342、159、199
毒虫畏	267	269、323、325、295
4- 氯苯胺	127	129、65、92
丁酰肼	251	139、253、111、141
5- 氯邻甲苯胺	106	141、140、77、89
4- 氯 -3- 甲酚	107	144、142
1- 氯萘	162	127、164
2- 氯萘	162	127、164
2- 氯苯酚	128	64、130
4- 氯二苯醚	204	206、141
4- 氯 -1,2- 苯二胺	142	144、80
4- 氯 -1,3- 苯二胺	142	144、80
莔	228	226、229
莔 -d_{12}（IS）	240	120、236
蝇毒磷	362	226、210、364、97、109
2- 甲氧基 -5- 甲基苯胺	122	94、137、77、93
巴毒磷	127	105、193、166
消螨酚	231	185、41、193、266
4,4- 滴滴滴	235	237、165
4,4’- 滴滴伊	246	248、176
4,4′ - 滴滴涕	235	237、165
内吸磷 -O	88	89、60、61、115、171
内吸磷 -S	88	60、81、89、114、115
2,4- 二氨基甲苯	121	122、94、77、104

续表

化合物[b]	定量离子	辅助离子
二苯并［*a*, *j*］吖啶	279	280、277、250
二苯蒽	278	139、279
二苯并［*a*,*e*］芘	302	151、150、300
二苯并呋喃	168	139
1,2- 二溴 -3- 氯丙烷	75	155、157
邻苯二甲酸二丁酯	149	150、104
2,3- 二氯 -1,4- 萘醌	191	163、226、228、135、193
1,2- 二氯苯	146	148、111
1,3- 二氯苯	146	148、111
1,4- 二氯苯	146	148、111
1,4- 二氯苯 -d_4（IS）	152	150、115
3,3'- 二氯联苯胺	252	254、126
2,4- 二氯酚	162	164、98
2,6- 二氯苯酚	162	164、98
敌敌畏	109	185、79、145
倍硫磷	127	67、72、109、193、237
狄氏剂	79	263、279
酞酸二乙酯	149	177、150
硫酸二乙酯	139	45、59、99、111、125
己烯雌酚	268	145、107、239、121、159
乐果	87	93、125、143、229
3,3'- 二甲氧基联苯胺	244	201、229
对二甲氨基偶氮苯	225	120、77、105、148、42
邻苯二甲酸二甲酯	163	194、164
7,12- 二甲基苯并［*a*］蒽	256	241、239、120
3,3'- 二甲基联苯	212	106、196、180
2,4- 二甲基苯酚	122	107、121
N,N- 二甲基苯胺	58	91、65、134、42
1,2- 二硝基苯	168	50、63、74
1,3- 二硝基苯	168	76、50、75、92、122
对二硝基苯	168	75、50、76、92、122

续表

化合物[b]	定量离子	辅助离子
4,6- 二硝基邻甲酚	198	51、105
2,4- 二硝基酚	184	63、154
2,6- 二硝基苯酚	162	164、126、98、63
2,4- 二硝基甲苯	165	63、89
2,6- 二硝基甲苯	165	63、89
敌螨普	69	41、39
地乐酚（DNBP）	211	163、147、117、240
邻苯二甲酸二正辛酯（DNOP）	149	167、43
1,4- 二氧六环	88	43、58
苯妥英	180	104、252、223、209
1,2- 二苯肼	77	105、182
二苯胺	169	168、167
乙拌磷	88	97、89、142、186
硫丹 I	195	339、341
硫丹 II	337	339、341
硫丹硫酸盐	272	387、422
异狄氏剂	263	82、81
异狄氏醛	67	345、250
异狄氏酮	317	67、319
苯硫磷	157	169、185、141、323
乙硫磷	231	97、153、125、121
氨基甲酸乙酯	62	44、45、74
甲磺酸乙酯	79	109、97、45、65
伐灭磷	218	125、93、109、217
丰索磷	293	97、308、125、292
倍硫磷	278	125、109、169、153
氟氯灵	306	63、326、328、264、65
荧蒽	202	101、203
芴	166	165、167
2- 氟联苯（surr）	172	171
2- 氟苯酚（surr）	112	64

续表

化合物 b	定量离子	辅助离子
七氯	100	272、274
七氯环氧化物	353	355、351
六氯苯	284	142、249
六氯丁二烯	225	223、227
六氯环戊二烯	237	235、272
六氯乙烷	117	201、199
六氯酚	196	198、209、211、406、408
六氯丙烯	213	211、215、117、106、141
六甲基磷酰胺	135	44、179、92、42
对苯二酚	110	81、53、55
茚并［1,2,3-*cd*］芘	276	138、277
异艾氏剂	193	66、195、263、265、147
异佛尔酮	82	95、138
异黄樟素	162	131、104、77、51
开蓬	272	274、237、178、143、270
来虫磷	171	377、375、77、155、379
马拉硫磷	173	125、127、93、158
马来酸酐	54	98、53、44
美雌醇	277	310、174、147、242
美沙吡林	97	50、191、71
甲氧滴滴涕	227	228、152、114、274、212
甲磺酸甲酯	80	79、65、95
甲基对硫磷	109	125、263、79、93
3- 甲基胆蒽	268	252、253、126、134、113
4,4’- 亚甲基双（2- 氯苯胺）	231	266、268、140、195
4,4’- 亚甲基二（*N*,*N*- 二甲基苯胺）	254	253、134
1- 甲基萘	142	141
2- 甲基萘	142	141
2- 甲基苯酚	107	108、77、79、90
3,4- 甲基苯酚	107	108、77、79、90
速灭磷	127	192、109、67、164

续表

化合物[b]	定量离子	辅助离子
十六烷酸盐	165	150、134、164、222
灭蚁灵	272	237、274、270、239、235
久效磷	127	192、67、97、109
二溴磷	109	145、147、301、79、189
萘	128	129、127
萘 -d_8(IS)	136	68
1,4- 萘醌	158	104、102、76、50、130
1- 萘胺	143	115、89、63
2- 萘胺	143	115、116
尼古丁	84	133、161、162
5- 氮杂环戊烷	199	152、169、141、115
2- 硝基苯胺	65	92、138
3- 硝基苯胺	138	108、92
4- 硝基苯胺	138	65、108、92、80、39
5- 硝基 - 邻 - 茴香胺	168	79、52、138、153、77
硝基苯	77	123、65
硝基苯 -d_5(surr)	82	128、54
4- 硝基联苯	199	152、141、169、151
除草醚	283	285、202、139、253
2- 硝基苯酚	139	109、65
4- 硝基苯酚	139	109、65
4- 硝基喹啉 -1- 氧化物	174	101、128、75、116
N- 亚硝基钠 -*n*- 正丁胺	84	57、41、116、158
N- 亚硝基二乙胺	102	42、57、44、56
N- 亚硝基二甲胺	42	74、44
N- 亚硝基二苯胺	169	168、167
N- 亚硝基 - 正丙胺	70	42、101、130
N- 亚硝基甲基乙胺	88	42、43、56
N- 亚硝基吗啉	56	116、86
N- 亚硝基哌啶	114	42、55、56、41
N- 亚硝基吡咯烷	100	41、42、68、69
5- 硝基 - 邻甲苯胺	152	106、79

续表

化合物[b]	定量离子	辅助离子
八甲基焦磷酰胺	135	44、199、286、153、243
4,4'- 二氨基二苯醚	200	108、171、80、65
对硫磷	109	97、291、139、155
五氯苯	250	252、108、248、215、254
五氯硝基苯	237	142、214、249、295、265
五氯酚	266	264、268
苝	252	253、125
苝 $-d_{12}$(IS)	264	260、265
非那西丁	108	180、179、109、137、80
菲	178	179、176
菲 $-d_{10}$(IS)	188	94、80
苯巴比妥	204	117、232、146、161
苯酚	94	65、66
苯酚 $-d_6$(surr)	99	42、71
1,4- 苯二胺	108	80、53、54、52
甲拌磷	75	121、97、93、260
伏杀硫磷	182	184、367、121、379
亚胺硫磷（伊曼丹）	160	77、93、317、76
磷胺	127	264、72、109、138
邻苯二甲酸酐	104	76、50、148
2- 甲基吡啶	93	66、92
胡椒基亚砜	162	135、105、77
拿草特（除草剂）	173	175、145、109、147
丙基硫氧嘧啶	170	142、114、83
芘	202	200、203
吡啶	79	52、50
3-（氯甲基）吡啶盐酸盐	92	127、129、65、39
间苯二酚	110	81、82、53、69
黄樟素	162	104、77、103、135
士的宁	334	334、335、333
硫柳汞	188	88、72、60、44
特丁硫磷	231	57、97、153、103
三联苯 $-d_{14}$（surr）	244	122、212

续表

化合物[b]	定量离子	辅助离子
1,2,4,5- 四氯苯	216	214、179、108、143、218
2,3,4,6- 四氯苯酚	232	131、230、166、234、168
杀虫畏	329	109、331、79、333
四乙基二硫代焦磷酸盐	97	202、238、266
焦磷酸四乙酯（TEPP）	99	155、127、81、109
硫磷嗪	107	96、97、143、79、68
苯硫酚	110	66、109、84
甲苯 -2,4- 二异氰酸酯	174	145、173、146、132、91
邻甲苯胺	106	107、77、51、79
毒杀芬	159	231、233
2,4,6- 三溴苯酚（surr）	330	332、141
1,2,4- 三氯苯	180	182、145
2,4,5- 三氯苯酚	196	198、97、132、99
2,4,6- 三氯苯酚	196	198、200
O,O,O- 三乙基硫代磷酸酯	198	121、93
氟乐灵（Treflan）	306	43、264、41、290
磷酸三甲酯	110	79、95、109、140
2,4,5- 三甲基苯胺	120	135、134、91、77
1,3,5- 三硝基苯	75	74、213、120、91、63
三（2,3- 二溴丙基）酯	201	137、119、217、219、199
磷酸三对甲苯酯[d]	368	367、107、165、198

注：IS 内标物，surr 替代物；

[a] 以上数据是使用 DB-5 色谱柱；

[b] 表中未列多氯联苯，氯丹（NOS）和多氯联苯（NOS），因为每个单体的定量离子不一样；

[c] 化合物无法色谱分离定量，以总量计；

[d] 非特定混合物的替代物，磷酸三对甲苯酯。

表 2-8-6　2012 年国防实验室控制样品的控制限值研究中按制备方法列出的平均回收率

单位：%

化合物	CAS 号	U.S.EPA 3510	U.S.EPA 3520	U.S.EPA 3540/ U.S.EPA 3541	U.S.EPA 3545	U.S.EPA 3550	U.S.EPA 3580
苊	83-32-9	80	83	77/89	80	76	—
苊烯	208-96-8	79	85	77/92	79	79	86

续表

化合物	CAS 号	U.S.EPA 3510	U.S.EPA 3520	U.S.EPA 3540/ U.S.EPA 3541	U.S.EPA 3545	U.S.EPA 3550	U.S.EPA 3580
苯乙酮	98-86-2	81	77	65/61	70	73	—
2- 乙酰氨基芴	53-96-3	87	100	—/—	91	80	—
N- 乙酰硫脲	591-08-2	—	—	—/—	—	—	—
二氯丙酸	309-00-2	95	—	—/—	—	97	—
2- 氨基蒽醌	117-79-3	—	—	—/—	—	—	—
4- 阿基苯甲酯	60-09-3	—	—	—/—	—	—	—
4- 氨基联苯酚酯	92-67-1	82	67	—/—	—	32	—
3- 氨基 -9- 乙基咔唑	132-32-1	—	—	—/—	—	—	—
敌菌灵	101-05-3	—	—	—/—	—	—	—
苯胺	62-53-3	60	61	53/51	49	63	—
邻甲氧基苯胺	90-04-0	—	—	—/—	—	—	—
蒽	120-12-7	86	86	80/89	83	82	—
阿螨特	140-57-8	83	90	—/—	—	71	—
阿特拉津	1912-24-9	91	94	90/—	86	86	—
保棉磷	86-50-0	—	—	—/—	—	—	—
偶氮苯	103-33-3	83	92	—/—	—	82	—
燕麦灵	101-27-9	—	—	—/—	—	—	—
苯甲醛	100-52-7	71	86	66/—	68	68	—
联苯胺	92-87-5	46	26	—/12	61	37	—
苯并［*a*］蒽	56-55-3	89	89	81/91	86	84	101
苯并［*b*］荧蒽	205-99-2	89	89	75/91	87	86	98
苯并［*k*］荧蒽	207-08-9	91	90	83/95	89	87	100
苯甲酸	65-85-0	29	58	46/64	48	71	93
苯并［*g,h,i*］苝	191-24-2	89	90	78/98	84	86	101
苯并［*a*］芘	50-32-8	88	87	78/95	88	84	91
苯并［*e*］芘	192-97-2	84	—	—/—	—	77	—
苯醌	106-51-4	—	—	—/—	—	—	—
苯甲醇	100-51-6	66	80	75/82	63	74	—
α - 六六六	319-84-6	95	—	—/—	—	95	—
β - 六六六	319-85-7	91	—	—/—	—	95	—

续表

化合物	CAS 号	U.S.EPA 3510	U.S.EPA 3520	U.S.EPA 3540/ U.S.EPA 3541	U.S.EPA 3545	U.S.EPA 3550	U.S.EPA 3580
δ-六六六	319-86-8	96	—	—/—	—	97	—
γ-六六六（林丹）	58-89-9	94	—	—/—	—	98	—
联苯	92-52-4	80	77	73/82	69	73	—
双（2-氯乙氧基）甲烷	111-91-1	81	83	76/89	70	75	94
双（二氯乙基）醚	111-44-4	77	79	75/88	68	71	—
双（2-氯-1甲基乙基）醚	108-60-1	76	83	—/—	—	76	—
邻苯二甲酸二（2-乙基己基）酯	117-81-7	93	94	87/94	83	90	103
4-溴联苯醚	101-55-3	86	89	78/91	78	82	—
溴苯腈	1689-84-5	—	—	—/—	—	—	—
邻苯二甲酸丁苄酯	85-68-7	91	94	84/95	82	88	99
己内酰胺	105-60-2	21	42	76/—	86	80	—
敌菌丹	2425-06-1	—	—	—/—	—	—	—
克菌丹	133-06-2	—	—	—/—	—	—	—
甲萘威	63-25-2	—	—	—/—	—	—	—
咔唑	86-74-8	89	90	75/88	84	87	—
呋喃丹	1563-66-2	—	—	—/—	—	—	—
三硫磷	786-19-6	—	—	—/—	—	—	—
氯丹（NOS）*	57-74-9	95	—	—/—	—	94	—
毒虫畏	470-90-6	—	—	—/—	—	—	—
4-氯苯胺	106-47-8	74	77	56/71	54	63	—
丁酰肼	510-15-6	93	103	—/—	93	76	—
5-氯邻甲苯胺	95-79-4	—	—	—/—	—	—	—
4-氯-3-甲酚	59-50-7	82	86	79/91	76	81	—
3-氯甲基吡啶盐酸盐	6959-48-4	—	—	—/—	—	—	—
1-氯萘	90-13-1	—	83	—/—	—	80	—
2-氯萘	91-58-7	75	78	75/85	72	75	—
2-氯苯酚	95-57-8	73	77	77/87	68	74	93
4-氯-1,2-苯二胺	95-83-0	—	—	—/—	—	—	—

续表

化合物	CAS 号	U.S.EPA 3510	U.S.EPA 3520	U.S.EPA 3540/ U.S.EPA 3541	U.S.EPA 3545	U.S.EPA 3550	U.S.EPA 3580
4- 氯 -1,3- 苯二胺	5131-60-2	—	—	—/—	—	—	—
4- 氯二苯醚	7005-72-3	84	87	79/91	76	80	—
䓛	218-01-9	89	89	82/91	87	85	100
蝇毒磷	56-72-4	—	—	—/—	—	—	—
2- 甲氧基 -5- 甲基苯胺	120-71-8	—	—	—/—	—	—	—
巴毒磷	7700-17-6	—	—	—/—	—	—	—
消螨酚	131-89-5	—	—	—/—	—	—	—
4,4- 滴滴滴	72-54-8	96	—	—/—	—	101	—
4,4'- 滴滴伊	72-55-9	94	—	—/—	—	100	—
4,4'- 滴滴涕	50-29-3	94	—	—/—	—	96	—
内吸磷 -O	298-03-3	—	—	—/—	—	—	—
内吸磷 -S	126-75-0	—	—	—/—	—	—	—
燕麦敌	2303-16-4	89	93	—/—	87	79	—
2,4- 二氨基甲苯	95-80-7	—	—	—/—	—	—	—
二苯并［a，j］吖啶	224-42-0	—	—	—/—	—	89	—
二苯并［a,h］	53-70-3	89	90	80/97	86	87	101
二苯并呋喃	132-64-9	82	86	75/92	73	80	—
二苯并［a,e］芘	192-65-4	94	—	—/—	—	93	—
1,2- 二溴 -3- 氯丙烷（DBCP）	96-12-8	—	—	—/—	—	—	—
邻苯二甲酸二丁酯	84-74-2	90	93	83/93	82	87	—
2,3- 二氯 -1,4- 萘醌	117-80-6	—	—	—/—	—	—	—
1,2- 二氯苯	95-50-1	68	69	70/86	65	72	—
1,3- 二氯苯	541-73-1	65	67	68/84	63	69	93
1,4- 二氯苯	106-46-7	66	69	72/85	64	70	—
3,3'- 二氯联苯胺	91-94-1	79	75	57/83	78	73	78
2,4- 二氯酚	120-83-2	81	82	80/91	72	77	—
2,6- 二氯苯酚	87-65-0	83	81	96/84	71	78	—
敌敌畏	62-73-7	—	—	—/—	—	—	—
倍硫磷	141-66-2	—	—	—/—	—	—	—

续表

化合物	CAS 号	U.S.EPA 3510	U.S.EPA 3520	U.S.EPA 3540/ U.S.EPA 3541	U.S.EPA 3545	U.S.EPA 3550	U.S.EPA 3580
狄氏剂	60-57-1	96	—	—/—	—	98	—
邻苯二甲酸二乙酯	84-66-2	88	91	80/93	79	84	—
硫酸二乙酯	64-67-5	—	—	—/—	—	—	—
己烯雌酚	56-53-1	—	—	—/—	—	—	—
乐果	60-51-5	88	108	—/—	—	80	—
3,3'- 二甲氧基联苯胺	119-90-4	—	—	—/—	—	—	—
对二甲氨基偶氮苯	60-11-7	87	99	—/—	92	88	—
邻苯二甲酸二甲酯	131-11-3	85	90	80/93	77	83	—
7,12- 二甲基苯并［*a*］蒽	57-97-6	98	89	—/—	79	91	—
4,4'- 二氨基 -3,3'- 二甲基联苯	119-93-7	47	48	—/—	48	23	—
分特拉明	122-09-8	—	—	—/—	—	—	—
2,4- 二甲基苯酚	105-67-9	75	68	54/87	71	74	95
1,2- 二硝基苯	528-29-0	86	77	—/—	—	80	—
1,3- 二硝基苯（1,3-DNB）	99-65-0	83	96	—/—	82	81	—
1,4- 二硝基苯	100-25-4	85	—	—/—	—	74	—
4,6- 二硝基邻甲酚	534-52-1	88	90	72/75	69	82	85
2,4- 二硝基酚	51-28-5	80	82	59/63	57	74	70
2,4- 二硝基甲苯	121-14-2	90	91	84/95	81	85	98
2,6- 二硝基甲苯	606-20-2	88	90	83/94	78	82	95
敌螨普	39300-45-3	—	—	—/—	—	—	—
地乐酚（DNBP）	88-85-7	92	95	—/67	—	52	—
邻苯二甲酸二正辛酯（DNOP）	117-84-0	93	94	84/96	87	89	108
1,4- 二氧六环	123-91-1	41	57	49/40	48	48	—
二苯胺	122-39-4	82	89	—/90	—	77	—
5,5- 二苯基乙内酰脲	57-41-0	—	—	—/—	—	—	—
1,2- 二苯肼	122-66-7	83	85	84/88	73	82	97

续表

化合物	CAS 号	U.S.EPA 3510	U.S.EPA 3520	U.S.EPA 3540/ U.S.EPA 3541	U.S.EPA 3545	U.S.EPA 3550	U.S.EPA 3580
乙拌磷	298-04-4	87	95	—/—	—	72	—
硫丹 I	959-98-8	102	—	—/—	—	102	—
硫丹 Ⅱ	33213-65-9	—	—	—/—	—	—	—
硫丹硫酸盐	1031-07-8	—	—	—/—	—	—	—
异狄氏剂	72-20-8	99	—	—/—	—	99	—
异狄氏剂醛	7421-93-4	99	—	—/—	—	100	—
异狄氏剂酮	53494-70-5	—	—	—/—	—	—	—
苯硫磷	2104-64-5	—	—	—/—	—	—	—
乙硫磷	563-12-2	—	—	—/—	—	—	—
氨基甲酸乙酯	51-79-6	—	—	—/—	—	—	—
甲磺酸乙酯	62-50-0	87	76	—/—	64	75	—
氨磺磷	52-85-7	136	—	—/—	—	174	—
丰索磷	115-90-2	—	—	—/—	—	—	—
倍硫磷	55-38-9	—	—	—/—	—	—	—
氟氯灵	33245-39-5	—	—	—/—	—	—	—
荧蒽	206-44-0	89	90	82/92	87	86	100
芴	86-73-7	84	86	79/90	82	80	—
七氯	76-44-8	93	—	—/—	—	96	—
环氧七氯	1024-57-3	95	—	—/—	—	99	—
六氯苯	118-74-1	86	86	79/89	78	81	—
六氯丁二烯	87-68-3	68	72	73/89	70	74	—
六氯环戊二烯	77-47-4	59	39	57/46	53	69	70
六氯乙烷	67-72-1	64	66	72/84	64	69	—
六氯酚	70-30-4	74	—	—/—	—	—	—
六氯丙烯	1888-71-7	59	45	—/78	60	66	—
六甲基磷酰胺（HMPA）	680-31-9	—	—	—/—	—	—	—
对苯二酚	123-31-9	—	—	—/—	—	—	—
茚并［1,2,3-*cd*］芘	193-39-5	89	89	81/98	85	87	102
异艾氏剂	465-73-6	92	97	—/—	82	79	—

续表

化合物	CAS 号	U.S.EPA 3510	U.S.EPA 3520	U.S.EPA 3540/ U.S.EPA 3541	U.S.EPA 3545	U.S.EPA 3550	U.S.EPA 3580
异佛尔酮	78-59-1	79	84	75/89	70	74	89
异黄樟素	120-58-1	85	78	—/—	68	78	—
开蓬	143-50-0	64	—	—/—	—	52	—
对溴磷	21609-90-5	—	—	—/—	—	—	—
马拉硫磷	121-75-5	—	—	—/—	—	—	—
马来酸酐	108-31-6	—	—	—/—	—	—	—
美雌醇	72-33-3	—	—	—/—	—	—	—
美沙吡林	91-80-5	41	—	—/—	—	—	—
甲氧滴滴涕	72-43-5	95	—	—/—	—	94	—
甲磺酸甲酯	66-27-3	72	69	—/—	—	73	—
甲基对硫磷	298-00-0	100	109	—/—	—	73	—
3- 甲基胆蒽	56-49-5	84	91	—/—	86	82	—
4,4'- 亚甲基双（2- 氯苯胺）	101-14-4	—	—	—/—	—	—	—
4,4'- 亚甲基二（*N*,*N*- 二甲基苯胺）	101-61-1	—	—	—/—	—	—	—
1- 甲基萘	90-12-0	76	78	78/—	78	77	—
2- 甲基萘	91-57-6	75	80	75/89	77	77	—
2- 甲基苯酚	95-48-7	67	79	73/87	69	74	93
3- 甲基苯酚	108-39-4	65	81	75/91	71	77	—
4- 甲基苯酚	106-44-5	65	81	75/91	71	77	—
速灭磷	7786-34-7	—	—	—/—	—	—	—
兹克威	315-18-4	—	—	—/—	—	—	—
灭蚁灵	2385-85-5	—	—	—/—	—	—	—
久效磷	6923-22-4	—	—	—/—	—	—	—
二溴磷	300-76-5	—	—	—/—	—	—	—
萘	91-20-3	75	77	74/89	77	74	98
1,4- 萘醌	130-15-4	68	66	—/—	80	72	—
1- 萘胺	134-32-7	68	64	—/—	—	30	—
2- 萘胺	91-59-8	69	53	—/—	—	31	—
尼古丁	54-11-5	—	—	—/—	—	—	—

续表

化合物	CAS 号	U.S.EPA 3510	U.S.EPA 3520	U.S.EPA 3540/ U.S.EPA 3541	U.S.EPA 3545	U.S.EPA 3550	U.S.EPA 3580
5- 硝基苊	602-87-9	—	—	—/—	—	—	—
2- 硝基苯胺	88-74-4	88	90	79/88	78	84	91
3- 硝基苯胺	99-09-2	80	87	66/78	70	76	71
4- 硝基苯胺	100-01-6	91	—	—/—	—	86	—
5- 硝基 - 邻 - 茴香胺	99-59-2	—	—	—/—	—	—	—
硝基苯	98-95-3	80	80	73/89	68	75	95
4- 硝基联苯	92-93-3	—	—	—/—	—	—	—
除草醚	1836-75-5	—	—	—/—	—	—	—
2- 硝基苯酚	88-75-5	81	82	77/89	70	76	—
4- 硝基苯酚	100-02-7	38	83	70/86	74	80	94
4- 硝基喹啉 -1- 氧化物	56-57-5	100	76	—/—	63	96	—
N- 亚硝基二丁胺	924-16-3	87	86	—/90	—	86	—
N- 亚硝基二乙胺	55-18-5	76	78	—/80	64	78	—
N- 亚硝基二甲胺	62-75-9	48	75	67/75	61	69	86
N- 亚硝基二苯胺	86-30-6	85	81	77/91	78	80	—
N- 亚硝基 - 二正丙胺	621-64-7	82	84	75/86	71	75	—
N- 亚硝基甲基乙胺	10595-95-6	70	77	—/74	64	75	—
N- 亚硝基吗啉	59-89-2	80	83	—/—	73	91	—
N- 二亚硝基哌啶	100-75-4	83	82	—/85	—	80	—
N- 亚硝基吡咯烷	930-55-2	78	81	—/84	76	79	—
5- 硝基 - 邻甲苯胺	99-55-8	84	90	—/—	90	63	—
八甲基焦磷酰胺	152-16-9	—	—	—/—	—	—	—
4,4'- 二氨基二苯醚	101-80-4	—	—	—/—	—	—	—
对硫磷	56-38-2	96	112	—/—	—	72	—
五氯苯	608-93-5	87	88	—/87	74	87	—
五氯硝基苯	82-68-8	91	98	—/—	85	80	—
五氯酚	87-86-5	83	84	66/79	79	78	97
苝	198-55-0	87	—	—/—	—	75	—
非那西丁	62-44-2	91	96	—/—	88	80	—

续表

化合物	CAS 号	U.S.EPA 3510	U.S.EPA 3520	U.S.EPA 3540/ U.S.EPA 3541	U.S.EPA 3545	U.S.EPA 3550	U.S.EPA 3580
菲	85-01-8	87	88	80/90	82	83	—
苯巴比妥	50-06-6	—	—	—/—	—	—	—
苯酚	108-95-2	37	76	76/88	69	74	86
1,4- 苯二胺	106-50-3	—	—	—/—	12	—	—
甲拌磷	298-02-2	79	100	—/—	—	69	—
伏杀硫磷	2310-17-0	—	—	—/—	—	—	—
亚胺硫磷	732-11-6	—	—	—/—	—	—	—
磷胺	13171-21-6	—	—	—/—	—	—	—
邻苯二甲酸酐	85-44-9	—	—	—/—	—	—	—
2- 甲基吡啶	109-06-8	59	69	—/—	60	64	—
胡椒基亚砜	120-62-7	—	—	—/—	—	—	—
多氯联苯（NOS）	1336-36-3	—	—	—/—	—	—	—
拿草特（除草剂）	23950-58-5	87	99	—/—	86	75	—
丙基硫氧嘧啶	51-52-5	—	—	—/—	—	—	—
芘	129-00-0	89	90	81/93	86	85	98
吡啶	110-86-1	42	53	67/—	44	52	—
间苯二酚	108-46-3	—	—	—/—	—	—	—
黄樟素	94-59-7	84	82	—/—	68	77	—
士的宁	57-24-9	—	—	—/—	—	—	—
草克死	95-06-7	—	—	—/—	—	—	—
特丁硫磷	13071-79-9	—	—	—/—	—	—	—
1,2,4,5- 四氯苯	95-94-3	75	84	87/85	70	76	—
2,3,4,6- 四氯苯酚	58-90-2	87	89	92/83	83	80	—
杀虫畏	961-11-5	—	—	—/—	—	—	—
四乙基二硫代焦磷酸盐	3689-24-5	86	101	—/—	—	69	—
焦磷酸四乙酯（TEPP）	107-49-3	—	—	—/—	—	—	—
硫磷嗪	297-97-2	103	105	—/—	—	81	—
苯硫酚	108-98-5	—	—	—/—	—	—	—

续表

化合物	CAS 号	U.S.EPA 3510	U.S.EPA 3520	U.S.EPA 3540/ U.S.EPA 3541	U.S.EPA 3545	U.S.EPA 3550	U.S.EPA 3580
甲苯 -2,4- 二异氰酸酯	584-84-9	—	—	—/—	—	—	—
邻甲基苯胺	95-53-4	75	62	—/—	56	39	—
毒杀芬	8001-35-2	100	—	—/—	—	99	—
1,2,4- 三氯苯	120-82-1	68	72	74/89	68	72	—
2,4,5- 三氯苯酚	95-95-4	85	87	80/93	76	79	98
2,4,6- 三氯苯酚	88-06-2	84	86	80/90	74	79	98
O,O,O- 三乙基硫代磷酸酯	126-68-1	87	90	—/—	—	75	—
氟乐灵	1582-09-8	—	—	—/—	—	—	—
磷酸三甲酯	512-56-1	—	—	—/—	—	—	—
2,4,5- 三甲基苯胺	137-17-7	—	—	—/—	—	—	—
1,3,5- 三硝基苯	99-35-4	85	98	—/—	95	85	—
三（2,3- 二溴丙基）磷酸	126-72-7	—	—	—/—	—	—	—
磷酸三对甲苯酯	78-32-0						

注：* 氯丹（NOS）的平均回收率来自 DOD 研究 γ－氯丹的结果。

表 2-8-7　DFTPP 关键离子和丰度标准 [a,b]

质量数	离子丰度标准
68	*m/z* 69 的 2%
69	存在
70	*m/z* 69 的 2%
197	*m/z* 198 的 2%
198	基峰或存在
199	*m/z* 198 的 5% ~ 9%
365	基峰的 1%
441	*m/z* 443 的 150%
442	基峰或存在
443	*m/z* 442 的 15% ~ 24%

注：[a] 本标准引用参考文献［11］（U.S.EPA 525.3）。

[b] 如果制造商未提供优化后的仪器操作条件，此表中标准可以作为单四极杆质谱的默认标准。只要方法性能没有受到影响，可以使用其他调谐标准（如 CLP 或 U.S.EPA 625）。见 11.3.1 节。

表 2-8-8 用表 2-8-1 推荐离子的初始校准曲线的参考响应因子标准（见 11.3.4.2 节）

半挥发性有机物	参考最小响应因子（RF）
苊	0.90
苊烯	0.90
苯乙酮	0.01
蒽	0.70
阿特拉津	0.01
苯甲醛	0.01
苯并［*a*］蒽	0.80
苯并［*a*］芘	0.70
苯并［*b*］荧蒽	0.70
苯并［*g*,*h*,*i*］苝	0.50
苯并［*k*］荧蒽	0.70
联苯	0.01
双（2- 氯乙氧基）甲烷	0.30
二氯乙醚	0.70
邻苯二甲酸二（2- 乙基己基）酯	0.01
4- 溴联苯醚	0.10
邻苯二甲酸丁苄酯	0.01
己内酰胺	0.01
咔唑	0.01
4- 氯苯胺	0.01
4- 氯 -3- 甲酚	0.20
2- 氯萘	0.80
2- 氯苯酚	0.80
4- 氯二苯醚	0.40
䓛	0.70
二苯并［*a*,*h*］蒽	0.40
二苯并呋喃	0.80
邻苯二甲酸二丁酯	0.01
3,3’- 二氯联苯胺	0.01
2,4- 二氯酚	0.20
酞酸二乙酯	0.01

续表

半挥发性有机物	参考最小响应因子（RF）
酞酸二甲酯	0.01
2,4- 二甲基苯酚	0.20
4,6- 二硝基邻甲酚	0.01
2,4- 二硝基酚	0.01
2,4- 二硝基甲苯	0.20
2,6- 二硝基甲苯	0.20
邻苯二甲酸二正辛酯	0.01
荧蒽	0.60
芴	0.90
六氯苯	0.10
六氯 -1,3- 丁二烯	0.01
六氯环戊二烯	0.05
六氯乙烷	0.30
茚并［1,2,3-*cd*］芘	0.50
异佛尔酮	0.40
2- 甲基萘	0.40
邻甲酚	0.70
对甲酚	0.60
萘	0.70
2- 硝基苯胺	0.01
3- 硝基苯胺	0.01
4- 硝基苯胺	0.01
硝基苯	0.20
2- 硝基苯酚	0.10
4- 硝基苯酚	0.01
二丙基亚硝胺	0.50
N- 亚硝基二苯胺	0.01
二氯异乙醚	0.01
五氯苯酚	0.05
菲	0.70
苯酚	0.80

续表

半挥发性有机物	参考最小响应因子（RF）
芘	0.60
1,2,4,5- 四氯苯	0.01
2,3,4,6- 四氯苯酚	0.01
2,4,5- 三氯苯酚	0.20
2,4,6- 三氯酚	0.20

注：这些响应因子仅做参考，不作为强制要求。

更多信息请参见 11.3.4.2 节和附录 2-8-B。

表 2-8-9 定量的半挥发性内标和对应化合物

1,4- 二氯苯 -d_4	萘 -d_8	苊 -d_{10}
苯胺 苯甲醛 苯甲醇 二氯乙醚 二氯异乙醚 2- 氯苯酚 邻二氯苯 1,3- 二氯苯 1,4- 二氯苯 1,4- 二氧六环 甲磺酸乙酯 2- 氟苯酚（surr） 六氯乙烷 甲磺酸甲酯 邻甲酚 对甲酚 *N*- 亚硝基二甲胺 二丙基亚硝胺 苯酚 苯酚 -d_6（surr） 2- 甲基吡啶 吡啶	苯乙酮 苯甲酸 双（2- 氯乙氧基）甲烷 己内酰胺 4- 氯苯胺 4- 氯 -3- 甲酚 2,4- 二氯酚 2,6- 二氯苯酚 分特拉明 2,4- 二甲基苯酚 六氯 -1,3- 丁二烯 异佛尔酮 2- 甲基萘 1- 甲基萘 萘 硝基苯 硝基苯 -d_8（surr） 2- 硝基苯酚 *N*- 亚硝基二丁胺 *N*- 亚硝基哌啶 1,2,4- 三氯苯	苊 苊烯 联苯 1- 氯萘 2- 氯萘 4- 氯二苯醚 乙基苯 二苯并呋喃 酞酸二乙酯 酞酸二甲酯 2,4- 二硝基酚 2,4- 二硝基甲苯 2,6- 二硝基甲苯 芴 2- 氟联苯（surr） 六氯环戊二烯 1- 萘胺 2- 萘胺 2- 硝基苯胺 3- 硝基苯胺 4- 硝基苯胺 4- 硝基苯酚 五氯苯 1,2,4,5- 四氯苯 2,3,4,6- 四氯苯酚 2,4,6- 三溴苯酚（surr） 2,4,6- 三氯酚 2,4,5- 三氯酚

续表

菲 $-d_{10}$	䓛 $-d_{12}$	苝 $-d_{12}$
4- 氨基联苯酚酯蒽 阿特拉津 4- 溴联苯醚 咔唑 邻苯二甲酸二丁酯 4,6- 二硝基邻甲酚 二苯胺 荧蒽 六氯苯 4- 硝基喹啉 -1- 氧化物 *N*- 亚硝基二苯胺 五氯苯酚 五氯硝基苯 非那西丁 菲 戊炔草胺	联苯胺 苯并［*a*］蒽 二辛基酞酸酯 邻苯二甲酸丁苄酯 屈 3,3'- 二氯联苯胺 对二甲氨基偶氮苯 邻苯二甲酸二正辛酯 芘 三联苯 $-d_{14}$（surr）	苯并［*b*］荧蒽 苯并［*k*］荧蒽 苯并［*g,h,i*］苝 苯并［*a*］芘 苯并［*e*］芘 二苯并［*a,j*］丫啶 二苯蒽 7,12- 二甲基苯并［*a*］蒽 茚并［1,2,3-*cd*］芘 3- 甲基胆蒽 苝

注：（surr）= 替代物

表 2-8-10　8270E[a] 的质量控制标准概要

质量控制类型	最小频次	技术规定	建议的可接受标准
仪器性能（第 9.3.1 节，11.3.1 节）	在初始校准前	注入 DFTPP ≤ 50 ng	符合离子比例标准：DFTPP（表 2-8-3），或其他颁布的标准；拖尾系数≤ 2，降解率≤ 20%
初始校准（ICAL）（参见第 9.3.2，11.3 节）	在分析样品前，如果不能符合持续性能标准，则按需进行	响应因子（RF）和线性回归（LR）最少 5 点，二次回归（QR）最少 6 点 ＞ 90% 报告的目标化合物符合初始校准标准	平均响应因子校准模式：响应因子的相对标准偏差（RSD）≤ 20% 对于线性或者二次曲线模式：$R \geqslant 0.995$，$R^2 \geqslant 0.99$ 不论何种校准模型：低浓度标准溶液的重新计算值（重新代入）应在真值的 ±50%；高于定量限（LLOQ）的浓度标液的回测值建议在真实值的 ±30% 或者，相对标准误差（RSE）≤ 20%（有关计算，参见 U.S.EPA 8000，以及参考文献［19］） 其他标准，参见 U.S.EPA 8000
初始校准验证（ICV）（参见第 9.3.2，11.3.7 节）	分析样品前，每次初始校准后	跟初始校准标准溶液不同，从不同来源制备目标化合物	计算目标化合物的浓度为真值的 ±30%

续表

质量控制类型	最小频次	技术规定	建议的可接受标准
连续校准验证（CCV）（参见第 9.3.3，11.4 节）	每 12 h 至少进行一次	＞80% 报告的目标化合物符合 CCV 标准	目标化合物应≤20% 偏差或漂移；内标物响应在中浓度的初始校准或者初始校准中内标平均值的 50%～200%；内标物的保留时间与初始校准时间之差漂移不得超过 30 s
空白（参见第 9.5 节）	每批≤20 个样品制备一个方法空白（MB）	未提供	空白样品中目标分析物浓度 <1/2 定量分析下限，或者≤现场样品浓度的 10%
实验室质控样品（LCS）（见第 9.6.2 节）	每批≤20 个样品制备一个	未提供	满足回收率标准
平行样和基体加标（见第 9.6.1 节）	每批≤20 个样品（不是每批都要），制备 1 个平行样和一个基体加标或基体加标 / 基体加标平行	未提供	根据性能或项目特定的基体加标的回收率标准；样品和样品平行样的或基体加标与基体加标平行的相对百分偏差（RPD）
替代物（参见第 9.7 节）	添加到每个样品	未提供	实验室制定的基于性能的回收率标准或为项目选择的标准
内标物（IS）（见第 9.8 节、11.5.4 节）	添加到每个样品	未提供	样品中内标物的响应值在初始校准标准溶液中间点（或平均初始校准）相同内标物、或最近一次的连续校准验证中响应的 50-200%。
定性分析（见第 11.6.1 节）	每个目标化合物	未提供	样品中目标化合物的保留时间应在初始校准中间点或连续校准验证中目标化合物保留时间的 ±10 s 范围以内；或相应内标保留时间漂移的 ±10 s 范围以内 （内标物 Δ 保留时间 ±10 s） 样品中目标化合物的特征离子丰度比与参考质谱图的偏差在 ±30% 以内； 或与参考谱库谱图的匹配系数≥0.8（仅适用于全扫描采集模式）

注：[a] 默认的可接受标准；可为特定的项目制定其他标准。详细信息，参见第 9 节。

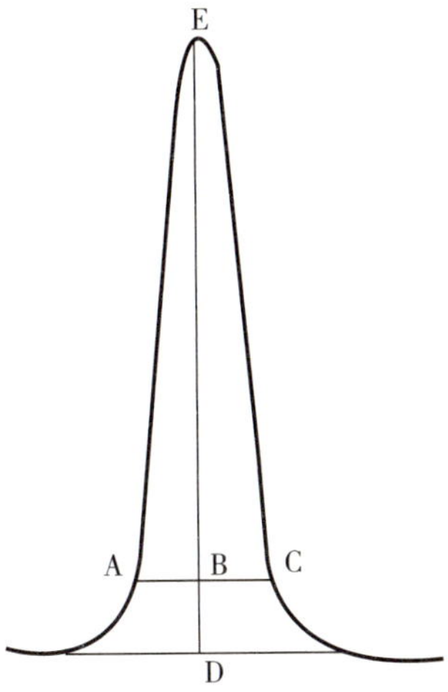

拖尾因子=BC/AB
峰高=DE=100 mm
10%峰高=BD=10 mm
10%峰高处的峰宽=AC=23 mm
AB=11 mm
BC=12 mm
因此，拖尾因子=12/11=1.1

图 2-8-2　拖尾因子计算

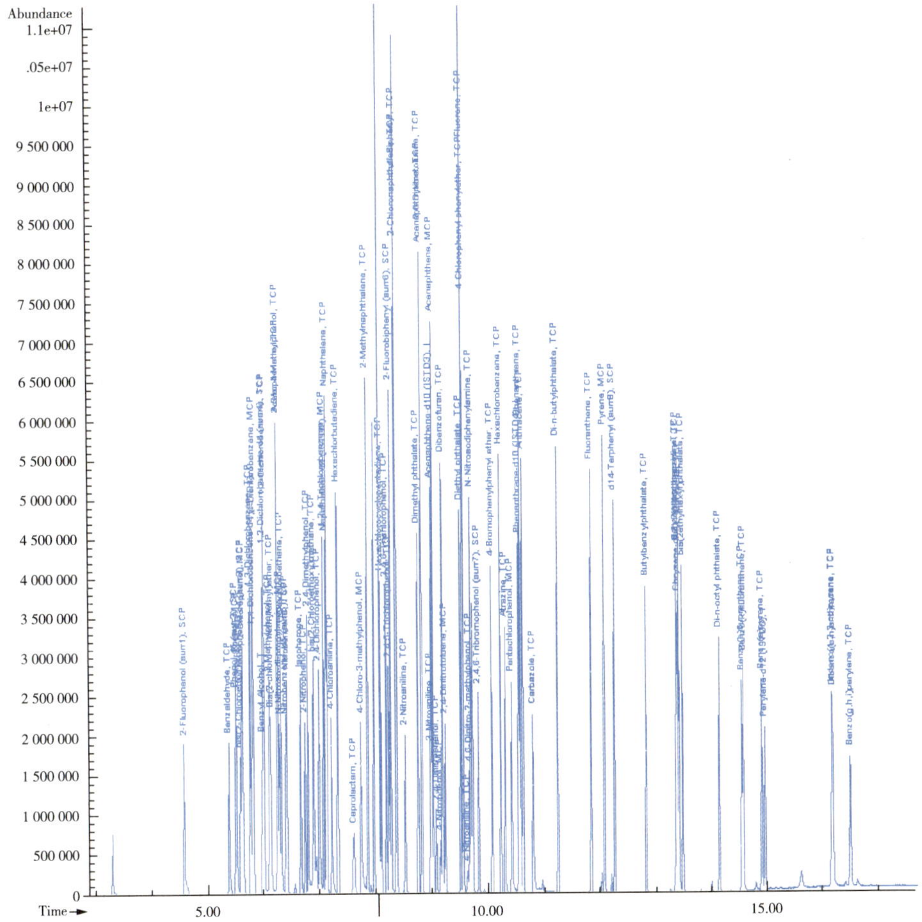

[a] EPA6 区提供

图 2-8-3　碱 / 中和酸性校准标准物的气相色谱图[a]

附录 2-8-A
与 U.S.EPA 8270D 第 5 版相比，U.S.EPA 8270E 第 6 版的变化

1. 在整个文档中，采用“质荷比（*m/z*）”代替术语“质量数”，因为质荷比是实际测量的对象。用响应代替面积或高度。

2. 第 1.1 节表格：为了更加直观，将第 1.1 节中目标化合物清单中合适的制备工艺标记由 *X* 改为“√”。删除了有问题化合物的缩略，并以“*”替代（第 1.4 节增加了定义和特定的目标化合物）。第 1.1 节中的目标化合物清单表是使用 EPA 统计前处理方法数据更新的，这些数据是根据在 2012 年（2013 年发表）进行 DOD 实验室控制样品研究得来的。如果平均 %*R* 落在 50% ~ 150%，前处理技术认为是合适的。如果研究中没有合适的数据，则使用（破折号）或“√ *”（在前一版本中，“√ *”表示目标化合物有合适回收率）。增加 U.S.EPA 3545 作为前处理方法。用其他资料更新了脚注 c。目标化合物列表的关键是对表中使用的符号有了新的定义。

3. 表中增加了以下目标化合物：阿特拉津、偶氮苯、苯甲醛、苯并［*e*］芘、1,1'-联苯、己内酰胺、咔唑、1,4- 二噁烷、1- 甲基萘、苝、吡啶。更新以下名称以便与 NIST 数据库匹配：苯并［*g,h,i*］苝，4- 硝基喹啉 -*N*- 氧化物，甲苯 -2,4- 二异氰酸酯。

4. 第 1.2 节：在第 1.2 节中删除了 U.S.EPA 3545，在第 1.1 节的目标化合物表中增加了该方法因为它使用广泛。增加了 U.S.EPA 3511 作为允许的样品前处理方法。

5. 第 1.3 节：增加了 GC/MS/MS 作为多组份分析技术。

6. 第 1.4 节：将第 1.1 节中目标化合物的缩略语移到第 1.4 节的分节中（新的第 1.4.10 ~ 1.4.17 节）。增加了其他目标化合物，增加了其他分析有问题的目标化合物（第 1.4.7 和 1.4.14 节）。在第 1.4.8 节增加在液液萃取某些目标化合物前调解 pH。在第 1.4.10 节中，为了挥发性较强的目标化合物分析增加了替代物建议。

7. 第 1.5 节：删除了关于定量下限以及对旧表 2 的引用。增加了关于氢作为载气和串联质谱仪的使用方面的讨论。

8. 第 2.3 节：删除了射流分离接口。

9. 第 4.2 节：添加了关于不能从样品中扣除空白值，修正样品数据的信息。

10. 第 5.0 节：增加了新的附录 2-8-B 使用氢作为载气。

11. 第 6.1.1 节：增加了专用 GC 进样口类型。删除了色谱柱供应商的参考信息。

12. 第 6.1.3 节：将扫描速率改为每个峰的最小扫描速率。为 MS/MS（第 6.1.3.3）和 SIM/CI（第 6.1.3.4）增加了分节。

13. 第 7.4.3 节：增加了有关标准溶液的有效期以及何时标准溶液应丢弃的内容。

14. 第 7.5 节：删除了第 11.3.2 节内标标准的参考，增加了对 U.S.EPA 8000（内标物校准）第 11.4.3 条的参考。

15. 第 7.6 节：增加了关于在其他溶剂中制备 DFTPP 的警告内容。

16. 第 7.7.1 节：增加了校准标准回归曲线类型、最少点数和低浓度点在定量下限或以下内容。

17. 第 7.7.2 节：增加了一段关于连续校准验证。

18. 第 7.7.3 节：增加了一段关于采用第二来源标准物质进行初始校准验证内容。

19. 第 7.8 节：增加了其他替代物的参考。关于验证替代物的重新注明。

20. 第 7.8.1 节：删除了 U.S.EPA 3561 替代物要求的注。

21. 第 7.9 节：增加了使用完整的目标化合物清单用于实验室控制样品加标溶液的建议内容。增加了关于使用前或故障排除前验证溶液的注意事项。

22. 第 7.11 节：在试剂和标准物质部分增加了载气。

23. 第 9.3.1 节：在初始校准前，改变调谐验证频次。增加有关验证目的方面的内容。

24. 第 9.3.2 节：澄清了何时需要初始校准验证。

25. 第 9.3.4 节：删除了相对保留时间小段。

26. 第 9.5 节：对空白章节作了重大修订 / 增补。增加了信息明确空白中允许的浓度（1/2 LLOQ），空白浓度如何与样品浓度关联（<1/10），以及一些修正数据方面的信息。

27. 第 9.6.3 节：增加了一段要求在每批样品中使用方法空白。

28. 第 9.7 节：改写要求使用替代物。

29. 第 9.8 节：增加了在样品中检查内标物的内容。

30. 第 9.9 节：增加了 U.S.EPA 8000 中的定量下限。对定量下限进行了补充 / 修订（例如，验证定量下限的浓度范围为 0.5 ~ 2*X*；频次）。增加了关于报告低于定量下限的浓度章节。

31. 第 11.1 节：删除了 U.S.EPA 3560。增加了 U.S.EPA 3511。

32. 第 11.2 节：删除了 U.S.EPA 8041 中的衍生化参考。增加了 U.S.EPA 3640。

33. 第 11.3 节和第 11.4 节。重新组织章节，在第 11.3 节中加入了初始校准的所有标准和检查（例如，曲线计算和标准、重新代入低点和初始校准验证），在第 11.4 节中加入了连续校准验证的标准和检查。删除了冗余信息，明确要求。

34. 第 11.3 节：更新了 GC/MS 运行条件。

35. 第 11.3.1.2 节：更新了 SIM/SCAN 调谐验证的说明。增加了关于 CI 或串联质谱仪器性能检查的说明。

36. 第 11.3.1.3 节：增加拖尾图形。增加了关于 CI 或串联质谱分析仪器性能检查的说明。

37. 第 11.3.2 节：删除了与内标物相比目标化合物的相对参考保留时间（0.8 ~ 1.2）。

38. 第 11.3.3 节：增加了有关在定量下限具有足够灵敏度的说明。

39. 第 11.3.4.2 节：在表 2-8-4 中增加了最小响应因子，仅供参考。增加了实验室建立标准溶液制备检查程序的建议。增加了关于低响应（响应因子 <0.01）目标化合物的说明。

40. 第 11.3.5.1 节：增加了关于出现空白污染时曲线拟合的说明。

41. 第 11.3.5.3 节：增加了回归曲线和 RSE 的标准。删除了 RRT 内容。

42. 第 11.3.6 节：明确了关于重新代入低浓度的初始校准的内容。修改了重新代入范围在 ±50% 的标准。

43. 第 11.3.7 节：增加了有关初始校准验证要求的章节。

44. 第 11.3.8 节：更新了选择离子监测和选择反应监测指导内容。[从第 11.5.5 节移过来]

45. 第 11.4.1 节：将 DFTPP 调谐检查、拖尾和降解频率从每 12 h 在一次变更为初始校准前进行。

46. 第 11.4.2 节：明确将最近初始校准标准物质的进样时间作为 12 h 的起点。

47. 第 11.4.3 节：明确了在校准以后需要进空白。

48. 第 11.4.4 节：删除了检查最小响应因子的要求。增加了允许使用混合校准模型的浓度作为单次连续校准验证评估。

49. 第 11.4.4.2 节：增加了有关在没有降解和拖尾检查时检查系统性能的说明。

50. 第 11.4.6 节：明确在连续校准验证中需要监控内标物。

51. 第 11.5.4 节：将稀释目标范围扩大到包含曲线中间。

52. 第 11.6.1 节：增加了需要评估目标化合物绝对漂移的内容。增加了明确具有较大漂移的分析物的内容。修改了 RRT 为评价保留时间漂移的替代方法。

53. 第 11.6.1.4 节：更新了峰分辨率的计算。

54. 第 11.6.2 节：修改了初步定性内容。

55. 第 11.7.5 节：增加了使用高、低分辨率的质谱仪作为单一同系物进行 PCB 分析的参考文献。

56. 第 11.7.6 节：明确了总石油烃（柴油范围有机物和 DRO）内容。增加了使用 GC/MS 分析的内容。

57. 第 13.0 节：删除了所有表格的参考文献并用 http：//www.epa.gov/hwsw846/validated-test-method-8270e-semivolatile-organic-compounds-gas-chromatographymass-spectrometry 替代。

58. 第 14 节和第 15 节：由于列出的旧文档不再提供，更新与以前 ACS 文档链接的网站。参考文献更新至 http：//www.acs.org/content/dam/acsorg/about/governance/committees/chemicalsafety/publications/less-is-better.pdf 和 http：//www.labsafety.org/FreeDocs/WasteMgmt.pdf.

59. 第 16.0 节：增加了 DOD 数据以及 PCB 数据的参考。

60. 表 2-8-1：增加了新的目标化合物和推荐离子，删除了亚老哥尔类。

61. 表 2-8-2：删除了定量下限限制，用 2012 年 DOD 数据替代。

62. 表 2-8-3：采用 U.S.EPA 525.3 的 DFTPP 标准更新。

63. 表 2-8-4：最低响应因子表格作为指南重新命名，表下面增加了注意事项，化合物按照名称的字母顺序排列。

64. 表 2-8-5：新的目标化合物增加了推荐内标物，化合物按照名称的字母顺序排列。

65. 表 2-8-6 ~ 表 2-8-22：删除了 U.S.EPA 8270D 中含有性能数据的表 6-22。见第 13 节中的网址链接。

附录 2-8-B
使用氢作载气的指南

B1.1 本方法允许氢气作载气。但是，与氦气相比，可能需要进行以下修改。

B1.1.1 建议使用最高纯度的氢气（即 99.999% 或更高），例如发生器或高纯度的气瓶所提供的氢气，其干扰（如碳氢化合物和水）最少。使用不锈钢管代替铜管可能会延长气体管道的使用寿命，因为随着使用氢的时间越久，旧铜管会变脆。质谱离子源材质应设计可以与氢气一起使用。咨询质谱制造商确认离子源是否兼容。

此外，使用氢气做载气时应降低气源压力，以防止发生化学电离或其他有害反应。这可以通过使用窄孔径的毛细柱（内径 0.18 mm 或更小），以降低流经质谱的流速，也可使用更大容积或泵效率的内置质谱真空泵（分子涡轮泵）来实现。使用内置扩散泵的系统，不合适使用氢气作为载气。

B1.1.2 使用氢载气会洗涤附在系统金属表面上的化合物（通常是碳氢化合物），增加背景干扰。使用高流量的氢气对系统进行烘烤，可以将这些干扰降低到不影响分析的程度。建议在切换到氢气之前，在气体管道上安装新的过滤器，以防止洗涤过滤器中的杂质。

B1.1.3 当用氢气作为载气时，在校准标准溶液和萃取物中使用的二氯甲烷可能在进样口形成盐酸（HCl）。盐酸可能会积累，在色谱系统中形成活性点，并可能由于腐蚀对敏感零件造成永久性损伤。使用乙酸乙酯等替代溶剂制备校准标准可以减少盐酸的生成。但是，这也需要更换任何相关制备方法中萃取物的溶剂，因为萃取物需要与校准标准溶液具有相同的最终溶剂（>80% 相同）。如果使用二氯甲烷，使用最低进样口温度设置（例如，225℃）、分流进样和 / 或频繁更换进样口衬套，也可以防止 HCl 的形成。建议定期更换进样口衬套，以减轻与活性点和 HCl 形成有关的性能问题。只要用户能够使用该导入方法证明自己的项目需求得到了足够的执行，就可以使用替代的导入技术。

B1.2 与氦气相比，使用氢气作为载气可能会以降低目标分析物的响应（即 2 ~ 5 倍）。表 2-8-4 中列出的响应因子标准是使用氦气作载气制定的，由于一些化合物的响应降低，因此不适用于氢气作载气。如果使用最低的响应因子来评估校准，实验室应制定自己的标准或使用仪器制造商公布的响应因子。目标化合物的反应性会随仪器条件的不同而变化。作为能力初始验证过程的一部分，需评估目标化合物在预期分析条件下的稳定性。

B1.3　与任何方法修订一样，在样品分析前，须用氢气作为载气重复进行且通过本方法第 9.0 节所列的所有质量控制程序。如果萃取液和校正标准溶液使用其他替代溶剂，也需重复这些质量控制程序。

B1.4　氢气是高度易燃气体，需有额外的安全控制以防止气体达到爆炸极限。可通过将气相色谱进样口和质谱初级泵的排气管连接到实验室的排气系统，并对所有气体管路连接处进行泄漏检查来实现。在打开气相色谱仪气路以及质谱泄真空（如质谱维护）之前，应先关闭氢气气源。使用氢气之前，用户应咨询仪器制造商关于安全使用氢气的附加指南。

1614A

多溴联苯醚的测定——高分辨气相色谱-高分辨质谱法

（U. S. EPA 1614A—2010）

1 适用范围

1.1 U.S.EPA 1614A 适用于高分辨气相色谱 / 高分辨质谱（HRGC/HRMS）法测定水质、土壤、沉积物、污泥、生物组织和其他介质中的多溴联苯醚（BDE）同类物。

1.1.1 具体 209 种 BDE 同类物详见表 2-9-1。主要关注的 8 种同类物（“主要关注的 BDE”参考文献［1］）以粗体显示。在环境样品中发现或已经报道过的 BDE 同类物（参考文献［2］和［3］），以斜体显示。表 2-9-1 的脚注给出在环境样品中未发现的一些溴代 BDEs 同类物（参考文献［2］和［3］）。表 2-9-1 中的其他同类物在标准物质可得到时或在需要时测定。表 2-9-2 ~ 表 2-9-6 提供了已经测试过 BDE 同类物的数据。

1.1.2 该方法也可用于测试其他溴代阻燃剂（BFR）和新推出的溴代化合物。

1.2 该方法基于 U.S.EPA 1668A（参考文献［4］）中给定的分析方法。

1.3 该方法的检出限和定量限通常取决于干扰和实验室背景水平，而不是仪器的限制。表 2-9-2 中的方法检出限（MDLs）以及最低定量限（MLs）是在目前实验室污染水平下能测定的 BDE 浓度。在无干扰存在的情况下，BDE-99 在水中的 MDL 值为 5 pg/L。

1.4 该方法的 GC/MS 分析需要由丰富 HRGC/HRMS 操作经验的分析人员操作或在有资质人员密切监督下操作。使用此方法的各实验室须证明，其具有按照 9.2 节中步骤操作能够得到可接受结果的能力。

1.5 此方法作为“分析基础”，在满足此方法所有性能指标的前提下，没有额外 EPA 审查要求情况下，可通过改进相关实验方法来提高性能（如消除干扰或提高结果灵敏度、准确度或精密度）。建立方法等效性要求参见 9.1.2 节，但需要解释改进原因。针对 CWA 用途，40 CFR 136.6 部分对额外适应性给出对应描述。需记录在第 136.6 部分和第 9 节给定的范围方法改进所导致的性能、灵敏度、选择性、精密度、回收率等方面所出现的变动，并同时需要记录改进方面与本方法中给定规范进行对比后的结果。如超出本方法第 136.6 部分和第 9 节所涉范围的变动，可能需要事先审查或批准。

2 方法概述

图 2-9-1 给出了水样和固体样品的分析流程，具体包括样品制备、提取和分析，图 2-9-2 为多相样品分析流程图，图 2-9-3 为组织样品分析流程图。

2.1 提取、浓缩和净化。

2.1.1 水样（固体含量少于 1% 的样品）。将同位素标记的 BDEs 同类物加入至 1 L 样品中。使用固相萃取法（SPE），分液漏斗萃取法（SFE）或连续液 / 液萃取法（CLLE）提取样品。

2.1.2 固体、半固体和多相样品（不包括组织）。将同位素标记的化合物加入 10 g（干重）固体样品中。将含有多相样品加压过滤，弃去含水层。将粗固体研磨或均质化。将来自多相样品的非水层与固体混合，进行索氏提取。

2.1.3 鱼类和其他组织样品。将 20 g 样品均匀化处理，并向 10 g 试样中加入标记的化合物。将样品与无水硫酸钠混合，干燥至少 30 min，并在索氏提取器中使用二氯甲烷萃取 18 ~ 24 h。将提取液蒸发至近干，并测定脂质含量。

2.2 提取后，将标记的净化内标加入提取液中，浓缩。组织样品首先需使用手工净化柱（第 7.5.3 节）进行净化，所有的提取液都需使用硫酸和 / 或碱、凝胶渗透、硅胶和 / 或弗罗里土或氧化铝色谱法进行反萃取净化。

2.3 净化完成后，将提取液浓缩至 20 μl 并加入同位素标记的进样内标。样品通过气相色谱仪分离，然后用高分辨质谱仪（分辨率≥ 5 000）检测。在整个保留时间窗口中，选择待测化合物的两个监测峰离子进行监测。

2.4 每个 BDE 同类物的定性需满足其色谱峰保留时间与标准溶液中对应物质一致，且在对应保留时间窗口内两个监测离子及其离子丰度比与理论或者标准物质的一致。

2.5 使用 SICP 面积，定量分析采用以下两种方式之一。

2.5.1 对于主要关注的 BDE 和其他关注的同类物，可用同位素标记的方法，采用 GC/MS 进行多点校正，并使用同位素稀释法定量分析。

2.5.2 对于没有同位素标记的 BDE 单体以及需要多点校正的同类物，采用 GC/MS 进行多点校正，并使用内标法进行定量分析。

2.5.3 对于不需要多点校正的其他同类物，可采用 GC/MS 单点校正，并使用内标法进行定量分析。

2.5.4 对于通过同位素稀释（第 2.5.1 节）和净化标定量的 BDE 标记类似物，GC/MS 在单一浓度下校准，样品中这些标记化合物使用内标法进行定量分析。

2.6 分析过程的质量保证可通过重复校准和对提取、净化和 HRGC/HRMS 系统的试验予以确定。

2.7 对于希望使用短柱和程序升温进样（TPI）的实验室，已在表 2-9-10 ~ 表 2-9-12 提供相应的 MDL、保留时间、保留时间窗口以及使用 TPI 和短柱时获得的精密度。使用短柱和 TPI 时，MDLs 参见表 2-9-10，保留时间，相对保留时间，保留时间窗口和离子丰度比率，以及所需其他数据见表 2-9-11 中。表 2-9-12 不能替换现有的 QA/QC 要求。

3 定义

定义在该方法最后的术语表中给出。

4 干扰

4.1 溶剂、试剂、玻璃器皿和其他样品前处理设备可能会产生干扰、升高基线和 / 或抑制锁定质量离子强度而导致色谱图错误。特殊选择的试剂和需要纯化的溶剂须使用玻璃器皿进行蒸馏。如果条件允许，还需萃取或溶剂清洗试剂。BDE 在环境中大量存在，实验室难以做到完全消除，其浓度水平应低于该方法中的 MDL（表 2-9-2）。

4.2 玻璃器皿的清洗非常重要，因为玻璃器皿不仅可能污染样品，玻璃表面可对目标化合物产生吸附活点。

4.2.1 玻璃器皿应用溶剂冲洗，并在使用后尽快用洗涤剂溶液洗涤。装有洗涤剂溶液的玻璃器皿经超声处理约 30 s 可有助于清洁。在洗涤剂清洗前，带有可拆卸部件的玻璃器皿特别是带有含氟聚合物旋塞的分液漏斗必须拆卸可拆卸的部件。

4.2.2　洗涤剂清洗后，应立即冲洗玻璃器皿，首先使用甲醇冲洗，再用热自来水冲洗。自来水冲洗后再依次用甲醇、丙酮、二氯甲烷冲洗。

4.2.3　在遇到污染严重的样品后，须使用马弗炉或其他高温炉（300 ~ 500℃）烘烤玻璃器皿。应该对干燥炉进行排气，以防止 BDE 蒸汽对实验室造成污染。应尽量减少对玻璃器皿烘烤，因为反复烘烤玻璃器皿可能会在玻璃表面上产生不可逆地吸附 BDE 的活性位点。

4.2.4　在使用前，索氏提取装置应使用提取溶剂预提取约 3 h（参见第 12.3.1 ~ 12.3.3 节）。其他提取设备（第 6.4 节）也应在使用前进行预淋洗。

4.2.5　为避免交叉污染，当分析低浓度样品时，须另外使用一套单独的玻璃器皿。

4.2.6　为了降低 BDE 209 本底，所有可能用到的器皿（玻璃器皿、小瓶、瓶盖等）应尽可能清洁。

4.3　分析中使用的所有材料和各批次样品必须通过先分析参考基质方法空白（第 9.5 节）（在给定的 12 h 批次中，由提取过程开始样品最多不超过 20 个），证明无干扰。

4.3.1　参考基质须尽可能地模拟测试中的样本基质。理想情况下，参考基质不应含有 BDE，但应包含预期在待分析样品中发现的浓度水平的干扰物。

4.3.2　当被测样品基质的参考基质不可使用时，试剂水（第 7.6.1 节）可用作水参考基质；沙（第 7.6.2 节）或白色石英砂（第 7.3.2 节）可用作土壤参考基质；滤纸（第 7.6.3 节）可用作纸张和类似材料参考基质；玉米油（第 7.6.4 节）可用作组织参考基质。

4.4　样品基质干扰不同，取决于所采样品的多样性。干扰化合物的质量浓度可能比 BDEs 目标化合物高几个数量级。通过这种方法测定低浓度水平的 BDEs，消除干扰至关重要。第 13 部分中给出的净化步骤可用于减少或消除这些干扰，表 2-9-2 所示浓度的水平可准确的测定 BDEs。

4.5　应对每套可重复使用的玻璃器皿进行编号，以便将该玻璃器皿与特定样品进行关联。这将有助于实验室溯源每个样品可能存在的污染源，识别可能需要额外清洗的被高浓度样品污染的玻璃器皿，并确定是否丢弃。

4.6　校准溶液的污染。表 2-9-2 中的 MDLs 和 MLs 是现有普通实验室背景下获得的浓度水平。

许多 MLs 大于校准溶液的浓度。为了防止校准溶液被 MLs 所允许的背景水平污染，校准溶液必须使用无污染的玻璃器皿，并在无 BDE 污染的区域制备。如果这些条件无法满足或难以满足，那么应在实验室无污染设施中制备校准溶液，或让供应商准备校准标准，以此保证不受污染。

4.7 组织净化。组织中的天然脂质含量会干扰 BDEs 组织样品的分析。不同物种和组织部分的脂质含量也不同。脂质在各种有机溶剂中溶解度不同，并可能穿透柱色谱净化系统。

脂质需须通过第 13.5 节中的手工分离柱程序去除，然后再采用第 13.2 节中的凝胶渗透色谱法净化。建议使用 Florisil（第 13.6 节）和 / 或氧化铝（第 13.4 节）作为额外的净化步骤。

5 安全

5.1 该方法中使用的每种化学品的毒性或致癌性尚未准确确定；但是，每种化合物都应被视为潜在的健康危害。化学品暴露应尽可能保持在较低的水平。

5.1.1 BDEs 作为可疑的人类或哺乳动物致癌物正在接受验证。根据 BDEs 的毒理学和物理特性，纯标准只能由经过严格培训的人员处理，他们完全熟悉处理和警示程序以及相关风险。

5.1.2 建议实验室在此方法中购买稀释后的分析物标准溶液。如果需要制备储备液，则必须在通风橱中进行，在处理高浓度时，必须佩戴 NIOSH/MESA 认证的有毒气体呼吸器。

5.2 实验室有责任提供安全的实验环境和职业安全及健康管理局（OSHA）规定的与本方法中使用的化学品安全处理相关的通用文件。所有工作人员都应该能够获取物质安全数据表（MSDSs）的参考资料。实验室应对使用此方法的每位分析人员进行个人体检，并将检查结果提供给检测人员。有关实验室安全性的更多信息，请参见参考文献［5］~［8］。

5.3 处理 BDEs 纯品和含有目标化合物的样品时，须使用处理放射性或传染性材料类似的技术，且实验室需要良好的通风和权限管理。可以从某些咨询实验室和国家卫生部或劳工部获得协助评估特定实验室条件的健康危害。其中许多部门都有工业卫生服务部门。每个实验室都必须制定严格的安全计划来处理这些化合物。U.S.EPA 613（40 CFR 136，附录 A，第 4.1 节）中处理氯化二苯并 – 二噁英和二苯并呋喃（CDD/CDF）的做法也可被推荐用于处理 BDE。

5.3.1 设施 – 当细分样品（灰尘、土壤、干燥化学品）时，所有操作（包括从样品容器中取出样品、称重、转移和混合）都应在小型密封箱中或有足够风量流动的通风柜中进行。实验室通风系统的损失是不被允许的。除事故外，用于分析和工作场所的溶剂不应发生吸入危害。

5.3.2 防护设备。应使用一次性塑料手套、围裙或实验室外套、安全眼镜或面罩，以及适合放射性工作的手套箱或通风柜。在可能产生气溶胶或粉尘的分析操作过程中，人员应佩戴配备活性炭过滤器的呼吸器。在分析污染区样品或目标标准物纯品时，必须佩戴护目镜（最好是全面罩）。通常需要佩戴乳胶手套以减少手部的暴露。在处理未知或已知含有高浓度 BDEs 的样品时，需佩戴乳胶手套，以此减少手部的暴露。

5.3.3 培训。必须对工作人员进行适当的方法培训，以便在不接触皮肤外表面的情况下去除受污染的手套和衣服。

5.3.4 个人卫生。每次操作后和休息前（咖啡、午餐和班次），应彻底清洗手和前臂。

5.3.5 限制。隔离工作区域须张贴标识，隔离玻璃器皿、工具以及塑料吸收纸将有助于限制污染。

5.3.6 废气。气相色谱仪（GC）的样品分流器和质谱仪（MS）上的机械泵排放的废气经活性炭柱、由含有油类或高沸醇的捕集器鼓泡实现 BDE 蒸气浓缩。

5.3.7 废物处理。良好的处理技术可以减少污染废物。塑料袋应该用在废物罐中。管理员和其他工作人员应进行废物安全处理方面的培训。

5.3.8 净化。

5.3.8.1 人员清洗。应大量使用温和的肥皂进行擦洗。

5.3.8.2 玻璃器皿，工具和表面－乙醇溶液是一种毒性较小的溶剂，可有效去除 BDEs。通过用乙醇冲洗，然后在分别使用洗涤剂和水洗涤，可以实现令人满意的清洁效果。如果首先用溶剂冲洗玻璃器皿，可将洗涤水排入下水道中。鉴于处置成本，应尽量减少产生溶剂废液。

5.3.9 洗衣。已污染的衣物应收集在塑料袋中。并告知转移或洗涤衣物的人员，对其进行适当的处理。如果洗衣人员知道潜在的问题，须不接触衣服将放入洗衣机中。在用于其他衣物洗涤前，洗衣机须经过一个循环。

5.3.10 擦拭测试。确定工作表面和工具清洁度的有用方法是对受污染的可疑表面进行擦拭测试。

5.3.10.1 使用蘸有乙醇或其他溶剂的滤纸擦拭约 10 cm × 10 cm 的区域。

5.3.10.2 通过 GC 用电子捕获检测器（ECD）或通过该方法提取和分析擦拭物。

5.3.10.3 根据擦拭的区域（例如，10 cm × 10 cm = 0.01 m^2），计算出浓度，单位为 μg/m^2。浓度＜1 μg/m^2 表示可接受的清洁度；如出现更高浓度须进一步清洁。超过 100 μg/m^2 会构成严重危害，在使用工具或工作空间前需要进一步清洁，并声明所用工作方法不可接受。

5.4 污泥样品可能含有高浓度的生物危害，必须戴上手套并在通风橱或生物安全柜中打开以防止暴露。实验室工作人员应了解并遵守处理生物固体样品中处理病原微生物的微生物实验室所需的安全程序。

6 仪器和材料

注：品牌名称、供应商和部件号仅用于说明目的，并不表明是指定产品。使用本方法指定以外的设备和材料同样可以实现等效性能。满足此方法的性能要求才是实验室职责所在。

6.1 用于间歇或连续采样的采样设备。

6.1.1 样品瓶和瓶盖。

6.1.1.1 液体样品（固体物质含量≤5% 的水、污泥和类似介质）瓶，棕色玻璃，至少 1.1 L，带螺帽。

6.1.1.2 固体（土壤、沉积物、污泥、纸浆、滤块、堆肥和固体含量＞5% 的类似介质）样品瓶，宽口，棕色玻璃，至少 100 ml。

6.1.1.3 如果没有棕色玻璃瓶，样品须避光保护。

6.1.1.4 瓶盖－螺纹以适合样品瓶。盖帽必须衬有含氟聚合物。

6.1.1.5 清洁。

6.1.1.5.1 瓶子用洗涤剂水洗，然后在使用前用溶剂冲洗。

6.1.1.5.2 衬垫用洗涤剂水洗并用试剂水冲洗（第 7.6.1 节）。

6.1.2 组合装置。根据上述瓶子清洁程序自动或手动采样设备。只能使用玻璃或含氟聚合物配件。如果采样器使用蠕动泵，尽可能使用最小长度的硅胶橡胶管进行连接。使用前，必须用甲醇冲洗管路，再使用试剂水反复冲洗，以此最大程度减少样品污染。转子流量计用于连续采样的样品。

6.2 玻璃器皿清洗设备。

注：如果瓶子或其他玻璃器皿的空白减少一些上述要求的清洁步骤均未检测到 BDE，则可减免不必要的清洁步骤和设备。

6.2.1 带集风罩的实验室水槽。

6.2.2　干燥箱。有温度控制器和安全开关，并能够在 2 h 内达到 450℃，在 450～500 ℃ ±10 ℃下保持稳定（Cress Manufacturing Co，SantaFe Springs，CA，B31H，X31TS 或同等产品）。请参阅第 4.2.3 节中的注意事项。

6.3　样品预处理设备。

6.3.1　实验室通风橱的尺寸足以容纳样品制备设备。

6.3.2　手套箱（可选）。

6.3.3　组织匀浆机。VirTis Model 45 Macro 均质器（American Scientific Products H-3515，或同等产品），带不锈钢轴和涡旋刀片。

6.3.4　肉类研磨机。Hobart 或同等产品，内盘有 3～5 mm 的孔。

6.3.5　测定含水率设备。

6.3.5.1　烘箱。能够保持（110±5）℃的温度。

6.3.5.2　干燥器。

6.3.6　天平。

6.3.6.1　分析。精度可达 0.1 mg。

6.3.6.2　最大量程。能够称重 10 mg。

6.4　提取装置。

6.4.1　水样。

6.4.1.1　pH 计，带玻璃电极组合。

6.4.1.2　pH 纸，量程广（Hydrion 试纸或等效产品）。

6.4.1.3　量筒，1 L。

6.4.1.4　液 / 液萃取。分液漏斗，250 ml、500 ml 和 2 000 ml，含氟聚合物活塞。

6.4.1.5　固相萃取。

6.4.1.5.1　过滤装置，1 L，包括玻璃漏斗、玻璃料支架、夹具、适配器、塞子、过滤瓶和真空管（图 2-9-4）。对于废水样品，设备可容纳 90 mm 或 144 mm 的萃取盘。对于饮用水或含有低固体含量的其他样品，可以使用较小的萃取盘。

6.4.1.5.2　真空。压力能够维持在 25 英寸汞柱，配有隔离阀和真空规。

6.4.1.5.3　玻璃纤维滤膜。Whatman GMF 150（或等效产品），孔径为 1 μm 的，适用于 6.4.1.5.1 中的过滤装置。

6.4.1.5.4　含有十八烷基（C_{18}）键合二氧化硅的固相萃取盘，均匀地嵌入惰性基质中 -（Fisher Scientific 14-378F 或等效产品），以适合 6.4.1.5.1 中的过滤装置。

6.4.1.6 连续液 / 液萃取（CLLE）。含氟聚合物或玻璃连接接头和活塞，无须润滑，1.5 ~ 2 L 容量（Hershberg-Wolf Extractor，Cal-Glass，Costa Mesa，California 或同等产品）。

6.4.2 滤膜和固体 / 污泥样品的索氏提取器（图 2-9-5 和参考文献［9］）。

6.4.2.1 索氏提取主件。内径为 50 mm，容量为 200 ml 以及 500 ml 烧瓶（Cal-Glass LG-6900，或等效产品，但不能将 500 ml 圆底烧瓶替代 300 ml 平底烧瓶）。

6.4.2.2 套管。43 × 123 适合索氏提取（Cal-Glass LG-6901-122，或等效产品）。

6.4.2.3 水分捕集器。配套索氏提取器，带有含氟聚合物旋塞的蒸馏器。

6.4.2.4 加热套。半球形，适合 500 ml 圆底烧瓶（CalGlass LG-8801-112 或同等产品）。

6.4.2.5 可变变压器。功率调节器（或等效产品），110 V，10 A。

6.4.3 烧杯。400 ~ 500 ml。

6.4.4 药匙。不锈钢材质。

6.5 过滤装置。

6.5.1 玻璃棉。使用索氏提取器或 SDS 提取器进行溶剂提取，至少 3 h。

6.5.2 玻璃漏斗。125 ~ 250 ml。

6.5.3 玻璃纤维滤纸。Whatman GF/D（或等效产品），适用于第 6.5.2 节中的玻璃漏斗。

6.5.4 干燥塔。15 ~ 20 mm 内径的 Pyrex 色谱柱，配有玻璃塞。

6.5.5 布氏漏斗。15 cm。

6.5.6 布氏漏斗的玻璃纤维滤纸。

6.5.7 过滤瓶。1.5 ~ 2.0 L，带侧臂。

6.5.8 抽压过滤装置。Millipore YT30 142 HW 或同等产品。

6.6 离心机。

6.6.1 离心机：能将 500 ml 离心瓶或 15 ml 离心管旋转最低至 5 000 r/min。

6.6.2 离心瓶。500 ml，带螺旋盖，匹配离心机。

6.6.3 离心管。12 ~ 15 ml，带螺旋盖，匹配离心机。

6.7 净化设备。

6.7.1 自动凝胶渗透色谱仪（Analytical Biochemical Labs，Inc，Columbia，MO，型号 GPC Autoprep 1002 或同等产品）。

6.7.1.1 柱子。600 ~ 700 mm 长 ×25 mm 内径的玻璃柱，填料为 70 g 200 ~ 400 目 SX-3 Bio-beads（Bio-Rad Laboratories，Richmond，CA，或等同产品）。

6.7.1.2 注射器。10 ml，配鲁尔接头。

6.7.1.3 注射器过滤组件。材质为不锈钢，玻璃纤维或含氟聚合物滤膜（Gelman 4310 或同等产品）

6.7.1.4 紫外检测器。254 nm 制备或半制备流通池（Isco，Inc.，Type 6；Schmadzu，5mm 长；Beckman-Altex 152W，8μlmicroprep 流通池，2 mm 长；Pharmacia UV-1,3mm 流通池；LDC MiltonRoy UV-3，监视器 # 1203；或等效产品）。

6.7.2 移液管。

6.7.2.1 一次性，巴斯德，150 mm 长 ×5 mm 内径（Fisher Scientific 13-678-6A，或同等产品）。

6.7.2.2 一次性，血清学，50 ml（8 ~ 10 mm 内径）。

6.7.3 玻璃色谱柱。

6.7.3.1 150 mm 长 ×8 mm 内径（Kontes K-420155 或同等产品），配玻璃塞和 250 ml 储液罐。

6.7.3.2 200 mm 长 ×15 mm 内径，配玻璃塞和 250 ml 储液罐。

6.7.3.3 300 mm 长 ×22 mm 内径，配玻璃塞、300 ml 储液罐和玻璃或含氟聚合物活塞。

6.7.4 烘箱。用于烘烤和储存吸收剂，能够在 105 ~ 250℃（±5℃）范围内保持恒定温度。

6.8 浓缩装置。

6.8.1 旋转蒸发仪。Buchi/Brinkman-American Scientific No. E5045-10 或同等产品，配备温度可调的水浴装置。

6.8.1.1 旋转蒸发器的真空泵，在蒸发器和真空规上配有隔离阀。

6.8.1.2 建议使用循环水泵和冷水机组，因为使用自来水作为冷却水会浪费大量水资源，且随着水温和压力的变化会导致冷却性能不一致。

6.8.1.3 圆底烧瓶。100 ml 和 500 ml 或更大，带磨口玻璃配件用于与旋转蒸发器连接。

6.8.2 KD 浓缩管。

6.8.2.1 浓缩管。10 ml，带刻度（Kontes K-570050-1025 或同等产品），经过校准验

证。磨砂玻璃塞（尺寸为 19/22 接头）用于防止提取液蒸发。

6.8.2.2 蒸发瓶。500 ml（Kontes K-570001-0500，或等效产品），连接到浓缩管（Kontes K-662750-0012 或同等产品）。

6.8.2.3 斯奈德柱。三球口（Kontes K-503000-0232，或等效产品）。

6.8.2.4 沸石。

6.8.2.4.1 玻璃或碳化硅：约 10/40 目，首先用二氯甲烷萃取，并在 450℃下烘烤至少 1 h。

6.8.2.4.2 含氟聚合物（可选）：用二氯甲烷萃取。

6.8.2.5 水浴。加热，带盖，能够将温度保持在 70 ~ 100℃（±2℃），安装在通风柜中。

6.8.3 氮气浓缩装置 - 配备可将温度控制在 30 ~ 60℃的水浴加热装置（N-Evap，Organomation Associates，Inc.，South Berlin，MA，或同等产品），安装在通风柜中。

6.8.4 样品瓶。

6.8.4.1 棕色玻璃，2 ~ 5 ml，含氟聚合物衬里螺旋盖。

6.8.4.2 玻璃，0.3 ml，圆锥形，带含氟聚合物衬里的螺钉或卷边盖。

6.9 气相色谱仪。具有不分流进样或柱上进样功能，具有程序升温功能，并且必须满足第 10 节和第 15.4 节中的所有性能要求。通常使用细径锥衬管（Restek 或等效产品）。禁止使用直型衬管。

6.9.1 GC 长柱和 2 柱系统。可以使用单柱或双柱系统，如下所示。

6.9.1.1 长柱。（30±5）m 长 ×（0.25±0.02）mm 内径；0.1 μm 薄膜；95% 甲基，4% 苯基，1% 乙烯基硅氧烷（J & W DB-5ht，或同等产品）。该列必须符合以下规范。

6.9.1.1.1 绝对和相对保留时间必须与表 2-9-2 中的保留时间大概一致。

6.9.1.1.2 如果确定了表 2-9-2 和表 2-9-4 中列出的同类物，该色谱柱必须能将 BDE-49 与 BDE-71 分离开。较好的分辨率意味着两个峰之间内侧峰基小于两个峰中较小峰的 40%（第 7.10.2.2.2）（见图 2-9-6）。如果只检测主要关注的 BDEs，则不存在分辨率测试，因为这些同类物在 DB-5ht 柱子上得到了充分的分离。

6.9.1.1.3 CS-3 标准中同类物 99 L 的拖尾因子（参见 U.S.EPA 625 中的图 13；40 CFR 136，附录 A）必须小于 3.00。

6.9.1.1.4 十溴二苯醚（DeBDE）的保留时间必须＞48 min。

6.9.1.1.5 当不符合 SW-846 第 6.9.1.1.1 ~ 6.9.1.1.4 节中的任何要求时，必须更换色

谱柱。

6.9.1.2 双柱系统。如果使用双柱系统，一根色谱柱用于分离一溴至九溴代二苯醚，另一根色谱柱用于分离 DeBDE，双柱系统必须符合以下规格。

6.9.1.2.1 分离 1 ~ 9 取代的溴代二苯醚在色谱柱最后流出的 BDE 的保留时间必须大于该化合物在 DB-5ht 色谱柱上的保留时间，如表 2-9-2 所示，在用于测定 DeBDE 的色谱柱上，DeBDE 的保留时间必须＞10 min。

6.9.1.2.2 分离 1 ~ 9 取代的溴二苯醚的色谱柱必须符合 SW-846 第 19.6.9.1.1.2 节中的分离度和拖尾因子规范，分离 DeBDE 的色谱柱必须符合 DeBDE 拖尾因子规范（第 6.9.1.1.3 节）。

6.9.1.2.3 当不符合第 6.9.1.2.1 ~ 6.9.1.2.2 节中的任何标准时，必须更换相应的色谱柱。

6.9.1.3 如果使用替代色谱柱或柱系统，技术参数与长柱或双柱系统（第 6.9.1.1 ~ 6.9.1.2 节）类似的规格，并且必须在功能上等同于这些规格。

6.9.2 短柱：防止八溴代、九溴代和十溴代高温分解，可使用短柱和程序升温进样，具体技术参数见 SW-846 第 9 节和第 10 节。

6.9.2.1 短柱。（15±1）m 长；（0.25±0.02）mm 内径；0.1 μm 薄膜；耐高温的 95% 甲基，4% 苯基，1% 乙烯基硅氧烷（J & W DB-5ht，或同等产品）。表 2-9-11 给出了短柱的保留时间数据。

6.9.2.2 十溴二苯醚（DeBDE）的保留时间必须＞27 min。

6.9.2.3 色谱柱必须符合第 6.9.1.1.2 ~ 6.9.1.1.3 节中的分辨率和拖尾因子要求。

6.9.2.4 当不符合第 6.9.2.2 ~ 6.9.2.3 节中的任何一个条件时，则必须更换色谱柱。

6.9.2.5 绝对保留时间必须与表 2-9-11 中的绝对保留时间大致相同。

6.9.2.6 如果使用替代短柱的色谱柱，需制定类似短柱的技术参数（第 6.9.2.1 ~ 6.9.2.3 节），并且在功能上必须满足规格要求。

6.10 质谱仪。电子轰击能量 28 ~ 40 eV，高分辨状态（分辨率 >5 000）下能够在 1.5 s 内重复监测 15 个选择离子，满足第 10 节中所有性能规范要求。

6.11 GC/MS 传输线。质谱仪（MS）与 GC 连接，使毛细管柱末端距离于离子源 1 cm 内，但不要阻碍离子通过。

6.12 数据系统。能够收集、记录、存储和处理质谱数据。

6.12.1 数据采集。每个 *m/z* 的信号必须在整个监测期间收集并存储在大容量存储设备上。

6.12.2 响应因子和多点校准。数据系统需记录各质量浓度点待测化合物的相对响应因子相对标准偏差。相对标准偏差（RSD）计算结果用于测试校准曲线线性。原始数据（第 9.4 节）和正在运行的数据（第 15.5.4 节）需备份于仪器电脑上或单独电脑系统。

7 试剂和标准物质

7.1 pH 调节和反萃取。

7.1.1 氢氧化钾。将 20 g KOH 溶于 100 ml 试剂水中。

7.1.2 硫酸。试剂纯（密度为 1.84）。

7.1.3 盐酸。试剂纯，6 mol/L。

7.1.4 氯化钠。试剂纯，按照 5%（*w/v*）浓度在试剂水中进行配制。

7.2 溶液干燥和蒸发。

7.2.1 干燥剂。硫酸钠，试剂纯、颗粒状、无水（Baker 3375 或同等产品），首先使用二氯甲烷（20 ml/g）冲洗，在 400℃下烘烤最少 1 h，置于干燥器中冷却，储存在预先清洁过的玻璃瓶中，瓶盖上有螺帽，防止水分进入。如果在加热后，硫酸钠产生明显的灰色块状（由于晶体基质中存在碳），该批试剂不适合使用，应该丢弃。用二氯甲烷萃取（与简单冲洗不同）并在较低温度下烘烤即可使用。

7.2.2 组织干燥剂。硫酸钠，试剂级，粉末，按照 SW-846 19.7.2.1 所述要求进行处理和储存。

7.2.3 高纯氮气。

7.3 提取。

7.3.1 溶剂。丙酮、甲苯、环己烷、正己烷、甲醇、二氯甲烷、异辛烷、乙醚和壬烷；用玻璃蒸馏，农残级，经批次认证，无干扰。

注：某些溶剂（例如异辛烷和壬烷）可能需要重新蒸馏以消除 BDE 本底。

7.3.2 白色石英砂，60/70 目。用于索氏提取（Aldrich Chemical，CAT No.27-437-9，或同等产品）。在 450℃烘烤最少 4 h。

7.4 GPC 校准溶液。制备含 2.5 mg/ml 玉米油，0.05 mg/ml 邻苯二甲酸二（2- 乙基己基）酯（BEHP），0.01 mg/ml 甲氧基氯，0.002 mg/ml 二萘嵌苯和 0.008 mg/ml 硫的溶液，或者制备适合检测器响应的浓度。

注：在编写此方法时，BDE 校准溶液、保留和收集时间尚未优化，可能需要在校准溶液中增加 DeBDE。

7.5　用于样品净化的吸附剂。下面列出的任何吸附剂均可用于样品净化。无论使用何种净化方法，都必须使用相同数量和类型的吸附剂以及相同的程序来净化所有标准品和样品。

7.5.1　硅胶。

7.5.1.1　活性硅胶。Supelco 1-3651（或同等产品），100～200 目，用二氯甲烷冲洗，在 180℃下烘烤至少 1 h，在干燥器中冷却，并储存于干净的玻璃瓶中密封，防止水分进入。

7.5.1.2　酸性硅胶（30%*w/w*）。将 44 g 浓硫酸（第 7.1.2 节）与 100 g 活化硅胶充分搅拌，使之成流体粉末状，制备完成后装入干净容器中，密封保存。

7.5.1.3　碱性硅胶。将 30 g 1 mol/L 氢氧化钠与 100 g 活性硅胶（第 7.5.1.1 节）充分搅拌，使之成流体粉末状，制备完成后装入干净容器中，密封保存。

7.5.1.4　碱性硅胶。

7.5.1.4.1　将 56 g 高纯度氢氧化钾（Aldrich，或同等产品）溶解于 300 ml 甲醇中，置于 750～1000 ml 平底烧瓶中。

7.5.1.4.2　加入 100 g 活性硅胶（7.5.1.1 节）和搅拌子，在 60～70℃的防爆热板上搅拌 1～2 h。

7.5.1.4.3　倒出液体，用 100 ml 甲醇冲洗碱性硅胶 2 次，然后用 100 ml 二氯甲烷冲洗 1 次。

7.5.1.4.4　将碱性硅胶置于封闭的流通容器中，用高纯氮气吹扫干燥，以防止灰尘污染。请遵守 SW-846 第 19.5.3.1 节中的其他污染预防措施。

7.5.1.4.5　在使用前 200～250℃下烘烤活化。

7.5.2　氧化铝。如果实验室能够满足 9.3 节中标记化合物回收的性能规范，可以使用酸或碱两种氧化铝中的任何一种来净化样品提取物。

7.5.2.1　酸性氧化铝。Supelco 19996-6C（或同等产品）。在 130℃保持 12 h 活化。

7.5.2.2　碱性氧化铝。Supelco 19944-6C（或同等产品）。在 600℃保持 24 h 活化。或在干燥炉中以约 400 ml/min 的空气流速加热至 650～700℃活化。不要加热超过 700℃，否则会导致吸附分析物的能力降低。在 130℃的烧瓶中密封储存。活化后 5 d 内使用。

7.5.3 手工净化柱。从下至上装填色谱柱（第 6.7.3.3 节），具体如下。

7.5.3.1 2 g 硅胶（第 7.5.1.1 节）。

7.5.3.2 2 g 碱性硅胶（第 7.5.1.4 节）。

7.5.3.3 2 g 颗粒状无水硫酸钠（第 7.2.1 节）。

7.5.3.4 10 g 酸性硅胶（第 7.5.1.2 节）。

7.5.3.5 2 g 颗粒状无水硫酸钠。

7.5.4 弗罗里土柱。

7.5.4.1 弗罗里土。PR 级，60 ~ 100 目（U.S. Silica Corp，Berkeley Springs，WV 或同等产品），也可使用商品化柱。使用以下程序进行弗罗里土活化和填充。

7.5.4.1.1 将弗罗里土加入干净的 1 ~ 2 L 瓶子中 1/2 ~ 2/3 处，置于 130 ~ 150℃的烘箱中活化，活化时间至少 3 d。

7.5.4.1.2 在使用前，层析柱（300 mm × 22 mm 内径，第 6.7.3.3 节）自下而上依次添加 0.5 ~ 1.0 cm 的无水硫酸钠（第 7.2.1 节），10 ~ 10.5 cm 的活化后弗罗里土（第 7.5.4.1.1 节），1 ~ 2 cm 的无水硫酸钠。冷却后用 100 ml 正己烷润湿，以防止水进入。

7.5.4.2 使用第 13.6.3 节中的程序，建立弗罗里硅土淋取曲线。

7.6 参考基质。使用不含 BDEs 和干扰化合物的基质。

7.6.1 试剂水。当地购买的瓶装水，或通过活性炭制备的瓶装水。

7.6.2 高固相参考基质。游乐场沙子或类似基质。用二氯甲烷淋洗和 / 或在 450℃下烘烤 4 h。

7.6.3 纸参考基质。玻璃纤维滤膜，Gelman A 型或同等产品。模拟被测纸样品的表面积。

7.6.4 组织参考基质。玉米或其他蔬菜油。

7.6.5 其他基质可通过测试参考基质验证该方法。理想情况下，参考基质不应含有 BDE，在任何情况下，参考基质中 BDEs 的背景水平都不得超过表 2-9-2 中的最低水平。如果参考基质（第 9.2 节）中存在低浓度 BDEs 背景干扰，目标分析物的加标浓度应该增加，使加标浓度 / 背景比约 5 倍（参考文献［10］)。

7.7 标准溶液。使用已知纯度和组分的溶液制备，或购买商品化产品，包含证书证明其纯度、浓度和真实性。如果标准品纯度为 98% 或更高，其重量可在不进行校正的情况下来计算浓度。请遵守第 5 节中的安全预防措施和第 5.1.2 节中的建议。

7.7.1 从纯物质制备储备溶液时，将适量的测定标准物质溶解于溶剂中。例如，称量

10～20 mg BDE 99（3 位有效数字）至 10 ml 磨口玻璃塞容量瓶中，并用壬烷定容至刻度。在目标化合物完全溶解后，将溶液转移到带有含氟聚合物衬里盖的干净的 15 ml 小瓶中。

7.7.2　标准溶液于 4℃避光保存。在标样瓶上标记刻度，避免由于蒸发引起的溶剂损失。如果发生溶剂损失，请更换溶液。

7.8　未标记储备液。

7.8.1　未标记储备溶液。根据表 2-9-3 所列浓度配制未标记的主要关注的多溴联苯醚同类物（见表 2-9-1，脚注 5）。如多点校准还需检测其他多溴联苯醚同类物，则须将所需同类物加入该储备液中。

7.8.2　未标记多溴联苯醚同类物校准储备液。溶液中含有未标记多溴联苯醚同类物，用于校准 DB-5ht 色谱柱。如需检测除主要关注的多溴联苯醚同类物或考虑多溴联苯醚同类物的共流出，使用该储备液可使同类物在 DB-5ht 柱上具有良好的分离度。例如，如需检测 U.S.EPA 2001 年文献检索中发现的同类物以及涵盖所有溴代水平的同类物（以斜体字和表 2-9-1 中的脚注显示），可按照表 2-9-4 准备 2 种同类物溶液的储备液，所有 BDE 浓度均为 20 μg/ml，其中 DeBDE 为 200 μg/ml。

注：如果使用 DB-5ht 色谱柱以外的其他色谱柱，则必须制备可在该色谱柱上分离的目标同类物溶液。

7.8.3　同类物混合储备溶液。将 7.8.2 节中储备液等体积混合，配置成含有所有 BDE 同类物的储备溶液。由于使用了 2 种溶液，因此该混合溶液的浓度为 2 种溶液的 1/2。

7.8.4　在制备校准或性能测试标准之前，应检查储备溶液的降解迹象。可从供应商处获得参考标准以此测定标样的准确性。

7.9　标记标准贮备液。

7.9.1　标记的化合物储备溶液。使用异辛烷或壬烷中进行配制，浓度水平见表 2-9-3。如果要通过同位素稀释确定其他 BDE，则在该储备溶液中包括其他标记的化合物。

7.9.2　标记的净化标储备溶液。根据表 2-9-3 所示浓度，采用异辛烷或壬烷中配制标记的 BDE 139L。

7.9.3　标记的进样内标储备溶液。根据表 2-9-3 所示浓度，将标记多氯联苯（PCB）PCB-52L 和 PCB-138L 配制到壬烷或异辛烷中。

7.10　校准曲线。

7.10.1　校准曲线。合并并稀释第 7.8.1 和 7.9 节中的标准溶液，配制出表 2-9-5 中 CS-1～CS-5 校准溶液（CS）。这些溶液用于测定相对响应因子。CS-3 标准溶液用于校准确认（VER）。

7.10.2 同类物混合物的溶液

7.10.2.1 稀释的单独溶液。当测定除主要目标的 BDEs 以外的同类物时需要此溶液。

7.10.2.1.1 表 2-9-4 中列出的两种单独溶液，当单独分析时，用来确认 DB-5ht 色谱柱上所有 BDE 同类物的分辨率，并用于确定每种同类物的保留时间和其他数据。表 2-9-2 中给出了每种溶液中同类物的出峰顺序（第 7.8.3 节）。

7.10.2.1.2 将每份混合储备溶液（第 7.8.3 节）的等分试样与标记的储备溶液（第 7.9.1 节）、标记的净化标储备溶液（第 7.9.2 节）、标记进样标储备溶液（7.9.3）合并，未标记的化合物浓度分别为 MoBDE-NoBDE：50 ng/ml；DeBDE：500 ng/ml，对于标记化合物，浓度分别为 MoBDE-NoBDE：100 ng/ml；DeBDE：1 000 ng/ml，如表 2-9-3 中的“提取”柱一栏所示。标准溶液的浓度与 CS-3（VER）中的浓度相同，见表 2-9-5。

7.10.2.2 稀释的混合溶液。当测定除主要目标的 BDEs 以外的同类物时需要此溶液。

7.10.2.2.1 该溶液将两种单独的混合物与标记化合物结合，从而针对未包含在多点校准中的同类物进行单点校准，建立共流出同分异构体的平均响应因子。

7.10.2.2.2 将 BDEs 同类物储备溶液（第 7.8.3 节）与标记的化合物储备溶液（第 7.9.1 节）、标记的净化标储备溶液（第 7.9.2 节）、标记的进样标储备溶液（7.9.3）合并，配制第 7.10.2.1.2 节混合溶液，如表 2-9-3 中的“提取”柱一栏所示。标准溶液的浓度与 CS-3（VER）中的浓度相同，见表 2-9-5。

7.11 未标记标准加标溶液。用于确定初始精密度和回收率（IPR；第 9.2 节）和持续精密度和回收率（OPR；第 15.5 节）。用丙酮稀释未标记储备溶液（第 7.8.1 节），配制成浓度为浓度分别为 MoBDE-NoBDE：1.0 ng/ml；DeBDE：2.0 ng/ml，如表 2-9-3 所示。将 1 ml 该溶液加入 IPR（第 9.2.1 节）或 OPR（第 15.5 节），再浓缩至最终体积为 20 μl，最终样品瓶中浓度为 50 和 500 ng/ml（pg/μl）。每批次样品需准备参考基质进行检测。

7.12 标记的标准加标溶液。将该溶液加入样品（第 9.3 节）和 IPR（第 9.2.1 节）、OPR（第 15.5 节）和空白（第 9.5 节）中，测定回收率。用丙酮稀释标记的化合物储备溶液（第 7.9.1 节），配制成浓度分别为 MoBDE-NoBDE：2.0 ng/ml；DeBDE：20 ng/ml，如表 2-9-3 所示。将 1 ml 该溶液加入 IPR、OPR、空白或样品，再浓缩至最终体积为 20 μl，最终样品瓶中浓度为 100 和 1 000 ng/ml（pg/μl）。每批次样品需准备参考基质进行检测。

7.13　标记净化标准加标溶液。在净化之前，加入该溶液，以此评价整个过程的净化效率。将标记的净化标储备溶液（第 7.9.2 节）在二氯甲烷中稀释，配制成浓度为 2.0 ng/ml 的净化标准溶液，如表 2-9-3 所示。将 1.0 ml 该溶液加入样品提取液中，再浓缩至最终体积为 20 μl，最终浓度为 100 ng/ml（pg/μl）。

7.14　标记进样内标加标溶液。进样前，将该溶液加入浓缩液中。用壬烷稀释标记进样内标储备溶液（第 7.9.3 节），配制成浓度为 1 000 ng/ml 的进样内标，如表 2-9-3 所示。将 2 μl 该溶液加入 20 μl 提取液中，每个进样内标的浓度为 100 ng/ml（pg/μl）。

注：向 20 μl 最终提取液中加入 2 μl 标记的进样内标加标溶液，可将萃取液中的组分浓度稀释 10%。如果添加溶液为标记的进样内标加标溶液，所有校准溶液和所有萃取液都需要经过上述稀释，补偿了 10% 溶液稀释效果，并且无须对该稀释进行校正。

7.15　QC 质控样品。QC 质控样品来源应与校准标准溶液不同。理想情况下，该质控样品应为包含已知浓度的标准参考物质，且与检测样品的基质类似。

7.16　溶液的稳定性。用于定量的标准溶液（第 7.9～7.14 节），应定期（例如，每 6 个月）采用 NIST 标准参考物质，或用其他途径取得的经认证的参考物质证明其真实性和浓度，确保其组分和浓度未改变。

8　样品采集和保存

8.1　按照传统的采样方法，将样品收集在棕色玻璃容器中。

8.2　水样（19.16 参考文献［11］）。

8.2.1　使用自动采样设备收集流动的样品，低温冷藏。

8.2.2　如果存在残余氯，则每升水加入 80 mg 硫代硫酸钠。可使用 U.S.EPA 330.4 和 U.S.EPA 330.5 测残余氯（19.16 参考文献［12］）。

8.2.3　从采样到实验室，水样须避光冷藏保存（<6℃）。如果样品需冷冻，需预留空间。

8.3　固体、混合相、半固体和油性样品，不包括组织样品。

8.3.1　使用宽口瓶收集样品。

8.3.2　从采样到实验室，固体、半固体、油性和混合相样品须避光冷藏保存（<6℃）。半固体，油性和混合相样品避光冷冻保存（-10℃）。

8.4　鱼类和其他组织样本。

8.4.1　鱼类可以在野外进行清洗、切片或加工，以便实验室可接收整条鱼、鱼片或其他组织样品进行分析。脂肪含量以及 PBDE 含量会根据鱼类的具体部位（例如背侧与腹侧）有所变化。采样者应遵守第 5 节的预防措施中防止交叉污染的规定。由于灰尘可能含有高浓度的多溴二苯醚，所以组织应在无尘区进行处理。

8.4.2 用铝箔包裹鱼，从采样到实验室过程中须在 <6℃保存，保存时间应≤24 h。如果需长时间运输，应冻结样品。在理想情况下，鱼类采集后应冷冻保存，置于干冰下运送到实验室。

8.4.3 实验室收到冷冻组织样本后，如暂不能分析，应在 -10℃下密封冷冻保存。

8.5 保存时间

8.5.1 没有对 BDEs 在水相、固态、半固态、组织或其他样品基质中最长保留时间做过相关验证。如果在 <6℃条件下避光保存，水样可储存一年。如果在低于 -10℃的避光保存，固体、半固体、多相和组织样品可储存一年。

8.5.2 在 -10℃条件下密封冷冻保存样品至分析。如果在低于 -10℃条件下避光保存，样品提取液可储存一年。

9 质量控制

9.1 各实验室使用该方法进行操作时需要有正式的质量保证和质量控制手册（参考文献［13］）。

该手册需要包括实验室能力初步认证，加入标记化合物的样品分析以及质控数据，并将标准品及空白分析测试作为持续性性能测试。将实验室性能与已建立的性能标准进行比较，以确定分析结果是否符合该方法的性能特征。如果将此方法应用于除水以外的样品基质（如土壤、滤块、堆肥、组织）性能测试中，应选择合适的参考基质（第 7.6.2 ~ 7.6.5 和 7.15 节），可用试剂水做参考基质（第 7.6.1 节）。

9.1.1 实验室必须进行初步认证，具体包括该方法的精密度和回收率范围。该要求在 9.2 节中给出。

9.1.2 随着实验室技术的进步，降低基质干扰，允许实验室采用某些方法来改善分离效果或分析成本。这些方法包括提取、浓缩和净化、色谱柱及检测器的选择。不能选择降低方法性能的方法，如光谱或免疫测定技术。如果使用除了该方法中指定的技术之外的分析技术，则该技术必须与本方法中针对目标分析物的技术效果相同或明显优于本方法。

9.1.2.1 对该法进行修改时，实验室都必须重复 9.2 节中的程序步骤。如果方法的检出限发生变化，实验室必须验证 MDLs（40 CFR 136，附录 B）低于法规要求限值的 1/3 或低于此 MDLs 的 5 倍或者更高的标准。如果校准发生改变，则必须根据第 10 节重新校准仪器。

9.1.2.2　实验室必须保留对该方法进行修改的记录。这些记录至少包括以下内容。

9.1.2.2.1　参与分析和修改的分析员的姓名、职务、地址和电话号码，以及参与验证分析和修改的质量控制官员的姓名、职务、地址和电话号码。

9.1.2.2.2　按名称和 CAS 登记号的污染物清单。

9.1.2.2.3　说明修改原因。

9.1.2.2.4　所有质量控制（QC）测试的结果，将修改后的方法与该方法进行比较包括：

a）校准（第 10 节）。

b）校准确认（第 15.3 节）。

c）起始精密度和回收率（第 9.2 节）。

d）标记化合物的回收率（第 9.3 节）。

e）空白分析（第 9.5 节）。

f）准确性评估（第 9.4 节）。

9.1.2.2.5　分析人员通过记录仪器数据（峰高，峰面积或其他信号）验证每项测定的数据。这些数据包括：

a）样品编号和其他标识。

b）提取日期。

c）分析日期和时间。

d）分析序列 / 运行序列。

e）样品重量或体积（第 11 节）。

f）在每个净化步骤之前的提取体积（第 13 节）。

g）每次净化步骤后的提取体积（第 13 节）。

h）进样前的最终提取物体积（第 14 节）。

i）进样量（第 14.3 节）。

j）稀释数据，区分样品或提取液的稀释倍数（第 17.5 节）。

k）仪器和操作条件。

l）色谱柱（尺寸、液相、固体载体、薄膜厚度等）。

m）操作条件（温度、升温程序、流速）。

n）检测器（类型、操作条件等）。

o）色谱图，打印机磁带和其他原始数据记录。

p）定量报告，数据系统输出和其他数据，用于将原始数据与报告的结果联系起来。

9.1.2.3 GC 色谱柱或色谱柱系统（参见第 6.9.1.3 节或 6.9.2.5 节）。

9.1.3 需要对方法空白进行分析，证明不受干扰（第 4.3 节）。第 9.5 和 15.6 节给出了方法空白分析的程序和标准。

9.1.4 实验室对所有样品进行标记的化合物加标，考察方法性能，具体见 9.3 节。当超过方法线性范围时，需要稀释样品至可接受的限度内。稀释步骤见 17.5 节。

9.1.5 实验室必须进行校准曲线确认、精密度和回收率（OPR）以及分析系统控制的空白。具体见第 15.1 ~ 15.6 节。

9.1.6 实验室应保留记录以确保数据质量，精密度制定说明见第 9.4 节。

9.2 初始精密度和回收率（IPR）：保证实验室具有较好的精密度和回收率，必须执行以下操作。

9.2.1 对于低固体（含水）样品，提取、浓缩和分析四个 1 L 试剂水，加入 1 ml 未标记标准加标溶液（第 7.11 节）和标记的标准加标溶液（第 7.12 节），根据第 11 ~ 18 节中的步骤，用标记净化标准加标溶液（第 7.13 节）对提取液进行加标。对于参考基质，四个参考基质等分试样（第 7.6 节）。所有用于样品前处理步骤，包括制备（第 11 节）、提取（第 12 节）和净化（第 13 节）。

9.2.2 采用同位素稀释法，用内标法对无标记的 BDEs 同类物和有标记的化合物进行分析，根据同位素稀释标记的 BDE、未标记的 BDE 的内标和标记化合物，计算样品中每个 BDE 的回收率、平均回收率（X），以及回收率的标准偏差（相对标准偏差，RSD）。

9.2.3 对 BDE 及其标记化合物，将 RSD 和 X 与表 2-9-6 中初始精密度和回收率的相应限值进行比较。如果所有化合物的 RSD 和 X 均符合要求，则方法系统性能可接受，可开始分析空白和样品。若任何一个 RSD 超过精密度限值或超出回收率范围，则该化合物的方法系统性能是不可接受的。纠正所存在的问题并重复测试（第 9.2 节）。

9.3 为了评估样品的方法性能，实验室必须使用标记的标准加标溶液（第 7.12 节）和标记净化标准加标溶液（第 7.13 节）对所有样品和样品提取液进行加标。

9.3.1　按照第 11 ~ 18 节中的步骤分析每个样品。

9.3.2　使用内标法计算标记同类物和标记净化标同类物的回收率（第 17.2 节）。

9.3.3　每种标记化合物的回收率须在表 2-9-6 的范围内。如果某个化合物的回收率超出限值，则该化合物的方法系统性能是不可接受的。必须采用额外的净化步骤，使回收率处于正常范围内。如果在采用所有净化步骤后，仍不能将回收率至正常范围内，则需将水样稀释，较少量的土壤、污泥、沉积物和其他基质按照第 18 节进行分析。

9.4　建议但不要求对样品中标记化合物的回收率进行评估并记录。

9.4.1　每 30 个样品需分析一个参考基质样品（水、土壤、污泥、纸浆等），计算标记化合物的平均回收率（R）和回收率的标准偏差（S_R）。每个基质回收率范围为 $R-2S_R \sim R+2S_R$。

例如，如果对纸浆基质的进行 5 次分析，如果 R = 90% 且 SR = 10%，则回收率表示为 70% ~ 110%。

9.4.2　定期更新对每种基质中标记化合物的准确度评估（例如，每 5 ~ 10 次检测后）。

9.5　方法空白。每个样品批次（第 4.3 节）分析至少一个方法空白，以证明无污染。方法空白的基质必须类似于样品基质，例如 1 L 试剂水空白（第 7.6.1 节），高固相参考基质空白（第 7.6.2 节），纸基质空白（第 7.6.3 节）；组织空白（第 7.6.4 节），或替代参考基质空白（第 7.6.5 节）。

9.5.1　根据第 11 ~ 18 节中的步骤，将 1.0 ml 标记的标准加标溶液（第 7.12 节）加入方法空白中，将 1 ml 标记净化标准加标溶液（第 7.13 节）加入到提取的方法空白中。将方法空白进行制备、提取、净化、浓缩。在分析 OPR（第 15.5 节）后立即分析空白（第 15.6 节）以证明无污染。

9.5.2　如果空白实验中，发现任一 BDE 单体（表 2-9-1）超过最低水平的两倍（表 2-9-2）或监管限值的 1/3（以较大水平为准）；若空白实验中发现干扰物质在表 2-9-2 中给出的每种 BDE 的 ML 水平（假设潜在干扰化合物相对于表 2-9-2 中定量参考的响应因子为 1），则须停止样品分析，直至样品重新提取净化分析时，与样品同批次的空白没有明显污染的现象。所有样品须与未污染的方法空白相关联，才可出具报告或将数据用于法规时。

9.6　QC 样品：实验室应定期分析 QC 样品（第 7.15 节），以确保校准标准的准确性和分析过程的整体可靠性。建议至少每季度分析一次 QC 样本。

9.7　使用的设备需正确校准并保持在校准状态，则满足该方法的规范。用于校准的标准（第 10 节），校准验证的标准（第 15.3 节）以及初始的标准（第 9.2 节）与正在进行的标准（第 15.5 节）精密度和重现性应保持一致，保持精确的结果。如果通过该方法确定测定 BDE 所需的设置和条件，HRGC/HRMS 将提供重复性较好的仪器性能。

9.8 根据具体操作步骤的要求，可进行采样平行，并且使用内标法来确定分析时的准确性。

10 校准和标准化程序

10.1 第 10.1.1 节给出了长柱（第 6.9.1.1 节）和双柱系统中长柱（第 6.9.1.2 节）的建议操作条件；短柱的建议操作条件（第 6.9.2 节）见 10.1.3 节。

注：RT、RRT 和 RRT 限制条件可能与表 2-9-2 中的略有不同。

10.1.1 长柱和双柱系统。推荐 GC 操作条件需满足表 2-9-2 中长柱和分离 1 ~ 9 溴取代的 BDEs 的双柱系统的保留时间（RT）和相对保留时间（RRT）：

进样口温度：300℃；

接口温度：320℃；

初始温度：100℃；

初始时间：3 min；

温度程序：100 ~ 320℃，5℃ /min；

保持时间：5 min。

在分析过程中，GC 连接到离子源的色谱柱接口温度应保持或高于上述温度，以防止挥发性较低化合物的冷凝。

可以针对化合物分离和灵敏度优化 GC 操作条件。优化后，必须使用相同的 GC 操作条件来分析所有标准品、空白、IPR 和 OPR 标准品及样品。

隔热垫温度约为 200℃。

10.1.2 BDE 同类物的保留时间（所有柱型）。

10.1.2.1 如果仅分析 8 个主要关注的 BDE，测定 CS-3 校准溶液（第 7.10.1 节和表 2-9-5）。如果要分析除主要关注的 BDE 之外的同类物，则需测定每种单独同类物溶液（第 7.10.2.1.2 节）。根据表 2-9-7 中确定每个溴代水平的开始和结束保留时间。如果满足表 2-9-2 中的 MDL，则可使用表 2-9-7 中列出的扫描范围。需要记录每个同类物的保留时间（RT）和相对保留时间（RRT）。

10.1.2.2 在 30 m DB-5ht 色谱柱上，BDE 209 的绝对保留时间必须超过 48 min（短

柱上 27 min）；否则，必须调整 GC 升温程序并重复此测试，直到满足最小保留时间的要求。如果使用 GC 色谱柱或色谱柱系统替代 30 m DB-5ht，15 m 或 2 柱系统，需验证最小保留时间，避免干扰。如果 BDE 209 的保留时间在 30 m 色谱柱上＞48 min 或在 15 m 的备用色谱柱上保留 27 min，则认为符合此规范。

10.1.2.3 如果要确定除主要关注的 8 种 BDE 之外的 BDE，需测定稀释的混合同类物溶液（第 7.10.2.2 节）；或测定 CS-3 校准溶液（第 10.1.2.1 节）。调整色谱条件和扫描范围，直到满足 6.9.1.1.1 ~ 6.9.1.1.4 或 6.9.1.2.1 ~ 6.9.1.2.3 或 6.9.2.2 ~ 6.9.2.5 中的单柱，双柱或短柱系统的要求为止。如果使用其他色谱柱系统，需调整该色谱柱的条件。如果色谱柱性能无法达到要求，需优化分析条件或更换色谱柱并重复性能测试。

10.1.2.4 在色谱柱性能通过测试后（第 10.1.2.2 节 ~ 10.1.2.3），记录同类物的保留时间和相对保留时间，以及共流出的同位素的保留时间和相对保留时间。

10.1.3 15 m 气相色谱柱和程序升温进样条件 - 选择防止八、九、十溴取代的 BDE 同类物的降解，提高回收率的条件。优化这些条件的目的是降低 BDE-209 降解，同时尽可能多对分析和定量其他 BDE 同类物。

GC 色谱柱：

15 m DB-5ht（或同等产品），0.25 mm ×0.1 μm 膜厚；

氦气，恒定流量为 1.5 ml / min。

程序升温进样（TPI）：

进样体积：5 μl；

放空流量：100 ml / min；

放空压力：2 psi，0.75 min；

分流放空流量：500 ml/min，5 min；

温度升温程序：45℃，0.8 min，6℃ / min 至 330℃，保持 20 min。

GC 升温程序：

75℃，保持 0.4 min；

40℃ /min 至 200℃；

10℃ /min 至 260℃；

以 5 ℃ /min 至 300℃保持 10 min；

总运行时间：27.5 min。

10.2 质谱仪（MS）分辨率。

10.2.1 使用全氟煤油（PFK，Fluka 高沸点或同等产品）（或其他参考物质）和分子漏孔，调谐仪器，使 *m/z* =554.966 5 或其他 540～580 范围的离子质量数的分辨率满足 5 000（10% 峰谷）要求。

根据表 2-9-7 参数，监控和记录 3～5 个覆盖测定范围质量数参考峰的分辨率和精确质荷比（*m/z*）。分析过程中，应调整 HRMS 中参考物质的水平，使得大部分锁定离子的信号为最大强度，幅度不要超过检测器量程的 10%。在上述条件下，仪器分析期间可能发生的灵敏度变化可以被更有效地监控。

注：不同批次和类型的参考物质可能含有不同程度的污染，过量的参考物质可能会导致基线和离子源污染，从而增加清洗离子源的频率。

10.2.2 BDE 的分析时间可能超过质谱仪质量数的稳定时长。由于仪器在高分辨率模式操作，ppm 级的质量漂移（例如，5 ppm 质量）会对仪器性能产生严重不良影响。因此，使用 PFK 或其他参考物质的锁定离子 *m/z* 进行质量漂移校正。锁定离子 *m/z* 取决于每个扫描范围内监测到的精确 *m/z*，如表 2-9-7 所示。每个精确 *m/z* 的监测值与理论值（表 2-9-7）之间的偏差必须＜5 ppm。

10.2.3 在表 2-9-7 规定的两个精确 *m/z* 处获得一个选定的 SCIP，未标记同类物及标记的同类物在每个溴代水平（LOB）分辨率均＞5 000。由于每个通道涵盖了较为广泛的质量范围，并且每个通道质量范围内的分辨率要＞5 000，因此每个通道中间质量数的分辨率＞5 000。

10.2.4 如果 HRMS 能够在分析过程中监控分辨率，则可以在分辨率低于最小值（第 10.2.3 节）时停止分析，从而节约分析时间。

10.3 离子丰度比、最小水平和信噪比（*S/N*）。根据 HRGC/HRMS 性能，选择进样体积 1 μl 或 2 μl（如果使用短柱，则进样量可为 5 μl）。根据第 10.1.1 节或第 10.3.1 节中的气相色谱使用条件，将表 2-9-5 中的 CS1 校准溶液试样进样 1 或 2 μl（如果使用短柱，则进样量可为 5 μl）。

10.3.1 测定同类物 SICP 面积，并以表 2-9-7 中指定的精确 *m/z* 计算离子丰度比。将计算的比率与表 2-9-8 中给出的理论比率进行比较。

10.3.1.1 根据表 2-9-7 选择所需监测离子精确 *m/z*。根据 GC 保留时间确定通道时间，确保检测到主要关注的 BDE。实验室具备检测所有 BDE 的 *m/z* 后，可增加额外的监测离子 *m/z*，且 *m/z* 在表 2-9-7 中列出的扫描范围之间可以进行划分。实验室还必须监测较高 LOB 的同类物精确 *m/z*，确定碎片是否会影响较低 LOB 同类物的检测。

10.3.1.2　质谱仪必须在质量漂移校正模式下进行操作，使用参考物质提供锁定离子质量数。具体质量数如表 2-9-7 所示。需对每个锁定离子质量数进行监测，并且在其各自保留时间窗口内的变化不得超过 ±20%。如锁定离子质量的变化超过 20%，则表明存在共流出干扰，会导致离子源压力增加和仪器灵敏度降低。重复进样无法解决该问题，需进行重新净化消除干扰。

可以忽略 BDEs 和标记化合物在保留时间区域中的锁定质量干扰或抑制。

10.3.2　CS-1 标准中所有 BDE 和标记化合物的离子丰度比必须在表 2-9-8 的 QC 限值内；否则，必须需调整质谱仪并重复该测试，直到离子丰度比在规定的范围内。如果调整改变了质谱仪的分辨率，分辨率需进行验证测试（第 10.2.1 节）。

10.3.3　验证 HRGC/HRMS 仪器是否满足表 2-9-2 中的最低水平（ML）。CS-1 校准标准中 BDE 和标记化合物的峰的 $S/N_s \geqslant 10$；否则，必须调整质谱仪并重复该测试，直到满足表 2-9-2 中的最低水平。

注：表 2-9-2 中的 MDL 和 ML 基于实验室中通常存在的污染水平。如果采用隔离和大量清洁玻璃器皿，则可以容易地实现较低水平。如果可达到较低水平，则必须按照第 17.6.1.4.1 节中的描述建立这些水平。

10.4　同位素稀释校准 - 通过稀释同位素来校准带有标记的 BDE。未标记及其标记的参考化合物见表 2-9-2。未标记的化合物包含 5 点浓度校准范围。

10.4.1　对于通过同位素稀释确定的未标记的 BDE，在校准范围内根据下述方程计算校准溶液（表 2-9-5）中的相对响应（RR）（标记为天然）和浓度。

10.4.2　对于每个校准标准，根据表 2-9-7 中规定的各质量浓度的待测化合物与对应的同位素内标的两个监测离子 m/z 的面积响应，确定目标化合物相对于其标记化合物的响应，计算如下：

$$RR=\frac{(A1_n + A2_n)C_1}{(A1_1 + A2_1)C_n} \qquad (2\text{-}9\text{-}1)$$

式中，$A1_n$ 和 $A2_n$——BDE 的两个监测离子峰面积；

$A1_1$ 和 $A2_1$——标记的两个监测离子峰面积；

C_1——校准标准中标记化合物的浓度（表 2-9-5）；

C_n——校准标准中天然化合物的浓度（表 2-9-5）。

10.4.3　通过同位素稀释校准仪器，测定校准标准溶液 CS-1 ~ CS-5（第 7.10.1 节和表 2-9-5）。使用相同的进样体积，包括第 10.3 节、第 14 节中的程序和第 10.1.1 节或第 10.1.3 节中对长或短柱的条件。计算并记录每种浓度下未标记 BDE 的相对响应

（RR）。计算 5 个 RR 的平均（平均）RR 和 RSD。

10.4.4 线性：如果任何 BDE 的 RR 为常数（RSD＜20%），则平均 *RR* 可用于该同类物计算；否则，必须在校准范围内使用该同类物的完整校准曲线。

10.5 内标校准

10.5.1 内标校准可用于测定性能测试和实验室内数据统计（第 9.4 和 15.5.4 节）的标记化合物和标记的净化内标；也可用于测定除 PCB 138L 以外的进样内标；但不可用于测定目标化合物无对应标记化合物。每种化合物的对应参考关系见表 2-9-2。

10.5.2 响应因子。内标校准需要确定响应因子（RF）通过式（2-9-2）定义：

$$\mathrm{RF}=\frac{(A1_s+A2_s)C_{\mathrm{IS}}}{(A1_{\mathrm{IS}}+A2_{\mathrm{IS}})C_s} \tag{2-9-2}$$

式中，$A1_s$ 和 $A2_s$——BDE 的两个监测离子峰面积；

$A1_{\mathrm{IS}}$ 和 $A2_{\mathrm{IS}}$——标记的两个监测离子峰面积；

C_{IS}——内标浓度（表 2-9-5）；

C_s——校准标准中化合物的浓度（表 2-9-5）。

10.5.3 除标记化合物的 BDE 外，计算所有未标记 BDE 的响应因子（RF）。使用每种溴取代数量水平（LOB）标记化合物的平均响应因子作为定量参考，如表 2-9-2 所示。对于共流出的同分异构体的组合，计算共流出组分的 RF。例如，对于同类物 116，将 99L、100L 和 126L 的两个监测离子 *m/z* 峰面积相加，并将总面积除以 3（因为有 3 个同类物作为定量参考）。

注：每个 LOB 上的所有带标记的同类物都用作参考，以减少干扰的影响。可以使用其他定量参考和条件，产生的结果与由该方法中描述的定量参考和程序产生的结果需同等准确。

10.5.4 对于标记化合物和标记的净化标准溶液，使用最接近的流出标记进样内标作为定量参考，如表 2-9-2 所示。标记进样内标 PCB 52L 以 PCB 138L 为参考，PCB 138L 以自身为参考，如表 2-9-2 所示。

10.5.5 多点校准。须多点校准的化合物（通过同位素稀释校准的化合物除外）可使用通过同位素稀释校准（第 10.4.3 节）的数据来校准仪器。

10.5.6 线性。如果任何化合物的 RF 是恒定的（对于除同类物 209L 以外的所有同类物，RSD＜35%；对于同类物 209L＜100%），平均相对响应因子可用于该化合物；否则，必须对该化合物使用校准曲线。

10.5.7 单点校准。通过测定稀释的混合同类物溶液（第 7.10.2.2 节）校准仪器中其他未标记的 BDEs。

11　样品制备

11.1　样品制备是通过对样品的物理性质的改变，使 BDE 可以有效提取。通常，为保证有效提取，样品必须是液体形式或细碎固体形式。表 2-9-9 列出了各种样品基质提取推荐的样品量。

对于已知或预计含有高水平 BDE 的样品，应使用代表整个样品的最小样品量（见第 18 节）。对于所有样品，必须通过与样品相同的步骤处理空白和 IPR/OPR 实验，以检查制备过程中的污染和损失。

11.1.1　对于含有颗粒的样品，固体百分含量和颗粒大小分别使用第 11.2 节和第 11.3 节中的步骤确定。

11.1.2　水样。由于 BDE 可能与悬浮颗粒结合，水样的制备取决于样品的固体含量。

11.1.2.1　按照第 11.4 节制备含有 1% 或更少固体的水样，并使用 12.2 节中的萃取技术进行萃取。

11.1.2.2　对于含有＞1% 固体含量的水样，根据第 11.5 节建议，使用 10 g 干固体的样品进行等分。

11.1.3　根据第 11.5 节中的程序制备固体样品，然后使用第 12.3 节中的 SDS 程序进行萃取。

11.1.4　多相样品。如第 11.6 节所述，使用抽压过滤和离心将含有 BDE 的相与非 BDE 相分离。BDE 将存在于多相样品的有机相中。

11.1.5　第 11.7 节给出了各种样品相的研磨、均质化和混合程序。

11.1.6　组织样品。鱼类和其他组织的制备程序见第 11.8 节。

11.2　悬浮固体百分比的测定。该试样用于测定样品的固体含量，而非用于测定 BDE。

11.2.1　水样和多相样品主要由水相组成。

11.2.1.1　将玻璃纤维滤纸（第 6.5.3 节）干燥并称重至 3 位有效数字。

11.2.1.2　通过滤纸过滤（10.0±0.02）ml 充分混合的样品。

11.2.1.3　在（110±5）℃下将过滤器至少干燥 12 h，然后在干燥器中进行冷却。

11.2.1.4　计算固体百分含量如下：

固体（%）=［样品组分烘干后的重量（g）－滤膜的重量（g）］/10 g × 100%

11.2.2 非水样、固体、半固体样品和不含水的多相样品、非组织样品。

11.2.2.1 在烧杯中称取 5～10 g 样品，3 位有效数。

11.2.2.2 在（110±5）℃下干燥至少 12 h，并置于干燥器中冷却。

11.2.2.3 按如下方式计算固体百分含量：

固体（%）=［样品组分烘干后的重量（g）/ 样品组分干燥前的重量（g）］×100%

11.3 粒径估算。

11.3.1 将 11.2.2.2 节中的干燥样品平铺在通风橱或手套箱中的滤纸或铝箔上。

11.3.2 估算样品中颗粒的大小。如果最大颗粒粒径＞1 mm，根据 11.7 节中的操作步骤，将粒径减小到 1 mm 或更小。

11.4 含有 1% 或更少悬浮固体的水样的制备。

11.4.1 使用以下步骤制备，并使用第 12.2 节中的某种提取方法进行萃取。

11.4.2 样品和 QC 试样的制备。

11.4.2.1 在样品瓶上标记样品的原始水位以供参考。称量样品加瓶子，精确至 ±1 g。萃取后（第 12.2 节），重新称量样品瓶，并将重量转换为体积，假设密度为 1.00 g/ml。

11.4.2.2 将 1.0 ml 标记的标准加标溶液（第 7.12 节）加入样品瓶中。盖上瓶子并摇动混合样品。让样品平衡 1～2 h，偶尔晃动。

11.4.2.3 将两个 1.0 L 试剂水放入洁净的样品瓶或烧瓶中，按照一定的周期和频率，每个样品或样品批次（最多 20 个样品）或 12 h。

11.4.2.4 将 1.0 ml 标记的标准加标溶液（第 7.12 节）加入两个试剂水中。加标 1.0 ml 未标记标准加标溶液（第 7.11 节）加入一个试剂水样。该试样将作为 OPR（第 15.5 节）。另一个试样将作为方法空白。

11.4.2.5 使用 SPE 萃取，向样品和 QC 试样中加入 5 ml 甲醇。盖上瓶盖并摇动样品和 QC 试样，彻底混合，并按第 12.2 节进行萃取。

11.5 固体含量超过 1% 的样品的制备。

11.5.1 称量一定量的充分混合后的同基质类型样品［至少包括约 10 g 的干燥固体（基于 11.2 节中的固体测定）］到干净的烧杯或玻璃瓶中。

11.5.2 将 1.0 ml 标记的标准加标溶液（第 7.12 节）加入样品中。

11.5.3 称取两个 10 g 的适当参考基质（第 7.6 节），放入干净的烧杯或玻璃罐中。按照一定的周期和频率，每个样品或样品批次（最多 20 个样品）或 12 h。

11.5.4 将 1.0 ml 标记的标准加标溶液（第 7.12 节）加入两个参考基质试样中。将

1.0 ml 未标记标准加标溶液（第 7.11 节）加入一个参考基质试样中。该试样将作为 OPR（第 15.5 节）。另一个试样将作为方法空白。

11.5.5　搅拌或翻滚并平衡试样 1 ~ 2 h。

11.5.6　弃掉多余的水。如果需要除去水，将样品通过玻璃纤维滤膜过滤并丢弃含水组分。

11.5.7　如果样品中存在 > 1 mm 的颗粒（如第 11.3.2 节所述），将样品平铺在通风橱中的干净铝箔上。请遵守第 5.3.1 节中的预防措施。样品干燥后，研磨以减小粒径（见第 11.7 节）。

11.5.8　使用第 12.3 节中的 SDS 程序萃取样品和 QC 试样。

11.6　多相样品。

11.6.1　使用第 11.2.1 或 11.2.2 节中确定的固体百分含量，需要 10 g 固体，最多 1 L 样品的样品体积。

11.6.2　将 1.0 ml 标记的标准加标溶液（第 7.12 节）加标至第 11.6.1 节中确定的样品量和 OPR 及空白样品中。将 1.0 ml 未标记标准加标溶液（第 7.11 节）加入 OPR 中。通过 Whatman GF/D 玻璃纤维滤纸（第 6.5.3 节）对样品，空白和 OPR 进行抽压过滤。如果需要分离各相和 / 或沉淀固体，在过滤之前将这些试样进行离心。

11.6.3　去除任何水相（如果存在）。去除非水相，并保留从样品中过滤的最大量（第 11.6.1 节）或 10 g（以较小者为准），与固相混合（第 12.3.5 节）。

11.6.4　如果样品中存在＞1 mm 的颗粒（如第 11.3.2 节所述），样品能够干燥，则将样品和 QC 试样平铺在敞口的干净铝箔上。请遵守第 5.3.1 节中的相关措施。

11.6.5　待试样干燥后或样品不能干燥后，按照第 11.7 节中的步骤减小粒径，并使用第 12.3 节中的 SDS 程序萃取尺寸减小的颗粒。如果不存在＞1 mm 的颗粒，则使用第 12.3 节中的 SDS 程序直接萃取颗粒并过滤样品和 QC 试样。

11.7　样品研磨、均质化或混合。将粒径＞1 mm 的样品（如第 11.3.2 节中所确定）进行研磨、均质化或混合。将粒径减小至＜1 mm 的方法取决于基质。通常，可用研钵和研杵研磨来减少硬颗粒。通过在 Wiley 磨机或绞肉机中研磨，通过均质化或搅拌器可减少较软的颗粒。

11.7.1　在应用于样品之前，每个基质上的减小粒径的制备程序须根据 9.2 节中的测试来验证并定期使用。

11.7.2　研磨、均质或混合程序必须在手套箱或通风橱中进行，以防止颗粒污染工作环境。

11.7.3 研磨。某些纸张和纸浆、浆液和无定形固体可以在 Wiley 磨机或重型绞肉机中研磨。在某些情况下，将样品的温度降低至冷冻或者干冰状态，或者液氮温度均可有助于研磨过程。在干净的研磨机中研磨 11.5.7 或 11.6.5 节中的样品。样品温度不得超过 50℃。使用干净的研磨机研磨空白和参考基质试样。

11.7.4 均质化或混合。研磨后未经过有效研磨或粒度＞1 mm 的颗粒通常可通过高速均质化或混合来减小尺寸。将颗粒物均匀化和 / 或混合、过滤第 11.5.7 或 11.6.5 节中的样品，空白和 OPR 试样。

11.7.5 使用第 12.3 节中的 SDS 程序萃取试样。

11.8 鱼类和其他组织。在处理组织样品之前，实验室必须确定要分析的确切组织。鱼类组织分析的常见要求包括带鱼皮整鱼，不带鱼皮整鱼，可食用鱼片（现场或实验室切片），特定器官和其他部分。一旦确定了合适的组织部分，必须将样品均质化。

11.8.1 均质化。

11.8.1.1 在可行的情况下，样品均匀化，同时仍然冷冻。如果实验室必须解剖整条鱼以获得适当的组织进行分析，可以将未使用的组织快速再冷冻并储存在干净的玻璃瓶中以备后用。

11.8.1.2 每次分析需要 10 g 组织（湿重）。如果需重新分析，实验室应至少均质化 20 g 组织，以备再次提取样品。当需要进行全鱼分析时，需将整条鱼做均质化处理。

11.8.1.3 在组织均化器中均化样品（第 6.3.3 节）或在绞肉机中研磨（第 6.3.4 节）。将组织切小块，太大将无法进入研磨机中。为了确保均匀性，研磨至少 3 次。

11.8.1.4 将约 10 g（湿重）均质组织转移至干净、去皮的 400 ~ 500 ml 烧杯中。

11.8.1.5 将剩余的均质组织转移到带有含氟聚合物衬里盖子的清洁罐中。密封罐子并将组织储存在低于 -10℃的温度下。将未均质化的组织放回原始容器中，并在低于 -10℃的温度下储存。

11.8.2 QC 试样。

11.8.2.1 将 1 ~ 2 g 油性液体参考基质（第 7.6.4 节）添加到 400 ~ 500 ml 烧杯中来制备方法空白。

11.8.2.2 将 1 ~ 2 g 油性液体参考基质（第 7.6.4 节）添加到 400 ~ 500 ml 烧杯中，作为精密度和回收率的试样。记录重量，精确到 10 mg。如果要进行初始精密度和回收率测试，则使用 4 个试样；如果要进行持续的精确度和恢复测试，请使用单个试样。

11.8.3　进样。

11.8.3.1　将 1.0 ml 标记的标准加标溶液（第 7.12 节）加入样品、空白和 OPR 试样中。

11.8.3.2　将 1.0 ml 未标记标准加标溶液（第 7.11 节）加入 OPR 试样中。

11.8.4　使用第 12.4 节中的程序提取试样。

12　提取和浓缩

12.1　提取方法包括用于水样的固相萃取（第 12.2.1 节），分液漏斗（第 12.2.2 节）和连续液 / 液萃取（第 12.2.3 节）；用于固体、滤膜和组织样品的索氏提取（第 12.3 节）（第 12.4 节），用于提取液的初始净化的酸 / 碱反萃取（第 12.5 节）。

大体积浓缩包括旋转蒸发（第 12.6.1 节）、加热套（第 12.6.2 节）和 K-D 浓缩（K-D）（第 12.6.3 节）。微量浓缩使用氮吹（第 12.7 节）。

12.2　萃取水相。

12.2.1　采用 SPE 萃取固体含量低于 1% 的样品。

12.2.1.1　萃取盘准备。

12.2.1.1.1　从烧瓶中取出试管（图 2-9-4）。将 SPE 盘放在过滤器支架的底座上，并用二氯甲烷润湿。用镊子将 GMF 150 滤膜放在 SPE 萃取盘上方，用二氯甲烷润湿滤膜，并将滤膜放在 SPE 盘上，确保过滤器和盘之间没有气泡。在 1 L 玻璃容器和真空过滤瓶之间将滤膜和萃取盘夹紧。

12.2.1.1.2　用约 15 ml 二氯甲烷淋洗接收容器。抽真空直到有液体滴下。卸真空使得滤膜 / 萃取盘浸泡约 1 min。抽真空将滤膜 / 萃取盘去除二氯甲烷。用约 15 ml 丙酮重复该步骤，风干滤膜 / 萃取盘。

12.2.1.2　样品萃取。

12.2.1.2.1　向储液罐中加入约 20 ml 甲醇，预先润湿萃取盘。将大部分甲醇通过膜 / 萃取盘，在滤膜上保留约 2 mm 厚的甲醇。在萃取完成之前，请勿使膜 / 萃取盘干涸。

12.2.1.2.2　向储液罐中加入约 20 ml 试剂水同时通过膜 / 萃取盘，在膜 / 萃取盘上留下约 2 mm 厚的溶剂层。

12.2.1.2.3　如有必要将样品（第 11.4.2.5 节）静置 1 ~ 2 h，沉淀悬浮颗粒。将透明层的样品，空白（第 11.4.2.4 节）或 IPR/OPR 试样（第 11.4.2.4 节）倒入各自的容器中，打开真空泵开始萃取。调整真空度，在不少于 10 min 时间内完成萃取。对于含有高浓度颗粒（悬浮固体）的样品，萃取时间可能长达 1 h 或更长。

12.2.1.2.4 将所有样品通过膜 / 萃取盘前，向样品瓶中加入约 50 ml 试剂水，混匀悬浮固体（如果存在），并倒入容器中。所有样品通过膜 / 萃取盘。使用额外的试剂水进行冲洗，直至除去所有固体。

12.2.1.2.5 在将所有样品通过膜 / 萃取盘前，用少量试剂水冲洗储液罐的侧壁。

12.2.1.2.6 真空条件下将膜 / 萃取盘干燥约 3 min。

12.2.1.3 膜 / 萃取盘的洗脱。

12.2.1.3.1 释放真空，从真空瓶中取出整个膜 / 萃取盘 / 储液罐配件，清空烧瓶。将用于洗脱液收集的试管插入烧瓶中。试管应具有足够的容量容纳洗脱溶剂（约 50 ml），并且应该适合滴管。滴管尖端应伸入试管中，以防止在施加真空时样品溅射。将膜 / 萃取盘 / 储液罐重新组装在真空瓶上。

12.2.1.3.2 用 4 ~ 5 ml 丙酮润湿膜 / 萃取盘。让丙酮均匀地分布在萃取盘上并浸泡 15 ~ 20 s。使丙酮通过萃取盘，当滤膜上剩余约 1 mm 厚度丙酮时释放真空。

12.2.1.3.3 用约 20 ml 二氯甲烷冲洗样品瓶并转移至储液罐。将大约一半的溶剂通过膜 / 萃取盘并释放真空。让膜 / 萃取盘浸泡约 1 min。随后将所有溶剂通过萃取盘。再用 20 ml 二氯甲烷重复瓶子冲洗和洗脱步骤。将所有溶剂通过萃取盘。

12.2.1.3.4 释放真空，取下膜 / 萃取盘 / 储液罐配件，然后取出含有样品溶液的试管。将溶液定量转移至 250 ml 分液漏斗，之后根据第 12.5 节进行反萃取。

12.2.2 分液漏斗萃取。

12.2.2.1 将加标样品（第 11.4.2.2 节）倒入 2 L 分液漏斗中。用 5 ml 试剂水冲洗瓶子或烧瓶 2 次，并将这些冲洗液加入分液漏斗中。

12.2.2.2 在空样品瓶中加入 60 ml 二氯甲烷。密封并摇晃 60 s 以冲洗内表面。将溶剂转移到分液漏斗中，震摇 2 min 并定期排气，萃取样品。有机相与水相分离至少 10 min。如果乳化形成并且超过溶剂层体积的 1/3，可采用机械技术完成相位分离（参见下面的注）。将颗粒状无水硫酸钠（第 7.2.1 节）用干净的玻璃纤维纸放置在溶剂冲洗的浓缩装置中（第 12.6 节），收集二氯甲烷萃取液。

注：如果乳化，实验室必须采用机械技术来完成相分离。最佳技术方法取决于样品，可包括搅拌，通过玻璃棉过滤，使用相分离纸，离心，使用带冰的超声浴，添加 NaCl 或其他物理方法。或者，可以使用固相（第 12.2.1 节），连续液 / 液（CLLE；第 12.2.3 节）或其他萃取技术来防止乳化形成。只要满足第 9.2 节中的要求，任何替代方法均可接受。

12.2.2.3 用 60 ml 二氯甲烷萃取水样 2 次。将萃取液通过无水硫酸钠进入浓缩器中。

在第三次萃取后，用至少 20 ml 二氯甲烷冲洗分液漏斗，并通过无水硫酸钠收集该冲洗液。重复此冲洗至少 2 次。如果要将萃取液与颗粒的提取物混合，将漏斗与硫酸钠放置一边。

12.2.2.4　用某一种浓缩装置进行浓缩（第 12.6 节），根据 12.5 节进行反萃取。

12.2.3　连续液 / 液提取。

12.2.3.1　在提取器中放入 100 ~ 150 ml 二氯甲烷，在每个烧瓶中加入 200 ~ 300 ml 二氯甲烷。

12.2.3.2　将样品、空白和 QC 试样分别加入提取器中。用 50 ~ 100 ml 二氯甲烷冲洗样品容器并加入各自的提取器中。在提取过程中包括所有固体。

12.2.3.3　通过加热烧瓶开始提取，直至二氯甲烷沸腾。适当调整后，以二氯甲烷 1 ~ 2 滴 /s 的速度从冷凝器尖端滴落。提取 16 ~ 24 h。

12.2.3.4　取出蒸馏烧瓶，估算并记录提取液的体积（精确至 100 ml），将提取液倒入装有 7 ~ 10 cm 颗粒状无水硫酸钠的干燥柱中，用含有 10 ml 浓缩管的 500 ml K-D 蒸发器烧瓶收集。用 30 ~ 50 ml 二氯甲烷冲洗烧瓶并倒入干燥柱。根据第 12.6 节进行浓缩并交换至已烷，并按照第 12.5 节对提取物进行反萃取。

12.3　含有颗粒的样品的 SDS 提取。

12.3.1　在干净的萃取套管（见第 6.4.2.2 节）中加入 5.0 g 100/200 目的二氧化硅（第 7.5.1.1 节），顶层覆盖 100 g 石英砂（第 7.3.2 节）。在整个萃取过程中不接触二氧化硅层。

12.3.2　将套管放入干净的提取器中。在储液瓶中放入 30 ~ 40 ml 甲苯，在烧瓶中放入 200 ~ 250 ml 甲苯。

12.3.3　通过加热烧瓶开始提取，直至甲苯沸腾。适当调整后，甲苯以 1 ~ 2 滴 /s 的速度从冷凝器尖端滴落。提取至少 3 h。

12.3.4　预提取后，冷却并拆卸设备。用甲苯冲洗套管并风干。

12.3.5　将第 11.5.8 节、第 11.6.5 节或第 11.7.5 节中的样品和 / 或滤膜以及第 11.6.3 节中的任何非水相装入提取器中，并用干净的金属刮刀人工混合加入溶剂层，仔细分解任何大块样品。

12.3.6　重新组装 SDS 装置，并在接收瓶和回流烧瓶中加入新鲜的甲苯。开启加热套进行回流。调节回流速率，以匹配通过石英砂和二氧化硅的渗透速率，降低水对甲苯流速的影响。在提取的前 2 h 内需经常检查装置是否爆沸。如果发生爆沸，则需降低回流速率。

12.3.7 如果接收瓶内含水，在 1 ~ 2 h 和 8 ~ 9 h 或者更短的时间内将水排出。节约用水。样品回流需 16 ~ 24 h。

12.3.8 冷却和拆卸装置。取出烧瓶。记录收集的水总量。

12.3.9 将提取液定量转移至大体积浓缩装置（第 12.6 节），浓缩至接近干燥。用二氯甲烷稀释至约 100 ml，定量转移至 250 ml 分液漏斗，然后进行反萃取（第 12.5 节）。

12.4 组织的索氏提取

注：该程序包括使用 GC/MS 分析的相同样品提取物测定样品的脂质含量（第 12.4.8 ~ 12.4.9 节）。或者，可以使用单独的样品等分试样进行脂质测定。如果使用单独的试样，使用氮气蒸发样品提取物的主要部分，仅达到使溶剂交换为正己烷所需的程度，从而避免低分子量 PBDEs 的损失，没有必要将样品的主要部分干燥至恒重（第 12.4.8 节）。

12.4.1 在每个烧杯（第 11.8.4 节）中加入 30 ~ 40 g 无水硫酸钠（第 7.2.2 节）并充分混合。用铝箔盖住烧杯并使其平衡，直到混合物变成自由流动的粉末（最少 30 min）。在提取前混合均匀以防止结块。

12.4.2 按照第 12.3.1 ~ 12.3.4 节的规定组装索氏装置，用二氯甲烷代替预提取和冲洗，并省略石英砂。

12.4.3 重新组装预提取的索提装置，并向回流烧瓶中加入新鲜的二氯甲烷。

12.4.4 将样品 / 硫酸钠混合物（第 12.4.1 节）转移至索提套筒中，并将套管安装至索提装置中。

12.4.5 将溶剂混合物冲洗烧杯并加入套筒。用溶剂填充套筒 / 接收瓶。提取 18 ~ 24 h。

12.4.6 提取后，冷却并拆卸装置。

12.4.7 将提取液定量转移至大体积浓缩装置（第 12.6 节），浓缩至接近干燥。浓缩装置可重复使用。

12.4.8 使用氮吹（第 12.7 节）和 60℃的水浴温度完成溶剂的去除。称重接收瓶，记录重量，并将接收瓶接回蒸发装置，浓缩残余物直至获得恒定的重量。

12.4.9 脂肪含量。

12.4.9.1 将接收瓶中剩余物用正己烷重新溶解，并将 1.0 ml 标记的净化标准加标溶液（第 7.13 节）加入该溶液中。

12.4.9.2 将剩余物 / 正己烷转移到手工净化柱（第 13.5 节），保留浓缩装置中的沸石。冲洗几次以确保所有物质都已转移。如有必要，可超声或加热接收瓶，以确保所有剩余物重新溶解。干燥接收瓶。称重接收和沸石。

12.4.9.3　以下式计算脂质含量，保留 3 位有效数字：

$$脂质（\%）= 残余重量（g）/ 组织重量（g）\times 100\% \quad （2\text{-}9\text{-}3）$$

12.4.9.4　实验室应确定空白，IPR 和 OPR 的脂质含量，以确保提取方法体系有效运行。

12.5　用碱和酸进行反萃取。

12.5.1　某些样品无须进行反萃取。对于一些样品，提取液中颜色较深，则需要进行反萃取。如果不进行反萃取，将 1.0 ml 标记的净化标准加标溶液（第 7.13 节）加入提取液中，浓缩提取液进行净化或分析（第 12.7 节）。如果需要进行反萃取，则将 1.0 ml 标记的净化标准加标溶液（第 7.13 节）加入含有样品和第 12.2.1.3.4 或 12.3.9 节 QC 提取液的分液漏斗中。

12.5.2　在提取液中加入 50 ml 氢氧化钾溶液中（第 7.1.1 节）。摇晃 2 min 放气。丢弃水层。重复碱洗，直到水相中看不到颜色，最多洗涤 4 次。最大限度地缩短提取液与碱的接触时间，以防止 BDE 降解。如果实验室满足标记化合物回收的规范并使用 9.2 节中的程序证明可接受的性能，则可以使用更强的氢氧化钾溶液进行反萃取。

12.5.3　以与碱相同的方式将提取液与 50 ml 氯化钠溶液（第 7.1.4 节）萃取。丢弃水层。

12.5.4　以与碱相同的方式将提取物与 50 ml 硫酸（第 7.1.2 节）萃取。重复酸洗，直到水相看不到颜色，最多洗涤 4 次。

12.5.5　重复分配氯化钠溶液并弃去水层。

12.5.6　将萃取液加入含有 7 ~ 10 cm 颗粒状无水硫酸钠的干燥柱中（第 7.2.1 节）。用 30 ~ 50 ml 溶剂冲洗分液漏斗，将冲洗液转移至干燥柱中。用圆底烧瓶收集提取液。按照第 12.6 ~ 12.7 节重新浓缩样品和 QC 试样，并按照第 13 节净化样品和 QC 试样。

12.6　大体积浓缩。使用旋转蒸发器或加热套浓缩甲苯提取液；使用旋转蒸发器，加热套或 K-D 装置浓缩二氯甲烷或正己烷中的目标化合物。

注：在以下的浓缩程序中，不得将提取物浓缩至干燥，因为二溴二苯醚可能全部或部分损失。

12.6.1　旋转蒸发。将提取液在单独的圆底烧瓶中浓缩。

12.6.1.1　按照说明组装旋转蒸发仪，并将水浴加热至 45℃。将 100 ml 萃取溶剂浓缩，预清洁旋转蒸发器。如果需要，将浓缩溶剂和溶剂存放在接收瓶中进行本底检查。在样品之间，将 2 ~ 3 ml 溶剂冲洗到回流管中，倒入废液烧杯，以防止样品交叉污染。

12.6.1.2 将含有样品提取液的圆底烧瓶连接到旋转蒸发器上。缓慢地向系统施加真空，并开始旋转样品瓶。

12.6.1.3 将烧瓶放入水浴中，并根据需要调节旋转速度和温度，在 15 ~ 20 min 内完成浓缩。在适当的浓缩速率下，溶剂流入接收瓶的流量需保持稳定，样品不能爆沸。

注：如果浓度过快，可能会导致目标分析物丢失。

12.6.1.4 当烧瓶中的液体浓缩至约 2 ml 时，将烧瓶从水浴中取出，并停止旋转。卸真空，缓慢地让空气进入系统。不能快速地打开阀门，以防样品从烧瓶中冲出。用约 2 ml 溶剂冲洗回流管。

12.6.1.5 继续进行第 12.6.4 节的准备反萃取或微量浓缩和溶剂交换。

12.6.2 加热套。将提取液在单独的圆底烧瓶中浓缩。

12.6.2.1 在圆底烧瓶中加入一个或两个干净的沸石，与史耐得管连接。添加约 1 ml 溶剂预湿润色谱柱。将圆底烧瓶放入加热套中，根据需要是否加热，在 15 ~ 20 min 内完成浓缩。在适当的蒸馏速率下，柱球将轻微震动，但腔体不会爆沸。

12.6.2.2 当溶剂体积达到约 10 ml 时，从加热套中取出圆底烧瓶，让溶剂排出并冷却至少 10 min。取下史耐得管，用少量溶剂将玻璃接头冲洗到接收瓶中。

12.6.2.3 继续进行第 12.6.4 节的准备反萃取或微量浓缩和溶剂交换。

12.6.3 （K-D）。将提取液浓缩在装有 10 ml 浓缩管的 500 ml K-D 烧瓶中。K-D 浓缩主要用于二氯甲烷和正己烷等溶剂。甲苯难以使用 K-D 浓缩，除非进行水浴加热。

12.6.3.1 在圆底烧瓶中加入一个或两个干净的沸石，与史耐得管连接。添加约 1 ml 溶剂湿润色谱柱。将 K-D 装置放入热水浴中，使烧瓶的整个下圆形表面浸泡蒸汽。

12.6.3.2 根据需要调整装置的垂直位置和水温，在 15 ~ 20 min 内完成浓缩。在适当的蒸馏速率下，柱球将轻微颤动，但腔体不会爆沸。

12.6.3.3 当溶剂体积达到 1 ml 时，从水浴中取出 K-D 浓缩管，待溶剂排空，并冷却至少 10 min。取下史耐得管，用 1 ~ 2 ml 溶剂将烧瓶及其下部接头冲洗，溶剂收集至浓缩管中。建议使用 5 ml 注射器进行此操作。

12.6.3.4 取下施耐德管，加入新鲜沸石，并将一个双球施耐德柱连接到浓缩管。在顶部添加约 0.5 ml 溶剂，预淋洗色谱柱。将装置放入热水浴中。

12.6.3.5 根据需要调整装置的垂直位置和水温，在 5 ~ 10 min 内完成浓缩。在适当的蒸馏速率下，柱球将轻微颤动，但腔体不会爆沸。

12.6.3.6 当溶剂体积达到 0.5 ml 时，从水浴中取出装置，冷却至少 10 min。

12.6.3.7　反萃取或微量浓缩和溶剂交换的准备工作参照 12.6.4。

12.6.4　反萃取或微量浓缩和溶剂交换的准备。

12.6.4.1　对于反萃取（第 12.5 节），将萃取液转移至 250 ml 分液漏斗中。用少量正己烷冲洗浓缩容器，将分液漏斗中的正己烷体积调节至 10 ~ 20 ml，然后进行反萃取（第 12.5 节）。

12.6.4.2　为了测定提取液中残留物的重量，或用于使用反萃取以外的净化方法，使用 2 ~ 3 次溶剂冲洗将残留物转移到烧瓶中。进行微量浓缩和溶剂交换（第 12.7 节）。

12.7　微量浓缩和溶剂交换

12.7.1　若进行 GPC 净化，需溶剂置换为二氯甲烷。使用硅胶，弗罗里土和 / 或氧化铝净化，需溶剂置换为正己烷。

12.7.2　将含有样品提取液的样品瓶转移至氮气浓缩装置中。调节氮气流量，溶剂表面轻微震动。溶剂中的震动剧烈可能导致分析物损失。

12.7.3　将样品瓶放入 40 ~ 45℃水浴浓缩。避免溶剂爆沸。

12.7.3.1　将提取液浓缩至干燥，进行重量测定（第 12.4.8 ~ 12.4.9 和 13.5.4 节），吹干直至恒重。

12.7.3.2　提取液浓缩后进样或进行溶剂置换，根据以下步骤操作。

12.7.4　当样品体积约为 100 μl 时，加入 2 ~ 3 ml 所需溶剂（用于 GPC 的二氯甲烷或用于其他清洗的正己烷），继续浓缩至约 100 μl。重复添加溶剂并浓缩。

12.7.5　若需使用 GPC 净化提取液，用二氯甲烷将提取液的体积增加至 5.0 ml（第 13.2 节）后采用 GPC 净化。

12.7.6　使用层析柱色谱（硅胶、弗罗里土或氧化铝）净化提取液，用正己烷将最终体积调整至 1.0 ml（第 13.3，13.4 或 13.6 节）后使用色谱柱净化。

12.7.7　GC/MS（第 14 节）进样前，将提取液定量转移至 0.3 ml 锥形瓶中进行浓缩，用正己烷淋洗样品瓶，并将冲洗液加入锥形瓶中。将体积浓缩至约 100 μl。向样品瓶中加入 20 μl 壬烷，将溶剂浓缩至壬烷的水平。密封样品瓶并标注样品编号。在室温下避光储存，待 GC / MS 分析。如果不在同一天进行 GC / MS 分析，请将样品瓶保存于 -10℃以下。

13　提取净化

13.1　对于基质相对干净的样品（例如处理过的废水、地下水和饮用水），不需要进行净化。如果特殊情况需要使用净化程序，实验室可以使用以下所有程序或任何其他适当的方法。在使用净化方法之前，实验室必须验证使用净化方法可以满足 9.2 节的要求。

13.1.1 凝胶渗透色谱（第 13.2 节）消除了由大分子量干扰引起的 GC 色谱柱性能下降。可用于所有土壤和沉积物提取液。可用于可能含有大分子量有机化合物（例如聚合物材料、腐植酸）的水提取物。在手工柱上进行初步净化后，也可用于组织提取液（第 13.5 节）。

13.1.2 酸性、中性和碱性的硅胶（第 13.3 节）、氧化铝（第 13.4 节）和弗罗里土（第 13.6 节）用于去除非极性和极性干扰。

13.1.3 手工净化柱（第 13.5 节）用于组织样品去除脂质。

13.2 凝胶渗透色谱（GPC）。

13.2.1 柱填料。

13.2.1.1 将 70 ~ 75 g SX-3Bio-beads 填料（第 6.7.1.1 节）置于 400 ~ 500 ml 烧杯中。

13.2.1.2 用二氯甲烷覆盖填料并使其浸泡过夜（至少 12 h）。

13.2.1.3 将填料转移到色谱柱中（第 6.7.1.1 节），并在将色谱柱连接到检测器，以溶剂 4.5 ~ 5.5 ml/min 的速度通过泵从底部到顶部色谱柱输送溶剂。

13.2.1.4 用溶剂吹扫色谱柱 1 ~ 2 h 后，将色谱柱柱头压力调节至 7 ~ 10 psig，吹扫 4 ~ 5 h 除去空气。保持柱头压力为 7 ~ 10 psig。将色谱柱连接到检测器（第 6.7.1.4 节）。

13.2.2 色谱柱校准。

13.2.2.1 将 5 ml GPC 校准溶液（第 7.4 节）加载到样品环中。

13.2.2.2 测定 GPC 校准溶液并记录检测器的信号。洗脱模式为玉米油、DeBDE、BEHP、甲氧基氯、芘和硫。

13.2.2.3 设置“dump time”去除 > 85% 玉米油和去除 > 85%DeBDE 的收集（参见 7.4 节中的注释）。

13.2.2.4 将“收集时间”设置为硫峰最大值的时间。

13.2.2.5 每 20 次提取后，需用 GPC 校准溶液验证校准。如果 DeBDE 的回收率> 85%，则为合格。如果校准未验证，则必须使用 GPC 校准溶液重新校准系统，并且必须使用校准的 GPC 系统重新提取和净化前样品批次。

13.2.3 提取净化。要求 GPC 柱不能过载。该方法中净化柱设计用于处理 5 ml 水、土壤或混合相样品的萃取液 0.5 g 的大分子物质，可处理来自 5ml 提取液组织样品中的 1.5 g 脂质。如果提取液已知或预期含有超过使用量，可将提取液进行等分试样，洗脱后将等分试样合并。蒸发 50 μl 试样中的溶剂，可以通过重量分析获得提取物的残余物含量。

13.2.3.1　过滤提取液或通过过滤器（第 6.7.1.3 节）除去颗粒物。将 5.0 ml 提取液加载至净化柱上。

13.2.3.2　使用第 13.2.2 节中确定的校准数据洗脱提取液。将洗脱液收集在干净的 400 ~ 500 ml 烧杯中。在注入下一个样品之前，让系统再冲洗 10 min。

13.2.3.3　在萃取液间用二氯甲烷彻底冲洗样品上样管，以制备下一个样品。

13.2.3.4　如果遇到的提取液可能会使 GPC 色谱柱过载，则必须在系统中运行 5.0 ml 二氯甲烷空白以检查残留物。

13.2.3.5　按照第 12.6 和 12.7 节浓缩洗脱液，或进一步净化，待进样 GC / MS。

13.3　硅胶净化。

13.3.1　将玻璃棉塞放入 15 mm 内径色谱柱中（第 6.7.3.2 节）。从底部至顶部依次装填：1 g 硅胶（第 7.5.1.1 节），4 g 碱性硅胶（第 7.5.1.3 节），1 g 硅胶，8 g 酸性硅胶（第 7.5.1.2 节），2 g 硅胶，4g 粒状无水硫酸钠（第 7.2.1 节）。轻轻敲击净化柱。

13.3.2　用 50 ~ 100 ml 正己烷预洗脱净化柱。当正己烷液面在无水硫酸钠上 1 mm 时关闭活塞。丢弃洗脱液。检查色谱柱是否有空隙。如果存在空隙，则需重新准备净化柱。

13.3.3　将浓缩的提取液转移至硅胶柱上。打开活塞，直到提取液到无水硫酸钠液面的 1 mm 范围内。

13.3.4　用 1 ml 正己烷冲洗接收器 2 次。用 25 ml 正己烷洗脱 BDE 并收集洗脱液。

13.3.5　按照第 12.6 和 12.7 节浓缩洗脱液，进一步净化，待进样 GC / MS。

13.3.6　对于已知含有大量其他有机化合物的样品提取物，建议增加硅胶柱的使用量。可通过增加酸和碱性硅胶的强度来实现。酸性硅胶（第 7.5.1.2 节）的强度可以增加至 40%*w/w*（6.7 g 硫酸加入 10 g 硅胶中）。碱性硅胶（第 7.5.1.3 节）的强度可以增加到 33%*w/w*（50 ml 1 N NaOH 加到 100 g 硅胶中），或者可以使用碱性硅胶（第 7.5.1.4 节）。

使用较强的酸性硅胶（44%*w/w*）可能会导致某些提取物中的有机化合物碳化。碳化的材料会保留目标分析物，导致 BDE 的回收率降低。增加酸性和碱性硅胶的强度可能需要不同体积的溶剂来洗脱分析物。必须通过 9.2 节中的方法验证修改后的方法性能。

13.4 氧化铝。

13.4.1 将玻璃棉塞放入 15 mm 内径净化柱（第 6.7.3.2 节）中。

13.4.2 如果使用酸性氧化铝，则加入 6 g 酸性氧化铝（第 7.5.2.1 节）填充色谱柱；如果使用碱性氧化铝，则用 6 g 碱性氧化铝代替（第 7.5.2.2 节）。轻轻敲击净化柱。

13.4.3 用 50 ~ 100 ml 正己烷预洗净化柱。当正己烷液面在氧化铝上 1 mm 时关闭活塞。

13.4.4 丢弃洗脱液。检查色谱柱是否有空隙。如果存在空隙，则需重新准备净化柱。

13.4.5 将浓缩的提取液转移至氧化铝柱上。打开活塞，直到提取液到氧化铝液面的 1 mm 范围内。

13.4.6 用 1 ml 正己烷冲洗接收瓶 2 次。用 15 ml 正己烷洗脱干扰化合物，并弃去该部分洗脱液。用二氯甲烷：正己烷（50：50，*v/v*）洗脱 BDE，并收集洗脱液。对于更高活性的氧化铝，可能需要更高比例的二氯甲烷溶液。

13.4.7 洗脱溶剂的体积取决于氧化铝的选择（酸或碱）和活性。通过验证确定体积。

13.4.8 按照第 12.6 和 12.7 节浓缩洗脱液，或进一步净化，待进样 GC/MS。

13.5 手工净化柱（参考文献［14］）－用于从组织提取液中去除脂质。

13.5.1 第 7.5.3 节中制备的色谱柱。

13.5.2 用 100 ml 正己烷预洗脱色谱柱。当正己烷液面至色谱柱但未暴露无水硫酸钠时关闭活塞。

13.5.3 将萃取液转移（第 12.4.9.2 节）至净化柱上。使用 200 ml 正己烷将 BDE 从色谱柱中洗脱到用于浓缩的装置（第 12.4.7 节）中。

13.5.4 取出一小部分（如 50 μl）提取液，测定残留物含量。估算此部分所占百分比。根据第 12.7.3.1 节将该部分浓缩至恒重。计算提取液中残留物的总量。如果剩余的材料超过 500 mg，则需重新净化。

13.5.5 如有必要，将萃取液置换成适合净化的溶剂（第 13.2 ~ 13.4 和 13.6 节）。

13.5.6 使用第 13.2 ~ 13.4 和 13.6 节中的方法净化提取液。推荐将 GPC（第 13.2 节）和弗罗里土（第 13.6 节）作为基础净化步骤。

13.5.7　净化后，按第 12.7 节所述将提取物浓缩至 20 μl，然后进行第 14 节中的分析。

13.6　弗罗里土净化。

13.6.1　用正己烷淋洗（见第 7.5.4.1.2 节）。将调节洗脱液的流速至 4.5 ~ 5.0 ml/min。

13.6.2　当正己烷液面在无水硫酸钠上 1 mm 时，将样品提取液（正己烷中）转移至净化柱上。用 1 ml 正己烷冲洗样品容器 2 次，然后转移至净化柱上。

13.6.3　可用正己烷或正己烷 / 乙醚的混合溶剂洗脱多溴联苯醚，收集洗脱液。每批次弗罗里土的淋取液体积需进行测定并确定。根据化合物的极性，若多溴联苯醚的分离效果较差，可使用正己烷 / 乙醚的混合溶剂进行洗脱。

13.6.4　按照第 12.6 ~ 12.7 节浓缩洗脱液，或进一步净化，待进样 GC / MS。

14　HRGC/HRMS 分析

14.1　根据 10.1 节中所述建立的操作条件。

14.2　进样前，将 2 μl 标记进样标准加标溶液（第 7.14 节）加入 20 μl 样品提取液中，尽量减少蒸发、吸附或反应损失的可能性。如果要重新净化分析提取液，则不要添加标记进样标准加标溶液。使用壬烷将提取液恢复至先前的体积（例如，如果使用 1 μl 注射体积，则为 21 μl；如果使用 2 μl 注射体积，则为 20 μl；如果使用 5 μl 注射体积，则为 17 μl）。

14.3　使用柱上或不分流进样，进样含有标记进样标准加标溶液的浓缩提取液（第 14.2 节）1.0 μl 或 2.0 μl（如果使用短柱，则为 5 μl）。进样体积必须与用于校准标准的体积相同（第 10.3 节）。

14.3.1　进样时，启动 GC 柱初始温度。溶剂峰出峰后开始质谱数据收集。

14.3.2　整个 LOB 保留时间窗口中监控每个 LOB 的确切质量数。如有必要，监测质量数，以确保高溴代水平的同类物碎片不会干扰低溴代的同类物的质量数。还可监测干扰物相关的 *m/z*。

14.3.3　$^{13}C_{12}$-DeBDE 流出后停止数据收集。将色谱柱设置到初始温度，待分析下一个提取液或标准品。

注：据报道，十溴二苯烷在 DeBDE 后约 3 min 时洗脱，*m/z* 与 $^{13}C_{12}$-DeBDE 共存，并可能干扰后续运行。如果已知或可能存在，应允许有足够的时间将十溴二苯乙烷分离。

15 系统和实验室性能

15.1 在每批次或 12 h，需测定标准溶液，确认 GC/MS 系统性能。可分析 CS-3 校准验证（VER）标准（第 7.10.1 节和表 2-9-5）。如果要测定除主要关注的 BDE 之外的 BDE，则使用稀释的同类物溶液（第 7.10.2.2.2 节）代替 VER 标准来验证所有性能指标。必须调整和 / 或重新校准（第 10 节），直到满足所有性能标准。只有在满足所有性能标准后，才能分析样品、空白、IPR 和 OPR。

15.2 MS 分辨率。按照第 10.2.1 节要求，在每个批次的开始和结束后进行分辨率检查。如果连续分析，则只需要检查开始静态分辨能力。如果无法满足第 10.2.1 节中的要求，则必须先解决问题，再进行分析。如果前一批次中的任何样品可能受到分辨率较差的影响，则必须重新分析这些样品。

15.3 校准验证。

15.3.1 使用第 14 节中的程序，测定 VER（CS-3）标准。如果需测定除主要关注的 BDE 之外的 BDE，则进样稀释的同类物混合溶液（7.10.2.2.2）。

15.3.2 所有 BDEs 的离子丰度比必须在表 2-9-8 的限值内；否则，需质谱仪重新调谐，直到离子丰度比在规定的限值内。如果改变了质谱仪的分辨率，则必须在测试之前验证分辨率（第 10.2.1 节）。

15.3.3 VER 标准中未标记的 BDE 和标记化合物的色谱峰信噪比（*S/N*）应＞ 10；否则，需质谱仪重新调谐，并重复验证测试。

15.3.4 通过同位素稀释计算具有标记的 BDE 的浓度（第 17.1 节）。浓度计算基于第 10 节中的校准曲线数据。

15.3.5 对于每种化合物，将浓度与表 2-9-6 中的校准验证限值进行比较。如果所有化合物均符合验证标准，则可进行标准品和样品提取液分析。但是，如果任何化合物未能达到其各自的限值，则测定系统运行不正常。在这种情况下，准备一个新的校准标准或纠正问题并重复分辨率（第 15.2 节）和验证（第 15.3 节）测试，或重新校准（第 10 节）。如果需要重新校准，还必须重新校准所有同类物（第 10.5 节）。

15.4 GC 性能。

15.4.1 保留时间。

15.4.1.1 绝对保留时间。验证试验（第 15.3 节）中标记同类物（第 7.12 节和表 2-9-3）的绝对保留时间，与校准标准中各自保留时间的偏差必须在 ±15 s 内（第 10 节）。

15.4.1.2　相对保留时间 - 验证试验（第 15.3 节），未标记 BDE 应与标记化合物的相对保留时间必须在表 2-9-2 限值内，对于长柱（第 6.9.1.1 节）中，1 ~ 9 溴代 BDE（第 6.9.1.2 节）在双柱系统中或其他色谱柱系统（第 6.9.1.3 节）需在 RRT 限值内。如果使用短柱（第 6.9.2 节），BDE 和标记化合物的 RRT 必须在表 2-9-11 规定范围内（参见该表的脚注，确定短柱的 RT 和 RRT 限值）。

15.4.1.3　如果化合物的绝对或相对保留时间不在规定范围内，则不能进行进样。在该情况下，调整气相色谱并重复测试（第 15.3 节）或重新校准（第 10 节），或更换 GC 色谱柱并测试校准或重新校准。

15.4.2　GC 最小分析时间和峰拖尾。

15.4.2.1　对于所用的色谱柱或色谱柱系统，须满足 6.9.1 和 6.9.2 节中的峰拖尾、分离度和最小分析时间要求。如果不符合要求，则必须调整气相色谱分析条件，直至符合要求，或根据第 15.4.1 ~ 15.4.2 节更换色谱柱并重复校准验证测试，校准体系（第 10 节）。

15.4.2.2　峰拖尾和最小分析时间满足要求后，更新所有同类物的保留时间，相对保留时间和响应因子，多点校准化合物的响应因子除外。对于这些化合物，必须使用多点校准数据（参见第 10.4 节和第 15.3 节）。

15.4.3　DeBDE 降解测试：可选择进行 DeBDE 降解测试。可分析 DeBDE，如果 OcBDE + NoBDE 存在超过总量的 10%，则调整进样条件以避免降解。

15.5　精密度和回收率。

15.5.1　在分析同一批次的样品前，分析试样的精密度和回收率（OPR）。

15.5.2　通过同位素稀释计算标记的化合物的回收率（第 10.4 节）。通过内标法计算每种标记化合物的回收率（第 10.5 节）。

15.5.3　对于未标记的 BDE 和标记化合物，将表 2-9-6 中给出的回收率与 OPR 限值进行比较。如果所有化合物均符合验收标准，则方法性能可接受，并且可以进行空白和样品分析。如果某个浓度超出给定范围，则提取 / 浓缩过程不合适该化合物。在这种情况下，需重新制备、提取和净化该样品批次，并重复精密度和回收率测试（第 15.5 节）。

15.5.4　如果需要，通过第 15.5.3 节中规范的结果将其添加至每个基质的化合物的初始和之前的数据中。更新 QC 图表以完成实验室性能的图表。通过计算平均回收率（R）和回收率（SR）的标准偏差，制定不同基质中每种化合物的准确度。将准确度度

表示为从 $R-2S_R \sim R+2S_R$ 的回收率区间形式表示。例如，如果 R=95% 且 SR=5%，则准确度为 85% ~ 105%。

15.6 空白。在分析 OPR 试样后立即分析每个样品批次提取的方法空白，以证明没有污染干扰，并且不受 OPR 分析的残留。在进行样品分析之前，空白分析的结果必须符合第 9.5.2 节中的规范要求。

16 定性分析

16.1 表 2-9-7 中两个精确质量数 *m/z* 的信号必须存在，且在两次扫描中需最大化。

16.2 对于样品提取液中检测到的每种 BDE，每个精确 *m/z* 处 GC 峰的信噪比（*S/N*）必须≥2.5，对于所有 BDE，在校准和验证标准中信噪比（*S/N*）≥10（第 10.3.3 和 15.3.3 节）。

16.3 表 2-9-7 中规定的两个精确质量数 *m/z* 的峰面积之比必须在表 2-9-8 中的限值范围内，或在中间点（CS-3）校准或校准验证 VER 的 ±15% 内。

16.4 BDE 色谱峰的相对保留时间必须在表 2-9-2 所规定的 RRT 限值或校准数据范围内，采用替代色谱柱或色谱柱系统，则应保持其在相应 RRT 限值范围内（第 6.9.1.1 ~ 6.9.1.3 节）。

对于通过内标法定量未标记的 BDE，给定的 BDE 同类物存在误识别的可能，除非保留时间窗口非常窄，如表 2-9-2 所示。因此，其他同类物的 RT 和 RRT 一致性需要标记的化合物识别。保留时间回归分析有助于定性分析。

16.5 由于同类物色谱峰重叠和存在干扰物质，可能无法满足所有定性要求（第 16.1 ~ 16.4 节）。从高溴代的同类物中降解一种和多种溴代同类物，与相应溴代同类物在相同保留时间流出，可能导致定量错误。如果不能明确识别，根据经验（第 1.4 节）判断是否存在同类物干扰。

16.6 如果未满足第 16.1 ~ 16.5 节中标准要求，则不能确定同类物，不能将结果用于报告或执法目的。如果存在干扰影响定性，则必须提取新的试样，进一步净化和分析。

17 定量分析

17.1 同位素稀释定量。

17.1.1 提取前向每个样品中加入已知量的标记化合物，可以对 BDE 的回收率进行校正，目标化合物及其标记的化合物在提取、浓缩和气相色谱方面表现类似。相对响应因子（RR）与第 10.4 节中的校准数据结合使用，只要标记的化合物加标水平准确，可确定最终提取液中目标化合物的浓度。

17.1.2 使用校准溶液中的相对响应因子（第 10.4 节），以式（2-9-4）计算具有标记类似物的 BDE 的浓度：

$$C_{ex}(\text{ng/ml}) = \frac{(A1_n + A2_n)C_1}{(A1_1 + A2_1)RR} \tag{2-9-4}$$

式中，C_{ex} 为提取液中 BDE 的浓度（ng/ml）；其他定义见第 10.4.2 节。

17.2 内标定量和标记化合物回收率

17.2.1 使用校准（第 10.5 节）或校准验证（第 15.4.2.2 节）确定响应因子，计算标记化合物（除标记 PCB 138L 的除外）和目标化合物的浓度，根据式（2-9-5）计算：

$$C_{ex}(\text{ng/ml}) = \frac{(A1_s + A2_s)C_1}{(A1_{\text{is}} + A2_{\text{is}})\text{RF}} \tag{2-9-5}$$

式中，C_{ex} 为提取液中 BDE 的浓度（ng/ml）；其他定义见第 10.5.2 节。

17.2.2 根据确定的提取液中目标化合物的浓度，使用以式（2-9-6）计算标记的 BDEs 和标记的净化标准 BDEs 的回收百分比：

$$\text{回收率（\%）} = \text{检测浓度} / \text{加标浓度} \times 100\% \tag{2-9-6}$$

17.3 根据提取液中目标化合物的浓度和固体的重量（第 11.2.2.3 节）计算样品固相中目标化合物的浓度，如下所示：

$$\text{固体样品中的浓度}(\text{ng/kg}) = \frac{C_{ex}V_{ex}}{W_s \times 1\ 000} \tag{2-9-7}$$

式中，C_{ex}——提取液中 BDE 的浓度（ng/ml）；

V_{ex}——提取物体积（ml）；

W_s——样品干重（g）。

17.4 根据提取液中目标化合物的浓度和提取的水量（第 11.4.2.1 节）计算样品水相中目标化合物的浓度，如下：

$$\text{含水样品中的浓度}(\text{ng/L}) = \frac{C_{ex}V_{ex}}{V_s \times 1\ 000} \tag{2-9-8}$$

式中，C_{ex}——提取物中 BDE 的浓度（pg/ml）；

V_{ex}——提取物体积（ml）；

Vs——样品体积（L）。

17.5 如果任何同类物定量离子的 SICP 面积不在校准范围内，则将样品提取液稀释，使其浓度在校准范围内，将提取液中标记的进样内标浓度调整为 100 pg/μl，分析该试样。如果无法通过同位素稀释定量目标化合物，则稀释并分析含水相或分析小部分的土壤、组织或混合相样品。可通过稀释法，调整 BDE 同类物浓度，检出限和最低水平。

17.6 结果报告。结果为 3 位有效数字，所有标准、空白和样品中需含有标记化合物。

17.6.1 报告单位和水平。

17.6.1.1 水样。以 pg/L（每千万亿份）报告结果。

17.6.1.2 固体含量＞1% 的样品（土壤、沉积物、滤块、堆肥）。根据样品的干重，报告结果以 ng/kg 为单位。报告固体百分含量，可将结果转换为水相单位。

17.6.1.3 组织。报告结果为 ng/kg 湿组织，而不是组织的脂肪含量。报告脂肪含量，以便用户可根据需要计算脂质浓度。

17.6.1.4 报告。

17.6.1.4.1 分析空白、标准品和样品的报告结果高于最小定量水平（ML）。表 2-9-2 中的 ML 是在普通实验室污染情况下可以达到的水平。实验室可建立低于表 2-9-2 中 ML 的 BDE 对应 ML。样品介质（例如，水、土壤、污泥、组织）中至少 10 个空白中同类物浓度显著低于表 2-9-2 中的 ML 水平，则 ML 可设置为最低校准点（表 2-9-5）。“有效”是指同类物的 ML 在平均（平均）水平以上至少 10 个空白处，不低于 2 个标准偏差（参考文献［15］）。空白需在分析样品的同一时期内分析，理想情况是在大约 1 个月的时间内进行分析。

17.6.1.4.2 标准（VER，IPR，OPR）和样品。结果报告中每个同类物高于 ML，取 3 位以上的有效数字。报告结果低于 ML，表示为 <ML（其中 ML 是 ML 的浓度）或相关单位的要求。

17.6.1.4.3 空白。结果报告中每个同类物高于 ML，取 3 位以上的有效数字。报告结果低于 ML，但高于 MDL 的结果为 2 位有效数字。低于 MDL，报告结果表示为＜MDL（其中 MDL 是 MDL 的浓度）或相关单位的要求。

17.6.1.4.4 空白校正。报告除样品（第 17.6.1.4.1 节）和空白（第 17.6.1.4.3 节）的结果外，还可报告空白校正结果。空白校正（参考文献［15］）结果显著高于空白水平，如果结果大于样品介质的 10 个或更多空白分析结果平均值的 2 个标准偏差，则可减去空白中的水平。

17.6.2　报告结果样品中 BDE 稀释倍数，使得定量离子的峰面积在校准范围内（第 17.5 节）。

17.6.3　报告结果标记的 BDE 同类物的最低稀释倍数，使得定量离子的峰面积在校准范围内（第 17.5 节），标记化合物回收率在范围内（第 9.3 节和表 2-9-6）。

17.6.4　报告中可体现溴代同类物（同类物，即总 TrBDE，总 PeBDE，总 HxBDE 等）的总量，包括主要关注的 BDE 和其他 BDE。此外，如果要求，报告中可体现所有 BDE 同类物的总量。

17.6.5　共流出 BDE 同类物的报告。特别是特拉华河流域委员会（DRBC）数据限定符标志和报告共流出 PCB 同类物（见 http：//www.state.nj.us/drbc/PCB_info.htm）的公约或实验室与排放者 / 许可证持有者或监管 / 控制当局之间公约，适用于共流出的 BDE 同类物的报告。

18　复杂样品的分析

18.1　某些样品可能含有高浓度水平（>10 ng/L；>1 000 ng/kg）的目标化合物，干扰化合物和 / 或聚合材料。有些提取液无法浓缩至 20 µl（第 12.7 节）；可能会使 GC 色谱柱和 / 或质谱仪过载。测定高溴代水平的同类物的碎片离子可能干扰较低溴代水平同类物。

18.2　在所有净化完成后，当提取液无法浓缩至 20 µl 时，可分析部分样品（第 17.5 节）。如果分析部分土壤或混合相样品，必须确保样品具有代表性。

18.3　当干扰影响计算时，需手动峰面积积分并计算浓度。

18.4　一些实验室认为，BDE 同类物的背景干扰难以消除，这些背景可能会干扰环境样品中 BDEs 的测定。主要关注 BDE（第 1.1.1 节）的背景干扰很常见。应该明确该污染对同类物结果测定的影响，以便做出可靠的测定。

18.5　标记化合物的回收率。在多数样品中，标记化合物的回收率与试剂水或参考基质的回收率相似（第 7.6 节）。

18.5.1　如果任何标记化合物的回收率超出正常范围（表 2-9-6），则必须对稀释样品重新分析（第 17.5 节）。

18.5.2　如果稀释样品中任何标记化合物的回收率超出正常范围，则必须分析校准验证标准（第 7.10.1 节和表 2-9-5）并进行校准验证（第 15.3 节）。

18.5.3 如果无法验证该校准，则必须进行新校准并重新分析原始样品提取液。

18.5.4 如果经过验证的校准且稀释样品后仍不符合标记化合物回收率的范围限值，则该方法不适用于该样品分析，测定结果不能用于报告或法律途径。在这种情况下，必须采用此方法中的备用提取和净化程序或替代色谱柱来解决干扰。如果采用新方法和备用色谱柱，标记的化合物回收率仍然在正常范围之外，则需要使用超出此方法范围的提取和 / 或净化方法来分析样品。

19 污染防护

19.1 污染防治包含任何在产生环节上减少或消除废弃物的产生数量或毒性的技术。实验室中有许多防治污染的机会。EPA 已建立了一套环境管理技术的优先级制度，其将污染防治作为管理的首选，在任何可行的情况下，实验室人员都应该运用污染防治技术考虑废弃物的产生。当废弃物不能在源头上削减时，环境保护局建议的次优选择是循环使用。

19.2 该方法中对 BDE 的使用量极少，如果管理得当，对环境造成的威胁较小。应按照与实验室使用一致的体积制备标准品，尽量减少过量使用标准品。

19.3 在实验室和研究机构中，可行的污染预防措施是“少就是好”，参见美国化学学会政府关系和科学政策部门的实验室废物减量化管理。

20 废物管理

20.1 EPA 要求实验室废弃物管理措施符合所有的法律法规要求。EPA 强烈要求实验室尽可能减少和控制通风柜或操作台的所有排放，以保护空气、水和土壤。遵守污水排放许可的法律法规，遵守所有固体和危险废物的法规，尤其是危险废物鉴别规定和土壤处置的有关规定。更多废弃物管理信息可查阅美国化学会的“实验室人员用废物管理手册”。

20.2 含有 pH <2 盐酸或硫酸样品属于危险品，必须先进行中和才能倒入排水管，或作为危险废物进行处理。

20.3 BDEs 在 800℃以上可以有效分解。吸水纸、纸巾、动物遗骸和塑料手套等低质量浓度水平废物可进行焚化燃烧处置。废弃物应安全包装（mg），并通过具有资质的设施进行剧毒废物处理。

20.4 液体或可溶性废物应溶于甲醇或乙醇中，并用波长短于 290 nm 的紫外线照射处理。使用 F40 BL 或等效灯泡。分析液体废物，若目标物未检出可按普通废物处置。

20.5　有关废物管理的更多信息，可行的污染预防措施是“少就是好”，参见美国化学学会政府关系和科学政策部门的实验室废物减量化管理。

21　方法性能

U.S.EPA 1614A 在单个实验室中开发（参考文献［16］）。图 2-9-8 为多溴二苯醚的总离子流图。

22　参考文献

［1］Telliard W A，Rushneck D R. Consensus obtained at the “4th Annual Workshop on Brominated Flame Retardants in the Environment，” June 17-18，2002，Canada Centre for Inland Waters，867 Lakeshore Road，Burlington，Ontario，Canada.

［2］“Results of the Literature Search on Polybrominated Diphenyl Ethers，” December 7，2001，Prepared for the Statistics and Analytical Support Branch；Engineering and Analysis Division（4303T）；U.S.Environmental Protection Agency；1200 Pennsylvania Ave.，NW；Washington，DC 20460.

［3］Congeners reported in “Proceedings of the 22nd International Symposium on Halogenated Environmental Pollutants and Persistent Organic Pollutants”（Dioxin 2002），Barcelona，Spain，August11-16，2002；Organohalogen Compounds 58 161-249.

［4］“Method 1668，Revision A：Chlorinated Biphenyl Congeners in Water，Soil，Sediment，and Tissue by HRGC/HRMS，” December 1999，（EPA 821-R-00-002），Statistics and Analytical Support Branch；Engineering and Analysis Division（4303T）；U.S. Environmental Protection Agency；1200 Pennsylvania Ave.，NW；Washington，DC 20460.

［5］“Working with Carcinogens，” Department of Health，Education，& Welfare，Public Health Service，Centers for Disease Control，NIOSH，Publication 77-206，August 1977，NTIS PB-277256.

［6］“OSHA Safety and Health Standards，General Industry，” OSHA 2206，29 CFR 1910.

［7］“Safety in Academic Chemistry Laboratories，” ACS Committee on Chemical Safety，

1979.

[8] "Standard Methods for the Examination of Water and Wastewater," 18th and later editions, American Public Health Association, 1015 15th St, NW, Washington, DC 20005, 1-35: Section 1090 (Safety), 1992.

[9] Lamparski, L.L., and Nestrick, T.J., "Novel Extraction Device for the Determination of Chlorinated Dibenzo-*p*-dioxins (PCDDs) and Dibenzofurans (PCDFs) in Matrices Containing Water," Chemosphere, 19: 27-31, 1989.

[10] Provost, L.P., and Elder, R.S., "Interpretation of Percent Recovery Data," American Laboratory, 15: 56-83, 1983.

[11] Standard Methods for the Examination of Water and Wastewater, 20th Edition, published jointly byAmerican Public Health Association, American Water Works Association, and Water Environment Federation, Washington, DC, 2005.

[12] "Methods 330.4 and 330.5 for Total Residual Chlorine," U.S.EPA, EMSL, Cincinnati, OH 45268, EPA 600/4-70-020, May 1979.

[13] "Handbook of Analytical Quality Control in Water and Wastewater Laboratories," U.S.EPA EMSL, Cincinnati, OH 45268, EPA 600/4-79-019, May 1979.

[14] Kuehl D W, Butterworth B C, Libal J, et al.. "An Isotope Dilution High Resolution Gas Chromatography-High Resolution Mass Spectrometric Method for the Determination of Coplanar Polychlorinated Biphenyls: Application to Fish and Marine Mammals," Chemosphere 22: 9-10, 849-858, 1991.

[15] Ferrario J C, Byrne C, Dupuy A E, et al.. "Background Contamination by Coplanar Polychlorinated Biphenyls (PCBs) in Trace Level High Resolution Gas Chromatography/High Resolution Mass Spectrometry (HRGC/HRMS) Analytical Procedures" Chemosphere 34: 11, 2451-2465, 1997.

[16] Initial information for this method was provided to EPA by AXYS Analytical Systems and is contained in this method. No further report is available.

23 附录表格和图表

表 2-9-1 同位素稀释和内标法高分辨气相色谱-高分辨质谱法测定未标记和标记的溴代二苯醚同类物

天然 BDE 同类物		标记同类物[1]	
名称[2]	编号	名称	编号
2-MoBDE	BDE-1		
3-MoBDE[3]	BDE-2		
4-MoBDE	BDE-3	$^{13}C_{12}$-4-MoBDE	BDE-3L
2,2'-DiBDE	BDE-4		
2,3-DiBDE	BDE-5		
2,3'-DiBDE	BDE-6		
2,4-DiBDE[4]	*BDE-7*		
2,4'-DiBDE[4]	*BDE-8*		
2,5-DiBDE	BDE-9		
2,6-DiBDE	BDE-10		
3,3'-DiBDE	BDE-11		
3,4-DiBDE[4]	*BDE-12*		
3,4'-DiBDE[4]	*BDE-13*		
3,5-DiBDE	BDE-14		
4,4'-DiBDE[4]	*BDE-15*	$^{13}C_{12}$-4,4'-DiBDE	BDE-15L
2,2',3-TrBDE	BDE-16		
2,2',4-TrBDE[4]	*BDE-17*		
2,2',5-TrBDE	BDE-18		
2,2',6-TrBDE	BDE-19		
2,3,3'-TrBDE	BDE-20		
2,3,4-TrBDE	BDE-21		
2,3,4'-TrBDE	BDE-22		
2,3,5-TrBDE	BDE-23		
2,3,6-TrBDE	BDE-24		
2,3',4-TrBDE[4]	*BDE-25*		
2,3',5-TrBDE	BDE-26		
2,3',6-TrBDE	BDE-27		

续表

天然 BDE 同类物		标记同类物[1]	
2,4,4'-TrBDE4,5	***BDE-28***	$^{13}C_{12}$-2,4,4'-TrBDE	BDE-28L
2,4,5-TrBDE	BDE-29		
2,4,6-TrBDE[4]	*BDE-30*		
2,4',5-TrBDE	BDE-31		
2,4',6-TrBDE[4]	*BDE-32*		
2',3,4-TrBDE[4]	*BDE-33*		
2',3,5-TrBDE	BDE-34		
3,3',4-TrBDE[4]	*BDE-35*		
3,3',5-TrBDE	BDE-36		
3,4,4'-TrBDE[4]	*BDE-37*		
3,4,5-TrBDE	BDE-38		
3,4',5-TrBDE	BDE-39		
2,2',3,3'-TeBDE	BDE-40		
2,2',3,4-TeBDE	BDE-41		
2,2',3,4'-TeBDE	BDE-42		
2,2',3,5-TeBDE	BDE-43		
2,2',3,5'-TeBDE	BDE-44		
2,2',3,6-TeBDE	BDE-45		
2,2',3,6'-TeBDE	BDE-46		
2,2',4,4'-TeBDE[4,5]	***BDE-47***	$^{13}C_{12}$-2,2',4,4'-TeBDE	BDE-47L
2,2',4,5-TeBDE	BDE-48		
2,2',4,5'-TeBDE[4]	*BDE-49*		
2,2',4,6-TeBDE	BDE-50		
2,2',4,6'-TeBDE[4]	*BDE-51*		
2,2',5,5'-TeBDE	BDE-52		
2,2',5,6'-TeBDE	BDE-53		
2,2',6,6'-TeBDE	BDE-54		
2,3,3',4'-TeBDE	BDE-55		
2,3,3',4'-TeBDE	BDE-56		
2,3,3',5-TeBDE	BDE-57		
2,3,3',5'-TeBDE	BDE-58		

续表

天然 BDE 同类物		标记同类物[1]	
2,3,3’,6-TeBDE	BDE-59		
2,3,4,4’-TeBDE	BDE-60		
2,3,4,5-TeBDE	BDE-61		
2,3,4,6-TeBDE	BDE-62		
2,3,4’,5-TeBDE	BDE-63		
2,3,4’,6-TeBDE	BDE-64		
2,3,5,6-TeBDE	BDE-65		
2,3’,4,4’-TeBDE[4]	*BDE-66*		
2,3’,4,5-TeBDE	BDE-67		
2,3’,4,5’-TeBDE	BDE-68		
2,3’,4,6-TeBDE	BDE-69		
2,3’,4’,5-TeBDE	BDE-70		
2,3’,4’,6-TeBDE[4]	*BDE-71*		
2,3’,5,5’-TeBDE	BDE-72		
2,3’,5’,6-TeBDE	BDE-73		
2,4,4’,5-TeBDE	BDE-74		
2,4,4’,6-TeBDE[4]	*BDE-75*		
2’,3,4,5-TeBDE	BDE-76		
3,3’,4,4’-TeBDE[4]	*BDE-77*	$^{13}C_{12}$-3,3’,4,4’-TeBDE	BDE-77L
3,3’,4,5-TeBDE	BDE-78		
3,3’,4,5’-TeBDE[4]	*BDE-79*		
3,3’,5,5’-TeBDE	BDE-80		
3,4,4’,5-TeBDE	BDE-81		
2,2’,3,3’,4-PeBDE	BDE-82		
2,2’,3,3’,5-PeBDE[4]	*BDE-83*		
2,2’,3,3’,6-PeBDE	BDE-84		
2,2’,3,4,4’-PeBDE[4]	*BDE-85*		
2,2’,3,4,5-PeBDE	BDE-86		
2,2’,3,4,5’-PeBDE	BDE-87		
2,2’,3,4,6-PeBDE	BDE-88		
2,2’,3,4,6’-PeBDE	BDE-89		
2,2’,3,4’,5-PeBDE	BDE-90		

续表

天然 BDE 同类物		标记同类物[1]	
2,2',3,4',6-PeBDE	BDE-91		
2,2',3,5,5'-PeBDE	BDE-92		
2,2',3,5,6-PeBDE	BDE-93		
2,2',3,5,6'-PeBDE	BDE-94		
2,2',3,5',6-PeBDE	BDE-95		
2,2',3,6,6'-PeBDE	BDE-96		
2,2',3',4,5-PeBDE	BDE-97		
2,2',3',4,6-PeBDE	BDE-98		
2,2',4,4',5-PeBDE[4,5]	***BDE-99***	$^{13}C_{12}$-2,2',4,4',5-PeBDE	BDE-99L
2,2',4,4',6-PeBDE[4,5]	***BDE-100***	$^{13}C_{12}$-2,2',4,4',6-PeBDE	BDE-100L
2,2',4,5,5'-PeBDE	BDE-101		
2,2',4,5,6'-PeBDE	BDE-102		
2,2',4,5,6'-PeBDE	BDE-103		
2,2',4,6,6'-PeBDE	BDE-104		
2,3,3',4,4'-PeBDE[4]	*BDE-105*		
2,3,3',4,5-PeBDE	BDE-106		
2,3,3',4',5-PeBDE	BDE-107		
2,3,3',4,5'-PeBDE	BDE-108		
2,3,3',4,6-PeBDE	BDE-109		
2,3,3',4',6-PeBDE	BDE-110		
2,3,3',5,5'-PeBDE	BDE-111		
2,3,3',5,6-PeBDE	BDE-112		
2,3,3',5',6-PeBDE	BDE-113		
2,3,4,4',5-PeBDE	BDE-114		
2,3,4,4',6-PeBDE	BDE-115		
2,3,4,5,6-PeBDE[4]	*BDE-116*		
2,3,4',5,6-PeBDE	BDE-117		
2,3',4,4',5-PeBDE	BDE-118		
2,3',4,4',6-PeBDE[4]	*BDE-119*		
2,3',4,5,5'-PeBDE[4]	*BDE-120*		
2,3',4,5,6'-PeBDE	BDE-121		
2',3,3',4,5-PeBDE	BDE-122		

续表

天然 BDE 同类物		标记同类物[1]	
2’,3,4,4’,5-PeBDE	BDE-123		
2’,3,4,5,5’-PeBDE	BDE-124		
2’,3,4,5,6’-PeBDE	BDE-125		
3,3’,4,4’,5-PeBDE[4]	*BDE-126*	$^{13}C_{12}$-3,3’,4,4’,5-PeBDE	BDE-126L
3,3’,4,5,5’-PeBDE	BDE-127		
2,2’,3,3’,4,4’-HxBDE[4]	*BDE-128*		
2,2’,3,3’,4,5-HxBDE	BDE-129		
2,2’,3,3’,4,5’-HxBDE	BDE-130		
2,2’,3,3’,4,6-HxBDE	BDE-131		
2,2’,3,3’,4,6’-HxBDE	BDE-132		
2,2’,3,3’,5,5’-HxBDE	BDE-133		
2,2’,3,3’,5,6-HxBDE	BDE-134		
2,2’,3,3’,5,6’-HxBDE	BDE-135		
2,2’,3,3’,6,6’-HxBDE	BDE-136		
2,2’,3,4,4’,5-HxBDE	BDE-137		
2,2’,3,4,4’,5’-HxBDE[4]	*BDE-138*		
2,2’,3,4,4’,6-HxBDE	BDE-139	$^{13}C_{12}$-2,2’,3,4,4’,6-HxBDE	BDE-139L
2,2’,3,4,4’,6’-HxBDE[4]	*BDE-140*		
2,2’,3,4,5,5’-HxBDE	BDE-141		
2,2’,3,4,5,6-HxBDE	BDE-142		
2,2’,3,4,5,6’-HxBDE	BDE-143		
2,2’,3,4,5’,6-HxBDE	BDE-144		
2,2’,3,4,6,6’-HxBDE	BDE-145		
2,2’,3,4’,5,5’-HxBDE	BDE-146		
2,2’,3,4’,5,6-HxBDE	BDE-147		
2,2’,3,4’,5,6’-HxBDE	BDE-148		
2,2’,3,4’,5’,6-HxBDE	BDE-149		
2,2’,3,4’,6,6’-HxBDE	BDE-150		
2,2’,3,5,5’,6-HxBDE	BDE-151		
2,2’,3,5,6,6’-HxBDE	BDE-152		
2,2’,4,4’,5,5’-HxBDE[4,5]	***BDE-153***	$^{13}C_{12}$-2,2’,4,4’,5,5’-HxBDE	BDE-153L
2,2’,4,4’,5’,6-HxBDE[4,5]	***BDE-154***	$^{13}C_{12}$-2,2’,4,4’,5’,6-HxBDE	BDE-154L

续表

天然 BDE 同类物		标记同类物[1]	
2,2',4,4',6,6'-HxBDE[4]	BDE-155		
2,3,3',4,4',5-HxBDE	BDE-156		
2,3,3',4,4',5'-HxBDE	BDE-157		
2,3,3',4,4',6-HxBDE	BDE-158		
2,3,3',4,5,5'-HxBDE	BDE-159		
2,3,3',4,5,6-HxBDE	BDE-160		
2,3,3',4,5',6-HxBDE	BDE-161		
2,3,3',4',5,5'-HxBDE	BDE-162		
2,3,3',4',5,6-HxBDE	BDE-163		
2,3,3',4',5',6-HxBDE	BDE-164		
2,3,3',5,5',6-HxBDE	BDE-165		
2,3,4,4',5,6-HxBDE[4]	*BDE-166*		
2,3',4,4',5,5'-HxBDE	BDE-167		
2,3',4,4',5',6-HxBDE	BDE-168		
3,3',4,4',5,5'-HxBDE	BDE-169		
2,2',3,3',4,4',5-HpBDE	BDE-170		
2,2'3,3',4,4',6-HpBDE	BDE-171		
2,2',3,3',4,5,5'-HpBDE	BDE-172		
2,2',3,3',4,5,6-HpBDE	BDE-173		
2,2',3,3',4,5,6'-HpBDE	BDE-174		
2,2',3,3',4,5',6-HpBDE	BDE-175		
2,2',3,3',4,6,6'-HpBDE	BDE-176		
2,2',3,3',4',5,6-HpBDE	BDE-177		
2,2',3,3',5,5',6-HpBDE	BDE-178		
2,2',3,3',5,6,6'-HpBDE	BDE-179		
2,2',3,4,4',5,5'-HpBDE	BDE-180		
2,2',3,4,4',5,6-HpBDE[4]	*BDE-181*		
2,2',3,4,4',5,6'-HpBDE	BDE-182		
2,2',3,4,4',5',6-HpBDE[4,5]	***BDE-183***	$^{13}C_{12}$-2,2',3,4,4',5',6-HpBDE	BDE-183L
2,2',3,4,4',6,6'-HpBDE	BDE-184		
2,2',3,4,5,5',6-HpBDE	BDE-185		
2,2',3,4,5,6,6'-HpBDE	BDE-186		

续表

天然 BDE 同类物		标记同类物[1]	
2,2',3,4',5,5',6-HpBD	BDE-187		
2,2',3,4',5,6,6'-HpBDE	BDE-188		
2,3,3',4,4',5,5'-HpBDE	BDE-189		
2,3,3',4,4',5,6-HpBDE[4]	*BDE-190*		
2,3,3',4,4',5',6-HpBDE	BDE-191		
2,3,3',4,5,5',6-HpBDE	BDE-192		
2,3,3',4',5,5',6-HpBDE	BDE-193		
2,2',3,3',4,4',5,5'-OcBDE	BDE-194		
2,2',3,3',4,4',5,6-OcBDE	BDE-195		
2,2',3,3',4,4',5,6'-OcBDE	BDE-196		
2,2',3,3',4,4',6,6'-OcBDE	BDE-197		
2,2',3,3',4,5,5',6-OcBDE	BDE-198		
2,2',3,3',4,5,5',6'-OcBDE	BDE-199		
2,2',3,3',4,5,6,6'-OcBDE	BDE-200		
2,2',3,3',4,5',6,6'-OcBDE	BDE-201		
2,2',3,3',5,5',6,6'-OcBDE	BDE-202		
2,2',3,4,4',5,5',6-OcBDE[3]	BDE-203		
2,2',3,4,4',5,6,6'-OcBDE	BDE-204		
2,3,3',4,4',5,5',6-OcBDE	BDE-205		
2,2',3,3',4,4',5,5',6-NoBDE	BDE-206		
2,2',3,3',4,4',5,6,6'-NoBDE	BDE-207		
2,2',3,3',4,5,5',6,6'-NoBDE[3]	BDE-208		
DeBDE[4,5]	***BDE-209***	$^{13}C_{12}$-DeBDE	BDE-209L

注：1. 标准溶液中标记的化合物；

2. 溴代化合物的缩写：

MoBDE= 一溴二苯醚　　DiBDE= 二溴二苯醚

TrBDE= 三溴二苯醚　　TeBDE= 四溴二苯醚

PeBDE= 五溴二苯醚　　HxBDE= 六溴二苯醚

HpBDE= 七溴二苯醚　　OcBDE= 八溴二苯醚

NoBDE= 九溴二苯醚　　DeBDE= 十溴二苯醚

3. 建议同类物覆盖溴代水平；

4. 在 EPA 2001 年文献调查文献中已报道的同类物；

5. 2002 年 6 月 17 日—18 日在加拿大安大略省伯灵顿加拿大内陆水域中心举行的“第四届环境中溴代阻燃剂年度研讨会”中确定的主要关注的 BDEs。

表 2-9-2　BDE 同类物在 30 m DB-5ht 色谱柱上的保留时间（RT），RT 参考，相对保留时间（RRT），方法检出限（MDL）和最低检出限（ML）（第 6.9.1.1 节）

Br No.[1]	同类物 No.[2,3,4]	RT Ref[5]	RT（min：sec）[6]	RRT[7]	RRT 限值[8]	窗口（sec）[9]	定量参考[10]	不同介质中 MDLs 和 MLs[11]				
								水质 /（pg/L）		其他介质 /（ng/kg）		提取液 /（pg/μl）
								MDL	ML	MDL	ML	ML
使用 PCB-138 L（$^{13}C_{12}$2,2',5',5'-TeCB）作为进样内标												
一溴二苯醚												
1	1	3 L	11：26	0.948 8	0.935 0 ~ 0.962 7	±10	3 L					
1	2	3 L	11：45	0.975 1	0.961 3 ~ 0.988 9	±10	3 L	50	200	5	20	10
1	3	3 L	12：04	1.001 4	0.998 6 ~ 1.005 5	-2 +3	3 L					
二溴二苯醚												
2	10	15 L	15：48	0.864 2	0.845 9 ~ 0.882 4	±20	15 L					
2	7	15 L	16：59	0.928 9	0.915 2 ~ 0.942 6	±15	15 L					
2	8/11	15 L	17：32	0.959 0	0.949 9 ~ 0.968 1	±10	15 L	40（12）	100	4	10	5
2	12	15 L	17：50	0.975 4	0.966 3 ~ 0.984 5	±10	15 L					
2	13	15 L	17：54	0.979 0	0.969 9 ~ 0.988 1	±10	15 L					
2	15	15 L	18：18	1.000 9	0.999 1 ~ 1.003 6	-2 +3	15 L					
三溴二苯醚												
3	30	28 L	20：26	0.895 5	0.880 9 ~ 0.910 2	±20	28 L					
3	32	28 L	21：45	0.953 3	0.945 9 ~ 0.960 6	±10	28 L					
3	17	28 L	22：11	0.9722	0.9649 ~ 0.9795	±10	28 L	50	200	5	20	10
3	25	28 L	22：17	0.9766	0.9693 ~ 0.9839	±10	28 L					
3	**28**/33	28 L	22：49	1.000 0	0.998 5 ~ 1.002 2	-2 +3	28 L	20	50	2	5	2.5

续表

Br No.[1]	同类物 No.[2,3,4]	RT Ref[5]	RT（min：sec）[6]	RRT[7]	RRT 限值[8]	窗口（sec）[9]	定量参考[10]	不同介质中 MDLs 和 MLs[11]				
								水质 /（pg/L）		其他介质 /（ng/kg）		提取液 /（pg/μl）
								MDL	ML	MDL	ML	ML
三溴二苯醚												
3	35	28 L	23：14	1.018 3	1.011 0 ~ 1.025 6	±10	28 L					
3	37	28 L	23：41	1.038 0	1.030 7 ~ 1.045 3	±10	28 L					
四溴二苯醚												
4	75	47 L	26：04	0.962 5	0.956 3 ~ 0.968 6	±10	47 L/77 L	30	100	3	10	5
4	51	47 L	26：12	0.967 4	0.961 2 ~ 0.973 5	±10	47 L/77 L					
4	49	47 L	26：25	0.975 4	0.969 2 ~ 0.981 5	±10	47 L/77 L					
4	71	47 L	26：33	0.980 3	0.974 2 ~ 0.986 5	±10	47 L/77 L					
4	**47**	47 L	27：05	1.000 0	0.998 8 ~ 1.001 8	−2+3	47 L	25（12）	100	2.5	10	5
4	79	47 L	27：26	1.012 3	1.006 2 ~ 1.018 5	±10	47 L/77 L					
4	66	47 L	27：40	1.021 5	1.015 4 ~ 1.027 7	±10	47 L/77 L	20	50	2	5	2.5
4	77	77 L	28：34	1.000 0	0.998 8 ~ 1.001 8	−2 +3	77 L					
标记化合物												
1	3 L	PCB-52 L	12：03	0.699 2	0.670 2 ~ 0.728 2	±30	PCB-52 L					
2	15 L	PCB-52 L	18：17	1.060 9	1.031 9 ~ 1.089 9	±30	PCB-52 L					
3	28 L	PCB-52 L	22：49	1.324 0	1.295 0 ~ 1.353 0	±30	PCB-52 L					
4	47 L	PCB-52 L	27：05	1.571 6	1.542 6 ~ 1.600 6	±30	PCB-52 L					
4	77 L	PCB-52 L	28：34	1.657 6	1.628 6 ~ 1.686 7	±30	PCB-52 L					

续表

Br No.[1]	同类物 No.[2,3,4]	RT Ref[5]	RT（min：sec）[6]	RRT[7]	RRT 限值[8]	窗口（sec）[9]	定量参考[10]	不同介质中 MDLs 和 MLs[11]				
								水质 /（pg/L）		其他介质 /（ng/kg）		提取液 /（pg/μl）
								MDL	ML	MDL	ML	ML
使用 PCB-138 L（$^{13}C_{12}$2,2',3,4,4',5'-HxCB）作为进样内标												
五溴二苯醚												
5	**100**	100 L	30：10	1.000 0	0.998 9 ~ 1.001 7	−2+3	100 L	20	50	2	5	2.5
5	119/120	100 L	30：28	1.009 9	1.004 4 ~ 1.015 5	±10	99 L/100 L/126 L					
5	**99**	99 L	31：04	1.000 5	0.999 5 ~ 1.002 1	−2+3	99 L	40	100	4	10	5
5	116	99 L	31：19	1.008 6	1.003 2 ~ 1.014 0	±10	99 L/100 L/126 L					
5	85	126 L	32：34	0.991 4	0.986 3 ~ 0.996 4	±10	99 L/100 L/126 L	40	100	4	10	5
5	126	126 L	32：51	1.000 0	0.999 0 ~ 1.001 5	−2+3	126 L					
5	105	126 L	33：08[12]	1.008 6	1.003 6 ~ 1.013 7	±10	99 L/100 L/126 L					
六溴二苯醚												
6	155	154 L	32：50	0.981 6	0.976 6 ~ 0.986 5	±10	153 L/154 L					
6	**154**	154 L	33：28	1.000 5	0.999 5 ~ 1.002 0	−2+3	154 L	20	50	2	5	2.5
6	**153**	153 L	34：38	1.000 5	0.999 5 ~ 1.001 9	−2+3	153 L	20	50	2	5	2.5
6	140	153 L	35：20[12]	1.020 7	1.015 9 ~ 1.025 5	±10	153 L/154 L					
6	138/166	153 L	36：09	1.044 3	1.039 5 ~ 1.049 1	±10	153 L/154 L	40	100	4	10	5
6	128	153 L	37：43	1.089 6	1.082 3 ~ 1.096 8	±15	153 L/154 L					

续表

Br No.[1]	同类物 No.[2,3,4]	RT Ref[5]	RT（min：sec）[6]	RRT[7]	RRT 限值[8]	窗口（sec）[9]	定量参考[10]	不同介质中 MDLs 和 MLs[11]				
								水质 /（pg/L）		其他介质 /（ng/kg）		提取液 /（pg/μl）
								MDL	ML	MDL	ML	ML
七溴二苯醚												
7	**183**	183 L	37：58	1.000 0	0.999 1 ~ 1.001 3	−2+3	183 L	30	100	3	10	5
7	181	183 L	39：40	1.044 8	1.040 4 ~ 1.049 2	±10	183 L					
7	190	183 L	39：54	1.050 9	1.046 5 ~ 1.055 3	±10	183 L	20	50	2	5	2.5
八溴二苯醚												
8	203	209 L	42：40[13]	1.128 2	1.119 4 ~ 1.137 0	±20	209 L					
九溴二苯醚												
9	208	209 L	45：33	0.905 0	0.900 0 ~ 0.909 9	±15	209 L					
9	207	209 L	45：52	0.911 3	0.906 3 ~ 0.916 2	±15	209 L					
9	206	209 L	46：31	0.924 2	0.919 2 ~ 0.929 1	±15	209 L					
十溴二苯醚												
10	**209**	209 L	50：20	1.000 0	0.999 3 ~ 0.101 0	−2+3	209 L	700[12]	2 000	70	200	100
标记化合物												
5	100L	PCB−138 L	30：10	1.223 0	1.209 5 ~ 1.236 5	±20	PCB−138 L					
5	99L	PCB−138 L	31：03	1.258 8	1.245 3 ~ 1.272 3	±20	PCB−138 L					
5	126L	PCB−138 L	32：50	1.331 8	1.311 5 ~ 1.352 0	±30	PCB−138 L					
6	154 L	PCB−138 L	33：27	1.356 1	1.335 8 ~ 1.376 4	±30	PCB−138 L					
6	153 L	PCB−138 L	34：37	1.403 4	1.383 1 ~ 1.423 6	±30	PCB−138 L					

续表

Br No.[1]	同类物 No.[2,3,4]	RT Ref[5]	RT（min：sec）[6]	RRT[7]	RRT 限值[8]	窗口（sec）[9]	定量参考[10]	不同介质中 MDLs 和 MLs[11]				
								水质 /（pg/L）		其他介质 /（ng/kg）		提取液 /（pg/μl）
								MDL	ML	MDL	ML	ML
标记化合物												
7	183 L	PCB-138 L	37：58	1.539 2	1.498 6 ~ 1.579 7	±60	PCB-138 L					
10	209 L	PCB-138 L	50：20	2.040 5	2.000 0 ~ 2.081 1	±60	PCB-138 L					
标记的净化内标												
6	139 L	153 L	35：03	1.012 5	1.007 7 ~ 1.017 3	±10	PCB-138 L					
标记的进样内标												
4	PCB-52 L	PCB-138 L	17：14	0.698 6	0.658 1 ~ 0.739 2	±60						
6	PCB-138 L	PCB-138 L	24：40	1.000 0	1.000 0 ~ 1.000 0	±100						

注：1. 同类物中的溴取水平；

2. 后缀“L”表示标记的化合物；

3. 两个同类物表示共流出；

4. 主要关注的 BDE 以粗体显示；

5. 用于参考目标同类物的参考保留时间；

6. 目标化合物的保留时间（RT）；

7. 同类物的 RT 与参考的 RT 之间的相对保留时间（RRT）；

8. 基于 RRT 的限值，根据流出的异构体进行调整；

9. 同类物或同类物对的窗口宽度。RT、RRT 和 RRT 限制可能与表 2-9-2 中的略有不同；

10. 形成定量参考的标记的同类物。将定量参考中列出的同类物的精确 m/z 区域相加，并除以定量参考中同类物的数量。例如，对于同类物 75，将 47 L 和 77 L 的精确 m/z 区域相加，并将总和除以 2（因为定量参考中有 2 个同类物）；

11. 根据 40 CFR 136 附录 B 中程序计算的“其他”基质的 MDL；根据 68 FR 11790（2003 年 5 月 12 日）中程序计算的“其他”基质的 ML；水基质的 MDL 和 ML 计算为 MDL 的 10 倍和“其他”基质的 ML。未显示 MDL 和 ML 的同类物的 MDL 和 ML 将与相同溴代水平的同类物的 MDL 和 ML 相似；

12. 如果存在实验室背景，则可能无法实现此 MDL。有关此同类物具有背景的 MDL，请参阅表 2-9-10；

13. 估计的保留时间。

表 2-9-3　未标记和标记的溴代二苯醚在储备溶液、加标溶液和最终提取液中的浓度

	溶液浓度		
BDE 同类物	储备液 / (μg/ml)	加标 / (ng/ml)	提取液 / (ng/ml)
未标记的目标化合物			
28	20	1	50
47	20	1	50
99	20	1	50
100	20	1	50
153	20	1	50
154	20	1	50
183	20	1	50
209	200	10	500
标记的 BDE 同类物			
28L	1	2	100
47L	1	2	100
99L	1	2	100
100 L	1	2	100
153 L	1	2	100
154 L	1	2	100
183 L	1	2	100
209 L	10	20	1 000
标记的净化内标			
139 L	1	2	100
标记的进样内标			
PCB-52 L	5	1 000	100
PCB-138 L	5	1 000	100
稀释同类物溶液			
	溶液浓度 / (ng/ml)		
标准品	未标记	标记	
未标记化合物			
MoBDE thru NoBDE	50		
DeBDE	500		

续表

	溶液浓度		
BDE 同类物	储备液 /（μg/ml）	加标 /（ng/ml）	提取液 /（ng/ml）
标记的化合物			
MoBDE thru NoBDE		100	
DeBDE		1 000	
标记的净化内标		100	
标记的进样内标		100	

表 2-9-4　BDE 同类物组成溶液[1]

溶液标识	
BDE-A1	BDE-A2
1	11
2	13
3	25
10	33
7	51
8	71
12	79
15	120
30	116
32	155
17	105
28	166
35	183
37	190
75	207
49	
47	
66	
77	
100	
119	

续表

溶液标识	
BDE-A1	BDE-A2
99	
85	
126	
154	
153	
140	
138	
128	
181	
203	
208	
206	
209	
同类物总数	
34	15

注：1. 根据同类物在溶液中的保留时间顺序所列。关于储备溶液中同类物的浓度，参见表 2-9-3；对于校准曲线标准品中的浓度，参见表 2-9-5。

表 2-9-5　校准和校准验证标准中 BDE 同类物的浓度

BDE 同类物	Congener number[2]	溶液浓度 /（ng/ml）				
		CS-1	CS-2	CS-3（VER）	CS-4	CS-5
未标记化合物						
2,4,4'-TrBDE	28	1	5	50	500	2 500
2,2',4,4'-TeBDE	47	1	5	50	500	2 500
2,2',4,4',5-PeBDE	99	1	5	50	500	2 500
2,2',4,4',6-PeBDE	100	1	5	50	500	2 500
2,2',4,4',5,5'-HxBDE	153	1	5	50	500	2 500
2,2',4,4',5',6-HxBDE	154	1	5	50	500	2 500
2,2',3,4,4',5',6-HpBDE	183	1	5	50	500	2 500

续表

BDE 同类物	Congener number[2]	溶液浓度 /（ng/ml）				
		CS-1	CS-2	CS-3（VER）	CS-4	CS-5
DeBDE	209	10	50	500	5 000	25 000
标记的化合物						
$^{13}C_{12}$-2,4,4'-TrBDE	28 L	100	100	100	100	100
$^{13}C_{12}$-2,2',4,4'-TeBDE	47 L	100	100	100	100	100
$^{13}C_{12}$-2,2',4,4',5-PeBDE	99 L	100	100	100	100	100
$^{13}C_{12}$-2,2',4,4',6-PeBDE	100 L	100	100	100	100	100
$^{13}C_{12}$-2,2',4,4',5,5'-HxBDE	153 L	100	100	100	100	100
$^{13}C_{12}$-2,2',4,4',5',6-HxBDE	154 L	100	100	100	100	100
$^{13}C_{12}$-2,2',3,4,4',5',6-HpBDE	183 L	100	100	100	100	100
$^{13}C_{12}$-DeBDE	209 L	1 000	1 000	1 000	1 000	1 000
标记的净化内标						
$^{13}C_{12}$-2,2',3,4,4',6-HxBDE	139 L	100	100	100	100	100
标记的进样内标						
$^{13}C_{12}$-2,2',5,5'-TeCB	PCB-52 L	100	100	100	100	100
$^{13}C_{12}$-2,2',3,4,4',5'-HxCB	PCB-138 L	100	100	100	100	100

注：1. 如果需要，其他同类物可以包括在校准溶液中；
2. 后缀“L”表示标记的化合物。

表 2-9-6 VER，IPR，OPR 和样品中溴代二苯醚的 QC 限值

Congener1	Congener number[3]	Test conc./（ng/ml）[4]	VER[5]/%	IPR		OPR/%	Labeled compound recovery in samples/%
				RSD/%	X/%		
Native congeners							
2,4,4'-TrBDE	28	50	70 ~ 130	40	60 ~ 140	50 ~ 150	
2,2'4,4'TeBDE	47	50	70 ~ 130	40	60 ~ 140	50 ~ 150	
2,2',4,4',5-PeBDE	99	50	70 ~ 130	40	60 ~ 140	50 ~ 150	
2,2',4,4',6-PeBDE	100	50	70 ~ 130	40	60 ~ 140	50 ~ 150	
2,2',4,4',5,5'-HxBDE	153	50	70 ~ 130	40	60 ~ 140	50 ~ 150	

续表

Congener1	Congener number[3]	Test conc./（ng/ml）[4]	VER[5]/%	IPR		OPR/%	Labeled compound recovery in samples/%
				RSD/%	X/%		
Native congeners							
2,2’,4,4’,5’,6-HxBDE	154	50	70 ~ 130	40	60 ~ 140	50 ~ 150	
2,2’,3,4,4’,5’,6-HpBDE	183	50	70 ~ 130	40	60 ~ 140	50 ~ 150	
DeBDE	209	500	50 ~ 200	40	50 ~ 200	40 ~ 200	
Labeled congeners							
$^{13}C_{12}$-2,4,4’-TrBDE	28 L	100	50 ~ 150	50	35 ~ 135	30 ~ 140	25 ~ 150
$^{13}C_{12}$-2,2’,4,4’-TeBDE	47 L	100	50 ~ 150	50	35 ~ 135	30 ~ 140	25 ~ 150
$^{13}C_{12}$2-2,2’4,4’,5-PeBDE	99 L	100	50 ~ 150	50	35 ~ 135	30 ~ 140	25 ~ 150
$^{13}C_{12}$-2,2’,4,4’,6-PeBDE	100 L	100	50 ~ 150	50	35 ~ 135	30 ~ 140	25 ~ 150
$^{13}C_{12}$2-2,2’,4,4’,5,5’-HxBDE	153 L	100	50 ~ 150	50	35 ~ 135	30 ~ 140	25 ~ 150
$^{13}C_{12}$2-2,2’,4,4’,5’,6-HxBDE	154 L	100	50 ~ 150	50	35 ~ 135	30 ~ 140	25 ~ 150
$^{13}C_{12}$-2,2’,3,4,4’,5’,6-HpBDE	183 L	100	50 ~ 150	50	35 ~ 135	30 ~ 140	25 ~ 150
$^{13}C_{12}$-DeBDE	209 L	1000	25 ~ 200	50	25 ~ 200	20 ~ 200	20 ~ 200
Cleanup standard							
$^{13}C_{12}$-2,2’,3,4,4’,6-HxBDE	139 L	100	60 ~ 130	45	45 ~ 120	40 ~ 125	30 ~ 135

注：1. 最终定容体积 20 μl 的 IPR，OPR 和样品的 QC 范围；
2. 如果需要，其他同类物可以包括在测试溶液中；
3. 后缀“L”表示标记的化合物；
4. 见表 2-9-5；
5. 见 15.3 节。

表 2-9-7　质量数设定（监测离子和锁定质量数）

同类物	*m*/*z*[1,2]	*m*/*z* 型	*m*/*z*	物质
F_n-1；Br-1	247.983 7	M	$^{12}C_{12}H_9{}^{16}O^{79}Br$	MoBDE
	249.981 6	M+2	$^{12}C_{12}H_9{}^{16}O^{81}Br$	MoBDE
	260.023 9	M	$^{13}C_{12}H_9{}^{16}O^{79}Br$	$^{13}C_{12}$MoBDE
	262.021 9	M+2	$^{13}C_{12}H_9{}^{16}O^{81}Br$	$^{13}C_{12}$MoBDE
	280.982 4	lock	$^{12}C_6F_{11}$	PFK
F_n-2；Br-2；Cl-4	301.962 6	M	$^{13}C_{12}H_6{}^{35}Cl_4$	$^{13}C_{12}$TeCB
	303.959 7	M+2	$^{13}C_{12}H_6{}^{35}Cl_3{}^{37}Cl$	$^{13}C_{12}$TeCB
	325.894 2	M	$^{12}C_{12}H_8{}^{16}O^{79}Br_2$	DiBDE
	327.892 1	M+2	$^{12}C_{12}H_8{}^{16}O^{79}Br^{81}Br$	DiBDE
	330.979 2	lock	$^{12}C_7F_{13}$	PFK
	337.934 4	M	$^{13}C_{12}H_8{}^{16}O^{79}Br_2$	$^{13}C_{12}$DiBDE
	339.932 4	M+2	$^{13}C_{12}H_8{}^{16}O^{79}Br^{81}Br$	$^{13}C_{12}$DiBDE
F_n-3 Br-3；Br-4；Cl-6	371.881 7	M+2	$^{13}C_{12}H_5{}^{35}Cl_5{}^{37}Cl$	$^{13}C_{12}$HxCB
	373.878 8	M+4	$^{13}C_{12}H_6{}^{35}Cl_4{}^{37}Cl_2$	$^{13}C_{12}$HxCB
	405.802 7	M+2	$^{12}C_{12}H_7{}^{16}O^{79}Br_2{}^{81}Br$	TrBDE
	407.800 2	M+4	$^{12}C_{12}H_7{}^{16}O^{79}Br^{81}Br_2$	TrBDE
	417.842 9	M+2	$^{13}C_{12}H_7{}^{16}O^{79}Br_2{}^{81}Br$	$^{13}C_{12}$TrBDE
	419.840 9	M+4	$^{13}C_{12}H_7{}^{16}O^{79}Br^{81}Br_2$	$^{13}C_{12}$TrBDE
	442.972 8	lock	$^{12}C_{10}F_{17}$	PFK
	483.713 2	M+2	$^{12}C_{12}H_6{}^{16}O^{79}Br_3{}^{81}Br$	TeBDE
	485.711 1	M+4	$^{12}C_{12}H_6{}^{16}O^{79}Br_2{}^{81}Br_2$	TeBDE
	497.751 4	M+4	$^{13}C_{12}H_6{}^{16}O^{79}Br_2{}^{81}Br_2$	$^{13}C_{12}$TeBDE
	499.749 3	M+6	$^{13}C_{12}H_6{}^{16}O^{79}Br^{81}Br_3$	$^{13}C_{12}$TeBDE
F_n-4；Br-5；Br-6	554.966 5	lock	$^{12}C_{13}F_{21}$	PFK
	563.621 6	M+4	$^{12}C_{12}H_5{}^{16}O^{79}Br_3{}^{81}Br_2$	PeBDE
	565.619 6	M+6	$^{12}C_{12}H_5{}^{16}O^{79}Br_2{}^{81}Br_3$	PeBDE
	575.661 9	M+4	$^{13}C_{12}H_5{}^{16}O^{79}Br_3{}^{81}Br_2$	$^{13}C_{12}$PeBDE
	577.659 8	M+6	$^{13}C_{12}H_5{}^{16}O^{79}Br_2{}^{81}Br_3$	$^{13}C_{12}$PeBDE
	641.532 2	M+4	$^{12}C_{12}H_4{}^{16}O^{79}Br_4{}^{81}Br_2$	HxBDE
	643.530 2	M+6	$^{12}C_{12}H_4{}^{16}O^{79}Br_3{}^{81}Br_3$	HxBDE
	655.570 4	M+6	$^{13}C_{12}H_4{}^{16}O^{79}Br_3{}^{81}Br_3$	$^{13}C_{12}$HxBDE
	657.568 3	M+8	$^{13}C_{12}H_4{}^{16}O^{79}Br_2{}^{81}Br_4$	$^{13}C_{12}$HxBDE

续表

同类物	m/z[1,2]	m/z 型	m/z	物质
F_n-5；Br-7；Br-8	716.956 9	lock	$^{12}C_{17}F_{27}$	PFK
	721.440 6	M+6	$^{12}C_{12}H_3{}^{16}O^{79}Br_4{}^{81}Br_3$	HpBDE
	723.438 6	M+8	$^{12}C_{12}H_3{}^{16}O^{79}Br_3{}^{81}Br_4$	HpBDE
	733.480 9	M+6	$^{13}C_{12}H_3{}^{16}O^{79}Br_4{}^{81}Br_3$	$^{13}C_{12}$HpBDE
	735.478 8	M+8	$^{13}C_{12}H_3{}^{16}O^{79}Br_3{}^{81}Br_4$	$^{13}C_{12}$HpBDE
	799.351 1	M+6	$^{12}C_{12}H_2{}^{16}O^{79}Br_5{}^{81}Br_3$	OcBDE
	801.349 1	M+8	$^{12}C_{12}H_2{}^{16}O^{79}Br_4{}^{81}Br_4$	OcBDE
	811.391 4	M+6	$^{13}C_{12}H_2{}^{16}O^{79}Br_5{}^{81}Br_3$	$^{13}C_{12}$OcBDE
	813.389 3	M+8	$^{13}C_{12}H_2{}^{16}O^{79}Br_4{}^{81}Br_4$	$^{13}C_{12}$OcBDE
Fn_n-6；Br-9；Br-10	879.259 6	M+8	$^{12}C_{12}H^{16}O^{79}Br_5{}^{81}Br_4$	NoBDE
	881.257 5	M+10	$^{12}C_{12}H^{16}O^{79}Br_4{}^{81}Br_5$	NoBDE
	891.299 8	M+8	$^{13}C_{12}H^{16}O^{79}Br_5{}^{81}Br_4$	$^{13}C_{12}$NoBDE
	892.944 1	lock	$^{12}C_{19}F_{35}$	PFK
	893.297 8	M+10	$^{13}C_{12}H^{16}O^{79}Br_4{}^{81}Br_5$	$^{13}C_{12}$NoBDE
	957.170 1	M+8	$^{12}C_{12}{}^{16}O^{79}Br_6{}^{81}Br_4$	DeBDE
	959.168 0	M+10	$^{12}C_{12}{}^{16}O^{79}Br_4{}^{81}Br_5$	DeBDE
	971.208 3	M+10	$^{13}C_{12}{}^{16}O^{79}Br_6{}^{81}Br_5$	$^{13}C_{12}$DeBDE
	973.206 3	M+12	$^{13}C_{12}{}^{16}O^{79}Br_4{}^{81}Br_6$	$^{13}C_{12}$DeBDE

注：1. 用于精确质量计算的同位素质量。

^1H	1.007 8
^{12}C	12.000 0
^{13}C	13.003 4
^{16}O	15.994 9
^{35}Cl	34.968 9
^{37}Cl	36.965 9
^{79}Br	78.981 3
^{81}Br	80.916 3
^{19}F	18.998 4

2. 列出的质量数是工作中已确认的质量数。

表 2-9-8　理论离子丰度比和 QC 上下限

溴原子取代数目	离子丰度比	理论离子丰度比	下限	上限
1	M/M+2	1.03	0.88	1.18
2	M/（M+2）	0.51	0.43	0.59
3	（M+2）/（M+4）	1.03	0.88	1.18
4	（M+2）/（M+4）	0.7	0.6	0.81
	（M+4）/（M+6）	1.54	1.31	1.77
5	（M+4）/（M+6）	1.03	0.88	1.18
6	（M+4）/（M+6）	0.77	0.65	0.89
	（M+6）/（M+8）	1.37	1.16	1.58
7	（M+6）/（M+8）	1.03	0.88	1.18
8	（M+6）/（M+8）	0.82	0.7	0.94
9	（M+8）/（M+10）	1.03	0.88	1.18
10	（M+8）/（M+10）	0.86	0.73	0.99
	（M+10）/（M+12）	1.23	1.05	1.41
氯原子取代数量				
4	M/（M+2）	0.78	0.66	0.9
6	（M+2）/（M+4）	1.25	1.06	1.44

表 2-9-9　参考基质中的样品量

样品基质 [2]	示例	固体百分含量	相	提取量
单相				
水	饮用水	<1	– [3]	1 000 ml
	地下水			
	处理过的废水			
固体	干土	>20	固体	10 g
	肥料			
	灰			
	废油			
	组织聚合物			
鱼组织	鱼类脂肪	—	组织	10 g

续表

样品基质[2]	示例	固体百分含量	相	提取量
多相				
液体 / 固体				
水 / 固体	湿土	1 ~ 30	固体	10 g
	未经处理的废水			
	消化的城市污泥			
	滤块			
	纸浆			
组织 / 固体	工业污泥	1 ~ 100	两者	10 g
	含油废物			
液体 / 液体				
水 / 组织	过程污水	<1	组织	10 g
	未经处理的废水			
	桶废水			
水 / 组织 / 固体 液体 / 固体	未经处理的废水	>1	组织和固体	10 g

注：1. 调整样品提取量，共需 10 g 固体（干重）。含有 1% 固体的 1 L 含水样品含有 10 g 固体。对于含有＞1% 固体的含水样品，使用较小的体积，提取 10 g 固体（干重）；

2. 对于一些不确定样品基质的样品。通常，当 BDE 与其中一相为水的多相体系接触时，由于它们在水中的溶解度较低，它们将优先分散或吸附在混合相上；

3. 在用标记化合物加标后过滤水样。将滤液和捕集在过滤器上的物质分别提取，合并提取液进行净化和分析。

表 2-9-10　使用短柱（15 m）和程序升温进样的 MDLs

分析物	Congener No.	MDL/（pg/L）
2,4-DiBDE	7	27
2,4'-DiBDE/3,3'-DiBDE	8/11	79
2,6-DiBDE	10	9
3,4-DiBDE/3,4'-DiBDE	12/13	60
4,4'-DiBDE	15	29
2,2',4-TriBDE/2,3',4-TriBDE	17/25	29
2,4,4'-TriBDE/2',3,4-TrBDE	28/33	9
2,4,6-TriBDE	30	10

续表

分析物	Congener No.	MDL/（pg/L）
2,4',6-TriBDE	32	5
3,3',4-TriBDE	35	13
3,4,4'-TriBDE	37	16
2,2',4,4'-TeBDE	47	48
2,2',4,5'-TeBDE	49	8
2,2',4,6'-TeBDE	51	10
2,3',4,4'-TeBDE	66	11
2,3',4',6-TeBDE	71	10
2,4,4',6-TeBDE	75	12
3,3',4,4'-TeBDE	77	9
3,3',4,5'-TeBDE	79	5
2,2',3,4,4'-PeBDE	85	9
2,2',4,4',5-PeBDE	99	33
2,2',4,4',6-PeBDE	100	7
2,3,3',4,4'-PeBDE	105	8
2,3,4,5,6-PeBDE	116	13
2,3',4,4',6-PeBDE/2,3',4,5,5'-PeBDE	119/120	12
3,3',4,4',5-PeBDE	126	9
2,2',3,3',4,4'-HxBDE	128	15
2,2',3,4,4',5'-HxBDE/2,3,4,4',5,6-HxBDE	138/166	34
2,2',3,4,4',6'-HxBDE	140	22
2,2',4,4',5,5'-HxBDE	153	11
2,2',4,4',5,6'-HxBDE	154	5
2,2',4,4',6,6'-HxBDE	155	6
2,2',3,4,4',5,6-HpBDE	181	13
2,2',3,4,4',5',6-HpBDE	183	18
2,3,3',4,4',5,6-HpBDE	190	20
2,2',3,4,4',5,5',6-OcBDE	203	95
2,2',3,3',4,4',5,5',6-NoBDE	206	296
2,2',3,3',4,4',5,6,6'-NoBDE	207	151
2,2',3,3',4,5,5',6,6'-NoBDE	208	95
2,2',3,3',4,4',5,5',6,6'-DeBDE	209	1 499

表 2-9-11　使用短柱（15 m）和程序升温进样的保留时间

分析物	IUPAC Congener No.	RT（min：sec）*
2,4-DiBDE	7	6：36
2,4'-DiBDE/3,3'-DiBDE	8/11	6：45
2,6-DiBDE	10	6：18
3,4-DiBDE/3,4'-DiBDE	12/13	6：51
4,4'-DiBDE	15	6：58
2,2',4-TriBDE/2,3',4-TriBDE	17/25	8：18
2,4,4'-TriBDE/2',3,4-TrBDE	28/33	8：33
2,4,6-TriBDE	30	7：39
2,4',6-TriBDE	32	8：08
3,3',4-TriBDE	35	8：43
3,4,4'-TriBDE	37	8：55
2,2',4,4'-TeBDE	47	10：38
2,2',4,5'-TeBDE	49	10：15
2,2',4,6'-TeBDE	51	10：09
2,3',4,4'-TeBDE	66	10：57
2,3',4',6-TeBDE	71	10：20
2,4,4',6-TeBDE	75	10：04
3,3',4,4'-TeBDE	77	11：31
3,3',4,5'-TeBDE	79	10：49
2,2',3,4,4'-PeBDE	85	14：12
2,2',4,4',5-PeBDE	99	13：08
2,2',4,4',6-PeBDE	100	12：32
2,3,3',4,4'-PeBDE	105	14：35
2,3,4,5,6-PeBDE	116	13：19
2,3',4,4',6-PeBDE/2,3',4,5,5'-PeBDE	119/120	12：44
3,3',4,4',5-PeBDE	126	14：24
2,2',3,3',4,4'-HxBDE	128	18：08
2,2',3,4,4',5'-HxBDE/2,3,4,4',5,6-HxBDE	138/166	16：55

续表

分析物	IUPAC Congener No.	RT（min：sec）*
2,2',3,4,4',6'-HxBDE	140	16：17
2,2',4,4',5,5'-HxBDE	153	15：44
2,2',4,4',5,6'-HxBDE	154	14：51
2,2',4,4',6,6'-HxBDE	155	14：24
2,2',3,4,4',5,6-HpBDE	181	19：49
2,2',3,4,4',5',6-HpBDE	183	18：22
2,3,3',4,4',5,6-HpBDE	190	20：01
2,2',3,4,4',5,5',6-OcBDE	203	22：07
2,2',3,3',4,4',5,5',6-NoBDE	206	26：19
2,2',3,3',4,4',5,6,6'-NoBDE	207	25：33
2,2',3,3',4,5,5',6,6'-NoBDE	208	25：12
2,2',3,3',4,4',5,5',6,6'-DeBDE	209	31：19
标记物		
$^{13}C_{12}$-4,4'-DiBDE	15L	6：58
$^{13}C_{12}$-2,4,4'-TriBDE	28L	8：32
$^{13}C_{12}$-2,2',4,4'-TeBDE	47L	10：38
$^{13}C_{12}$-3,3',4,4'-TeBDE	77L	11：30
$^{13}C_{12}$-2,2',4,4',5-PeBDE	99L	13：07
$^{13}C_{12}$-2,2',4,4',6-PeBDE	100L	12：32
$^{13}C_{12}$-3,3',4,4',5-PeBDE	126L	14：24
$^{13}C_{12}$-2,2',3,4,4',6-HxBDE	139L	16：03
$^{13}C_{12}$-2,2',4,4',5,5'-HxBDE	153L	15：43
$^{13}C_{12}$-2,2',4,4',5,6'-HxBDE	154L	14：50
$^{13}C_{12}$-2,2',3,4,4',5',6-HpBDE	183L	18：22

* 有关保留时间（RT）和定量参考以及 RT 窗口的信息，请参见表 2-9-2。如果需要，可以从该表中的 RT 和表 2-9-2 中的 RT 窗口构建 RRT。

表 2-9-12　使用短柱（15 m）和程序升温进样在试剂水中得到的精密度和回收率数据 *

分析物	IPR 1% Rec	IPR 2% Rec	IPR 3% Rec	IPR 4% Rec	Avg % Rec	SD
BDE-28/BDE-33	97	97	96	96	97	0.6
BDE-47	107	108	113	114	110	3.6
BDE-100	94	97	94	95	95	1.4
BDE-99	98	96	98	100	98	1.6
BDE-154	96	94	93	93	94	1.5
BDE-153	94	94	94	94	94	0.4
BDE-183	95	95	90	96	94	2.6
BDE-209	121	122	115	126	121	4.7
^{13}C-BDE-28	108	100	105	111	106	4.6
^{13}C-BDE-47	89	88	90	96	91	3.8
^{13}C-BDE-100	98	92	104	112	102	8.7
^{13}C-BDE-99	100	100	110	113	106	6.7
^{13}C-BDE-154	100	103	111	117	108	7.6
^{13}C-BDE-153	97	96	108	110	103	7.3
^{13}C-BDE-183	96	96	107	109	102	7.1
^{13}C-BDE-209	51	50	57	54	53	3.0
^{13}C-BDE-139	109	104	118	124	114	8.8

注：* 表示回收率和标准差表示为百分比。

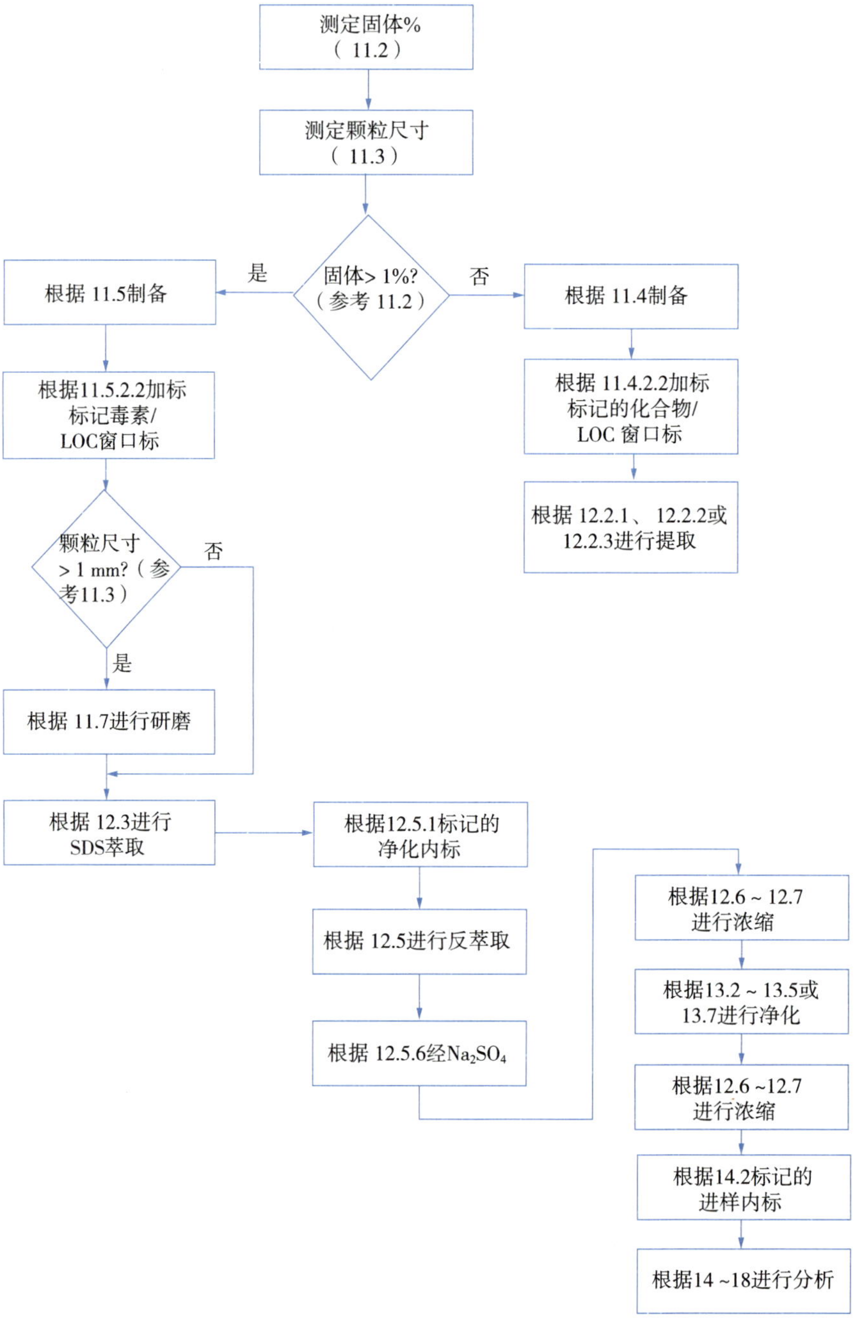

图 2-9-1　水样和土壤样品分析流程

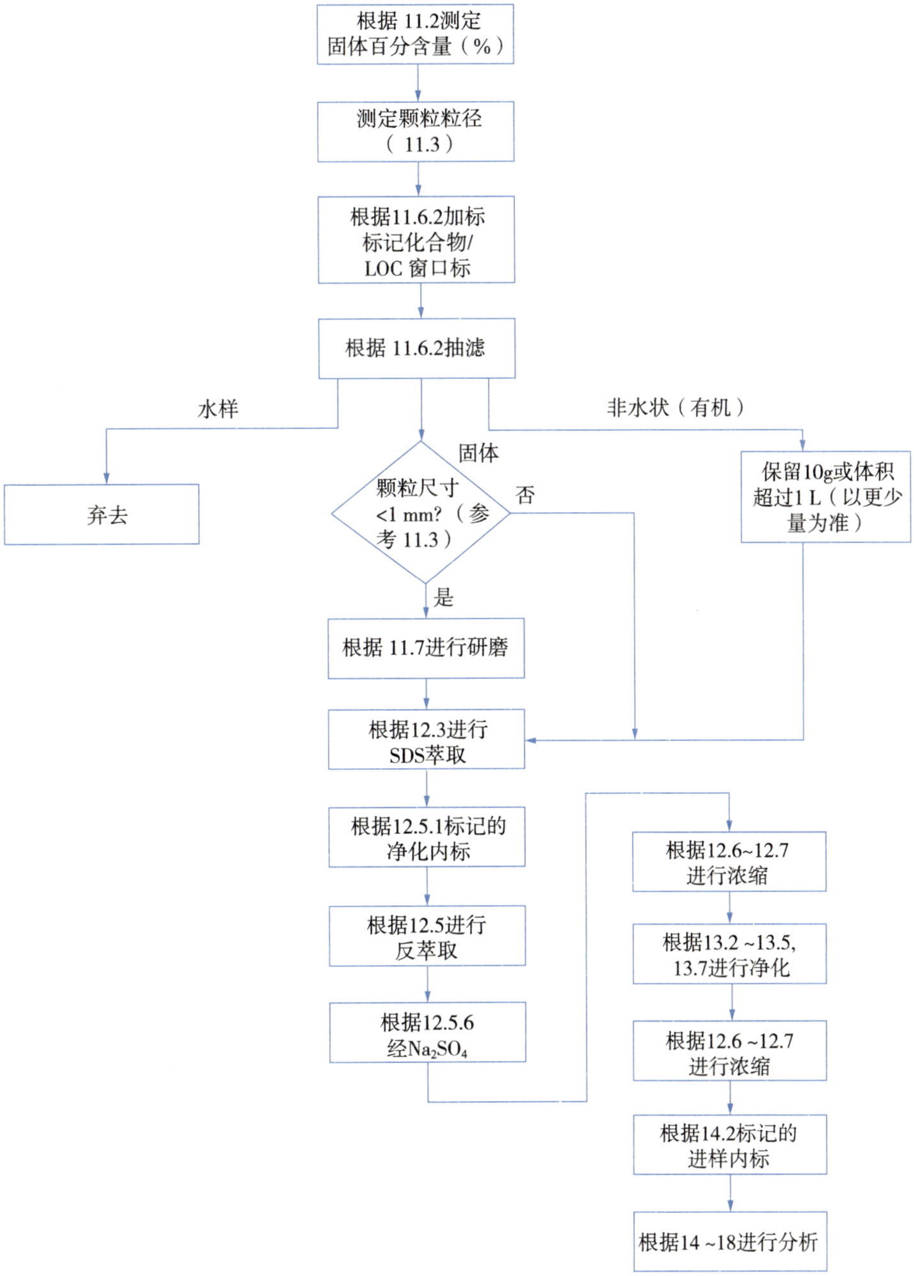

图 2-9-2　多相样品分析流程

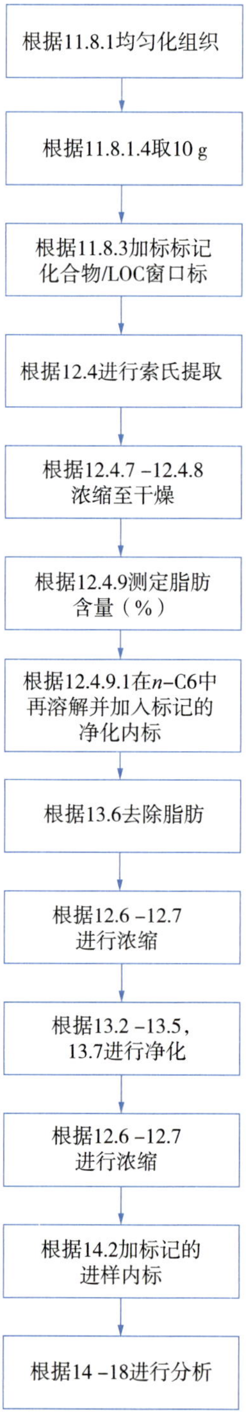

图 2-9-3　组织样品分析流程

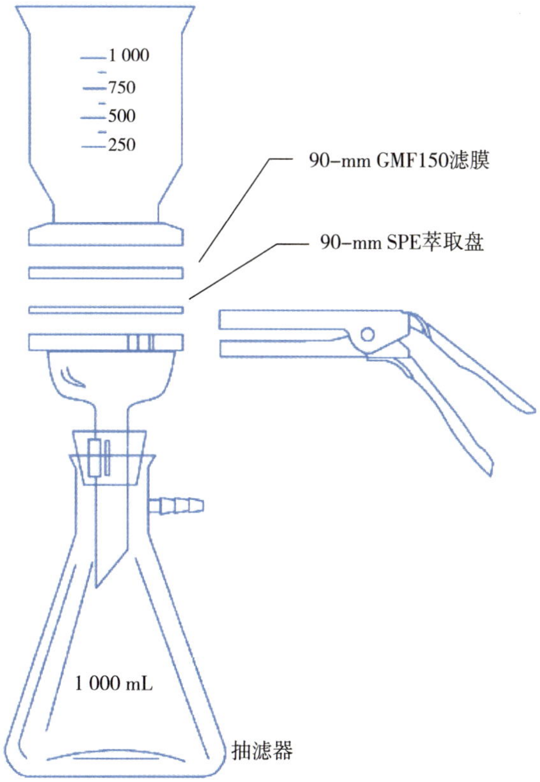

图 2-9-4　固相萃取装置示意图

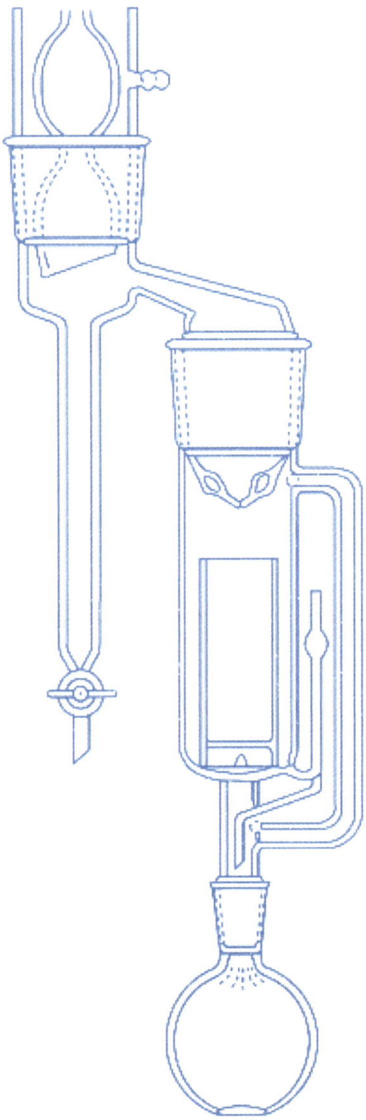

图 2-9-5 索氏提取

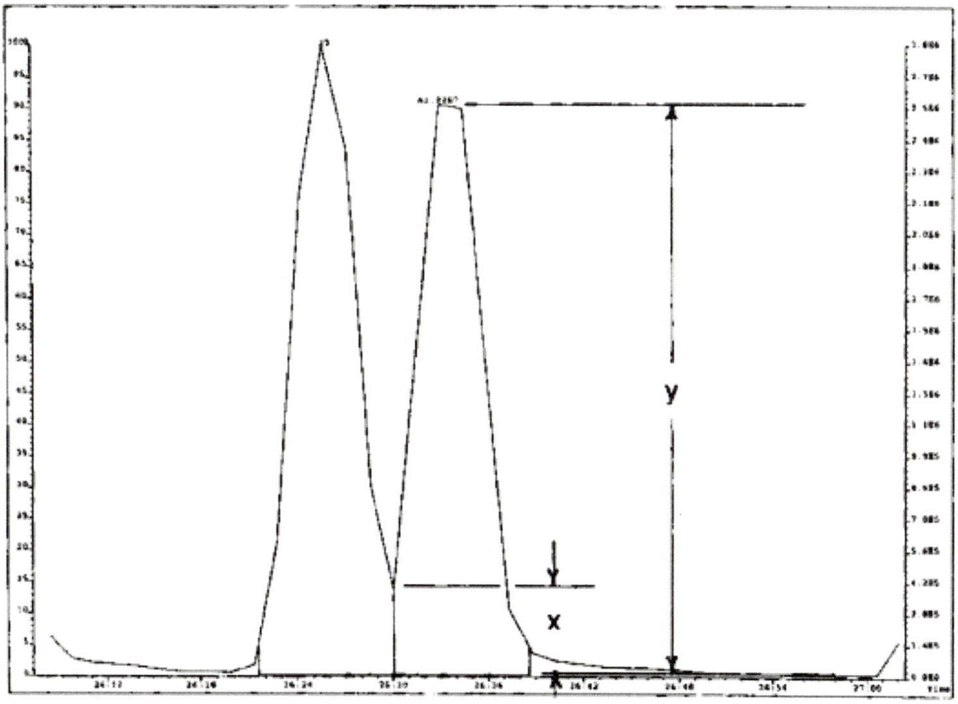

图 2-9-6　DB-5HT 色谱柱分离度测试，BDE-49 和 BDE-71 分离度 < 40%（例如 100 x/y<40%）

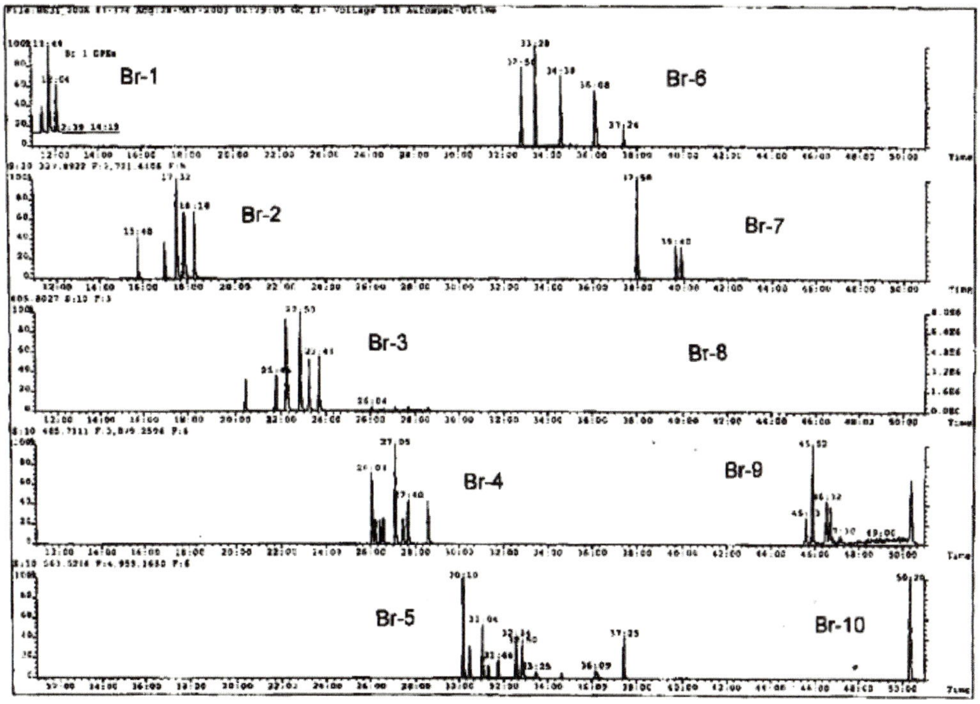

图 2-9-7　BDE 同类物在 DB-5HT 色谱柱的总离子流图

24　术语表

这些定义和用途是特定用于此方法的，也已尽可能符合常规用法。

24.1　重量和度量单位及其缩写

24.1.1　符号

℃　摄氏度

μl　微升

μm　微米

＞　小于

＞　大于

%　百分比

24.1.2　字母缩写

cm　centimeter 厘米

g　gram 克

h　hour 小时

ID　inside diameter 内径

in.　inch 英寸

L　liter 升

M　Molecular ion 分子离子

m　meter 米

mg　milligram 毫克

min　minute 分钟

ml　milliliter 毫升

mm　millimeter 毫米

m/z　mass-to-charge ratio 质荷比

N　normal；gram molecular weight of solute divided by hydrogen equivalent of solute, per liter of solution 当量浓度；每升溶液中所含溶质的克当量数

OD　outside diameter 外径

pg　pictogram 皮克

ppb　part-per-billion 十亿分之一

ppm　part-per-million 百万分之一

ppq　part-per-quadrillion 千兆分之一

ppt　part-per-trillion 万亿分之一

psig　pounds-per-square inch gauge 磅 / 平方英寸表

v/v　volume per unit volume 体积 / 体积

w/v　weight per unit volume 质量 / 体积

24.2　定义和首字母缩略词（按字母顺序排列）

Analyte　用本方法测多溴二苯醚。分析物列于表 2-9-1。

BDE　参见多溴二苯醚

Brominated diphenyl ether（BDE）　表 2-9-1 中通过该方法测试的 209 种同系物。

Calibration standard（CAL）　从二级标准品和 / 或储备溶液制备的溶液，用于校准 HRGC/HRMS 仪器的响应。

Calibration verification standard（VER）　中间点校准标准（CS-3），用于校准验证。见表 2-9-5。

CS-0.2，CS-1，CS-2，CS-3，CS-4，CS-5　参见校准标准和表 2-9-5。

DeBDE- 十溴二苯醚（BDE-209）

DiBDE- 二溴二苯醚

现场空白 - 将试剂水或其他参考基质置于实验室或现场的样品容器中，按照与试样测定相同的步骤制备，包括采样、样品保存以及分析过程。现场空白可用于确定采样现场或样品运输过程是否存在样品污染。

GC　气相色谱

GPC　凝胶渗透色谱

HpBDE　七溴二苯醚

HRGC　高分辨气相色谱

HRMS　高分辨质谱

HxBDE　六溴二苯醚

标记的进样内标　在进样前，将 $^{13}C_{12}$ 标记的 PCB 同系物加入提取液中。该方法中标记的进样内标包括 PCB-52 L 和 138 L。

内标　标记化合物，用于定量其他标记化合物和未标记 BDE 同系物，请参阅内标定量法。

内标定量（1）通过标记的化合物之外的化合物来测定未标记的化合物浓度，（2）通过标记化合物定量另一种标记化合物。

IPR　精密度和回收率：参考基质的四个试样加入目标分析物和标记化合物并进行分析，以确定实验室产生可接受的精密度和回收率。在第一次使用此方前及在任何修改过方法或改进了所用仪器前，都需要先执行 IPR。

同位素稀释定量，通过含同位素的化合物来测定未标记化合物的方法。在该方法中，BDE 中的 12 个碳原子含 $^{13}C_{12}$ 标记的溴代二苯醚化合物。将 $^{13}C_{12}$ 标记的 BDE 加入每个样品中，在分析过程中测定和校正目标化合物的浓度。

K-D-KD 浓缩管：用于将提取液浓缩的装置。

实验室空白：见方法空白。

实验室质控样品（LCS）：参见精密度和回收率标准（OPR）。

实验室试剂空白：见方法空白。

May：此操作，不是必需的，也不禁止。

May not：禁止操作，活动或程序步骤。

MDL：见方法检出限。

方法空白：试剂水或其他参考基质的试样作为样品处理，包括与样品一起使用的玻璃器皿、设备、溶剂、试剂、内标和替代品。方法空白用于确定实验室环境、试剂或装置中是否存在分析物或干扰物。

方法检出限：根据 40 CFR 136，附录 B 中的程序确定。

ML：整个分析系统目标分析物的可识别信号和可接受校准点的水平。相当于最低校准标准的浓度，根据所有方法指定的样品重量，体积和净化步骤（参见 68 FR 11790；2003 年 5 月 12 日）。

MoBDE：一溴二苯醚。

MS：质谱。

Must：此操作，是必需的。

NoBDE：九溴二苯醚。

OcBDE：八溴二苯醚。

OPR：精密度和回收率（OPR：也是实验室质控样品，LCS）；试剂水或参考基质的试样加入已知量的分析物。OPR 的分析过程与样品完全相同。确保实验室的测定结果在该方法规定的精密度和回收率的范围内。

全氟煤油（PFK）：质量校准物质。

多溴联苯醚（PBDE）：见多溴二苯醚。

制备空白：见方法空白。

质控样品（QCS）：含有已知浓度的全部或部分的目标分析物的样品。QCS 从实验室外部获得，或者从不同的校准标准溶液制备。用于检查实验室性能。

PeBDE：五溴二苯醚。

试剂水：在方法检测限下，证明不含目标分析物或潜在的干扰物质。

相对保留时间（RRT）：目标组分的保留时间除以其参考的保留时间。表 2-9-2 列出了 BDEs 和标记化合物的参考 RRT。

相对标准偏差（RSD）：标准偏差乘以 100 除以平均值。也被称为"变异系数"。

保留时间（RT）：从未保留组分洗脱的时间与目标组分从色谱柱洗脱之间的时间。通常是从空气峰或溶剂峰到目标组分洗脱时间的时间，也可以是从进样时间到目标组分洗脱的时间。表 2-9-2 列出了 DB-5ht 上 BDE 的 RT。

RF：响应因子，见 10.5 节。

RR：相对响应，见 10.4 节。

RRT：见相对保留时间。

RSD：见相对标准偏差。

RT：见保留时间。

索氏提取器：用于提取固体和半固体材料的萃取装置（参考文献［10］和图 2-9-5）。

信噪比（*S/N*）：从噪声的平均值。

SICP：选择离子面积。

SPE：固相萃取，通过让分析物穿过或能够逆向吸附分析物的材料进而实现水样的萃取。也称为液固萃取。

特异性：当样品中存在其他分析物和干扰物时，分析系统能够定性和定量目标分析物。

储备液：含有分析物的溶液，通过引用 EPA 国家科学技术研究所（NIST）的参考材料经过制备得到分析物，或可以证明参考材料的纯度和真实性的来源。

TeBDE：四溴二苯醚。

TrBDE：三溴二苯醚。

GC 分离度：两个相邻的色谱峰，其中峰谷的高度小于较短峰的高度的 40%（有关 DB-5ht 色谱柱特有分辨率，请参见第 6.9.1.1.2 节和图 2-9-6）。

VER：请参阅校准验证标准。

6020B

多种金属元素的测定——电感耦合等离子体质谱法

（U. S. EPA 6020B—2014）

SW-846 不是分析培训手册，因此，其所提供的方法程序仅适用于至少受过基础化学分析原理和专业技术正规培训的分析人员。

此外，除了必须采用规定参数的分析方法，SW-846 方法还可作为方法导则，包含指导如何执行分析程序或技术的通用规则。实验室可以以此为基础，建立本实验室的详细标准操作程序（SOP），用于常规或特定工作项目。本方法中的验证数据仅供参考，不作为 / 不可作为实验室认证所必须达到的绝对质量控制标准（QC）。

1 适用范围

1.1 本方法使用电感耦合等离子体质谱仪可测定水样、消解液或固体废物萃取液中浓度在 μg/L 以下数量级的金属元素（见参考文献［1］和［2］）。测定样品中溶解态元素时，无须进行消化处理，在分析之前应先将样品进行过滤并加酸保存。当测定地下水、液态样品、工业废物、土壤、污泥、沉积物和其他固体废物中的元素总量（酸溶态）时，应在过滤和分析之前对样品进行酸消化处理。

根据不同监测目的，可参考的前处理消解方法有：U.S.EPA 3005、U.S.EPA 3010、U.S.EPA 3015、U.S.EPA 3031、U.S.EPA 3050、U.S.EPA 3051、U.S.EPA 3052 和 U.S.EPA 3040。

1.2 ICP-MS 可用于多种介质中 60 多种元素的测定。经多家实验室验证，EPA 已确认了本方法的可行性，表 2-10-1 列出了固体废物和废水中的可测元素。

表 2-10-1

元素	CASFN[a]	元素	CASFN[a]
铝（Al）	7429-90-5	银（Ag）	7440-22-4
砷（As）	7440-38-2	钡（Ba）	7440-39-3
铍（Be）	7440-41-7	钙（Ca）	7440-70-2
镉（Cd）	7440-43-9	钴（Co）	7440-48-4
铬（Cr）	7440-47-3	铜（Cu）	7440-50-8
铁（Fe）	7439-89-6	汞（Hg）	7439-97-6
钾（K）	7440-09-7	镁（Mg）	7439-95-4
锰（Mn）	7439-96-5	钠（Na）	7440-23-5
镍（Ni）	7440-02-0	铅（Pb）	7439-92-1
硒（Se）	7782-49-2	锑（Sb）	7440-36-0
铊（Tl）	7440-28-0	钒（V）	7440-62-2
锌（Zn）	7440-66-6		

a 化学文摘服务注册号。

用本方法测定每种元素的可行性，都由多家实验室采用石墨炉原子吸收分光光度法或电感耦合等离子体 - 发射光谱法进行了比对验证。值得注意的是，多家实验室的验证是在 1988 年做的，从那以后，随着 ICP-MS 仪器性能和软件技术的不断提高和进步，本方法的检测性能也在不断发展。目前，ICP-MS 的检测性能均已优于 13 节所列表 2-10-4 中元素（或其他更多元素）的多家实验室验证数据。仪器检测限（IDL）、定量下限（LLOQ）和线性范围受待测样的基体、仪器设备和操作条件等因素影响。对于基体比较简单的样品，检出限一般<0.1 μg/ L。对于灵敏度较低的元素（如硒和砷）和出于检测需要故意降低其灵敏度的主元素，其检出限为 1.0 μg/L 或更高。

1.3 应用本方法测定上表中未列出的元素时，分析人员应通过实际样品测定确定本方法的准确度和偏差。分析人员要时刻监控潜在的干扰因素，并采取适当的校正措施以确保数据质量（参见第 9 节）。本方法也可以用于分析测定其他元素或介质。前提是用与所列元素和介质相同的方法，验证目标化合物、介质和相应浓度水平下的测试性能（参见第 9 节）。

1.4 在使用本方法时，需要使用适当的内标化合物。推荐的内标物包括 ^{6}Li，^{45}Sc，^{89}Y，^{103}Rh，^{115}In，^{159}Tb，^{165}Ho 和 ^{209}Bi。锂的内标物富集 ^{6}Li，因此锂本身引起的干扰可以达到最小。如样品中被推荐的内标物的本底含量高，则应选择其他元素做内标。

1.5 分析人员在使用本方法前，应先参阅整个分析过程中各个操作程序的基础方法（如 U.S.EPA 3005、U.S.EPA 3010、U.S.EPA 3015、U.S.EPA 3031、U.S.EPA 3040、U.S.EPA 3050、U.S.EPA 3051、U.S.EPA 3052、U.S.EPA 7000 和 U.S.EPA 6800），以获得有关质量控制程序，建立质量控制标准、数据处理和综合性导则等方面的补充说明。同时也应参考本手册前面的免责声明及 SW-846 第 2 章中关于方法、仪器、材料、试剂和耗材选择等方面的指导说明，以具有证明其所选技术适用于所关注的目标化合物、样品基体和浓度水平等。

此外，分析人员和数据使用人员应该清楚，除明确说明外，联邦测试要求并不对 SW-846 中的方法使用做强制性规定，分析人员和方法委员会可以以本方法中环境保护局（EPA）所提供的信息为指导，判定测试结果是否满足或达到数据质量目标的要求。

1.6　本方法仅限于具有质谱仪使用经验，经过相关培训的分析人员使用，或他们的指导下使用。每个分析人员必须证明其具有使用本方法获得可靠数据的能力。

2　方法概述

2.1　在样品上机测定之前，应使用适当的样品前处理方法（如 U.S.EPA 3005、U.S.EPA 3010、U.S.EPA 3015、U.S.EPA 3031、U.S.EPA 3050、U.S.EPA 3051 和 U.S.EPA 3052）对液态或固体样品进行溶解或消解处理。分析地下水或其他水样中可溶态成分时，若在样品分析之前进行过滤并加酸保存，则无须进行酸消解处理。对于油、油脂或蜡，使用 U.S.EPA 3040 中的溶剂溶解程序来制备样品。

2.2　本方法表述了应用 ICP-MS 测定环境样品中多种元素的方法。其测定原理为：将液相样品雾化为气溶胶形态，由载气氩气带入到等离子体炬焰中，利用等离子体的高温能量使其解离、原子化和电离。部分等离子体携带样品经过不同的压力区进入真空系统，正离子被拉出并根据不同的质荷比被四极杆质谱仪分离，光电倍增管对其进行定量。必须对干扰进行评定，并采取必要措施进行校正。干扰校正应包括等离子体气、试剂和样品基体本身所含成分对背景离子贡献的补偿。

3　定义

本方法相关的定义见 SW-846 第 1 章、第 3 章以及仪器制造商提供的仪器说明书中的相关内容。

4 干扰

4.1 ICP-MS 测定中的同量异位素元素干扰是由具有相同质荷比（*m/z*）的异质同位素引起的，必须使用数据处理系统对其进行校正。包括对干扰元素的同位素响应信号的测定和扣除分析元素同位素的响应信号。

4.2 ICP-MS 测定中，同质异位分子干扰和双电荷离子干扰分别由具有多个原子或多个电荷的离子产生。参考文献［3］和［4］列出了影响 ICP-MS 测定的同质异位干扰情况。例如，$^{75}ArCl+$ 对 ^{75}As 的干扰，MoO+ 离子对 Cd 同位素的干扰。利用天然同位素丰度比可以对同质异位分子干扰进行校正（见参考文献［5］）。测定一定浓度（＜1%）的标准溶液的单一同位素信号比可以得到仪器最准确的校正系数。

自然界中 ^{35}Cl 和 ^{37}Cl 的自然丰度分别为 75.77% 和 24.23%，前者是后者的 3.13 倍。氯对砷的校正计算公式如下（由于 $^{38}Ar^{37}Cl+$ 在 *m/z* 75 处的贡献值仅为 $^{40}Ar^{35}Cl^{+}$ 的贡献的 0.06%，可以忽略）：

经过校正的砷信号（使用自然丰度进行系数校正）=

（*m/z* 75 信号）-（3.13）［（*m/z* 77 信号）-（0.87）（*m/z* 82 信号）］

公式中最后一项用于校正 Se 对 *m/z* 77 的干扰。

注：若 82 *m/z* 处的信号不是由 $^{82}Se^{+}$ 产生，而是由其他离子［例如含溴废物中的 $^{81}BrH^{+}$（见参考文献［6］）］产生时，使用本公式会使砷的结果有很大偏差。

注：系数应使用仪器制造商提供的程序或通过实验室验证的系数。

同样，经过校正的镉信号（使用自然丰度进行系数校正）=

（*m/z* 114 信号）-（0.027）（*m/z* 118 信号）-（1.63）（*m/z* 108 信号）

最后 2 项用于校正 $^{114}Sn^{+}$ 或 $^{114}MoO^{+}$ 对 *m/z* 114 的干扰。

注：若 *m/z* 108 处存在 $^{92}ZrO^{+}$，使用本公式时镉的偏差很小；采用 *m/z* 111 质量数分析镉时，若样品中存在 Zr、$^{94}ZrOH^{+}$ 和 $^{90}ZrO^{+}$ 分别对镉的测定产生直接和间接的正干扰。

注：如上砷校正公式中，校正系数可以得到改进。例如，对于特定仪器，修改仪器（在上面的等式中）的系数可以通过盐酸溶液中 *m/z* 75 与 *m/z* 77 同位素信号的比率来确定。使用的 HCl 浓度应在测量的同位素上产生足够的信号，以确保准确的测量，同时不超过检测器的线性范围。

这种类型校正公式的准确性取决于干扰物同位素之间比例的稳定性。通常，由母离子产生的碎片离子引起的干扰，其校正系数不是恒定不变的（见参考文献［7］），例如氧化物浓度会随着操作条件而变化。如果对氧化物离子的校正是基于目标元素与氧化物离子的强度比，则需根据氧化物的产生水平调整校正系数，其方法是使用适当的氧化物内标物，该内标物需事先确定其与干扰物具有相似的氧化物产生水平。例如，测定稀土元素时，使用 ThO^+/ Th^+ 进行氧化物离子校正（见参考文献［7］)。使用气溶胶解离和 / 或混合气体等离子体，可以显著降低分子干扰（见参考文献［8］)。这些技术已用于满足仪器检出限、测量准确度和精密度的需要。

4.3　随着技术的不断发展，对现有 ICP-MS 仪器的升级改进可以减少或完全消除常见的干扰，从而不需要使用校正方程，仪器就能有效消除干扰。下面更详细地讨论这种改进的例子。

目前的 ICP-MS 仪器可能配置了用于去除同量异位分子干扰的碰撞或反应池。可有效消除这种类型的干扰，并强烈推荐用于复杂和 / 或变化的基体。该装置是通过各类分子与惰性气体（通常是氦）的碰撞或通过各类分子或目标化合物与反应气体（例如氨或甲烷）的反应来起作用。应根据仪器制造商的建议来配置碰撞 / 反应池。该技术可以不需要大多数校正方程来校正。但仍需使用第 7.23 和 9.9 节中描述的光谱干涉检查（SIC）解决方案来证明无干扰。

4.3.1　高分辨率 ICP-MS 仪器基于多种质量分析仪设计的，其分辨率远高于传统的 ICP-MS。这些质量分析仪不是四极杆质量分析仪，但是有高于四极杆数量级的分辨率，可有效减少或消除相同质量数的多原子离子的干扰。这些质量分析仪减少或消除了对大多数校正方程的依赖，但仪器需要以高分辨率运行以消除预期干扰。例如，分辨 $^{40}Ar^{12}C$ 和 ^{52}Cr 需要大约 4 000 的分辨率，而分辨 $^{40}Ar^{35}Cl$ 和 ^{75}As 大约需要 8 000 的分辨率。高分辨率的 ICP-MS 则已证明不受这些干扰。

4.3.2　另外，固相螯合技术可以有效消除元素和分子的同质异位干扰。在线螯合技术已应用于环境样品中的海水、饮用水和用酸消解的样品。用酸消解的样品是指用 U.S.EPA 3052、U.S.EPA 3051、U.S.EPA 3050 或 U.S.EPA 3015 进行消解的样品。但不适用于百分浓度级的铁和铝的样品。固相螯合技术还可以通过预浓缩的方法，在消除同质异位干扰的同时提高检出限。该技术使用螯合树脂（如亚氨基二乙酸树酯或其他适用的树脂），在消除样品基质中的干扰元素的同时，选择性地富集目标元素。通过消除直接的同质异位干扰或形成同质异位干扰分子碎片，使待测质量区域质谱简单化，以达到消除干扰的目的。固相螯合技术的效果已通过标样协作定值和验证得到证实（见参考文献［13］~［15］)。作为样品的前处理方法，在线或非在线固相螯合技术在消除干扰方面都具有很大的应用和发展前景。

4.3.3　由于商业化的四极杆 ICP-MS 的单位分辨率仅为峰值高度 10%，因此相邻质量数的强离子电流也会在目标离子上贡献响应信号。尽管这种类型的干扰比较少见，但是却不容易校正，而且若样品存在这种在干扰，只能采取提高分辨的方式消除。采用基质分离或选择另一种经过验证和记录的同位素来分析，或者选择其他方法进行分析。

4.3.4 物理干扰一般发生在样品雾化和传送阶段，并与离子传输效率密切相关。样品的表面张力和黏滞性影响样品的雾化和传输效率。样品基体发生变化时，可能导致仪器响应信号显著的抑制或增强（见参考文献［9］)。可溶性固体易沉积在雾化器的尖端和锥体表面，导致锥口直径减小，从而降低仪器性能。为减少固体的沉积，建议待测样品的总固体浓度低于 0.2%（2 000 mg / L）（见参考文献［10］)。若内标物与目标化合物匹配性好，基体对两种元素产生相似的影响，则该内标物可有效校正物理干扰（见参考文献［11］)。若样品中存在严重的物理干扰，内标元素的响应信号会受到显著抑制（低于校正标准溶液的 30%）。此时，将样品稀释 5 倍（1+4）即可解决该问题。

4.3.5 若前后两个分析样品或标准溶液之间浓度差异很大时，则可能发生记忆效应或残留现象。记忆效应干扰的程度取决于样品在采样锥和截取锥的沉积情况、雾化室的设计以及雾化器的类型。保证足够的冲洗时间能有效地去除记忆效应。

4.3.6 试剂和样品前处理过程中可能会对样品分析造成污染和 / 或干扰。在相同的分析条件下，通过分析实验室空白样品，可以发现试剂或前处理过程有无造成污染或存在干扰。必要时选择其他试剂。有关质量控制程序的具体指导，请参阅将要使用的具体方法。

5 安全

5.1 本方法并未包括其使用过程中的所有安全事项。实验室有责任提供安全的实验环境和职业安全及健康管理局（OSHA）规定的与本方法中使用的化学品安全处理相关的通用文件。所有工作人员都应该能够获取物质安全数据表（MSDSs）的参考资料。

5.2 浓硝酸和浓盐酸具有中等毒性，对皮肤和人体组织黏膜具有极强的刺激性。应在通风橱中使用这些试剂，一旦眼睛或皮肤接触到这些试剂，应立即用大量的水冲洗。实验过程中应始终佩戴护眼罩和安全屏。

5.3 氢氟酸是一种毒性极强的酸，一旦接触若不及时处理，会腐蚀皮肤和组织。氢氟酸对人体的损伤分两个步骤：首先，通过水合作用导致生物组织坏死；然后，氟离子穿透生物组织与其中的钙发生反应。实验室应对硼酸、其他络合试剂和所用试剂严格管理。

注意：在使用这些试剂之前，分析人员应参阅相关的安全文献，确保配备防护眼镜、衣服和手套，以及其他应急处置需要的材料。U.S.EPA 3052 介绍了如何从安全和仪器角度处理氢氟酸的方法。

5.4　许多金属盐一旦吸入或摄入，都会对人体产生剧烈的毒性。

注意：在使用这些化学品时要特别小心，确保安全，正确地处理样品和标准品，并确保实验所产生的废气正确处理后排空。实验结束后彻底清洗双手。

6　仪器和设备

6.1　电感耦合等离子体－质谱仪：在 10% 峰高处的分辨率必须达到或优于 1.0 amu。质谱扫描范围至少为 6～240 amu，且配有同质异位干扰校正数据处理系统，并可应用内标校正技术。推荐使用质量流量控制器控制雾化气流量，使用蠕动泵样品引入系统。

6.2　氩气：高纯度级别（99.99%）。

6.3　选择材料成分合适、精密度和准确度好的容量瓶。

6.4　选择材料成分合适、精密度和准确度好的移液管。

本节未列出可能使用的常见实验室器皿（例如烧杯）。

7　试剂和标准物质

7.1　所有实验中使用的化学试剂需为优级纯或痕量金属级。除非另有说明，否则所有试剂均应符合美国化学学会分析试剂委员会的规范要求。也可以使用其他级别的试剂，但必须事先能确认其具有足够高的纯度，使用后不会影响测定的准确度。

7.2　实验用水：除非另有说明，本方法中所用的水均指实验用水。实验用水应无干扰。

7.3　配制标准溶液和样品前处理过程中用到的酸均须是优级纯。由于 ICP-MS 具有较高的灵敏度，建议使用重蒸馏酸。为最大限度地减少硝酸对 ICP-MS 各配件表面的损坏，并降低对目标元素的同质异位干扰，试样中硝酸的含量应控制到低于 2%（*v/v*）。盐酸和硫酸会产生多种分子－离子干扰（见参考文献［3］和［4］）。锑和银的浓度为 50～500 μg/L 时，需加入 1%（*v/v*）盐酸作为稳定剂。银浓度超过 500 μg/ L 时，需加大盐酸的加入量。因此，受氯化物干扰较大时（如 As 和 V），需进行氯化物分子离子校正，以保证测定的准确性。

7.3.1　硝酸（浓硝酸），HNO_3。

7.3.2　硝酸（50%［*v/v*］），HNO_3：向 400 ml 水中加入 500 ml 浓 HNO_3，稀释定容至 1 L。

7.3.3 硝酸（1%［v/v］），HNO_3：向 400 ml 水中加入 10 ml 浓 HNO_3，稀释定容至 1 L。

7.3.4 盐酸（浓盐酸），HCl。

7.3.5 盐酸（37%），HCl：向 400 ml 水中加入 370 ml 浓 HCl，稀释定容至 1 L。

7.3.6 氢氟酸（浓氢氟酸），HF。

7.3.7 磷酸（浓磷酸），H_3PO_4。

7.3.8 磷酸（85%［v/v］），H_3PO_4：向 100 ml 水中加入 850 ml 浓 H_3PO_4，稀释定容至 1 L。

7.3.9 硫酸（浓硫酸），H_2SO_4。

7.3.10 硫酸（96%［v/v］），H_2SO_4：向 2 L 玻璃烧杯中加入 40 ml 水。轻轻搅拌的同时，小心地将 960 ml 浓 H_2SO_4 缓慢倒入烧杯中。充分混匀，冷却后小心转移到 1 L 容量瓶中。翻转摇匀溶液。

注意：硫酸和水混合后会产生大量热量。使用适当的个人防护（例如适当的手套、安全眼镜和防护服）是必要的，以避免人身伤害，例如由于溶液飞溅导致的热灼伤或酸烧伤。此外，始终是往水中加入酸（而不是往酸里加水）以减少飞溅。

7.3.11 柠檬酸，$HO_2CCH_2C(OH)(CO_2H)CH_2CO_2H$。

7.4 氧化铋（Ⅲ），Bi_2O_3。

7.5 五水碳酸钬（Ⅲ），$Ho_2(CO_3)_3 \cdot 5H_2O$。

7.6 铟（粉末），In。

7.7 锂［^{6}Li］碳酸盐（95atom%^{6}Li），$^6Li_2CO_3$。

7.8 六氯草酸铵（Ⅲ），$(NH_4)_3RhCl_6$。

7.9 氧化钪（Ⅲ），Sc_2O_3。

7.10 五水合碳酸铽（Ⅲ），$Tb_2(CO_3)_3 \cdot 5H_2O$。

7.11 碳酸钇（Ⅲ），$Y_2(CO_3)_3 \cdot 3H_2O$。

7.12 六氟钛酸铵（Ⅳ），$(NH_4)_2TiF_6$。

7.13 钼酸铵（Ⅵ），$(NH_4)_2MoO_4$。

7.14 硝酸铝（Ⅲ）九水合物，$Al(NO_3)_3 \cdot 9H_2O$。

7.15 碳酸钙，$CaCO_3$。

7.16 铁粉，Fe。

7.17 氧化镁，MgO。

7.18　碳酸钠，Na_2CO_3。

7.19　碳酸钾，K_2CO_3。

7.20　标准溶液：各种目标化合物分析的标准储备液可直接购买有证标准溶液或使用超高纯度化学试剂或纯金属（纯度≥99.99%）进行配制。使用固体纯品配制标准溶液的方法参见 U.S.EPA 6010。当标准储备溶液稀释后无法验证时，须更换新的标准储备溶液。

7.20.1　铋内标储备液（100 g Bi/ml）：将 0.111 5 g Bi_2O_3 溶于少量稀 HNO_3 中。加入 10 ml 浓 HNO_3，用水定容至 1 L。

7.20.2　钬内标储备液（100 μg Ho/ml）：将 0.175 7 g $Ho_2(O_3)\cdot 5H_2O$ 溶于 10 ml 水和 10 ml 浓 HNO_3 中。待固体全部溶解后，将溶液加热，赶尽溶液中残余的气泡。加入 10 ml 浓 HNO_3，用水定容至 1 L。

7.20.3　铟内标储备液（100 μg In/ml）：将 0.100 0 g 铟溶于 10 ml 浓 HNO_3 中。用水定容至 1 L。

7.20.4　锂内标储备液（100 μg 6 Li/ml）：将 0.631 2 g $^6Li_2CO_3$（含 ^6Li 95%）溶于 10 ml 水和 10 ml 浓 HNO_3 中。待固体全部溶解后，将溶液加热，赶尽溶液中残余的气泡。加入 10 ml 浓 HNO_3，用水定容至 1 L。

7.20.5　铑内标储备液（100 μg Rh/ml）：将 0.359 3 g $(NH_4)_3Rh(Ⅲ)Cl_6$ 溶于 10 ml 水中。加入 100 ml 浓 HCl，用水定容至 1 L。

7.20.6　钪内标储备液（100 μg Sc/ml）：将 0.153 43 g Sc_2O_3 溶于 10 ml（1+1）热 HNO_3 中。加入 5 ml 浓 HNO_3，用水定容至 1 L。

7.20.7　铽内标储备液（100 μg Tb/ml）：将 0.182 8 g $Tb_2(CO_3)_3\cdot 5H_2O$ 溶于 10 ml（1+1）HNO_3 中。待固体全部溶解后，将溶液加热，赶尽溶液中残余的气泡。加入 5 ml 浓 HNO_3，用水定容至 1 L。

7.20.8　钇内标储备液（100 μg Y/ml）：将 0.231 6 g $Y_2(CO_3)_3\cdot 3H_2O$ 溶于 10 ml（1+1）HNO_3 中。加入 5 ml 浓 HNO_3，用水定容至 1 L。

7.20.9　钛干扰储备液（100 μg Ti/ml）：将 0.413 3 g $(NH_4)_2TiF_6$ 溶于水中。加入 2 滴浓氢氟酸，用水定容至 1 L。

7.20.10　钼干扰储备液（100 μg Mo/ml）：将 0.204 3 g $(NH_4)_2MoO_4$ 溶于水中。用水定容至 1 L。

7.20.11　汞分析中使用的金储备液（100 μg Au/ml）：推荐购买稀盐酸介质的高纯度

$AuCl_3$ 溶液。

7.21 混合校准标准溶液：将储备标准溶液稀释至仪器线性范围内的浓度水平（基体为 1% 的硝酸），且必须含有浓度适当的每种目标化合物的内标物。内标物也可在分析时通过蠕动泵的第二条通道和适当的混合设备在线加入。通常，内标元素与待测元素的质荷比偏差不应超过 50 amu。推荐的内标物有：^{6}Li、^{45}Sc、^{89}Y、^{103}Rh、^{115}In、^{159}Tb、^{169}Ho 和 ^{209}Bi。在配制混合标准溶液前，必须单独检测每种标准储备液，以确定可能存在的光谱干扰及杂质情况。

注：在配制混合标准溶液时，须注意各种元素的互溶性和稳定性。如果标准溶液中存在干扰或污染某一元素的情况时，则该元素不能被配制到混合标准溶液中。

配制好的混合标准溶液应转移到适当的容器中进行储存。若发现混合标准溶液的浓度已发生变化，应根据需要重新配制。使用前应先用 QC 标准验证校准标准溶液（参见 7.24 节）。

7.22 空白：分析时需要三种空白试验：（1）校准空白，用于建立校准曲线；（2）实验室空白，用于监控样品在前处理过程中可能产生的污染；（3）冲洗空白，用于在所有样品和标准品之间冲洗仪器系统。

7.22.1 校准空白：校准空白试样应包括与校准溶液（见 7.21 节）相同浓度的酸介质和相同浓度的内标，以便每个元素都有合适的内标。例如锑和银需要加入 HCl（见 7.3 节）。校准空白也用于所有初始校准空白（ICB）和连续校准空白（CCB）测定。

7.22.2 实验室空白：用与样品相同体积的纯水、干净的空容器作为样品，按照样品制备的处理程序及仪器测定步骤进行测定。这些步骤包括但不限于预过滤、消解、稀释、过滤和分析（参见第 9.5 节）。

7.22.3 冲洗空白：制备足够量的 1%～2%HNO_3 溶液作为冲洗空白。用于标准溶液和样品进样间冲洗系统。在分析汞时，冲洗空白中 $AuCl_3$ 的浓度为 2 μg/ml。

7.23 干扰检查溶液（SIC）：包含已知浓度的干扰元素，用于检查干扰的大小，并用于各种校正性试验。例如氯化物干扰检查溶液用于评估的校正软件与氯化物有关的干扰（如 $^{35}Cl^{16}O^{+}$ 对 $^{51}V^{+}$ 及 $^{40}Ar^{35}Cl^{+}$ 对 $^{75}As^{+}$ 的干扰）。测定锰时，铁干扰检查溶液可用于评估仪器的分辨率。钼干扰检查溶液用于检查氧化物对镉同位素的干扰程度。还有一些干扰检查溶液可用来检查仪器校正各种分子离子同量异位干扰的能力。干扰检查溶液用于验证仪器数据处理系统是否将干扰水平校正至质量控制要求范围内。

注：表 2-10-1 中所列的干扰检查溶液浓度仅适用于评估第 2 节中所列元素已知干扰的校正（参见 1.0 节）。若分析人员采用本方法测定其他元素时，应自行对干扰检查溶液进行修正，或配制其他可以使用的干扰检查溶液，以确定本方法对这些元素的干扰校正能力（见第 9.9 节）。

7.23.1 混合干扰检查溶液：必须使用超纯试剂配制。可以在市面上购买或按以下程序进行配制。

7.23.1.1 混合干扰检查储备溶液（Ⅰ）：准确称取 13.903 g $Al(NO_3)_3 \cdot 9H_2O$、2.498 g $CaCO_3$（预先在 180 ℃在下干燥 1 h）、1.000 g Fe、1.658 g MgO、2.305 g Na_2CO_3 和 1.767 g K_2CO_3，加入 25 ml 水，缓慢加入 40 ml（1+1）HNO_3。待固体全部溶解后，将溶液加热，赶尽溶液中残余的气泡。冷却后用水定容至 1 L。

7.23.1.2 混合干扰检查储备溶液（Ⅱ）：缓慢将 7.444 g 85%H_3PO_4、6.373 g 96% H_2SO_4、40.024 g 37%HCl 和 10.664 g 柠檬酸（$C_6O_7H_8$）加入 100 ml 水中，用水定容至 1 L。

7.23.2 混合干扰检查工作溶液：准确移取并混合 10.0 ml SIC 储备溶液Ⅰ，2 ml 100 μg/ml 钛储备溶液、2 ml 100 μg/ml 钼储备溶液和 5.0 ml SIC 储备溶液Ⅱ，用水定容至 100 ml。该溶液保质期为一周，须每周重新配制。

7.24 初始校准验证标准物质（ICV）：由分析人员配制，将不同来源的校准标准物质，且不会相互干扰的标准物质混合配制在一起，其浓度应在校准曲线的中间位置。

7.25 连续校准验证标准溶液（CCV）：该校准标准溶液的配制应使用与校准程序相同的校准物质，且酸基体也相同，其浓度应在校准曲线的中间位置。

7.26 质谱仪调谐液：包含目标质量范围内的各种元素（例如 10 μg/L Li、Co、In 和 Tl），用于验证仪器的分辨率和质量数是否在质控要求的范围内（见第 10.1 节）。

7.27 如果需要使用非水溶剂测定一种或多种金属，那么所有的标准物质和质量控制样品，由于非水溶剂的密度不均匀，必须在非水溶剂中按重量比制备样品。有机金属化合物的标准溶液和质量控制样品可从市场上购买。

8 样品采集、保存和储存

样品采集、保存和储存要求可能因 EPA 项目而异，可能在规范或项目计划文件中有特定规定，这些文件要求对特定污染物进行符合性监测。凡规范中明确此类规定的，则按要求执行。如果没有特定的法规要求，使用以下信息作为确定样品收集、保存和储存要求的参考。

有关样品采集和保存要求，参阅 SW-816 第 3 章“无机物分析”中的相关内容。

9 质量控制

9.1 有关质量保证（QA）和质量控制（QC）措施请参阅 SW-816 第 1 章。当质量控制指南文件之间存在不一致时，方法中的质量控制要求优先于特定技术要求以及第 1 章中的要求，特定技术要求又优于第 1 章中的要求。

包括分析收集数据在内的一切行为都应该包含在一个结构合理、有系统性的计划文件中，如质量保证方案计划（QAPP）或样品采集和分析计划（SAP），它们将工作目标和规范转化成实施方案，并用于评估数据的有效性。每个实验室都应该建立并保持一套正式、规范的质量保证程序。实验室还应该保存记录，以证明所出具数据的质量。所有的数据记录和质量控制数据都应保存以备查阅和检查。

9.2 参照 U.S.EPA 3005、U.S.EPA 3010、U.S.EPA 3015、U.S.EPA 3031、U.S.EPA 3040、U.S.EPA 3050、U.S.EPA 3051、U.S.EPA 3052、U.S.EPA 7000 和 U.S.EPA 6800 的质量控制程序，确保各类样品前处理技术满足质量控制要求。在本方法中如规定了任何具体的质量控制程序，以本方法规定的为准。

9.3 仪器检出限（IDLs）可帮助分析人员评估仪器信噪比及其响应值随时间的变化情况。其结果可通过一系列试剂空白试验计算而得。仪器检出限不同于定量检测下限，也不可确定定量下限。将两者进行比较对分析也是有用的，但应认识到，定量下限需要根据 9.8 的步骤进行验证。仪器检出限通常通过测定 10 次试剂空白溶液进行确定，最终以其结果的 3 倍标准偏差进行表征（如果均值为负，则零作为均值）。平行测定试剂空白时，每次测定均应当做一个独立样品进行分析（例如，每次检测后须进行冲洗 / 或其他用于不同样品间分析的正常操作步骤）。当使用新仪器，或更换检测器等主要部件，和 / 或按规定期限校准仪器后，均应重新测定仪器的检出限，并将与其相关的日期和信息记录到仪器的使用日志中。

9.4 能力的初始验证

各实验室必须对样品制备方法和测定方法进行初始能力验证，验证是通过干净基体中目标化合物可接受的精密度和准确度分析来实现。如果使用自动进样器进行样品稀释，则在使用前，实验室需先证明稀释的准确度相当于或优于熟练分析人员手动稀释的准确度。实验室在新进员工经培训后上岗或仪器发生重大改变时，必须重复这样的验证。

9.5 在样品前处理之前，分析人员应通过分析实验室空白，以验证与样品和试剂直接接触的设备的所有部分都是无干扰的。并开展持续检查，即每次样品消解和分析后，或当更换试剂时，应制备实验室空白并分析目标元素，以防止实验室内污染。如果测定目标化合物时发现有干扰，则在处理样品之前，应确定干扰类型并采取有效的措施消除干扰。实验室空白应包含样品前处理和仪器测定方法的所有阶段。当使用新试剂或化学品时，实验室应监测与样品相关的前处理和 / 或实验室空白，以确定是否存在任何污染迹象。如果没有问题，则无须在样品前处理之前验证每批新试剂或化学品。但是，如果在制备（处理）不同批次样品期间更换试剂，则需要重新测试试剂空白。

9.6　线性范围

线性范围确定了在不稀释样品的情况下可以检测的最高浓度。绘制校准曲线后，实验室应选择浓度略高于校准曲线最高点的标准样品并进行验证，若其标准值在真实值的 10% 范围内，则建立确定其线性范围。线性范围确认必须在校准曲线使用相同的测试仪器但不必同时测试。如果未针对任何特定元素分析线性范围标准，则校准曲线中的最高浓度点就是其实际线性范围。

9.7　质量控制样品的制备和分析

实验室应建立并记录基体对方法性能（准确度、精密度和灵敏度）的影响程序。至少应包括质量控制样品的分析、实验室空白、基体加标（MS）、实验室控制样品（LCS）和每个分析批次中的平行样品。任何实验室空白、实验室控制样品、基体加标样品和平行样品都应采用与实际样品相同的前处理过程和仪器测定步骤（参见第 11 节）。

9.7.1　如第 1 章所述，每批待测样品，在整个样品前处理和仪器测定过程中必须至少有一个实验室空白样。实验室空白样能有效识别出测试过程中样品是否受到污染。如果实验室空白样中目标物的浓度水平低于第 1 章或项目特定 DQO 中规定的限值，则认为该实验室空白可被接受。实验室不能在样品检测结果中减去实验室空白样的值。这种“扣空白法”是不可靠的，因为它只代表单个实验室空白样的测定值而不是统计确定的空白浓度。

如果目标化合物浓度小于 LLOQ 的 1/2 或低于项目特定要求，则认为空白是可接受的。即使同批次中的样品不受污染（即样品中不存在目标化合物或目标化合物浓度 ≥10 倍空白），空白样也可能含有大于规定限值浓度的目标化合物。可根据需要，采用其他分析方法。

若实验室空白值不可接受，则需重新进行分析。若再次分析的结果仍不可接受，则必须对同批次的所有样品以及 QC 样品进行重新处理和分析。若实验室空白不满足相关标准要求，且无法重新分析，则实验室应报告样品检测结果和实验室空白检测结果，并讨论污染对样品检测结果的潜在影响。但是，如果在同批次样品中发现目标化合物检测结果接近空白检测结果，该目标化合物是否存在及其浓度水平，则需要重新检测后确定。有关分析实验室空白样的规范指导，请参阅第 1 章。

9.7.2 为确立样品基体的影响情况，对每批基体相似的样品，实验室应至少分析一个基体加标和一个平行双样或一个基体加标平行双样（MS/MSD），每 20 个样品不少于一个，按第 1 章所述。MS/MSD 用于反映特定样品基体的方法准确度和精密度。平行双样或基体加标平行双样的选择取决于对样品基体的了解或测定项目计划书的要求。若预计样品中含有高于 LLOQ 的目标化合物，实验室可选择分析一个基体加标和一组平行双样。若预计样品中不含 LLOQ 以上的目标化合物，则可选择分析基体加标和基体加标平行双样。

基体加标 / 基体加标平行双样加标浓度应参考项目规定的每个目标元素的浓度水平，在没有方案的情况下，加标浓度应控制在标曲低浓度和中间浓度范围内。评价标准可根据以往各种基体的测定结果并根据实验室检出限进行确定。由历史数据确定的准确度标准不应超过 ±25%。精密度应控制≤20% 的相对偏差（RPD）。在没有历史数据的情况下，MS/MSD 验收限值应设置为 ±25%，回收率≤20%RPD。请参阅第 11.4 节。若同一批次样品的准确度和精密度指标不符合评价标准，则按 9.10 节中相关要求进行干扰实验。有关正确的数据简化程序，请参阅第 11 章中准确度和精密度的要求。

注：若背景样品浓度非常低或未检出，可加入大于背景浓度 5 倍的基体加标样品。为评价平行样品的准确度，在测定金属元素时，也可采用未加标的高浓度实际样品作为平行样品进行评价。

平行双样或基体加标平行双样的相对偏差的计算公式如下：

$$\mathrm{RPD}=\frac{|D_1-D_2|}{\left(\dfrac{|D_1+D_2|}{2}\right)}\times 100\% \qquad (2\text{-}10\text{-}1)$$

式中，RPD——相对偏差；

D_1——MS 或第一样品测定值；

D_2——MSD 或重复的样品测定值。

9.7.3 如第 11 章所述，每批次样品测定中，至少做一个全程序实验室控制样品（包括样品制备和测定过程）。每 20 个样品的至少做一个 LCS。LCS 是与样品基体相似，且重量或体积相同，无污染（控制）的样品。实验室控制样品的加标浓度和加标基体

应与基体加标 / 基体加标平行样相同（见上文第 9.7.2 节）。当基体加标的测定结果表明样品基体本身存在潜在污染时，LCS 的分析结果将被用于评估实验室在无污染基体中进行可接受的分析。

实验室控制样的评判标准可根据具体项目要求或通过实验室分析数据的统计计算来确定。如使用实验室历史统计数据，可接受的限值应在 ±20% 范围内。如缺少历史统计数据，可用加标浓度的 ±20% 作为评判标准。如实验室质控样品的测定结果超标，则需重新进行测定。如果仍不符合要求，自上次合格控制样品之后测定的所有样品均须重新测定。

9.7.4 标准参考物质有已知量值，经过恰当的前处理后可以用来作为一种质量控制手段。作为 LCS 使用。对于标准参考土壤样品，应参照制造商给定的评价标准。对于固体标准参考物质，80%±120% 的回收率一般很难达到（参见第 9.7.3 节）。请参阅第 1 章和第 3 章中的有关信息。

9.8 定量下限（LLOQ）验证

9.8.1 定量下限是指实验室已证明的，在一定置信度下，目标化合物可被可靠地测量和报告的最低浓度，通常为校准曲线的最低点。通过对至少 7 个重复样品的分析来确定定量下限，在 LLOQ 中加标并按该方法的全处理过程和分析步骤进行测定。通过计算重复样品的平均回收率和相对标准偏差得到样品的准确度和精密度数据。通常，平均回收率应为加标量的 65%～135%，相对标准偏差 RSD＜20%。当数据足够时，可用于计算内部限值。不断监控定量下限的回收率对于评估准确度和精密度非常有用。计算定量下限的准确度和精密度，可参考科学有效的公开方法［如化学测量质量保证第 9 章（Taylor 1987）或联邦咨询委员会关于清洁水法案计划中检测和定量方法及用途的报告］。

9.8.2 定量下限验证至少每季度进行一次，以证明其在较低目标化合物浓度下的定量能力。可选用清洁的基体（如试剂水、试剂空白、渥太华砂、硅藻土等）或不含目标化合物的代表性样品基体来进行验证。最理想的情况是，定量下限应小于基于数据质量目标的决策浓度限值或者法规浓度限值。

9.9 在每次分析测定开始时，或在连续分析样品每 12 h 后使用干扰检查溶液（SIC）进行一次干扰校正，以验证元素和分子离子同量异位素干扰的校正，以校正最频繁的优先。SIC 中目标元素的测定结果应小于 LLOQ 的 2 倍。须注意，可能无法获得完全未检出目标元素的 SIC。如果可以通过供应商文件和 / 或以正确比率确定目标元素的多个同位素来确认目标元素的存在和浓度，则可以在与 LLOQ 限值比较之前扣除实际检出的浓度。如有需要请参阅第 4.0 节，关于干扰和干扰校正检查溶液。

9.10 每次分析时都必须同步监控各种内标物的仪器响应情况，以确保在初始校准溶液中的响应强度不低于 70%。如果低于 70%，则说明可能存在显著的基体干扰。在这种情况下，已确定的定量检检测下限已降低，内标校正已不可信。此时，应按下列步骤操作。

9.10.1 首先，通过测定近似干净基体（即校准空白）中的内标强度来检查仪器响应值的漂移情况。如果在校准空白中检测到低内标强度，则终止检测，查找原因，重新建立校准曲线，验证新的校准曲线，并重新分析受影响的样品。

9.10.2 若没有发生 9.10.1 中的漂移现象，则稀释受影响的样品，消除基体干扰。样品应稀释 5 倍（1+4），加入适量内标物，并重新测定。若第一次稀释没有消除干扰，需进一步稀释，如此反复，直至内标物响应值达到 70%。报告样品测定结果时须乘以稀释倍数。

9.11 为保证所得数据的准确性，有必要使测定范围超出目标化合物，以利于校正或确定是否有必要进行干扰校正。例如，氧化钨分子与汞的同位素很难区分。若干扰源（例如 C、Cl、Mo、Zr、W）浓度很低，待测目标元素浓度低于定量下限，则干扰可以忽略，无须校正数据。

注：监控干扰源不是监控干扰物本身，而是监控引起干扰的分子。

当使用校正公式时，必须满足质量控制标准。始终对普遍干扰校正进行质量控制。监控的干扰粒子包括氢、氧、羟基、氯、氮、碳和硫的分子离子，其可撞击目标化合物。向样品中加入纯的主要基体组分观察目标物信号的变化，可以探查到一些容易被忽略的干扰。

当存在干扰源时，受干扰的元素必须标记（a）干扰校正的百分率或者（b）根据元素定量公式，说明未被校正的干扰情况。元素的同位素丰度比或其分子离子簇情况，是质量保证（QA）的有用信息。

注：对于各种仪器，仅适用于使用同量异位素干扰校正，同位异质分子离子干扰校正和双电荷干扰校正，这些校正通过测定同位素响应比值或母离子与氧化物的比值来实现（氧化物内标的使用，见 4.2 节）。

9.12 建议实验室使用此方法时采用额外的质量保证措施。根据实验室需求和样品的实际情况制定特定措施是最有效的。实验室应尽可能测定标准参考物质，并参加相关能力验证。

9.13　若基体加标样品的准确度和精密度不符合质控要求，则在报出数据之前增加质控样的分析（见 9.13.1 和 9.13.2）。质量控制试验的频次为每批次样品至少一次。这些试验的目的是确定对样品测定是否产生正或负的干扰，或者是否影响了测定结果的准确性。若已证明存在基体干扰，则应考虑采用另外的检测方法或改进当前检测方法，以使分析不受类似干扰的影响。也可以使用标准加入法来校正这种干扰（参见 U.S.EPA 7000）。

9.13.1　稀释试验

若待测目标化合物的浓度虽在线性范围内，但很高（至少比 LLOQ 大 25 倍），则稀释 5 倍后的测定结果与不稀释、直接测定的结果之间的相对偏差应该在 ±20% 范围内。若超出此范围，则应表明可能存在化学或物理干扰。由于大多数的待测样品浓度水平均比较合理，因此宜采用基体加标作为准确度的质量控制。未达到加标测试要求的元素测定结果为不确定。

9.13.2　消解后加标试验

如高浓度样品不能进行稀释测定，则应进行消解后的加标试验。仅需要对原样品中不能稀释测定的元素进行消解后加标试验，并且加入的元素浓度应大于原样品中已知的浓度。制备样品加标或其稀释溶液加标，包括但不限于预过滤、消解、稀释和过滤，加入一定量的目标元素。加标量应基于样品中目标元素的原有浓度。消解后 MS 的回收率应在 75%～125%，或者在实验室规定的质控范围内。如果消解后 MS 回收率不符合质量控制要求，样品测定结果为不确定。

9.14　ICP-MS 超痕量分析需要使用洁净的化学制备及分析技术。在第 3 章“无机分析物”中介绍了几种减少空白污染的方法。

10　校准和标准化程序

10.1　在分析样品之前，须进行调谐，使质量轴校准和分辨率验证符合要求。使用质谱仪调谐溶液（见 7.26）对目标元素的质量数范围进行质量轴校准和分辨率验证检查。若质量校准值与参考值之差超过 0.1 amu，则必须调至修正值。还必须验证在 10% 峰高处仪器的分辨率小于 0.9 amu。

10.2　须对目标化合物以及干扰校正所需的元素进行校准。在表 2-10-2 中列出了 1.2 所述目标元素测定时推荐使用的同位素。在每个标准溶液和样品进样之间，应使用冲洗空白液（见 7.22.3）冲洗系统。冲洗时间需足够长，以确保在下一个样品进样前能有效地清除残存于系统中的目标元素。标准溶液和样品测定时至少应积分 3 次，取平均值。

10.3 校准标准溶液应根据需要配制，除非能保证其稳定性，否则应每天配制校准标准溶液（或每次分析一批样品时配制）。若每天都配制校准标准溶液，且其分析结果符合质控要求，那么校准标准溶液可以不用每天都配制，只要 ICV 验证校准结果能满足要求，该校准标准溶液就能一直使用。如果 ICV 不满足质控要求，应查明原因，并根据需要重新配制校准标准溶液，并重新校准仪器。

10.4 校准曲线应每天进行确认。可以使用单点校准和校准空白（ICB）或多点校准曲线。如果使用多点校准曲线，则至少需要三个不同浓度的标准溶液，线性相关系数（r）应≥ 0.995 或二次拟合曲线相关系数测（r^2）应≥ 0.990。相对标准偏差可用来替代 r 或 r^2，其值应≤20%。如果使用多点校准，则最低浓度的标准溶液应≤LLOQ。

注：可以使用加权线性回归或其他方法，以最小二乘法拟合曲线。

10.5 初始校准完成后，通过多次检查进行确认。

10.5.1 初始校准确认（ICV）。配制 ICV 应使用与标准校准溶液不同来源的标准物质。其浓度应在校准曲线的中间点位置，用于检查初始校准标准溶液的浓度是否合适。测定结果应为真实值的 90% ~ 110%。

10.5.2 低浓度校准确认。对于多点校准，测定低浓度标准溶液结果应为真实值的 80% ~ 120%。对于单点校准，应使用与校准标准溶液相同来源的标准物质，且浓度≤LLOQ，测定结果应为真实值的 80% ~ 120%。

10.5.3 中浓度校准确认。对于多点校准，测定中浓度标准溶液结果应为真实值的 90% ~ 110%。对于单点校准，应使用与校准标准溶液相同来源的标准物质，且浓度为校准曲线溶液的中间浓度点，测定结果应为真实值的 90% ~ 110%。

10.5.4 初始校准空白（ICB）。若使用多点校准，则在校准后（或在 ICV 之后）立即分析 ICB，目标元素检测结果不得高于 LLOQ 的一半。如果使用单点校准，校准曲线应强制通过 ICB，但是作为检查再次分析 ICB 时，其目标元素检测结果不得高于 LLOQ 一半。如果 ICB 的目标元素浓度始终高于 LLOQ 的一半，则应重新验证 LLOQ。

注：清洗进样锥和截取锥后，用干扰检查溶液检查仪器，能改善仪器的校准稳定性性能。在测定校准溶液前冲洗仪器 5 ~ 10 min，也能改善仪器性能。

10.5.5　每分析 10 个样品和每批样品分析结束后，均应使用连续校准确认（CCV）标准溶液（见 7.25）和连续校准空白样（CCB）（见 7.22.1）进行校准曲线确认。CCV 标准溶液的测定结果应不超过其真实值的 ±10%，且 CCB 的测定结果中各目标元素的浓度均应低于定量检测下限（LLOQ）。若校准确认达不到以上限值要求，则应停止测定样品，查找原因，重新校准仪器，并重新测定上次通过 CCV 标准确认以后的所有样品。只要满足该方法的性能要求，可以使用流动注射系统。

11　操作步骤

11.1　由于样品基体的复杂性和不稳定性，需要对大多数样品进行前处理。对已经进行了预过滤和酸化的地下水样品不需要酸消解。未经消解的样品必须与内标溶液或与校准溶液的基体相一致（即酸浓度应一致）。样品溶解和消解程序见第 3 章“无机分析物”。

注：测定汞时，在消解过程中的所有步骤都必须使用硝酸和盐酸的混合酸。若消解样品时不加盐酸，汞会有损失。若盐酸不作为稳定剂加入样品中，则应加入浓度为 2 mg/L（每 100 ml 样品中 2.0 ml 金溶液）的金溶液（见 7.20.11），以保护汞，并避免其析出。

11.2　根据仪器制造商提供的使用说明书，启动仪器计算机的完成操作配制。

11.3　根据仪器制造商提供的使用说明书，设置仪器参数。

11.4　操作条件

根据仪器制造商提供的使用说明调整仪器。分析样品之前，让仪器至少预热稳定 30 min。

注：仪器应具有对高电流信号的自我保护功能。若仪器没有此功能，必须采取预防措施防止高电流对检测器的损伤。通道式电子倍增器或活化膜倍增器暴露在高电流中时会引起几秒到几个小时的响应疲劳，具体持续时间取决于暴露的程度。在这段时间内，仪器响应信号会持续波动，导致校准曲线失败，仪器不稳定，样品测定也失败。

11.5　按照 10.0 中所述的步骤校准仪器。

11.6　用冲洗空白溶液（见 7.22.3）冲洗系统，直到仪器响应信号降低至 DQO 或 LLOQ（这个过程通常需要约 30 s），方可进行样品测定。将样品雾化，直至得到稳定的信号（通常约需 30 s），采集样品数据。

11.7　若样品中目标化合物（或用于校正的离子）的浓度超过校准曲线浓度范围，应稀释样品并重新测定，或测定低丰度的替代物。这种替代物的线性必须经过适当的校准验证（见 10.4）。也可以采用固相螯合色谱技术去除基体干扰（见 4.3）。

11.8 干物质含量的测定

当样品结果以干物质含量计算（以干基计）时，在称量用于分析测定样品的同时，应该单独称取一份样品用于干物质含量的测定。

注：干燥箱应放在通风橱内或配置通风罩。严重污染的危险废物样品可能导致严重的实验室污染。

11.8.1 等份称取待测样品，再称取 5 ~ 10 g 等份样品，精确到 0.01 g，倒入已衡重的坩埚中。在 105℃下干燥过夜。转移样品至干燥器中冷却，称重。

11.8.2 用下式计算干物质含量：

$$\text{干物质含量（\%）}=\frac{\text{干物质重量（g）}}{\text{样品重量（g）}}\times 100\% \qquad (2\text{-}10\text{-}2)$$

该烘箱干燥的等分试样不用于提取，确定干物质含量后，应对样品妥善处置，不可再用于分析。

12 数据分析和计算

12.1 若对样品进行稀释后测定，则样品检测的最终结果应乘以其稀释倍数。

12.2 出具检测数据报告时，必要时，可采用下列方法计算固体样品浓度（以干基计）：

$$\text{浓度（以干基计）（mg/kg）}=\frac{C\times V}{W\times S} \qquad (2\text{-}10\text{-}3)$$

式中，C——消解液中目标化合物的浓度（mg/L）；

V——样品制备的最终体积（L）；

W——湿样质量（kg）；

S——固体百分含量 /100= 干物质重量 /100。

计算过程必须包含相应的干扰校正（见 4.2）、内标校正，以及铅测定中的响应值加和（206，207 和 208 *m/z*）（用以补偿样品和标准样品之间同位素丰度的差异）。

13 方法验证

SW-846 方法中的验证数据和相关信息仅为举例或指导性资料。这些数据并不代表方法使用者必须达到的验证标准要求。方法验证标准必须根据项目的特点建立，实验室应根据方法的应用情况，建立内部质量控制（QC）标准。这些验证数据并非用来且不允许用作认证实验室合格与否的绝对质量控制（QC）标准。

表 2-10-3 汇总了经净化和预浓缩处理后的水样和海水样品的方法验证数据。表 2-10-4 列出了模拟饮用水标准的方法验证数据。这些数据仅供参考。

14 污染防护

14.1 污染防治包含任何在产生环节上减少或消除废弃物的产生数量或毒性的技术。实验室中有许多防治污染的机会。EPA 已建立了一套环境管理技术的优先级制度，其将污染防治作为管理的首选，在任何可行的情况下，实验室人员都应该运用污染防治技术考虑废弃物的产生。当废弃物不能在源头上削减时，环境保护局建议的次优选择是循环使用。

14.2 在实验室和研究机构中，可行的污染预防措施是“少就是好”，参见美国化学学会政府关系和科学政策部门的实验室废物减量化管理。

15 废物管理

EPA 要求实验室废弃物管理措施符合所有的法律法规要求。EPA 强烈要求实验室尽可能减少和控制通风柜或操作台的所有排放，以保护空气、水和土壤。遵守污水排放许可的法律法规，遵守所有固体和危险废物的法规，尤其是危险废物鉴别规定和土壤处置的有关规定。更多废弃物管理信息可查阅美国化学学会的“实验室人员用废物管理手册”。

16 参考文献

[1] Horlick G, et al.. Spectrochim. Acta 40B, 1555, 1985.

[2] Gray A L, Spectrochim. Acta 40B, 1525, 1985; 41B, 151, 1986.

[3] Tan S H, Horlick G, Appl. Spectrosc. 40, 445 (1986).

[4] Vaughan M A, Horlick G, Appl. Spectrosc. 40, 434 (1986).

[5] Holden N E, Table of the Isotopes, in Lide D R, Ed, CRC Handbook of Chemistry and Physics, 74th Ed, CRC Press, Boca Raton, FL, 1993.

[6] Hinners T A, Heithmar E, Rissmann E, et al.. Winter Conference on Plasma Spectrochemistry, Abstract THP18; p. 237, San Diego, CA (1994).

[7] Lichte F E, et al.. Anal. Chem. 59, 1150 (1987).

[8] Evans E H, Ebdon L J. Anal. At. Spectrom. 4, 299 (1989).
[9] Beauchemin D, et al.. Spectrochim. Acta 42B, 467 (1987).
[10] Houk R S, Anal. Chem. 58, 97A (1986).
[11] Thompson J J, Houk R S, Appl. Spectrosc. 41, 801 (1987).
[12] Newberry W R, Butler L C, Hurd, M L, et al.. Final Report of the Multi-Laboratory Evaluation of Method 6020 CLP-M Inductively Coupled Plasma-Mass Spectrometry (1989).
[13] Taylor Daniel B, Kingston H M, Nogay, et al.. On-Line Solid-phase Chelation for the Determination of Eight Metals in Environmental Waters by Inductively Coupled Plasma Mass Spectrometry.
[14] Kingston H M, Siriraks A, Riviello J M, Patent Number 5, 126, 272, A Method and Apparatus for Detecting Transition and Rare Earth Elements in a Matrix, U.S. Patent, Filed U.S. Patent Office, March 1989, 31 pages, Granted June 30, 1992, Patent held by US Government.
[15] Kingston H M, Siriraks A, Riviello J M. Patent Number 5, 244, 634, "A Method and Apparatus for Detecting Transition and Rare Earth Elements in a Matrix", U.S. Patent, Filed U.S. Patent Office, March 1989, 31 pages, Granted Sept. 14, 1993, Patent held by US Government.
[16] Dobb David E, Rowan J T, Cardenas D. Lockheed Environmental Systems and Technologies Co., Las Vegas, NV; and Butler, L.C., and Heithmar, E.M., U.S.EPA, Las Vegas, NV; Determination of Mercury by ICP-MS.
[17] Taylor J K. Quality Assurance of Chemical Measurements, Lewis Publishers (1987).
[18] Federal Advisory Committee on Detection and Quantitation Approaches and Uses in Clean Water Act Programs, Final Report, http://water.epa.gov/scitech/methods/cwa/det/index.cfm (December 28, 2007).

17 表格、图、流程图和确认数据

如下列出了本方法的参考图表和流程图。

表 2-10-2　推荐使用的干扰核查溶液的成分及其浓度

元素	SIC 浓度 /（mg/L）
Al	100
Ca	300
Fe	250
Mn	100
Na	250
P	100
K	100
S	100
C	200
Cl	2 000
Mo	2.0
Ti	2.0

表 2-10-3　推荐使用的同位素

目标元素	同位素的质量
铝	**27**
锑	121、**123**
砷	75
钡	138、137、136、**135**、134
铍	**9**
铋（IS）	209
镉	**114**、112、**111**、110、113、116、106
钙（I）	42、43、**44**、46、48
氯（I）	35、37、（77、82）[a]
铬	**52**、**53**、**50**、54
钴	**59**
铜	**63**、**65**
钬（IS）	165
铟（IS）	**115**、113
铁（I）	**56**、**54**、**57**、58
镧（I）	139

续表

目标元素	同位素的质量
铅	**<u>208</u>**、**<u>207</u>**、**<u>206</u>**、204
锂（IS）	6[b]、7
镁（I）	24、**<u>25</u>**、**<u>26</u>**
锰	**<u>55</u>**
汞	202、**<u>200</u>**、199、201
钼（I）	98、95、96、92、**<u>97</u>**、94、（108）[a]
镍	58、**<u>60</u>**、62、**<u>61</u>**、64
钾（I）	**<u>39</u>**
铑（IS）	103
钪（IS）	45
硒	80、**<u>78</u>**、**<u>82</u>**、**<u>76</u>**、**<u>77</u>**、74
银	**<u>107</u>**、**<u>109</u>**
钠（I）	**<u>23</u>**
铽（IS）	159
铊	**<u>205</u>**、203
钒	**<u>51</u>**、**<u>50</u>**
锡（I）	120、**<u>118</u>**
钇（IS）	89
锌	64、66、68、67、70

注：U.S.EPA 6020 仅推荐用于对 1.2 中列出的元素。本表中包含了一些 1.2 未列出的元素，这是因为在测定推荐目标化合物时，它们有潜在的干扰影响（记为 I），或它们常用做内标物（标记为 IS）。本表中同位素按照其自然丰度依次降低的顺序排列。最常用的同位素被标记了下划线，并加以黑体（虽然某些基体测定中需要配合使用其他同位素）。

[a] 这些质量数也可用于干扰校正（见 4.2）。

[b] 用 ^{6}Li 做内标时，必须进行富集，以降低来自本土锂的干扰。

表 2-10-4 经净化和预浓缩处理后的水样和海水样品[a] 的方法验证数据

元素	同位素	浓度[b]/（ng / ml）		
		9.0 ml	27.0 ml	标准值
锰	55	1.8±0.05	1.9±0.2	1.99±0.15
镍	58	0.32±0.018	0.32±0.04	0.30±0.04
钴	59	0.033±0.002	0.028±0.003	0.025±0.006

续表

元素	同位素	浓度[b]/（ng / ml）		
		9.0 ml	27.0 ml	标准值
铜	63	0.68±0.03	0.63±0.03	0.68±0.04
锌	64	1.6±0.05	1.8±0.15	1.97±0.12
铜	65	0.67±0.03	0.6±0.05	0.68±0.04
锌	66	1.6±0.06	1.8±0.2	1.97±0.12
镉	112	0.020±0.001 5	0.019±0.001 8	0.019±0.004
镉	114	0.020±0.000 9	0.019±0.002	0.019±0.004
铅	206	0.013±0.000 9	0.019±0.001 1	0.019±0.006
铅	207	0.014±0.000 5	0.019±0.004	0.019±0.006
铅	208	0.014±0.000 6	0.019±0.002	0.019±0.006

注：数据来源：本表数据摘自参考文献［12］。

[a]取 9.0 ml CASS-2 海水稀释至 1 010 ml，平行测定 5 次。取 27 ml CASS-2 海水稀释至 30 ml，平行测定 3 次。稀释时均需调节其 pH。

[b]95% 置信水平。

表 2-10-5　水基 NIST SRM 1643b 样品中痕量金属测定结果[a]

元素	同位素	浓度[b]/（ng/ml）	
		测定结果	标准值
锰	55	30±1.3	28±2
镍	58	50±2	49±3
钴	59	27±1.3	26±1
镍	60	51±2	49±3
铜	63	23±1.0	21.9±0.4
锌	64	67±1.4	66±2
铜	65	22±0.9	21.9±0.4
锌	66	67±1.8	66±2
镉	111	20±0.5	20±1
镉	112	19.9±0.3	20±1
镉	114	19.8±0.4	20±1
铅	206	23±0.5	23.7±0.7

续表

元素	同位素	浓度[b]/（ng/ml）	
		测定结果	标准值
铅	207	23.9±0.4	23.7±0.7
铅	208	24.2±0.4	23.7±0.7

注：数据来源：本表数据摘自参考文献［12］。

[a] 样品体积为 5.0 ml 平行测定 5 次。

[b] 95% 置信水平。

表 2-10-6 重污染土壤中总汞的测定结果

土样样品	汞（μg/g）	
	电感耦合等离子体质谱仪	冷原子吸收测汞仪
1	27.8	29.2
2	442	376
3	64.7	58.2
4	339	589
5	281	454
6	23.8	21.4
7	217	183
8	157	129
9	1 670	1 360
10	73.5	64.8
11	2 090	1 830
12	96.4	85.8
13	1 080	1 190
14	294	258
15	3 300	2 850
16	301	281
17	2 130	2 020
18	247	226
19	2 630	2 080

数据来源：本表数据摘自参考文献［16］。

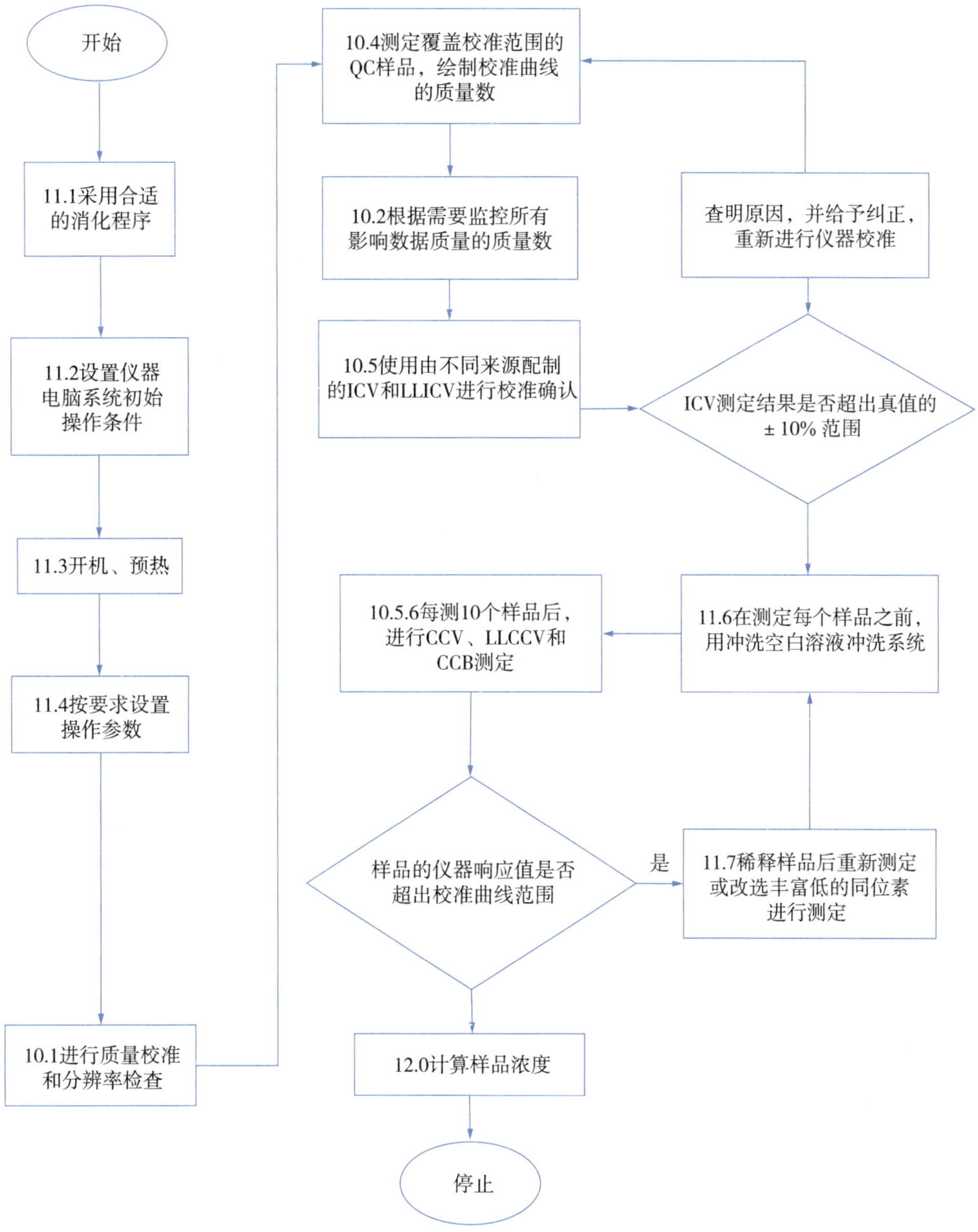

图 2-10-1　U.S.EPA 6020B 电感耦合等离子体 - 质谱法流程